CONTROLE DE PROCESSOS INDUSTRIAIS

VOLUME 1

Blucher

Claudio Garcia

CONTROLE DE
PROCESSOS INDUSTRIAIS

VOLUME 1 – ESTRATÉGIAS CONVENCIONAIS

Controle de processos industriais – volume 1: estratégias convencionais

© 2017 Claudio Garcia

Editora Edgard Blücher Ltda.

Blucher

Rua Pedroso Alvarenga, 1245, 4° andar
04531-934 – São Paulo – SP – Brasil
Tel.: 55 11 3078-5366
contato@blucher.com.br
www.blucher.com.br

Segundo Novo Acordo Ortográfico, conforme
5. ed. do *Vocabulário Ortográfico da Língua
Portuguesa*, Academia Brasileira de Letras,
março de 2009.

É proibida a reprodução total ou parcial por
quaisquer meios sem autorização escrita da
editora.

Todos os direitos reservados pela Editora
Edgard Blücher Ltda.

Dados Internacionais de Catalogação na Publicação (CIP)
Angélica Ilacqua CRB-8/7057

Garcia, Claudio
  Controle de processos industriais : volume 1 :
estratégias convencionais / Claudio Garcia. – São Paulo :
Blucher, 2017.
  600 p. : il.

Bibliografia
ISBN 978-85-212-1185-3

1. Automação industrial 2. Processos de fabricação 3.
Controle de processo I. Título.

17-0510   CDD 681.7

Índice para catálogo sistemático:
1. Automação industrial : controle de processo

APRESENTAÇÃO

A Parte I do livro apresenta alguns conceitos acerca de técnicas de controle e enfatiza o controle por realimentação. Ela contém dois capítulos: o Capítulo 1 apresenta sucintamente as diversas técnicas de controle empregadas na indústria e uma visão geral do que se pretende abordar no livro. No Capítulo 2, enfocam-se os conceitos básicos acerca do controle por realimentação aplicado a processos industriais.

A Parte II do livro traz um embasamento teórico ao leitor acerca do controle de processos em tempo contínuo. Ela contém três capítulos: no Capítulo 3, apresentam-se técnicas para obter modelos aproximados de processos industriais e abordam-se os elementos que caracterizam, de forma aproximada, esses processos, com ênfase nos atrasos de transporte e de transferência. Citam-se as funções de transferência típicas que descrevem os processos industriais. No Capítulo 4, estudam-se os conceitos relativos à estabilidade absoluta e relativa de sistemas e analisam-se casos em que as diversas técnicas de análise de estabilidade mais conhecidas são aplicadas. No Capítulo 5, são apresentados os critérios normalmente empregados para avaliação de desempenho e comparação de diferentes sistemas de controle.

A Parte III enfoca os algoritmos de controle *on/off* e o PID analógico em três capítulos: no Capítulo 6, enfoca-se o controlador do tipo *on/off* (liga/desliga), mostrando como ele age e o resultado na variável controlada. No Capítulo 7, aborda-se o controlador PID analógico, analisando-se o que faz cada um dos modos: proporcional, integral e derivativo. Citam-se as vantagens e desvantagens de cada modo, bem como seleciona-se o modo de controle (P, PI, PD, PID) para as variáveis controladas típicas e explica-se como deve ocorrer a transferência auto/manual. No Capítulo 8, estudam-se técnicas para projeto e sintonia de controladores PID analógicos baseadas em um modelo aproximado do processo.

Na Parte IV, aplicam-se as técnicas estudadas ao longo do livro para controlar a temperatura em um trocador de calor simulado do tipo casco-tubo. Essa parte contém apenas o Capítulo 9, em que o controle de um trocador de calor é realizado por meio das diversas técnicas estudadas nos capítulos anteriores.

Há ainda o Apêndice – Simbologia e nomenclatura usadas em instrumentação industrial, que apresenta sucintamente a simbologia e a nomenclatura ISA empregadas na área de controle de processos.

CONTEÚDO

PARTE I – INTRODUÇÃO E CONTROLE POR REALIMENTAÇÃO 19

CAPÍTULO 1 – INTRODUÇÃO E DEFINIÇÕES GERAIS 21

1.1 Áreas em que se aplicam técnicas de automação e controle 21

1.2 Definições relativas a controle de processos 22

    1.2.1 Indústrias de processo 22

    1.2.2 Controle automático 23

    1.2.3 Controle de processos.. 23

    1.2.4 Objetivos do controle automático de processos............................ 24

    1.2.5 Distinção entre controle de processos e controle de servomecanismos 25

    1.2.6 Tipos de processos industriais 25

    1.2.7 Tipos de controle 26

    1.2.8 Controlador 27

1.3 Evolução histórica dos sistemas de controle de processos 28

    1.3.1 Instrumentação analógica... 28

    1.3.2 Instrumentação digital 30

1.3.3 Resumo dos eventos mais importantes na evolução do controle de processos 40

Referências 41

CAPÍTULO 2 – A MALHA DE CONTROLE POR REALIMENTAÇÃO 43

2.1 Controle por realimentação (*feedback*).. 44

2.1.1 Representação de malhas de controle por realimentação 45

2.1.2 Nomenclatura clássica utilizada em malhas de controle por realimentação 49

2.1.3 Funções de transferência de malhas fechadas típicas de controle de processos 51

2.2 Realimentação negativa 52

2.2.1 Exemplo de análise de realimentação negativa em uma malha de controle... 54

2.2.2 Ensaios de malha de controle de trocador de calor com realimentações negativa e positiva.. 55

Referências 60

PARTE II – EMBASAMENTO TEÓRICO SOBRE CONTROLE DE PROCESSOS.. 61

CAPÍTULO 3 – OBTENÇÃO DE MODELOS APROXIMADOS DE PROCESSOS INDUSTRIAIS 63

3.1 Seleção do método mais adequado para a modelagem empírica 63

3.2 Elementos característicos de modelos aproximados de processos industriais.... 65

3.2.1 Elemento ganho 65

3.2.2 Elemento integrador 66

3.2.3 Elemento atraso de transferência ou sistema de primeira ordem..... 69

3.2.4 Elemento atraso de transporte ou tempo morto............................. 82

3.2.5 Elemento oscilador amortecido.. 84

3.2.6 Sistema avanço/atraso (*lead/lag*) 87

Conteúdo 9

3.2.7 Resumo dos elementos característicos que constituem os processos industriais 90

3.3 Sistemas bicapacitivos e multicapacitivos 91

3.3.1 Sistemas bicapacitivos sem interação 92

3.3.2 Sistemas bicapacitivos com interação 99

3.3.3 Resposta analítica ao degrau de sistemas de segunda ordem 105

3.3.4 Parâmetros que caracterizam sistemas de segunda ordem subamortecidos 107

3.3.5 Sistemas de ordem elevada ou multicapacitivos 111

3.4 Modelagem aproximada típica de processos industriais 115

3.5 Técnicas de estimação de modelos aproximados de baixa ordem a partir da curva de reação do processo 117

3.5.1 Estimação dos parâmetros de processos de segunda ordem superamortecidos 117

3.5.2 Aproximação de sistemas superamortecidos de segunda ordem ou superior por atraso de transferência mais tempo morto 129

3.6 Exemplos de obtenção de modelos de baixa ordem a partir da curva de reação do processo 134

3.6.1 Modelo aproximado de sistema de primeira ordem com tempo morto 134

3.6.2 Sistema superamortecido de segunda ordem ou superior aproximado por modelo de primeira ordem com tempo morto 135

3.6.3 Modelo aproximado de sistema de segunda ordem subamortecido ... 139

3.6.4 Modelo aproximado de sistema de segunda ordem superamortecido – caso 1 144

3.6.5 Modelo aproximado de sistema de segunda ordem superamortecido – caso 2 149

3.6.6 Modelo aproximado de sistema de segunda ordem superamortecido – caso 3 150

3.6.7 Modelo aproximado de processo integrador 154

3.7 Procedimento simplificado de teste de um processo 157

3.7.1 Exemplo de aplicação do procedimento simplificado de teste de um processo 158

Referências 160

CAPÍTULO 4 – ANÁLISE DE ESTABILIDADE DE SISTEMAS DE CONTROLE 161

4.1 Estabilidades absoluta e relativa 161

4.1.1 Estabilidade absoluta 161

4.1.2 Exemplo da análise de estabilidade absoluta empregando-se especificações no domínio da frequência 162

4.1.3 Estabilidade relativa 165

4.1.4 Exemplo de análise de estabilidade relativa empregando-se especificações no domínio da frequência 167

4.2 Processos autorregulados e não autorregulados 172

4.2.1 Processo não autorregulado 172

4.2.2 Exemplo da análise de estabilidade de um processo não autorregulado 174

4.2.3 Processo autorregulado 180

4.2.4 Exemplo da análise de estabilidade de um processo autorregulado 183

4.3 Origem das oscilações contínuas em um sistema de controle 187

4.4 Análise de estabilidade de sistemas de primeira, segunda e terceira ordem 194

4.5 Efeito do tempo morto na estabilidade de um sistema 199

4.5.1 Exemplo de análise de estabilidade de processo constituído por ganho mais tempo morto 201

4.5.2 Diagrama de Nyquist de processos de primeira ordem e com tempo morto 210

4.5.3 Aproximações para o cálculo do tempo morto 211

4.5.4 Análise de estabilidade de sistema com tempo morto via aproximação de Padé 213

4.6 Exemplos de análise de estabilidade absoluta 216

Conteúdo 11

4.6.1 Exemplo da análise de estabilidade de uma malha de controle a partir da curva de reação do processo..216

4.6.2 Exemplo da análise de estabilidade de uma malha de controle de um trocador de calor – caso 1... 219

4.6.3 Exemplo da análise de estabilidade de uma malha de controle de um trocador de calor – caso 2... 227

4.6.4 Exemplo da análise de estabilidade de uma malha de controle de um processo térmico 235

Referências 248

CAPÍTULO 5 – CRITÉRIOS DE ANÁLISE DE DESEMPENHO DE SISTEMAS DE CONTROLE 249

5.1 Critérios de avaliação do comportamento de sistemas em regime transitório 251

5.2 Análise do erro em regime permanente 251

5.2.1 Exemplo de análise de erro em regime permanente em uma malha de controle de temperatura de um aquecedor – caso 1................... 253

5.2.2 Exemplo de análise de erro em regime permanente em uma malha de controle de temperatura de um aquecedor – caso 2................... 254

5.2.3 Exemplo de análise de erro em regime permanente em uma malha de controle de nível em tanque 260

5.2.4 Exemplo da análise de erro em regime permanente em uma malha de controle de temperatura de um trocador de calor – caso 1 269

5.2.5 Exemplo de análise de erro em regime permanente em uma malha de controle de temperatura de um trocador de calor – caso 2 270

5.2.6 Exemplo de análise de erro em regime permanente e de resposta transitória em uma malha de controle 275

5.3 Critérios de comparação de desempenho de sistemas de controle 278

5.3.1 Exemplo de utilização dos critérios de comparação de desempenho de malhas de controle 279

5.4 Variabilidade da malha de controle 287

5.5 Análise de desempenho e auditoria em malhas de controle...................... 288

5.5.1 Desempenho de malhas de controle 290

| 5.5.2 | Avaliação de desempenho de malhas de controle | 292 |

5.5.2 Avaliação de desempenho de malhas de controle 292

5.5.3 Evolução histórica dos métodos de avaliação de desempenho de malhas de controle 293

5.5.4 Índices usados na análise de desempenho de malhas de controle.... 294

5.5.5 Auditoria em malhas de controle 298

Referências 300

PARTE III – CONTROLADORES *ON/OFF* E PID **303**

CAPÍTULO 6 – CONTROLE DO TIPO *ON/OFF* **305**

6.1 Controle *on/off* 305

6.2 Controle *on/off* com zona morta 309

6.3 Controle de três zonas ou de três estados 314

CAPÍTULO 7 – O CONTROLADOR PID ANALÓGICO **321**

7.1 Modo proporcional 323

7.1.1 Análise do modo proporcional em malha aberta 323

7.1.2 Exemplos de aplicação de controlador proporcional em malha aberta 327

7.1.3 Análise do modo proporcional em malha fechada 331

7.1.4 Efeito do ganho proporcional do controlador no erro em regime permanente 335

7.1.5 Exemplo de atuação de controle P em malha fechada com ganho fixo 337

7.1.6 Exemplo de atuação de controle proporcional em processo com tempo morto 338

7.1.7 Exemplo de atuação de controle proporcional em malha fechada conforme se varia o ganho 339

7.1.8 Exemplo de eliminação do erro estacionário por alteração no *manual reset* 341

7.1.9 Implementação de controlador proporcional analógico 343

7.2	Modo integral	343
	7.2.1 Definição do parâmetro que caracteriza o modo integral	344
	7.2.2 Exemplo de atuação de um controlador PI operando em malha aberta	345
	7.2.3 Exemplo de cálculo dos parâmetros de sintonia de um controlador PI operando em malha aberta	346
	7.2.4 Análise em frequência de controlador PI operando em malha aberta	348
	7.2.5 Exemplo de atuação de controladores I e PI operando em malha fechada	352
	7.2.6 Análise do comportamento do controlador PI operando em malha fechada	354
	7.2.7 Efeito da ação integral sobre o erro em regime permanente	356
	7.2.8 Exemplos do efeito do modo integral sobre o erro em regime permanente	358
	7.2.9 Comparação do comportamento de controladores P, I e PI em malha fechada	360
	7.2.10 Vantagens e inconvenientes do modo integral	362
	7.2.11 Saturação do modo integral e técnicas *anti-reset windup*	362
	7.2.12 Exemplo de aplicação de técnicas de antissaturação do modo integral	366
	7.2.13 Implementação de controlador PI analógico	370
7.3	Modo derivativo	371
	7.3.1 Definição do parâmetro que caracteriza o modo derivativo	371
	7.3.2 Exemplo de aplicação de controlador PD operando em malha aberta	372
	7.3.3 Análise em frequência de controlador PD operando em malha aberta	373
	7.3.4 Análise do comportamento do controlador PD operando em malha fechada	377
	7.3.5 Vantagens e inconvenientes do modo derivativo	378

7.3.6 Implementação de controlador PD analógico..................................378

7.4 Algoritmo PID analógico..379

7.4.1 Análise em frequência de controlador PID operando em malha aberta..380

7.4.2 Vantagens e desvantagens de cada um dos modos do controlador PID...382

7.4.3 Vantagens e inconvenientes de se adicionar o modo D a controladores PI...389

7.4.4 Implementação de controlador PID analógico..............................392

7.4.5 Variantes do controlador PID analógico tradicional.......................393

7.5 Versões melhoradas do controlador PID analógico.....................................398

7.5.1 Algoritmo PID com dois graus de liberdade – PID-2DoF.................398

7.5.2 Algoritmo PI-PD 401

7.6 Seleção dos modos de controle segundo a aplicação 403

7.6.1 Ações de controle comumente usadas nas principais variáveis de processos industriais...404

7.7 Transferência auto/manual (A/M) e manual/automática (M/A)..................407

7.8 Tipos de saída de controladores PID 407

Referências 408

CAPÍTULO 8 – PROJETO E SINTONIA DE CONTROLADORES PID ANALÓGICOS **409**

8.1 O que se busca ao sintonizar um controlador...409

8.1.1 Critérios de desempenho desejáveis da malha de controle 409

8.1.2 Efeitos na malha de controle de cada um dos três parâmetros de sintonia de um controlador PID 410

8.1.3 Critérios normalmente empregados para avaliar o desempenho da sintonia de um controlador..411

8.2 Projeto e sintonia de controladores PID..412

8.2.1 Sintonia de controladores PID por tentativa e erro 413

8.2.2 Método das oscilações contínuas ou mantidas de Ziegler e Nichols.. 416

| 8.2.3 | Método da curva de reação do processo de Ziegler e Nichols .... 421 |

8.2.3 Método da curva de reação do processo de Ziegler e Nichols 421

8.2.4 Relação entre ganho limite e período limite e os parâmetros de um processo de primeira ordem com tempo morto 424

8.2.5 Método CHR.. 427

8.2.6 Método de Cohen-Coon 428

8.2.7 Método 3C 428

8.2.8 Relações de sintonia baseadas em critérios de erro integrado........ 429

8.2.9 PID modificado com ponderação no valor desejado na ação P 431

8.2.10 Método da curva de reação do processo de Åström e Hägglund 435

8.2.11 Método das oscilações contínuas de Åström e Hägglund............... 437

8.2.12 Método da síntese direta ou sintonia lambda 438

8.2.13 Controle por modelo interno (IMC – *internal model control*).......... 446

8.2.14 Comentários acerca dos métodos da síntese direta e IMC.............. 453

8.2.15 Controle por modelo interno simples (SIMC – *simple internal model control*).. 453

8.2.16 Sintonia de controladores para processos integradores................. 458

8.2.17 Sintonia de controladores PID com 2 graus de liberdade (PID-2DoF)... 462

8.2.18 Sintonia de controladores PI-PD 465

8.3 Exemplos de aplicação dos métodos de projeto e sintonia de controladores PID.. 467

8.3.1 Exemplo de diferentes sintonias aplicadas ao modelo de um trocador de calor 467

8.3.2 Exemplo de ajuste usando métodos da curva de reação do Processo de Z-N, síntese direta e SIMC aplicados para controlar um trocador de calor 472

8.3.3 Exemplo de ajuste com métodos de Cohen-Coon e ITAE para controlar um CSTR 475

8.3.4 Exemplo de controlador sintonizado pelos métodos CHR e das oscilações contínuas de Ziegler-Nichols... 478

8.3.5 Exemplo de ajuste usando métodos da síntese direta e IMC aplicados para controlar uma caldeira... 483

8.3.6 Exemplo de sintonia de controlador PID incluindo análise de estabilidade e verificação do erro em regime permanente 486

8.3.7 Exemplo de sintonia de controlador PID aplicando os métodos da curva de reação do processo e de Ziegler-Nichols e Åström-Hägglund.... 501

8.3.8 Exemplo de sintonia de controlador PID aplicado a processo integrador 504

8.4 Métodos de sintonia automática de controladores PID 510

8.4.1 Método da realimentação por relé de Åström e Hägglund 511

8.4.2 Exemplo de aplicação das técnicas de autossintonia de controladores PID 517

8.5 Recomendações sobre a sintonia de controladores PID 521

8.6 Comparação entre os métodos de sintonia de controladores PID.............. 521

Referências 522

PARTE IV – APLICAÇÃO DE DIFERENTES CONTROLADORES EM UM TROCADOR DE CALOR 525

CAPÍTULO 9 – EXEMPLO DE APLICAÇÃO DE DIFERENTES CONTROLADORES EM UM TROCADOR DE CALOR 527

9.1 APRESENTAÇÃO DOS DADOS DO TROCADOR DE CALOR............................ 527

9.1.1 Dados das variáveis de entrada 528

9.1.2 Características do sensor mais transmissor de temperatura (TE + TT) 529

9.1.3 Características do conversor I/P mais válvula de controle (TX + TV) 529

9.2 Modelagem matemática do sistema completo... 529

9.2.1 Modelagem do trocador de calor 529

9.2.2 Modelagem da transmissão do sinal de temperatura medida 530

9.2.3 Modelagem do conjunto conversor I/P + válvula de controle 530

9.2.4 Definição das condições iniciais 532

9.2.5 Modelo do sistema implementado na plataforma Matlab/Simulink.... 532

9.3 Simulações realizadas em malha aberta 535

| 9.3.1 | Influência da saída do controlador e das variáveis de perturbação na variável medida | 535 |

9.3.1   Influência da saída do controlador e das variáveis de perturbação na variável medida 535

9.3.2   Análise da ação da planta mais sua instrumentação 537

9.3.3   Geração de modelos aproximados de baixa ordem do processo 538

9.4   Simulações realizadas em malha fechada para obter parâmetros para realizar sintonias 542

9.4.1   Processo levado ao limiar da estabilidade usando um controlador P... 543

9.4.2   Emprego do método de realimentação por relé............................. 546

9.5   Simulações realizadas com diferentes controladores 547

9.5.1   Testes de controladores *on/off* e *on/off* com zona morta............... 547

9.5.2   Testes de controlador P com diferentes sintonias 551

9.5.3   Testes de controlador PI com diferentes sintonias 553

9.5.4   Testes de controlador PD com diferentes sintonias........................ 564

9.5.5   Testes de controlador PID com diferentes sintonias...........................571

9.5.6   Testes de controlador PID-2DoF.. 580

9.5.7   Testes de controlador PI-PD... 582

9.6   Comparação do desempenho dos controladores e sintonias testados neste capítulo... 584

Referências.. 586

APÊNDICE – SIMBOLOGIA E NOMENCLATURA USADAS EM INSTRUMENTAÇÃO INDUSTRIAL...**587**

Referências 599

PARTE I
INTRODUÇÃO E CONTROLE POR REALIMENTAÇÃO

CAPÍTULO 1
INTRODUÇÃO E DEFINIÇÕES GERAIS

Este capítulo visa conceituar o que é controle de processos, mostrar a evolução histórica dos sistemas industriais de controle e apresentar um panorama das técnicas de controle existentes e sua aplicação em processos industriais.

1.1 ÁREAS EM QUE SE APLICAM TÉCNICAS DE AUTOMAÇÃO E CONTROLE

Apresentam-se, a seguir, as áreas em que se aplicam técnicas de automação e controle. Percebe-se que o controle de processos industriais corresponde a uma delas.

a) Controle de processos industriais:

- química e petroquímica;
- papel e celulose;
- alimentícia e farmacêutica;
- siderúrgica e metalúrgica;
- naval (propulsão);
- mineração e cimento;
- têxtil;
- tratamento de água e efluentes;
- nuclear.

b) Manufatura:

- montadoras de automóveis;

- fabricantes de equipamentos eletroeletrônicos;
- envasamento e embalamento de produtos.

c) Sistemas elétricos:
- geração e distribuição de energia elétrica;
- controle de motores e geradores.

d) Sistemas de transporte:
- controle de tráfego aéreo;
- controle de tráfego ferroviário;
- controle de tráfego metroviário.

e) Controle embarcado:
- aviões, foguetes e mísseis;
- automóveis, trens e metrôs;
- embarcações de superfície e submersíveis.

f) Automação de serviços:
- automação predial/*shopping centers*;
- automação bancária e de escritórios;
- automação de supermercados;
- automação hospitalar.

1.2 DEFINIÇÕES RELATIVAS A CONTROLE DE PROCESSOS

Nesta seção, são apresentados conceitos relativos ao controle de processos.

1.2.1 INDÚSTRIAS DE PROCESSO

Seu esquema básico é mostrado na Figura 1.1. São indústrias que lidam com fluidos (ou sólidos fluidizados). Nelas, as principais variáveis de processo são: pressão, vazão, temperatura, nível, densidade, pH, condutividade, peso, variáveis analíticas (composição) etc. Exemplos de indústrias de processo são citados na alínea "a" da Seção 1.1.

Figura 1.1 – Esquema básico de uma indústria de processo.

Introdução e definições gerais

1.2.2 CONTROLE AUTOMÁTICO

O modo de continuamente manter certas variáveis físicas ou químicas de um processo nos valores desejados, sem ação humana direta, é intitulado controle automático, que pode ser definido como a técnica de balancear o fornecimento de matéria ou energia em função da demanda, ao longo do tempo, a fim de manter o processo em alguma condição de operação predefinida. O controle automático visa manter certas condições que assegurem o funcionamento adequado e seguro do processo e a consequente obtenção de produtos dentro das especificações qualitativas e quantitativas desejadas.

Destaca-se, a seguir, a diferença entre controle automático e automação. No controle automático, cada malha atua independentemente das demais, obedecendo a valores impostos pelo homem ou por um mecanismo programador. A automação, por outro lado, concentra em um único processador de dados (computador) as informações concernentes a todas as malhas de controle, criando um sistema de alta complexidade, o qual interpreta e processa todos os dados recebidos e gera sinais de saída, visando à otimização do processo industrial e, consequentemente, ao aumento da produção.

1.2.3 CONTROLE DE PROCESSOS

O controle automático aplicado às indústrias de processo é intitulado controle de processos. Controlar um processo é fazer com que suas variáveis interajam de modo ordenado, mantendo-as o mais próximo possível de valores considerados ideais, diuturnamente. Saber quando, como e quanto mudar o valor de uma variável para obter uma melhor resposta do sistema constitui o problema central de uma estratégia de controle.

Todo sistema de controle tem uma variável controlada (que é medida via sensor-transmissor), uma variável manipulada (sobre a qual se atua por meio do elemento final de controle), além do controlador. Na Figura 1.2, vê-se uma malha típica de controle.

Na Figura 1.2, TE-01 e TT-01 representam o par sensor-transmissor, TIC-01 é o controlador e TY-01 e TV-01 correspondem ao sistema de atuação, composto por um conversor I/P (corrente para pressão) e uma válvula de controle pneumática. A simbologia e a nomenclatura padrão ISA empregadas são apresentadas no Apêndice – Simbologia e nomenclatura usadas em instrumentação industrial.

Conhecer a instrumentação industrial é essencial para o controle de processos. Traçando-se uma analogia entre a malha de controle e o corpo humano, o controle equivale à mente (inteligência), enquanto a instrumentação atua como sistema nervoso e muscular, coletando e enviando as informações das variáveis controladas para o sistema de controle e respondendo aos comandos deste último, agindo sobre as variáveis manipuladas. Já o sistema computacional corresponde aos equipamentos e *softwares* básicos usados para que o *software* aplicativo (algoritmos de controle) possa ser executado. Nesse caso, na analogia com o corpo humano, o sistema computacional equivale ao cérebro.

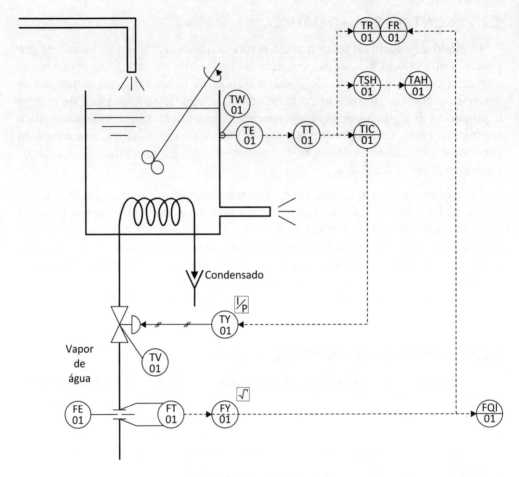

Figura 1.2 – Sistema típico de controle.

1.2.4 OBJETIVOS DO CONTROLE AUTOMÁTICO DE PROCESSOS

O objetivo do controle de processos é que todo produto fabricado siga certas especificações, baseadas em critérios de qualidade e uniformidade. Para tal, é preciso que as condições do processo sejam mantidas o mais próximo possível do que foi definido como ideal. Como a atuação humana é sujeita a erros ou distrações, conclui-se que o controle automático, que continuamente mantém a variável controlada próxima a um valor desejado (ou *set point*), é a melhor solução para manter os mais rígidos padrões de qualidade. O controle automático também propicia o aumento dos rendimentos operacionais, pois, como os padrões de qualidade são mantidos dentro do especificado, a quantidade de material rejeitado diminui, economizando, assim, matéria-prima, mão de obra e energia.

O controle automático de processos industriais mudou o relacionamento do homem com o processo, liberando-o de tarefas sistemáticas, repetitivas e sem interesse intelectual para tarefas mais nobres, nas quais ele pode desenvolver sua imaginação e sua criatividade.

Introdução e definições gerais

O principal objetivo do controle automático é manter, ao longo do tempo, a variável controlada o mais próximo possível do valor desejado. Como os processos industriais usualmente operam continuamente, suas variáveis controladas tendem a se afastar dos *set points*, pelo efeito de perturbações no processo ou por mudanças no valor desejado. Assim, o controle automático deve realizar duas tarefas básicas:

a) fazer a variável controlada acompanhar variações no valor desejado o mais de perto possível. Nesse caso, diz-se que o controlador está operando no **modo servo**;

b) minimizar os efeitos de distúrbios externos, buscando sempre manter a variável controlada o mais próximo possível do valor desejado, rejeitando assim as perturbações. Nesse caso, diz-se que o controlador está operando no **modo regulatório**.

1.2.5 DISTINÇÃO ENTRE CONTROLE DE PROCESSOS E CONTROLE DE SERVOMECANISMOS

Ambos se baseiam no princípio da realimentação. Geralmente, o controle de processos é do tipo regulatório, visando manter a saída do processo (variável controlada) próxima ao valor desejado, o qual é constante ou varia lentamente no tempo. Os sistemas de controle de processo são projetados para minimizar os efeitos de perturbações (variações de carga) no sistema, buscando manter a saída do processo o mais próximo possível do *set point*. As variáveis de processo que normalmente se controla são pressão, temperatura, nível, vazão, densidade, pH etc. Por outro lado, os servomecanismos são projetados para fazer com que a saída do sistema siga fielmente as mudanças no valor de referência. Nos servomecanismos, a variável controlada é normalmente uma posição mecânica ou suas derivadas no tempo, como velocidade ou aceleração.

Por exemplo, para um chuveiro elétrico residencial, no qual se deseja manter a temperatura da água quente constante, tem-se um típico sistema de controle de processo, ao passo que o sistema de comando do leme de um navio é um exemplo clássico de um servomecanismo, pois as variações de direção impostas ao timão são amplificadas de modo a permitir o posicionamento correto do leme com um mínimo de esforço do piloto.

1.2.6 TIPOS DE PROCESSOS INDUSTRIAIS

Pode-se dividir os processos industriais nos seguintes tipos:

- processos contínuos: envolvem fluidos ou sólidos fluidizados;

- processos batelada (*batch*): são processos contínuos, mas que operam apenas por algum tempo, o suficiente para concluir a operação desejada sobre o produto, como ocorre em misturadores, reatores químicos etc. Exemplos são a vulcanização da borracha ou a pasteurização do leite, as quais não são feitas continuamente, mas em lotes;

- processos discretos: envolvem a produção de peças contáveis, como a que ocorre na indústria de manufatura. A montagem de um carro é um processo desse tipo.

1.2.7 TIPOS DE CONTROLE

Há dois tipos básicos de controle: discreto e contínuo. O controle discreto abrange as técnicas de intertravamento e sequenciamento. O controle contínuo divide-se em controle em malha aberta e controle em malha fechada ou automático.

1.2.7.1 Controle em malha aberta

Não se usa a saída para alterar a ação de controle. Corresponde ao controle manual, por exemplo, um aquecedor elétrico para ambientes domésticos, em que o usuário ajusta a posição de um botão; ou a sistemas de controle pré-programados, como os existentes, por exemplo, em uma máquina de lavar, que sempre executa a mesma sequência de operações, independentemente do estado de limpeza da roupa.

1.2.7.2 Controle em malha fechada ou automático

Subdivide-se em três tipos:

- realimentação (*feedback*): compara a saída (variável controlada C) com a entrada R (ponto de ajuste, valor desejado, valor de referência ou *set point*) e atua em função desse desvio, como mostra a Figura 1.3. Nesse caso, primeiro ocorre o desvio, depois a correção, isto é, o sistema só corrige o erro após ele ocorrer.

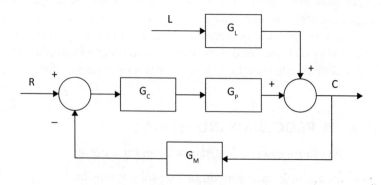

Figura 1.3 – Malha típica de controle por realimentação.

- pré-alimentação (antecipatório ou *feedforward*): executa a correção da variável controlada diretamente, sem medi-la, em função das perturbações realizadas sobre o processo com base em um modelo do processo, conforme apresentado na Figura 1.4. Nesse caso, o erro é minimizado, pois o sistema de controle se antecipa a ele, exigindo, portanto, conhecimento do comportamento do sistema.

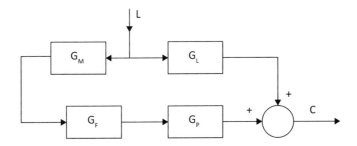

Figura 1.4 – Malha típica de controle por pré-alimentação.

- realimentação + pré-alimentação (*feedback* + *feedforward*): mistura dos dois, em que o controle por pré-alimentação realiza o controle "grosso", ao passo que o controle por realimentação realiza o controle "fino", provendo as eventuais correções para as imprecisões existentes no modelo adotado para o algoritmo *feedforward*.

As principais vantagens do controle em malha fechada são a insensibilidade a perturbações externas e as variações em parâmetros do sistema. Já a desvantagem da operação em malha fechada é a possibilidade de perda de estabilidade causada, em geral, por ganhos elevados, como ocorreria, por exemplo, caso um motorista, dirigindo seu carro em uma estrada, aplicasse correções acentuadas de direção sempre que notasse algum erro de rumo. No entanto, nesse caso, o controle em malha aberta seria impraticável, já que haveria a necessidade do conhecimento prévio de toda a trajetória.

1.2.8 CONTROLADOR

Controlador é um instrumento cuja saída se altera para regular uma variável controlada. Sua função é manter automaticamente uma variável do processo em um valor desejado por meio de um sinal de saída continuamente variável. Ele pode ser um instrumento separado, analógico ou digital, ou pode ser o equivalente desse instrumento em um sistema digital de controle compartilhado. Os controladores são usualmente classificados segundo a forma de energia que usam, isto é, elétrica, hidráulica, pneumática, mecânica etc.

Em um controlador, a modificação da saída é automática em resposta a uma variável de processo medida. Como exemplo, considere a geladeira doméstica, em que o usuário escolhe um nível de "frio" por meio de um botão e a temperatura se mantém aproximadamente constante, a despeito de perturbações externas, como variações da temperatura ambiente, entrada de massa de ar quente provocada pela abertura de porta, armazenamento de alimentos à temperatura ambiente etc. Em um controlador em manual ou em estação de comando manual, a saída só pode ser alterada por ajuste manual.

1.3 EVOLUÇÃO HISTÓRICA DOS SISTEMAS DE CONTROLE DE PROCESSOS

Nos últimos oitenta anos, as técnicas de controle na indústria de processos evoluíram muito, tendo como responsáveis dois fatores: as necessidades do usuário e os avanços tecnológicos. Um dos fatores que influenciou nas necessidades do usuário foi o aumento no tamanho e na complexidade dos processos industriais, bem como o custo da matéria-prima e da energia para processá-la. Os enormes avanços tecnológicos dos últimos anos permitiram a evolução até os sistemas de otimização integrados de uma planta industrial.

Esta seção está dividida em duas partes: uma relativa à instrumentação analógica e a outra, à instrumentação digital.

1.3.1 INSTRUMENTAÇÃO ANALÓGICA

1.3.1.1 Medição local e controle manual

A Revolução Industrial começou na segunda metade do século XVIII, na Inglaterra, com o surgimento da máquina a vapor. Nessa época, em 1775, James Watt criou um mecanismo (regulador de Watt) para regular a velocidade dessas máquinas. Esse trabalho é considerado como uma das primeiras aplicações da realimentação, um elemento essencial no controle automático. Na segunda metade do século XIX e início do século XX, foram lançados no mercado os indicadores locais (termômetros de mercúrio, manômetros tipo Bourdon, colunas em U) usados em controle manual local. Alguns instrumentos dessa época são usados até hoje, como o primeiro tubo Venturi industrial, feito por Clemens Herschel no final do século XIX, e a primeira placa de orifício, construída em 1903, nos Estados Unidos, por T. R. Weymouth com tomadas *flange taps*. Então, lentamente, começaram a surgir outros instrumentos que usavam a realimentação para o controle de processos industriais, todos eles puramente mecânicos. No entanto, até 1930, o controle de processos se resumia a esporádicas tentativas individuais, sem obedecer a teorias ou princípios definidos, pois eram poucas as indústrias a serem servidas ou interessadas no tema. Nessa época, realmente havia controle distribuído com uma filosofia similar à de hoje, pois os operadores e os instrumentos eram todos distribuídos pela planta e os ajustes eram manuais.

1.3.1.2 Controle local

Durante a década de 1930, foram criados os primeiros dispositivos mecânicos de controle local, usados em instrumentos conhecidos como "caixa-preta" ou "caixa grande" em virtude de suas dimensões, $\cong 420$ mm $\times$ 350 mm $\times$ 140 mm. Esses instrumentos recebiam dentro de si o fluido de processo (nos casos de medição de vazão, pressão ou nível) ou operavam com sistemas termais (no caso de medição de temperatura). Eles eram totalmente mecânicos, dispensando alimentação pneumática ou elétrica. Não havia ainda a transmissão de sinais. Em 1933, a Taylor Instrument Company, empresa fundada em 1857 e atualmente parte da ABB, introduziu o modelo Fulscope 56R, o primeiro controlador pneumático com modo proporcional do mundo. Em 1934-1935, a Foxboro Company, atualmente parte do grupo Schneider, lançou o controlador pneumático modelo 40, o primeiro controlador proporcional-integral do mercado. Em 1940, a Taylor lançou o modelo Fulscope 100, o primeiro controlador pneumático a operar no modo proporcional-integral-derivativo (PID).

O conceito de "controle distribuído" surgiu com os controladores do tipo "caixa grande", que eram fisicamente espalhados pela planta. Os elementos individuais de controle, como reguladores mecânicos, eram localizados próximos aos equipamentos de processo a serem controlados. As ações típicas de controle eram executadas localmente pelos operadores, e a total "integração" entre controle e operação da planta se baseava, praticamente, na troca de informações verbais. Esses procedimentos eram viáveis pois as plantas eram geograficamente pequenas, e os processos, poucos complexos. No final da década de 1920 surgiram os controladores pneumáticos de conexão direta ao processo, porém, a filosofia de operação não foi alterada: controlador e interface com o operador permaneciam no campo.

Na década de 1930 houve um aumento no tamanho das plantas e na complexidade dos processos a serem controlados. A necessidade de melhorar a operação global da planta disparou um movimento no sentido das salas de controle centralizadas, que somente se tornou possível com o surgimento da transmissão pneumática, em que as variáveis de processos eram convertidas em sinais pneumáticos padronizados e transmitidos até a sala de controle, onde eram manipulados, e o resultado, retransmitido até os atuadores no processo. A grande vantagem dessa filosofia era que todas as informações importantes referentes a um dado processo estavam agrupadas, permitindo análise e ação mais precisas do ponto de vista econômico.

1.3.1.3 Transmissão pneumática e eletrônica

Na primeira metade da década de 1940, foram desenvolvidos instrumentos usando técnicas pneumáticas. Graças à transmissão pneumática, os instrumentos não recebiam mais dentro de si o fluido de processo e podiam ser montados a uma certa distância (até 50 m ou 60 m) do transmissor. Assim, surgiram as primeiras salas de controle. Os instrumentos ainda eram do tipo "caixa grande". Durante a Segunda Guerra Mundial, controladores pneumáticos PID estabilizaram servomecanismos de controle de tiro de armas de fogo, bem como auxiliaram a produzir borracha sintética, combustível de aviação de alta octanagem e U-235 para criar a primeira bomba atômica (VAN-DOREN, 2003). Na segunda metade da década de 1940, houve um significativo avanço tecnológico em virtude da guerra, o que levou ao surgimento da transmissão eletrônica.

A transmissão eletrônica permitiu substituir os sinais pneumáticos por elétricos e eliminou os atrasos inerentes aos sistemas pneumáticos. Um passo importante na tecnologia eletrônica analógica foi o surgimento dos sistemas de "arquitetura dividida", em que a parte responsável pela interface com o operador era montada no painel da sala de controle, e toda a parte eletrônica responsável pela manipulação de sinais e execução dos cálculos e controles era alocada em armários em uma sala auxiliar anexa. A alta velocidade da transmissão eletrônica tornou possível um maior distanciamento da sala de controle da área de processo em relação à tecnologia pneumática. As salas de controle típicas da década de 1950 continham grandes painéis separados para cada unidade da planta. Havia ainda painéis de alarmes.

1.3.1.4 Miniaturização dos instrumentos

Na década de 1950, e, em particular, a partir de 1954, com o advento dos circuitos a semicondutores, a instrumentação eletrônica tomou um grande impulso. Durante essa década, reduziu-se o tamanho dos instrumentos pneumáticos/eletrônicos de painel para 6×6 polegadas e, em seguida, para 3×6 polegadas, diminuindo a dimensão dos painéis. Esse avanço viabilizou-se pelo uso de componentes a semicondutores (principalmente amplificadores operacionais) e circuitos impressos (pneumáticos e eletrônicos). Em 1951, a Swartwout Company, atualmente parte da Prime Measurement Products, introduziu a linha Autronic, com os primeiros controladores eletrônicos baseados em tecnologia de tubos a vácuo. Em 1959, a Bailey Meter Company, atualmente parte da ABB, lançou o primeiro controlador eletrônico totalmente baseado em estado sólido. Os componentes eletrônicos em estado sólido usam semicondutores, como transistores e diodos. Em 1969, a Honeywell introduziu a linha Vutronik de controladores com a ação derivativa calculada a partir do valor negativo da variável controlada em vez do erro, visando eliminar o salto derivativo (ver detalhes no Capítulo 7). A miniaturização atingiu seu auge na década de 1970 com os instrumentos de 1×6 polegadas e arquitetura dividida, em que a indicação era feita no frontal dos painéis de controle e o controle propriamente dito era executado em um armário (*rack*) auxiliar.

1.3.2 INSTRUMENTAÇÃO DIGITAL

A década de 1960 viu surgirem os sistemas digitais de controle. Durante aproximadamente vinte anos, as aplicações de controle digital foram do tipo controle centraliza-

Introdução e definições gerais 31

do, ou seja, com o computador reunindo todas as suas tarefas em um único processador, eventualmente redundante. Os computadores foram usados de três modos, e, para ilustrá-los, utiliza-se o esquema da Figura 1.5, que corresponde a uma malha típica de controle por realimentação.

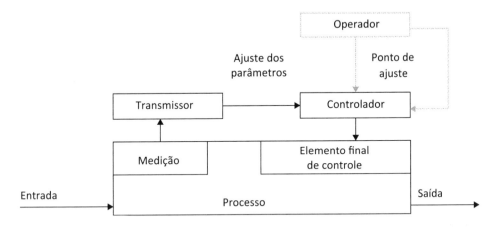

Figura 1.5 – Malha típica de controle por realimentação.

As primeiras tentativas de uso de computadores em instalações industriais foram em funções de monitoração (sem controle de malha fechada), por meio dos **sistemas digitais de aquisição de dados** (DAS – *data acquisition systems*) ou *data loggers*, que coletavam dados do processo e os emitiam como relatórios periódicos (ver Figura 1.6).

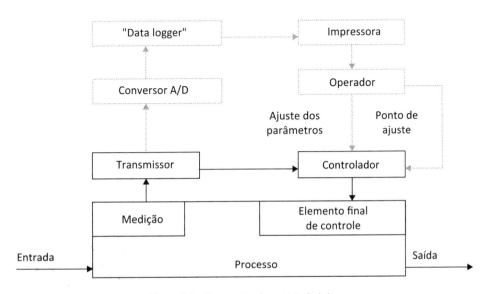

Figura 1.6 – Sistema típico de aquisição de dados.

Havia *data loggers* que chegavam, inclusive, a efetuar cálculos, determinando alterações na operação da planta, como modificações em equipamentos, em parâmetros ou nos pontos de ajuste dos controladores. Nesse caso, o computador não exerce controle direto, mas agia por meio do operador, caracterizando um sistema de malha aberta. A primeira aplicação industrial de um sistema digital de aquisição de dados para monitoração da planta foi na termoelétrica de Strerlington, Louisiana, em setembro de 1958.

Outra aplicação de controle por computador, em que há comunicação direta entre o computador e o processo, é chamada de **controle supervisório** ou **controle do valor desejado** (SPC – *set point control*). Nesse sistema, o computador recebe os sinais dos instrumentos de medição, calcula as melhores condições de operação e, automaticamente, ajusta o valor de referência dos controladores, correspondendo às condições de maior eficiência da planta. Os sinais eram enviados diretamente aos controladores ou, então, aos operadores, que deviam inseri-los nos controladores, conforme a Figura 1.7.

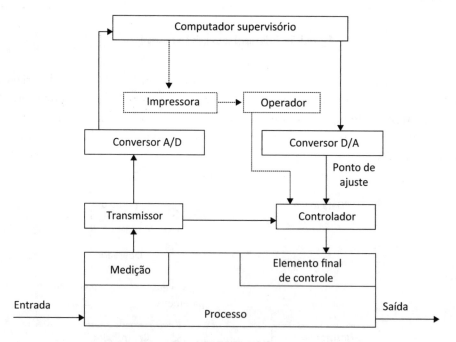

Figura 1.7 – Sistema de controle supervisório (SPC – *set point control*).

A primeira aplicação industrial de um sistema SPC foi na refinaria de Port Arthur (Texaco), Texas, com um computador RW300 da empresa Ramo-Wooldridge (hoje TRW), implantado em março de 1959. A primeira planta química com um sistema SPC foi a planta de amônia da Monsanto em Luling, Louisiana, com partida em abril de 1960. Logo em seguida, veio a planta de acrilonitrato da B. F. Goodrich em Calvert, Kentucky, ambas com computador RW300. A primeira termoelétrica com um sistema

SPC foi instalada em Huntington Beach, Califórnia, com computador GE-310 da General Electric, que partiu em 1961. A primeira planta siderúrgica a usar um SPC foi a Great Lakes Steel Co., em Detroit, Michigan, com partida também em 1961.

Outra aplicação de controle por computador é o controle digital direto (DDC – *direct digital control*), em que o computador substitui os controladores, recebendo diretamente os sinais das variáveis de processo, executando os algoritmos de controle e enviando os sinais de atuação aos elementos finais de controle, como mostra a Figura 1.8.

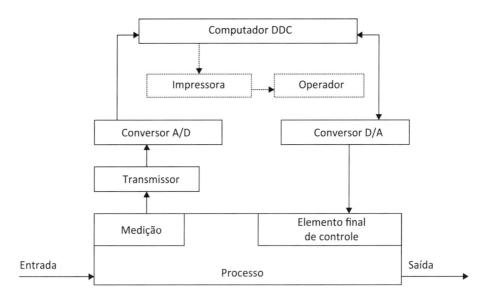

Figura 1.8 – Sistema de controle DDC (*direct digital control*).

Embora a Figura 1.8 mostre apenas uma malha, o computador é compartilhado no tempo entre muitas malhas de controle, em um ciclo contínuo de varredura das diversas malhas a ele acopladas. O DDC é, na realidade, o que se pode chamar de um controle digital concentrado, por haver um único computador controlando digitalmente várias malhas. O inconveniente desse tipo de aplicação é que, em caso de falha do computador, perde-se o controle da planta e corre-se todos os riscos associados a esse evento. Nos casos de controle supervisório e de controle digital direto, o computador fecha a malha de controle, permitindo otimizações, modelagens ou execução de funções de controle especiais normalmente não disponíveis nos sistemas analógicos convencionais.

As primeiras aplicações industriais do DDC ocorreram em 1962, uma na ICI (Imperial Chemical Industries), na Inglaterra, em uma planta de soda, usando um computador ARGUS100 da Ferranti, e a outra em um uma planta de etileno da Monsanto no Texas, para controlar duas colunas de destilação, usando um computador RW300. Outro sistema DDC foi instalado em uma petroquímica em 1963 e, por questões de segurança, foi mantido todo o painel analógico como *backup* no caso de o computador falhar, pois na época sua confiabilidade era baixa. Esse sistema tinha o problema de centralizar suas tarefas em uma única CPU (unidade central de processamento) e, em caso de falha, a consequência era a parada de tudo o que estivesse rodando no computador. Para solucionar esse problema, era preciso utilizar todo o painel analógico como *backup* ou outro computador idêntico como *hot standby*, o que inviabilizava economicamente o projeto de controle.

Até 1964, todas as grandes empresas norte-americanas já haviam tentado pelo menos uma aplicação de controle digital por computador. A primeira tentativa no Brasil de usar um computador no controle de processos industriais ocorreu na planta de produção de eteno e acetileno da Union Carbide em Cubatão, São Paulo, em 1971. A ideia era produzir esses dois produtos usando tecnologia própria (processo Wulff). Foram usados computadores da Westinghouse, mas, ao colocar em operação a unidade, o processo não funcionou a contento e o eteno gerado ficou fora das especificações. A unidade foi desativada pouco tempo depois (VALSANI, 1988).

As tentativas de implantar controle de processos por computador na década de 1960 e meados da década de 1970 não obtiveram os resultados esperados, principalmente pelos seguintes motivos:

- preço excessivamente alto (tanto do *hardware* como do *software*);

- falta de confiabilidade (necessidade de *backup* analógico ou redundância de computadores, aumentando o custo da instalação);

- no caso do DDC, concentrava-se a responsabilidade de operação da planta em um único equipamento.

As configurações SPC e DDC apresentaram vantagens inegáveis, mas também trouxeram preocupações quanto à confiabilidade, tanto em nível de *hardware* como de *software*. Apesar dos custos de *hardware* decrescentes, os custos de programação, por seu caráter de especialidade por aplicação, vinham crescendo assustadoramente. Se, de um lado, o usuário não queria abrir mão das potencialidades que os computadores lhe ofereciam, por outro lado, ele procurava evitar riscos inerentes que essa tecnologia ainda não estava em condições de eliminar. Foi com o surgimento das técnicas de microcircuitos e, em especial, dos microprocessadores, que os fabricantes de sistemas se motivaram a desenvolver novos conceitos em equipamentos para controle de processos.

Surgiu, então, a ideia de se ter um **sistema digital de controle distribuído (SDCD)**, em que se teria um computador controlando cada variável (*single loop integrity*) ou um grupo pequeno de variáveis. O SDCD, na realidade, retorna conceitualmente ao início da era do controle automático, pois, nessa época, a inteligência era fisicamente distribuída pela planta nos operadores, que monitoravam a indicação local de algum instrumento e acionavam manualmente algum elemento final de controle. Atualmente, essa distribuição de inteligência é executada por meio dos microprocessadores, que,

Introdução e definições gerais

mesmo estando concentrados na própria sala de controle, recebem os sinais provenientes do campo e os processam, em pequenos grupos ou mesmo individualmente, retornando ao campo os sinais de atuação para os elementos finais de controle. Com o SDCD, o controle é distribuído e apenas a supervisão da planta é centralizada nas telas dos consoles de operação na sala de controle. O SDCD é, basicamente, composto por quatro elementos: estação de operação, estação de controle, interface com o computador de processo e via comunicação de dados.

Esse conceito de controle distribuído tornou-se viável a partir da década de 1970, com o advento dos microprocessadores. No início dessa década, surgiram os circuitos integrados LSI, com a compactação de milhares de circuitos em uma única pastilha (*chip*). Em seguida, apareceram os microprocessadores (o 8080 da Intel é de 1974, e o Z80 da Zilog é de 1976), barateando ainda mais os sistemas digitais.

A Honeywell (Estados Unidos), a Yokogawa (Japão) e a Controle Bailey (França) iniciaram estudos para um novo sistema de controle digital, descentralizando as funções, melhorando a confiabilidade, reduzindo os custos e diminuindo o gigantismo dos painéis convencionais. A Honeywell saiu na frente (1975), lançando o famoso TDC-2000, que chegou a controlar cerca de 200.000 malhas em todo o mundo.

O ano de 1975 marca o início da utilização do SDCD, com lançamentos quase simultâneos na Europa, nos Estados Unidos e no Japão. Com a distribuição da inteligência, viabilizada pelo baixo custo dos microprocessadores, atingiu-se uma confiabilidade similar aos sistemas analógicos, ao mesmo tempo que se oferecia toda a potencialidade dos sistemas digitais, especialmente sua flexibilidade, conferida pelas funções reprogramáveis. Aos SDCD, juntaram-se desenvolvimentos importantes em controle sequencial e combinatório (intertravamentos), dispondo-se de equipamentos designados como controladores lógicos programáveis (CLP).

O CLP foi criado em resposta à demanda da indústria automotiva norte-americana. Antes do CLP, a lógica de intertravamento e sequenciamento para segurança e controle na produção de automóveis era realizada por relés, temporizadores e controladores dedicados. O procedimento de atualização de tais equipamentos para que se adaptassem aos novos modelos de automóveis lançados anualmente demandava um tempo enorme e era muito caro, pois era comum a necessidade de se fiar novamente o sistema de segurança e controle.

Em 1968, a GM Hydramatic (divisão de transmissão automática da General Motors) lançou uma solicitação de propostas para um sistema eletrônico que pudesse substituir os sistemas de relés e temporizadores. A proposta vencedora foi da Bedford Associates de Boston, Massachusetts. O primeiro CLP foi intitulado 084, pois se tratava do 84º projeto da Bedford. Essa empresa criou uma nova companhia dedicada a desenvolver, produzir, vender e prestar serviços a esse novo produto. Essa nova empresa foi chamada Modicon (Modular Digital Controller). Uma das pessoas que trabalhou nesse projeto foi Dick Morley, considerado o "pai" dos CLP. A marca Modicon foi vendida em 1977 para a Gould Electronics, depois, para a empresa alemã AEG e, posteriormente, para a Schneider Electric, sua atual proprietária.

Os CLP, também conhecidos como PLC (*programmable logic controllers*) ou PC (controladores programáveis) são pequenos computadores usados para automação de processos industriais. Em vez de usarem um computador de uso geral, os CLP são projetados para suportar condições adversas, como temperaturas elevadas por longos períodos de tempo, atmosferas com poeira ou pó, imunidade a ruído elétrico e resistência à vibração e impactos. Ele é um sistema que opera em tempo real, pois as saídas devem ser geradas em resposta às entradas dentro de limites de tempo bem restritos. Os CLP surgiram para substituir os painéis com relés, diminuindo assim o alto consumo de energia, a difícil manutenção, a complicada modificação de comandos e as custosas alterações na fiação. Atualmente, um único CLP pode substituir milhares de relés e temporizadores. Os CLP estão bem adaptados a uma certa gama de tarefas de automação, as quais são tipicamente processos industriais de manufatura. O problema central em um projeto normalmente é expressar a sequência desejada de operações.

Alguns CLP modernos, bastante poderosos, estão disponíveis por poucas centenas de reais. Isso os torna economicamente viáveis para aplicações em pequenos sistemas de controle. No entanto, para processos cujo controle é muito complexo, como os empregados em algumas indústrias químicas ou petroquímicas, podem ser requeridos algoritmos e desempenho acima da capacidade mesmo dos CLP mais sofisticados. Sistemas de controle com velocidades extremamente altas, como o controle de voo em aviões, podem exigir soluções customizadas.

Os principais fornecedores mundiais de CLP são: ABB, Koyo, Honeywell, Modicon (Schneider), Allen Bradley (Rockwell), Omron, General Electric Fanuc, Siemens, Mitsubishi, Tesco Controls e Panasonic (Matshushita). Já no Brasil, há a Atos e a Altus.

O início dos anos 1980 foi marcado pela introdução dos controladores digitais de malha única (SLC – *single loop controllers*), decorrência da contínua redução do preço dos microprocessadores. Esse tipo de controlador comporta-se exatamente como o analógico. A diferença fundamental está na capacidade muito maior de realizar funções, podendo ter: ganho linear, ganho adaptativo, *bias*, linearização, relação, compensação de vazão, alarmes, extração de raiz quadrada, limites cruzados etc. Qualquer uma dessas funções pode ser inserida na malha por meio de programação do controlador.

O SLC se apresenta de forma extremamente parecida com um controlador analógico, com algumas melhorias, como a apresentação analógica (*bar graphs*) e numérica das variáveis, a minimização de peças móveis etc. Nos SLC, é geralmente possível agrupar muitas funções que seriam executadas por módulos individuais em instrumentação analógica convencional. Além do algoritmo de controle propriamente dito, funções lógicas, aritméticas e de controle auxiliar são reunidas no mesmo instrumento, geridas por um único microprocessador. Atualmente, há fabricantes que colocam diversas malhas de controle no mesmo instrumento (até quatro), constituindo os MLC (*multi-loop controller*).

Em termos da cronologia do desenvolvimento de controladores digitais de malha única, em 1964, a Taylor Instruments lançou o primeiro controlador digital SLC, mas não promoveu uma comercialização agressiva do mesmo. Em 1975, a Process Systems, atualmente MICON Systems, introduziu o controlador P-200, o primeiro controlador PID baseado em microprocessador (VANDOREN, 2003).

Além dos SDCD de grande porte, destinados ao controle de processos de médio e grande porte, existem configurações reduzidas, que condizem com instalações de menor porte. Nos SDCD reduzidos, utilizam-se, basicamente, controladores do tipo SLC para executar os algoritmos de controle, interliga-se esses controladores por meio de um acoplamento cablado e emprega-se uma IHM (interface homem/máquina) simplificada, utilizando normalmente microcomputadores compatíveis com PC. O sistema assim reduzido permanece distribuído funcionalmente e possui muitas das vantagens da instrumentação digital, principalmente na riqueza dos algoritmos de controle disponíveis.

A título de curiosidade, em 1980, apesar de todo o avanço da indústria eletrônica analógica e digital, cerca de 50% dos instrumentos vendidos nos Estados Unidos ainda eram pneumáticos. No Brasil, em pesquisa feita pela Abiquim (Associação Brasileira da Indústria Química e de Produtos Derivados) no início de 1986 junto às indústrias do ramo químico, constatou-se que metade delas ainda operava com instrumentação pneumática.

Na transmissão dos sinais entre transmissores, controladores e atuadores, a primeira forma de comunicação foi via sinais pneumáticos, que operavam com ar comprimido em uma tubulação de aço inox ou vinil de 1/4 a 3/8 polegadas. Em seguida, surgiu a transmissão eletrônica analógica, em que um par de fios de cobre conduzia um sinal em corrente ou tensão. A confiabilidade e a segurança com a transmissão de 4 mA a 20 mA fizeram com que esta se tornasse o padrão para a transmissão de sinais. Por muito tempo, o envio de apenas uma informação (a variável medida) por instrumento foi suficiente para as indústrias.

A partir de 1982, iniciou-se o desenvolvimento de uma tecnologia denominada *fieldbus*, que consiste basicamente em um barramento de comunicação digital para interligar, por meio de um simples par de fios, equipamentos de controle de campo e sala de controle. Estes consistem em transmissores inteligentes equipados com microprocessadores, que podem executar uma série de funções: autodiagnóstico, algoritmos matemáticos e de controle PID, totalização etc. As principais vantagens dessa tecnologia consistem na redução do custo da fiação e na eliminação da estação de controle.

Em 1986, surgiu o protocolo HART (*highway addressable remote transducer*), que permitiu sobrepor um sinal digital sobre o analógico e foi uma forma de comunicação bastante usada pelos fabricantes de instrumentos. O padrão de comunicação passou de puramente analógico para digital e, com isso, mais de uma informação podia ser transmitida por instrumento. O HART é um protocolo especialmente desenvolvido para instrumentação industrial, que permite a comunicação digital pela malha de controle simultaneamente com a comunicação analógica de 4 mA a 20 mA. Uma de suas vantagens, portanto, é manter-se compatível com a fiação já existente, pois a comunicação digital ocorre sobre a mesma malha analógica, sem, no entanto, prejudicar o sinal analógico padrão. Esse protocolo fornece diversas informações sobre o instrumento (valores de calibração, data da última calibração, qualidade da medida e defeito no próprio instrumento, dentre outros), e não somente a variável medida. Neste caso, o sinal analógico, com sua maior velocidade de atualização, continua sendo usado para controle. A comunicação digital fornece ao usuário informações sobre processo, diagnóstico e manutenção do instrumento, além de possibilitar ao usuário o acesso remoto ao instrumento (proporcionando, por exemplo, a mudança de calibração). É o que se define como **instrumento inteligente**.

Com isso, a indústria não somente automatizava a unidade, em termos de controle das malhas, mas passou a monitorar os seus ativos, podendo prever manutenção e substituição de partes defeituosas antes de elas virarem possíveis falhas. Até meados dos anos 1990, essa transmissão digital superimposta ao sinal analógico reinou absoluta, quando foi implantada a primeira rede puramente digital de instrumentos de campo. Essa evolução trouxe economia nas instalações e na capacidade de ampliação do parque instalado nas indústrias de processo, bem como uma maior quantidade e qualidade de informações obtidas dos instrumentos. Nos últimos anos, foram criadas formas de comunicação digital com os instrumentos de campo, e, atualmente, a comunicação digital com os instrumentos inteligentes de campo usa não só o protocolo HART, mas também redes locais tipo *fieldbus*. Atualmente, há dezenas de protocolos digitais de comunicação de rede; os de maior destaque são: Modbus-RTU, Profibus DP e Fieldbus Foundation. Dentre essas redes locais, uma bastante conhecida e já padronizada é a *Fieldbus* da Fieldbus Foundation, que é um elo de comunicação serial e digital entre os equipamentos de automação primários, localizados junto ao processo e ao nível de controle imediatamente superior, na sala de controle. Os equipamentos de automação primários normalmente possuem uma capacidade reduzida de processamento, realizada por meio de microprocessadores ou microcontroladores. A *fieldbus* pretende atender tanto processos discretos quanto contínuos, unificando as duas áreas em um único padrão.

Os transmissores digitais microprocessados, conhecidos como **transmissores inteligentes**, foram lançados no mercado por volta de 1985 e podem se comunicar digitalmente, ser calibrados à distância, incluindo opções de cálculo local (como extração de raiz quadrada), e até mesmo executar algoritmos PID, dispensando os controladores. Existem também as válvulas inteligentes que dispõem de posicionadores microprocessados. Os instrumentos de campo microprocessados têm as seguintes características:

- confiabilidade e precisão das medidas ampliadas;
- função de autodiagnóstico incorporada;
- verificação e calibração remotas;
- capacidade de processamento de dados (alguns dispõem do algoritmo PID).

Enquanto as décadas de 1970 e 1980 foram dominadas por sistemas proprietários, na década de 1990 houve uma revolução do *hardware* por meio dos sistemas abertos (*open system architecture*). Um dos impulsionadores da tecnologia dos sistemas abertos foi a programação orientada a objeto (OOP – *object oriented programming*), estruturada de forma que módulos do programa pudessem ser usados diversas vezes, economizando tempo de programação e tornando o *software* mais confiável. Por meio da programação orientada a objeto, a Microsoft desenvolveu o sistema operacional Windows, que promoveu o conceito de sistemas abertos em aplicações de controle de processos.

Os sistemas digitais de controle continuam evoluindo, e essa evolução tem gerado, desde 1995, um novo conceito de SDCD. Trata-se de sistemas com recursos mais avançados que os SDCD tradicionais, incluindo as seguintes facilidades adicionais:

- algoritmos de controle avançado (controle preditivo, controle *fuzzy*, PID autoajustável etc.) já incorporados no sistema;

- algoritmos para análise estatística de certas variáveis do processo, por exemplo, a variabilidade (oscilações da variável controlada em torno do valor de referência);

- *softwares* de diagnóstico que se comunicam com os instrumentos inteligentes de campo (válvulas e transmissores), permitindo que se executem, inclusive, programas de manutenção preditiva em função dos desgastes verificados nos instrumentos.

Para a maioria das aplicações de automação industrial, as redes que interligam sensores, controladores e atuadores utilizam cabeamento para se comunicar. No entanto, ao se usar cabos para interligar dispositivos espalhados a longas distâncias, deve-se considerar o custo dessa instalação (cabos, eletrodutos, condolentes, suportes, mão de obra etc.). Levando-se em conta um elevado número de sensores e atuadores, comuns em instalações industriais, pode-se supor que normalmente o uso de cabos leva a problemas de manutenção com o passar do tempo. A **comunicação sem fio** ou ***wireless*** (via rádio) tornou-se uma ótima opção, reduzindo o custo da instalação e eliminando pontos sujeitos a manutenção, sendo a última grande evolução na automação de processos industriais.

A tecnologia de transmissão industrial sem fio pode ser considerada um desdobramento dos atuais protocolos comerciais, como o Wi-Fi e o Bluetooth, pois eles possuem a mesma estrutura de transmissão baseada nas camadas ISO-OSI (estrutura de camadas na qual foram desenvolvidas as redes fiada e sem fio), as mesmas frequências de operação e as técnicas de espalhamento espectral. Entretanto, essa tecnologia apresenta as vantagens de ser otimizada para a indústria, preocupando-se com questões como segurança operacional, consumo de energia, custo e confiabilidade (RIEGO, 2009). Essa nova classe de rede de sensores sem fio (*wireless sensor network*) teve um desenvolvimento considerável recentemente. Ela consiste basicamente em nós individuais que são capazes de interagir entre si, medindo, monitorando ou controlando variáveis de processos industriais. Essas redes sem fio são atraentes e capazes de se adaptar a diversas áreas de aplicação da automação, além da industrial. A automação predial, por exemplo, recebe muito bem essa tecnologia, sem esquecer da parte da medição de consumo residencial (água, gás, eletricidade), por meio de medidores dotados dessa tecnologia, permitindo a leitura do consumo à distância com rapidez e segurança.

Entre os ganhos obteníveis, há a redução de custos de instalação, manutenção e gerenciamento da rede. Dentre os desafios a serem superados, há a insegurança dos usuários frente a essa nova tecnologia, conforme citado em Schweitzer (2008): "os usuários ainda estão confusos quanto às potencialidades e às ciladas que um mundo *wireless* pode oferecer". Por se tratar de tecnologia ainda muito nova, as redes industriais sem fio estão em fase de consolidação de normatização e aceitação no mercado. Na atualidade, despontam as normas ISA100.11a e WirelessHART para protocolos de comunicação de redes sem fio, como as que possuem aceitação no mercado industrial e que tentam uma forma de coexistir, buscando para isso a interoperabilidade entre elas. Ressalta-se que todos os tipos de transmissão (exceto a pneumática, que praticamente está extinta) perduram até hoje, instalados nas indústrias de processo ao redor do mundo, e a transmissão sem fio já aparece funcionando em algumas aplicações (RIEGO, 2009).

1.3.3 RESUMO DOS EVENTOS MAIS IMPORTANTES NA EVOLUÇÃO DO CONTROLE DE PROCESSOS

A Tabela 1.1 resume os eventos mais importantes na evolução do controle na indústria de processos.

Tabela 1.1 – Evolução dos sistemas de controle

DATA	EVENTO
1934	Comercialização pela Foxboro do primeiro controlador PI
1935	Controladores pneumáticos locais tipo "caixa grande" dominam o mercado
1938	Surgem os transmissores pneumáticos, tornando possível as salas de controle centralizadas
1958	Os primeiros controladores eletrônicos são apresentados no "ISA's 13th Annual Show" na Filadélfia; surgimento do primeiro computador para monitoração na área de energia elétrica
1959	Primeiro computador supervisório em refinaria
1963	Instalado o primeiro sistema de controle DDC
1970	Surge no mercado o primeiro CLP; a venda da instrumentação eletrônica ultrapassa a pneumática
1975	Surgem no mercado os primeiros SDCD: Yokogawa (Centum) e Honeywell (TDC 2000)
1981	O primeiro controlador autossintonizável é comercializado pela Leeds Northrup
1982	Início do desenvolvimento da tecnologia *fieldbus*
1990	Início do desenvolvimento dos sistemas abertos: *open system architecture*

REFERÊNCIAS

RIEGO, H. B. **Redes sem fio na indústria de processos**: oportunidades e desafios. 2009. 101 f. Dissertação (Mestrado em Engenharia) – Escola Politécnica da Universidade de São Paulo, São Paulo, 2009.

SCHWEITZER, P. A bela e a fera. **Revista Intech**, São Paulo, n. 101, p. 28-30, 2008.

VALSANI, F. **Polietileno**: 30 anos de Brasil. São Paulo: Rios, 1988.

VANDOREN, V. J. More than 60 years after the introduction of proportional-integral-derivative controllers, they remain the workhorse of industrial process control. **Control Engineering**, Oak Brook, n. 10, out. 2003.

CAPÍTULO 2
A MALHA DE CONTROLE POR REALIMENTAÇÃO

Considere que se deseje controlar manualmente a temperatura do fluido que sai de um aquecedor de água (trocador de calor), como mostra a Figura 2.1.

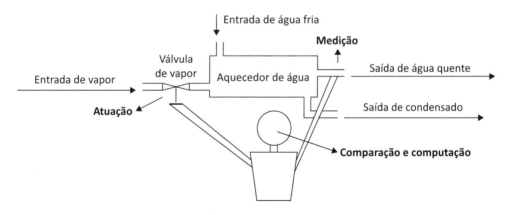

Figura 2.1 – Malha de controle manual de um aquecedor de água.

As seguintes operações devem ser executadas pelo operador humano:
- sentir a temperatura: medição;
- comparar com o que se deseja: comparação;
- pensar no que fazer para que a temperatura seja a que se deseja: computação;
- atuar na válvula de vapor, efetuando a correção: atuação.

Em uma malha típica de controle de processos por realimentação, as mesmas funções devem ser desempenhadas:

- medição: realizada pelos sensores e transmissores. Corresponde a medir uma ou mais variáveis de saída do processo;
- comparação: realizada pelos controladores. Corresponde a comparar o valor medido da variável controlada com o valor desejado;
- computação: feita pelos controladores. Equivale a executar o algoritmo de controle;
- atuação: feita pelos elementos finais de controle (geralmente válvulas no caso de processos industriais). Equivale a manipular uma das variáveis de entrada do processo.

2.1 CONTROLE POR REALIMENTAÇÃO (*FEEDBACK*)

O intuito de qualquer forma de controle de processos é manter a **variável controlada** no **valor de referência**, **valor desejado** ou *set point* em meio a **distúrbios** ou **perturbações** existentes. A regulação via realimentação é conseguida medindo-se a variável controlada c e agindo-se em outra variável de processo, a qual pode ser manipulada, intitulada **variável manipulada** m, com uma intensidade que é função do valor do desvio e entre o valor desejado e a variável controlada ($e = r-c$), como mostra a Figura 2.2.

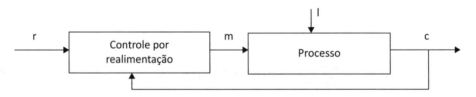

Figura 2.2 – Malha típica de controle por realimentação.

Legenda: r = valor de referência (*set point*); m = variável manipulada; c = variável controlada; l = variável de perturbação ou de carga.

Dois pontos relevantes devem ser observados ao se usar o controle por realimentação:

- as variáveis de perturbação não são medidas;
- a realimentação deve ser **negativa** para que a ação corretiva tomada pelo controlador tenda a levar a variável controlada ao valor desejado. A realimentação negativa é fundamental para o controle de uma malha e é abordada na Seção 2.2.

O controle por realimentação é a técnica mais usada nas indústrias de processo e, sem dúvida, a mais estudada e explorada. Sua principal vantagem é que a ação corretiva surge tão logo a variável controlada se afasta do valor desejado, independentemente da fonte e do tipo da perturbação. A habilidade de manipular perturbações não medidas é a principal razão da ampla utilização desses controladores em indústrias de processo.

As principais vantagens do controle por realimentação são:
- redução da sensibilidade a variações na planta;
- rejeição de perturbações;
- melhoria da resposta transitória;
- estabilização de sistemas instáveis em malha aberta.

Mas o controle por realimentação tem certas desvantagens (SEBORG; EDGAR; MELLICHAMP, 2010):
- deve existir um desvio para que o controlador atue, isto é, não há nenhuma ação corretiva até que alguma perturbação afete o processo e afaste a variável controlada do valor desejado. Assim, por sua própria natureza, o controle por realimentação não executa controle perfeito, pois a variável controlada deve se afastar do valor desejado em virtude de perturbações na carga ou no valor desejado antes de a ação corretiva ocorrer;
- o controle por realimentação não provê controle preditivo para compensar os efeitos de perturbações conhecidas ou mensuráveis;
- se grandes perturbações são frequentes, o processo pode operar continuamente em estado transitório e nunca atingir o estado estacionário desejado;
- em algumas aplicações, a variável controlada pode não ser mensurável online e, consequentemente, o controle por realimentação não é viável.

2.1.1 REPRESENTAÇÃO DE MALHAS DE CONTROLE POR REALIMENTAÇÃO

Há dois modos de representar uma malha típica de controle de processos por realimentação, incluindo a instrumentação responsável pela medição e pela atuação:
- enfoque do diagrama de fluxo de sinais usado em teoria de controle, como mostra a Figura 2.3.

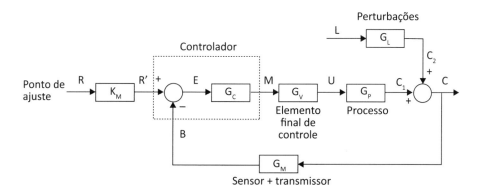

Figura 2.3 – Diagrama do fluxo de sinais usado em teoria de controle.

- enfoque da prática industrial, enfatizando o processo e o fluxo de matéria/energia através dela, como apresenta a Figura 2.4.

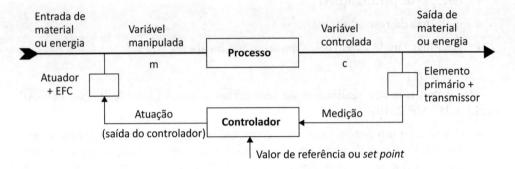

Figura 2.4 – Diagrama do fluxo de sinais e matéria/energia usado na prática industrial.

Vale observar que, neste livro, são usadas letras minúsculas para designar variáveis no domínio do tempo t e letras maiúsculas para designar variáveis no domínio da variável complexa s.

O diagrama de fluxo de sinais mostrado na Figura 2.3, que representa um sistema típico de controle de processos por realimentação, incluindo a instrumentação responsável pela medição e pela atuação, pode ser apresentado de três formas alternativas e equivalentes, como indicam as Figuras 2.5, 2.6 e 2.7 (SEBORG; EDGAR; MELLICHAMP, 2010).

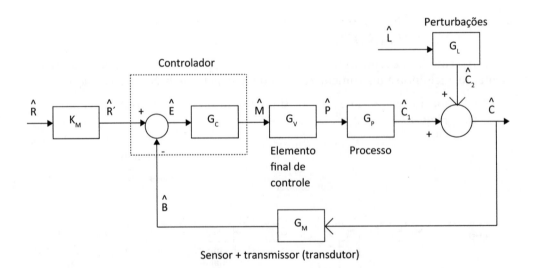

Figura 2.5 – Diagrama de blocos de sistema de controle de processos por realimentação, incluindo a instrumentação.

Na Figura 2.5, o caminho do sinal de $\hat{E}$ a $\hat{C}$ através dos blocos G_C, G_V e G_P é chamado malha de alimentação direta. O caminho de $\hat{C}$ a $\hat{B}$ através de G_M é chamado malha de realimentação. O caminho do sinal de $\hat{E}$ a $\hat{B}$ é chamado malha aberta. A Figura 2.5 é uma réplica da Figura 2.3, exceto que, aqui, se usa o símbolo "^" sobre as variáveis para denotar variáveis incrementais ou de desvio, como explicado a seguir. Uma variável incremental equivale à seguinte diferença:

$$\hat{x}(t) = x(t) - \overline{x}$$

em que:

$\hat{x}(t)$ = flutuações do valor da variável x em torno do valor de operação nominal;

$x(t)$ = valor da variável x no instante t;

$\overline{x}$ = valor nominal da variável x em regime estacionário de operação.

A razão para se utilizar a notação de variáveis incrementais é que só é válido lidar com transformadas de Laplace em sistemas lineares. Uma constante isolada na equação a torna não linear. Não há a transformada de Laplace de uma constante k [$L(k) \neq k/s$]. Isso é facilmente demonstrável. Seja a seguinte equação algébrica com uma constante:

$$f(x) = x + 1$$

Aplicando-se o teste para verificar se essa equação é linear, resulta

$$f(k \cdot x) = k \cdot x + 1 \quad \neq \quad k \cdot f(x) = k \cdot (x + 1)$$

e

$$f(x_1 + x_2) = x_1 + x_2 + 1 \quad \neq \quad f(x_1) + f(x_2) = x_1 + 1 + x_2 + 1$$

Suponha, então, a seguinte equação diferencial ordinária não linear de primeira ordem:

$$\tau \frac{dy}{dt} + y(t) = k \cdot x(t) + 1$$

Caso se deseje encontrar a solução analítica dessa equação, uma das formas possíveis é linearizar a equação diferencial, procedendo da seguinte maneira:

• definir as seguintes variáveis incrementais:

$$\hat{y}(t) = y(t) - \overline{y}$$

e

$$\hat{x}(t) = x(t) - \overline{x}$$

- substituí-las na equação original:

$$\tau \frac{d\hat{y}}{dt} + \hat{y}(t) + \overline{y} = K \cdot \left[\hat{x}(t) + \overline{x} \right] + 1 \qquad (2.1)$$

- assumir que o processo esteja em regime permanente na situação em que $x(t) = \overline{x}$ e $y(t) = \overline{y}$. Resulta que:

$$\hat{y}(t) = \hat{x}(t) = 0 \qquad (2.2)$$

- substituir a Equação (2.2) na Equação (2.1):

$$\overline{y} = K \cdot \overline{x} + 1 \qquad (2.3)$$

- substituir a Equação (2.3) na Equação (2.1):

$$\tau \frac{d\hat{y}}{dt} + \hat{y}(t) = K \cdot \hat{x}(t) \qquad (2.4)$$

- transformar a Equação (2.4) por Laplace, assumindo condições iniciais nulas, o que é bastante razoável, pois, nesse caso, isso significa que $\hat{y}(0) = 0$ e $\hat{x}(0) = 0$. Resulta:

$$\hat{Y}(s) = \frac{K}{\tau \cdot s + 1} \hat{X}(s)$$

Trata-se da transformada de Laplace de um sistema linear de primeira ordem.

- caso se defina o tipo de excitação $\hat{X}(s)$ para o sistema, pode-se calcular a resposta temporal do mesmo $\left[\hat{y}(t) \right]$. Para se calcular o valor absoluto da resposta, faz-se:

$$y(t) = \hat{y}(t) + \overline{y} = \hat{y}(t) + K \cdot \overline{x} + 1$$

As Figuras 2.6 e 2.7 mostram representações alternativas do diagrama de blocos padrão apresentado na Figura 2.5, as quais também são usadas em controle.

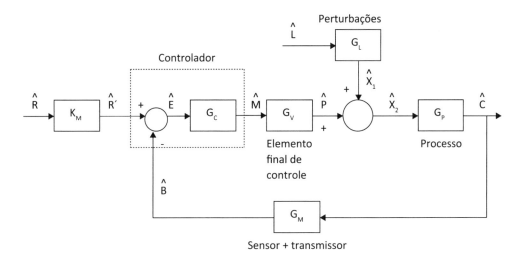

Figura 2.6 – Alternativa para diagrama de blocos de sistema de controle de processos por realimentação, incluindo a instrumentação.

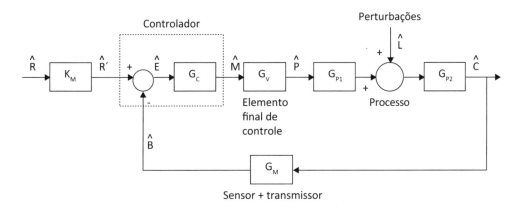

Figura 2.7 – Outra alternativa para diagrama de blocos de sistema de controle de processos por realimentação, incluindo a instrumentação.

2.1.2 NOMENCLATURA CLÁSSICA UTILIZADA EM MALHAS DE CONTROLE POR REALIMENTAÇÃO

Considerando o enfoque simplificado da prática industrial (ver Figura 2.4), colocando-se como parte integrante do processo os instrumentos de medição e de atuação e desmembrando a entrada/saída de matéria/energia em seus elementos componentes, chega-se ao diagrama dado na Figura 2.8, que representa um processo genérico e uma malha de controle de uma de suas variáveis. A terminologia associada à Figura 2.8 é descrita a seguir:

- grandezas de entrada: $E_1, E_2, \ldots E_n$ são as entradas do processo, em termos de material ou energia;

- grandezas de saída: $S_1, S_2, \ldots S_m$ são as saídas do processo, em termos de matéria ou energia;

- variável controlada: c é uma das grandezas de saída que deve ser mantida em um valor desejado (r);

- variável manipulada: m é uma das grandezas de entrada na qual age o controlador visando manter $c = r$;

- variação de carga de alimentação (perturbação de entrada no processo): é a variação de uma ou mais variáveis de entrada, exceto m, que pode provocar perturbações no processo;

- variação de carga de demanda (perturbação de saída no processo): é a variação de uma ou mais variáveis de saída, exceto c, que pode provocar perturbações no processo.

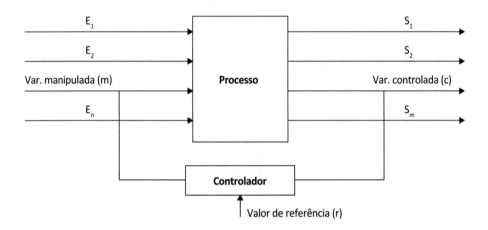

Figura 2.8 – Diagrama do fluxo de sinais usado em teoria de controle.

A Figura 2.9 mostra um exemplo de malha fechada por realimentação visando controlar a temperatura de saída da água em um trocador de calor. Nessa figura, tem-se que:

a) Grandezas de entrada:

- vapor: vazão (= m, variável manipulada), temperatura e pressão;
- água: vazão e temperatura.

b) Grandezas de saída:

- condensado: vazão e temperatura;
- água: vazão e temperatura (= c, variável controlada);
- perdas de calor para o meio ambiente.

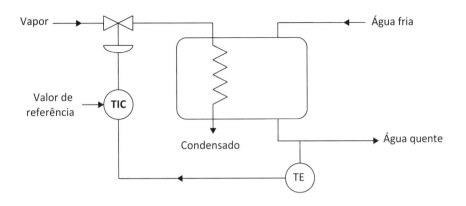

Figura 2.9 – Diagrama de blocos de um trocador de calor.

2.1.3 FUNÇÕES DE TRANSFERÊNCIA DE MALHAS FECHADAS TÍPICAS DE CONTROLE DE PROCESSOS

Para se avaliar o desempenho de um sistema de controle, deve-se conhecer sua resposta a mudanças na variável de carga $\hat{L}$ e no valor desejado $\hat{R}$, que são sinais de entrada independentes na malha de controle, pois não são afetados por ela. Para se avaliar o efeito de variações no valor desejado $\hat{R}$ na saída do processo $\hat{C}$, supõe-se não haver mudanças na carga, portanto $\hat{L}=0$. Resulta na seguinte função de transferência de malha fechada para qualquer um dos três diagramas de blocos da Subseção 2.1.1:

$$\frac{\hat{C}(s)}{\hat{R}(s)} = \frac{K_M \cdot G_C \cdot G_V \cdot G_P}{1 + G_C \cdot G_V \cdot G_P \cdot G_M}$$

Vale notar que, para o diagrama de blocos da Figura 2.7, supõe-se que $G_P = G_{P1} \cdot G_{P2}$.

Para verificar a influência das variáveis de carga $\hat{L}$ na saída do processo $\hat{C}$, assume-se não haver variação no valor desejado ($\hat{R}=0$), de forma que, partindo-se do primeiro diagrama de blocos mostrado anteriormente, resulta:

$$\frac{\hat{C}(s)}{\hat{L}(s)} = \frac{G_L}{1 + G_C \cdot G_V \cdot G_P \cdot G_M}$$

Uma comparação entre as equações de $\hat{C}(s)/\hat{R}(s)$ e de $\hat{C}(s)/\hat{L}(s)$ indica que ambas as funções de transferência possuem o mesmo denominador (equação característica), em que $G_C \cdot G_V \cdot G_P \cdot G_M$ é conhecido como função de transferência de malha aberta.

Nas equações anteriores, supôs-se $\hat{L} = 0$ ou $\hat{R} = 0$, isto é, que uma das duas entradas era constante. Mas assuma que $\hat{L} \neq 0$ e $\hat{R} \neq 0$, como se uma perturbação ocorresse durante uma mudança no valor desejado. Para analisar essa situação, tem-se:

$$\hat{C}(s) = \frac{K_M \cdot G_C \cdot G_V \cdot G_P}{1 + G_C \cdot G_V \cdot G_P \cdot G_M} \hat{R}(s) + \frac{G_L}{1 + G_C \cdot G_V \cdot G_P \cdot G_M} \hat{L}(s)$$

A resposta de variações simultâneas na carga e no *set point* é a soma das respostas individuais, consequência do princípio da superposição válido para sistemas lineares.

2.2 REALIMENTAÇÃO NEGATIVA

A realimentação, retroação ou *feedback* é a propriedade do sistema de malha fechada que permite a saída do sistema (variável controlada) ser comparada com a entrada (valor de referência), de modo que a ação apropriada de controle possa ser tomada como uma função da entrada e da saída do sistema (DISTEFANO; STUBBERUD; WILLIAMS, 1977). Sabe-se que a realimentação negativa deve ser usada caso se deseje a estabilidade da malha de controle. A Figura 2.10 mostra o diagrama de blocos de uma malha de controle com realimentação.

É comum se considerar a realimentação como negativa quando o sinal realimentado b é subtraído do valor de referência r ($e = r - b$) e positiva quando r é subtraído de b ($e = b - r$). Em verdade, essa análise é excessivamente simplificada, levando a erros.

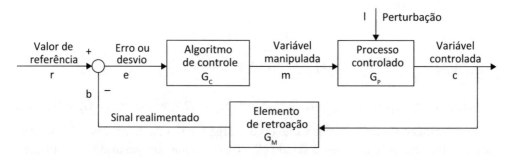

Figura 2.10 – Diagrama de blocos típico de uma malha de controle com realimentação.

Em uma malha de controle, para a realimentação ser negativa, é preciso que um ou três dos elementos a seguir tenha ação reversa e os demais, ação direta:

- sensor + transmissor;
- controlador;
- elemento final de controle;
- processo.

Entende-se ação reversa como aquela em que a saída do elemento aumenta quando sua entrada diminui e vice-versa. A ação direta é o caso em que a entrada e a saída do elemento caminham na mesma direção. A título de exemplo, suponha o trocador de calor mostrado na Figura 2.9. Analisa-se, a seguir, cada um dos elementos da malha:

- o sensor de temperatura (TE) tem **ação direta**, típico da maioria dos medidores. Uma exceção é quando se especifica ação reversa no transmissor de sinal;

- com relação à válvula de controle, ela deve normalmente ser projetada para prover segurança ao processo em caso de alguma falha no suprimento de energia. No caso da Figura 2.9, trata-se de uma válvula pneumática. Portanto, caso haja algum problema no suprimento de ar comprimido, é conveniente que ela permaneça fechada na ausência de ar pois, nesse caso, se está cortando o fornecimento de fluido de aquecimento (vapor) para o processo, o que evita eventuais sobreaquecimentos. Dessa forma, a válvula deve receber ar para abrir, sendo, portanto, de **ação direta**;

- o processo tem, como entrada, a vazão de vapor (variável manipulada) e, como saída, a temperatura de saída do fluido sendo aquecido (variável controlada). Caso se aumente a vazão de vapor (entrada), aumenta-se a temperatura do fluido sendo aquecido (saída). Assim, o processo tem **ação direta**;

- como os três elementos anteriores são de ação direta, resulta que o controlador deve ter **ação reversa** para que a realimentação seja negativa.

Pode-se associar o número +1 a cada elemento da malha com ação direta e o número –1 a cada elemento com ação reversa. Para que a realimentação seja negativa, é necessário que o produto dos elementos presentes na malha seja negativo. Para que isso ocorra, é necessária a presença de um número ímpar de elementos com ação reversa. No caso do exemplo anterior, há três elementos com ação direta e um com ação reversa, de modo que o produto resultante é: $1 \cdot 1 \cdot 1 \cdot (-1) = -1$, caracterizando a realimentação negativa.

Verificando o processo, suponha que esteja havendo uma tendência de aumento da temperatura do fluido sendo aquecido. O sensor de temperatura, por ser de ação direta, enviaria ao controlador um sinal com tendência de crescer. O controlador, recebendo um sinal de entrada com tendência de crescer com relação ao valor de referência e por ser de ação reversa, envia para a saída um sinal que tende a diminuir. Esse sinal do controlador, ao chegar na válvula, que é de ação direta, provoca uma redução na vazão de vapor. Essa redução gera uma tendência de diminuição da temperatura do fluido sendo aquecido. Como este estava com tendência de temperatura crescente, nota-se que a ação da malha de controle leva o processo a uma estabilização no valor desejado.

Caso se adotasse, por engano, a ação direta para o controlador, ocorreria que, com o processo tendendo a aumentar sua temperatura, o controlador mandaria aumentar ainda mais a injeção de vapor, o que levaria a temperatura na saída a subir ainda mais, caracterizando o efeito da realimentação positiva.

Normalmente, as características do processo não são passíveis de alteração, de modo que a realimentação negativa deve ser conseguida não mexendo no processo, mas nos outros elementos da malha. Usualmente, os sensores/transmissores são de ação direta, e as válvulas podem ser reversíveis mediante uma modificação feita em campo no atuador delas. Via de regra, a forma mais fácil de se definir o sinal de realimentação em uma malha fechada de controle é atuando na ação do controlador, que normalmente consiste em apenas girar uma chave ou enviar um comando a um sistema digital.

2.2.1 EXEMPLO DE ANÁLISE DE REALIMENTAÇÃO NEGATIVA EM UMA MALHA DE CONTROLE

Seja o sistema hidráulico mostrado na Figura 2.11:

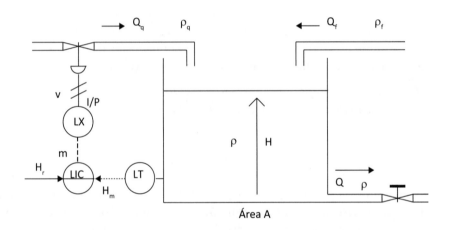

Figura 2.11 – P&ID do sistema hidráulico do exemplo da Subseção 2.2.1.

Sabe-se que o atuador e a válvula são de ação direta. Deseja-se determinar a ação do controlador para prover realimentação negativa. Para isso, deve-se analisar a ação de cada elemento presente na malha, como mostra a Tabela 2.1.

Tabela 2.1 – Análise da ação de cada elemento presente na malha de controle

Elemento da malha	Ação
Transmissor	Direta (+1)
Controlador	Reversa (-1)
Conversor I/P	Direta (+1)
Atuador + válvula	Direta (+1)
Processo	Direta (+1)

Para definir a ação do processo, verifica-se que, caso se aumente a vazão de entrada Q_q, aumenta-se o nível no tanque H. Como foi visto na Seção 2.2, para que a realimentação seja negativa, é preciso que o produto das ações seja -1. Nesse caso, resulta que o controlador deve possuir ação reversa para que a realimentação seja negativa.

2.2.2 ENSAIOS DE MALHA DE CONTROLE DE TROCADOR DE CALOR COM REALIMENTAÇÕES NEGATIVA E POSITIVA

Consideremos o trocador de calor mostrado na Figura 2.12, usado para aquecer água da temperatura de entrada T_e até a temperatura de saída T, empregando como fluido de aquecimento o vapor d'água saturado à temperatura $T_v = 100$ ºC.

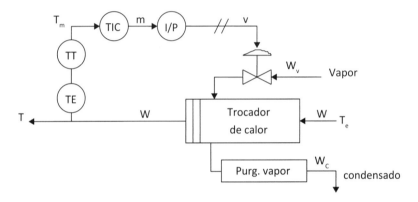

Figura 2.12 – Diagrama P&ID do trocador de calor.

O modelo do processo, supondo que a vazão W de água sendo aquecida que entra e sai seja a mesma e que a massa específica ρ da água seja constante, é dado pelo seguinte balanço de energia:

$$V \cdot c_P \cdot \rho \frac{dT}{dt} = W \cdot c_P \cdot (T_e - T) + W_v \cdot \lambda_v - U \cdot A \cdot (T - T_{amb})$$

Suponha que a válvula tenha ação direta, de modo que, se falhar o suprimento de ar comprimido, ela permaneça fechada (ar para abrir), que o conjunto conversor I/P mais válvula seja linear e que seu modelo possa ser aproximado por um sistema de primeira ordem:

$$G_V(s) = \frac{\hat{W}_v}{\hat{m}} = \frac{K_V}{\tau_V \cdot s + 1}$$

Suponha que o conjunto sensor + transmissor de temperatura seja ideal, com atraso de transferência desprezível, mas instalado a 10 m do trocador de calor. Suponha que a velocidade média do fluido aquecido seja de 1 m/s. Portanto, o modelo desse medidor é dado por:

$$G_M(s) = \frac{\hat{T}_m}{\hat{T}} = K_M \cdot e^{-\theta \cdot s} = K_M \cdot e^{-10 \cdot s}$$

Sejam os seguintes dados de entrada:

$$V = 6 \, \text{m}^3$$

$$c_p = 1 \frac{\text{kcal}}{\text{kg} \cdot {}^\circ\text{C}}$$

$$\rho = 1000 \frac{\text{kg}}{\text{m}^3}$$

$$\bar{W} = 11 \frac{\text{kg}}{\text{s}}$$

$$\bar{T}_e = \bar{T}_{amb} = 20 \, {}^\circ\text{C}$$

$$\lambda_v = 539 \frac{\text{kcal}}{\text{kg}}$$

$$U \cdot A = 0,2 \frac{\text{kcal}}{\text{s} \cdot {}^\circ\text{C}}$$

$$\tau_V = 3 \, \text{s}$$

Faixa de vazão de vapor $W_v = 0$ a $1 \frac{\text{kg}}{\text{s}}$

Sinais pela malha: 0 a 100%

Tem-se, então, que:

$$K_V = \frac{\Delta W_v}{\Delta m} = \frac{1}{100} = 0,01 \frac{\text{kg/s}}{\%}$$

e

$$K_M = \frac{\Delta T_m}{\Delta T} = \frac{100}{50} = 2 \frac{\%}{{}^\circ\text{C}}$$

Resulta:

$$G_V(s) = \frac{0,01}{3 \cdot s + 1} \frac{\text{kg/s}}{\%}$$

e

$$G_M(s) = 2 \cdot e^{-10 \cdot s}$$

As variáveis de perturbação que afetam a temperatura de saída T são:

- vazão de vapor W_v (escolhida como variável manipulada);
- temperatura de entrada do fluido sendo aquecido (T_e);
- vazão de entrada do fluido sendo aquecido (W);
- temperatura do vapor (T_v);
- perdas para o meio ambiente (T_{amb}).

O primeiro teste é feito com o processo em malha aberta, isto é, com o controlador em manual. Inicialmente, a saída manual do controlador está em 0%, de modo que a vazão de vapor W_v seja nula, não ocorrendo aquecimento da água. Supondo-se que a temperatura de entrada de água seja $T_e = 20$ °C, sem vazão de vapor W_v, a temperatura de saída T fica em 20 °C. No instante $t = 60$ s, o sinal de saída do controlador m é bruscamente passado para 100%, de modo que a vazão W_v também passa rapidamente de 0 a 1 kg/s, que é seu valor máximo. A resposta da temperatura medida T_m da água na saída a essa perturbação em degrau é mostrada na Figura 2.13. Supõe-se que as variáveis de perturbação (W, T_e e T_{amb}) permaneçam fixas em seus valores nominais de operação.

Na Figura 2.13, nota-se que, com $m = 100\%$, isto é, $W_v = 1$ kg/s, e com as demais entradas mantidas em seus valores nominais, a temperatura máxima que T_m atinge é cerca de 68,1 °C.

Coloca-se a malha em automático com um controlador do tipo proporcional + integral. A Tabela 2.2 apresenta a análise das ações de cada elemento da malha de controle.

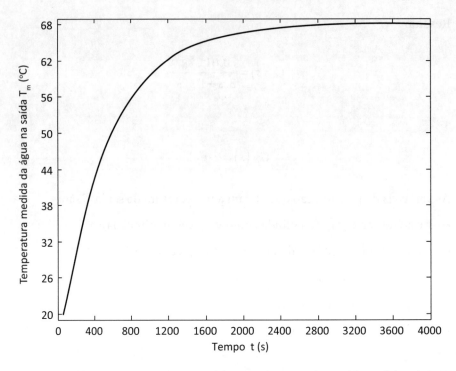

Figura 2.13 – Resposta em malha aberta da temperatura medida T_m para degrau na saída manual do controlador m de 0 a 100%.

Tabela 2.2 – Análise da ação de cada elemento da malha de controle do trocador de calor

Elemento da malha	Ação
Sensor + transmissor (TE+TT)	Direta (+1)
Controlador (TIC)	Reversa (-1)
Conversor I/P (TX)	Direta (+1)
Atuador + válvula (TV)	Direta (+1)
Processo	Direta (+1)

Suponha que, inicialmente, leve-se o sistema em controle manual até $T_m = 45\,°C$, manipulando-se a saída m, fazendo-a igual a 51,951%. Nesse ponto, comuta-se o controlador para o modo automático. Aplica-se em $t = 0$ s um degrau de 15 °C, levando o valor desejado para 60 °C. A resposta do sistema com realimentações negativa e positiva é exibida na Figura 2.14. Observa-se que, com a realimentações negativa, a variável controlada T_m chega ao novo valor de referência. Já com a realimentação positiva, a temperatura T_m vai para 20 °C, que é a temperatura T_e da água na entrada dos tubos, indicando que o controlador mandou fechar totalmente a vazão W_v do vapor de aquecimento. Realiza-se, agora, outro teste, em que se injeta em $t = 0$ s um degrau de $-15\,°C$ no valor desejado, levando-o a 30 °C. A resposta com ambas as realimentações é vista na Figura 2.15.

A malha de controle por realimentação

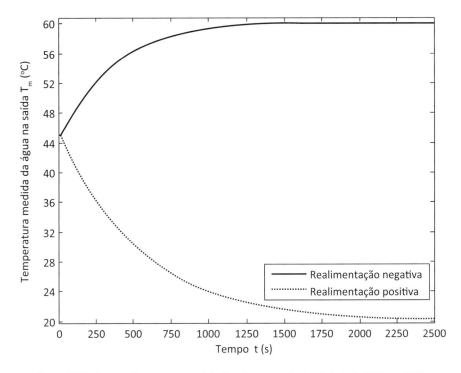

Figura 2.14 – Resposta da temperatura medida T_m a degrau no valor de referência de 45 °C para 60 °C em $t = 0$ s com realimentações negativa e positiva.

Com a realimentação negativa na Figura 2.15, a temperatura T_m chega no novo valor de referência. Já com a realimentação positiva, a variável controlada vai para cerca de 68,1 °C, que é o valor máximo que T_m consegue atingir quando se libera toda a vazão W_v com as demais entradas mantidas fixas, como mostra a Figura 2.14, indicando que o controlador mandou abrir completamente a vazão do fluido de aquecimento W_v.

A partir dos dois ensaios realizados, conclui-se que, ao se empregar erroneamente a realimentação positiva, a tendência da variável controlada é caminhar para os valores extremos de sua faixa de variação, atingindo seu valor mínimo ou máximo.

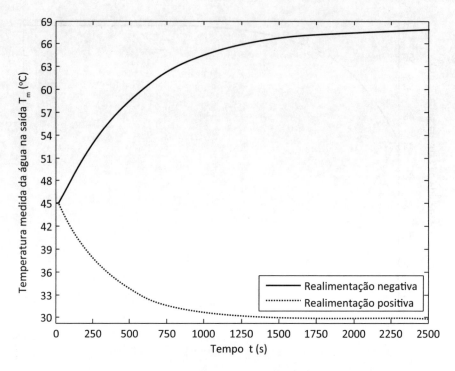

Figura 2.15 – Resposta da temperatura T_m a degrau no valor de referência de 45 °C para 30 °C em $t = 0$ s com realimentações negativa e positiva.

REFERÊNCIAS

DISTEFANO, J. J.; STUBBERUD, A. R.; WILLIAMS, I. J. **Sistemas de retroação e controle**. São Paulo: McGraw Hill do Brasil, 1977.

SEBORG, D. E.; EDGAR, T. F.; MELLICHAMP, D. A. **Process dynamics and control**. 3. ed. New York: John Wiley, 2010.

PARTE II
EMBASAMENTO TEÓRICO SOBRE CONTROLE DE PROCESSOS

CAPÍTULO 3
OBTENÇÃO DE MODELOS APROXIMADOS DE PROCESSOS INDUSTRIAIS

O conhecimento do comportamento dinâmico de um processo é muito útil para selecionar o tipo de controlador e seus ajustes mais adequados. Esse conhecimento normalmente deve ser traduzido na forma de um modelo do processo, que é o primeiro passo na análise de um sistema de controle. Uma vez obtido tal modelo, existem vários métodos disponíveis para a análise do desempenho do sistema (= processo + controle).

3.1 SELEÇÃO DO MÉTODO MAIS ADEQUADO PARA A MODELAGEM EMPÍRICA

Há dois modos de se obter o modelo matemático de um processo. O uso de modelos teóricos baseados na química e na física do sistema é uma opção. Detalhes sobre esse modo, intitulado modelagem fenomenológica, são vistos em Garcia (2005). No entanto, a geração de modelos teóricos rigorosos pode ser inviável para processos complexos se o modelo requerer um grande número de equações diferenciais com um grande número de parâmetros desconhecidos (por exemplo, propriedades físicas e químicas). Uma abordagem alternativa é obter um modelo empírico a partir de dados experimentais, chamados de modelos "caixa-preta". A técnica para obter modelos a partir de dados coletados experimentalmente é chamada de identificação de sistemas. O método a ser escolhido para a modelagem empírica dependerá da experiência do usuário, da complexidade desejada do modelo, da disponibilidade da planta em realizar testes dinâmicos e do uso do modelo.

A identificação de sistemas pode ser dividida em duas formas: identificação paramétrica e identificação não paramétrica (AGUIRRE, 2015). A identificação não paramétrica é vista aqui de forma sucinta, em virtude de sua capacidade de gerar modelos aproximados de baixa ordem.

Na prática, o sinal de entrada de um sistema não é conhecido *a priori*, mas é de caráter aleatório, e a entrada instantânea não pode normalmente ser expressa analiticamente. Na análise do comportamento de um sistema, deve-se ter uma base para comparar seu desempenho. Essa base pode ser obtida especificando-se certos sinais de teste de entrada e analisando-se a resposta do sistema a eles. Os sinais de teste comumente usados em identificação de sistemas para determinar os modelos empíricos desejados são as funções impulso (pulso), degrau, rampa, senoide, PRBS (*pseudo random binary sequence*), GBN (*generalized binary noise*) etc.

A identificação não paramétrica usa, basicamente, curvas de resposta do processo quando excitado por sinais de entrada do tipo degrau, impulso ou senoidal. A partir dessas curvas, pode-se extrair modelos aproximados, de baixa ordem, que descrevam o comportamento dinâmico do processo. Esses modelos são pouco precisos, mas podem ser suficientes para se ter uma ideia do comportamento do processo e usados para efetuar a pré-sintonia de controladores PID (como mostrado no Capítulo 8), ou para entender o comportamento do processo durante situações transitórias, ou, ainda, para analisar o desempenho de um sistema de controle agindo sobre o processo.

É estudada aqui a entrada normalmente mais usada em identificação não paramétrica de processos industriais: o degrau. As técnicas usadas para realizar a identificação de processos excitados por degraus possuem as seguintes características (SMITH, 1972):

- os parâmetros do modelo são estimados a partir da resposta em malha aberta do processo;

- a estimação dos parâmetros do modelo é realizada via construção gráfica e cálculos simples.

A resposta de um processo a uma entrada em degrau é normalmente chamada de **curva de reação do processo**, a qual, se puder ser aproximada por uma equação diferencial linear de primeira ou segunda ordem, poderá propiciar a obtenção dos parâmetros de um modelo aproximado por simples inspeção dessa curva. Assim, esses ensaios, normalmente, permitem gerar modelos empíricos dinâmicos representados por uma função de transferência de baixa ordem (primeira ou segunda ordem, eventualmente incluindo um tempo morto) com, no máximo, quatro parâmetros a serem determinados experimentalmente.

Considere que, antes de aplicar qualquer teste para obter a curva de reação, deve-se, primeiro, eliminar qualquer tipo de problema nos instrumentos de campo da malha de controle (medidores e atuadores) e assegurar que estes estejam devidamente dimensionados e calibrados. Com os dispositivos de campo verificados, um teste em degrau com o controlador em manual pode ser realizado para entender como é a dinâmica do processo em malha aberta. Deve-se ter em mente que o modelo obtido terá validade em torno do ponto de operação em que a resposta ao degrau foi obtida.

Tipicamente, a curva de reação pode ser decomposta em seis elementos básicos que, combinados adequadamente, podem descrever, de forma aproximada, o comportamento da maioria dos processos industriais reais em torno de seu ponto de operação. São descritos, a seguir, os seis elementos característicos de processos industriais.

Pode-se, ainda, obter modelos aproximados de processos excitando-se o processo com uma onda senoidal (resposta em frequência). Essa forma de gerar modelos é raramente empregada em processos industriais.

3.2 ELEMENTOS CARACTERÍSTICOS DE MODELOS APROXIMADOS DE PROCESSOS INDUSTRIAIS

Esta seção visa mostrar que se pode obter modelos de processos industriais recorrendo-se a alguns elementos básicos, que, combinados adequadamente, conseguem descrever o comportamento aproximado de um grande número de processos industriais em torno de seu ponto de operação. São descritos, a seguir, os principais desses elementos.

3.2.1 ELEMENTO GANHO

Seja um sistema de direção em perfeito estado de um automóvel, sem jogo ou zona morta. Nesse caso, qualquer variação na posição do volante resulta em uma variação simultânea no ângulo das rodas. Assim, esse sistema não possui nenhuma dinâmica, isto é, a posição das rodas em qualquer instante não depende de sua posição anterior (sistema sem memória), mas apenas da posição do volante. Trata-se de um sistema estático.

Realizando-se um teste em degrau, nota-se que, para variações na posição do volante (ΔE), resultam em variações na posição das rodas dianteiras (ΔS) e que a relação entre esses ângulos é uma constante (K_p). Por exemplo, suponha que uma variação na entrada $\Delta E = 90°$ gere uma variação na saída $\Delta S = 30°$, como visto na Figura 3.1.

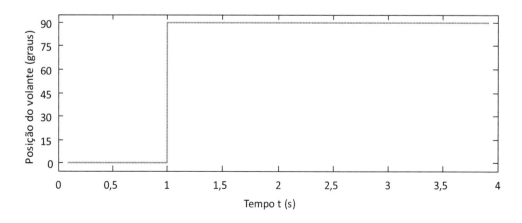

Figura 3.1 – Resposta de processo com elemento do tipo ganho (*continua*).

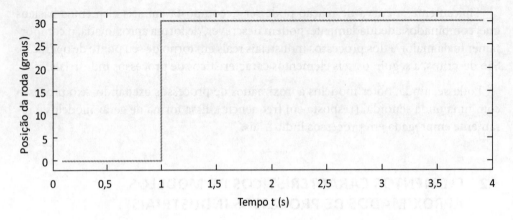

Figura 3.1 – Resposta de processo com elemento do tipo ganho (*continuação*).

Resulta no seguinte valor para K_P:

$$K_P = \frac{\Delta S}{\Delta E} = \frac{30°}{90°} = \frac{1}{3} = 0,333$$

Portanto, caso se efetue um ensaio em degrau em um processo e se verifique que sua resposta seja também um degrau que ocorra simultaneamente com a entrada, resulta que esse processo pode ser modelado pela seguinte função de transferência:

$$G_P(s) = K_P$$

3.2.2 ELEMENTO INTEGRADOR

Seja um tanque fechado, com vazão apenas de entrada, como visto na Figura 3.2, em que A é a área de base do tanque. O fluido é água à pressão e à temperatura ambientes.

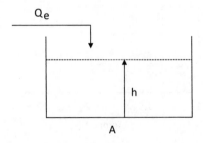

Figura 3.2 – Esquema de tanque fechado apenas com vazão de entrada.

Obtenção de modelos aproximados de processos industriais

Suponha que o tanque tenha área de base $A = 0,5 \text{ m}^2$ e que, em $t = 10$ s, a vazão de entrada Q_e mude de 0 para $0,005 \text{ m}^3/\text{h}$. Supõe-se que o nível inicial seja de 1 m e que a altura total do tanque h seja de 2 m. O comportamento dinâmico do nível $h(t)$ para uma entrada em degrau na vazão de entrada $Q_e(t)$ é mostrado na Figura 3.3.

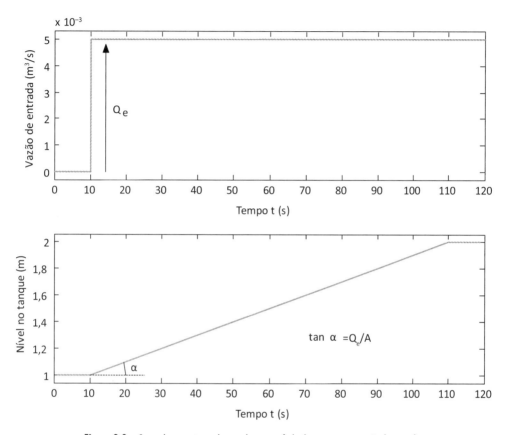

Figura 3.3 – Curva de resposta ao degrau do tanque fechado apenas com vazão de entrada.

Nota-se o efeito integrador nesse processo, em que uma entrada em degrau gera uma saída em rampa. Esse mesmo efeito seria obtido, por exemplo, caso se considerasse um motor cuja entrada fosse a alimentação elétrica e cuja saída fosse o ângulo de seu eixo. Ao se ligar o motor, há uma excitação em degrau e o ângulo de seu eixo passa a ser integrado, crescendo como uma rampa (passados os efeitos dos transitórios).

O equivalente elétrico desse circuito hidráulico é mostrado na Figura 3.4, em que $V_C = \dfrac{1}{C}\displaystyle\int_0^t i \, dt + V_C(0)$.

Figura 3.4 – Equivalente elétrico de tanque fechado apenas com vazão de entrada.

Transformando-a por Laplace e supondo-se que $V_C(0) = 0$, tem-se:

$$G(s) = \frac{V_C(s)}{I(s)} = \frac{1}{C \cdot s} \text{ (integrador puro)} \qquad (3.1)$$

Estabelecendo-se a analogia entre o sistema hidráulico e o sistema elétrico:

$$Q \leftrightarrow i$$

e

$$\Delta P \left(= \rho \cdot g \cdot h\right) \leftrightarrow V$$

O modelo matemático do tanque é extraído do balanço de massa do sistema:

$$A \frac{dh}{dt} = Q_e$$

Para poder atender à analogia existente entre ambos os sistemas, faz-se:

$$\Delta P = \rho \cdot g \cdot h$$

Substituindo-se essa expressão na equação diferencial resultante do balanço de massa:

$$\frac{A}{\rho \cdot g} \frac{d(\Delta P)}{dt} = Q_e$$

Transformando-a por Laplace e supondo-se que $\Delta P(0) = 0$, tem-se:

$$G_h(s) = \frac{\Delta P(s)}{Q_e(s)} = \frac{\rho \cdot g}{A \cdot s}$$

Comparando-se essa função de transferência com a da Equação (3.1), nota-se que:

$$C_h = \frac{A}{\rho \cdot g} \qquad (3.2)$$

Portanto:

$$G_h(s) = \frac{\Delta P(s)}{Q_e(s)} = \frac{1}{C_h \cdot s}$$

A função de transferência que descreve um processo integrador com capacitância C é do tipo:

$$G_p(s) = \frac{Y(s)}{U(s)} = \frac{1}{C \cdot s}$$

Assim, caso se efetue um teste em degrau e resulte em uma saída em rampa, significando que o processo age como um integrador, basta calcular o valor da capacitância C. Para estimá-la, deve-se ter em conta que a antitransformada de $G_p(s)$, quando submetida a um degrau de amplitude U, é dada por:

$$y(t) = \frac{U}{C} t = \tan(\alpha) \cdot t$$

No caso específico do tanque, tem-se que:

$$\Delta P(t) = \frac{Q_e}{C_h} t$$

Mas, como $\Delta P = \rho \cdot g \cdot h$ e $C_h = A/(\rho \cdot g)$, resulta:

$$\rho \cdot g \cdot h(t) = \frac{\rho \cdot g \cdot Q_e}{A} t \quad \Rightarrow \quad h(t) = \frac{Q_e}{A} t = \frac{5 \cdot 10^{-3}}{0,5} t = 0,01 \cdot t$$

Com base nessa expressão, percebe-se que a declividade da rampa é dada por:

$$\tan(\alpha) = \frac{Q_e}{A} = 0,01$$

Para processos integrativos genéricos, pode-se definir um ganho integrativo do processo K_i e gerar a seguinte função de transferência:

$$G_p(s) = \frac{K_i}{s}$$

3.2.3 ELEMENTO ATRASO DE TRANSFERÊNCIA OU SISTEMA DE PRIMEIRA ORDEM

Seja um tanque aberto operando com água à pressão ambiente, com fluxos de entrada e de saída e com medição de temperatura, como mostra a Figura 3.5.

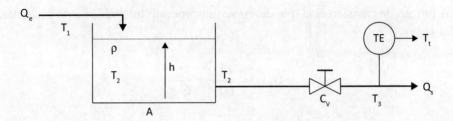

Figura 3.5 – Tanque com fluxos de entrada e saída e com medição de temperatura.

Legenda: Q_e, Q_s = vazões de entrada e saída; h = altura do fluido no interior do tanque (nível); T_1, T_2, T_3 = temperaturas do sistema; T_t = sinal transmitido pelo sensor de temperatura; V = volume do fluido no interior do tanque; ρ = massa específica do fluido no interior do tanque.

O modelo matemático para calcular o nível $h(t)$ é obtido via balanço de massa no tanque, sendo dado pela seguinte equação diferencial ordinária não linear de primeira ordem:

$$\frac{dh}{dt} = \frac{Q_e - Q_s}{A} = \frac{Q_e - C_V \cdot \sqrt{\Delta P}}{A}$$

Em que $\Delta P = P - P_a$ e $P = \rho \cdot g \cdot h + P_a$

Sendo:

P_a = pressão externa ao tanque = pressão atmosférica

C_V = coeficiente de vazão da válvula de saída

g = aceleração da gravidade

Nesse caso, assume-se que o fluxo na saída da válvula seja despejado no meio ambiente, pois a pressão à jusante da válvula está sendo considerada como P_a. Resulta:

$$\frac{dh}{dt} = \frac{Q_e - Q_s}{A} = \frac{Q_e - C_V \cdot \sqrt{\rho \cdot g \cdot h}}{A} = \frac{Q_e - C_V \cdot \sqrt{\rho \cdot g} \cdot \sqrt{h}}{A} \qquad (3.3)$$

Suponha que a área de base do tanque seja $A = 0,5 \text{ m}^2$, que a massa específica da água seja $\rho = 1000 \text{ kg/m}^3$ e que a válvula seja do tipo globo de 2" com característica inerente de vazão do tipo linear, com coeficiente de vazão $C_V = 72,9 \text{ gpm}/\sqrt{\text{psi}}$. Convertendo-o para unidades do sistema SI, resulta $C_V = 5,53898 \cdot 10^{-5} \text{ m}^3/\text{s}/\sqrt{\text{Pa}}$.

Supondo-se que o nível inicial desejado do tanque seja $h(0) = 1 \text{ m}$, tomando-se o modelo da Equação (3.3) e considerando-o em regime permanente, resulta:

$$\overline{Q}_e = C_V \cdot \sqrt{\rho \cdot g \cdot \overline{h}} = 5,53898 \cdot 10^{-5} \cdot \sqrt{1000 \cdot 9,8 \cdot 1} = 0,0054833 \text{ m}^3/\text{s}$$

Essa é a vazão nominal de operação do tanque. Os testes são feitos aplicando-se um degrau de 10% na vazão de entrada em $t = 20$ s, que passa de 0,0054833 m³/s para 0,0060316 m³/s. A variação resultante no nível é mostrada na Figura 3.6.

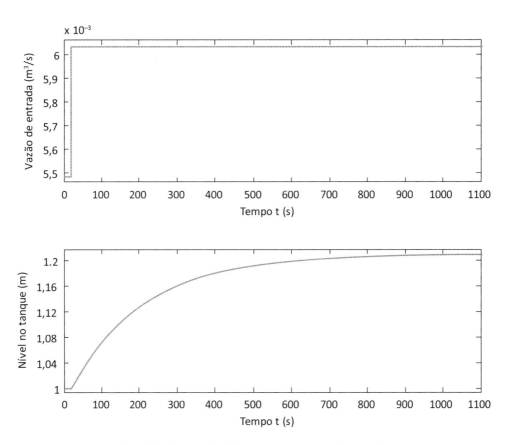

Figura 3.6 – Resposta do nível no tanque a degrau na vazão de entrada.

Percebe-se que esse sistema responde como um sistema com um atraso de transferência, também chamado de sistema de primeira ordem, cuja função de transferência é:

$$G_h(s) = \frac{Y(s)}{U(s)} = \frac{1}{\tau_h \cdot s + 1}$$

em que τ_h = constante de tempo (determina a velocidade da resposta).

É comum que esse elemento seja provido de um ganho K_h, de modo que sua função de transferência se torne:

$$G_h(s) = \frac{Y(s)}{U(s)} = \frac{K_h}{\tau_h \cdot s + 1}$$

Portanto, para se aproximar a resposta de um processo por um sistema de primeira ordem é necessário avaliar dois parâmetros: o ganho K_h e a constante de tempo τ_h.

O modelo dinâmico no domínio do tempo de um processo qualquer de primeira ordem é:

$$\tau \frac{dy}{dt} + y = K \cdot u$$

Sua função de transferência é dada por:

$$G(s) = \frac{Y(s)}{U(s)} = \frac{K}{\tau \cdot s + 1}$$

A resposta normalizada dessa equação, excitada com degrau de amplitude A na entrada aplicado em $t = 0$, é vista na Figura 3.7. Dessa figura, extraem-se os dois parâmetros que caracterizam um sistema de primeira ordem: o ganho K e a constante de tempo τ.

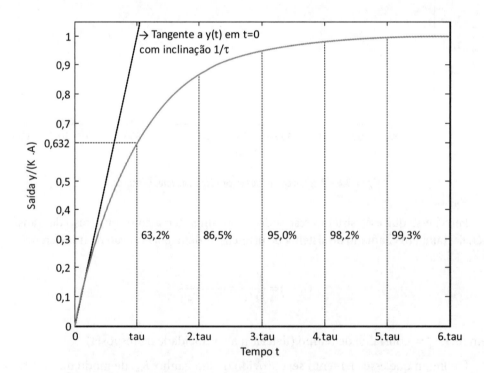

Figura 3.7 – Resposta normalizada de sistema de primeira ordem a degrau de amplitude A.

Na prática, poucos processos são de primeira ordem, de modo que normalmente a curva do processo divergirá da curva da Figura 3.7. Caso se assuma que o sistema esteja inicialmente em repouso $\left[y(0)=0 \right]$ e que sua entrada u seja bruscamente mudada de 0 para A em $t=0$, resulta na seguinte equação de saída, que descreve a variação temporal da saída $y(t)$ a um degrau de amplitude A em $u(t)$:

$$y(t)=K \cdot A \cdot \left(1-e^{-t/\tau} \right) \text{ para } t \geq 0$$

Resulta que:

$$y(t=\tau)=K \cdot A \cdot \left(1-e^{-1} \right) \cong 0,632 \cdot K \cdot A$$

$$\dot{y}(t=0)=\frac{K \cdot A}{\tau} \quad \text{e} \quad y(t \to \infty)=K \cdot A$$

A resposta $Y(s)$ a um degrau de amplitude A na entrada $U(s)$ é dada por:

$$Y(s)=\frac{K \cdot A}{(\tau \cdot s+1) \cdot s}$$

Tomando-se esta expressão especificamente para o caso do nível no tanque:

$$y(t)=K_h \cdot A \cdot \left(1-e^{-t/\tau_h} \right)$$

Supondo-se $t=\tau_h$, resulta:

$$y(t)=0,632 \cdot K_h \cdot A$$

Para se avaliar a constante de tempo τ_h, verifica-se o instante em que a variação da saída atinge 63,2% de seu valor total. No caso da Figura 3.6, a variação total do nível H é de 0,21 m, e 63,2% desse valor é 0,133 m. O tempo para atingir essa variação é:

$$\tau_h=195 \text{ s}$$

Já o ganho K_h pode ser calculado pela variação total do sinal na saída (ΔS) dividida pela variação do sinal na entrada (ΔE), como indicado a seguir:

$$K_h=\frac{\Delta S}{\Delta E}=\frac{0,21}{5,4833 \cdot 10^{-4}} \frac{\text{m}}{\text{m}^3/\text{s}}=383 \frac{\text{m}}{\text{m}^3/\text{s}}$$

Portanto, para o ensaio da Figura 3.6, tem-se a seguinte função de transferência:

$$G_h(s) = \frac{\hat{H}(s)}{\hat{Q}_e(s)} = \frac{383}{195 \cdot s + 1} \quad (3.4)$$

Esse é um sistema de primeira ordem. Compara-se na Figura 3.8 a resposta do modelo original com a do modelo aproximado e nota-se quase não haver diferenças entre elas.

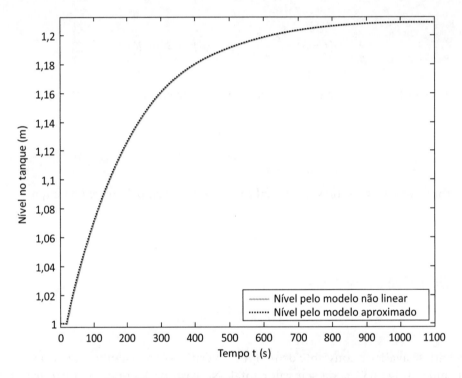

Figura 3.8 – Resposta dos modelos não linear e linear aproximado.

A saída calculada de forma analítica para esse sistema, supondo-se que a entrada degrau seja aplicada em $t = 20$ s, é dada por:

$$h(t) = \overline{h} + K_h \cdot A \cdot \left(1 - e^{\frac{-(t-20)}{\tau_H}}\right) \cdot H(t) = 1 + 383 \cdot 5.4833 \cdot 10^{-4} \cdot \left(1 - e^{\frac{-(t-20)}{195}}\right) \cdot H(t)$$

em que A é a amplitude do degrau aplicado na entrada e $H(t)$, o degrau unitário.

Como o modelo do processo é não linear, o princípio da superposição não se aplica. A função de transferência obtida vale apenas para a variação dada em Q_e ($5,4833 \cdot 10^{-4}$ m³/s) em torno da vazão nominal $\left(\overline{Q}_e = 5,4833 \cdot 10^{-3} \text{ m}^3/\text{s}\right)$. Para outros valores, tanto da variação em Q_e como da vazão nominal $\overline{Q}_e$, os parâmetros da função de transferência seriam outros. A Figura 3.9 mostra um teste com uma variação negativa em Q_e de $5,4833 \cdot 10^{-4}$ m³/s. A função de transferência para esse novo ensaio é:

$$G_h(s) = \frac{\hat{H}(s)}{\hat{Q}_e(s)} = \frac{347}{170 \cdot s + 1}$$

Como era de se esperar, esta função de transferência difere da obtida no primeiro ensaio [ver a Equação (3.4)]. Conclui-se que essa forma de obter modelos aproximados tem suas limitações, causadas principalmente por não linearidades nos processos.

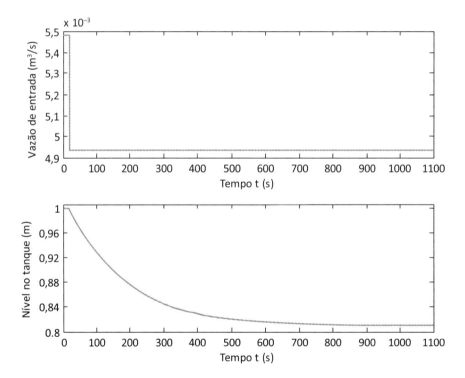

Figura 3.9 – Resposta do nível no tanque com degrau dobrado em relação ao da Figura 3.5.

Comparando-se a resposta do modelo não linear ao degrau negativo na vazão de entrada com a resposta do modelo aproximado dado na Equação (3.4), resulta na Figura 3.10. Distintamente do que ocorre na Figura 3.8, na Figura 3.10 há um afastamento entre a resposta dos modelos não linear e linear aproximado, obtido por meio do degrau positivo.

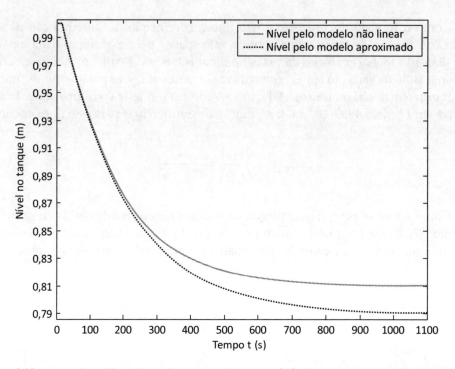

Figura 3.10 – Resposta dos modelos não linear e linear aproximado da Equação (3.4) a degrau negativo em relação ao da Figura 3.5.

Linearizando-se a Equação (3.3) em torno do nível nominal de operação $\bar{h}$, resulta:

$$\frac{dh}{dt} \cong \frac{Q_e - C_V \cdot \sqrt{\rho \cdot g} \cdot \left[\sqrt{\bar{h}} + \frac{1}{2 \cdot \sqrt{\bar{h}}} \left(h - \bar{h} \right) \right]}{A}$$

Trabalhando-se com variáveis incrementais, resulta:

$$\frac{d\hat{h}}{dt} = \frac{\hat{Q}_e - \dfrac{C_V \cdot \sqrt{\rho \cdot g}}{2 \cdot \sqrt{\bar{h}}} \hat{h}}{A}$$

Sua função de transferência para $\hat{h}(0) = 0$ é:

$$G_h(s) = \frac{\hat{H}(s)}{\hat{Q}_e(s)} = \frac{1}{A \cdot s + \dfrac{C_V \cdot \sqrt{\rho \cdot g}}{2 \cdot \sqrt{\bar{h}}}} = \frac{\dfrac{2 \cdot \sqrt{\bar{h}}}{C_V \cdot \sqrt{\rho \cdot g}}}{\dfrac{2 \cdot A \cdot \sqrt{\bar{h}}}{C_V \cdot \sqrt{\rho \cdot g}} s + 1} = \frac{K_h}{\tau_h \cdot s + 1}$$

sendo $K_h = \dfrac{2 \cdot \sqrt{h}}{C_V \cdot \sqrt{\rho \cdot g}}$ e $\tau_h = \dfrac{2 \cdot A \cdot \sqrt{h}}{C_V \cdot \sqrt{\rho \cdot g}}$

Em termos numéricos, tem-se que:

$$K_h = \frac{2 \cdot \sqrt{1}}{5,53898 \cdot 10^{-5} \cdot \sqrt{1000 \cdot 9.8}} = 364,74 \ \frac{\text{m}}{\text{m}^3/\text{s}} \quad \text{e} \quad \tau_h = K_h \cdot A = 182,37 \ \text{s}$$

Supõe-se, agora, uma simplificação no modelo não linear apresentado anteriormente. Suponha que o fluxo através da válvula seja laminar (número de Reynolds < 2.100). Então, a relação entre vazão de saída e nível de líquido no tanque é:

$$Q_s = C_V \cdot \Delta P$$

Note que esta equação é análoga à lei de Ohm, a qual estabelece que a corrente é diretamente proporcional à tensão. Para escoamento laminar, a resistência hidráulica R é:

$$R = \frac{\Delta P}{Q_s} = \frac{1}{C_V}$$

Percebe-se, nesse caso, que $C_V = 1/R$, de modo que C_V representa uma condutância hidráulica. Resulta:

$$\Delta P = \rho \cdot g \cdot h \qquad \text{e} \qquad Q_s = C_V \cdot \rho \cdot g \cdot h$$

A equação diferencial resultante é dada por:

$$\frac{dh}{dt} = \frac{Q_e - Q_s}{A} = \frac{Q_e - C_V \cdot \rho \cdot g \cdot h}{A}$$

Resulta na seguinte função de transferência:

$$G_h(s) = \frac{\hat{H}(s)}{\hat{Q}_e(s)} = \frac{\dfrac{1}{C_V \cdot \rho \cdot g}}{\dfrac{A}{C_V \cdot \rho \cdot g} s + 1} = \frac{K}{\tau \cdot s + 1}$$

Como $\tau = R \cdot C$ e visto que $R = 1/C_V$, resulta na seguinte capacitância hidráulica:

$$C_h = \frac{A}{\rho \cdot g}$$

Essa é a mesma expressão obtida para a capacitância hidráulica do tanque fechado, como visto na Equação (3.2). Suponha agora que se aplique uma variação brusca na temperatura de entrada T_1, supondo-se que as vazões estejam em regime estacionário nas condições nominais de operação $Q_e = Q_s = \bar{Q}_e = 5{,}4833 \cdot 10^{-3}\ \text{m}^3/\text{s}$ e que o nível h seja igual a 1 m, resultando em um volume $V = 0{,}5\ \text{m}^3$ no interior do vaso, constante em virtude do regime estacionário de vazão. Resulta na variação em T_2 vista na Figura 3.11.

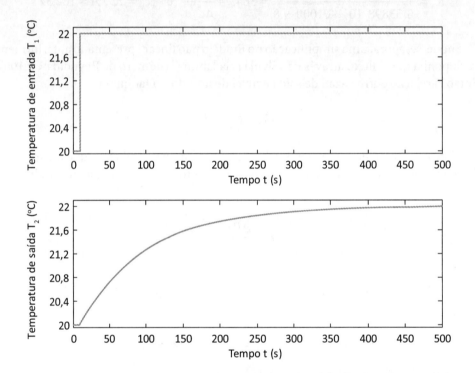

Figura 3.11 – Resposta a degrau da temperatura no tanque.

Na Figura 3.11, T_2 varia até que ocorra a **transferência** completa da variação de temperatura através do tanque, isto é, até que T_2 novamente iguale T_1. Nesse caso, o comportamento do sistema é similar ao de um sistema de primeira ordem, com ganho K_T unitário e constante de tempo τ_T de 91 segundos. Resulta na seguinte função de transferência:

$$G_T(s) = \frac{\hat{T}_2(s)}{\hat{T}_1(s)} = \frac{1}{91{,}19 \cdot s + 1}$$

Modela-se esse sistema por meio de um balanço de energia, supondo-se as seguintes simplificações:

- regime estacionário de vazão ($Q_e = Q_s = \bar{Q}_e = Q$);
- massa específica ρ_e na entrada do tanque idêntica à massa específica ρ no interior do mesmo, ambas consideradas constantes;

- calor específico do fluido c_p considerado constante;
- ausência de perdas de calor para o meio ambiente.

Resulta no seguinte modelo dinâmico:

$$\frac{d\left(m \cdot c_p \cdot T_2\right)}{dt} = \rho \cdot V \cdot c_p \frac{dT_2}{dt} = \rho \cdot Q \cdot c_p \cdot \left(T_1 - T_2\right)$$

Resulta:

$$\frac{dT_2}{dt} = \frac{Q}{V}\left(T_1 - T_2\right)$$ (equação diferencial ordinária linear de primeira ordem)

A função de transferência resultante é de um sistema de primeira ordem, dada por:

$$G_T\left(s\right) = \frac{\hat{T}_2\left(s\right)}{\hat{T}_1\left(s\right)} = \frac{\dfrac{Q}{V}}{s + \dfrac{Q}{V}} = \frac{1}{\tau_T \cdot s + 1}$$

$$\text{em que } \tau_T = \frac{V}{Q} = \frac{0,5}{5,4833 \cdot 10^{-3}} = 91,19 \text{ s}$$

Nota-se que, na função de transferência, tanto T_1 como T_2 são variáveis incrementais, sendo que as variações ocorreram em torno de seus valores nominais de operação $\overline{T}_1$ e $\overline{T}_2$. A variação temporal em T_2 para um degrau de amplitude U em T_1 é dada por:

$$T_2\left(t\right) = \overline{T}_2 + U \cdot \left(1 - e^{-t/\tau_T}\right) \text{ (para } t \geq 0\text{)}$$

As partes do processo que têm a propriedade de armazenar energia ou matéria são chamadas de capacitâncias. Elas se comportam como se fossem um *buffer* entre a entrada e a saída. Elas se manifestam nas seguintes formas:

- sistemas mecânicos: inércia;
- sistemas elétricos: capacitores;
- sistemas fluídicos: tanques;
- sistemas térmicos: capacitância térmica.

Por outro lado, as partes do processo que resistem à transferência de energia ou matéria são chamadas de resistências. Estas se apresentam nas seguintes formas:

- sistemas mecânicos: atrito;
- sistemas elétricos: resistores;
- sistemas fluídicos: perdas de carga por atrito (distribuídas ou concentradas);
- sistemas térmicos: resistência térmica.

A multiplicação da resistência pela capacitância (em unidades coerentes) de um processo resulta na constante de tempo do atraso de transferência:

$$\tau = \text{resistência} \cdot \text{capacitância} = R \cdot C$$

Nesse caso, tem-se que R = pressão hidrostática no tanque/vazão e C = volume/pressão hidrostática no tanque. Resulta:

$$R = \frac{P}{Q} \quad \text{e} \quad C = \frac{V}{P}$$

Assim, o análogo elétrico desse caso é um circuito RC em série, como visto na Figura 3.12, em que se analisa a tensão E_C no capacitor em função da tensão de entrada E.

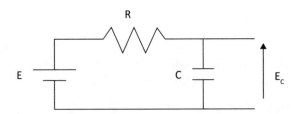

Figura 3.12 – Análogo elétrico do processo térmico apresentado na Figura 3.5.

O análogo elétrico permite visualizar mais facilmente as relações propostas anteriormente. Suponha que sejam estabelecidas as analogias citadas na Tabela 3.1.

Tabela 3.1 – Analogias entre sistema fluídico e sistema elétrico

Sistema fluídico	Sistema elétrico
Pressão (P)	Tensão (E)
Vazão (Q)	Corrente (i)
Volume (V)	Quantidade de cargas (q)

Resulta:

$$\text{Resistência } R = \frac{E}{i} = \frac{P}{Q} \qquad \text{e} \qquad \text{Capacitância } C = \frac{q}{E} = \frac{V}{P}$$

Portanto:

$$\tau = R \cdot C = \frac{V}{Q}$$

Esse atraso pode também ser chamado de **atraso RC**, **atraso capacitivo** ou *lag*.

Analisa-se outro processo em que há um atraso de transferência. Trata-se da variação da temperatura na saída em um trocador de calor operando em malha aberta, como mostrado na Figura 2.12 da Subseção 2.2.2. Inicialmente, o sinal de saída manual do controlador é nulo, de modo que não há vapor para aquecer a água. No instante $t = 50$ s, o sinal de saída manual m do controlador passa bruscamente de 0 para 100%, liberando todo o vapor disponível (1 kg/s). A resposta da temperatura medida de saída T_m a essa perturbação em degrau é mostrada na Figura 3.13, que indica que esse trocador de calor também se comporta como um atraso de transferência ou sistema de primeira ordem.

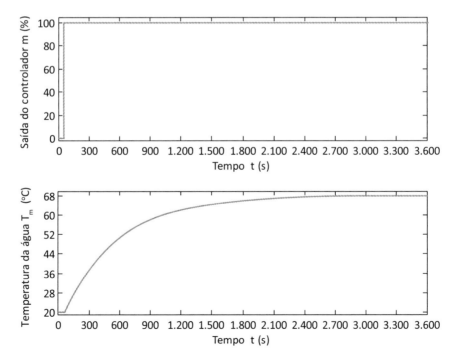

Figura 3.13 – Resposta de T_m a degrau em m.

3.2.4 ELEMENTO ATRASO DE TRANSPORTE OU TEMPO MORTO

O atraso de transporte surge quando há transporte de matéria ou energia (por exemplo, quando há uma distância entre o ponto de medição e o ponto em que a variável de fato se manifesta, malhas de reciclo ou atrasos na análise da composição química de certos componentes do processo) ou há um cálculo no dispositivo de controle que atrasa sua resposta. Ocorre em quase todos os processos e raramente sozinho (surge com atrasos de transferência).

Seja uma correia transportadora em que o sensor (célula de carga) dista d metros do ponto em que o material cai na correia, como mostra a Figura 3.14. A entrada do sistema é a quantidade de material sendo despejado na correia, ao passo que sua saída é o peso medido.

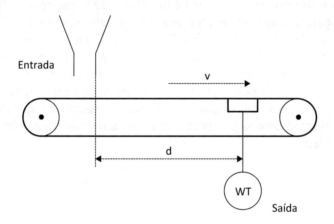

Figura 3.14 – Correia transportadora.

Verifica-se que o transdutor de peso mede o que acontece na saída do silo, mas com um atraso de $\theta = d/v$ (v é a velocidade da correia), o qual é inerente ao sistema.

Outro exemplo é visto na Figura 3.5. Há um trecho de tubulação entre a saída do tanque e o sensor da temperatura T_3. É intuitivo haver um período de tempo θ, após T_1 variar, durante o qual não se nota nenhuma mudança em T_3, pois o fluido leva um certo tempo para ir da saída do tanque até o sensor. A esse período, relacionado com o transporte de matéria ou energia de um ponto a outro do processo e durante o qual a perturbação ainda não chegou ao ponto observado, dá-se também o nome de **tempo morto**, **atraso puro**, *dead time* ou *pure time delay*. Sua função de transferência é:

$$G_p(s) = \frac{\hat{T}_3(s)}{\hat{T}_2(s)} = e^{-\theta \cdot s}$$

A variação nas temperaturas T_2 e T_3 para uma variação em degrau de 2 ºC em T_1 em $t = 20$ s, supondo-se $\theta = 20$ s, é mostrada na Figura 3.15.

Trata-se de um sistema com um atraso de transferência e um atraso de transporte.

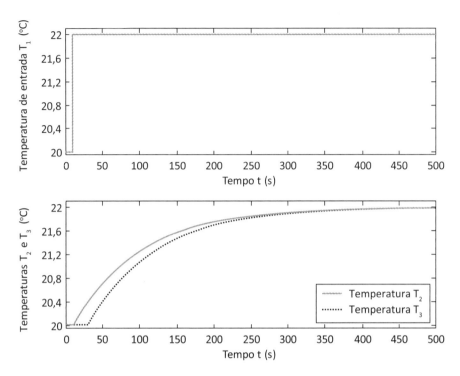

Figura 3.15 – Resposta das temperaturas T_2 e T_3 a uma perturbação em degrau em T_1.

A resposta de T_3 para uma entrada T_1 em degrau em $t = 20$ s é dada por:

$$T_3(t) = T_2(t-\theta) \quad (\text{para } t \geq \theta) \quad \text{e} \quad T_3(t) = \overline{T}_3 \quad (\text{para } 0 \leq t < \theta)$$

$$T_3(t) = \overline{T}_3 + U \cdot \left[1 - e^{-(t-\theta-20)/\tau}\right] \quad (\text{para } t \geq \theta \text{ e em que } \overline{T}_3 = \overline{T}_2)$$

As funções de transferência entre T_3 e T_2 e T_3 e T_1 são dadas por:

$$G_{32}(s) = \frac{\hat{T}_3(s)}{\hat{T}_2(s)} = e^{-\theta \cdot s} \quad \text{e} \quad G_{31}(s) = \frac{\hat{T}_3(s)}{\hat{T}_1(s)} = \frac{e^{-\theta \cdot s}}{\tau_T \cdot s + 1}$$

Em controle de processos, há um período de tempo, desde quando uma perturbação ocorre no processo até que se produza um sinal de desvio no controlador, de magnitude equivalente à alteração sofrida pela variável controlada. O controlador vai variando sua ação sobre o elemento final de controle para fazer retornar a variável controlada ao valor desejado. O tempo decorrido entre a perturbação e o ajuste do elemento final de controle constitui-se em um atraso da malha fechada de controle em responder a tal perturbação. Esses atrasos criam dificuldades no controle por realimentação, pois a ação sobre a variável manipulada não tem efeito imediato sobre a variável controlada. Há grande interesse em reduzir esse atraso a um mínimo, pois assim se reduz o período de oscilações e, consequentemente, o tempo de recuperação do sistema.

Conforme já visto, os atrasos podem ser separados em duas categorias distintas:

- atraso de transferência, atraso RC, atraso capacitivo ou *lag*;
- atraso de transporte, tempo morto, atraso puro, *dead time* ou *pure time delay*.

Ilustra-se, por meio de um exemplo, a dificuldade no controle de processos que contenham atrasos de transferência e de transporte. Imagine o sistema de direção de um carro. Suponha, inicialmente, que haja um tempo morto de 10 segundos no sistema, de modo que uma guinada brusca no volante do carro (excitação em degrau) leve 10 segundos para esterçar as rodas. Avalie a dificuldade que seria dirigir um carro nessas condições. Considere agora que haja um atraso de transferência no sistema com uma constante de tempo de 10 segundos. Ao se guinar bruscamente o volante, as rodas da frente passariam a se mover lentamente para a posição selecionada, de forma que após quatro a cinco constantes de tempo (40 a 50 segundos) as rodas teriam finalmente assumido a posição desejada. Seria muito difícil dirigir um carro nessas condições. Deve-se enfatizar que, em ambos os casos, existe um ganho envolvido, pois ao se esterçar o volante de um certo ângulo, o ângulo do movimento das rodas é menor, pois o ganho K_P é menor que 1.

3.2.5 ELEMENTO OSCILADOR AMORTECIDO

Suponha que ao excitar a entrada u de um dado processo com uma entrada em degrau unitário, sua saída y responda da forma mostrada na Figura 3.16.

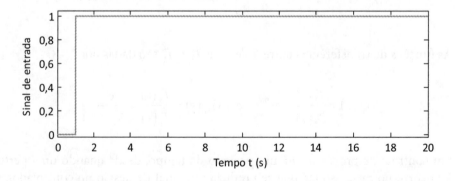

Figura 3.16 – Resposta a degrau unitário de sistema com oscilações amortecidas (*continua*).

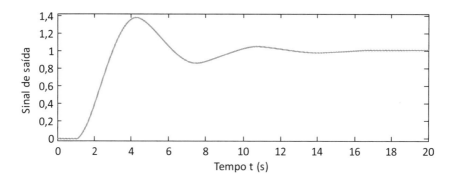

Figura 3.16 – Resposta a degrau unitário de sistema com oscilações amortecidas (*continuação*).

A resposta é oscilatória amortecida. Processos que respondem desse modo podem ser chamados de sistemas de segunda ordem subamortecidos, cuja função de transferência é:

$$G(s) = \frac{Y(s)}{U(s)} = \frac{1}{\tau^2 \cdot s^2 + 2 \cdot \xi \cdot \tau \cdot s + 1}$$

ou então:

$$G(s) = \frac{Y(s)}{U(s)} = \frac{\omega_n^2}{s^2 + 2 \cdot \xi \cdot \omega_n \cdot s + \omega_n^2}$$

$$\text{sendo } \omega_n = \frac{1}{\tau} > 0$$

em que:

ω_n = frequência natural não amortecida (oscilação observada se $\xi = 0$);

τ = constante de tempo do sistema;

ξ = coeficiente de amortecimento.

Na resposta da Figura 3.16, tem-se que $\omega_n = 1$ e $\xi = 0,3$.

Caso haja um ganho K no processo, a função de transferência passa a ser:

$$G(s) = \frac{Y(s)}{U(s)} = \frac{K \cdot \omega_n^2}{s^2 + 2 \cdot \xi \cdot \omega_n \cdot s + \omega_n^2} \qquad (3.5)$$

O modelo matemático do sistema de amortecimento de um carro (GARCIA, 2005) é mostrado a seguir. Um modelo físico simplificado é visto na Figura 3.17, tendo como entrada $u(t)$ (desníveis na rua) e como saída $y(t)$ (movimento que se sente no veículo).

Sua função de transferência é dada por:

$$G(s) = \frac{Y(s)}{U(s)} = \frac{b \cdot s + k}{m \cdot s^2 + b \cdot s + k} \quad \text{(sistema de segunda ordem)}$$

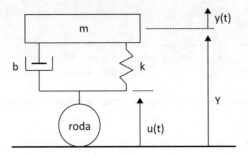

Figura 3.17 – Modelo físico simplificado de um amortecedor de automóvel.

Legenda: $u(t)$ = perturbações externas na roda do carro; $y(t)$ = movimentos sentidos no carro.

Com m e k unitários, variando-se o coeficiente de amortecimento b (0,2; 1 e 4) e aplicando-se um degrau na entrada, em que o carro sobe em uma calçada com 0,1 m de altura, resultam nas respostas da Figura 3.18 para a saída $y(t)$. Com pouco amortecimento, a resposta é muito oscilatória; com amortecimento médio, ocorrem oscilações de menor amplitude e maior duração; e, com muito amortecimento, praticamente não há oscilações.

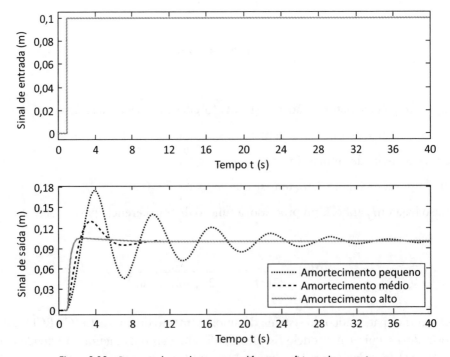

Figura 3.18 – Resposta a degrau de sistema com diferentes coeficientes de amortecimento.

3.2.6 SISTEMA AVANÇO/ATRASO (*LEAD/LAG*)

Ao se aplicar um degrau a um processo, obtém-se a resposta da Figura 3.19. Esse comportamento ocorre, por exemplo, no nível do tubulão superior de uma caldeira, ao haver um aumento brusco na demanda de vapor, reduzindo a pressão no tubulão e causando um "inchaço" (*swelling*) da água no tubulão, que está em ebulição e, assim, cheia de bolhas, que se expandem com a redução da pressão. O modelo que descreve esse fenômeno é:

$$G_P(s) = K_P \frac{\tau_1 \cdot s + 1}{\tau_2 \cdot s + 1} \qquad (3.6)$$

Há três parâmetros a estimar na Equação (3.6): K_P, τ_1 e τ_2. Calcula-se o ganho K_P como na Subseção 3.2.1, isto é, dividindo-se a variação na saída pela variação na entrada.

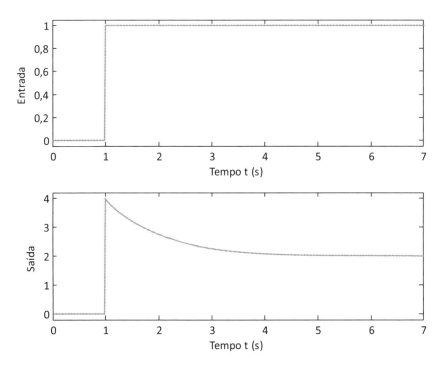

Figura 3.19 – Resposta de sistema avanço/atraso (*lead/lag*).

No caso da Figura 3.19, aplicou-se na entrada um degrau unitário, resultando na saída uma variação de 2; portanto:

$$K_P = 2$$

A antitransformada da Equação (3.6), supondo-se um degrau da amplitude A na entrada aplicado no instante $t = 0$, é dada por:

$$y(t) = K_p \cdot A \cdot \left[\left(\frac{\tau_1}{\tau_2} - 1 \right) \cdot \exp\left(\frac{-t}{\tau_2} \right) + 1 \right] \tag{3.7}$$

Para estimar τ_1 e τ_2 na Equação (3.6), toma-se inicialmente a resposta do sistema no instante de aplicação do degrau, o que na Equação (3.7) equivale a considerar $t = 0$:

$$y(t = 0) = K_p \cdot A \frac{\tau_1}{\tau_2} = 4$$

Como $K_p = 2$ e $A = 1$, resulta:

$$\frac{\tau_1}{\tau_2} = 2$$

Considera-se, então, $t = \tau_2$ na Equação (3.7), resultando em:

$$y(t = \tau_2) = K_p \cdot A \cdot \left[\left(\frac{\tau_1}{\tau_2} - 1 \right) \cdot e^{-1} + 1 \right] = K_p \cdot A \cdot \left(e^{-1} + 1 \right) = 2 \cdot 1{,}3679 = 2{,}7358$$

Buscando-se no gráfico de baixo da Figura 3.19 o instante que equivale a esse valor de $y(t)$ e descontando-se 1 s, por ter sido o momento de aplicação do degrau, resulta:

$$\tau_2 = 1 \text{ s} \quad \therefore \quad \tau_1 = 2 \text{ s}$$

Assim, a função de transferência que gerou a resposta mostrada na Figura 3.19 é:

$$G_p(s) = 2 \frac{2 \cdot s + 1}{s + 1}$$

Há ainda outra possível resposta ao degrau de um processo, como visto na Figura 3.20, em que o gráfico de baixo indica que a resposta primeiro desce para depois subir.

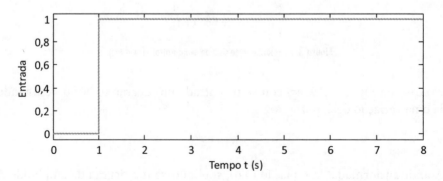

Figura 3.20 – Resposta de sistema com avanço/atraso (*lead/lag*) de fase não mínima (*continua*).

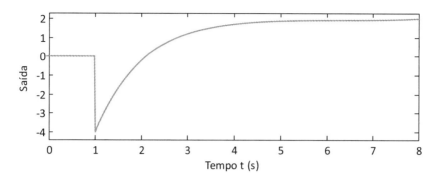

Figura 3.20 – Resposta de sistema com avanço/atraso (*lead/lag*) de fase não mínima (*continuação*).

Nesse caso, tem-se a resposta de um sistema de fase não mínima, o que implica a presença de um zero no semiplano direito do plano s. A função de transferência de um sistema com esse tipo de resposta é dada por:

$$G_p(s) = K_p \frac{-\tau_1 \cdot s + 1}{\tau_2 \cdot s + 1} \quad (3.8)$$

Como no caso da Equação (3.6), aqui também há três parâmetros a estimar. Calcula-se K_p dividindo a variação na saída entre $t \to \infty$ e $t < 0$, considerando que se aplicou o degrau na entrada em $t = 0$, pela variação na entrada. Nesse caso, como se aplicou um degrau unitário na entrada, resulta:

$$K_p = 2$$

O cálculo das constantes de tempo é feito de forma similar ao caso anterior (de fase mínima). Assim, a antitransformada da Equação (3.8) é dada por:

$$y(t) = K_p \cdot A \cdot \left[\left(-\frac{\tau_1}{\tau_2} - 1 \right) \cdot \exp\left(\frac{-t}{\tau_2} \right) + 1 \right] \quad (3.9)$$

Para $t = 0$ na Equação (3.9), tem-se que:

$$y(t = 0) = -K_p \cdot A \frac{\tau_1}{\tau_2} = -2 \frac{\tau_1}{\tau_2} = -4$$

Portanto:

$$\frac{\tau_1}{\tau_2} = 2$$

Para $t = \tau_2$ na Equação (3.9), resulta:

$$y(t = \tau_2) = K_P \cdot A \cdot \left[\left(-\frac{\tau_1}{\tau_2} - 1\right) \cdot e^{-1} + 1\right] = K_P \cdot A \cdot \left(-3 \cdot e^{-1} + 1\right) = 2 \cdot (-0,1036) = -0,2073$$

Buscando-se o instante que equivale a esse valor de $y(t)$ no gráfico de baixo da Figura 3.20 e descontando-se 1 s, por ser o instante de aplicação do degrau, resulta:

$$\tau_2 = 1\,\text{s}$$

Portanto, $\tau_1 = 2$ s.

A função de transferência que gerou a resposta mostrada na Figura 3.20 é:

$$G_P(s) = 2\,\frac{-2 \cdot s + 1}{s + 1}$$

3.2.7 RESUMO DOS ELEMENTOS CARACTERÍSTICOS QUE CONSTITUEM OS PROCESSOS INDUSTRIAIS

Os processos industriais podem ser representados, de forma aproximada, como uma combinação dos seis elementos básicos apresentados na Tabela 3.2.

Tabela 3.2 – Elementos básicos de modelos aproximados de processos industriais

Elemento de processo	Equação descritiva	Função de transferência	Resposta a degrau de amplitude A
GANHO	$y(t) = K \cdot u(t)$	K	
ATRASO DE TRANSPORTE	$y(t) = 0,\ t < \theta$ $y(t) = u(t - \theta),\ t \geq \theta$ Para entrada em degrau: $y(t) = A \cdot H(t - \theta)$ (em que $H(t)$ = função degrau unitário)	$e^{-\theta \cdot s}$	
ATRASO DE TRANSFERÊNCIA	$\dot{y}(t) = \dfrac{u - y}{\tau}$ Para entrada em degrau: $y(t) = A \cdot \left(1 - e^{-t/\tau}\right) \cdot H(t)$	$\dfrac{1}{\tau \cdot s + 1}$	

(continua)

Tabela 3.2 – Elementos básicos de modelos aproximados de processos industriais (*continuação*)

Elemento de processo	Equação descritiva	Função de transferência	Resposta a degrau de amplitude A
INTEGRADOR	$\dot{y}(t) = K_i \cdot u(t)$ Para entrada em degrau: $y(t) = K_i \cdot A \cdot t \cdot H(t)$	$\dfrac{K_i}{s}$	$\operatorname{tg} \alpha = K_i \cdot A$
OSCILADOR AMORTECIDO	$\ddot{y}(t) + 2 \cdot \xi \cdot \omega_n \cdot \dot{y}(t) + \omega_n^2 \cdot y(t) =$ $= \omega_n^2 \cdot u(t)$ Para entrada em degrau: $y(t) = \left[1 - \dfrac{e^{-\xi \cdot \omega_n \cdot t}}{\sqrt{1-\xi^2}} \cdot sen\left(\omega_d \cdot t + arc\,cos(\xi) \right) \right] \cdot A \cdot H(t)$	$\dfrac{\omega_n^2}{s^2 + 2 \cdot \xi \cdot \omega_n \cdot s + \omega_n^2}$	
AVANÇO/ ATRASO	$\dot{y}(t) = \dfrac{-y(t) + \tau_1 \cdot \dot{u}(t) + u(t)}{\tau_2}$ Para entrada em degrau: $y(t) = A \cdot \left[\left(\dfrac{\tau_1}{\tau_2} - 1 \right) \cdot \exp\left(\dfrac{-t}{\tau_2} \right) + 1 \right] \cdot H(t)$	$\dfrac{\tau_1 \cdot s + 1}{\tau_2 \cdot s + 1}$	

3.3 SISTEMAS BICAPACITIVOS E MULTICAPACITIVOS

Há certos processos que podem ser modelados por meio da associação de um ou mais atrasos de transferência ou atrasos capacitivos. Sistemas modelados por $n \geq 1$ atrasos de transferência são denominados sistemas de n-ésima ordem. Quando $n = 2$, o sistema é dito bicapacitivo, e, para $n \geq 3$, ele pode ser chamado de multicapacitivo.

Os sistemas de segunda ordem podem ser divididos em duas categorias:

- sistemas superamortecidos ou sobreamortecidos;
- sistemas subamortecidos.

Os sistemas de segunda ordem subamortecidos correspondem a um elemento básico e já foram abordados na Subseção 3.2.5. No caso de sistemas superamortecidos, existe a possibilidade de se ter mais de um conjunto capacitância/resistência no processo. Nesse caso, deve-se fazer a distinção entre sistemas com capacitâncias interativas e isoladas. Nas Subseções 3.3.1 e 3.3.2, são discutidas essas duas possibilidades. Na Subseção 3.3.3, apresenta-se a resposta ao degrau de quaisquer sistemas de segunda ordem. Na Subseção 3.3.4, discutem-se os parâmetros que caracterizam a resposta de sistemas de segunda ordem subamortecidos. A Subseção 3.3.5 mostra a resposta de sistemas multicapacitivos.

3.3.1 SISTEMAS BICAPACITIVOS SEM INTERAÇÃO

Nas capacitâncias isoladas, cada uma age como se estivesse sozinha, como indicado na Figura 3.21, em que se apresenta um exemplo hidráulico de bicapacitância isolada (sistema sem interação), composto por dois tanques em cascata.

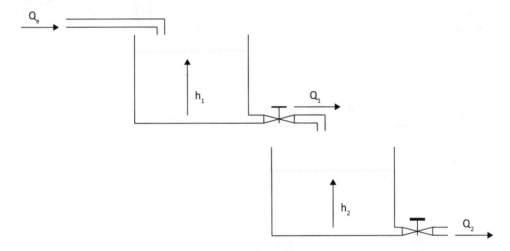

Figura 3.21 – Dois tanques em cascata sem interação (sistema bicapacitivo sem interação).

Nesse caso, h_1 é independente de h_2, pois a vazão do primeiro tanque independe do nível no segundo. A função de transferência global desse sistema em malha aberta é dada por $G(s) = G_1(s) \cdot G_2(s)$, sendo um sistema de segunda ordem superamortecido. O modelo matemático para o cálculo da variação do nível no segundo tanque e para variações na vazão de entrada no primeiro tanque é desenvolvido com base no balanço de massa nos tanques, em que se supõe que a massa específica do fluido seja constante e igual tanto na entrada dos tanques como em seu interior.

Para o primeiro tanque:

$$\frac{dh_1}{dt} = \frac{Q_e - Q_1}{A_1}$$

Para o segundo tanque:

$$\frac{dh_2}{dt} = \frac{Q_1 - Q_2}{A_2}$$

Têm-se as seguintes relações constitutivas:

$$Q_1 = C_{V1} \cdot \sqrt{P_a + \rho \cdot g \cdot h_1 - P_j} \quad e \quad Q_2 = C_{V2} \cdot \sqrt{P_a + \rho \cdot g \cdot h_2 - P_j}$$

Supondo-se que $P_a = P_j$ e empregando-se variáveis incrementais, linearizam-se as equações anteriores em torno dos pontos de operação $\overline{h}_1$ e $\overline{h}_2$:

$$\hat{Q}_1 = \frac{C_{V1} \cdot \sqrt{\rho \cdot g}}{2 \cdot \sqrt{\overline{h}_1}} \hat{h}_1 \qquad e \qquad \hat{Q}_2 = \frac{C_{V2} \cdot \sqrt{\rho \cdot g}}{2 \cdot \sqrt{\overline{h}_2}} \hat{h}_2$$

Substituindo-se as relações constitutivas linearizadas nas equações do sistema, resultam nas seguintes equações de movimento:

$$\frac{d\hat{h}_1}{dt} = \frac{\hat{Q}_e - \dfrac{C_{V1} \cdot \sqrt{\rho \cdot g}}{2 \cdot \sqrt{\overline{h}_1}} \hat{h}_1}{A_1} \qquad \frac{d\hat{h}_2}{dt} = \frac{\dfrac{C_{V1} \cdot \sqrt{\rho \cdot g}}{2 \cdot \sqrt{\overline{h}_1}} \hat{h}_1 - \dfrac{C_{V2} \cdot \sqrt{\rho \cdot g}}{2 \cdot \sqrt{\overline{h}_2}} \hat{h}_2}{A_2}$$

Transformando-se ambas as equações por Laplace com condições iniciais nulas, resulta:

$$\left[A_1 \cdot s + \frac{C_{V1} \cdot \sqrt{\rho \cdot g}}{2 \cdot \sqrt{\overline{h}_1}} \right] \cdot \hat{H}_1(s) = \hat{Q}_2(s)$$

$$\left[A_2 \cdot s + \frac{C_{V2} \cdot \sqrt{\rho \cdot g}}{2 \cdot \sqrt{\overline{h}_2}} \right] \cdot \hat{H}_2(s) = \frac{C_{V1} \cdot \sqrt{\rho \cdot g}}{2 \cdot \sqrt{\overline{h}_1}} \hat{H}_1(s)$$

Resultam nas seguintes funções de transferência:

$$G_1(s) = \frac{\hat{H}_1(s)}{\hat{Q}_e(s)} = \frac{1}{A_1 \cdot s + \dfrac{C_{V1} \cdot \sqrt{\rho \cdot g}}{2 \cdot \sqrt{\overline{h}_1}}} = \frac{\dfrac{2 \cdot \sqrt{\overline{h}_1}}{C_{V1} \cdot \sqrt{\rho \cdot g}}}{1 + \dfrac{2 \cdot \sqrt{\overline{h}_1} \cdot A_1}{C_{V1} \cdot \sqrt{\rho \cdot g}} s} = \frac{K_1}{\tau_1 \cdot s + 1}$$

$$G_2(s) = \frac{\hat{H}_2(s)}{\hat{H}_1(s)} = \frac{\dfrac{C_{V1} \cdot \sqrt{\rho \cdot g}}{2 \cdot \sqrt{\overline{h}_1}}}{A_2 \cdot s + \dfrac{C_{V2} \cdot \sqrt{\rho \cdot g}}{2 \cdot \sqrt{\overline{h}_2}}} = \frac{\dfrac{C_{V1} \cdot \sqrt{\overline{h}_2}}{C_{V2} \cdot \sqrt{\overline{h}_1}}}{1 + \dfrac{2 \cdot \sqrt{\overline{h}_2} \cdot A_2}{C_{V2} \cdot \sqrt{\rho \cdot g}} s} = \frac{K_2}{\tau_2 \cdot s + 1}$$

A função de transferência global dos dois tanques em cascata é dada por:

$$G(s) = G_1(s) \cdot G_2(s) = \frac{\hat{H}_1(s)}{\hat{Q}_1(s)} \frac{\hat{H}_2(s)}{\hat{H}_1(s)} = \frac{\hat{H}_2(s)}{\hat{Q}_1(s)} =$$
$$= \frac{K_1}{\tau_1 \cdot s + 1} \frac{K_2}{\tau_2 \cdot s + 1} = \frac{K}{(\tau_1 \cdot s + 1) \cdot (\tau_2 \cdot s + 1)}$$
(3.10)

Trata-se de um sistema de segunda ordem superamortecido, em que $K = K_1 \cdot K_2$.

Nota-se que a função de transferência global corresponde ao produto das funções de transferência de cada um dos tanques. Isso implica que a função de transferência de sistemas bicapacitivos não interativos corresponde ao produto de cada uma das funções de transferência do sistema $G(s) = G_1(s) \cdot G_2(s)$, como indicado na Figura 3.22.

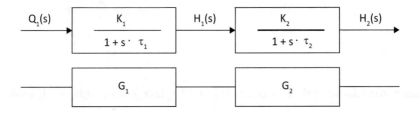

Figura 3.22 – Diagrama de blocos de sistema bicapacitivo sem interação.

Suponha que ambos os tanques sejam similares ao usado na Subseção 3.2.3 e que, com uma vazão de entrada $Q_1 = 0{,}0054833$ m³/h, o nível em ambos os tanques se mantenha em $\overline{h}_1 = \overline{h}_2 = 1$ m. Aplicando-se um degrau de 10% em Q_1, a resposta dos níveis h_1 e h_2 é vista na Figura 3.23. Nessa figura, a resposta de h_1 corresponde à de um sistema de primeira ordem e a resposta de h_2, à de um sistema de segunda ordem superamortecido, o qual pode ser obtido por meio da associação em série de dois sistemas de primeira ordem. Caso um processo seja a associação em série de dois sistemas de primeira ordem, a função de transferência global corresponderá à de um sistema de segunda ordem superamortecido.

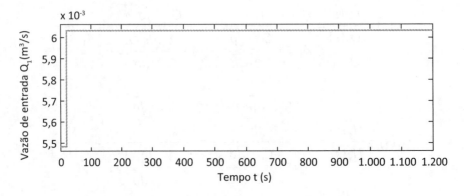

Figura 3.23 – Resposta dos níveis h_1 e h_2 a degrau em Q_e (continua).

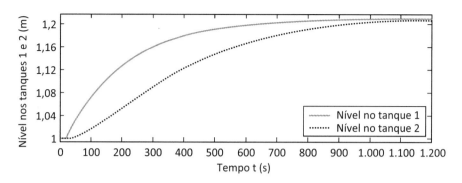

Figura 3.23 – Resposta dos níveis h_1 e h_2 a degrau em Q_e (continuação).

A analogia com um sistema elétrico é mostrada na Figura 3.24. Aplicando-se a análise de malha aos dois circuitos dessa figura, resulta:

$$V_e = V_{R1} + V_{C1} \tag{3.11}$$

$$V_{R1} = R_1 i_1 \tag{3.12}$$

sendo V_{C1} a tensão no capacitor C_1.

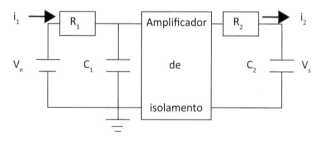

Figura 3.24 – Sistema elétrico com bicapacitância isolada.

Como o amplificador de isolamento tem ganho unitário, resulta:

$$V_{C1} = V_{R2} + V_s \tag{3.13}$$

$$V_{R2} = R_2 i_2 \tag{3.14}$$

Sabe-se que (relações constitutivas):

$$i_1 = C_1 \frac{dV_{C1}}{dt} \tag{3.15}$$

$$i_2 = C_2 \frac{dV_s}{dt} \tag{3.16}$$

Substituindo-se as Equações (3.12) e (3.15) na Equação (3.11):

$$V_e = R_1 C_1 \frac{dV_{C1}}{dt} + V_{C1} \tag{3.17}$$

Substituindo-se as Equações (3.14) e (3.16) na Equação (3.13):

$$V_{C1} = R_2 C_2 \frac{dV_s}{dt} + V_s$$

Substituindo-se a expressão anterior na Equação (3.17):

$$V_e = R_1 C_1 \frac{d\left(R_2 C_2 \dfrac{dV_s}{dt} + V_s\right)}{dt} + R_2 C_2 \frac{dV_s}{dt} + V_s$$

$$V_e = R_1 R_2 C_1 C_2 \frac{d^2 V_s}{dt^2} + \left(R_1 C_1 + R_2 C_2\right) \frac{dV_s}{dt} + V_s$$

Transformando-se essa expressão por Laplace com condições iniciais nulas:

$$V_e(s) = \left[R_1 R_2 C_1 C_2 s^2 + \left(R_1 C_1 + R_2 C_2\right)s + 1\right] V_s(s)$$

A função de transferência resultante é:

$$\frac{V_s(s)}{V_e(s)} = \frac{1}{R_1 R_2 C_1 C_2 s^2 + \left(R_1 C_1 + R_2 C_2\right)s + 1}$$

Pode-se chegar nesse mesmo resultado bem mais facilmente, caso se considere que, em virtude do desacoplamento provido pelo amplificador de isolamento, pode-se multiplicar as funções de transferência dos dois circuitos. Tem-se então que:

$$\frac{V_{C1}(s)}{V_e(s)} = \frac{1}{R_1 C_1 s + 1}$$

pois a primeira função de transferência tem ganho estático unitário e constante de tempo dada por $R_1 C_1$. O mesmo ocorre para a segunda função de transferência:

$$\frac{V_s(s)}{V_{C1}(s)} = \frac{1}{R_2 C_2 s + 1}$$

Multiplicando-se as duas funções de transferência, resulta:

$$\frac{V_s(s)}{V_e(s)} = \frac{V_{C1}(s)}{V_e(s)} \frac{V_s(s)}{V_{C1}(s)} = \frac{1}{R_1 C_1 s + 1} \frac{1}{R_2 C_2 s + 1} =$$

$$= \frac{1}{R_1 R_2 C_1 C_2 s^2 + (R_1 C_1 + R_2 C_2) s + 1} \tag{3.18}$$

Mostra-se, a seguir, o modelo de um sistema de segunda ordem superamortecido sem interação e afetado de tempo morto. Seja o processo mostrado na Figura 3.5. Supondo que $Q_e = Q_s = Q$, o volume no tanque é constante. Considerando uma massa específica do fluido constante (fluido incompressível) $\rho_e = \rho$, o balanço de energia no tanque é dado por:

$$\frac{d(m \cdot c_P \cdot T_2)}{dt} = \rho \cdot V \cdot c_P \frac{d(T_2)}{dt} = \rho_e \cdot Q \cdot c_P \cdot T_1 - \rho \cdot Q \cdot c_P \cdot T_2$$

em que c_P = calor específico do fluido (suposto constante).

Resulta na seguinte equação de movimento:

$$\frac{dT_2}{dt} = \frac{Q}{V}(T_1 - T_2)$$

A função de transferência resultante é dada por:

$$G_{T2}(s) = \frac{\hat{T}_2(s)}{\hat{T}_1(s)} = \frac{Q/V}{s + Q/V} = \frac{1}{\tau_T \cdot s + 1}$$

Trata-se de um sistema de primeira ordem, com $\tau_T = V/Q$.

Entre T_2 e T_3, existe a presença de um atraso puro, cuja equação é dada por:

$$T_3(t) = T_2(t - \theta)$$

Sua função de transferência é dada por:

$$G_{T3}(s) = \frac{\hat{T}_3(s)}{\hat{T}_2(s)} = e^{-\theta \cdot s}$$

Caso se modele o transdutor de temperatura como um sistema dinâmico constituído por um atraso de transferência com constante de tempo τ_t, resulta:

$$G_t(s) = \frac{\hat{T}_t(s)}{\hat{T}_3(s)} = \frac{K_t}{\tau_t \cdot s + 1}$$

em que K_t corresponde ao ganho em regime estacionário do transdutor.

Supondo-se, por exemplo, que se trate de um transdutor eletrônico com saída de 4 mA a 20 mA e calibrado na faixa de T_i a T_f, resulta:

$$K_t = \frac{16}{T_f - T_i} \quad \frac{mA}{°C}$$

A função de transferência global do sistema é dada por:

$$G_T(s) = G_{T2}(s) \cdot G_{T3}(s) \cdot G_t(s) = \frac{\hat{T}_t(s)}{\hat{T}_1(s)} = \frac{K_t \cdot e^{-\theta \cdot s}}{(\tau_T \cdot s + 1) \cdot (\tau_t \cdot s + 1)}$$

Trata-se de um sistema de segunda ordem superamortecido sem interação afetado de tempo morto. As variações em T_2, T_3 e T_t para uma variação em degrau de 2 °C em T_1 são vistas na Figura 3.25. Para colocar T_2, T_3 e T_t em um único gráfico com a mesma escala, supôs-se T_t não em mA, mas em °C, de modo que $K_t = 1$. Considerou-se que $\tau_t = 20$ s.

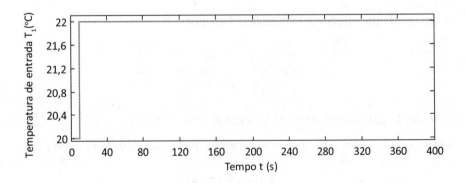

Figura 3.25 – Resposta das temperaturas T_2, T_3 e T_t a uma perturbação em degrau em T_1 (continua).

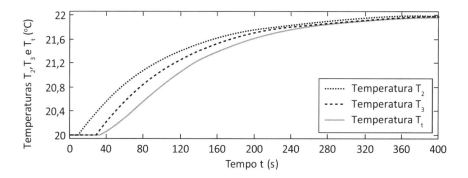

Figura 3.25 – Resposta das temperaturas T_2, T_3 e T_t a uma perturbação em degrau em T_1 (*continuação*).

Nota-se que T_3 é afetado por um atraso de transferência e outro de transporte, que o faz responder como um sistema de primeira ordem mais tempo morto. Como se supôs que o transmissor de temperatura tenha um atraso de transferência, resulta que T_t responde como um sistema de segunda ordem superamortecido afetado de tempo morto.

3.3.2 SISTEMAS BICAPACITIVOS COM INTERAÇÃO

No caso da Figura 3.26, a vazão Q_2 depende de H_1 e H_2, que são acoplados.

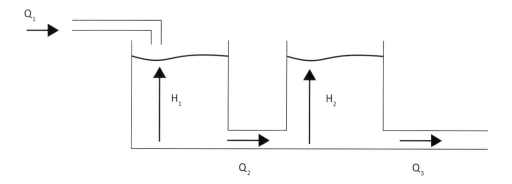

Figura 3.26 – Exemplo hidráulico de bicapacitância interativa.

Para ilustrar o caso de um sistema bicapacitivo com interação, considere a planta mostrada na Figura 3.27. O tanque principal (tanque 1), com capacidade para 1.000 litros, possui uma régua de nível (tanque 2) com capacidade para 5 litros. A medição de nível é realizada no tanque 2. A bomba dosadora torna constante a vazão na saída.

Em regime permanente, $h = c$. Uma mudança de nível, no entanto, força uma vazão Q_2, fazendo que h e c difiram. Tem-se:

$$\frac{dv_2}{dt} = Q_2$$

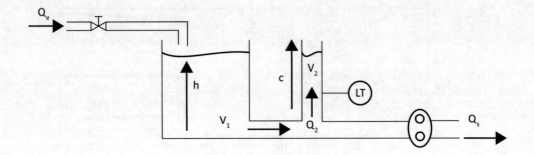

Figura 3.27 – Exemplo hidráulico de sistema bicapacitivo com interação.

Mas:

$$v_2 = A_2 \cdot c \qquad \therefore A_2 \frac{dc}{dt} = Q_2$$

A vazão Q_2, por estar escoando em um tubo fino, pode ser calculada por:

$$Q_2 = k \cdot \Delta P_{12} \quad \text{(supõe-se um escoamento laminar)}$$

em que $\Delta P_{12} = P_1 - P_2 = (\rho \cdot g \cdot h + P_{ext}) - (\rho \cdot g \cdot c + P_{ext})$

Portanto:

$$\Delta P_{12} = \rho \cdot g \cdot (h - c)$$

Resulta:

$$Q_2 = k \cdot \rho \cdot g \cdot (h - c)$$

Daí:

$$\frac{dc}{dt} = \frac{k \cdot \rho \cdot g}{A_2} \cdot (h - c)$$

Transformando essa equação por Laplace, supondo-se condições iniciais quiescentes:

$$\frac{C(s)}{H(s)} = \frac{1}{\frac{A_2}{k \cdot \rho \cdot g} s + 1} = \frac{1}{\tau_2 \cdot s + 1}$$

em que $\tau_2 = \dfrac{A_2}{k \cdot \rho \cdot g}$.

Deseja-se, agora, estabelecer a relação entre o nível c no segundo tanque e a vazão de entrada Q_e. Para tanto, realiza-se o balanço de massa no primeiro tanque:

$$\frac{dv_1}{dt} = Q_e - Q_2 - Q_s$$

em que $Q_s = \overline{Q}_s$ (vazão constante pela bomba dosadora).

A expressão para Q_2 já foi apresentada. Resulta na seguinte equação diferencial:

$$\frac{dh}{dt} = \frac{Q_e - k \cdot \rho \cdot g \cdot (h - c) - C_V \cdot \rho \cdot g \cdot h}{A_1}$$

$$\frac{dh}{dt} = \frac{Q_e - k \cdot \rho \cdot g \cdot (h - c) - \overline{Q}_s}{A_1}$$

Como nessa equação existe um termo constante, é necessário linearizá-la empregando-se variáveis incrementais, conforme exposto na Subseção 2.1.2. Resulta:

$$\frac{d\hat{h}}{dt} = \frac{\hat{Q}_e - k \cdot \rho \cdot g \cdot \left(\hat{h} - \hat{c}\right)}{A_1}$$

Transformando-se por Laplace, supondo-se condições iniciais nulas, resulta:

$$\hat{H}(s) \cdot \left[A_1 \cdot s + k \cdot \rho \cdot g\right] = \hat{Q}_e(s) + k \cdot \rho \cdot g \cdot \hat{C}(s) \tag{3.19}$$

De acordo com o que foi calculado para o segundo tanque, sabe-se que:

$$H(s) = \left(\frac{A_2}{k \cdot \rho \cdot g} s + 1\right) \cdot C(s)$$

Colocando-a na forma de variáveis incrementais:

$$\hat{H}(s) = \left(\frac{A_2}{k \cdot \rho \cdot g} s + 1\right) \cdot \hat{C}(s) \tag{3.20}$$

Substituindo-se a Equação (3.20) na Equação (3.19) e efetuando-se algumas manipulações algébricas, resulta:

$$\frac{\hat{C}(s)}{\hat{Q}_e(s)} = \frac{1}{\left[(A_1 + A_2) + \dfrac{A_1 \cdot A_2}{k \cdot \rho \cdot g} s\right] \cdot s} = \frac{K}{(\tau \cdot s + 1) \cdot s} \tag{3.21}$$

em que $K = \dfrac{1}{A_1 + A_2}$ e $\tau = \dfrac{A_1 \cdot A_2}{k \cdot \rho \cdot g \cdot (A_1 + A_2)}$

Caso considere-se que, durante os transitórios, a vazão Q_2 seja muito menor que a vazão de saída Q_s, equivalendo a implicitamente supor que esse sistema bicapacitivo seja isolado quando, na verdade, ele é interativo, chega-se à seguinte relação entre h e Q_e:

$$\frac{dh}{dt} = \frac{Q_e - \overline{Q}_s}{A_1}$$

Empregando-se variáveis incrementais:

$$\frac{d\hat{h}}{dt} = \frac{\hat{Q}_e}{A_1}$$

Transformando-a por Laplace, supondo-se condições iniciais quiescentes:

$$\frac{\hat{H}(s)}{\hat{Q}_e(s)} = \frac{1}{A_1 \cdot s}$$

Resulta finalmente:

$$\frac{\hat{C}(s)}{\hat{Q}_e(s)} = \frac{\hat{H}(s)}{\hat{Q}_e(s)} \cdot \frac{\hat{C}(s)}{\hat{H}(s)} = \frac{1}{A_1 \cdot (\tau_2 \cdot s + 1) \cdot s} \tag{3.22}$$

Tanto a Equação (3.21) como a Equação (3.22) correspondem a um sistema de segunda ordem com uma raiz nula e uma raiz real, ou seja, um sistema instável (em virtude do polo na origem). Esse resultado já era esperado, considerando-se que, ao se colocar a bomba dosadora, se está restringindo a vazão de saída ao valor determinado pela bomba. Dessa forma, qualquer aumento da vazão de entrada Q_e implica um aumento não limitado no nível.

Obtenção de modelos aproximados de processos industriais

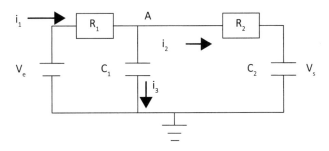

Figura 3.28 – Sistema elétrico bicapacitivo com interação.

Um análogo elétrico é mostrado na Figura 3.28. Aplicando-se a análise nodal ao nó A da Figura 3.28, resulta:

$$i_1 = i_2 + i_3 \tag{3.23}$$

Sabe-se que:

$$i_1 = \frac{V_e - V_A}{R_1} \tag{3.24}$$

$$i_2 = C_2 \frac{dV_s}{dt} \tag{3.25}$$

$$i_3 = C_1 \frac{dV_A}{dt} \tag{3.26}$$

Mas:

$$V_A = R_2 i_2 + V_s \tag{3.27}$$

Substituindo-se a Equação (3.25) na Equação (3.27):

$$V_A = R_2 C_2 \frac{dV_s}{dt} + V_s \tag{3.28}$$

Substituindo-se a Equação (3.28) na Equação (3.25):

$$i_3 = C_1 \frac{d\left(R_2 C_2 \frac{dV_s}{dt} + V_s\right)}{dt} = R_2 C_1 C_2 \frac{d^2 V_s}{dt^2} + C_1 \frac{dV_s}{dt} \tag{3.29}$$

Substituindo-se a Equação (3.28) na Equação (3.24):

$$i_1 = \frac{V_e - R_2 C_2 \dfrac{dV_s}{dt} - V_s}{R_1} \qquad (3.30)$$

Substituindo-se as Equações (3.25), (3.29) e (3.30) na Equação (3.23):

$$\frac{V_e - R_2 C_2 \dfrac{dV_s}{dt} - V_s}{R_1} = C_2 \frac{dV_s}{dt} + R_2 C_1 C_2 \frac{d^2 V_s}{dt^2} + C_1 \frac{dV_s}{dt} \qquad (3.31)$$

Isolando-se o termo V_e na expressão anterior:

$$V_e = R_1 R_2 C_1 C_2 \frac{d^2 V_s}{dt^2} + \left(R_1 C_2 + R_1 C_1 + R_2 C_2 \right) \frac{dV_s}{dt} + V_s$$

Transformando essa expressão por Laplace com condições iniciais nulas, resulta:

$$V_e(s) = \left[R_1 R_2 C_1 C_2 s^2 + \left(R_1 C_2 + R_1 C_1 + R_2 C_2 \right) s + 1 \right] V_s(s)$$

A função de transferência resultante é:

$$\frac{V_s(s)}{V_e(s)} = \frac{1}{R_1 R_2 C_1 C_2 s^2 + \left(R_1 C_2 + R_1 C_1 + R_2 C_2 \right) s + 1} \qquad (3.32)$$

É muito mais fácil chegar na função de transferência mostrada na Equação (3.22) que na Equação (3.21), bem como é muito mais simples chegar na Equação (3.18) que na Equação (3.32), pois a não interatividade permite multiplicar as funções de transferência de primeira ordem envolvidas. A situação em que há interação é mais difícil de ser analisada, pois a função de transferência global do sistema não é mais o produto das funções de transferência de primeira ordem.

Para verificar a diferença no comportamento dinâmico das funções de transferência nas Equações (3.18) e (3.32) a uma excitação degrau unitário em $t = 1\,\text{s}$, considere que $R_1 = R_2 = C_1 = C_2 = 1$ e veja a resposta na Figura 3.29. Analisando-a, fica óbvia a diferença na resposta de ambas as funções de transferência, caracterizando o efeito da interação entre os sistemas.

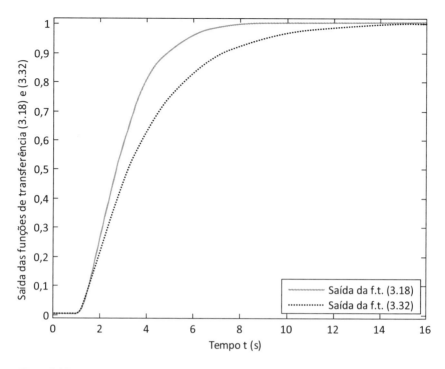

Figura 3.29 – Resposta das funções de transferência das Equações (3.18) e (3.32) a degrau unitário em $t = 1$.

Em geral, as seguintes regras valem para capacitâncias interativas (SHINSKEY, 1996):

- o grau de interação é proporcional à razão entre as capacitâncias, não entre as constantes de tempo. Quando $C_1/C_2 < 0,1$, o processo pode ser considerado isolado;
- a interação sempre aumenta a maior constante de tempo e diminui a menor.

3.3.3 RESPOSTA ANALÍTICA AO DEGRAU DE SISTEMAS DE SEGUNDA ORDEM

A função de transferência de um sistema de segunda ordem genérico (sub ou superamortecido) pode ser dada pela Equação (3.5), repetida a seguir:

$$G(s) = \frac{Y(s)}{U(s)} = \frac{K \cdot \omega_n^2}{s^2 + 2 \cdot \xi \cdot \omega_n \cdot s + \omega_n^2}$$

No domínio do tempo, resulta na seguinte equação diferencial ordinária linear:

$$\ddot{y}(t) + 2 \cdot \xi \cdot \omega_n \cdot \dot{y}(t) + \omega_n^2 \cdot y(t) = K \cdot \omega_n^2 \cdot u(t)$$

O valor de ξ determina o tipo de resposta do sistema, conforme indica a Tabela 3.3. Caso se tenha $\xi > 1$, pode-se escrever:

$$\tau = \sqrt{\tau_1 \cdot \tau_2} \qquad e \qquad 2 \cdot \xi \cdot \tau = \tau_1 + \tau_2$$

As respostas a um degrau de amplitude A para as diferentes faixas de valor de ξ são apresentadas a seguir.

Tabela 3.3 – Tipo de resposta do sistema de acordo com o coeficiente de amortecimento ξ

ξ	Resposta	Raízes da equação característica
>1	sobreamortecida	reais distintas
1	criticamente amortecida	reais iguais
$0 < \xi < 1$	subamortecida	complexas conjugadas

As respostas a um degrau de amplitude A para as diferentes faixas de valor de ξ são apresentadas a seguir.

a) $\xi > 1$ (sistema super ou sobreamortecido)

$$y(t) = K \cdot A \cdot \left(1 - \frac{\tau_1 \cdot e^{-t/\tau_1} - \tau_2 \cdot e^{-t/\tau_2}}{\tau_1 - \tau_2} \right) \text{(para } t \geq 0) \tag{3.33}$$

b) $\xi = 1$

$$y(t) = K \cdot A \cdot \left[1 - \left(1 + \frac{t}{\tau} \right) \cdot e^{-t/\tau} \right] \text{(para } t \geq 0) \tag{3.34}$$

c) $0 < \xi < 1$

$$y(t) = K \cdot A \left[1 - e^{-\xi \cdot t/\tau} \left(\cos(\omega_d \cdot t) + \frac{\xi}{\sqrt{1 - \xi^2}} sen(\omega_d \cdot t) \right) \right] \text{(para } t \geq 0)$$

ou, equivalentemente:

$$y(t) = K \cdot A \cdot \left[1 - \frac{1}{\sqrt{1 - \xi^2}} e^{-\sigma \cdot t} \cdot sen(\omega_d \cdot t + \beta) \right] \text{(para } t \geq 0) \tag{3.35}$$

em que:

$$\omega_d = \frac{\sqrt{1 - \xi^2}}{\tau} = \omega_n \cdot \sqrt{1 - \xi^2} = \text{frequência natural amortecida}$$

$$\beta = \arccos(\xi)$$

$$\sigma = \frac{\xi}{\tau} = \xi \cdot \omega_n = \text{coeficiente de atenuação da resposta}$$

Ao se variar ξ, nota-se que:
- oscilação e sobressinal ocorrem somente para $0 < \xi < 1$;
- ξ alto fornece uma resposta lenta;
- $\xi = 1$ fornece a resposta mais rápida sem sobressinal.

3.3.4 PARÂMETROS QUE CARACTERIZAM SISTEMAS DE SEGUNDA ORDEM SUBAMORTECIDOS

A resposta a um degrau de amplitude A de um sistema de segunda ordem subamortecido $(0 < \xi < 1)$ é dada pela Equação (3.35). Para se obter um modelo aproximado, é preciso estimar os valores de ξ, ω_n e K. Smith (1972) propôs uma técnica gráfica para obter, por meio da resposta ao degrau, os parâmetros de processos de segunda ordem subamortecidos. É possível obtê-los de outra forma: usando alguns parâmetros extraídos da resposta transitória (OGATA, 2011), conforme mostra a Figura 3.30.

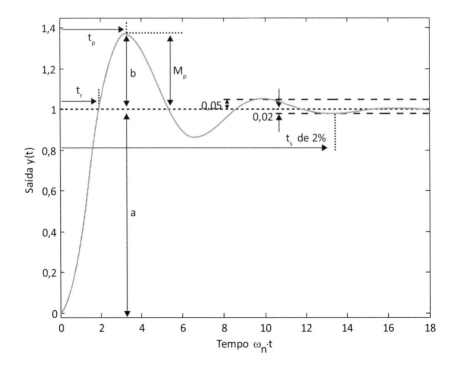

Figura 3.30 – Resposta transitória de sistema de segunda ordem subamortecido a degrau unitário mostrando os principais parâmetros que a caracterizam.

Na Figura 3.30, nota-se que:

- a resposta $y(t)$ é uma oscilação amortecida;

- a frequência de oscilação é ω_d, designada por frequência natural amortecida, que depende de ω_n e de ξ, sendo sempre $\omega_d < \omega_n$ e, conforme ξ aumenta, ω_d diminui;

- a envoltória das oscilações é uma exponencial amortecida com constante de tempo $\tau = 1/(\xi \cdot \omega_n)$, que depende de ω_n e de ξ, e, conforme ω_n ou ξ aumentam, τ diminui;

- o valor estacionário da resposta é $y(t \to \infty) = K \cdot A$.

Os principais parâmetros que caracterizam essa resposta transitória são:

a) Tempo de subida (*rise time*, t_r). É usualmente definido como o tempo para a resposta ir de 0% a 100% do seu valor final (em alguns casos, se usa 10% a 90% ou 5% a 95%). Sua expressão para 0% a 100% é:

$$t_r = \frac{\pi - \arccos(\xi)}{\omega_n \cdot \sqrt{1 - \xi^2}} = \frac{\pi - \beta}{\omega_d}$$

em que $\cos(\beta) = \xi$.

Para sistemas superamortecidos ou com amortecimento crítico, normalmente se define o tempo de subida como o intervalo para a resposta ir de 10% a 90% do valor final.

b) Instante de pico (*peak time*, t_p). É definido como o tempo para a resposta alcançar o primeiro pico do sobressinal, dado por:

$$t_p = \frac{\pi}{\omega_n \cdot \sqrt{1 - \xi^2}} = \frac{\pi}{\omega_d}$$

Os extremos locais (máximo e mínimo) da resposta ao degrau ocorrem nos instantes:

$$t_i = i \frac{\pi}{\omega_n \cdot \sqrt{1 - \xi^2}} \qquad i = 1, 2, \ldots$$

c) Sobressinal máximo (*maximum overshoot*, M_p). É o máximo valor de pico da curva de resposta medido a partir do valor final, sendo dado por:

$$M_p = \frac{y(t_p) - y(\infty)}{y(\infty)}$$

em que $y(t)$ corresponde à saída do sistema.

Seu valor retirado da Figura 3.30 é dado por:

$$M_p = \frac{b}{a}$$

A expressão que o define é:

$$M_p = \exp\left(\frac{-\xi \cdot \pi}{\sqrt{1-\xi^2}}\right)$$

Normalmente, M_p é dado em %. O gráfico de M_p X ξ é mostrado na Figura 3.31.

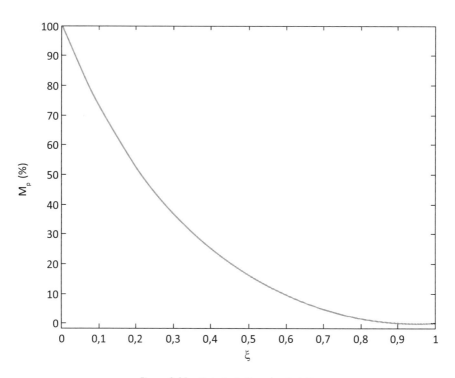

Figura 3.31 – Variação de M_p em função de ξ.

d) Tempo de acomodação (*settling time*, t_s)

É definido como o tempo requerido para a curva de resposta alcançar e permanecer dentro de uma faixa em torno do valor final, faixa esta de magnitude especificada por uma porcentagem absoluta do valor final (normalmente 2% a 5%). O tempo de acomodação é uma medida do tempo de duração do transitório. Sua expressão é:

$$t_s = 4 \cdot T = \frac{4}{\xi \cdot \omega_n} \qquad \left(0 < \xi < 0{,}9\right) \qquad \text{(critério de 2\%)}$$

ou

$$t_s = 3 \cdot T = \frac{3}{\xi \cdot \omega_n} \qquad \left(0 < \xi < 0{,}9\right) \qquad \text{(critério de 5\%)}$$

Estimando dois dos quatro parâmetros citados anteriormente, é possível calcular o coeficiente de amortecimento ξ (neste caso, $0 < \xi < 1$, pois o sistema é subamortecido) e a frequência natural não amortecida ω_n. Uma sugestão para obter os parâmetros K, ξ e ω_n é:

- O ganho estacionário K é obtido por meio do valor final da saída após o transitório. Para calculá-lo, efetua-se a seguinte divisão:

$$K = \frac{y(\infty)}{A}$$

em que A = amplitude do degrau na entrada.

Na Figura 3.30, o degrau aplicado na entrada foi unitário ($A = 1$), assim resulta em $K = 1$.

- O sobressinal M_p é estimado usando o primeiro máximo, $y_1 = K \cdot \left(1 + M_p\right)$, ou os extremos seguintes, $y_2 = K \cdot \left(1 - M_p^{\,2}\right)$, $y_3 = K \cdot \left(1 + M_p^{\,3}\right)$ ou, genericamente, $y(t_i) = K \cdot \left[1 - (-1)^i \cdot M_p^{\,i}\right]$ $(i = 1, 2, 3, \ldots)$, pois a amplitude das oscilações é reduzida de um fator M_p para cada meio período. Com M_p determinado, ξ pode ser estimado:

$$\xi = \frac{1}{\sqrt{\left[\dfrac{\pi}{\ln\left(M_p\right)}\right]^2 + 1}}$$

ou, equivalentemente,

$$\xi = \frac{-\ln\left(M_p\right)}{\left\{\pi^2 + \left[\ln\left(M_p\right)\right]^2\right\}^{1/2}}$$

- A partir do período T das oscilações, pode-se estimar a frequência natural amortecida e não amortecida:

$$\omega_d = \frac{2 \cdot \pi}{T}$$

$$\omega_n = \frac{2 \cdot \pi}{T \cdot \sqrt{1-\xi^2}}$$

3.3.5 SISTEMAS DE ORDEM ELEVADA OU MULTICAPACITIVOS

Seja um processo de ordem elevada, com n sistemas de primeira ordem em série, como o da Figura 3.32. A resposta de um sistema estável de ordem superior é a soma de um certo número de curvas exponenciais e curvas senoidais amortecidas. Uma característica particular de tais respostas é que pequenas oscilações são superpostas em oscilações maiores ou sobre curvas exponenciais. Componentes de decaimento rápido são importantes somente na parte inicial da resposta transitória.

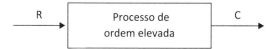

Figura 3.32 – Diagrama de blocos de processo de ordem elevada.

Há diferença na resposta de um sistema multicapacitivo com capacitâncias isoladas ou não. Mostra-se na Figura 3.33 a resposta ao degrau unitário para $n = 2$, $n = 10$, $n = 50$ e $n = 250$ atrasos de transferência em série, com as capacitâncias isoladas, todos com a mesma constante de tempo $\tau = 1$ e o mesmo ganho $K = 1$.

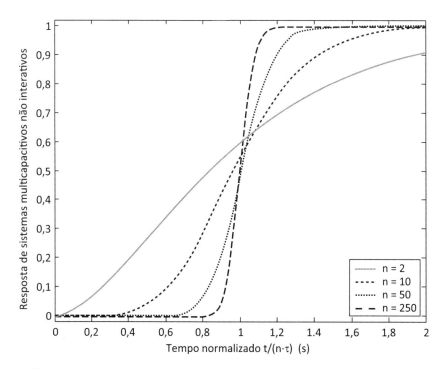

Figura 3.33 – Resposta ao degrau unitário para $n = 2$, $n = 10$, $n = 50$ e $n = 250$ atrasos de transferência em série com as capacitâncias isoladas (sistema não interativo).

Na Figura 3.33, para $n = 2$, a resposta é rápida; para $n = 10$, ela é bem mais lenta e com um formato em "S"; e, conforme n cresce e tende a infinito, a resposta tende a assumir só dois valores (0 ou 1), e o sistema passa a agir como se fosse um tempo morto.

A Figura 3.34 mostra a resposta ao degrau unitário de um sistema com $n = 2$ e $n = 3$ capacitâncias interativas, sendo que as constantes de tempo τ são todas unitárias.

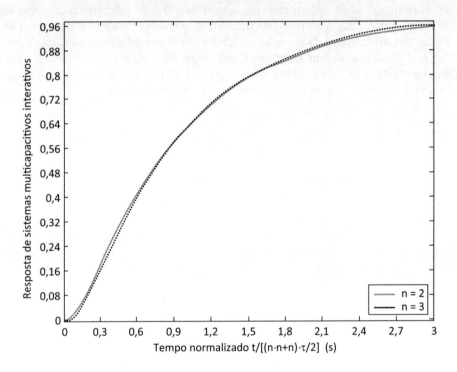

Figura 3.34 – Resposta ao degrau unitário para $n = 2$ e $n = 3$ atrasos de transferência em série com as capacitâncias interativas.

A Figura 3.34 indica que a diferença na resposta para $n = 2$ e $n = 3$ é pequena. Mesmo com $n = 10$, a resposta seria parecida com a da Figura 3.34 (SHINSKEY, 1996). Os sistemas interativos simulados são circuitos RC, como mostrado na Figura 3.35.

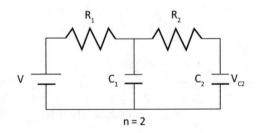

Figura 3.35 – Circuitos RC utilizados para simular as respostas apresentadas na Figura 3.34 (*continua*).

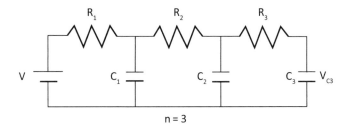

Figura 3.35 – Circuitos RC utilizados para simular as respostas apresentadas na Figura 3.34 (*continuação*).

As funções de transferência que descrevem cada um desses circuitos são:

Para $n = 2$: $\dfrac{V_{C2}(s)}{V(s)} = \dfrac{1}{\tau_1 \cdot \tau_2 \cdot s^2 + (\tau_1 + \tau_2 + R_1 \cdot C_2) \cdot s + 1}$

Para $n = 3$: $\dfrac{V_{C3}(s)}{V(s)} = \dfrac{1}{A \cdot s^3 + B \cdot s^2 + C \cdot s + 1}$

sendo:

$A = \tau_1 \cdot \tau_2 \cdot \tau_3$

$B = \tau_1 \cdot \tau_2 + \tau_1 \cdot \tau_3 + \tau_2 \cdot \tau_3 + R_1 \cdot C_2 \cdot \tau_3 + R_2 \cdot C_3 \cdot \tau_1$

$C = \tau_1 + \tau_2 + \tau_3 + R_1 \cdot C_3 + R_1 \cdot C_2 + R_2 \cdot C_3$

em que:

$\tau_1 = R_1 \cdot C_1$

$\tau_2 = R_2 \cdot C_2$

$\tau_3 = R_3 \cdot C_3$

$R_1 = R_2 = R_3 = C_1 = C_2 = C_3 = 1$

A diferença na resposta entre os sistemas com capacitâncias isoladas e interativas se acentua quando o número de atrasos de transferência em série cresce. No caso das capacitâncias interativas, normalmente diversos atrasos iguais se convertem em atrasos não interativos, um grande e os demais pequenos. O atraso grande se torna a constante de tempo dominante, enquanto os pequenos atrasos restantes se combinam e geram algo similar ao tempo morto. Como regra geral, processos multicapacitivos contêm uma interação natural. Assim, processos multicapacitivos, cuja resposta típica ao degrau é vista na Figura 3.36, podem, geralmente, ser reduzidos a um tempo morto e um atraso de transferência de primeira ordem (SHINSKEY, 1996).

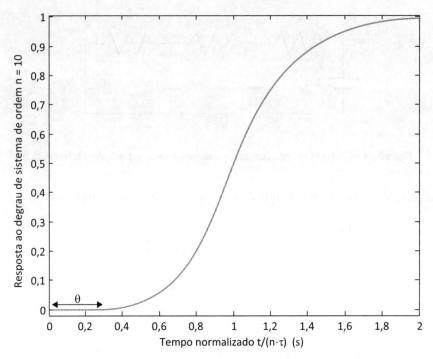

Figura 3.36 – Resposta ao degrau de processos multicapacitivos.

Processos multicapacitivos não interativos podem ser aproximados por sistemas de segunda ordem mais tempo morto. Assim, a ordem é reduzida de n para 2, equivalente aos dois polos dominantes, e soma-se o atraso dos outros polos (SEBORG; EDGAR; MELLICHAMP, 2010):

$$G(s) = \frac{K}{(\tau_1 \cdot s + 1) \cdots (s \cdot \tau_N + 1)} \cong \frac{K \cdot e^{-\theta \cdot s}}{(\tau_1 \cdot s + 1) \cdot (\tau_2 \cdot s + 1)}$$

$$\text{em que } \theta = \sum_{i=3}^{N} \tau_i.$$

A dominância relativa dos polos de malha fechada é definida pela relação de suas partes reais. Se essa relação excede 5 e não há zeros na vizinhança, então os polos de malha fechada mais perto do eixo $j\omega$ dominarão a resposta transitória, porque eles são termos da resposta transitória que decaem lentamente. Os polos de malha fechada que têm efeito dominante sobre a resposta transitória são chamados polos dominantes. Os polos de malha fechada dominantes são os mais relevantes entre os polos de malha fechada e, frequentemente, eles ocorrem na forma de pares complexos conjugados.

Se todos os polos de malha fechada de um sistema linear estiverem no semiplano esquerdo do plano s, isso garante a estabilidade absoluta, mas não garante características satisfatórias para a resposta transitória. Se há polos de malha fechada complexos conjugados dominantes próximos ao eixo $j \cdot \omega$, a resposta transitória pode oscilar excessivamente. Para garantir uma resposta transitória rápida e bem amortecida, é preciso que os polos de malha fechada estejam em regiões específicas do plano complexo. Sugere-se usar $\xi > 0,4$ e $t_s < 4/\sigma$ (em que $t_s =$ tempo de acomodação e $\sigma =$ fator de atenuação).

3.4 MODELAGEM APROXIMADA TÍPICA DE PROCESSOS INDUSTRIAIS

Algumas vezes, deseja-se ajustar um modelo linear de baixa ordem a uma resposta ao degrau em malha aberta, pois esses modelos permitem entender o comportamento do processo durante situações estacionárias e transitórias. A forma mais simples de se obter modelos aproximados dos processos consiste em utilizar sua curva de reação.

A amplitude do degrau aplicado não é crítica. O degrau deve ser grande o bastante para produzir os dados necessários, mas não grande demais para perturbar a operação do processo ou tirar o processo de seus limites normais, ou ainda sair da região de linearidade em torno do ponto de operação (ANDERSON, 1980). Em geral, quando se aplica um degrau a uma entrada de um processo em malha aberta, que se encontra em regime estacionário, podem ocorrer, basicamente, duas situações:

- a saída do processo passará por um regime transitório e estabilizará em um novo valor; ou

- a saída do processo não estabilizará em valor nenhum, mas crescerá (ou decrescerá) indefinidamente.

Sistemas do primeiro tipo são chamados autorregulados, significando serem estáveis em malha aberta, como é visto em detalhes na Seção 4.2. Sua dinâmica pode ser descrita por uma ou mais constantes de tempo, incluindo ou não um tempo morto. Sistemas do segundo tipo são denominados não autorregulados. Sua dinâmica deve conter pelo menos um termo integral e possivelmente uma ou mais constantes de tempo, incluindo ou não um tempo morto.

Considera-se inicialmente o caso em que o processo seja autorregulado. Nesse caso, obtêm-se modelos aproximados de primeira ou segunda ordem, afetados ou não de tempo morto, com no máximo quatro parâmetros a serem estimados experimentalmente.

Visto que a curva de reação de um processo de ordem superior é composta de um certo número de termos envolvendo as funções de sistemas de primeira e segunda ordens, pode-se sempre desprezar os polos não dominantes e procurar aproximar qualquer processo por um sistema de primeira ou segunda ordem, afetado ou não por um tempo morto. Nesse caso, modelos simples são normalmente obtidos, conforme mostrado a seguir.

a) Sistemas de primeira ordem:

$$G(s) = \frac{K}{\tau \cdot s + 1} \quad \text{(sem tempo morto)} \qquad (3.36)$$

$$G(s) = \frac{K \cdot e^{-\theta \cdot s}}{\tau \cdot s + 1} \quad \text{(com tempo morto)} \qquad (3.37)$$

b) Sistemas de segunda ordem:

- superamortecidos:

$$G(s) = \frac{K}{(\tau_1 \cdot s + 1) \cdot (\tau_2 \cdot s + 1)} \quad \text{(sem tempo morto)} \qquad (3.38)$$

$$G(s) = \frac{K \cdot e^{-\theta \cdot s}}{(\tau_1 \cdot s + 1) \cdot (\tau_2 \cdot s + 1)} \quad \text{(com tempo morto)} \qquad (3.39)$$

- subamortecidos:

$$G(s) = \frac{K}{\tau^2 \cdot s^2 + 2 \cdot \tau \cdot \xi \cdot s + 1} \quad \text{(sem tempo morto)} \qquad (3.40)$$

$$G(s) = \frac{K \cdot e^{-\theta \cdot s}}{\tau^2 \cdot s^2 + 2 \cdot \tau \cdot \xi \cdot s + 1} \quad \text{(com tempo morto)} \qquad (3.41)$$

Tentar ajustar modelos de ordem superior a dois com base na curva de reação do processo é buscar extrair mais informações do que a curva pode fornecer. Nas equações anteriores, o tempo morto θ inclui os efeitos de todas as constantes de tempo não dominantes não consideradas no modelo. Assim, a maioria dos processos industriais pode, em princípio, ser modelada de forma aproximada pelo ganho (em regime permanente) e pelos atrasos de transferência (atraso de primeira ordem) e de transporte (tempo morto), sendo menos comum a presença de outros elementos. Para obter modelos de ordem mais elevada, deve-se usar outras técnicas de identificação de sistemas (AGUIRRE, 2015).

Desenvolveram-se técnicas para, por meio da curva de reação do processo, obter-se os parâmetros que caracterizem seu modelo empírico dinâmico simplificado. Conclui-se que:

Obtenção de modelos aproximados de processos industriais

- pode-se modelar um grande número de processos industriais típicos por meio da combinação dos elementos integrador, atraso de transferência (sistema de primeira ou segunda ordem), atraso de transporte e ganho;

- mesmo sistemas não lineares podem ser aproximados pela combinação dos elementos citados anteriormente.

Apresenta-se, na Seção 3.5, formas de obtenção de modelos empíricos dinâmicos aproximados de processos industriais autorregulados. No Capítulo 9, há o exemplo de um processo industrial (trocador de calor), cujo modelo é obtido experimentalmente e aproximado por sistemas de primeira ordem e de segunda ordem, ambos afetados de tempo morto.

3.5 TÉCNICAS DE ESTIMAÇÃO DE MODELOS APROXIMADOS DE BAIXA ORDEM A PARTIR DA CURVA DE REAÇÃO DO PROCESSO

Nesta seção, veem-se métodos para estimar modelos de sistemas de segunda ordem superamortecidos com ou sem tempo morto e de sistemas de primeira ordem com tempo morto.

3.5.1 ESTIMAÇÃO DOS PARÂMETROS DE PROCESSOS DE SEGUNDA ORDEM SUPERAMORTECIDOS

Um sistema de segunda ordem sobreamortecido tem a seguinte função de transferência:

$$G(s) = \frac{K}{(\tau_1 \cdot s + 1) \cdot (\tau_2 \cdot s + 1)}$$

Essa equação apresenta dois casos limite: quando a relação entre os coeficientes de amortecimento $\tau_2/\tau_1 = 0$, o sistema é de primeira ordem, e quando $\tau_2/\tau_1 = 1$, o sistema é criticamente amortecido. O formato em "S" da resposta ao degrau se torna mais acentuado conforme a razão τ_2/τ_1 se aproxima de 1, como pode ser visto na Figura 3.37, em que se definiu $K = 1$ e $\tau_1 = 1$ s. Nessa figura, y é a variação na saída do processo com relação ao valor em regime estacionário que o processo tinha antes de ocorrer a perturbação.

Constantes de tempo para sistemas de segunda ordem podem ser estimadas usando diversos métodos gráficos. Dentre eles, citam-se os seguintes:

- método de Oldenbourg e Sartorius (OLDENBOURG; SARTORIUS, 1948);

- método de Smith (SMITH, 1957; SMITH, 1959);

- método de Sten (STEN, 1970);

- método de Harriott (HARRIOTT, 1964);
- método de Meyer (MEYER et al., 1967);
- método de Anderson (ANDERSON, 1980).

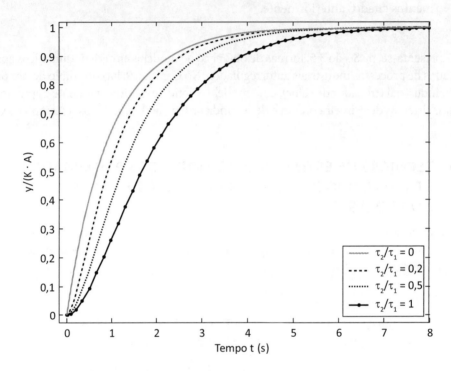

Figura 3.37 – Curvas de resposta ao degrau de sistemas de segunda ordem sobreamortecidos com relações $\tau_2/\tau_1 = 0$, $\tau_2/\tau_1 = 0{,}2$, $\tau_2/\tau_1 = 0{,}5$ e $\tau_2/\tau_1 = 1$.

Os métodos de Oldenbourg e Sartorius, de Smith e de Sten dependem do traçado de uma tangente ao ponto de inflexão da curva de reação do processo, o que pode ser bastante impreciso. Curva de reação é o nome usado para designar a resposta do processo quando submetido a uma excitação em degrau. O método de Meyer obtém os valores de ξ e de ω_n do processo. A partir deles, deve-se, então, calcular suas duas constantes de tempo. O método de Harriott é normalmente o mais confiável e o mais fácil de trabalhar. O método de Anderson, apesar de ser difícil de aplicar, normalmente gera boas estimativas.

3.5.1.1 Método de Oldenbourg e Sartorius

Nesse método (OLDENBOURG; SARTORIUS, 1948), o objetivo é obter o seguinte modelo:

$$G(s) = \frac{K}{(\tau_1 \cdot s + 1) \cdot (\tau_2 \cdot s + 1)}$$

O primeiro passo é desenhar a linha tangente à curva de reação do processo em seu ponto de inflexão, medindo os valores de T_A e T_C, conforme ilustrado na Figura 3.38.

A função de transferência que deu origem à Figura 3.38 é:

$$G(s) = \frac{3 \cdot e^{-s}}{8 \cdot s^2 + 6 \cdot s + 1} = \frac{3 \cdot e^{-s}}{(4 \cdot s + 1) \cdot (2 \cdot s + 1)}$$

A razão entre as constantes de tempo é relacionada a T_C/T_A pela seguinte equação:

$$\frac{T_C}{T_A} = (1+x) \cdot x^{\frac{x}{1-x}}$$

em que $x = \dfrac{\tau_1}{\tau_2}$,

sendo τ_2 a maior constante de tempo.

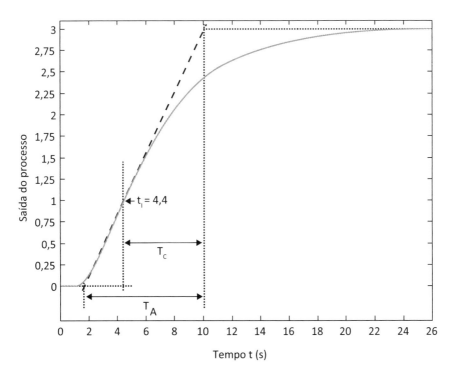

Figura 3.38 – Método de Oldenbourg e Sartorius usado para gerar um modelo de segunda ordem de um processo superamortecido.

A soma das constantes de tempo é dada por:

$$\tau_1 + \tau_2 = T_C = (1+x) \cdot \tau_2$$

Dessa forma, com T_A e T_C conhecidos, pode-se obter τ_1 e τ_2. No entanto, esse método somente se aplica quando a relação T_C/T_A for maior ou igual a 0,736. No caso do processo da Figura 3.38, tem-se que $T_A = 8,42$ s e $T_C = 5,66$ s. Portanto:

$$\frac{T_C}{T_A} = \frac{5,66}{8,42} = 0,672$$

Assim, não é possível calcular as constantes de tempo por esse método.

3.5.1.2 Método de Smith

Esse método, proposto em Smith (1957; 1959), aproxima a curva de reação do processo por um sistema do seguinte tipo:

$$G(s) = \frac{K \cdot e^{-\theta \cdot s}}{(\tau_1 \cdot s + 1) \cdot (\tau_2 \cdot s + 1)}$$

Para calcular as duas constantes de tempo, Smith propôs, inicialmente, medir T_B diretamente do gráfico da Figura 3.39, ou então calculá-lo usando a seguinte equação:

$$T_B = g \cdot T_A$$

em que:

T_B = intervalo de tempo entre o início da curva de resposta e a intersecção da linha tangente ao ponto de inflexão com o valor original da saída do processo;

T_B = mesma definição apresentada no método de Oldenbourg e Sartorius.

A Figura 3.39 é uma cópia da Figura 3.38, em que se acrescentaram os parâmetros usados no método de Smith.

Da Figura 3.39, mede-se T_B, resultando:

$$T_B = 0,64 \text{ s}$$

Uma aproximação para g é dada por:

$$g \cong a \cdot \left[e + \frac{0,53}{1 + (150 \cdot a)^{-3}} \right] \tag{3.42}$$

Obtenção de modelos aproximados de processos industriais

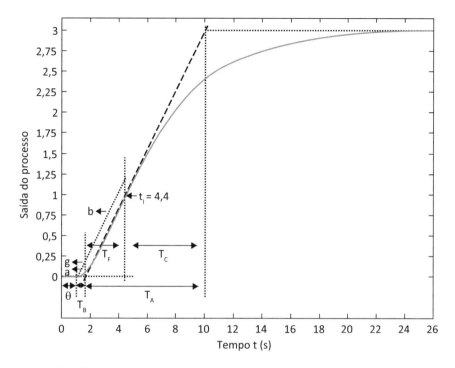

Figura 3.39 – Método de Smith usado para gerar um modelo de segunda ordem de um processo superamortecido.

Ou, então, uma aproximação mais grosseira:

$$g \cong a \cdot e \tag{3.43}$$

em que:

a = valor da resposta no instante em que a linha tangente pelo ponto de inflexão intercepta a linha do valor original do processo;

e = base do logaritmo neperiano (2,7183).

No caso da Figura 3.39, tem-se que:

$$a = 0,0656$$

O cálculo de g usando as Equações (3.42) e (3.43) resulta em:

$$g = 0,2131 \text{ pela Equação (3.42)}$$

$$g = 0,1783 \text{ pela Equação (3.43)}$$

Em seguida, o método propõe traçar uma linha b, pelo ponto $g \cong a \cdot e$, diretamente acima do ponto a, no instante $\theta + T_B$ e que seja paralela à linha tangente à curva de reação no ponto de inflexão. A menor constante de tempo τ_1 fica entre T_B e $T_B + T_F$, sendo T_F o intervalo de tempo entre o ponto em que a linha tangente cruza o valor estacionário original do processo e o ponto de inflexão da curva de reação do processo, indicado por t_I na Figura 3.39. Nesse caso, T_F vale:

$$T_F = 2{,}76\,\text{s} = T_A - T_C$$

A constante de tempo τ_1 pode ser calculada aproximadamente por:

$$\tau_1 = T_B \cdot \left[1 + 10 \cdot a + (e-1) \cdot (30 \cdot a)^2 \right] \text{ (para } a \le 0{,}005\text{)}$$

$$\tau_1 = (T_B + T_F) \cdot \left\{ 1 - 200 \cdot (0{,}032 - a) \cdot \left[1 + 0{,}086 + \left(\frac{0{,}0015}{0{,}032 - a} \right)^{-1} \right]^{-1} \right\} \text{ (para } a > 0{,}005\text{)}$$

Como $a = 0{,}0656$, resulta:

$$\tau_1 = 2{,}33\,\text{s} \quad \text{(erro de 16,5\%)}$$

A maior constante de tempo τ_2 é calculada por:

$$\tau_2 = T_C - \tau_1 = 5{,}66 - 2{,}33 = 3{,}33\,\text{s} \text{ (erro de 16,8\%)}$$

em que T_C tem o mesmo significado do método de Oldenbourg e Sartorius.

Percebe-se que τ_1 e τ_2 foram estimadas com um grande erro. Isso ocorreu porque o traçado da tangente e a determinação de T_C e de T_A são muito imprecisos.

O tempo morto θ corresponde ao intervalo entre a aplicação do degrau na entrada do sistema e a intersecção da linha tangente b com a linha do valor original do processo. No caso desse exemplo, tem-se que:

$$\theta = 1{,}1\,\text{s} \quad \text{(erro de 10\%)}$$

Essa estimativa ficou melhor que a das constantes de tempo.

3.5.1.3 Método de Sten

O método proposto em Sten (1970) gera o seguinte modelo:

$$G(s) = \frac{K \cdot e^{-\theta \cdot s}}{(\tau_1 \cdot s + 1) \cdot (\tau_2 \cdot s + 1)}$$

Para o cálculo das constantes de tempo τ_1 e τ_2, Sten empregou uma técnica gráfica, usando o mesmo princípio empregado em Oldenbourg e Sartorius (1948) e Smith (1959). Essa técnica não é apresentada aqui. Para avaliar o tempo morto θ, deve-se primeiro calcular T_B a partir de T_A e T_C, em que T_B tem o mesmo significado do método de Smith, isto é, equivale ao intervalo de tempo entre o início da curva de resposta ao degrau e a intersecção da linha tangente ao ponto de inflexão com o valor original da saída do processo. Um valor aproximado para T_B é mostrado a seguir, estimado de modo diferente ao do método de Smith.

$$T_B = -0,4729 \cdot T_C + 0,4512 \cdot T_A$$

Resulta para o exemplo apresentado no método de Smith:

$$T_B = 1,12 \text{ s}$$

Avalia-se, então, t_I na curva de resposta, como sendo o instante em que a linha tangente intercepta a curva de reação do processo. O tempo morto é estimado por:

$$\theta = t_I + T_C - T_A - T_B$$

No caso do exemplo sendo usado, resulta:

$$\theta = 4,4 + 5,66 - 8,42 - 1,12 = 0,52 \text{ s} \text{ (erro de 48\%)}$$

Nesse caso, essa estimativa ficou bem pior que a do método de Smith.

3.5.1.4 Método de Harriott

Este método (HARRIOTT, 1964) propõe estimar os parâmetros de um sistema de segunda ordem superamortecido composto de dois elementos de primeira ordem não interativos, cuja função de transferência é:

$$G(s) = \frac{K}{(\tau_1 \cdot s + 1) \cdot (\tau_2 \cdot s + 1)}$$

Ao associar em cascata a curva de reação de dois processos não interativos de primeira ordem, resulta em um processo de segunda ordem superamortecido. Harriott notou que, ao aplicar um degrau a esse sistema de segunda ordem, todas as curvas se interseccionavam em cerca de 73% do valor final do regime estacionário ($y = 0,73$), em que:

$$\frac{t}{\tau_1 + \tau_2} \cong 1,3$$

A Figura 3.40 ilustra esse fato.

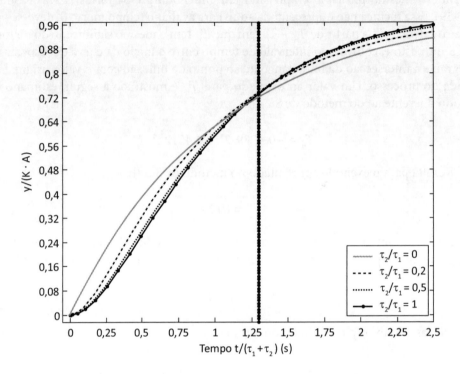

Figura 3.40 – Gráfico empregado por Harriott para deduzir o seu método.

Assim, medindo-se o tempo requerido para o sistema atingir 73% de seu valor final (t_{73}), a soma das duas constantes de tempo pode ser calculada por:

$$\tau_1 + \tau_2 \cong \frac{t_{73}}{1,3}$$

Ele também notou que o maior afastamento entre as curvas da Figura 3.40 se situava em $t/(\tau_1 + \tau_2) = 0,5$. Harriott então plotou $y/(K \cdot A)$ em $t/(\tau_1 + \tau_2) = 0,5$ para diversos valores de $\tau_1/(\tau_1 + \tau_2)$ e obteve a curva da Figura 3.41 (HARRIOTT, 1964). Caso não se tenha $0,26 \leq y/(K \cdot A) \leq 0,39$, então o método não é aplicável, o que indica que o processo requer um modelo de ordem superior a 2, ou então que o processo seria mais bem modelado por um sistema do tipo subamortecido.

Como se sabe o valor de $(\tau_1 + \tau_2)$, pode-se calcular o valor de t em $t/(\tau_1 + \tau_2) = 0,5$.

Com base nesse valor de t, entra-se na curva de resposta ao degrau do processo e verifica-se o valor de $y/(K \cdot A)$. De posse desse valor, entra-se no eixo vertical da Figura 3.41 e se extrai o valor de $\tau_1/(\tau_1 + \tau_2)$. Como já se possui o valor de $(\tau_1 + \tau_2)$, calculam-se τ_1 e τ_2. O valor de K é obtido a partir do regime estacionário.

Esse método geralmente se torna menos preciso conforme τ_2/τ_1 se aproxima de 1 (SEBORG; EDGAR; MELLICHAMP, 2010).

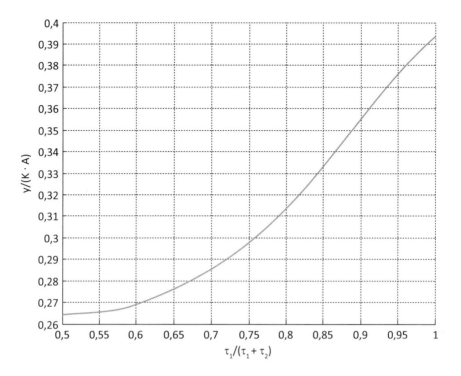

Figura 3.41 – Gráfico usado por Harriott para extrair o valor das constantes de tempo do processo.

3.5.1.5 Método de Meyer

Esse método, proposto em Meyer et al. (1967), permite calcular a frequência natural ω_n e o coeficiente de amortecimento ξ, supondo que uma estimativa do tempo morto θ esteja disponível. A equação do modelo que se pretende gerar é dada por:

$$G(s) = \frac{\omega_n^2}{s^2 + 2 \cdot \xi \cdot \omega_n \cdot s + \omega_n^2}$$

Esse método é aplicável para sistemas sub e superamortecidos, sendo que, neste último caso, tem-se $\xi > 1$.

Pode-se estimar θ usando o método de Smith ou o método de Sten, muito embora este último não se aplique a sistemas subamortecidos. Os parâmetros que são obtidos da curva de reação do processo são t_{20} e t_{60}, os tempos após o tempo morto em que a resposta atinge, respectivamente, 20% e 60% de seu valor final. O gráfico apresentado na Figura 3.42 é, então, usado para estimar os valores de ξ e ω_n.

Para o processo usado como exemplo neste item e considerando-se o valor do tempo morto $\theta = 1,1$ s obtido pelo método de Smith, os valores obtidos para t_{20} e t_{60} são:

$$t_{20} = 3,37 - 1,1 = 2,27 \text{ s} \qquad \text{e} \qquad t_{60} = 6,96 - 1,1 = 5,86 \text{ s}$$

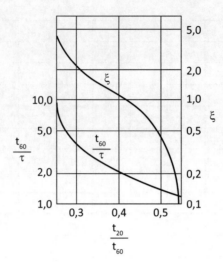

Figura 3.42 – Gráfico usado para estimar ξ e ω_n pelo método de Meyer (MEYER et al., 1967).

O valor da relação t_{20}/t_{60} é dado por:

$$\frac{t_{20}}{t_{60}} = 0,387$$

Entrando-se com esse valor no gráfico da Figura 3.42, resulta:

$$\xi = 1,2$$

$$\frac{t_{60}}{\tau} = 2,6 \quad \therefore \tau = \frac{t_{60}}{2,6} = \frac{5,86}{2,6} = 2,25 \text{ s}$$

Como:

$$\omega_n = \frac{1}{\tau} = \frac{1}{2,25} = 0,444 \frac{\text{rad}}{\text{s}}$$

Portanto, o modelo obtido é dado por:

$$G(s) = \frac{K \cdot \omega_n^2}{s^2 + 2 \cdot \xi \cdot \omega_n \cdot s + \omega_n^2} = \frac{K \cdot 0,444^2}{s^2 + 2 \cdot 1,2 \cdot 0,444 \cdot s + 0,444^2} = \frac{K \cdot 0,197}{s^2 + 1,066 \cdot s + 0,197}$$

Manipulando-se algebricamente essa função de transferência, chega-se a:

$$G(s) = \frac{K \cdot 0,197}{(s + 0,828) \cdot (s + 0,238)} = \frac{K}{(1,21 \cdot s + 1) \cdot (4,20 \cdot s + 1)}$$

Obtenção de modelos aproximados de processos industriais

Introduzindo-se o tempo morto, resulta:

$$G(s) = \frac{K \cdot e^{-1,1 \cdot s}}{(1,21 \cdot s + 1) \cdot (4,20 \cdot s + 1)}$$

O ganho é obtido da forma habitual, dividindo-se a variação na saída pela variação na entrada, de modo que se tem $K = 3$. Portanto:

$$G(s) = \frac{3 \cdot e^{-1,1 \cdot s}}{(1,21 \cdot s + 1) \cdot (4,20 \cdot s + 1)}$$

Esse método gerou uma aproximação razoável do modelo do sistema real.

3.5.1.6 Método de Anderson

O método proposto em Anderson (1980) pressupõe que os eventuais tempos mortos presentes na curva de reação do processo já tenham sido subtraídos, de forma que a função de transferência que se visa obter é dada por:

$$G(s) = \frac{K}{(\tau_1 \cdot s + 1) \cdot (\tau_2 \cdot s + 1)}$$

Para aplicar esse método, deve-se traçar a curva de reação complementar do processo em um gráfico semilogarítmico, isto é, pegar a curva de reação originalmente obtida e subtrair, ponto a ponto, o valor da resposta do processo de seu valor de regime estacionário após a aplicação do degrau. Por exemplo, caso se tenha um sistema de primeira ordem, cuja resposta ao degrau de amplitude unitária seja $y(t) = 1 - e^{-t/\tau}$, sua curva de reação complementar é dada por $y*(t) = 1 - y(t) = e^{-t/\tau}$.

Seja então a curva de reação do processo mostrada na Figura 3.43, que corresponde ao mesmo processo usado no método de Oldenbourg e Sartorius, mas sem o tempo morto e com a escala vertical graduada em porcentagem.

Baseado na curva de reação, gera-se sua curva complementar em um gráfico semilogarítmico, conforme mostrado na Figura 3.44.

Para determinar a primeira constante de tempo (τ_1), uma nova curva é traçada (curva B), estendendo a parte linear da curva complementar (curva A) até o eixo de $t = 0$. Na intersecção da curva B com o eixo de $t = 0$, tem-se o ponto P_1, que, na Figura 3.44, é igual a 190%. A constante de tempo τ_1 corresponde ao tempo que leva para a curva B atingir 36,8% de P_1. Marca-se o ponto P_2 em 36,8% de P_1, que, no caso anterior, vale 70%. Traça-se uma linha horizontal desde P_2 até encontrar a curva B. O comprimento dessa linha equivale a τ_1 (4,02 segundos, nesse caso).

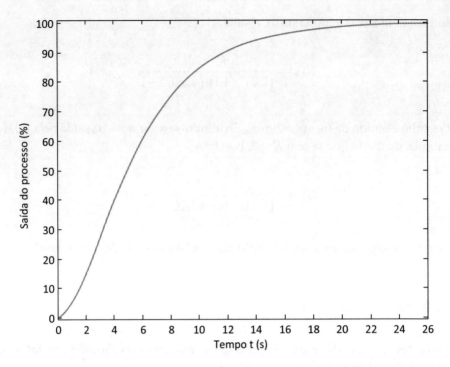

Figura 3.43 – Curva de reação de processo superamortecido de segunda ordem.

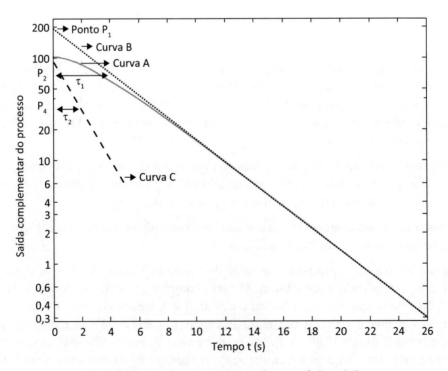

Figura 3.44 – Curva de reação complementar do processo da Figura 3.43.

Obtenção de modelos aproximados de processos industriais

A curva C é plotada para estimar τ_2. Ela é a diferença numérica entre as curvas B e A em qualquer instante, sendo que a ordenada da curva C é igual à ordenada da curva B menos a ordenada da curva A. Se a curva C não for uma linha reta, o sistema não pode ser bem descrito por um modelo de segunda ordem. Neste caso, a curva C tem um valor em $t = 0$ (P_3) igual a 190% $-$ 100% = 90%. O ponto P_4 equivale a 36,8% de P_3, que, neste caso, vale 33,1%. A partir do ponto P_4, trace uma linha horizontal até interceptar a curva C. O comprimento dessa linha representa τ_2 (1,88 s, nesse caso).

Como uma verificação, pode-se efetuar os seguintes cálculos:

$$P_1 = \frac{\tau_1}{\tau_1 - \tau_2} 100\% = \frac{4,02}{4,02 - 1,88} 100\% = 187,9\% \qquad \text{(correto)}$$

$$P_3 = \frac{\tau_2}{\tau_1 - \tau_2} 100\% = \frac{1,88}{4,02 - 1,88} 100\% = 87,9 \ \% \qquad \text{(correto)}$$

Essa verificação não é exata quando processos de ordem mais alta são aproximados por modelos de segunda ordem. No caso desse exemplo, os valores obtidos para ambas as constantes de tempo foram bastante próximos do real.

3.5.2 APROXIMAÇÃO DE SISTEMAS SUPERAMORTECIDOS DE SEGUNDA ORDEM OU SUPERIOR POR ATRASO DE TRANSFERÊNCIA MAIS TEMPO MORTO

Como visto na subseção anterior, para considerar elementos de ordem mais alta que tenham sido desprezados, um tempo morto pode ser incluído, o qual tende a melhorar a aderência do modelo à realidade. Na Figura 3.45, mostra-se a curva de reação típica de processos superamortecidos de segunda ordem ou superior (curva com formato em "S"). Pode-se aproximar processos de segunda ordem ou superior por um modelo de um sistema de primeira ordem mais tempo morto, resultando na seguinte função de transferência:

$$G(s) = \frac{K \cdot e^{-\theta \cdot s}}{\tau \cdot s + 1}$$

No entanto, caso um modelo de primeira ordem não seja adequado, um modelo de segunda ordem pode prover um melhor ajuste. Deve-se ressaltar que é difícil identificar graficamente mais que duas constantes de tempo na curva de reação de um processo.

A obtenção dos parâmetros da função de transferência é mostrada na Figura 3.46.

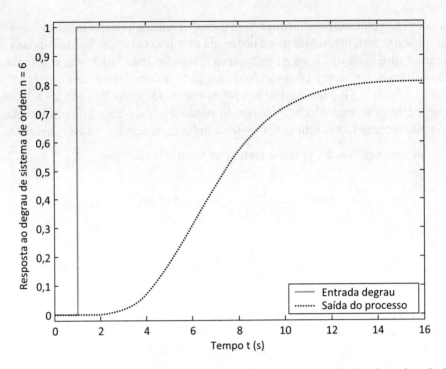

Figura 3.45 – Curva de reação de processo superamortecido de segunda ordem ou superior submetido a degrau de amplitude A.

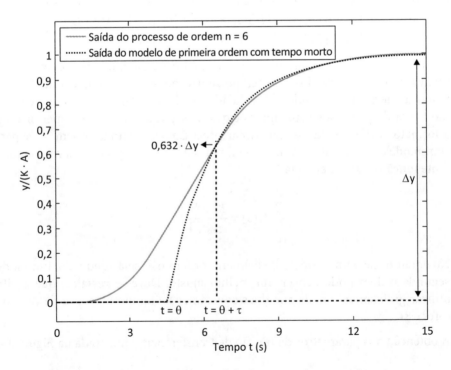

Figura 3.46 – Obtenção dos parâmetros da resposta ao degrau de um sistema de primeira ordem mais tempo morto.

Da Figura 3.46, vê-se que o ganho K pode ser estimado como $K = y_\infty/A$, sendo A a amplitude do degrau na entrada e y_∞ a amplitude da variação do sinal na saída quando $t \to \infty$ $\left[y_\infty = \lim_{t \to \infty} y(t)\right]$, isto é, o valor do ganho K pode ser obtido dividindo-se a amplitude da variação da saída do processo pela amplitude A do degrau aplicado, ou seja:

$$K = \frac{\Delta y}{\Delta u} = \frac{y_\infty}{A}$$

sendo:

Δy = variação da resposta;

Δu = variação da entrada;

y_∞ = amplitude da variação do sinal na saída quando $t \to \infty$ $\left[y_\infty = \lim_{t \to \infty} y(t)\right]$.

Nesse caso, existem diversas formas de se determinar os parâmetros θ e τ do modelo representado por um sistema de primeira ordem mais tempo morto.

3.5.2.1 Método de Ziegler e Nichols

Nesse método (ZIEGLER; NICHOLS, 1942), traça-se uma tangente no ponto de inflexão da curva de reação do processo, que deve ser traçada desde o valor estacionário antes de ocorrer a perturbação até o novo valor estacionário, como mostra a Figura 3.47.

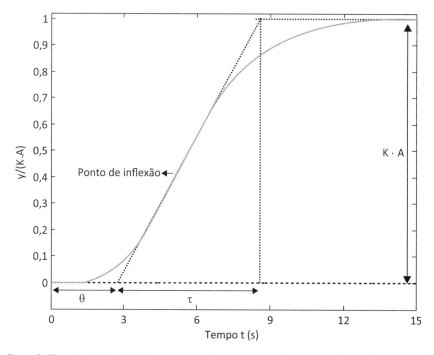

Figura 3.47 – Aplicação do método da tangente para determinação dos parâmetros θ e τ do modelo representado por um sistema de primeira ordem mais tempo morto.

O tempo morto θ corresponde ao tempo entre o instante de aplicação do degrau até o ponto em que a tangente traçada encontra o valor original do regime estacionário do processo antes da perturbação em degrau, conforme mostra a Figura 3.47.

O instante de tempo em que a tangente cruza com a linha que representa o valor estacionário da resposta após a aplicação do degrau representa o valor $\theta + \tau$. A constante de tempo τ corresponde ao intervalo de tempo entre os instantes em que a tangente traçada se encontra tanto com o valor original do regime estacionário do processo quanto com o novo valor deste.

3.5.2.2 Método de Miller

Nesse método (MILLER et al., 1967), o tempo em que a resposta do processo atinge 63,2% de seu valor final equivale a $\theta + \tau$. A estimação do valor de θ é feita de forma similar à do método de Ziegler e Nichols. Sua aplicação pode ser vista na Figura 3.48.

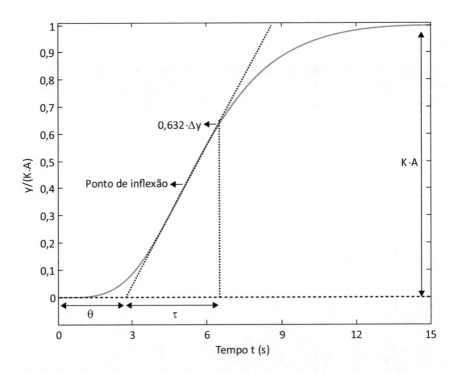

Figura 3.48 – Obtenção dos parâmetros θ e τ pelo método de Miller a partir de uma curva de reação do processo.

3.5.2.3 Método de Smith

A linha tangente é difícil de ser traçada com precisão na prática. Uma alternativa, proposta em Smith (1972), é determinar θ e τ a partir de dois pontos na curva de reação do processo. A solução analítica para a resposta ao degrau de amplitude A de um sistema de primeira ordem mais tempo morto é:

$$y(t) = A \cdot \left[1 - e^{-(t-\theta)/\tau} \right] \qquad (t > 0)$$

Suponha que se calcule $y(t)$ em dois instantes de tempo, por exemplo, $t = \theta + \tau/3$ e $t = \theta + \tau$:

$$y\left(\theta + \tau/3\right) = 0,284 \cdot \Delta y \qquad e \qquad y(\theta + \tau) = 0,632 \cdot \Delta y$$

Esses dois pontos foram selecionados arbitrariamente, e outros poderiam certamente ter sido usados.

Os tempos em que a resposta atinge 28,4% e 63,2% de seu valor final podem ser obtidos a partir da curva de reação do processo:

$$t_{0,284} = \theta + \tau/3 \qquad e \qquad t_{0,632} = \theta + \tau$$

A solução desse sistema de duas equações fornece θ e τ, conforme se segue:

$$\tau = 1,5 \cdot \left(t_{0,632} - t_{0,284} \right) \qquad e \qquad \theta = 1,5 \cdot \left(t_{0,284} - \frac{t_{0,632}}{3} \right) = t_{0,632} - \tau$$

3.5.2.4 Método de Sundaresan e Krishnaswamy

Um método similar ao proposto anteriormente foi proposto em Sundaresan e Krishnaswamy (1978). Nesse caso, calcula-se τ e θ pelas seguintes fórmulas:

$$\tau = \frac{t_{0,853} - t_{0,353}}{\ln(f)} = 0,675 \cdot \left(t_{0,853} - t_{0,353} \right)$$

$$\theta = \frac{t_{0,853} \cdot \ln\left(f_{0,353} \right) - t_{0,353} \cdot \ln\left(f_{0,853} \right)}{\ln(f)} = 1,294 \cdot t_{0,353} - 0,294 \cdot t_{0,853}$$

em que:

$$f = \frac{f_{0,353}}{f_{0,853}} \qquad\qquad f_{0,353} = 1 - y_{0,353} \qquad\qquad f_{0,853} = 1 - y_{0,853}$$

sendo:

$$f_{0,353} \cong 0,647$$
$$f_{0,853} \cong 0,147$$

$$y_{0,353} \cong 0,353$$

$$y_{0,853} \cong 0,853$$

$t_{0,353}$ é o tempo necessário para a resposta alcançar $y_{0,353}$ (35,3% da variação do valor da resposta em regime estacionário após a aplicação de um degrau na entrada $= \Delta y$) e $t_{0,853}$, o tempo para a resposta alcançar $y_{0,853}$ (85,3% de Δy).

3.6 EXEMPLOS DE OBTENÇÃO DE MODELOS DE BAIXA ORDEM A PARTIR DA CURVA DE REAÇÃO DO PROCESSO

3.6.1 MODELO APROXIMADO DE SISTEMA DE PRIMEIRA ORDEM COM TEMPO MORTO

Seja o trocador de calor da Subseção 2.2.2. Suponha que, no instante $t = 50$ s, se provoque um degrau na saída manual m do controlador, aumentando-a de 0 para 100% e, consequentemente, aumentando a vazão de vapor W_v. A faixa de temperatura possível da água na saída é de 20 ºC a 70 ºC. A vazão de vapor entra no processo e provoca um aumento de temperatura no fluido sendo aquecido, como mostrado na Figura 3.13 na Subseção 3.2.3. Obtenha o modelo desse sistema.

Analisando-se a Figura 3.13, percebe-se que a resposta temporal do processo corresponde a um sistema de primeira ordem mais tempo morto. Nota-se que o tempo morto do processo θ é igual a 10 segundos. Verificando-se o ponto em que a resposta atinge 63,2% de seu valor de regime, conclui-se que a constante de tempo do sistema τ é aproximadamente igual a 538 segundos. O ganho do processo pode ser calculado da seguinte forma:

$$K = \frac{\text{variação na saída}}{\text{variação na entrada}}$$

Sempre que se estime o modelo de um processo visando a utilizá-lo para sintonizar um controlador PID, o ganho K deve ser calculado de forma normalizada [adim.]:

$$K = \frac{\dfrac{68,1 - 20}{50}}{\dfrac{100}{100}} = 0,962 \ [\text{adim.}]$$

A função de transferência do processo é dada por:

$$G(s) = \frac{K \cdot e^{-\theta \cdot s}}{\tau \cdot s + 1} = \frac{0,962 \cdot e^{-10 \cdot s}}{538 \cdot s + 1} \ [\text{adim.}]$$

3.6.2 SISTEMA SUPERAMORTECIDO DE SEGUNDA ORDEM OU SUPERIOR APROXIMADO POR MODELO DE PRIMEIRA ORDEM COM TEMPO MORTO

Um fluido de processo é aquecido usando um trocador de calor do tipo casco-tubo, conforme mostrado na Figura 3.49. A temperatura de saída do fluido é controlada ajustando-se uma válvula de controle de vapor (SEBORG; EDGAR; MELLICHAMP, 2010).

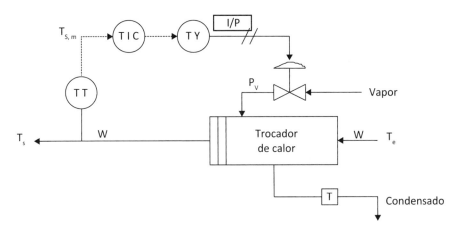

Figura 3.49 – Esquema de trocador de calor.

Em um teste em malha aberta, a pressão de vapor P_v foi rapidamente mudada de 18 para 20 psi, e os valores da temperatura medida $T_{s,m}$ são mostrados na Tabela 3.4.

Tabela 3.4 – Resposta da temperatura medida de saída do trocador de calor $T_{s,m}$ quando a pressão de vapor P_v é submetida à variação brusca de 18 para 20 psi

t (min)	$T_{s,m}$ (mA)	t (min)	$T_{s,m}$ (mA)
0	12,0	7	16,1
1	12,0	8	16,4
2	12,5	9	16,8
3	13,1	10	16,9
4	14,0	11	17,0
5	14,8	12	16,9
6	16,4		

Determine o modelo aproximado desse processo.

Plota-se na Figura 3.50 o conteúdo da Tabela 3.4. Pode-se aproximar a curva de reação do processo da Figura 3.50 por um sistema de primeira ordem mais tempo morto. Para estimar os três parâmetros desse sistema (K, τ e θ), optou-se por usar três dos métodos citados na Subseção 3.5.2: Ziegler e Nichols, Smith e Sundaresan e Krishnaswamy.

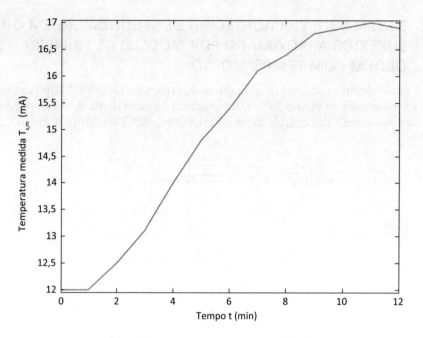

Figura 3.50 – Resposta da temperatura medida $T_{s,m}(t)$.

3.6.2.1 Método de Ziegler e Nichols

Traça-se uma tangente à curva de reação do processo de acordo com a Figura 3.51.

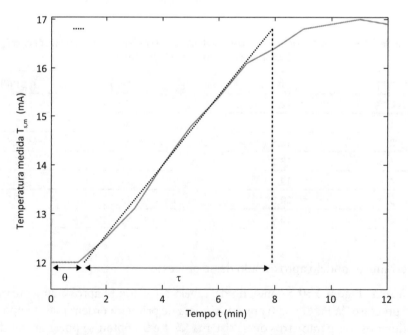

Figura 3.51 – Tangente à resposta da temperatura medida $T_{s,m}(t)$.

3.6.2.3 Método de Sundaresan e Krishnaswamy (método dos 35,3% e 85,3%)

Da curva de reação do processo apresentado na Figura 3.50, tem-se que:

$$t_{0,353} = 3,7 \text{ min} \quad \text{e} \quad t_{0,853} = 7,3 \text{ min}$$

Portanto:

$$\tau = 0,675 \cdot \left(t_{0,853} - t_{0,353}\right) = 0,675 \cdot (7,3 - 3,7) = 2,4 \text{ min}$$

$$\theta = 1,294 \cdot t_{0,353} - 0,294 \cdot t_{0,853} = 1,294 \cdot 3,7 - 0,294 \cdot 7,3 = 2,6 \text{ min}$$

Assim, o modelo aproximado desse processo obtido pelo método de Sundaresan e Krishnaswamy é dado pela seguinte função de transferência:

$$G_P(s) = \frac{\hat{T}_{s,m}(s)}{\hat{P}_v(s)} = \frac{K_P \cdot e^{-\theta \cdot s}}{\tau \cdot s + 1} = \frac{2,45 \cdot e^{-2,6 \cdot s}}{2,4 \cdot s + 1}$$

Comparando-se os três modelos obtidos, percebe-se que eles são muito diferentes entre si. Na Figura 3.52, visando efetuar uma comparação entre os mesmos, são traçadas as curvas de saída de cada um deles, supondo-se uma variação brusca no sinal de saída do controlador de 2 mA.

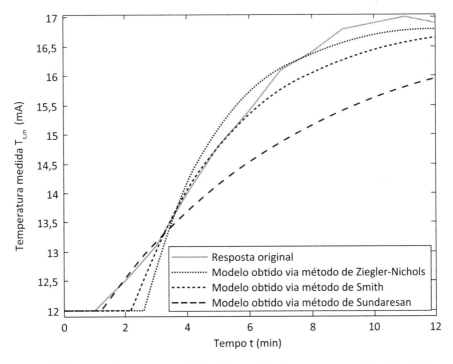

Figura 3.52 — Resposta da temperatura medida $T_{s,m}(t)$ para os dados do processo e para os três modelos obtidos.

Por meio da Figura 3.51, verifica-se que:

tempo morto $= \theta = 1,2$ minutos

constante de tempo $= \tau = 7,8 - 1,2 = 6,6$ min

O ganho K_p do processo é dado por:

$$K_p = \frac{\Delta S}{\Delta E} = \frac{4,9}{2} \frac{mA}{mA} = 2,45 \; [adim.]$$

Portanto, o modelo aproximado desse processo obtido pelo método de Ziegler e Nichols é dado pela seguinte função de transferência:

$$G_P(s) = \frac{\hat{T}_{s,m}(s)}{\hat{P}_v(s)} = \frac{K_p \cdot e^{-\theta \cdot s}}{\tau \cdot s + 1} = \frac{2,45 \cdot e^{-1,2 \cdot s}}{6,6 \cdot s + 1}$$

3.6.2.2 Método de Smith

Da curva de reação do processo apresentada na Figura 3.50, extrai-se:

$$t_{0,284} = 3,3 \text{ min} \quad e \quad t_{0,632} = 5,5 \text{ min}$$

Resulta:

$$\tau = 1,5 \cdot \left(t_{0,632} - t_{0,284} \right) = 1,5 \cdot \left(5,5 - 3,3 \right) = 3,3 \text{ min}$$

$$\theta = 1,5 \cdot \left(t_{0,284} - \frac{t_{0,632}}{3} \right) = t_{0,632} - \tau = 5,5 - 3,3 = 2,2 \text{ min}$$

O ganho K_p do processo já foi calculado anteriormente, sendo dado por:

$$K_p = 2,45$$

Portanto, o modelo aproximado desse processo obtido pelo método de Smith é dado pela seguinte função de transferência:

$$G_P(s) = \frac{\hat{T}_{s,m}(s)}{\hat{P}_v(s)} = \frac{K_p \cdot e^{-\theta \cdot s}}{\tau \cdot s + 1} = \frac{2,45 \cdot e^{-2,2 \cdot s}}{3,3 \cdot s + 1}$$

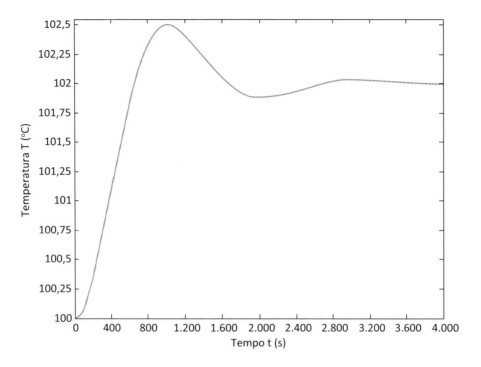

Figura 3.53 – Resposta a degrau no reator.

De posse desse valor, calcula-se ξ por meio da seguinte expressão:

$$\xi = \frac{1}{\sqrt{\left[\dfrac{\pi}{\ln(M_p)}\right]^2 + 1}}$$

Resulta:

$$\xi = 0,4037$$

Há diversas maneiras de se calcular o valor de ω_n. Uma delas seria empregar o valor do instante de pico t_p, dado por:

$$t_p = \frac{\pi}{\omega_n \cdot \sqrt{1-\xi^2}} = \frac{\pi}{\omega_d}$$

Como $t_p = 1023$ s, resulta:

$$\omega_d = \frac{\pi}{t_p} = \frac{\pi}{1023} = 0,00307\,\frac{\text{rad}}{\text{s}} \quad \text{e} \quad \omega_n = \frac{\omega_d}{\sqrt{1-\xi^2}} = 0,00336\,\frac{\text{rad}}{\text{s}}$$

Obtenção de modelos aproximados de processos industriais **139**

Uma análise visual da Figura 3.52 indica que o pior modelo foi o obtido pelo método de Ziegler e Nichols. Ele é o menos confiável em virtude da imprecisão no traçado da tangente. Os modelos obtidos pelos métodos de Smith e de Sundaresan e Krishnaswamy são aproximadamente equivalentes.

3.6.3 MODELO APROXIMADO DE SISTEMA DE SEGUNDA ORDEM SUBAMORTECIDO

Um reator com agitação tem uma serpentina interna de resfriamento para remover o calor liberado na reação. Um controlador proporcional é usado para regular a vazão de fluido de resfriamento para manter a temperatura do reator razoavelmente constante. O controlador foi projetado de forma que a variável controlada exiba uma resposta que se aproxime do comportamento de um sistema subamortecido de segunda ordem quando o reator é perturbado, tanto por uma variação na vazão de alimentação quanto pela temperatura do fluido de resfriamento (SEBORG; EDGAR; MELLICHAMP, 2010).

a) Um operador muda a vazão de alimentação para o reator repentinamente de 0,4 para 0,5 kg/s e percebe que a temperatura no interior do reator, inicialmente em 100 °C, estabiliza-se em 102 °C, como visto na Figura 3.53. Qual é o ganho da função de transferência do processo em malha fechada que relaciona alterações na temperatura do reator com mudanças na vazão de alimentação? Especifique as unidades de engenharia.

b) O operador nota que a resposta resultante é levemente oscilatória com picos de 102,5 °C e 102,03 °C, ocorrendo nos instantes 1023 s e 3049 s, respectivamente, após a perturbação na entrada. Qual é a função de transferência completa do processo?

c) Qual é o valor do tempo de subida de 0% a 100%?

Solução:

a) Para calcular o ganho do processo em malha fechada, faz-se:

$$K = \frac{\Delta S}{\Delta E} = \frac{102 - 100}{0,5 - 0,4} = 20 \; \frac{°C}{kg/s}$$

b) Para calcular a função de transferência completa do processo, deve-se estimar os parâmetros ξ e ω_n do sistema.

Para calcular o coeficiente de amortecimento ξ, deve-se avaliar o valor do sobressinal máximo M_p por meio das informações da resposta ao degrau, como indicado a seguir:

$$M_p = \frac{b}{a} = \frac{102,5 - 102}{102 - 100} = 0,25$$

Obtenção de modelos aproximados de processos industriais **141**

Outra forma de se calcular ω_n seria por meio do período da oscilação $T = 2026$ s:

$$\omega_d = \frac{2 \cdot \pi}{T} \quad \text{e} \quad \omega_n = \frac{\omega_d}{\sqrt{1-\xi^2}}$$

Tem-se então que:

$$\omega_d = \frac{2 \cdot \pi}{T} = \frac{2 \cdot \pi}{2026} = 0,00310 \, \frac{\text{rad}}{\text{s}} \quad \text{e} \quad \omega_n = \frac{\omega_d}{\sqrt{1-\xi^2}} = 0,00339 \, \frac{\text{rad}}{\text{s}}$$

Os valores calculados por essa segunda forma são praticamente iguais aos calculados por meio de t_p. Outro modo possível de calcular os parâmetros do modelo é analisar o valor dos dois picos sucessivos de sobressinal. Seja a Equação (3.35), reapresentada a seguir:

$$y(t) = K \cdot A \cdot \left[1 - \frac{1}{\sqrt{1-\xi^2}} \, e^{-\sigma \cdot t} \cdot sen\left(\omega_d \cdot t + \beta\right) \right] \text{(para } t \geq 0) \tag{3.35}$$

Pode-se reescrever essa equação da seguinte forma para cada um dos dois picos de sobressinal medidos:

$$102,5 = y_1(t_1) = K \cdot A \, \frac{1}{\sqrt{1-\xi^2}} \, e^{-\sigma \cdot t_1} \cdot sen\left(\omega_d \cdot t_1 + \beta\right) - K \cdot A$$

$$102,03 = y_2(t_2) = K \cdot A \, \frac{1}{\sqrt{1-\xi^2}} \, e^{-\sigma \cdot t_2} \cdot sen\left(\omega_d \cdot t_2 + \beta\right) - K \cdot A$$

Mas sabe-se que:

$$y(\infty) = K \cdot A = 102 \, ^\circ C$$

Portanto, subtraindo esse valor das equações para y_1 e y_2, resulta:

$$0,5 = K \cdot A \, \frac{1}{\sqrt{1-\xi^2}} \, e^{-\sigma \cdot t_1} \cdot sen\left(\omega_d \cdot t_1 + \beta\right)$$

$$0,03 = K \cdot A \, \frac{1}{\sqrt{1-\xi^2}} \, e^{-\sigma \cdot t_2} \cdot sen\left(\omega_d \cdot t_2 + \beta\right)$$

Sabe-se também que, nos instantes de pico de sobressinal, a senoide está em seu valor máximo, isto é:

$$sen\left(\omega_d \cdot t + \beta\right) = 1$$

Resulta, então:

$$0,5 = K \cdot A \frac{1}{\sqrt{1-\xi^2}} e^{-\sigma \cdot t_1} \quad e \quad 0,03 = K \cdot A \frac{1}{\sqrt{1-\xi^2}} e^{-\sigma \cdot t_2}$$

Mas $t_1 = 1023$ s e $t_2 = 3049$ s. Fazendo-se essa substituição nas equações anteriores e dividindo uma pela outra, resulta:

$$0,06 = \frac{e^{-\sigma \cdot t_2}}{e^{-\sigma \cdot t_1}} = e^{-\sigma \cdot \left(t_2 - t_1\right)} = e^{-\sigma \cdot 2026}$$

Portanto:

$$\sigma = -\frac{\ln\left(0,06\right)}{2026} = 0,00139$$

Sabe-se que:

$$\sigma = \xi \cdot \omega_n$$

Como $\xi = 0,4037$, resulta:

$$\omega_n = \frac{\sigma}{\xi} = \frac{0,00139}{0,4037} = 0,00344 \frac{rad}{s}$$

Esse valor está bem próximo aos obtidos usando o período de oscilação T e o instante de pico do sobressinal t_p.

A função de transferência do sistema em malha fechada é dada por:

$$G_{MF}\left(s\right) = \frac{\hat{T}\left(s\right)}{\hat{W}\left(s\right)} = \frac{K \cdot \omega_n^2}{s^2 + 2 \cdot \xi \cdot \omega_n \cdot s + \omega_n^2} =$$

$$= \frac{20 \cdot \left(0,00340\right)^2}{s^2 + 2 \cdot 0,4037 \cdot 0,00340 \cdot s + \left(0,00340\right)^2} \frac{°C}{kg/s}$$

O valor $\omega_n = 0{,}00340$ empregado na equação anterior corresponde à média aritmética dos três valores obtidos previamente.

$$G_{MF}(s) = \frac{\hat{T}(s)}{\hat{W}(s)} = \frac{2{,}312 \cdot 10^{-4}}{s^2 + 2{,}725 \cdot 10^{-3} \cdot s + 1{,}156 \cdot 10^{-5}} \frac{°C}{kg/s}$$

Comparando-se o resultado dessa função de transferência com a resposta original do processo, resulta no gráfico da Figura 3.54. A análise dessa figura indica que praticamente não há diferença entre as temperaturas medida e simulada do reator.

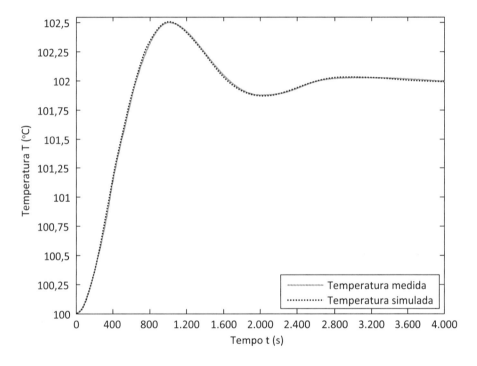

Figura 3.54 – Temperaturas medida e simulada do reator.

c) Por fim, o tempo de subida de 0% a 100% pode ser calculado por:

$$t_r = \frac{\pi - \arccos(\xi)}{\omega_n \cdot \sqrt{1-\xi^2}} = \frac{\pi - \beta}{\omega_d}$$

Tem-se que:

$$\beta = \arccos(\xi) = \arccos(0{,}4037) = 1{,}1552 \text{ rad}$$

Tomando-se:

$$\omega_n = 0{,}00340 \, \frac{rad}{s}$$

Resulta:

$$t_r = \frac{\pi - \arccos(\xi)}{\omega_n \cdot \sqrt{1-\xi^2}} = \frac{\pi - 1{,}1552}{0{,}00340 \cdot \sqrt{1-0{,}4037^2}} = 638{,}6 \text{ s}$$

Uma análise da Figura 3.53 revela que o tempo de subida de 0% a 100% é $t_r \cong 650$ s. Portanto, o valor calculado está bastante próximo do real.

3.6.4 MODELO APROXIMADO DE SISTEMA DE SEGUNDA ORDEM SUPERAMORTECIDO – CASO 1

Considere o sistema de controle por realimentação para o reator contínuo com agitação (CSTR – *continuous stirred tank reactor*) mostrado na Figura 3.55.

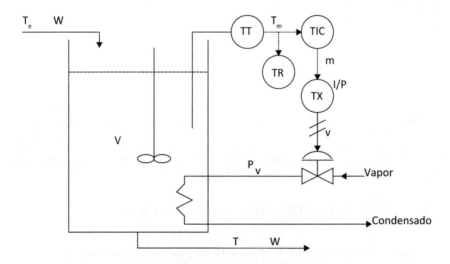

Figura 3.55 – P&ID de reator contínuo com agitação (CSTR).

A saída m do controlador em manual é bruscamente mudada de 12 mA para 14 mA (variação $\hat{m} = 2/16 \cdot 100\% = 12{,}5\%$). A curva de reação do processo é vista na Figura 3.56.

O transmissor eletrônico de temperatura tem uma largura de faixa de medição (*span*) de 60 °C. Seu sinal de saída é enviado a um registrador e ao controlador. O sinal registrado varia linearmente de 0% a 100% conforme a saída do transmissor varia de 4 a 20 mA. Estime um modelo aproximado de segunda ordem para o processo.

Obtenção de modelos aproximados de processos industriais 145

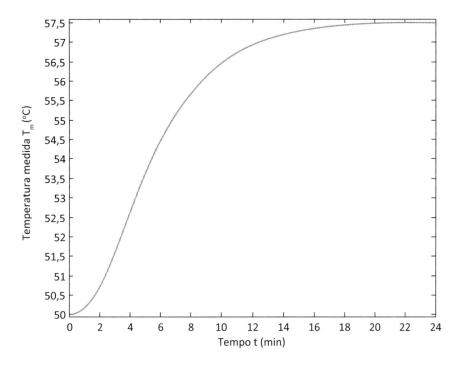

Figura 3.56 – Curva de reação de reator contínuo com agitação.

Como se trata de um sistema superamortecido e se deseja obter um modelo aproximado de segunda ordem, a proposta é usar o método de Harriott, citado no Item 3.5.1.4. Para tal, deve-se inicialmente medir o tempo requerido para o sistema atingir 73% de seu valor final (t_{73}). A soma das duas constantes de tempo é calculada por:

$$\tau_1 + \tau_2 \cong \frac{t_{73}}{1,3}$$

No caso da Figura 3.56, tem-se que:

$$t_{73} = 7,57 \text{ min}$$

Portanto:

$$\tau_1 + \tau_2 \cong 5,82 \text{ min}$$

Como se conhece o valor de $(\tau_1 + \tau_2)$, pode-se calcular o valor de t em $t/(\tau_1 + \tau_2) = 0,5$. Resulta:

$$t = 2,91 \text{ min}$$

Com base nesse valor de t, entra-se na curva de resposta ao degrau do processo (Figura 3.56) e verifica-se o valor de $T_m - 50\ °C = y$. Resulta:

$$T_m - 50\ °C = y = 1,50\ °C$$

O valor da amplitude do sinal de entrada é $A = 12,5\%$. Resulta, então:

$$K = \frac{\Delta S}{\Delta E} = \frac{57,5 - 50}{12,5}\frac{°C}{\%} = \frac{7,5}{12,5} = 0,60\ \frac{°C}{\%}$$

Portanto:

$$\frac{y}{K \cdot A} = \frac{1,50}{0,60 \cdot 12,5} = 0,20\ [\text{adim.}]$$

Como não se tem $0,26 \leq y/(K \cdot A) \leq 0,39$, então o método não é aplicável, o que indica que o processo requer um modelo de ordem superior a 2. Na verdade, o modelo usado para gerar a curva da Figura 3.56 tem a seguinte função de transferência:

$$G(s) = \frac{0,60}{6 \cdot s^3 + 11 \cdot s^2 + 6 \cdot s + 1}$$

Trata-se de um sistema de terceira ordem. Fica, portanto, inviável pelo método de Harriott, determinar um modelo aproximado de segunda ordem para esse processo. Uma alternativa seria gerar um modelo de segunda ordem com tempo morto. O tempo morto que pode ser extraído diretamente da Figura 3.56 equivale aproximadamente a $\theta = 0,5$ min. Reaplicando-se o método de Harriott, considerando agora esse atraso puro, resulta:

$$t_{73} = 7,07\ \text{min}$$

Portanto:

$$\tau_1 + \tau_2 \cong \frac{t_{73}}{1,3} \quad \Rightarrow \quad \tau_1 + \tau_2 \cong 5,44\ \text{min}$$

Como se conhece o valor de $(\tau_1 + \tau_2)$, calcula-se o valor de t em $t/(\tau_1 + \tau_2) = 0,5$:

$$t = 2,72\ \text{min}$$

Com base nesse valor de t acrescido de $\theta = 0,5$ min, entra-se na curva de resposta ao degrau do processo (Figura 3.55) e verifica-se o valor de $T_m - 50\ °C = y$:

$$T_m - 50\ °C = y = 1,81\ °C$$

Portanto:

$$\frac{y}{K \cdot A} = \frac{1,81}{0,60 \cdot 12,5} = 0,241 \, [\text{adim.}]$$

Novamente não se obteve $0,26 \leq y/(K \cdot A) \leq 0,39$, tornando o método inaplicável, mesmo considerando o tempo morto.

Tenta-se agora aplicar o método de Meyer, apresentado no Item 3.5.1.5. A equação do modelo é dada por:

$$G(s) = \frac{K \cdot \omega_n^2}{s^2 + 2 \cdot \xi \cdot \omega_n \cdot s + \omega_n^2}$$

Os parâmetros obtidos da curva de reação do processo são:

$$t_{20} = 2,91 \, \text{min} \quad e \quad t_{60} = 6,11 \, \text{min}$$

Tem-se então que:

$$\frac{t_{20}}{t_{60}} = 0,476$$

Entrando-se com esse valor no gráfico da Figura 3.42, resulta:

$$\xi = 0,84 \quad e \quad \frac{t_{60}}{\tau} = 1,75 \quad \therefore \quad \tau = \frac{6,11}{1,75} = 3,49 \, \text{min}$$

Tem-se que:

$$\omega_n = \frac{1}{\tau} = \frac{1}{3,49} = 0,287 \, \frac{\text{rad}}{\text{min}}$$

Portanto, o modelo obtido é dado por:

$$G(s) = \frac{0,60 \cdot 0,287^2}{s^2 + 2 \cdot 0,84 \cdot 0,287 \cdot s + 0,287^2} = \frac{0,0494}{s^2 + 0,482 \cdot s + 0,0824}$$

Como $\xi = 0,84$, resulta em um sistema de segunda ordem subamortecido.

Esse método gerou um modelo com uma boa aproximação do sistema real, conforme mostrado na Figura 3.57.

Outra opção seria estimar um modelo aproximado de primeira ordem com tempo morto, como já feito na Subseção 3.6.2. Aplicando-se, por exemplo, o método de Sundaresan e Krishnaswamy, citado no Item 3.5.2.4, resultam nos seguintes parâmetros, obtidos a partir da curva de reação do processo da Figura 3.56:

$$t_{0,353} = 4,1 \, \text{min} \quad e \quad t_{0,853} = 9,7 \, \text{min}$$

Portanto:

$$\tau = 0{,}675 \cdot (t_{0{,}853} - t_{0{,}353}) = 0{,}675 \cdot (9{,}7 - 4{,}1) = 3{,}8 \text{ min}$$

$$\theta = 1{,}29 \cdot t_{0{,}353} - 0{,}294 \cdot t_{0{,}853} = 1{,}29 \cdot 4{,}1 - 0{,}294 \cdot 9{,}7 = 2{,}4 \text{ min}$$

O modelo resultante é dado pela seguinte função de transferência, relacionando a temperatura medida (T_m) com a saída do controlador (m):

$$G(s) = \frac{\hat{T}_m(s)}{\hat{M}(s)} = \frac{K \cdot e^{-\theta \cdot s}}{\tau \cdot s + 1} = \frac{0{,}60 \cdot e^{-2{,}4 \cdot s}}{3{,}8 \cdot s + 1} \frac{°C}{\%}$$

Na Figura 3.57, apresenta-se a resposta do processo e a dos modelos obtidos pelos métodos de Meyer e de Sundaresan e Krishnaswamy.

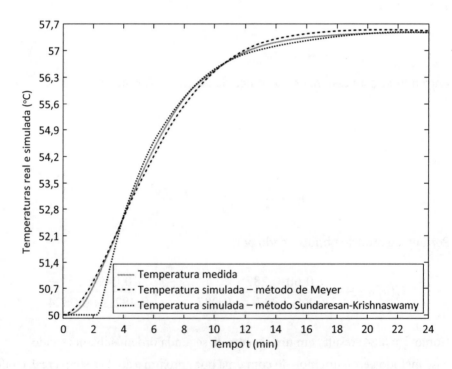

Figura 3.57 – Temperatura medida e simulada.

A Figura 3.57 indica que, nesse caso, ambos os modelos aproximados geraram respostas que se aproximaram razoavelmente bem do sistema real.

3.6.5 MODELO APROXIMADO DE SISTEMA DE SEGUNDA ORDEM SUPERAMORTECIDO – CASO 2

A reação de um processo a um degrau unitário em $t = 0$ é vista na Figura 3.58. Trata-se da resposta de um processo de segunda ordem superamortecido. Pede-se identificar o modelo desse processo a partir de sua curva de reação.

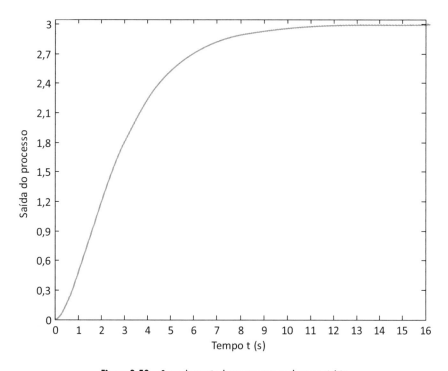

Figura 3.58 – Curva de reação de um processo ao degrau unitário.

A função de transferência que descreve esse processo é dada por:

$$G(s) = \frac{K}{(\tau_1 \cdot s + 1) \cdot (\tau_2 \cdot s + 1)}$$

Os parâmetros dessa função de transferência podem ser obtidos pelo método de Harriott, descrito no Item 3.5.1.4. Medindo-se o tempo requerido para o sistema atingir 73% de seu valor final (t_{73}), a soma das duas constantes de tempo é calculada por:

$$\tau_1 + \tau_2 \cong \frac{t_{73}}{1,3} = \frac{3,9}{1,3} = 3 \text{ s}$$

Calcula-se, então, o valor de t em $t/(\tau_1 + \tau_2) = 0,5$, resultando em:

$$t = 1,5 \text{ s}$$

Com base nesse valor de t, entra-se na curva de resposta ao degrau do processo e verifica-se o valor de y. Resulta:

$$y = 0,8$$

Como o degrau aplicado foi unitário, tem-se que:

$$K = 3$$

Portanto, o valor de $y/(K \cdot A)$ é dado por:

$$\frac{y}{K \cdot A} = \frac{0,8}{3 \cdot 1} = 0,27$$

Com esse valor, entra-se no eixo vertical da Figura 3.41 e se extrai o valor de $\tau_1/(\tau_1 + \tau_2)$:

$$\frac{\tau_1}{\tau_1 + \tau_2} = 0,6$$

Como $\tau_1 + \tau_2 = 3 \, s$, calculam-se τ_1 e τ_2:

$$\tau_1 = 1,8 \, s \quad e \quad \tau_2 = 1,2 \, s$$

Portanto, o modelo aproximado resultante é dado por:

$$\tilde{G}(s) = \frac{3}{(1,2 \cdot s + 1) \cdot (1,8 \cdot s + 1)}$$

O modelo que efetivamente gerou essa curva de reação é dado por:

$$G(s) = \frac{3}{(s+1) \cdot (2 \cdot s + 1)}$$

Observa-se que o modelo tem um erro de 20% no cálculo de τ_1 e de -10% no cálculo de τ_2. Mostra-se na Figura 3.59 a resposta do processo e do modelo aproximado. Essa figura indica que o modelo obtido descreve bastante bem o comportamento dinâmico do processo, apesar de os valores individuais de τ_1 e de τ_2 apresentarem erro.

3.6.6 MODELO APROXIMADO DE SISTEMA DE SEGUNDA ORDEM SUPERAMORTECIDO – CASO 3

Seja a função de transferência de um processo de quarta ordem (SMITH, 1972):

$$G(s) = \frac{1}{(0,5 \cdot s + 1) \cdot (s+1)^2 \cdot (2 \cdot s + 1)}$$

Sua resposta a um degrau unitário em $t = 0$ é mostrada na Figura 3.60. Propõe-se modelar esse processo como um sistema de primeira ordem mais tempo morto. Para estimar os parâmetros θ e τ, aplicam-se os métodos propostos na Subseção 3.5.2.

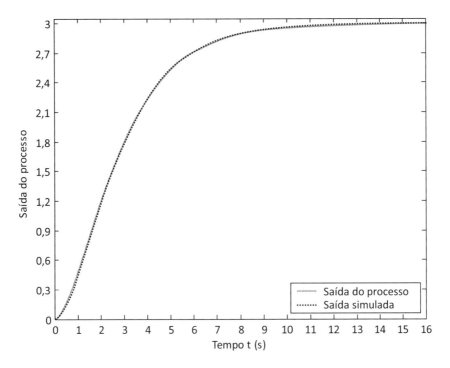

Figura 3.59 – Respostas do processo e do modelo aproximado.

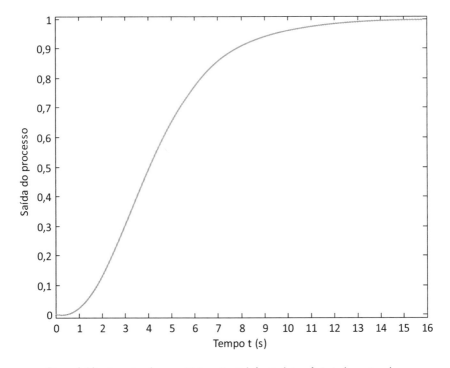

Figura 3.60 – Resposta a degrau unitário em $t = 0$ de função de transferência de quarta ordem.

Os parâmetros obtidos pelos métodos de Ziegler e Nichols e de Miller foram extraídos de Smith (1972) e colocados na Tabela 3.5.

Os parâmetros gerados pelo método de Smith são descritos a seguir:

$$t_{0,284} = 2,87 \text{ s}$$

$$t_{0,632} = 4,83 \text{ s}$$

$$\tau = 1,5 \cdot \left(t_{0,632} - t_{0,284}\right) = 2,94 \text{ s}$$

$$\theta = t_{0,632} - \tau = 1,89 \text{ s}$$

Os parâmetros obtidos pelo método de Sundaresan e Krishnaswamy são:

$$t_{0,353} = 3,23 \text{ s} \qquad t_{0,853} = 6,96 \text{ s}$$

$$\tau = 0,675 \cdot \left(t_{0,853} - t_{0,353}\right) = 2,52 \text{ s} \quad \text{e} \quad \theta = 1,294 \cdot t_{0,353} - 0,294 \cdot t_{0,853} = 2,13 \text{ s}$$

Tabela 3.5 – Parâmetros de modelo de primeira ordem + tempo morto calculados de diferentes formas como uma aproximação da função de transferência de quarta ordem

Método aplicado	Tempo morto θ (s)	Constante de tempo τ (s)	Ganho K
Ziegler e Nichols	1,46	4,98	1,0
Miller	1,46	3,34	1,0
Smith	1,89	2,94	1,0
Sundaresan e Krishnaswamy	2,52	2,13	1,0

Na Figura 3.61, comparam-se as curvas de respostas real e simulada.

A análise visual da Figura 3.61 indica que o pior resultado foi obtido pelo método de Ziegler e Nichols, e o melhor foi conseguido pelo método de Sundaresan e Krishnaswamy.

Suponha agora que se deseje descrever esse processo por um modelo de segunda ordem superamortecido. Para tal, propõe-se usar os métodos vistos na Subseção 3.5.1. O primeiro método testado é o de Oldenbourg e Sartorius. Resulta em $T_C = 3,26$ s e $T_A = 4,94$ s, que gera uma relação $T_C/T_A = 0,660$. Assim, não é viável estimar as constantes de tempo por esse método. Valores de T_C/T_A inferiores a 0,736 indicam que um modelo subamortecido é sugerido (SMITH, 1972). Portanto, uma possível opção seria utilizar o método de Meyer, em que a frequência natural não amortecida ω_n e o coeficiente de amortecimento ξ são calculados, desde que uma estimativa do tempo morto esteja disponível. A seguir, estima-se o tempo morto pelo método de Sten:

$$t_I = 3,14 \text{ s} \quad \text{e} \quad T_B = -0,4729 \cdot T_C + 0,4512 \cdot T_A = 0,69 \text{ s}$$

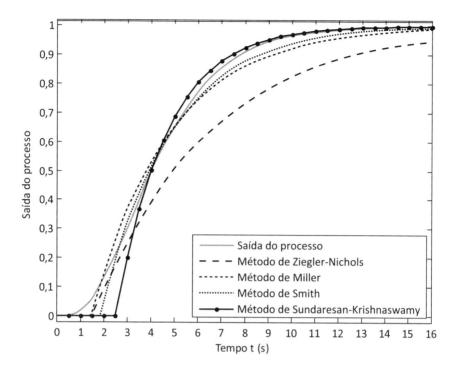

Figura 3.61 – Comparação da resposta a degrau unitário dos modelos obtidos.

Portanto, o tempo morto é dado por:

$$\theta = 3,14 + 3,26 - 4,94 - 0,69 = 0,77 \text{ s}$$

Aplicando-se agora o método de Meyer, tem-se que:

$$t_{20} = 1,6 \text{ s} \quad \text{e} \quad t_{60} = 3,8 \text{ s}$$

O valor da relação t_{20}/t_{60} é dado por:

$$\frac{t_{20}}{t_{60}} = 0,42$$

Entrando-se na Figura 3.42, resulta:

$$\xi = 0,9 \quad \text{e} \quad \omega_n = 0,5$$

As aproximações geradas pelos métodos de Sundaresan e Krishnaswamy e de Meyer são mostradas na Figura 3.62 e comparadas com a resposta experimental.

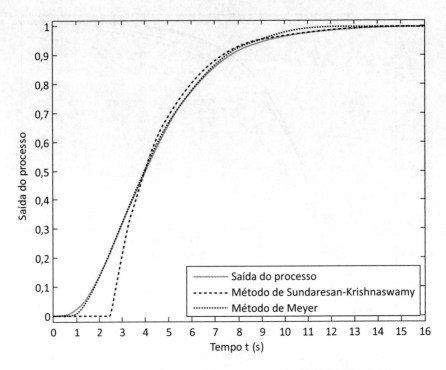

Figura 3.62 – Comparação da resposta experimental com os modelos obtidos pelos métodos de Meyer e de Sundaresan e Krishnaswamy.

Verifica-se, a partir da Figura 3.62, que a aproximação pelo método de Meyer é melhor que todas as de primeira ordem realizadas anteriormente.

3.6.7 MODELO APROXIMADO DE PROCESSO INTEGRADOR

Para processos não autorregulados, uma resposta típica é mostrada na Figura 3.63, a qual foi obtida por meio da aplicação de um degrau unitário em $t = 0$ (SMITH, 1972).

A função de transferência que descreve esse processo é dada por:

$$G(s) = \frac{0,6}{s \cdot (s+1) \cdot (0,5 \cdot s + 1)}$$

São empregados dois modelos aproximados para descrever o processo dado. Uma primeira aproximação é fornecida pela seguinte função de transferência:

$$G(s) = \frac{K_i \cdot e^{-\theta \cdot s}}{s}$$

em que θ corresponde ao tempo morto.

Obtenção de modelos aproximados de processos industriais 155

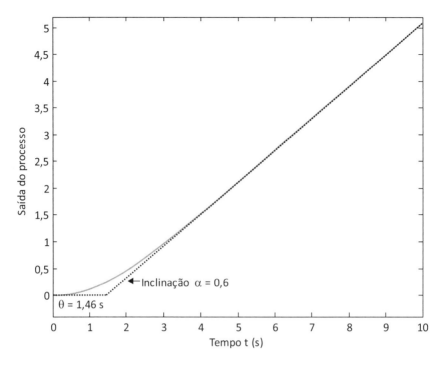

Figura 3.63 – Obtenção dos parâmetros de um modelo de um processo não autorregulado.

Os parâmetros desse modelo podem ser estimados graficamente a partir da Figura 3.63, traçando-se uma tangente à curva de resposta no trecho em que sua inclinação se torna praticamente constante. A inclinação dessa linha fornece o ganho K_i.

$$\tan(\alpha) = K_i \cdot A \quad \therefore \quad K_i = \frac{\tan(\alpha)}{A}$$

sendo A a amplitude do degrau aplicado.

Nesse caso, $\tan(\alpha) = 0{,}6$ e $A = 1$; portanto $K_i = 0{,}6$.

O período entre o instante de aplicação do degrau até o ponto em que a tangente corta o valor inicial da saída do processo fornece o tempo morto, que nesse caso vale $\theta = 1{,}46$ s. Esse modelo ilustra o uso do tempo morto para aproximar constantes de tempo de ordem mais elevada, como citado na Subseção 3.3.5. No entanto, muitos processos efetivamente contêm tempo morto. O modelo aproximado resultante é dado por:

$$\tilde{G}(s) = \frac{0{,}6 \cdot e^{-1{,}46 \cdot s}}{s}$$

Uma segunda aproximação possível para o processo dado é:

$$G(s) = \frac{K}{s \cdot (\tau \cdot s + 1)}$$

em que τ corresponde à constante de tempo do processo.

A antitransformada de Laplace desse sistema, supondo condições iniciais quiescentes e um degrau de amplitude A na entrada, é:

$$y(t) = K \cdot A \cdot \left(t - \tau + \tau \cdot e^{-t/\tau} \right)$$

Supondo-se que $t \to \infty$, resulta:

$$y(t \to \infty) = K \cdot A \cdot (t - \tau)$$

Quando o tempo se torna suficientemente grande, a resposta tende a uma reta com coeficiente angular dado por $K \cdot A$. A obtenção de K é idêntica ao caso citado anteriormente. τ é obtido de forma similar à de θ, isto é, τ é o tempo entre o início do transitório e o ponto em que a tangente intercepta o valor inicial da saída do processo. Nesse caso, tem-se que:

$$K = 0,6 \quad \text{e} \quad \tau = 0,6 \text{ s}$$

Esse modelo aproximado é dado por:

$$\tilde{G}(s) = \frac{0,6}{s \cdot (0,6 \cdot s + 1)}$$

A resposta de ambos os modelos é comparada com a saída real na Figura 3.64. Nota-se que o primeiro modelo proposto, envolvendo o tempo morto, gera um melhor resultado que o modelo com um polo na origem.

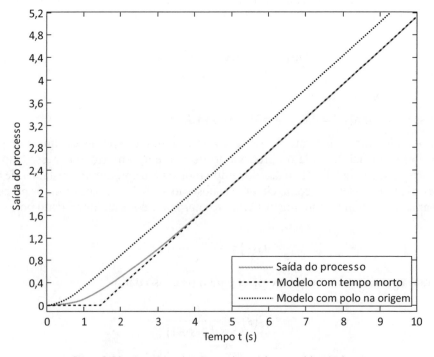

Figura 3.64 – Comparação do sistema real com ambos os modelos propostos.

3.7 PROCEDIMENTO SIMPLIFICADO DE TESTE DE UM PROCESSO

Ao se modelar empiricamente um processo por meio da resposta ao degrau, deve-se considerar o seguinte:

- normalmente os processos industriais não são lineares. Assim, os modelos obtidos de ensaios em degrau são usualmente precisos em uma faixa estreita de condições operacionais, próximas ao ponto de operação estacionária do processo em que se realizou o teste;

- durante o teste, alguma variável de entrada pode mudar, perturbando o processo;

- algumas vezes, uma entrada em degrau para o processo não é permitida em virtude de condições de segurança ou da possibilidade de produzir materiais fora da especificação, enquanto a saída do processo se desvia substancialmente do valor desejado.

Visando minimizar os inconvenientes apontados anteriormente, propõe-se um método rápido e fácil de obter informações. Este método, proposto em Shinskey (1996), consiste em um teste em malha aberta e outro em malha fechada. O procedimento é o seguinte:

- com o controlador em manual (malha aberta), provoque um degrau ou pulso no elemento final de controle de modo que seja suficiente para gerar um efeito observável. Meça o período entre a perturbação e a primeira indicação de resposta. Esse é o tempo morto θ;

- transfira o controle para automático, com a mínima atuação possível das ações integral e derivativa. Ajuste a banda proporcional (ganho) para gerar oscilações quase sem amortecimento. Um pulso pode ser necessário para iniciar as oscilações. Anote o período natural de oscilação τ_n e o ajuste do ganho do controlador. Dois ciclos completos são suficientes para medir τ_n. Se for impossível obter oscilações contínuas, medir a frequência natural amortecida, corrigindo-a:

$$\omega_d = \omega_n \cdot \sqrt{1 - \xi^2}$$

Nesse teste, é necessário deixar a malha aberta apenas para medir o tempo morto. O teste de malha fechada revela um dado importante: o período natural. A partir dos dados obtidos, uma estimativa dos elementos dinâmicos do processo pode ser obtida:

- se $\dfrac{\tau_n}{\theta} = 2$, o processo é tempo morto puro;

- se $2 < \dfrac{\tau_n}{\theta} < 4$, o tempo morto é dominante;

- se $\dfrac{\tau_n}{\theta} = 4$, há uma capacitância dominante;

- se $\dfrac{\tau_n}{\theta} > 4$, mais de uma capacitância está presente.

Além disso, o ajuste da banda proporcional responsável pelas oscilações uniformes iguala o produto dos ganhos dos outros elementos na malha, pois, para oscilações contínuas, sabe-se que o ganho total em malha aberta é 1. Dispondo-se desses dados, pode-se ter uma boa ideia do processo. Por exemplo, se o processo tem uma capacitância principal ($\tau_n/\theta = 4$), caso se saiba o seu valor, seu ganho dinâmico G_P em τ_n pode ser estimado. Combinando isso com valores conhecidos de ganho do transmissor, do controlador e da válvula, resulta no seguinte ganho estático do processo:

$$K_P = \frac{1}{\left|G_P\right|_D \cdot K_T \cdot K_C \cdot K_V}$$

em que $\left|G_P\right|_D$ representa o módulo de ganho dinâmico do processo, descontado o ganho estacionário, isto é, $\left|G_P\right| = K_P \cdot \left|G_P\right|_D$.

3.7.1 EXEMPLO DE APLICAÇÃO DO PROCEDIMENTO SIMPLIFICADO DE TESTE DE UM PROCESSO

Suponha que o teste proposto na Seção 3.7 seja aplicado em um processo de neutralização de pH, em que se insere um reagente neutralizante em um tanque de mistura, buscando levar o pH do efluente a 7. Os seguintes passos foram dados (SHINSKEY, 1996):

- o teste em malha aberta indicou um tempo morto θ de 40 s (0,67 min);

- com uma banda proporcional de 150% ($K_C = 0,67$), a malha apresentou oscilações uniformes com um período τ_n de 2,8 minutos. A razão $\tau_n/\theta = 2,8/0,67 = 4,2$ indicou, essencialmente, uma capacitância única associada ao tempo morto medido;

- o tanque em que ocorria a reação continha 800 litros de produto fluindo a 10 L/min. Portanto, $\tau = V/Q = 800/10 = 80$ minutos. O ganho dinâmico de um processo monocapacitivo oscilando com um período de 2,8 minutos é:

$$\left[G_P\left(j \cdot \omega\right)\right]_D = \frac{1}{j \cdot \omega \cdot \tau + 1} \Rightarrow$$

$$\Rightarrow \left|G_P\left(j \cdot \omega\right)\right|_D = \frac{1}{\sqrt{\left(\omega \cdot \tau\right)^2 + 1}} \cong \frac{1}{\omega \cdot \tau} = \frac{1}{\left(\dfrac{2 \cdot \pi}{2,8}\right) \cdot 80} = 0,0056$$

- o ganho do controlador para oscilações contínuas é $K_C = 0,67$. Resulta:

$$K_P \cdot K_V \cdot K_T = \frac{1}{\left|G_P\right|_D \cdot K_C} = \frac{1}{0,0056 \cdot 0,67} = 268$$

Por meio da Figura 3.51, verifica-se que:

tempo morto $= \theta = 1,2$ minutos

constante de tempo $= \tau = 7,8 - 1,2 = 6,6$ min

O ganho K_P do processo é dado por:

$$K_P = \frac{\Delta S}{\Delta E} = \frac{4,9}{2} \frac{\text{mA}}{\text{mA}} = 2,45 \ [\text{adim.}]$$

Portanto, o modelo aproximado desse processo obtido pelo método de Ziegler e Nichols é dado pela seguinte função de transferência:

$$G_P(s) = \frac{\hat{T}_{s,m}(s)}{\hat{P}_v(s)} = \frac{K_P \cdot e^{-\theta \cdot s}}{\tau \cdot s + 1} = \frac{2,45 \cdot e^{-1,2 \cdot s}}{6,6 \cdot s + 1}$$

3.6.2.2 Método de Smith

Da curva de reação do processo apresentada na Figura 3.50, extrai-se:

$$t_{0,284} = 3,3 \text{ min} \quad \text{e} \quad t_{0,632} = 5,5 \text{ min}$$

Resulta:

$$\tau = 1,5 \cdot \left(t_{0,632} - t_{0,284} \right) = 1,5 \cdot (5,5 - 3,3) = 3,3 \text{ min}$$

$$\theta = 1,5 \cdot \left(t_{0,284} - \frac{t_{0,632}}{3} \right) = t_{0,632} - \tau = 5,5 - 3,3 = 2,2 \text{ min}$$

O ganho K_P do processo já foi calculado anteriormente, sendo dado por:

$$K_P = 2,45$$

Portanto, o modelo aproximado desse processo obtido pelo método de Smith é dado pela seguinte função de transferência:

$$G_P(s) = \frac{\hat{T}_{s,m}(s)}{\hat{P}_v(s)} = \frac{K_P \cdot e^{-\theta \cdot s}}{\tau \cdot s + 1} = \frac{2,45 \cdot e^{-2,2 \cdot s}}{3,3 \cdot s + 1}$$

3.6.2.3 Método de Sundaresan e Krishnaswamy (método dos 35,3% e 85,3%)

Da curva de reação do processo apresentado na Figura 3.50, tem-se que:

$$t_{0,353} = 3,7 \text{ min} \quad \text{e} \quad t_{0,853} = 7,3 \text{ min}$$

Portanto:

$$\tau = 0,675 \cdot (t_{0,853} - t_{0,353}) = 0,675 \cdot (7,3 - 3,7) = 2,4 \text{ min}$$

$$\theta = 1,294 \cdot t_{0,353} - 0,294 \cdot t_{0,853} = 1,294 \cdot 3,7 - 0,294 \cdot 7,3 = 2,6 \text{ min}$$

Assim, o modelo aproximado desse processo obtido pelo método de Sundaresan e Krishnaswamy é dado pela seguinte função de transferência:

$$G_P(s) = \frac{\hat{T}_{s,m}(s)}{\hat{P}_v(s)} = \frac{K_P \cdot e^{-\theta \cdot s}}{\tau \cdot s + 1} = \frac{2,45 \cdot e^{-2,6 \cdot s}}{2,4 \cdot s + 1}$$

Comparando-se os três modelos obtidos, percebe-se que eles são muito diferentes entre si. Na Figura 3.52, visando efetuar uma comparação entre os mesmos, são traçadas as curvas de saída de cada um deles, supondo-se uma variação brusca no sinal de saída do controlador de 2 mA.

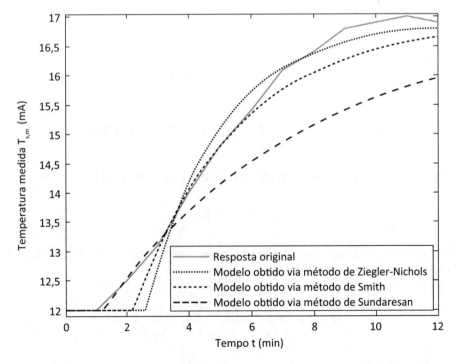

Figura 3.52 – Resposta da temperatura medida $T_{s,m}(t)$ para os dados do processo e para os três modelos obtidos.

Obtenção de modelos aproximados de processos industriais **139**

Uma análise visual da Figura 3.52 indica que o pior modelo foi o obtido pelo método de Ziegler e Nichols. Ele é o menos confiável em virtude da imprecisão no traçado da tangente. Os modelos obtidos pelos métodos de Smith e de Sundaresan e Krishnaswamy são aproximadamente equivalentes.

3.6.3 MODELO APROXIMADO DE SISTEMA DE SEGUNDA ORDEM SUBAMORTECIDO

Um reator com agitação tem uma serpentina interna de resfriamento para remover o calor liberado na reação. Um controlador proporcional é usado para regular a vazão de fluido de resfriamento para manter a temperatura do reator razoavelmente constante. O controlador foi projetado de forma que a variável controlada exiba uma resposta que se aproxime do comportamento de um sistema subamortecido de segunda ordem quando o reator é perturbado, tanto por uma variação na vazão de alimentação quanto pela temperatura do fluido de resfriamento (SEBORG; EDGAR; MELLICHAMP, 2010).

a) Um operador muda a vazão de alimentação para o reator repentinamente de 0,4 para 0,5 kg/s e percebe que a temperatura no interior do reator, inicialmente em 100 °C, estabiliza-se em 102 °C, como visto na Figura 3.53. Qual é o ganho da função de transferência do processo em malha fechada que relaciona alterações na temperatura do reator com mudanças na vazão de alimentação? Especifique as unidades de engenharia.

b) O operador nota que a resposta resultante é levemente oscilatória com picos de 102,5 °C e 102,03 °C, ocorrendo nos instantes 1023 s e 3049 s, respectivamente, após a perturbação na entrada. Qual é a função de transferência completa do processo?

c) Qual é o valor do tempo de subida de 0% a 100%?

Solução:

a) Para calcular o ganho do processo em malha fechada, faz-se:

$$K = \frac{\Delta S}{\Delta E} = \frac{102 - 100}{0,5 - 0,4} = 20 \, \frac{°C}{kg/s}$$

b) Para calcular a função de transferência completa do processo, deve-se estimar os parâmetros ξ e ω_n do sistema.

Para calcular o coeficiente de amortecimento ξ, deve-se avaliar o valor do sobressinal máximo M_p por meio das informações da resposta ao degrau, como indicado a seguir:

$$M_p = \frac{b}{a} = \frac{102,5 - 102}{102 - 100} = 0,25$$

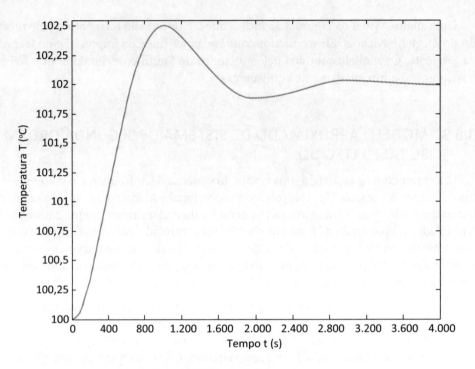

Figura 3.53 – Resposta a degrau no reator.

De posse desse valor, calcula-se ξ por meio da seguinte expressão:

$$\xi = \frac{1}{\sqrt{\left[\dfrac{\pi}{\ln(M_p)}\right]^2 + 1}}$$

Resulta:

$$\xi = 0,4037$$

Há diversas maneiras de se calcular o valor de ω_n. Uma delas seria empregar o valor do instante de pico t_p, dado por:

$$t_p = \frac{\pi}{\omega_n \cdot \sqrt{1-\xi^2}} = \frac{\pi}{\omega_d}$$

Como $t_p = 1023$ s, resulta:

$$\omega_d = \frac{\pi}{t_p} = \frac{\pi}{1023} = 0,00307 \frac{\text{rad}}{\text{s}} \quad \text{e} \quad \omega_n = \frac{\omega_d}{\sqrt{1-\xi^2}} = 0,00336 \frac{\text{rad}}{\text{s}}$$

Obtenção de modelos aproximados de processos industriais

- o pH é medido na faixa de 2 a 12, com um *span* de 10. Assim:

$$K_T = \frac{100\%}{10 \text{ pH}} = 10\frac{\%}{\text{pH}}$$

- o produto dos ganhos estáticos do processo e da válvula é:

$$K_P \cdot K_V = \frac{268}{\dfrac{10\%}{\text{pH}}} = 26,8\frac{\text{pH}}{\%}$$

- caso se disponha do ganho K_V da válvula, pode-se finalmente calcular o valor de K_P. Supondo-se uma válvula com característica linear de vazão, a qual estando 100% aberta permite a passagem de 1 L/min de reagente neutralizante, resulta:

$$K_V = \frac{1 \text{ L/min}}{100\%}$$

- tem-se, então:

$$K_P = 26,8\frac{\text{pH}}{\%}\frac{100\%}{\text{L/min}} \Rightarrow K_P = 2680\frac{\text{pH}}{\text{L/min}}\left(\frac{\text{unidades de pH}}{\text{fluxo de reagente}}\right)$$

Isso indica que, para cada litro de reagente inserido por minuto, há uma variação de 2680 unidades de pH, denotando um processo com altíssimo ganho [lembre-se de que a faixa total de variação do pH vai de 0 (ácido) a 14 (base)];

- portanto, a função de transferência resultante para esse processo é:

$$G_P(s) = \frac{K_P \cdot e^{-\theta \cdot s}}{\tau \cdot s + 1} = \frac{2680 \cdot e^{-0,67 \cdot s}}{80 \cdot s + 1}$$

Como esses testes são feitos em apenas um ponto de operação, eles não revelam nenhuma propriedade não linear. A resposta em malha fechada deveria ser observada em outras condições para detectar qualquer mudança no amortecimento. Se o período natural de oscilação muda ao se alterar a intensidade da perturbação, um elemento dinâmico variável está presente. Assim, para fazer uma análise confiável, o teste de malha fechada deveria ser repetido para outros valores de *set point* e com outras intensidades de perturbação.

REFERÊNCIAS

AGUIRRE, L. A. **Introdução à identificação de sistemas**: técnicas lineares e não lineares aplicadas a sistemas reais. 4. ed. Belo Horizonte: UFMG, 2015.

ANDERSON, N. A. **Instrumentation for process measurement anda control**. 3. ed. Radnor: Chilton, 1980.

GARCIA, C. **Modelagem de processos industriais e de sistemas eletromecânicos**. 2. ed. São Paulo: Edusp, 2005.

HARRIOTT, P. **Process control**. Nova York: McGraw Hill, 1964.

MEYER, J. R. et al. Simplifying process response approximations. **Instruments and Control Systems**, v. 40, n. 12, p. 76-79, 1967.

MILLER, J. A. et al. A comparison of controller tuning techniques. **Control Engineering**, v. 14, n. 12, p. 72-75, 1967.

OGATA, K. **Engenharia de controle moderno**. 5. ed. São Paulo: Pearson Education do Brasil, 2011.

OLDENBOURG, R. C.; SARTORIUS, H. The dynamics of automatic control. **Transactions of the ASME**, v. 77, p. 75-9, 1948.

SEBORG, D. E.; EDGAR, T. F.; MELLICHAMP, D. A. **Process dynamics control**. 3. ed. Nova York: John Wiley & Sons, 2010.

SHINSKEY, F. G. **Process control systems**: application, design and tuning. 4. ed. Nova York: McGraw Hill, 1996.

SMITH, C. L. **Digital computer process control**. Scranton: Intext Educational Publishers, 1972.

SMITH, O. J. M. Closer control of loops with dead time. **Chemical Engineering Progress**, v. 53, n. 5, p. 217-219, 1957.

_____. A controller to overcome dead time. **ISA Journal**, v. 6, n. 2, p. 28-33, fev. 1959.

STEN, J. W. Evaluating second-order parameters. **Instrumentation Technology**, v. 17, n. 9, p. 39-41, 1970.

SUNDARESAN, K. R.; KRISHNASWAMY, P. R. Estimation of time delay, time constant parameters in time, frequency and Laplace domains. **The Canadian Journal of Chemical Engineering**, v. 56, n. 2, p. 257-262, 1978.

ZIEGLER, J. G.; NICHOLS, N. B. Optimum settings for automatic controllers. **Transactions of the ASME**, v. 64, n. 11, p. 759-768, 1942.

CAPÍTULO 4
ANÁLISE DE ESTABILIDADE DE SISTEMAS DE CONTROLE

Neste capítulo, estuda-se a estabilidade de sistemas lineares, invariantes no tempo e em tempo contínuo, conceituando-se inicialmente as estabilidades absoluta e relativa, depois analisando-se as estabilidades em malha aberta, intitulada autorregulação, e, finalmente, a estabilidade em malha fechada. Em virtude da importância da estabilidade nos sistemas de controle, diversos critérios foram criados para analisá-la.

O requisito mais importante dos sistemas de controle é a sua estabilidade. Ela deve ser garantida antes do atendimento de qualquer outra especificação relativa ao comportamento do sistema.

4.1 ESTABILIDADES ABSOLUTA E RELATIVA

A **estabilidade** pode ser classificada em **absoluta** e **relativa** (OGATA, 2011).

4.1.1 ESTABILIDADE ABSOLUTA

A **estabilidade absoluta** se refere ao fato de um sistema ser estável ou instável; trata-se de uma condição do tipo sim ou não. A estabilidade absoluta de um sistema é determinada pela sua resposta às entradas ou perturbações. Intuitivamente, um sistema estável é aquele que permanecerá em repouso, a não ser quando excitado por fonte externa, e retornará ao repouso se todas as excitações forem removidas. Em termos mais formais, pode-se definir de duas formas a estabilidade absoluta de sistemas lineares invariantes no tempo e sem restrições (isto é, sem limites físicos na variável de saída):

- um sistema é dito estável se sua saída é delimitada para todas as entradas delimitadas. Um sinal delimitado é aquele que permanece dentro de certos limites finitos durante todo o tempo; ou

- um sistema é dito estável se sua resposta a uma perturbação do tipo impulso ou do tipo entrada nula (que contém apenas condições iniciais) tende para zero (retorna ao seu estado de equilíbrio) à medida que o tempo tende para o infinito.

Caso qualquer uma das condições citadas anteriormente não seja atendida, o sistema pode ser classificado como instável. Este capítulo é dedicado ao estudo da estabilidade absoluta. Uma condição necessária e suficiente para a estabilidade absoluta de sistemas lineares invariantes no tempo é que todos os seus polos tenham parte real negativa, isto é, estejam no semiplano esquerdo. Caso contrário, os termos relativos aos polos do semiplano direito forneceriam contribuições do tipo exponencial crescente à saída, e o sistema seria instável.

4.1.2 EXEMPLO DA ANÁLISE DE ESTABILIDADE ABSOLUTA EMPREGANDO-SE ESPECIFICAÇÕES NO DOMÍNIO DA FREQUÊNCIA

Considere o sistema de controle de nível representado na Figura 4.1 (INEP, 2000). A distância d, existente entre a válvula de controle e a saída do fluido, introduz um atraso de transporte de θ segundos no sistema de controle, dado por:

$$\theta = \frac{d}{v}$$

em que v corresponde à velocidade média do fluido na tubulação de entrada.

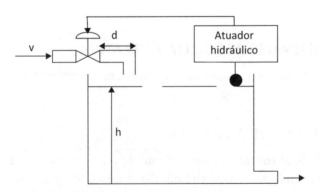

Figura 4.1 – Malha de controle de nível com atraso de transporte.

O sistema de controle pode ser representado pelo diagrama de blocos mostrado na Figura 4.2, em que $L(s)$ representa a dinâmica do atuador e K representa um ganho ajustável do atuador. A função de transferência $L(s)$ é de fase mínima, sendo dada por $L(s) = 40 \cdot e^{-0,25 \cdot s}/(s^3+6 \cdot s^2+11 \cdot s+1)$.

Análise de estabilidade de sistemas de controle 163

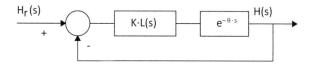

Figura 4.2 – Diagrama de blocos de malha de controle de nível com atraso de transporte.

O ganho *K* foi ajustado *a priori*, sem considerar o tempo morto, de tal modo que o sistema em malha fechada correspondente fosse estável. A resposta em frequência é mostrada na Figura 4.3, sendo que no gráfico de fase se representa tanto o processo com tempo morto (linha tracejada) como o processo sem tempo morto (linha contínua).

Pede-se:

a) Justificar, com base na resposta em frequência apresentada, por que o sistema em malha fechada real é instável para o valor do ganho *K* ajustado *a priori*.

b) Explicar como é possível, a partir do valor de *K* proposto inicialmente, reajustar seu valor para que o sistema real em malha fechada seja estável.

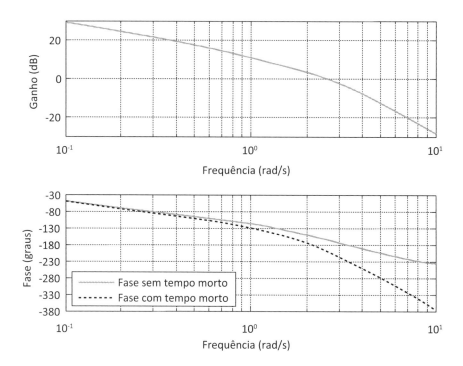

Figura 4.3 – Diagrama de Bode do sistema de controle de nível com atraso de transporte.

Solução:

a) Analisando-se a Figura 4.3, percebe-se que a margem de ganho do sistema com tempo morto é negativa (aproximadamente − 3,03 dB). Portanto, como uma das margens é negativa, isso indica a instabilidade do sistema.

b) Para tornar o sistema estável, deve-se tornar a margem de ganho positiva. Para tal, deve-se reduzir o ganho do sistema, de modo a tornar a nova margem de ganho positiva. O valor mínimo da redução do ganho, nesse caso, deve ser dado por:

$$-3{,}03 = 20 \cdot \log(r)$$

Portanto:

$$r = 10^{-3{,}03/20} = 0{,}7055$$

Assim, para se atingir a estabilidade, o ganho original deve ser multiplicado por 0,7055 ou, então, um número menor ainda.

O diagrama de Bode da Figura 4.4 é traçado com o novo ganho, isto é, $40 \cdot 0{,}7055 = 28{,}22$. Percebe-se que a margem de ganho do sistema com tempo morto passa a ser nula.

Na Figura 4.5, exibe-se a resposta ao degrau unitário no nível de referência h_r com o ganho $K = 40$ e com o ganho atenuado $K = 28{,}22$. Essa figura revela que, ao se reduzir o ganho, chega-se a uma resposta oscilatória de amplitude constante, mostrando que o ganho escolhido leva o sistema ao limiar da estabilidade.

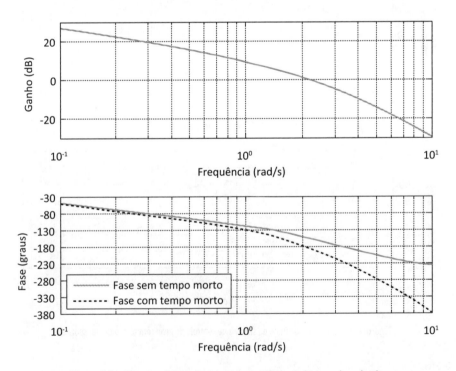

Figura 4.4 – Diagrama de Bode do sistema de controle de nível com ganho reduzido.

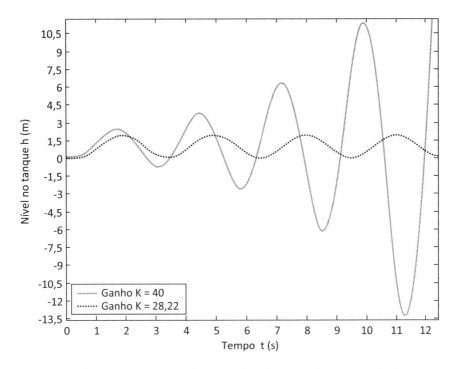

Figura 4.5 – Resposta a degrau unitário no valor desejado para os ganhos original e reduzido.

4.1.3 ESTABILIDADE RELATIVA

Se o sistema for estável, é importante saber quão estável ele é. Esse grau de estabilidade é uma medida da **estabilidade relativa**. Certos parâmetros da resposta transitória, como sobressinal máximo (M_p) e taxa de amortecimento (ξ), normalmente dão uma ideia da estabilidade relativa dos sistemas lineares invariantes no tempo e podem ser usados como indicadores. Mas os indicadores mais usados estão no domínio da frequência e correspondem às **margens de ganho** e **de fase**. Em geral, quanto mais próximo o lugar geométrico de $GH(j \cdot \omega)$ estiver do ponto $-1 + j0$, mais oscilatória é a resposta do sistema. Essa proximidade pode ser usada como uma medida da margem de estabilidade relativa. É comum representar a proximidade em termos das **margens de fase** e **de ganho**. As especificações dessas margens são enunciadas nos seguintes termos:

4.1.3.1 Margem de fase (*phase margin, MF*)

A margem de fase é o atraso de fase adicional na frequência de cruzamento do ganho unitário (0 dB), necessário para levar o sistema ao limiar da estabilidade ($-180°$). A frequência de cruzamento de ganho é a frequência na qual $|GH(j \cdot \omega)|$ é unitário. A medida da margem de fase é definida como 180° mais o ângulo de fase da função de transferência de malha aberta no ganho unitário. Assim, a *MF* é dada por:

$$MF = 180° + \varphi = 180° + \text{fase}\left[GH\left(j \cdot \omega_1\right)\right]$$

em que $\left|GH\left(j \cdot \omega_1\right)\right| = 1$

sendo φ o ângulo de fase em graus da função de transferência de malha aberta na frequência de cruzamento do ganho unitário (ω_1). A margem de fase é positiva se $MF > 0°$ e negativa se $MF < 0°$.

4.1.3.2 Margem de ganho (*gain margin, MG*)

A margem de ganho é definida como o módulo do inverso da função de transferência de malha aberta, avaliado na frequência ω_π, na qual o ângulo de fase é $-180°$. Trata-se da amplitude máxima de ganho que se pode adicionar à malha aberta sem que o sistema em malha fechada fique instável. É o recíproco de $\left|GH\left(j \cdot \omega\right)\right|$ na frequência em que o ângulo de fase da função de transferência de malha aberta é $-180°$ (frequência ω_π). Para um sistema de fase mínima estável, a margem de ganho indica quanto se pode aumentar o ganho antes de o sistema se tornar instável. Para um sistema instável, ela indica em quanto se deve reduzir o ganho para tornar o sistema estável.

Vale observar que, se todos os polos e zeros de um sistema estiverem no semiplano esquerdo do plano s, então ele é dito de "fase mínima". Se o sistema possuir pelo menos um polo ou zero no semiplano direito, então ele é denominado de "fase não mínima".

A margem de ganho *MG* é dada por:

$$MG = \frac{1}{\left|GH\left(j \cdot \omega_\pi\right)\right|}$$

em que $\text{fase}\left(j \cdot \omega_\pi\right) = -180°$.

Em termos de decibéis:

$$MG\left(\text{dB}\right) = -20 \cdot \log GH\left(j \cdot \omega_\pi\right)$$

A margem de ganho em decibéis é positiva se $MG > 0$ e negativa se $MG < 0$. Assim, uma margem de ganho positiva (em dB) significa que o sistema é estável, e uma margem de ganho negativa (em dB) significa que o sistema é instável. A Figura 4.6 representa os conceitos de margens de fase e de ganho por meio de um diagrama de Bode. Nessa figura, a margem de ganho *MG* é de cerca de 30 dB, ocorrendo na frequência $\omega = 1 \, \text{rad/s}$, e a margem de fase *MF* é de cerca de 65°, ocorrendo em $\omega = 0,1 \, \text{rad/s}$.

Apenas a margem de ganho ou de fase não provê uma indicação suficiente da estabilidade relativa, devendo ambas serem fornecidas. Para um sistema de fase mínima ser estável, ambas devem ser positivas. A ocorrência de uma ou ambas as margens negativas indica instabilidade. Para um desempenho satisfatório do sistema, a margem de fase deve estar entre 30° e 60°, e a margem de ganho deve ser superior a 6 dB. Com esses valores, um sistema de fase mínima tem estabilidade garantida, mesmo se o ganho de malha aberta e as constantes de tempo dos componentes variarem.

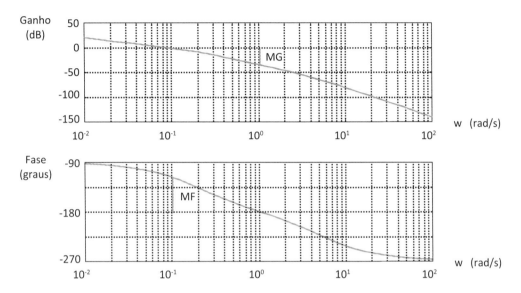

Figura 4.6 – Margens de ganho e de fase mostradas em um diagrama de Bode.

4.1.4 EXEMPLO DE ANÁLISE DE ESTABILIDADE RELATIVA EMPREGANDO-SE ESPECIFICAÇÕES NO DOMÍNIO DA FREQUÊNCIA

Na Figura 4.7, há o esquema de um trocador de calor usado para aquecer óleo (fluido A). Para controlar a temperatura de saída do fluido A, manipula-se a vazão do fluido B.

Esse processo pode ser modelado por duas capacitâncias com constantes de tempo de 15 s e 7 s e um atraso puro de 5 s, referente à condução de calor nas paredes:

$$\frac{T_A(s)}{Q_B(s)} = \frac{e^{-5 \cdot s}}{(15 \cdot s + 1) \cdot (7 \cdot s + 1)}$$

em que

T_A = temperatura de saída do fluido A e

Q_B = vazão do fluido B.

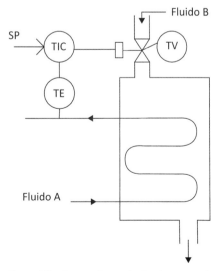

Figura 4.7 – Esquema do trocador de calor empregado para aquecer óleo (fluido A).

O medidor de temperatura pode ser modelado como um atraso de transferência com constante de tempo de 2 s. Existe um atraso de medição da temperatura de 0,5 s, pois o sensor está colocado afastado do trocador de calor. A válvula de controle pode ser modelada por um atraso de transferência com constante de tempo de 4 s. Pede-se:

a) Desenhar o diagrama de blocos do sistema com as respectivas funções de transferência.

b) Construir o diagrama de Bode do sistema em malha aberta, supondo que o controlador tenha função de transferência $G_C(s) = K_C = 1$.

c) Supondo-se que o controlador seja do tipo proporcional, determinar seu ganho para que a margem de fase do sistema seja nula.

Solução:

a) Apresenta-se, na Figura 4.8, o diagrama de blocos do sistema.

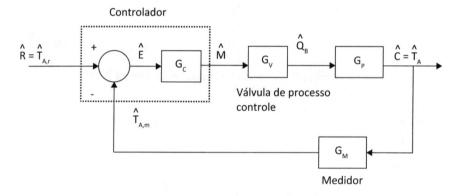

Figura 4.8 – Diagrama de blocos do trocador de calor.

As funções de transferência de cada um dos elementos da malha são:

Processo: $G_P(s) = \dfrac{\hat{T}_A(s)}{\hat{Q}_B(s)} = \dfrac{e^{-5 \cdot s}}{(15 \cdot s + 1) \cdot (7 \cdot s + 1)}$

Válvula de controle: $G_V(s) = \dfrac{\hat{Q}_B(s)}{\hat{M}(s)} = \dfrac{1}{4 \cdot s + 1}$

Medidor de temperatura: $G_M(s) = \dfrac{\hat{T}_{A,m}(s)}{\hat{T}_A(s)} = \dfrac{e^{-0,5 \cdot s}}{2 \cdot s + 1}$

b) Constrói-se o diagrama de Bode do sistema em malha aberta supondo-se que o controlador tenha função de transferência $G_C(s) = K_C = 1$.

A função de transferência do sistema em malha aberta é dada por:

$$G(s) = \frac{\hat{T}_{A,m}}{\hat{T}_{A,r}} = G_C \cdot G_V \cdot G_P \cdot G_M = K_C \frac{1}{(4 \cdot s + 1)} \frac{e^{-5 \cdot s}}{(15 \cdot s + 1) \cdot (7 \cdot s + 1)} \frac{e^{-0,5 \cdot s}}{(2 \cdot s + 1)}$$

$$G(s) = \frac{e^{-5,5 \cdot s}}{840 \cdot s^4 + 806 \cdot s^3 + 245 \cdot s^2 + 28 \cdot s + 1}$$

O diagrama de Bode dessa função de transferência com $K_C = 1$ é visto na Figura 4.9.

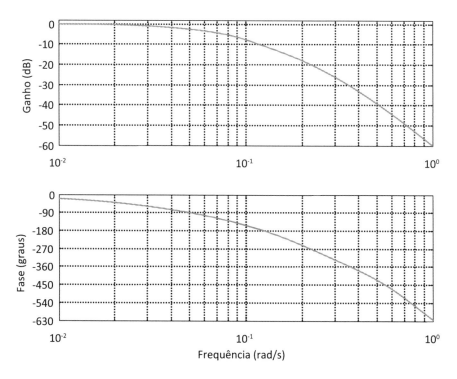

Figura 4.9 – Diagrama de Bode do trocador de calor.

O programa em Matlab que gerou esse diagrama é mostrado a seguir.

```
% Desenha diagrama de Bode de sistema com tempo morto
clear all;
Kc = 1;
num = [Kc];
den = [840 806 245 28 1];
```

```
sys = tf(num,den);

theta = 5.5;

wmin = 0.01;

wmax = 1;

w = wmin:0.001:wmax;

[ganho,fase]=bode(sys,w);

for i = 1:length(w),
    gain(i) = 20*log10(ganho(:,:,i));
    phase(i) = fase(:,:,i)-180*w(i)*theta/pi;
end

subplot(2,1,1), semilogx(w,gain,'k');

grid;

axis([0.01 1 -60 2]);

set(gca,'YTick',-60:10:0);

xlabel('Frequência (rad/s)');

ylabel('Ganho (dB)');

subplot(2,1,2), semilogx(w,phase,'k');

grid;

axis([0.01 1 -630 0]);

set(gca,'YTick',-630:90:0);

xlabel('Frequência (rad/s)');

ylabel('Fase (graus)');
```

c) Para calcular o ganho de um controlador proporcional para que a margem de fase do sistema seja nula, basta analisar o diagrama de Bode da Figura 4.9 e verificar quanto o ganho pode ser aumentado até cruzar o valor 0 dB na frequência em que a defasagem vale $-180°$. Nesse caso, a defasagem vale $-180°$ em $\omega = 0,12$ rad/s, em que o ganho é $-9,94$ dB, equivalente à margem de ganho, de modo que ele pode crescer 9,94 dB para chegar em 0 dB. Convertendo-se 9,94 dB para unidades absolutas de ganho:

$$9,94 = 20 \cdot \log(r)$$

Resulta em $r = 3,14$. Portanto, como o ganho original do controlador era $K_C = 1$, ele deve ser multiplicado por 3,14 para fazer com que a margem de fase seja nula. Caso se refaça o diagrama de Bode com $K_C = 3,14$, resulta no gráfico mostrado na Figura 4.10.

Da Figura 4.10, extrai-se $MG \cong 0$ dB e $MF \cong 0°$. Assim, ambas as margens foram anuladas ao se elevar o ganho de 9,94 dB. A Figura 4.11 mostra a resposta do sistema a um degrau unitário em $t = 0$ s no *set point* da temperatura, para os ganhos $K_C = 1$ e 3,14.

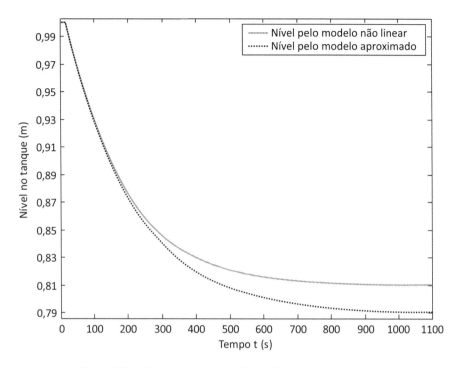

Figura 4.10 – Diagrama de Bode do trocador de calor com margem de fase nula.

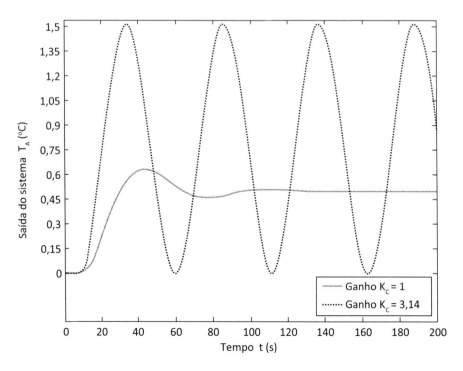

Figura 4.11 – Resposta do sistema para controlador com ganhos $K_c = 1$ e $K_c = 3{,}14$.

A eliminação das margens de ganho e de fase que se obtém ao empregar um controlador com ganho $K_C = 3{,}14$ leva o sistema a se tornar marginalmente estável.

4.2 PROCESSOS AUTORREGULADOS E NÃO AUTORREGULADOS

4.2.1 PROCESSO NÃO AUTORREGULADO

Apresenta-se na Figura 4.12 um exemplo de processo fluídico (hidráulico).

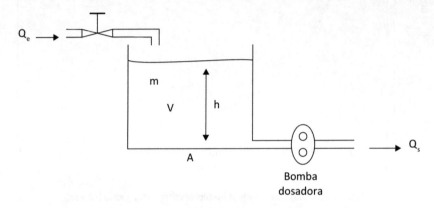

Figura 4.12 – Tanque com vazão de entrada variável e com vazão de saída constante.

Na Figura 4.12, tem-se que:

Q_e: vazão de entrada;

Q_s: vazão de saída (mantida constante pela bomba dosadora);

h: altura do fluido no tanque;

m: massa do fluido no tanque;

V: volume do fluido no tanque cilíndrico.

Efetuando-se o balanço de massa do sistema (supondo-se que a massa específica do fluido na entrada e no interior do tanque seja a mesma e não varie no tempo), resulta:

$$\frac{dm}{dt} = \rho \frac{dV}{dt} = \rho \cdot Q_e - \rho \cdot Q_s$$

$$A\frac{dh}{dt} = Q_e - Q_s$$

Aplicando-se variáveis incrementais, resulta:

$$h(t) = \bar{h} + \hat{h}(t)$$

Análise de estabilidade de sistemas de controle **173**

$$Q_e(t) = \overline{Q}_e + \hat{Q}_e(t)$$

$Q_s(t) = \overline{Q}_s$ (vazão constante na saída devida à bomba dosadora)

Substituindo-se as variáveis incrementais no modelo obtido, resulta:

$$A\frac{d\hat{h}}{dt} = \overline{Q}_e + \hat{Q}_e - \overline{Q}_s$$

Em regime permanente, tem-se que:

$$\overline{Q}_e = \overline{Q}_s$$

Em regime transitório, resulta:

$$A\frac{d\hat{h}}{dt} = \hat{Q}_e$$

Transformando-a por Laplace:

$$A \cdot \left[s \cdot \hat{H}(s) - \hat{h}(0) \right] = \hat{Q}_e(s)$$

Supondo-se condições iniciais nulas ($\hat{h}(0) = 0$):

$$G_P(s) = \frac{\hat{H}(s)}{\hat{Q}_e(s)} = \frac{1}{A \cdot s}$$

Trata-se de um processo do tipo integrador. O nível no tanque pode ser controlado manualmente, ajustando-se a posição da válvula de entrada. Mas se a vazão de entrada tiver um mínimo desvio da vazão de saída, o tanque pode transbordar ou esvaziar. Essa característica é chamada "não autorregulação" ou "instabilidade em malha aberta". Isso significa que o processo integrador não consegue se equilibrar sozinho em malha aberta: ele não tem equilíbrio natural ou estado estacionário. Um processo não autorregulado não pode ser deixado por longos períodos de tempo sem controle.

A resposta do sistema a um degrau de amplitude $\hat{Q}_e$ é:

$$\hat{h}(t) = \frac{\hat{Q}_e}{A} t$$

A Figura 4.13 mostra a resposta do nível $h(t)$ a degrau na vazão de entrada $Q_e(t)$.

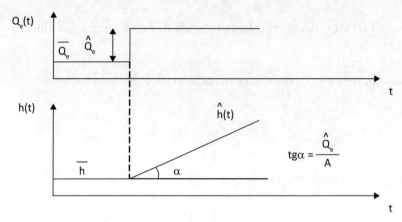

Figura 4.13 – Resposta de $h(t)$ a degrau em $Q_e(t)$.

4.2.2 EXEMPLO DA ANÁLISE DE ESTABILIDADE DE UM PROCESSO NÃO AUTORREGULADO

O objetivo desta subseção é analisar a estabilidade em malha fechada de um processo não autorregulado. Seja o processo não autorregulado apresentado na Subseção 4.2.1, cuja função de transferência é dada a seguir.

$$G_P(s) = \frac{\hat{H}(s)}{\hat{Q}_e(s)} = \frac{1}{A \cdot s}$$

Propõe-se utilizar um controlador e analisar a estabilidade do sistema em malha fechada, considerando-se três opções: controle proporcional P, integral I e proporcional mais integral PI. Seja a malha de controle por realimentação apresentada na Figura 4.14:

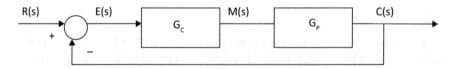

Figura 4.14 – Malha de controle por realimentação do sistema da Subseção 4.2.1.

4.2.2.1 Controlador P

Supondo-se inicialmente que se empregue um controlador proporcional:

$$G_C(s) = K_C \therefore G_C(s) \cdot G_P(s) = \frac{K_C}{A \cdot s} = \frac{K}{s}$$

em que $K = \dfrac{K_C}{A}$.

O diagrama do Lugar Geométrico das Raízes é mostrado na Figura 4.15.

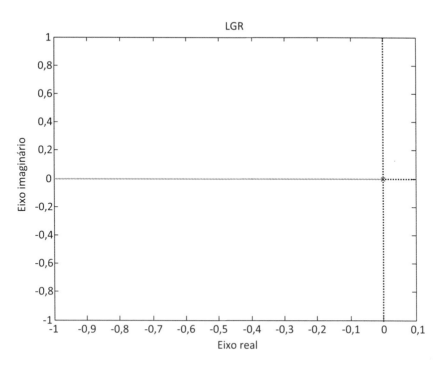

Figura 4.15 – Diagrama do LGR de tanque com bomba dosadora com controlador P.

Os comandos em Matlab para gerar esse LGR são mostrados a seguir:

```
% Gera LGR para Item 4.2.2.1
sys = tf(1,[1 0]);
rlocus(sys,'k')
set(gca,'XColor','k','YColor','k','XLim',[-1 0.1])
title('LGR')
xlabel('Eixo real')
ylabel('Eixo imaginário')
```

A função de transferência em malha fechada é dada por:

$$G_{MF}(s) = \frac{K}{s+K}$$

Como há um polo no semiplano esquerdo, o sistema é estável. Essa conclusão é sempre válida porque um sistema linear ser estável ou instável é uma propriedade do sistema, independentemente da entrada aplicada. Embora o processo em malha aberta seja instável, ele se torna estável em malha fechada só com um controlador P. Analisa-se na Figura 4.16 a resposta em frequência usando-se o diagrama de Bode com $K = 2$.

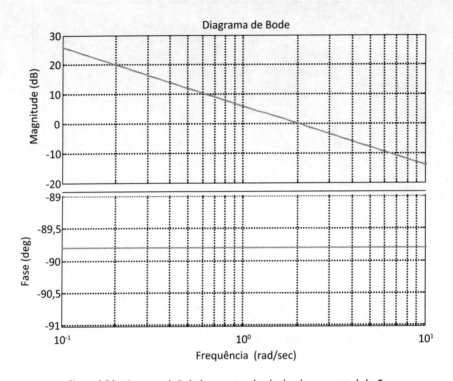

Figura 4.16 – Diagrama de Bode do tanque com bomba dosadora com controlador P.

O programa em Matlab para gerar esse diagrama de Bode é mostrado a seguir:

```
% Gera diagrama de Bode para Item 4.2.2.1
sys = tf(2,[1 0]);
bode(sys,'k');
title('Diagrama de Bode');
grid;
set(gca,'XLim',[0.1 10]);
xlabel('Frequência');
ylabel('Fase');
```

Na Figura 4.16, a frequência em que o diagrama de módulo do ganho cruza a linha de 0 dB é $\omega = K = 2$ rad/s. Como a fase no diagrama de Bode da função de transferência em malha aberta jamais cruza os $-180°$, significa que esse sistema é estável, corroborando a conclusão tirada do método do Lugar Geométrico das Raízes (LGR). Ademais, como ele jamais cruza a defasagem de −180°, o ganho K_C do controlador pode ser ajustado em qualquer valor, significando que esse processo é sempre estável com um controlador proporcional. Ao se fazer isso, como a realimentação é negativa, ao se aumentar o nível no tanque, diminui-se a vazão de entrada e vice-versa.

4.2.2.2 Controlador I

Utilizando-se agora um controlador integral, resulta:

$$G_C(s) = \frac{1}{T_I \cdot s} \therefore G_C(s) \cdot G_P(s) = \frac{1}{T_I \cdot A \cdot s^2} = \frac{K}{s^2}$$

em que $K = \dfrac{1}{T_I \cdot A}$.

O diagrama do Lugar das Raízes Resultante é mostrado na Figura 4.17.

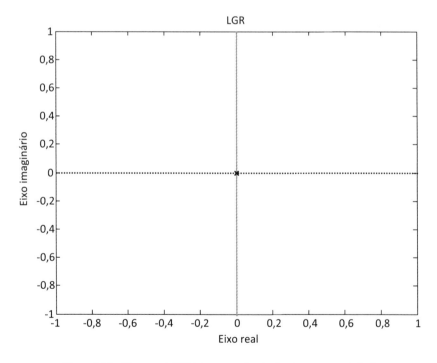

Figura 4.17 – Diagrama do LGR de tanque com bomba dosadora com controlador I.

Como os polos estão sobre o eixo imaginário, significa que o sistema em malha fechada gerará oscilações contínuas (não amortecidas) quando submetido a uma excitação impulsiva ou, equivalentemente, quando submetido a condições iniciais não quiescentes com entrada nula. Caso se calcule a resposta temporal em malha fechada desse sistema a um impulso, resulta em:

$$C(s) = \frac{G_C(s) \cdot G_P(s)}{1 + G_C(s) \cdot G_P(s)} = \frac{K}{s^2 + K} \quad \therefore \quad c(t) = \sqrt{K} \cdot sen(\sqrt{K} \cdot t)$$

Caso se calcule a resposta temporal do sistema a um degrau de amplitude U, resultará:

$$C(s) = \frac{G_C(s) \cdot G_P(s)}{1 + G_C(s) \cdot G_P(s)} \frac{U}{s} \quad \therefore \quad c(t) = U \cdot \left[1 - \cos(\sqrt{K} \cdot t)\right]$$

O sistema tende a oscilar com frequência $\omega = \sqrt{K}$ (frequência natural não amortecida ω_n do sistema). Analisa-se a resposta em frequência com $K = 2$ no diagrama de Bode da Figura 4.18. Como a fase nesse diagrama está fixa em $-180°$, significa que esse sistema em malha fechada oscilará com amplitude uniforme quando submetido a um impulso, oscilando na frequência em que o ganho total de malha aberta é 1 ($\omega = \sqrt{K}$).

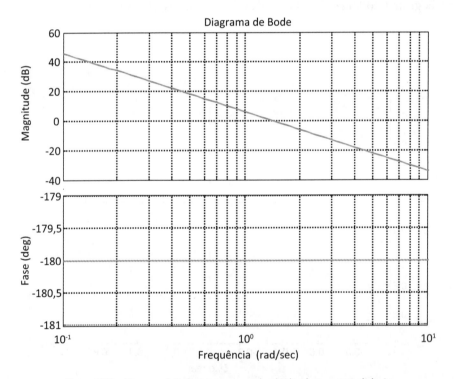

Figura 4.18 – Diagrama de Bode para tanque com bomba dosadora com controlador I.

Portanto, a ação integral afeta apenas a frequência de oscilação, mas não amortece sua amplitude. Na Figura 4.18, a declividade do módulo do ganho é de -40 dB/década.

4.2.2.3 Controlador PI

Utilizando-se um controlador PI, resulta:

$$G_C(s) = K_C \cdot \left(1 + \frac{1}{s \cdot T_I}\right) = K_C \cdot \left(\frac{s \cdot T_I + 1}{s \cdot T_I}\right)$$

$$\therefore G_C(s) \cdot G_P(s) = \frac{K_C}{T_I \cdot A \cdot s^2}(s \cdot T_I + 1) = \frac{K \cdot (s \cdot T_I + 1)}{s^2}$$

em que $K = \dfrac{K_C}{T_I \cdot A}$.

O Lugar das Raízes dessa função de transferência é visto na Figura 4.19 para $T_I = 1$ s. Como os polos estão sempre no semiplano esquerdo, o sistema apresenta estabilidade absoluta. No entanto, a estabilidade relativa (comportamento da resposta transitória do sistema em malha fechada) é função do valor de K:

- $K = 0 \Rightarrow$ (polos coincidentes na origem): saída $c(t)$ é nula para qualquer entrada $u(t)$;

- $0 < K < \dfrac{4}{T_I^2} \Rightarrow$ (polos conjugados complexos com parte real negativa): saída subamortecida;

- $K = \dfrac{4}{T_I^2} \Rightarrow$ (polos reais negativos coincidentes): saída com amortecimento crítico;

- $K > \dfrac{4}{T_I^2} \Rightarrow$ (polos reais negativos distintos): saída sobreamortecida.

A análise da resposta em frequência é feita pelo diagrama de Bode da Figura 4.20.

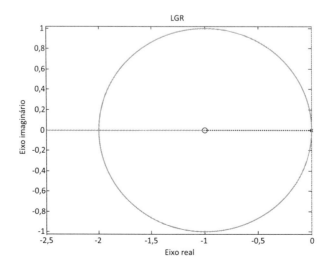

Figura 4.19 – LGR para tanque com bomba dosadora e controlador PI.

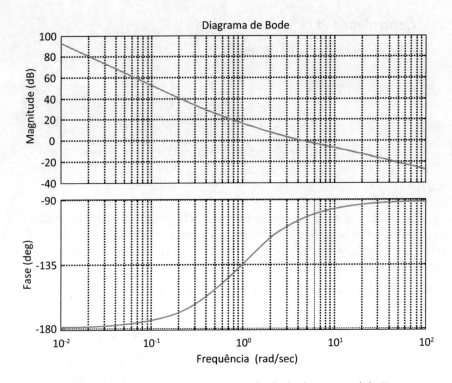

Figura 4.20 – Diagrama de Bode para tanque com bomba dosadora com controlador PI.

Para se prolongar a região de defasagem −180°, deve-se aumentar $1/T_I$ (diminuir T_I). Mas, quando se faz isso, o valor de K cresce e, portanto, a curva de ganho sobe.

4.2.3 PROCESSO AUTORREGULADO

Supõe-se o mesmo sistema da subseção anterior, mas se substitui a bomba dosadora por uma válvula, conforme indicado na Figura 4.21.

Supondo-se massa específica ρ do fluido constante, o balanço de massa fica:

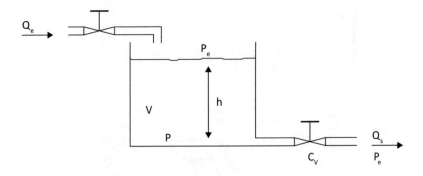

Figura 4.21 – Tanque com vazões de entrada e de saída variáveis.

$$A \frac{dh}{dt} = Q_e - Q_s$$

Se o escoamento pela válvula de saída for turbulento, a vazão de saída Q_s é:

$$Q_s = C_V \cdot \sqrt{\Delta P}$$

Mas:

$$\Delta P = P - P_e$$

em que $P = \rho \cdot g \cdot h + P_e$ e P_e = pressão externa ao tanque.

Resulta:

$$Q_s = C_V \cdot \sqrt{\rho \cdot g \cdot h} = C_v \cdot \sqrt{\rho \cdot g} \cdot \sqrt{h} = k \cdot \sqrt{h}$$

em que $k = C_V \cdot \sqrt{\rho \cdot g}$.

Linearizando-se essa expressão, resulta:

$$Q_s \cong k \cdot \left[\sqrt{\bar{h}} + \frac{1}{2 \cdot \sqrt{\bar{h}}} \left(h - \bar{h} \right) \right]$$

Adotando-se variáveis incrementais:

$$h(t) = \bar{h} + \hat{h}(t)$$

$$Q_e(t) = \bar{Q}_e + \hat{Q}_e(t)$$

Resulta:

$$A \frac{d\hat{h}}{dt} = \bar{Q}_e + \hat{Q}_e - k \cdot \sqrt{\bar{h}} - k \cdot \frac{1}{2 \cdot \sqrt{\bar{h}}} \hat{h}$$

Em regime estacionário, tem-se que:

$$\bar{Q}_e = k \cdot \sqrt{\bar{h}} = \bar{Q}_s$$

Em regime transitório, resulta:

$$A \frac{d\hat{h}}{dt} = \hat{Q}_e - k \cdot \frac{1}{2 \cdot \sqrt{\bar{h}}} \hat{h}$$

Transformando-a por Laplace com condições iniciais quiescentes ($\hat{h}(0) = 0$):

$$\hat{H}(s) \cdot \left[A \cdot s + \frac{k}{2 \cdot \sqrt{h}} \hat{h} \right] = \hat{Q}_e(s)$$

A função de transferência resultante é:

$$G_P(s) = \frac{\hat{H}(s)}{\hat{Q}_e(s)} = \frac{1}{A \cdot s + \frac{k}{2 \cdot \sqrt{h}}} = \frac{\frac{2 \cdot \sqrt{h}}{k}}{1 + \frac{2 \cdot \sqrt{h} \cdot A}{k} s}$$

Fazendo-se:

$$K_P = \frac{2 \cdot \sqrt{h}}{k} \quad \text{e} \quad \tau = \frac{2 \cdot \sqrt{h} \cdot A}{k}$$

Resulta:

$$G_P(s) = \frac{\hat{H}(s)}{\hat{Q}_e(s)} = \frac{K_P}{\tau \cdot s + 1} \quad \text{(sistema de primeira ordem)}$$

O processo é autorregulado, pois é como se ele estivesse em malha fechada (ver Figura 4.22), com um controlador P agindo internamente. Trata-se de uma forma natural de realimentação negativa, pois, quando o nível aumenta, a vazão de saída cresce. Essa ação de restaurar o próprio equilíbrio é chamada de autorregulação.

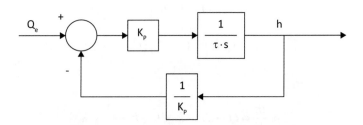

Figura 4.22 – Representação de um sistema autorregulado.

Aplicando-se um degrau de amplitude $\hat{Q}_e$ na vazão de entrada, resulta:

$$\hat{H}(s) = \frac{K_P}{\tau \cdot s + 1} \frac{\hat{Q}_e}{s}$$

No domínio do tempo, fica:

$$\hat{h}(t) = K_P \cdot \hat{Q}_e \cdot \left(1 - e^{-t/\tau} \right) \quad \text{(para } t \geq 0\text{)}$$

A resposta do nível $h(t)$ a um degrau em $Q_e(t)$ é mostrada na Figura 4.23.

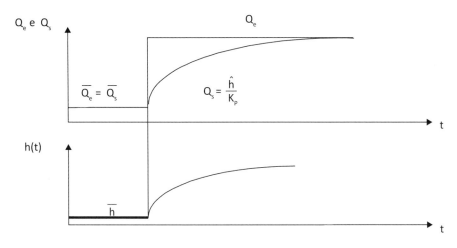

Figura 4.23 – Resposta do nível $h(t)$ a degrau em $Q_e(t)$.

4.2.4 EXEMPLO DA ANÁLISE DE ESTABILIDADE DE UM PROCESSO AUTORREGULADO

Seja o processo autorregulado apresentado na Subseção 4.2.3:

$$G_P(s) = \frac{\hat{H}(s)}{\hat{Q}_e(s)} = \frac{K_P}{\tau \cdot s + 1}$$

Propõe-se usar controladores P, I e PI e analisar a estabilidade em malha fechada.

4.2.4.1 Controlador P

$$G_C(s) = K_C \therefore G_C(s) \cdot G_P(s) = \frac{K_C \cdot K_P}{\tau \cdot s + 1} = \frac{K}{\tau \cdot s + 1}$$

em que $K = K_C \cdot K_P$.

O LGR com $\tau = 1\,\text{s}$ é visto na Figura 4.24. O controlador P não muda o comportamento do sistema, apenas desloca o Lugar das Raízes. Esse sistema jamais oscilará.

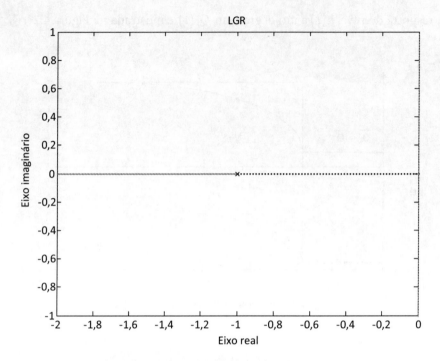

Figura 4.24 – Diagrama LGR de tanque com válvula na saída usando controlador P.

4.2.4.2 Controlador I

$$G_C(s) = \frac{1}{s \cdot T_I} \therefore G_C(s) \cdot G_P(s) = \frac{K_P}{s \cdot T_I \cdot (\tau \cdot s + 1)} = \frac{K}{s \cdot (\tau \cdot s + 1)}$$

em que $K = \dfrac{K_P}{T_I}$.

O diagrama do Lugar das Raízes é mostrado na Figura 4.25 com $\tau = 1\,\text{s}$.

Com o controlador I, o sistema apresenta estabilidade absoluta, mas comportamento oscilatório subamortecido (polos conjugados complexos) quando $K > 1/(4 \cdot \tau)$.

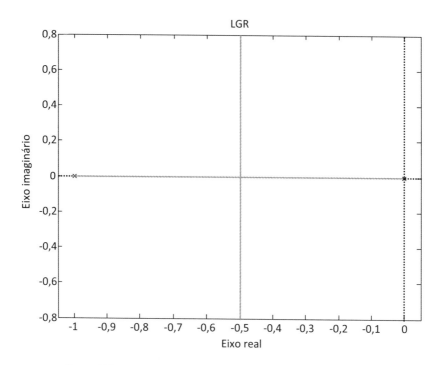

Figura 4.25 – Diagrama LGR de tanque com válvula na saída usando controlador I.

4.2.4.3 Controlador PI

$$G_C(s) = K_C \cdot \left(1 + \frac{1}{s \cdot T_I}\right) = K_C \cdot \left(\frac{s \cdot T_I + 1}{s \cdot T_I}\right)$$

$$\therefore G_C(s) \cdot G_P(s) = \frac{K_C \cdot K_P \cdot (s \cdot T_I + 1)}{s \cdot T_I \cdot (\tau \cdot s + 1)} = \frac{K \cdot (s \cdot T_I + 1)}{s \cdot (\tau \cdot s + 1)}$$

em que $K = \dfrac{K_C \cdot K_P}{T_I}$.

O gráfico do Lugar das Raízes apresenta três situações distintas:
- para $T_I < \tau$, $T_I = 0,5\,\text{s}$ e $\tau = 1\,\text{s}$ (conforme Figura 4.26);

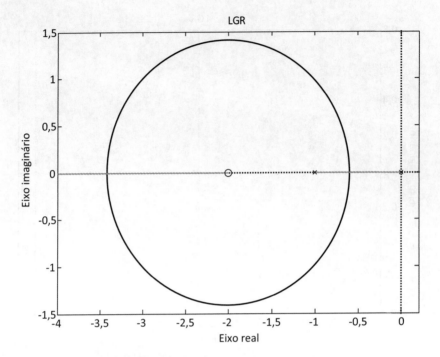

Figura 4.26 – Diagrama LGR usando controlador PI com $T_I < \tau$.

- para $T_I = \tau = 1\,\text{s}$ (conforme Figura 4.27);

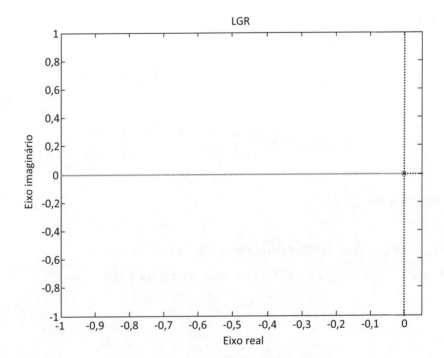

Figura 4.27 – Diagrama LGR usando controlador PI com $T_I = \tau$.

Nesse caso, há o cancelamento de um polo com o zero, resultando em:

$$G_C(s) \cdot G_P(s) = \frac{K_C \cdot K_P}{s \cdot T_I} = \frac{K}{s}$$

em que $K = \dfrac{K_C \cdot K_P}{T_I}$.

- para $T_I > \tau$, $T_I = 2$ s e $\tau = 1$ s (ver Figura 4.28).

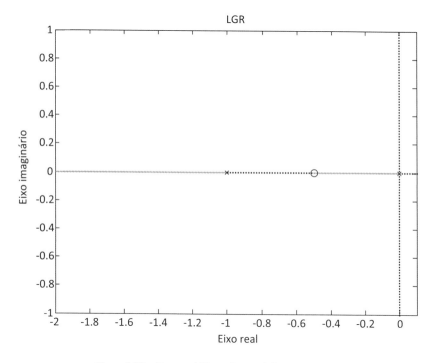

Figura 4.28 – Diagrama LGR usando controlador PI com $T_I > \tau$.

Nos três casos, o sistema é estável, sendo que quando $T_I < \tau$, dependendo de K, poderá haver oscilações subamortecidas durante os transitórios.

4.3 ORIGEM DAS OSCILAÇÕES CONTÍNUAS EM UM SISTEMA DE CONTROLE

Uma correia transportadora é usada para ilustrar a origem das oscilações contínuas em uma malha de controle. Na Figura 4.29 tem-se um controlador de peso que é informado do peso do material levado pela correia transportadora por um sistema de célula piezométrica. O material está inicialmente contido em um silo, em cuja saída existe uma comporta acionada por um atuador pneumático ligado à saída do controlador.

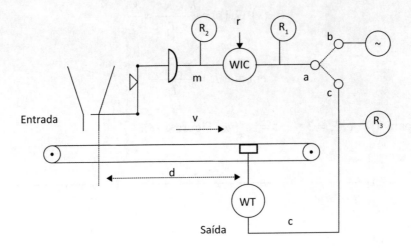

Figura 4.29 – Correia transportadora com sistema de controle de peso.

O atraso de transporte $\theta = d/v$ que há nesse caso causa o seguinte problema: quando o controlador sente o desvio $e = r - c$ e atua no processo com um valor m, a situação em c já pode ter voltado ao normal, e o controle tem efeito contrário sobre a regulação. Note que o atraso puro provoca uma defasagem adicional entre a entrada m e a saída c do processo, sendo que esse efeito pode levar o sistema à instabilidade.

Há tempo morto $\theta = 0,5$ min nessa malha em virtude da distância entre o silo e a célula de carga. Inicialmente, para efeito de análise, liga-se a entrada "a" do controlador (supondo-se que seja do tipo proporcional com ganho 1) à saída "b" de um gerador de sinais, que está inicialmente ajustado para fornecer ondas senoidais com período de 2 minutos, como visto na Figura 4.30. Nessa figura, são usadas variáveis incrementais, isto é, mostra-se a oscilação das variáveis em torno de pontos de equilíbrio. No caso mostrado na Figura 4.30, a defasagem no processo, medida pelos registradores R_2 e R_3, é de 90º.

O ganho do processo K_P é a razão das amplitudes medidas pelos registradores R_3 e R_2:

$$K_P = \frac{\text{amplitude } R_3}{\text{amplitude } R_2} = 0,5 \qquad (4.1)$$

Supondo-se que o transmissor de peso WT tenha dinâmica desprezível, o mesmo ocorrendo com o atuador da comporta do silo, a função de transferência do processo será:

$$G_P(s) = K_P \cdot e^{-\theta \cdot s}$$

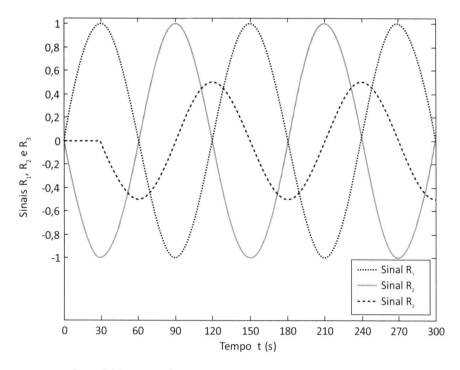

Figura 4.30 – Resposta dos sinais R_1, R_2 e R_3 com excitação senoidal de período 2 min.

Na Figura 4.30, a saída R_2 está defasada de 180° de R_1, e ambas possuem a mesma amplitude, pois o controlador tem ação reversa e ganho unitário.

Como o atraso independe da frequência de entrada, ajusta-se a frequência do gerador em 1 ciclo por minuto, de modo que R_1 e R_3 estejam em fase (ou melhor, 360° fora de fase), como indica a Figura 4.31.

R_1 e R_2 ficam em oposição de fase, e R_3 em fase com R_1. Tem-se que:

$$K_C = \frac{\text{amplitude } R_2}{\text{amplitude } R_1} \quad (4.2)$$

em que K_C corresponde ao ganho proporcional do controlador.

Das Equações (4.1) e (4.2), resulta:

$$K_C \cdot K_P = \frac{\text{amplitude } R_3}{\text{amplitude } R_1}$$

Caso se deseje que a relação anterior seja igual a 1, basta fazer:

$$K_C = \frac{1}{K_P}$$

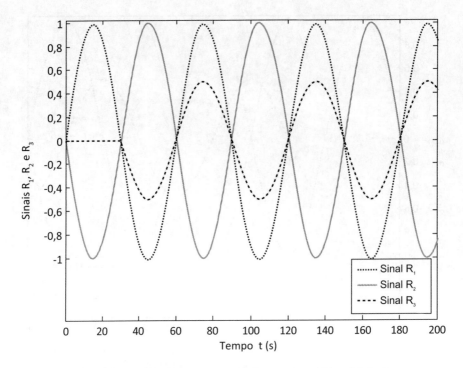

Figura 4.31 – Resposta dos sinais R_1, R_2 e R_3 com excitação senoidal de período 1 min.

Nesse caso, $K_C = 2$. A razão (amplitude R_3/amplitude R_1) é o ganho de malha aberta. Atua-se, então, no ganho do controlador para variar R_2 e, consequentemente, R_3 sem alterar R_1, de modo que R_1 e R_3 tenham a mesma amplitude. Coloca-se $K_C = 2$ resultando em $R_1 = R_3$, como visto na Figura 4.32.

Se, nesse momento, mudar-se a posição da chave que interligava "a" com "b" para a posição "a" com "c", a situação não será alterada e, consequentemente, **a malha continuará oscilando constantemente** à frequência de 1 cpm.

Em resumo, essa malha foi posta para oscilar do seguinte modo: inicialmente fez-se com que houvesse uma defasagem de 180° entre a entrada do processo medida por R_2 e sua saída, medida por R_3 (além dos 180° da ação reversa do controlador, imposta para haver realimentação negativa), colocando, assim, a saída do transmissor em fase com a entrada do controlador. A seguir, ajustou-se o ganho proporcional do controlador, de maneira que a amplitude da saída do transmissor fosse igual à amplitude da entrada do controlador. Isso feito, fechou-se a malha de controle e o sistema continuou oscilando.

Na situação de oscilações contínuas, o ganho da malha aberta é $K_C \cdot K_P = 1$ e a defasagem existente no processo de 180° é devida à presença do tempo morto. Sabe-se que a defasagem atribuída ao tempo morto pode ser calculada por $-57,3 \cdot \theta \cdot \omega$. Nesse caso, tem-se que $\theta = 0,5$ min e $\omega = 2 \cdot \pi$ rad/min. Resulta, então, que $-57,3 \cdot \theta \cdot \omega = -180°$.

Análise de estabilidade de sistemas de controle 191

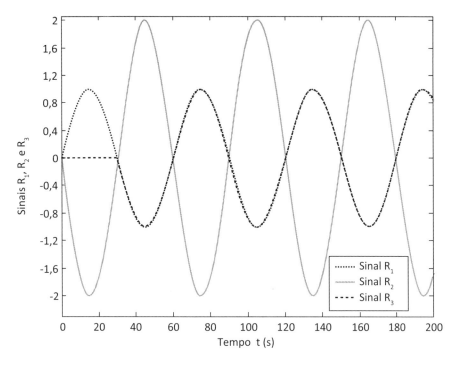

Figura 4.32 – Resposta de R_1, R_2 e R_3 com excitação senoidal de período 1 min e ganho K_C duplicado.

Para evitar oscilações na frequência que equivalem a um atraso de 180°, não se deve colocar um ganho total na malha igual a 1. Existem oscilações contínuas quando o ganho total da malha aberta for igual a 1 e quando o atraso total da malha aberta for 180°. Esse é o critério de estabilidade de Nyquist, sendo que o ponto (−1+j0) do gráfico polar corresponde justamente ao ponto de ganho 1 e à defasagem −180° no diagrama de Bode. Nessa situação, se está no limite da estabilidade, e o sistema é dito marginalmente estável. Quando se tem defasagem total de 180° na malha aberta, mas o ganho total for inferior a 1, as oscilações serão amortecidas e tenderão a sumir. Por outro lado, quando o ganho total for maior que 1, as oscilações terão amplitude crescente e o sistema será instável. Para defasagem total na malha aberta diferente de 180° não existe instabilidade.

Realiza-se agora um ensaio em que se coloca um degrau unitário no valor de referência r no instante $t = 0$ com $K_C = 2$ e $K_P = 0,5$, de modo a se forçar uma situação de limite de estabilidade no sistema. O resultado é mostrado na Figura 4.33, em que se percebe que a resposta do sistema se torna oscilatória não amortecida com um período de oscilação de 1 minuto. A condição de ganho de malha aberta para que essas oscilações não amortecidas ocorram poderia ter sido obtida diretamente por meio de uma análise da equação característica, que corresponde ao denominador da função de transferência do sistema em malha fechada. Seja, então:

$$G_{MF}(s) = \frac{G_C(s) \cdot G_P(s)}{1 + G_C(s) \cdot G_P(s)}$$

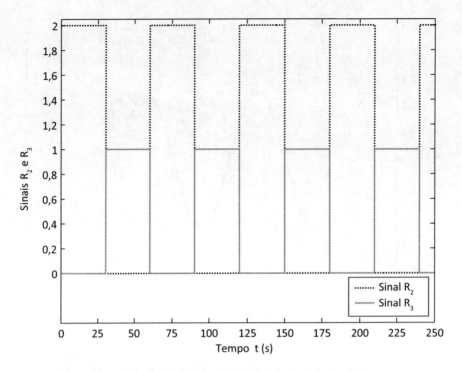

Figura 4.33 – Sinais R_2 e R_3 quando o valor de referência do controlador de peso é submetido a um degrau unitário em $t = 0$ com $K_C = 2$ e $K_P = 0,5$.

Portanto, a equação característica é dada por:

$$A(s) = 1 + G_C(s) \cdot G_P(s) = 1 + K_C \cdot K_P \cdot e^{-\theta \cdot s} = 1 + K \cdot e^{-\theta \cdot s} = 0$$

sendo K o ganho da malha aberta.

Quando ocorrem as oscilações sem amortecimento, os polos do sistema em malha fechada estão sobre o eixo imaginário. Nesse caso, o coeficiente de atenuação σ dos mesmos é nulo, pois o coeficiente de amortecimento ξ é nulo, resultando:

$$s = \pm j \cdot \omega_d = \pm j \cdot \omega_n \cdot \sqrt{1 - \xi^2} = \pm j \cdot \omega_n$$

O ponto em que o Lugar das Raízes cruza o eixo imaginário é ω_n. Em verdade, ω_n é o nome tradicionalmente atribuído à frequência natural não amortecida em sistemas de 2ª ordem. Neste livro, estendeu-se esse conceito, de modo que todo sistema que tenha oscilações não amortecidas, independentemente de sua ordem, é denominado frequência natural não amortecida e é representada por ω_n. Para estimar esse valor, usa-se o método da substituição direta, em que se substitui $s = j \cdot \omega_n$ na equação característica do sistema:

$$A(j \cdot \omega_n) = 1 + K \cdot e^{-j \cdot \omega_n \cdot \theta} = 0$$

Aplicando-se a relação de De Moivre a $e^{-j \cdot \omega_n \cdot \theta}$, resulta:

$$A(j \cdot \omega_n) = 1 + K \cdot \left[\cos(\omega_n \cdot \theta) - j \cdot \mathrm{sen}(\omega_n \cdot \theta) \right] = 0$$

Desmembrando-se essa equação em partes real e imaginária, resulta:

- Parte real: $1 + K \cdot \cos(\omega_n \cdot \theta) = 0$
- Parte imaginária: $K \cdot \mathrm{sen}(\omega_n \cdot \theta) = 0$

Como se supõe que $K > 0$, então, da parte imaginária, tem-se que $\mathrm{sen}(\omega_n \cdot \theta) = 0$. Para que isso ocorra, qualquer valor de $\omega_n \cdot \theta$ que obedeça:

$$\omega_n \cdot \theta = \pm k \cdot \pi \qquad k = 0, 1, 2, 3, \cdots$$

faz com que $\mathrm{sen}(\omega_n \cdot \theta) = 0$.

Para que a saída tenha movimento, evita-se a solução trivial $(k = 0)$ e adota-se a primeira harmônica dada por $k = 1$. Como na prática só interessa a frequência positiva, resulta:

$$\omega_n \cdot \theta = \pi \, \frac{\mathrm{rad}}{\mathrm{s}}$$

Como $\theta = 30 \, \mathrm{s}$, esse resultado indica que a frequência de oscilação não amortecida corresponde a 1 cpm (ciclo por minuto), conforme se verifica na Figura 4.33. Substituindo-se $\omega_n \cdot \theta = \pi$ na parte real da equação característica, resulta:

$$1 + K \cdot \cos(\omega_n \cdot \theta) = 1 + K \cdot \cos(\pi) = 1 - K = 0 \therefore K = 1$$

Como $K_P = 0,5$, resulta que o ganho do controlador que leva o sistema ao limiar da estabilidade é dado por $K_C = 2$, conforme já havia sido visto anteriormente. Esse valor de K_C é intitulado **ganho limite**, **ganho crítico** ou ***ultimate gain***, e é denotado por K_{CU}.

Aplica-se agora um impulso unitário na referência r em $t = 0$ com $K_C = 2$ e $K_P = 0,5$, conforme visto na Figura 4.34.

A análise da Figura 4.34 indica que o sistema não retorna mais ao ponto de equilíbrio original (zero), mas fica, a cada 30 s, repetindo o efeito do impulso na saída R_3, caracterizando a instabilidade do sistema.

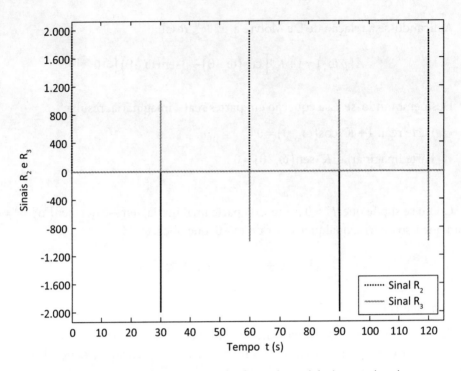

Figura 4.34 – Sinais R_2 e R_3 quando o valor de referência do controlador de peso é submetido a um impulso unitário em $t = 0$ com $K_C = 2$ e $K_P = 0{,}5$.

4.4 ANÁLISE DE ESTABILIDADE DE SISTEMAS DE PRIMEIRA, SEGUNDA E TERCEIRA ORDEM

Suponha que se tome inicialmente como exemplo o sistema em malha fechada visto na Figura 4.35. A função de transferência em malha fechada desse sistema é dada por:

$$G_{MF}(s) = \frac{C(s)}{R(s)} = \frac{K_C}{\tau \cdot s + 1 + K_C}$$

Figura 4.35 – Exemplo de sistema em malha fechada de primeira ordem.

É um sistema de primeira ordem que sempre será estável, independentemente do valor assumido por K_C. Isso significa que seus polos sempre estarão no semiplano esquerdo, conforme mostra o diagrama do Lugar das Raízes da Figura 4.36, gerado para $\tau = 1$.

Análise de estabilidade de sistemas de controle

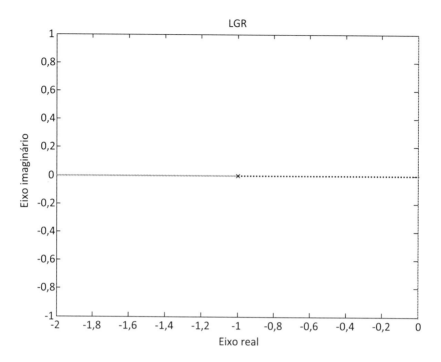

Figura 4.36 – Lugar das Raízes de sistema em malha fechada de primeira ordem.

Seja agora o sistema em malha fechada mostrado na Figura 4.37.

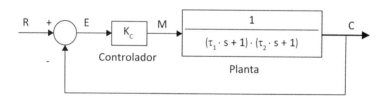

Figura 4.37 – Exemplo de sistema em malha fechada de segunda ordem.

A função de transferência em malha fechada desse sistema é dada por:

$$G_{MF}(s) = \frac{C(s)}{R(s)} = \frac{K_C}{\tau_1 \cdot \tau_2 \cdot s^2 + (\tau_1 + \tau_2) \cdot s + 1 + K_C}$$

Trata-se de um sistema de segunda ordem. Analisando-se a estabilidade desse sistema por qualquer método, conclui-se que ele sempre será estável, independentemente do valor assumido por K_C. Isso pode ser visto verificando-se o diagrama do Lugar das Raízes apresentado na Figura 4.38, calculado supondo-se $\tau_1 = 1$ e $\tau_2 = 5$. Nessa figura, o valor do ganho em que os polos se tornam reais e coincidentes é $K_C = 0{,}8$.

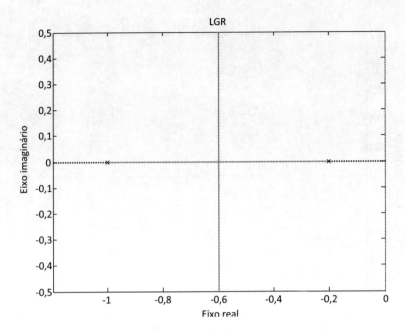

Figura 4.38 – Lugar das Raízes de sistema em malha fechada de segunda ordem.

A Figura 4.39 mostra a resposta ao degrau unitário em $t = 0$ para $K_C = 0,8/4 = 0,2$, $K_C = 0,8$ e $K_C = 4 \cdot 0,8 = 3,2$. Nota-se que, com ganhos superiores a $K_C = 0,8$, a resposta tem um comportamento subamortecido, ao passo que, para ganhos inferiores, o comportamento é superamortecido. Com $K_C = 0,8$, a resposta é criticamente amortecida.

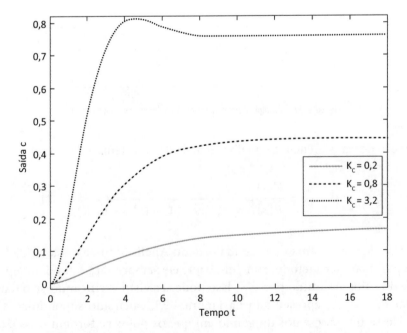

Figura 4.39 – Resposta ao degrau unitário para $K_C = 0,2$, $K_C = 0,8$ e $K_C = 3,2$.

Seja o sistema da Figura 4.40. Sua função de transferência em malha fechada é:

$$G_{MF}(s) = \frac{C(s)}{R(s)} = \frac{K_C}{\tau_1 \cdot \tau_2 \cdot \tau_3 \cdot s^3 + (\tau_1 \cdot \tau_2 + \tau_1 \cdot \tau_3 + \tau_2 \cdot \tau_3) \cdot s^2 + (\tau_1 + \tau_2 + \tau_3) \cdot s + 1 + K_C}$$

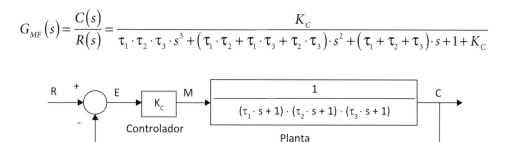

Figura 4.40 – Exemplo de sistema em malha fechada de terceira ordem.

Trata-se de um sistema de terceira ordem. Mostra-se, na Figura 4.41, o diagrama do Lugar das Raízes para esse sistema, supondo-se $\tau_1 = 1$, $\tau_2 = 5$ e $\tau_3 = 20$.

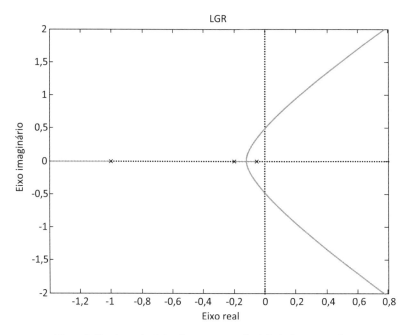

Figura 4.41 – Lugar das Raízes de sistema em malha fechada de terceira ordem.

Sistemas de primeira e segunda ordem são sempre estáveis, desde que seus polos de malha aberta estejam no semiplano esquerdo, e que este seja independente de K_C; mas, um sistema de terceira ordem pode ter polos no semiplano direito, sendo este dependente de K_C, mesmo que seus polos de malha aberta estejam no semiplano esquerdo. Para sistemas lineares invariantes no tempo, processos de primeira e segunda ordem autorregulados e sem tempo morto são sempre estáveis, independentemente do ganho, ao passo que sistemas de terceira ordem ou maior, sem zeros, podem ser instáveis, dependendo do ganho. Quando o processo tem tempo morto, a instabilidade ocorre para sistemas de primeira e segunda ordem, como visto na Subseção 4.2.3.

Para saber qual K_C leva o sistema ao limite da estabilidade, isto é, para qual K_C os polos em malha fechada estão sobre o eixo imaginário, pode-se usar dois métodos: o de Routh e o da substituição direta. Pelo método de Routh, encontra-se $K_{CU} = 31,5$. Pelo método da substituição direta, calcula-se ω_n e K_{CU}.

$$\tau_1 \cdot \tau_2 \cdot \tau_3 \cdot s^3 + \left(\tau_1 \cdot \tau_2 + \tau_1 \cdot \tau_3 + \tau_2 \cdot \tau_3\right) \cdot s^2 + \left(\tau_1 + \tau_2 + \tau_3\right) \cdot s + 1 + K_C = 0$$

Como $\tau_1 = 1$, $\tau_2 = 5$ e $\tau_3 = 20$, tem-se que:

$$100 \cdot s^3 + 125 \cdot s^2 + 26 \cdot s + 1 + K_C = 0$$

Fazendo-se $s = j \cdot \omega_n$, resulta:

$$-j \cdot 100 \cdot \omega_n^3 - 125 \cdot \omega_n^2 + j \cdot 26 \cdot \omega_n + 1 + K_{CU} = 0 + j \cdot 0$$

Separando-se a parte real da imaginária dessa equação:

$$-100 \cdot \omega_n^3 + 26 \cdot \omega_n = 0 \ \text{(parte imaginária)}$$

$$-125 \cdot \omega_n^2 + 1 + K_{CU} = 0 \ \text{(parte real)}$$

Da equação da parte imaginária, resulta que:

$$\omega_n^2 = 0,26 \ \Rightarrow \ \omega_n = \pm\sqrt{0,26} = 0,5099 \ \frac{\text{rad}}{\text{s}}$$

Substituindo-se esse valor na parte real, resulta:

$$K_{CU} = 31,5$$

Esse é o mesmo valor obtido pelo método de Routh. Poder-se-ia ter substituído na equação característica o valor de K_{CU} obtido por meio do método de Routh e calculado diretamente o valor de ω_n.

Mostra-se, na Figura 4.42, simulações do sistema em malha fechada com entrada R em degrau unitário para três situações: $K_C = 25$; $K_C = K_{CU} = 31,5$ e $K_C = 38$.

Na Figura 4.42, $K_C = 25$ gera um sistema estável. Com $K_C = 31,5$, o sistema é marginal ou criticamente estável, isto é, com oscilações não amortecidas. Para $K_C = 38$, o sistema é instável, pois, para uma entrada delimitada (degrau), a saída é não delimitada.

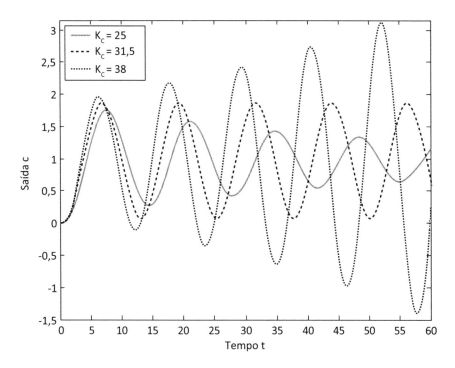

Figura 4.42 – Resposta ao degrau do sistema da Figura 4.40 com $K_c = 25, 31,5$ e 38.

4.5 EFEITO DO TEMPO MORTO NA ESTABILIDADE DE UM SISTEMA

Como uma das maiores preocupações dos sistemas de controle é não gerar instabilidade, analisa-se o efeito do atraso puro quando a entrada do processo m está em oscilação senoidal com baixa amplitude e período T. Seja $m(t)$ o sinal que chega na planta:

$$m(t) = A \cdot \text{sen}(\omega \cdot t) + \bar{m} = A \cdot \text{sen}\left(\frac{2 \cdot \pi \cdot t}{T}\right) + \bar{m}$$

Supondo-se que o processo corresponda a um tempo morto θ, sua saída é:

$$c(t) = A \cdot \text{sen}\left[\omega \cdot (t - \theta)\right] + \bar{m} = A \cdot \text{sen}\left(\frac{2 \cdot \pi \cdot (t - \theta)}{T}\right) + \bar{m}$$

pois $c(t) = m(t - \theta)$.

Transformando-se essa expressão por Laplace:

$$C(s) = e^{-\theta \cdot s} \cdot M(s)$$

pois $L[f(t-a)] = e^{-a \cdot s} \cdot F(s)$.

A função de transferência do processo é dada por:

$$G_P(s) = \frac{C(s)}{M(s)} = e^{-\theta \cdot s}$$

Daí:

$$|G_P(j \cdot \omega)| = 1 \text{ (ou 0 dB)}$$

$$(\forall \, \omega) \text{ e}$$

$$\text{fase}[G_P(j \cdot \omega)] = -\frac{2 \cdot \pi}{T} \theta = -\omega \cdot \theta \text{ (em radianos)}$$

pois $e^{-j \cdot \omega \cdot \theta} = \cos(\omega \cdot \theta) - j \cdot \text{sen}(\omega \cdot \theta)$.

Portanto:

$$|e^{-j \cdot \omega \cdot \theta}| = \cos^2(\omega \cdot \theta) + \text{sen}^2(\omega \cdot \theta) = 1 \qquad (4.3)$$

$$\text{fase}(e^{-j \cdot \omega \cdot \theta}) = -\omega \cdot \theta$$

A defasagem imposta pelo tempo morto, em graus, é:

$$\text{fase}(e^{-j \cdot \omega \cdot \theta}) = \frac{-360}{2 \cdot \pi} \omega \cdot \theta = \frac{-180}{\pi} \omega \cdot \theta = -57,3 \cdot \omega \cdot \theta \qquad (4.4)$$

Mostra-se, na Figura 4.43, o diagrama de Bode do tempo morto com θ unitário.

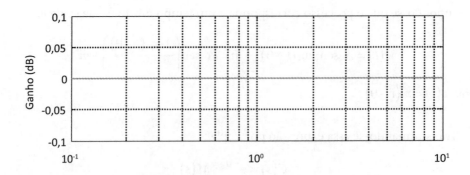

Figura 4.43 – Diagrama de Bode do tempo morto unitário (*continua*).

Análise de estabilidade de sistemas de controle

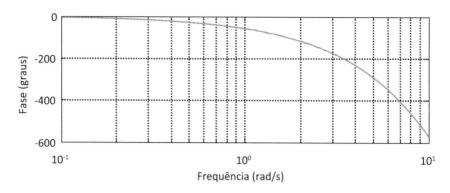

Figura 4.43 – Diagrama de Bode do tempo morto unitário (*continuação*).

Na Figura 4.43, o ganho do tempo morto é unitário (0 dB) e sua defasagem sempre decresce, passando por −573° quando $\omega = 10 \text{ rad/s}$, como previsto na Equação (4.4).

4.5.1 EXEMPLO DE ANÁLISE DE ESTABILIDADE DE PROCESSO CONSTITUÍDO POR GANHO MAIS TEMPO MORTO

Seja o processo de pesagem da Seção 4.3. Ele pode ser descrito pela seguinte função de transferência, a qual inclui, além do processo propriamente dito, os efeitos da instrumentação de campo (medidor e válvula de controle):

$$G_P(s) = K_P \cdot e^{-\theta \cdot s}$$

em que $K_P = 0{,}5$ e $\theta = 0{,}5$ minutos.

Deseja-se um controlador proporcional para controlar esse processo. Pede-se:

a) Caso o controlador proporcional tenha ganho $K_C = 1$, onde estarão os polos do sistema em malha fechada? Esse sistema é estável?

b) Calcule o ganho K_{CU} do controlador que leve o sistema em malha fechada ao limiar da estabilidade. Nesse caso, onde estarão os polos do sistema em malha fechada? Como se comportará a resposta desse sistema a um degrau no valor de referência?

c) Suponha que $K_C = 1{,}5 \cdot K_{CU}$. Onde estarão os polos do sistema em malha fechada? Como se comportará a resposta desse sistema a um degrau no valor de referência?

d) Comprove as conclusões obtidas nas três alíneas anteriores, apresentando a resposta do sistema em malha fechada a um degrau unitário no valor de referência com os três valores de ganho K_C propostos.

e) Analise a estabilidade desse sistema por meio de seu diagrama LGR.

f) Suponha que se faça um ensaio em frequência em malha aberta nesse processo incluindo o controlador. Trace o diagrama de Bode resultante para $K_C = 1$, $K_C = K_{CU}$ e $K_C = 1,5 \cdot K_{CU}$. Quais são as margens de ganho e de fase para cada caso?

g) Analise a estabilidade do sistema por meio do diagrama de Nyquist.

Solução:

a) A função de transferência do sistema em malha fechada é dada por:

$$G_{MF}(s) = \frac{K_C \cdot K_P \cdot e^{-\theta \cdot s}}{1 + K_C \cdot K_P \cdot e^{-\theta \cdot s}}$$

A equação característica é dada por:

$$A(s) = 1 + K_C \cdot K_P \cdot e^{-\theta \cdot s} = 0$$

O polo s é dado por:

$$s = -\sigma \pm j \cdot \omega_d$$

Substituindo-se $s = -\sigma + j \cdot \omega_d$ na equação característica:

$$A(s) = 1 + K_C \cdot K_P \cdot e^{-\theta \cdot (-\sigma \pm j \cdot \omega_d)} = 1 + K_C \cdot K_P \cdot e^{\theta \cdot \sigma} \cdot e^{-j \cdot \theta \cdot \omega_d} = 0$$

$$A(s) = 1 + K_C \cdot K_P \cdot e^{\theta \cdot \sigma} \cdot \left[\cos(\theta \cdot \omega_d) - j \cdot \text{sen}(\theta \cdot \omega_d) \right] = 0$$

Dividindo-se essa expressão em sua parte real e imaginária:

$$1 + K_C \cdot K_P \cdot e^{\theta \cdot \sigma} \cdot \cos(\theta \cdot \omega_d) = 0 \text{ (parte real)}$$

$$K_C \cdot K_P \cdot e^{\theta \cdot \sigma} \cdot \text{sen}(\theta \cdot \omega_d) = 0 \text{ (parte imaginária)}$$

Da equação da parte imaginária, o único termo que pode ser nulo é $\text{sen}(\theta \cdot \omega_d)$:

$$\text{sen}(\theta \cdot \omega_d) = 0 \implies \theta \cdot \omega_d = \pm \pi$$

Como $\theta = 0,5$, resulta: $\omega_d = \pm 2 \cdot \pi$.

Substituindo-se essa expressão na parte real da equação característica, considerando-se que $K_P = 0,5$ e $K_C = 1$:

$$1 + 0,5 \cdot e^{0,5 \cdot \sigma} \cdot \cos(\pm\pi) = 0 \implies e^{0,5 \cdot \sigma} = 2$$

Portanto: $\sigma = \dfrac{\ln(2)}{0,5} = 1,386$.

Nesse caso, os polos estão localizados em:

$$s = -1,386 \pm j \cdot 2 \cdot \pi = -1,386 \pm j \cdot 6,283$$

Como os polos têm parte real negativa, o sistema é estável. Além disso, como os polos são complexos conjugados, o sistema tem resposta subamortecida ao degrau.

b) Quando se usa o ganho K_{CU}, os polos do sistema estão sobre o eixo imaginário, sem parte real, implicando que $\sigma = 0$. Tomando-se a parte real e imaginária da equação característica, considerando-se $\sigma = 0$ e substituindo-se K_C por K_{CU} e ω_d por ω_n:

$$1 + K_{CU} \cdot K_P \cdot \cos(\theta \cdot \omega_n) = 0 \text{ (parte real)}$$

$$K_{CU} \cdot K_P \cdot \text{sen}(\theta \cdot \omega_n) = 0 \text{ (parte imaginária)}$$

Da parte imaginária, tem-se que:

$$\theta \cdot \omega_n = \pm\pi \therefore \omega_n = \pm 2 \cdot \pi$$

Substituindo-se esse valor na parte real:

$$1 + K_{CU} \cdot 0,5 \cdot \cos(\pm\pi) = 0 \implies K_{CU} = 2$$

Os polos do sistema em malha fechada se situam em:

$$s = \pm j \cdot 2 \cdot \pi = \pm j \cdot 6,283$$

Como os polos se situam sobre o eixo imaginário, uma perturbação em degrau no valor de referência levará o sistema a oscilações não amortecidas.

c) Substitui-se $K_C = 1,5 \cdot K_{CU} = 3$ na parte real e imaginária da equação característica:

$$1 + 1,5 \cdot e^{0,5 \cdot \sigma} \cdot \cos(0,5 \cdot \omega_d) = 0 \text{ (parte real)}$$

$$1,5 \cdot e^{0,5 \cdot \sigma} \cdot \text{sen}(0,5 \cdot \omega_d) = 0 \text{ (parte imaginária)}$$

Da parte imaginária:

$$0,5 \cdot \omega_d = \pm \pi \quad \therefore \quad \omega_d = \pm 2 \cdot \pi$$

Substituindo-se esse valor na parte real:

$$1 + 1,5 \cdot e^{0,5 \cdot \sigma} \cdot \cos(\pm \pi) = 0 \quad \therefore \quad e^{0,5 \cdot \sigma} = \frac{2}{3}$$

Resulta:

$$\sigma = 2 \cdot \ln\left(\frac{2}{3}\right) = -0,8109$$

Portanto, nesse caso, os polos estão localizados em:

$$s = 0,8109 \pm j \cdot 2 \cdot \pi = 0,8109 \pm j \cdot 6,283$$

Como os polos possuem parte real positiva, conclui-se que o sistema é instável. Além disso, como os polos são complexos conjugados, pode-se afirmar que o sistema tem resposta oscilatória com amplitude crescente ao degrau.

d) Simula-se o comportamento desse sistema em malha fechada para três valores de K_C, segundo o modelo da Figura 4.44.

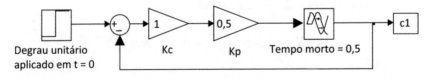

Figura 4.44 – Resposta do sistema em malha fechada a degrau unitário no sinal de referência.

Resultam nas respostas mostradas na Figura 4.45.

Na Figura 4.45, com $K_C = 1$, o sistema é estável; com $K_C = 2$ ele está no limiar da estabilidade; e com $K_C = 3$, ele é instável, como havia sido predito anteriormente.

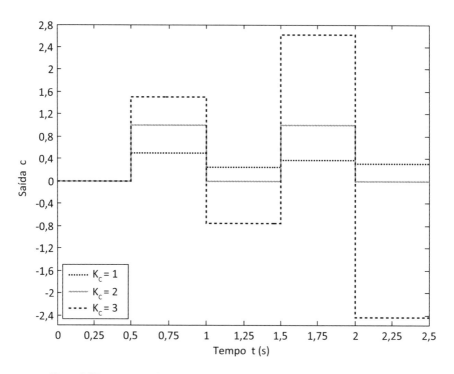

Figura 4.45 – Resposta ao degrau unitário para $K_C = 1$, $K_C = K_{CU} = 2$ e $K_C = 1,5 \cdot K_{CU} = 3$.

e) O Matlab não gera diretamente LGR de processos com tempo morto. Portanto, para traçá-lo, consideram-se as seguintes condições de módulo e de fase:

- Condição de fase

   A fase do tempo morto em graus é dada pela Equação (4.4). Para se definir a condição de fase, tem-se que:

$$\text{fase}\left(e^{-j \cdot \omega \cdot \theta}\right) = \frac{-180}{\pi} \omega \cdot \theta = -57,3 \cdot \omega \cdot \theta = \pm 180° \cdot (2 \cdot k + 1)$$

Tomando-se $k = 0$, resulta:

$$\frac{-180}{\pi} \omega \cdot \theta = \pm 180°$$

Assim, dado θ, o valor da frequência ω que resulta da condição de fase é dada por:

$$\omega = \pm \frac{\pi}{\theta}$$

Trata-se de um valor fixo. No caso de se ter $\theta = 0,5\,s$, resulta:

$$\omega = \omega_d = 2 \cdot \pi \text{ rad}/s$$

- Condição de ganho:

Na condição de ganho, tem-se que:

$$\left| K \cdot e^{-\theta \cdot s} \right| = 1$$

Sabe-se que:

$$s = -\sigma \pm j \cdot \omega$$

Tem-se, então, que:

$$K \cdot \left| e^{-\theta \cdot (-\sigma \pm j \cdot \omega)} \right| = K \cdot \left| e^{\sigma \cdot \theta} \right| \cdot \left| e^{\pm j \cdot \omega \cdot \theta} \right| = K \cdot e^{\sigma \cdot \theta} = 1$$

Ao se variar o ganho K, resulta que:

$$\sigma = \frac{1}{\theta} \ln(K)$$

Portanto, variando-se K, tem-se a variação na parte real do polo em malha fechada. Nota-se que σ se torna nulo para $K = 1$. Nesse caso, tem-se que:

$$K = K_C \cdot K_P = 0,5 \cdot K_C = 1$$

Resulta, então, que:

$$K_C = K_{CU} = 2$$

Assim, para que o sistema seja estável, o valor do ganho K_C deve ser inferior a 2.

Esse código em Matlab gera o LGR do sistema, com $K = K_C \cdot K_P$ indo de 0,01 a 2:

```
% Desenha LGR de sistema com ganho e tempo morto
theta = 0.5;
K = [0.01:0.01:2];        % K=Kc*Kp
w = pi/theta;
for i=1:length(K),
    sigma(i)=log(1/K(i))/theta;
    lgr(i)=complex(-sigma(i),w);
    lgrn(i)=complex(-sigma(i),-w);
end
plot(lgr,'k-')
```

```
hold
plot(lgr(1),'kX')
plot(lgrn,'k-')
plot(lgrn(1),'kX')
plot(0,-7:0.01:7)
axis([-4.7 0.8 -3.4 3.4])
xlabel('Eixo real')
ylabel('Eixo imaginário')
title('LGR')
```

O diagrama do Lugar das Raízes desse sistema é mostrado na Figura 4.46.

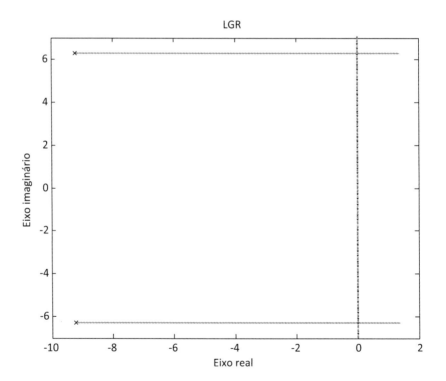

Figura 4.46 – LGR de sistema composto de ganho mais tempo morto com θ = 0,5 s.

Na Figura 4.46, os ramos do LGR cruzam o eixo imaginário, indicando que, dependendo do valor do ganho K_C, pode haver polos no semiplano direito. O valor de K_C que leva a essa situação é $K_C = 2$, conforme já calculado anteriormente.

f) A resposta em frequência é vista no diagrama de Bode da Figura 4.47, traçado para três valores de K_C. Para $K_C = 1$, a margem de fase é infinita, pois o ganho nunca cruza 0 dB e a margem de ganho fase é 6 dB, caracterizando um sistema estável. Para $K_C = 2$, a margem de fase é 0° e a margem de ganho é 0 dB, sendo que a curva de fase corta −180° em $\omega = 2 \cdot \pi$ rad/s, definindo um sistema marginalmente estável. Para $K_C = 3$, a margem de fase é menos infinito, pois o ganho está sempre acima de 0 dB (em 3,52 dB), e a margem de ganho é −3,52 dB, definindo um sistema instável. Verifica-se que o atraso puro possui uma defasagem muito grande para altas frequências. Além disso, constata-se que para $K_C = K_{CU} = 2$ a situação de instabilidade é atingida quando a fase chega a −180°, pois o ganho é sempre unitário (0 dB).

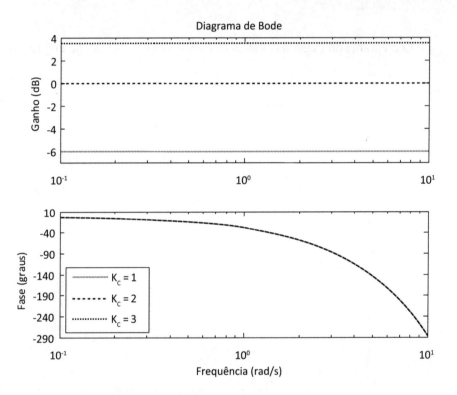

Figura 4.47 − Diagrama de Bode para $K_C = 1$, $K_C = 2$ e $K_C = 3$.

g) Analisa-se, a seguir, a estabilidade desse sistema por meio do critério de Nyquist. Para tanto, traça-se inicialmente o diagrama polar do atraso puro.

$$G_P(j \cdot \omega) = K \cdot e^{-j \cdot \omega \cdot \theta} = K \cdot \left| e^{-j \cdot \omega \cdot \theta} \right| \cdot \text{fase}\left(e^{-j \cdot \omega \cdot \theta} \right) = K \cdot \text{fase}\left[\cos(\omega \cdot \theta) - j \cdot \text{sen}(\omega \cdot \theta) \right]$$

$$G_P(j \cdot \omega) = K \cdot \text{fase}(-\omega \cdot \theta)$$

em que $K = K_C \cdot K_P$.

Traça-se o diagrama de Nyquist a partir do seguinte código em Matlab. A frequência máxima usada para completar a primeira volta foi de $\omega = 4 \cdot \pi$ rad/s. A partir daí, inicia-se a segunda volta.

```matlab
% Gera diagrama de Nyquist de sistema com ganho e tempo morto
Kp = 0.5;
theta = 0.5;
Kc1 = 1;
Kc2 = 2;
Kc3 = 3;
K1 = Kp*Kc1;
K2 = Kp*Kc2;
K3 = Kp*Kc3;
wmin = 0.001;
wmax = 4*pi;
w = wmin:0.001:wmax;
for i = 1:length(w),
    re1(i) = K1*real(exp(-w(i)*theta*j));
    im1(i) = K1*imag(exp(-w(i)*theta*j));
    re2(i) = K2*real(exp(-w(i)*theta*j));
    im2(i) = K2*imag(exp(-w(i)*theta*j));
    re3(i) = K3*real(exp(-w(i)*theta*j));
    im3(i) = K3*imag(exp(-w(i)*theta*j));
end
plot(re1,im1,'k',re2,im2,'k-.',re3,im3,'k:');
axis([-1.53 1.71 -1.53 1.71]);
set(gca,'XTick',-1.5:0.3:1.5,'YTick',-1.5:0.3:1.5);
xlabel('Eixo real');
ylabel('Eixo imaginário');
title('Diagrama de Nyquist');
ll = legend('K_C=1','K_C=2','K_C=3');
set(ll,'FontSize',9);
hold;
plot(complex([eixo_min:0.01:eixo_max],0),'k--');
plot(complex(0,[eixo_min:0.01:eixo_max]),'k--');
hold ;
```

Traça-se, na Figura 4.48, o diagrama polar ou de Nyquist.

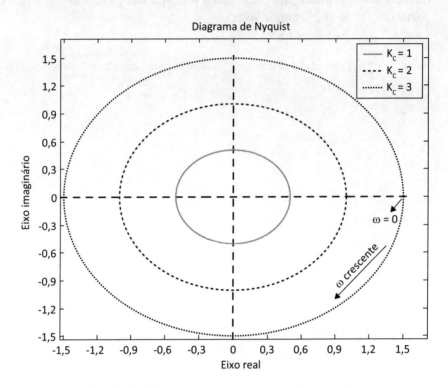

Figura 4.48 – Gráfico polar do atraso de transporte com diferentes ganhos.

Aplicando-se o critério de estabilidade de Nyquist na Figura 4.48, nota-se que o gráfico polar para $K_C = 1$ não cruza o ponto $(-1+j0)$ nenhuma vez, indicando tratar-se de um sistema estável. Para $K_C = 2$, o gráfico passa pelo ponto $(-1+j0)$ infinitas vezes, portanto, nada se pode afirmar sobre a estabilidade. Por fim, para $K_C = 3$, o gráfico envolve o ponto $(-1+j0)$ infinitas vezes, indicando que o sistema é instável.

4.5.2 DIAGRAMA DE NYQUIST DE PROCESSOS DE PRIMEIRA ORDEM E COM TEMPO MORTO

A Figura 4.49 mostra o diagrama polar de tempo morto com $\theta = 1$ e de sistema de primeira ordem com $\tau = 1$.

Na Figura 4.49, em baixas frequências, o atraso puro e o sistema de primeira ordem se comportam de modo similar.

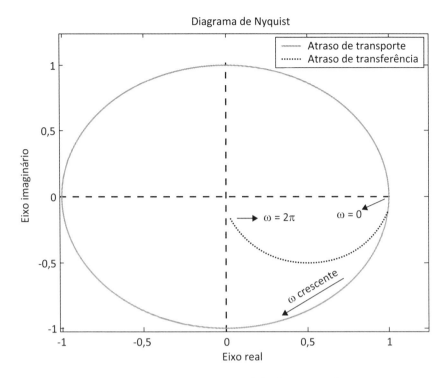

Figura 4.49 – Gráficos polares de $e^{-j\omega\theta}$ e $[1/(1+j\cdot\omega\cdot\tau)]$.

4.5.3 APROXIMAÇÕES PARA O CÁLCULO DO TEMPO MORTO

O tempo morto em uma função de transferência inviabiliza o uso do método de Routh para análise de estabilidade, bem como dificulta gerar o LGR ou gráficos de análise em frequência, como o diagrama de Bode ou de Nyquist. Uma forma de resolver esse problema é usar aproximações para o tempo morto. Esse enfoque propicia o uso direto de ferramentas de análise de estabilidade de sistemas lineares invariantes no tempo disponíveis no Matlab, mas altera um pouco o resultado obtido, por ser uma aproximação. Há diversas aproximações para $e^{-\theta\cdot s}$. A seguinte função racional é uma delas:

$$G_P(s) = e^{-\theta\cdot s} = \frac{e^{-\frac{\theta\cdot s}{2}}}{e^{\frac{\theta\cdot s}{2}}} \tag{4.5}$$

Em outra aproximação possível, expande-se o tempo morto em série de Taylor em torno do ponto $s = 0$ (série de MacLaurin), resultando em:

$$e^{-\theta\cdot s} = \frac{1 - \frac{\theta\cdot s}{2} + \frac{1}{2}\left(\frac{\theta\cdot s}{2}\right)^2 - \frac{1}{6}\left(\frac{\theta\cdot s}{2}\right)^3 + \cdots}{1 + \frac{\theta\cdot s}{2} + \frac{1}{2}\left(\frac{\theta\cdot s}{2}\right)^2 + \frac{1}{6}\left(\frac{\theta\cdot s}{2}\right)^3 + \cdots} \tag{4.6}$$

Se θ for pequeno em relação ao período natural do processo T e a entrada for suave e contínua, pode-se expressar $e^{-\theta \cdot s}$ pela aproximação de Padé de primeira ordem:

$$e^{-\theta \cdot s} \cong \frac{1 - \dfrac{\theta \cdot s}{2}}{1 + \dfrac{\theta \cdot s}{2}} \tag{4.7}$$

Quando o atraso θ for muito pequeno, costuma-se também aproximar:

$$e^{-\theta \cdot s} \cong 1 - \theta \cdot s \tag{4.8}$$

Pode-se ainda expressar o atraso puro pela aproximação de Padé de segunda ordem, considerada a melhor aproximação dentre as citadas aqui:

$$e^{-\theta \cdot s} \cong \frac{1 - \dfrac{\theta \cdot s}{2} + \dfrac{1}{12}(\theta \cdot s)^2}{1 + \dfrac{\theta \cdot s}{2} + \dfrac{1}{12}(\theta \cdot s)^2} \tag{4.9}$$

A Figura 4.50 exibe o valor de $e^{-\theta \cdot s}$ com $s = -1$ para θ entre 0 e 2,6, calculado exatamente pelas aproximações de Padé de segunda ordem, por $e^{-\theta \cdot s} \cong 1 - \theta \cdot s$ e pela expansão em série de Taylor.

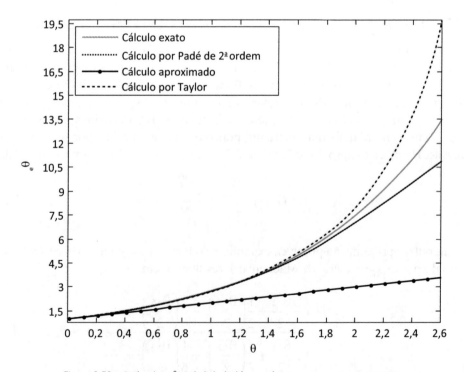

Figura 4.50 – Gráfico de $e^{-\theta s}$ calculado de diferentes formas com $s = -1$ e $0 \leq \theta \leq 2,6$.

Na Figura 4.50, o cálculo aproximado é preciso para valores pequenos de θ, até cerca de 0,5. O cálculo pela aproximação por série de Taylor se afasta do valor real a partir de θ = 2. O cálculo que fica mais perto do real é a aproximação de Padé de segunda ordem.

4.5.4 ANÁLISE DE ESTABILIDADE DE SISTEMA COM TEMPO MORTO VIA APROXIMAÇÃO DE PADÉ

Considere o trocador de calor apresentado na Figura 4.51. A temperatura T do produto é controlada pelo ajuste do fluxo de vapor W_v efetuado por uma válvula de controle. A posição do sensor de temperatura introduz um atraso de transporte θ no sistema.

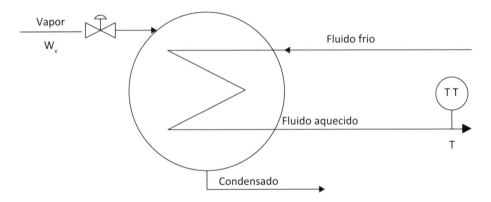

Figura 4.51 – Diagrama de trocador de calor.

Pede-se:

a) Um modelo aproximado do sistema dado por:

$$G(s) = \frac{\hat{T}(s)}{\hat{W}_v(s)} = \frac{K \cdot e^{-\theta \cdot s}}{\tau \cdot s + 1}$$

Com base na resposta temporal de $G(s)$ vista na Figura 4.52 para uma entrada $W_v(t)$ em degrau em $t = 0$ com amplitude de 1 kg/s, estime os parâmetros do modelo $G(s)$.

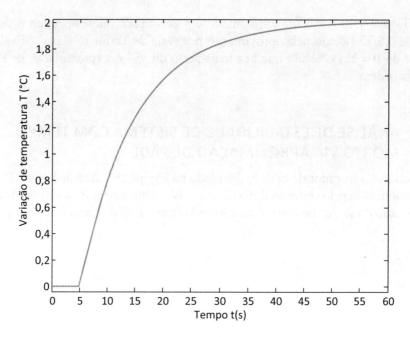

Figura 4.52 – Resposta ao degrau da temperatura na saída do trocador de calor.

b) Considere que se coloque um controlador proporcional de ganho K_C para regular a temperatura T, conforme indicado na Figura 4.53.

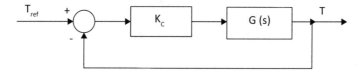

Figura 4.53 – Diagrama de blocos da malha de controle na temperatura no trocador de calor.

O diagrama de Bode da Figura 4.54 corresponde à resposta em frequência de $G(j\omega)$. Foram considerados o diagrama de fase exato e aquele obtido por meio de uma aproximação de Padé de segunda ordem para o tempo morto em $G(s)$.

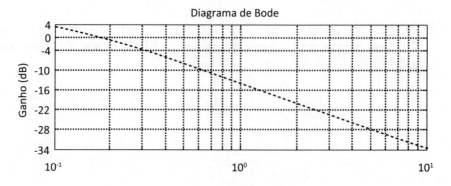

Figura 4.54 – Diagrama de Bode de $G(j\omega)$ (continua).

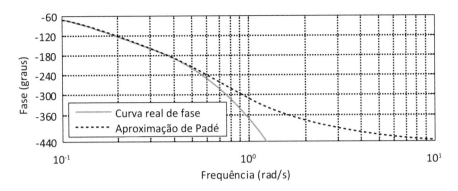

Figura 4.54 – Diagrama de Bode de $G(j\omega)$ (*continuação*).

Estime, a partir do diagrama da Figura 4.54, o ganho K_{CU} que preserve a estabilidade do sistema, tanto a partir do diagrama de fase exato como da aproximação de Padé.

c) Com base no diagrama, comente a adequação ou não da aproximação para ajustes de ganho baseados em especificações de margem de fase e de ganho do sistema.

Solução:

a) A análise da Figura 4.52 revela o seguinte modelo:

$$G(s) = \frac{\hat{T}(s)}{\hat{W}_v(s)} = \frac{2 \cdot e^{-5 \cdot s}}{10 \cdot s + 1} \left[\frac{°C}{kg/s} \right]$$

b) Do diagrama da resposta em frequência da Figura 4.54, pode-se estimar a margem de ganho do sistema como:

$$MG_{dB} = -20 \cdot \log \left| G(j\omega_{-180°}) \right|$$

sendo que a fase de $G(j\omega_{-180°})$ é dada por:

$$\phi\left[G(j\omega_{-180°}) \right] = -180°$$

Considera-se inicialmente o diagrama de fase exato:

$$\omega_{-180°} = 0{,}367 \, \frac{rad}{s}$$

Portanto:

$$MG_{dB} = -20 \cdot \log|G(j0,367)| = -(-5,59) = 5,59 \text{ dB}$$

O ganho K_{CU} é dado por:

$$20 \cdot \log(K_{CU}) = 5,59 \text{ dB} \quad \therefore \quad K_{CU} = 10^{5,59/20} = 1,90$$

Para a aproximação de Padé, tem-se que:

$$\omega_{-180°, \text{ Padé}} = 0,372 \frac{\text{rad}}{\text{s}}$$

Assim:

$$MG_{dB, \text{ Padé}} = -20 \cdot \log|G(j0,372)| = 5,685 \text{ dB}$$

O ganho $K_{CU, \text{ Padé}}$ é dado por:

$$20 \cdot \log(K_{CU, \text{ Padé}}) = 5,685 \text{ dB} \quad \therefore \quad K_{CU, \text{ Padé}} = 10^{5,685/20} = 1,92$$

c) Analisando-se o diagrama de fase da Figura 4.54, vê-se que as frequências de cruzamento de $-180°$ são muito próximas e, portanto, as correspondentes estimativas de K_{CU} também são. Comparando-se os valores obtidos de K_{CU}, nota-se que ambos são muito próximos, indicando que a aproximação de Padé gerou um resultado muito próximo do real. Para frequências inferiores a $\omega_{-180°}$, os diagramas são praticamente iguais. Para qualquer ganho $K_C < K_{CU}$, as margens de ganho e de fase resultantes a partir do diagrama de fase aproximado são boas estimativas de seus valores exatos.

4.6 EXEMPLOS DE ANÁLISE DE ESTABILIDADE ABSOLUTA

4.6.1 EXEMPLO DA ANÁLISE DE ESTABILIDADE DE UMA MALHA DE CONTROLE A PARTIR DA CURVA DE REAÇÃO DO PROCESSO

Seja a curva de reação da Figura 4.55, obtida em resposta a um degrau unitário aplicado em $t = 0$. Pede-se:

a) Identificar um modelo aproximado para esse processo, a partir de sua curva de reação. Encarar o processo como sendo de segunda ordem.

b) Supondo que se feche a malha com um controlador proporcional de ganho K_C, analisar a estabilidade (absoluta) do sistema em malha fechada. Qual é o valor de K_{CU} para esse sistema?

Solução:

a) A Figura 4.55 indica tratar-se de um modelo de segunda ordem com tempo morto. Para estimar seus parâmetros, optou-se por usar o método de Harriott (ver Item 3.5.1.4). Para aplicá-lo, é preciso estimar antes o tempo morto. Uma análise visual revela que $\theta = 1\,\mathrm{s}$. O ganho do processo é dado pela variação na saída pela variação na entrada, obtendo-se $K = 3$. Para o cálculo das constantes de tempo, tem-se que:

$$t_{73} = 7{,}71\,\mathrm{s}\ (\text{já descontado o tempo morto})$$

Portanto:

$$\tau_1 + \tau_2 \cong \frac{t_{73}}{1{,}3} \quad \therefore \quad \tau_1 + \tau_2 = 5{,}93\,\mathrm{s}$$

De posse desse valor, entra-se na seguinte equação para calcular t:

$$\frac{t}{\tau_1 + \tau_2} = 0{,}5 \quad \therefore \quad t = 0{,}5 \cdot 5{,}93 = 2{,}97\,\mathrm{s}$$

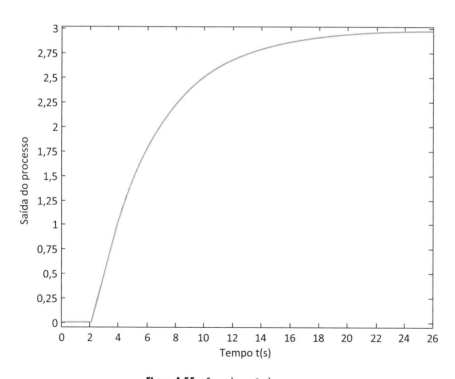

Figura 4.55 – Curva de reação do processo.

Entrando-se com esse valor na Figura 4.55, resulta:

$$y = 0{,}824$$

Portanto:

$$\frac{y}{K \cdot A} = \frac{0,824}{3} = 0,275 \left[\text{adim.}\right]$$

Entrando-se com esse valor na Figura 3.41, resulta:

$$\frac{\tau_1}{\tau_1 + \tau_2} = 0,65 \quad \therefore \tau_1 = 0,65 \cdot 5,93 = 3,85 \text{ s}$$

Assim:

$$\tau_2 = 5,93 - 3,85 = 2,08 \text{ s}$$

A função de transferência resultante é dada por:

$$G(s) = \frac{3 \cdot e^{-s}}{(3,85 \cdot s + 1) \cdot (2,08 \cdot s + 1)}$$

A função de transferência que deu origem à Figura 4.55 é:

$$G(s) = \frac{3 \cdot e^{-s}}{(4 \cdot s + 1) \cdot (2 \cdot s + 1)}$$

Percebe-se que as constantes de tempo encontradas ficaram próximas das reais.

b) A função de transferência desse sistema em malha fechada é:

$$G_{MF}(s) = \frac{3 \cdot K_C \cdot e^{-s}}{8 \cdot s^2 + 6 \cdot s + 1 + 3 \cdot e^{-s}}$$

Igualando-se a equação característica a 0:

$$A(s) = 8 \cdot s^2 + 6 \cdot s + 1 + 3 \cdot K_C \cdot e^{-s} = 0$$

Substituindo-se s por $j\omega$:

$$-8 \cdot \omega^2 + j \cdot 6 \cdot \omega + 1 + 3 \cdot K_{CU} \cdot e^{-j\omega} = 0$$

$$-8 \cdot \omega^2 + j \cdot 6 \cdot \omega + 1 + 3 \cdot K_{CU} \cdot \left[\cos(\omega) - j \cdot \text{sen}(\omega)\right] = 0$$

$$-8\cdot\omega^2 + 1 + 3\cdot K_{CU}\cdot\cos(\omega) = 0 \text{ (parte real)}$$

$$6\cdot\omega - 3\cdot K_{CU}\cdot\text{sen}(\omega) = 0 \text{ (parte imaginária)}$$

Dividindo-se a parte imaginária pela real, resulta:

$$\tan(\omega) = \frac{6\cdot\omega}{8\cdot\omega^2 - 1}$$

Daqui, sai que:

$$\omega = 0{,}83255 \frac{\text{rad}}{\text{s}}$$

Substituindo-se este valor na parte real ou imaginária, resulta:

$$K_{CU} = 2{,}251$$

4.6.2 EXEMPLO DA ANÁLISE DE ESTABILIDADE DE UMA MALHA DE CONTROLE DE UM TROCADOR DE CALOR – CASO 1

Deseja-se controlar a temperatura de saída T_s do trocador de calor mostrado na Figura 4.56, mantendo-a em $\overline{T}_{s,ref} = 140$ °C, ajustando-se a vazão de vapor W_v. Perturbações não medidas ocorrem na temperatura de entrada T_e (SEBORG; EDGAR; MELLICHAMP, 2010).

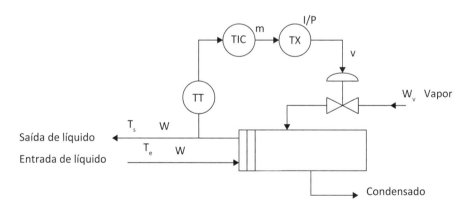

Figura 4.56 – Diagrama esquemático de trocador de calor.

O comportamento dinâmico do trocador de calor é descrito pelas seguintes funções de transferência, em que as constantes de tempo e atrasos puros estão em segundos:

$$G_P(s) = \frac{\hat{T}_s(s)}{\hat{W}_v(s)} = \frac{2{,}5\cdot e^{-s}}{10\cdot s + 1} \left(\frac{°C}{\text{kg}/\text{s}}\right) \quad G_L(s) = \frac{\hat{T}_s}{\hat{T}_e} = \frac{0{,}9\cdot e^{-2\cdot s}}{5\cdot s + 1} \quad [\text{adim.}]$$

A válvula de controle tem a seguinte característica estacionária (característica quadrática ou de abertura rápida):

$$W_v = 11{,}1 \cdot \sqrt{v-3}$$

em que v é a saída do conversor I/P expressa em psig, sendo que, na condição nominal de operação, $v = 9$ psig. Na Figura 4.57, vê-se a resposta estática de W_v em função de v.

Após uma mudança brusca na saída do controlador, W_v atinge um novo estado estacionário em 20 s (que, supõe-se, seja igual a 5 constantes de tempo). O transmissor de temperatura é linear, tem dinâmica desprezível e é calibrado de forma que sua saída de 4 a 20 mA varie conforme T_s vai de 120 ºC a 160 ºC. O controlador opera com sinais de 4 mA a 20 mA.

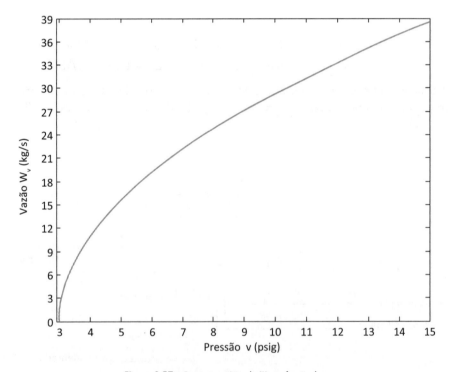

Figura 4.57 – Resposta estática de W_v em função de v.

a) Se um controlador proporcional for usado, qual é o valor do ganho limite K_{CU}, isto é, o ganho que leva o sistema linearizado em malha fechada a sofrer oscilações contínuas não amortecidas? Qual é a frequência da oscilação quando $K_C = K_{CU}$?

b) Estime K_{CU} usando o critério de Routh, utilizando a aproximação de Padé para o tempo morto. Essa análise provê uma aproximação satisfatória?

c) Simule o sistema linearizado para perturbações em degrau no valor de referência $T_{s,ref}$ e na perturbação T_e, ambas de 2 °C ocorrendo em $t = 0$. Considere para as simulações $K_C = K_{CU}$ e $K_C = K_{CU}/2$, usando o valor de K_{CU} calculado na alínea "a".

d) K_{CU} foi calculado de forma analítica com o sistema linearizado. Ao se operar com o modelo não linear da malha, esse valor calculado analiticamente continua válido?

Solução:

a) Montando o diagrama de blocos relativo ao arranjo físico (P&ID) da Figura 4.56, resulta na Figura 4.58. A primeira tarefa é definir as funções de transferência desconhecidas.

Definição de G_M:

$$G_M(s) = \frac{\hat{B}(s)}{\hat{C}(s)} = \frac{K_M}{\tau_M \cdot s + 1}$$

Como o transmissor tem dinâmica desprezível, $\tau_M = 0$.

$$K_M = \frac{\text{largura da faixa de saída}}{\text{largura da faixa de entrada}} = \frac{20-4}{160-120} = \frac{16}{40} = 0{,}4 \frac{mA}{°C}$$

$$\therefore G_M = K_M = 0{,}4$$

Como o controlador é proporcional puro, resulta: $G_C = K_C$

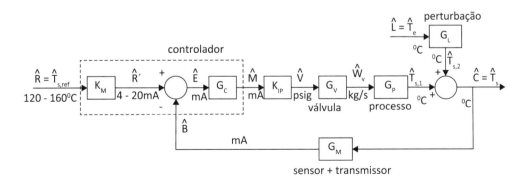

Figura 4.58 – Diagrama de blocos do trocador de calor.

Definição de K_{IP}:

$$K_{IP} = \frac{15-3}{20-4} = \frac{12}{16} = 0{,}75 \frac{psig}{mA}$$

Supondo-se que a válvula responda como um sistema de primeira ordem, sua função de transferência é dada por:

$$G_V(s) = \frac{\hat{W}_v}{\hat{V}} = \frac{K_V}{\tau_V \cdot s + 1}$$

Como a válvula é não linear, deve-se linearizá-la em torno de seu ponto de operação. Resulta:

$$W_v(t) \cong 11{,}1 \cdot \left[\sqrt{\overline{v} - 3} + \frac{1}{2 \cdot \sqrt{\overline{v} - 3}} \left(v(t) - \overline{v} \right) \right], \text{ em que}$$

$$\hat{v}(t) = v(t) - \overline{v} \text{ e } \overline{v} = 9 \text{ psig}$$

$$W_v(t) \cong 11{,}1 \cdot \left[\sqrt{6} + \frac{1}{2 \cdot \sqrt{6}} \hat{v}(t) \right] = \overline{W}_v + \hat{W}_v(t), \text{ em que}$$

$$\overline{W}_v = 11{,}1 \cdot \sqrt{6} = 27{,}19 \frac{\text{kg}}{\text{s}}$$

Como se está interessado na função de transferência de $\hat{W}_v / \hat{V}$, resulta:

$$\hat{W}_v(s) = 11{,}1 \cdot \left[\frac{1}{2 \cdot \sqrt{6}} \hat{V}(s) \right] = 2{,}27 \cdot \hat{V}(s) = K_v \cdot \hat{V}(s)$$

Como no enunciado cita-se que W_v leva 20 segundos para estabilizar, isso equivale a 5 constantes de tempo, resultando que $\tau_V = 4$ s. Então:

$$G_V(s) = \frac{2{,}27}{4 \cdot s + 1}$$

As funções de transferência G_P e G_L foram fornecidas no enunciado do problema.

Tendo-se definido todas as funções de transferência, deve-se agora partir para a análise da estabilidade do sistema. Para tal, deve-se levantar as funções de transferência da saída do sistema ($\hat{T}_s$) em função das entradas ($\hat{R} = \hat{T}_{s,ref}$ e $\hat{L} = \hat{T}_e$). Resulta:

- para $\hat{L} = 0$:

$$G_{MF,R} = \frac{\hat{C}}{\hat{R}} = \frac{\hat{T}_s}{\hat{T}_{s,ref}} = \frac{K_M \cdot G_C \cdot K_{IP} \cdot G_V \cdot G_P}{1 + G_C \cdot K_{IP} \cdot G_V \cdot G_P \cdot G_M}$$

- para $\hat{R} = 0$:

$$G_{MF,L} = \frac{\hat{C}}{\hat{L}} = \frac{\hat{T}_s}{\hat{T}_e} = \frac{G_L}{1 + G_C \cdot K_{IP} \cdot G_V \cdot G_P \cdot G_M}$$

Como tanto para uma perturbação na carga quanto no valor desejado resulta na mesma equação característica, ocorre que, se o sistema em malha fechada for estável para uma perturbação na carga, também o será para mudanças no valor desejado.

Igualando-se a equação característica a 0, resulta:

$$1 + G_C \cdot K_{IP} \cdot G_V \cdot G_P \cdot G_M = 0$$

Substituindo-se os valores das funções de transferência na equação anterior, tem-se:

$$1 + K_{CU} \cdot 0,75 \cdot \left(\frac{2,27}{4 \cdot s + 1}\right) \cdot \left(\frac{2,5 \cdot e^{-s}}{10 \cdot s + 1}\right) \cdot 0,4 = 1 + \frac{1,7025 \cdot K_{CU} \cdot e^{-s}}{(4 \cdot s + 1) \cdot (10 \cdot s + 1)} = 0$$

$$\therefore (10 \cdot s + 1) \cdot (4 \cdot s + 1) + 1,7025 \cdot K_{CU} \cdot e^{-s} = 0$$

Substituindo-se s por $j \cdot \omega_n$:

$$(1 + j \cdot 10 \cdot \omega_n) \cdot (1 + j \cdot 4 \cdot \omega_n) + 1,7025 \cdot K_{CU} \cdot e^{-j\omega_n} = 0$$

$$(1 + j \cdot 10 \cdot \omega_n) \cdot (1 + j \cdot 4 \cdot \omega_n) + 1,7025 \cdot K_{CU} \cdot \left[\cos(\omega_n) - j \cdot \mathrm{sen}(\omega_n)\right] = 0$$

Separando-se a parte real da imaginária, resulta:

$$1 - 40 \cdot \omega_n^2 + 1,7025 \cdot K_{CU} \cdot \cos(\omega_n) = 0 \text{ (parte real)}$$

$$14 \cdot \omega_n - 1,7025 \cdot K_{CU} \cdot \mathrm{sen}(\omega_n) = 0 \text{ (parte imaginária)}$$

Rearranjando-se os termos das equações anteriores, resulta:

$$40 \cdot \omega_n^2 - 1 = 1,7025 \cdot K_{CU} \cdot \cos(\omega_n) \text{ (parte real)}$$

$$14 \cdot \omega_n = 1,7025 \cdot K_{CU} \cdot \mathrm{sen}(\omega_n) \text{ (parte imaginária)}$$

Dividindo-se a equação da parte imaginária pela da parte real, resulta:

$$\tan(\omega_n) = \frac{14 \cdot \omega_n}{40 \cdot \omega_n^2 - 1}$$

Resolvendo essa equação de forma iterativa, resulta em $\omega_n = 0,578803$ rad/s. Substituindo-se ω_n na equação da parte real ou imaginária, resulta em $K_{CU} = 8,701$.

b) Usa-se a aproximação de Padé para a exponencial

$$e^{-\theta \cdot s} \cong \frac{12 - 6 \cdot \theta \cdot s + \theta^2 \cdot s^2}{12 + 6 \cdot \theta \cdot s + \theta^2 \cdot s^2}$$

Substituindo-se na equação característica, resulta:

$$(1 + 14 \cdot s + 40 \cdot s^2) \cdot (12 + 6 \cdot s + s^2) + 1,7025 \cdot K_{CU} \cdot (12 - 6 \cdot s + s^2) = 0$$

$$40 \cdot s^4 + 254 \cdot s^3 + (565 + 1,7025 \cdot K_{CU}) \cdot s^2 + s \cdot (174 - 10,215 \cdot K_{CU}) + (12 + 20,43 \cdot K_{CU}) = 0$$

Aplicando-se o critério de Routh, resulta:

$$0 < K_C < 8,702$$

Verifica-se que a aproximação para K_{CU} foi excelente, gerando praticamente o mesmo valor de quando não se empregou a aproximação de Padé.

c) Para as simulações, empregou-se o modelo em Simulink apresentado na Figura 4.59.

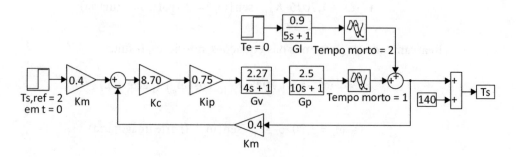

Figura 4.59 – Modelo em Simulink do trocador de calor.

A simulação para um degrau de 2 °C em $t = 2$ s no valor de referência $\hat{T}_{s,ref}$ é mostrada na Figura 4.60 e, para um degrau similar na perturbação $\hat{T}_e$, na Figura 4.61.

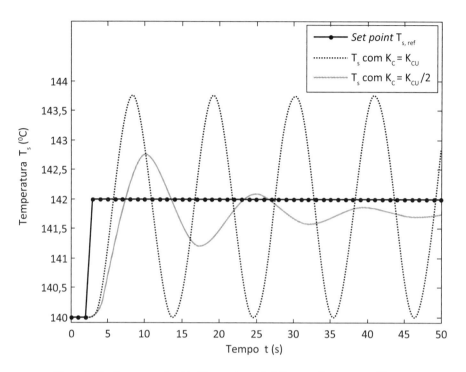

Figura 4.60 – Temperatura de saída T_s para degrau de 2 °C em $t = 2$ s no *set point* $T_{s,ref}$.

Vê-se na Figura 4.60 que, com $K_C = K_{CU}$, o sistema tem oscilações não amortecidas, cujo valor médio está abaixo do valor desejado (142 °C). Quando $K_C = K_{CU}/2$, o sistema fica estável e a saída tende para um valor de 141,8 °C, com um erro de regime estacionário. Na Figura 4.61, com $K_C = K_{CU}$, há oscilações não amortecidas, cujo valor médio está acima do valor desejado (140 °C). Quando $K_C = K_{CU}/2$, o sistema se torna estável e a saída tende a 140,23 °C, com um erro de regime permanente.

d) Usa-se o simulador com modelo não linear da válvula para achar o valor de K_{CU} que leve o sistema em malha fechada ao limite da estabilidade, obtendo-se $K_{CU} = 8,678$. Esse valor é um pouco inferior ao obtido quando se lineariza o modelo. Aqui, a linearização gerou um ganho limite aproximado superior ao real, o que é contra a segurança da malha, pois se poderia selecionar um K_C que instabilizaria a malha real.

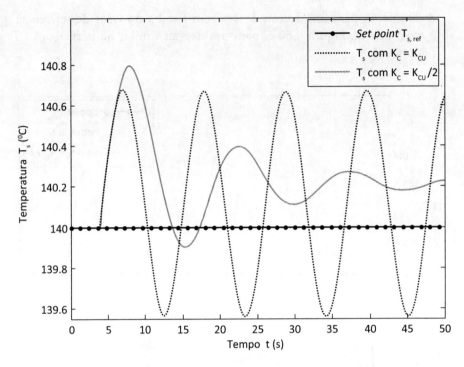

Figura 4.61 – Temperatura de saída T_s para degrau de 2 °C em $t = 2$ s na perturbação T_e.

Mostra-se, na Figura 4.62, o que ocorre ao usar $K_{CU} = 8,701$ e $K_{CU} = 8,678$.

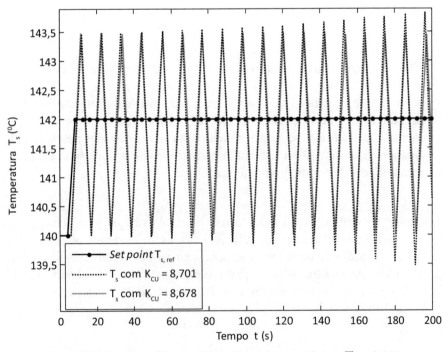

Figura 4.62 – Temperatura T_s com modelo não linear a degrau na referência $T_{s,ref}$ de 2 °C.

Estima-se $K_{CU} = 8,701$ analiticamente para a malha linearizada e $K_{CU} = 8,678$ é medido com a malha não linear, ao se aplicar em $t = 2$ s um degrau de 2 °C na temperatura desejada. Nota-se, na Figura 4.62, que o sistema fica instável ao se usar $K_{CU} = 8,701$ e com oscilações não amortecidas com $K_{CU} = 8,678$. A Figura 4.63 mostra a resposta do sistema não linear ao se usar $K_{CU} = 8,701$ e $K_{CU} = 8,475$ quando se aplica um degrau de 2 °C na temperatura de perturbação T_e em $t = 2$ s.

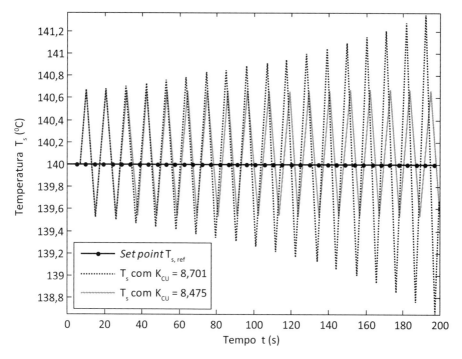

Figura 4.63 – Temperatura T_s com modelo não linear a degrau na perturbação T_e de 2 °C.

Na Figura 4.63, o valor originalmente calculado para $K_{CU} = 8,678$ é superior ao efetivamente obtido para gerar oscilações não amortecidas na malha. Nesse caso, novamente a linearização chegou a um ganho limite aproximado superior ao real.

4.6.3 EXEMPLO DA ANÁLISE DE ESTABILIDADE DE UMA MALHA DE CONTROLE DE UM TROCADOR DE CALOR – CASO 2

Seja um trocador de calor como o da Figura 4.64. O controlador busca manter a temperatura de saída do processo $T_s(t)$ em seu valor desejado $T_{s,ref}(t)$ perante variações na vazão do fluido de processo $W(t)$ e na temperatura de entrada $T_e(t)$. A vazão de vapor $W_v(t)$ é a variável manipulada (SMITH; CORRIPIO, 2005). São dados:

- valor desejado da temperatura de saída do fluido de processo: $\bar{T}_{s,ref} = 90$ °C;
- vazão do fluido de processo a ser aquecido em regime permanente nas condições nominais de operação: $\bar{W} = 12$ kg/s;

- temperatura de entrada do fluido de processo em regime permanente nas condições nominais de operação: $\bar{T}_e = 50\ °C$;
- vazão máxima pela válvula de vapor: $W_v = 1,6$ kg/s. Considera-se que a válvula tenha característica linear de vazão. Sua constante de tempo é de 3 s;
- faixa calibrada do transmissor de temperatura: 50 a 150 ºC. Constante de tempo do transmissor de temperatura: 10 s. Sinal de saída do transmissor: 3 a 15 psi.

Parâmetros do sistema:

- calor específico do fluido de processo: $c_{P,L} = 3,75$ kJ/(kg·°C);
- calor latente do vapor: $\lambda_v = 2250$ kJ/kg;
- massa de fluido de processo no interior do trocador de calor: $m_L = 360$ kg.

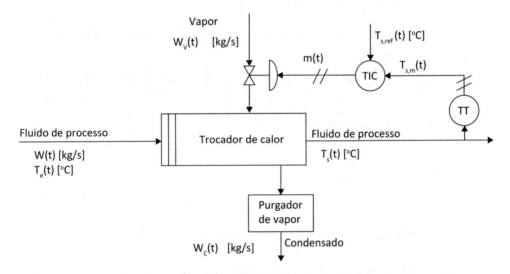

Figura 4.64 – P&ID do trocador de calor.

Pede-se:

a) Desenhar o diagrama de blocos da malha de controle de temperatura do trocador de calor, colocando o nome da variável que sai de cada bloco e sua respectiva unidade.

b) Determinar as funções de transferência em malha fechada, na forma literal, que relacionam o sinal de saída $\hat{T}_s$ com todas as entradas do sistema.

c) Calcular as funções de transferência do transmissor de temperatura (G_T), da válvula de controle (G_V), do processo (G_P) e das variáveis de carga W (G_{L1}) e T_e (G_{L2}).

d) Supondo que se tenha um controlador do tipo P, calcule o valor do ganho limite K_{CU} e a frequência em que as oscilações contínuas não amortecidas ocorrerão.

Solução:

a) O diagrama de blocos da malha de controle de temperatura é visto na Figura 4.65.

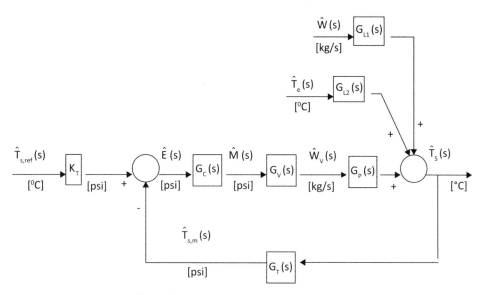

Figura 4.65 – Diagrama de blocos do trocador de calor.

b) No diagrama de blocos da Figura 4.65, o sistema tem três entradas: a referência $\hat{T}_{s,ref}$ e as variáveis de carga (ou perturbação) $\hat{W}$ e $\hat{T}_e$. Assim, as funções de transferência em malha fechada que relacionam a saída $\hat{T}_s$ com essas entradas são:

$$\frac{\hat{T}_s(s)}{\hat{T}_{s,ref}(s)} = \frac{K_T \cdot G_C(s) \cdot G_V(s) \cdot G_P(s)}{1 + G_C(s) \cdot G_V(s) \cdot G_P(s) \cdot G_T(s)}$$

$$\frac{\hat{T}_s(s)}{\hat{W}(s)} = \frac{G_{L1}(s)}{1 + G_C(s) \cdot G_V(s) \cdot G_P(s) \cdot G_T(s)}$$

$$\frac{\hat{T}_s(s)}{\hat{T}_e(s)} = \frac{G_{L2}(s)}{1 + G_C(s) \cdot G_V(s) \cdot G_P(s) \cdot G_T(s)}$$

Note que as três funções de transferência possuem o mesmo denominador.

c) Calcular as seguintes funções de transferência:
- do transmissor de temperatura (G_T):

$$G_T(s) = \frac{\hat{T}_{s,m}(s)}{\hat{T}_s(s)} = \frac{K_T}{\tau_T \cdot s + 1} = \frac{15-3}{150-50} \frac{1}{10 \cdot s + 1} = \frac{0{,}12}{10 \cdot s + 1} \frac{\text{psi}}{°C}$$

- do processo (G_P):

Para calcular a função de transferência do processo G_P, deve-se modelar o sistema. Para tal, realiza-se o balanço de massa do processo:

- do lado dos tubos (lado do fluido de processo sendo aquecido):

$$\frac{d\left(m_L \cdot h_L\right)}{dt} = W \cdot h_{L,e} - W \cdot h_{L,s} + q_v$$

sendo q_v o fluxo de calor vindo do vapor.

Supondo que a massa de líquido m_L dentro dos tubos do trocador de calor seja constante e que a entalpia do líquido possa ser aproximada por:

$$h_L = c_{P,L} \cdot T$$

em que o calor específico do líquido $c_{P,L}$ é considerado constante.

Resulta:

$$m_L \cdot c_{P,L} \frac{d\left(T_s\right)}{dt} = W \cdot c_{P,L} \cdot T_e - W \cdot c_{P,L} \cdot T_s + q_v \qquad (4.10)$$

- do lado do casco (lado do vapor):

$$\frac{d\left(m_v \cdot h_v\right)}{dt} = W_v \cdot h_{v,e} - W_c \cdot h_{c,s} - q_v$$

Supõe-se não haver perda de calor para o meio ambiente e que $W_v = W_c$, isto é, todo fluxo mássico de vapor que entra sai como fluxo mássico de condensado. Supõe-se ainda que no lado do casco só haja vapor, em virtude da presença do purgador de vapor, que elimina todo o condensado formado. Assume-se que a massa de vapor m_v dentro do casco do trocador de calor seja constante, e que as entalpias do vapor e do condensado possam ser calculadas por:

$$h_v = c_{P,v} \cdot T_v + \lambda_v \text{ (vapor)}$$

$$h_c = c_{P,v} \cdot T_v \text{ (condensado)}$$

O termo $c_{P,v} \cdot T_v$ é o calor sensível e o termo λ_v, o calor latente de vaporização. O termo λ_v é, na verdade, função da pressão e, principalmente, da temperatura. Pode-se considerá-lo constante, desde que T não varie muito. Resulta:

$$m_v \cdot c_{P,v} \frac{d(T_v)}{dt} = W_v \cdot \left(c_{P,v} \cdot T_v + \lambda_v - c_{P,v} \cdot T_v\right) - q_v$$

Supondo-se que a temperatura do vapor permaneça constante dentro do trocador de calor, resulta:

$$q_v = W_v \cdot \lambda_v \tag{4.11}$$

Essa equação indica que, idealmente, todo o vapor que entra libera seu calor latente de vaporização para aquecer o fluido de processo.

Substituindo-se a Equação (4.11) na Equação (4.10), resulta:

$$m_L \cdot c_{P,L} \frac{d(T_s)}{dt} = W \cdot c_{P,L} \cdot T_e - W \cdot c_{P,L} \cdot T_s + W_v \cdot \lambda_v \tag{4.12}$$

A proposta agora é calcular a função de transferência $G_p(s)$ do processo, relacionando $\hat{T}_s(s)$ com $\hat{W}_v(s)$. No entanto, a Equação (4.12) não é linear, sendo preciso linearizá-la. Para tal, aplica-se a seguinte expressão:

$$f(x_1, x_2) \cong f(\overline{x}_1, \overline{x}_2) + \left.\frac{\partial f(x_1, x_2)}{\partial x_1}\right|_{x_1 = \overline{x}_1} \cdot (x_1 - \overline{x}_1) + \left.\frac{\partial f(x_1, x_2)}{\partial x_2}\right|_{x_2 = \overline{x}_2} \cdot (x_2 - \overline{x}_2)$$

Neste caso:

$$f(x_1, x_2) = x_1 \cdot x_2$$

Portanto:

$$f(x_1, x_2) \cong \overline{x}_1 \cdot \overline{x}_2 + \left.\frac{\partial f(x_1 \cdot x_2)}{\partial x_1}\right|_{\substack{x_1 = \overline{x}_1 \\ x_2 = \overline{x}_2}} \cdot (x_1 - \overline{x}_1) + \left.\frac{\partial f(x_1 \cdot x_2)}{\partial x_2}\right|_{\substack{x_1 = \overline{x}_1 \\ x_2 = \overline{x}_2}} \cdot (x_2 - \overline{x}_2)$$

$$f(x_1, x_2) \cong \overline{x}_1 \cdot \overline{x}_2 + \overline{x}_2 \cdot \hat{x}_1 + \overline{x}_1 \cdot \hat{x}_2$$

Linearizando-se cada um dos termos da Equação (4.12), resulta:

$$W \cdot c_{P,L} \cdot T_e \cong c_{P,L} \cdot \left(\overline{W} \cdot \overline{T}_e + \overline{W} \cdot \hat{T}_e + \overline{T}_e \cdot \hat{W}\right)$$

$$W \cdot c_{P,L} \cdot T_s \cong c_{P,L} \cdot \left(\overline{W} \cdot \overline{T}_s + \overline{W} \cdot \hat{T}_s + \overline{T}_s \cdot \hat{W}\right)$$

Substituindo-se essas expressões na Equação (4.12) e empregando-se notação de variáveis incrementais, resulta:

$$m_L \cdot c_{P,L} \frac{d\left(\hat{T}_s\right)}{dt} = c_{P,L} \cdot \left(\overline{W} \cdot \overline{T}_e + \overline{W} \cdot \hat{T}_e + \overline{T}_e \cdot \hat{W}\right) -$$

$$c_{P,L} \cdot \left(\overline{W} \cdot \overline{T}_s + \overline{W} \cdot \hat{T}_s + \overline{T}_s \cdot \hat{W}\right) + \left(\overline{W}_v + \hat{W}_v\right) \cdot \lambda v \tag{4.13}$$

Seja esta equação em regime estacionário nas condições nominais de operação:

$$c_{P,L} \cdot \overline{W} \cdot \left(\overline{T}_s - \overline{T}_e\right) = \overline{W}_v \cdot \lambda_v \tag{4.14}$$

Esse é o modelo do sistema em regime estacionário. Substituindo-se a Equação (4.14) na Equação (4.13), resulta no seguinte modelo dinâmico para o trocador de calor:

$$m_L \cdot c_{P,L} \frac{d\left(\hat{T}_s\right)}{dt} = c_{P,L} \cdot \left(\overline{W} \cdot \hat{T}_e + \overline{T}_e \cdot \hat{W} - \overline{W} \cdot \hat{T}_s - \overline{T}_s \cdot \hat{W}\right) + \lambda_v \cdot \hat{W}_v$$

Supondo-se $\hat{T}_s(0) = 0$ e transformando-se por Laplace, resulta:

$$\left(m_L \cdot c_{P,L} \cdot s + \overline{W} \cdot c_{P,L}\right) \cdot \hat{T}_s(s) = c_{P,L} \cdot \left(\overline{W} \cdot \hat{T}_e(s) + \overline{T}_e \cdot \hat{W}(s) - \overline{T}_s \cdot \hat{W}(s)\right) + \lambda_v \cdot \hat{W}_v(s)$$

ou, equivalentemente:

$$c_{P,L} \cdot \left(m_L \cdot s + \overline{W}\right) \cdot \hat{T}_s(s) = c_{P,L} \cdot \overline{W} \cdot \hat{T}_e(s) + c_{P,L} \cdot \left(\overline{T}_e - \overline{T}_s\right) \cdot \hat{W}(s) + \lambda_v \cdot \hat{W}_v(s) \tag{4.15}$$

A partir dessa equação, extraem-se as funções de transferência do processo e das variáveis de carga. Para chegar na função de transferência do processo supõe-se $\hat{T}_e(s) = 0$ e $\hat{W}(s) = 0$:

$$G_P(s) = \frac{\hat{T}_s(s)}{\hat{W}_v(s)} = \frac{\lambda_v}{c_{P,L} \cdot \left(m_L \cdot s + \overline{W}\right)} = \frac{K_P}{\tau_P \cdot s + 1} \frac{°C}{kg/s}$$

em que

$$K_P = \frac{\lambda_v}{c_{P,L} \cdot \overline{W}} = \frac{2250}{3,75 \cdot 12} = 50 \frac{°C}{kg/s} \qquad e \qquad \tau_P = \frac{m_L}{\overline{W}} = \frac{360}{12} = 30 \text{ s}.$$

Portanto:

$$G_P(s) = \frac{\hat{T}_s(s)}{\hat{W}_v(s)} = \frac{50}{30 \cdot s + 1} \frac{{}^\circ C}{kg/s}$$

Da carga representada por W (G_{L1}):

$$G_{L1}(s) = \frac{\hat{T}_s(s)}{\hat{W}(s)} = \frac{\overline{T}_e - \overline{T}_s}{m_L \cdot s + \overline{W}} = \frac{K_{L1}}{\tau_{L1} \cdot s + 1} \frac{{}^\circ C}{kg/s}$$

em que $K_{L1} = \dfrac{\overline{T}_e - \overline{T}_s}{\overline{W}} = \dfrac{50 - 90}{12} = -3{,}33 \dfrac{{}^\circ C}{kg/s}$ e $\tau_{L1} = \dfrac{m_L}{\overline{W}} = \dfrac{360}{12} = 30$ s.

Portanto:

$$G_{L1}(s) = \frac{\hat{T}_s(s)}{\hat{W}(s)} = \frac{-3{,}33}{30 \cdot s + 1} \frac{{}^\circ C}{kg/s}$$

Da carga representada por T_e (G_{L2}):

$$G_{L2}(s) = \frac{\hat{T}_s(s)}{\hat{T}_e(s)} = \frac{\overline{W}}{m_L \cdot s + \overline{W}} = \frac{K_{L2}}{\tau_{L2} \cdot s + 1} \left[\text{adim.}\right]$$

em que $K_{L2} = 1$ [adim.] e $\tau_{L2} = \dfrac{m_L}{\overline{W}} = \dfrac{360}{12} = 30$ s.

Portanto:

$$G_{L2}(s) = \frac{\hat{T}_s(s)}{\hat{T}_e(s)} = \frac{1}{30 \cdot s + 1} \left[\text{adim.}\right]$$

Da válvula de controle (G_V)

$$G_V(s) = \frac{\hat{W}_V(s)}{\hat{M}(s)} = \frac{K_V}{\tau_V \cdot s + 1} = \frac{1{,}6}{15 - 3} \frac{1}{3 \cdot s + 1} = \frac{0{,}1333}{3 \cdot s + 1} \frac{kg/s}{psi}$$

d) Tomando-se a equação característica $A(s)$ das funções de transferência em malha fechada obtidas na alínea "b", resulta:

$$A(s) = 1 + G_C(s) \cdot G_V(s) \cdot G_P(s) \cdot G_T(s)$$

Da alínea "c", tem-se que:

$$G_V(s) = \frac{\hat{W}_v(s)}{\hat{M}(s)} = \frac{0,1333}{3 \cdot s + 1} \frac{\text{kg/s}}{\text{psi}}$$

$$G_P(s) = \frac{\hat{T}_s(s)}{\hat{W}_v(s)} = \frac{50}{30 \cdot s + 1} \frac{°C}{\text{kg/s}}$$

$$G_T(s) = \frac{\hat{T}_{s,m}(s)}{\hat{T}_s(s)} = \frac{0,12}{10 \cdot s + 1} \frac{\text{psi}}{°C}$$

Para um controlador proporcional, tem-se que:

$$G_C(s) = K_C$$

Substituindo-se essas expressões na equação característica $A(s)$, resulta:

$$A(s) = 1 + K_C \frac{0,1333}{3 \cdot s + 1} \frac{50}{30 \cdot s + 1} \frac{0,12}{10 \cdot s + 1} = \frac{900 \cdot s^3 + 420 \cdot s^2 + 43 \cdot s + 1 + 0,8 \cdot K_C}{900 \cdot s^3 + 420 \cdot s^2 + 43 \cdot s + 1}$$

Trata-se de um sistema de terceira ordem. Portanto, de acordo com o que foi visto na Seção 4.4, ele pode se tornar instável de acordo com o valor escolhido para K_C. Fazendo-se $A(s) = 0$ e aplicando-se o método da substituição direta ($s = j \cdot \omega_n$), resulta:

$$A(j \cdot \omega_n) = -j \cdot 900 \cdot \omega_n^3 - 420 \cdot \omega_n^2 + j \cdot 43 \cdot \omega_n + 1 + 0,8 \cdot K_{CU} = 0 + j \cdot 0$$

Desmembrando-se a parte real e imaginária, resulta:

$$-420 \cdot \omega_n^2 + 1 + 0,8 \cdot K_{CU} = 0 \text{ (parte real)}$$

$$-900 \cdot \omega_n^3 + 43 \cdot \omega_n = 0 \text{ (parte imaginária)}$$

Da parte imaginária, resulta que a frequência natural não amortecida ω_n é dada por:

$$\omega_n^2 = \frac{43}{900} \Rightarrow \omega_n = 0,2186 \frac{\text{rad}}{\text{s}}$$

Substituindo-se ω_n na equação da parte real, resulta no seguinte valor para K_{CU}:

$$K_{CU} = 23,83$$

4.6.4 EXEMPLO DA ANÁLISE DE ESTABILIDADE DE UMA MALHA DE CONTROLE DE UM PROCESSO TÉRMICO

A Figura 4.66 mostra um sistema térmico em que circula ar quente para manter constante a temperatura T de uma câmara. O sensor de temperatura é instalado a uma distância L do forno, sendo v a velocidade do ar e θ o tempo decorrido antes de qualquer variação na temperatura do forno ser sentida pelo sensor (OGATA, 2011).

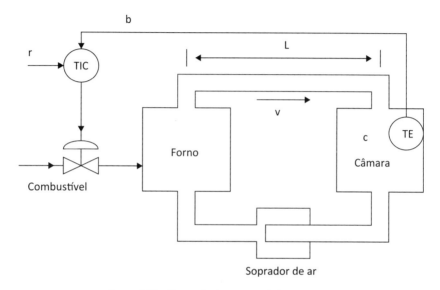

Figura 4.66 – Sistema térmico com controle de temperatura.

O diagrama de blocos que descreve esse sistema é mostrado na Figura 4.67. O processo (incluindo a válvula de controle e o elemento de medição) se comporta como um sistema de primeira ordem afetado de tempo morto:

$$G'_P(s) = G_V(s) \cdot G_P(s) \cdot G_M(s) = \frac{B(s)}{M(s)} = \frac{K_P \cdot e^{-\theta \cdot s}}{\tau \cdot s + 1}$$

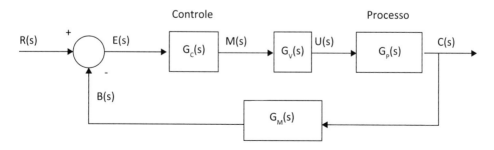

Figura 4.67 – Diagrama de blocos do sistema térmico com controle de temperatura.

Legenda: $R(s)$ = valor desejado da temperatura no forno; $M(s)$ = saída do controlador; $U(s)$ = variável manipulada (vazão de combustível); $C(s)$ = temperatura na câmara; $B(s)$ = temperatura medida na câmara.

Supondo que se utilize um controlador proporcional, resulta em $G_C(s) = K_C$. A função de transferência de malha aberta do sistema é dada por:

$$G(s) = \frac{B(s)}{R(s)} = G_C(s) \cdot G'_P(s) = \frac{K_C \cdot K_P \cdot e^{-\theta \cdot s}}{\tau \cdot s + 1}$$

Supondo-se K_P unitário, $\tau = 1\,\text{s}$ e $\theta = 1\,\text{s}$, resulta:

$$G(s) = \frac{K_C \cdot e^{-s}}{s + 1} \qquad (4.16)$$

Analise a estabilidade desse sistema em malha fechada pelos seguintes métodos:

a) método da substituição direta;

b) método de Routh;

c) método do lugar geométrico das raízes;

d) diagrama de Bode;

e) diagrama de Nyquist.

Solução:

a) Método da substituição direta

Esse método para calcular K_{CU} e ω_n só tem sentido quando se pode substituir s por $j \cdot \omega_n$, isto é, quando o gráfico do Lugar das Raízes cruza o eixo imaginário para algum valor de K_{CU}. Isso sempre ocorre em processos com tempo morto. Substituindo-se $s = j \cdot \omega_n$ na função de transferência de malha aberta, resulta:

$$G(j \cdot \omega_n) = \frac{K_{CU} \cdot e^{-j \cdot \omega_n}}{j \cdot \omega_n + 1}$$

Como se deseja achar a raiz da equação característica, faz-se:

$$1 + G(j \cdot \omega_n) = 0$$

Portanto, a equação característica é dada por:

$$K_{CU} \cdot e^{-j \cdot \omega_n} + j \cdot \omega_n + 1 = 0 \qquad (4.17)$$

Tem-se, então:

$$K_{CU} \cdot \left[\cos(\omega_n) - j \cdot \text{sen}(\omega_n) \right] + j \cdot \omega_n + 1 = 0$$

Desmembrando-se essa equação em uma parte real e outra imaginária, resulta:

$$K_{CU} \cdot \cos(\omega_n) + 1 = 0 \text{ (parte real)}$$

$$-K_{CU} \cdot \text{sen}(\omega_n) + \omega_n = 0 \quad \text{(parte imaginária)}$$

Manipulando as equações anteriores, chega-se a:

$$\tan(\omega_n) = -\omega_n$$

Resolvendo-se iterativamente essa equação, resulta em $\omega_n = 2,0288 \text{ rad/s}$. Substituindo-se esse valor em uma das equações anteriores, chega-se a $K_{CU} = 2,2618$.

b) Método de Routh

A equação característica desse sistema no domínio s é dada por:

$$1 + G(s) = K \cdot e^{-s} + s + 1 = 0 \tag{4.18}$$

Como na Equação (4.18) há uma exponencial e o método de Routh lida apenas com funções polinomiais, deve-se aproximar e^{-s} por funções do tipo racional, como sugerido na Subseção 4.5.3. Aproxima-se inicialmente e^{-s} por:

$$e^{-s} \cong \frac{1 - \dfrac{s}{2}}{1 + \dfrac{s}{2}} = \frac{2-s}{2+s}$$

Substituindo-se essa expressão na Equação (4.18), resulta:

$$1 + G(s) = K \cdot (2-s) + (s+1) \cdot (s+2) = s^2 + (3-K) \cdot s + 2 \cdot (1+K)$$

Montando-se a tabela para aplicar o critério de Routh:

$$
\begin{array}{ccc}
s^2 & 1 & 2 \cdot (1+K) \\
s & 3-K & 0 \\
s^0 & 2 \cdot (1+K) &
\end{array}
$$

As duas condições para estabilidade são:

- $3 - K > 0$, portanto $K < 3$;
- $2 \cdot (1+K) > 0$, portanto $K > -1$.

Mas, como não tem sentido $K \leq 0$, resulta em $0 < K < 3$.

Pode-se empregar uma aproximação melhor para o tempo morto, expandindo-o em série de Taylor em torno do ponto $s = 0$. Resulta:

$$e^{-s} \cong \frac{1 - \dfrac{s}{2} + \dfrac{s^2}{8}}{1 + \dfrac{s}{2} + \dfrac{s^2}{8}} = \frac{s^2 - 4 \cdot s + 8}{s^2 + 4 \cdot s + 8}$$

Aplicando-se novamente o método de Routh, resulta, para essa aproximação:

$$0 < K < 2,123$$

Uma aproximação melhor reduziu o limite superior de K de 3 para 2,123. Melhorando-se ainda mais a aproximação, expandindo-se o tempo morto em série de Taylor, mas com um termo a mais, chega-se a:

$$e^{-s} \cong \frac{1 - \dfrac{s}{2} + \dfrac{s^2}{8} - \dfrac{s^3}{48}}{1 + \dfrac{s}{2} + \dfrac{s^2}{8} + \dfrac{s^3}{48}} = \frac{-s^3 + 6 \cdot s^2 - 24 \cdot s + 48}{s^3 + 6 \cdot s^2 + 24 \cdot s + 48}$$

Aplicando-se o método de Routh e empregando-se essa aproximação, obtém-se:

$$0 < K < 2,219$$

Por fim, expressando-se e^{-s} pela aproximação de Padé de segunda ordem, tem-se:

$$e^{-s} \cong \frac{1 - \dfrac{s}{2} + \dfrac{1}{12}s^2}{1 + \dfrac{s}{2} + \dfrac{1}{12}s^2} = \frac{s^2 - 6 \cdot s + 12}{s^2 + 6 \cdot s + 12}$$

Aplicando-se o método de Routh, resulta:

$$0 < K < 2,292$$

Conforme a aproximação melhora, o limite superior de K se aproxima mais de 2,2618, que foi o valor encontrado pelo método da substituição direta, que gera valores exatos para K_{CU}.

c) Método do lugar geométrico das raízes

Analisa-se a estabilidade pelo método do Lugar das Raízes. Usa-se uma aproximação para $e^{-\theta \cdot s}$ e se mostra o LGR para a função original. Aproxima-se e^{-s} por:

$$e^{-s} \cong \frac{1 - \dfrac{s}{2}}{1 + \dfrac{s}{2}} = \frac{2 - s}{2 + s}$$

Resulta na seguinte função de transferência em malha aberta:

$$G(s) \cong \frac{K_C \cdot (2 - s)}{(s + 1) \cdot (s + 2)}$$

O gráfico resultante do Lugar das Raízes é mostrado na Figura 4.68.

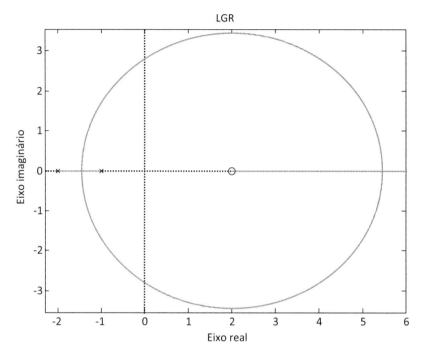

Figura 4.68 – Gráfico do Lugar das Raízes resultante de uma aproximação do tempo morto.

No limite da estabilidade, tem-se que $s = \pm j \cdot \omega_n$. Fazendo-se:

$$1 + G(j \cdot \omega_n) = 0$$

Resulta:

$$K_{CU} \cdot (2 - j \cdot \omega_n) + (1 + j \cdot \omega_n) \cdot (2 + j \cdot \omega_n) = 0$$

Com essa aproximação, resulta no ganho limite $K_{CU} = 3$, idêntico ao valor encontrado quando se usou o método de Routh com essa mesma aproximação. Obtém-se ainda uma aproximação da frequência natural não amortecida dada por $\omega_n = 2 \cdot \sqrt{2}$.

Na Figura 4.69, apresenta-se o lugar geométrico das raízes calculado de forma exata. Há uma nítida diferença no traçado dos diagramas LGR das Figuras 4.68 e 4.69. Portanto, o traçado de forma aproximada distorce bastante o diagrama real. O valor obtido de K_{CU} é 2,2619. Para se traçar o LGR da Figura 4.69, sabe-se que a função de transferência de malha aberta $G(s)$ é dada por:

$$G(s) = \frac{K \cdot e^{-\theta \cdot s}}{\tau \cdot s + 1}$$

em que $K = K_C \cdot K_P$.

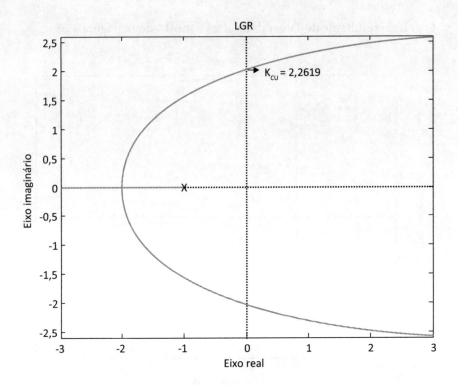

Figura 4.69 – Gráfico traçado de forma rigorosa do LGR.

Apesar de se saber que, nesse exemplo, K_p é unitário e $\tau = \theta = 1\,\text{s}$, preferiu-se manter na função de transferência os valores literais desses parâmetros para gerar um procedimento que se aplique a qualquer processo de primeira ordem com tempo morto. Assim, a equação característica desse sistema é:

$$A(s) = 1 + G(s) = 1 + \frac{K \cdot e^{-\theta \cdot s}}{\tau \cdot s + 1} = 0$$

Tem-se, então, que:

$$\frac{K \cdot e^{-\theta \cdot s}}{\tau \cdot s + 1} = -1$$

A condição de fase é dada por:

$$\text{fase}\left(\frac{K \cdot e^{-\theta \cdot s}}{\tau \cdot s + 1}\right) = \text{fase}\left(e^{-\theta \cdot s}\right) - \text{fase}\left(\tau \cdot s + 1\right) = \pm 180° \cdot (2 \cdot k + 1) \qquad k = 0, 1, 2, \cdots$$

Para se determinar a fase de $e^{-\theta \cdot s}$, deve-se fazer $s = -\sigma + j \cdot \omega_d$. Resulta:

$$e^{-\theta \cdot s} = e^{\sigma \cdot \theta - j \cdot \omega_d \cdot \theta} = e^{\sigma \cdot \theta} \cdot e^{-j \cdot \omega_d \cdot \theta}$$

Como $e^{\sigma \cdot \theta}$ é um número real, sua contribuição para a fase de $e^{-\theta \cdot s}$ é nula. Portanto:

$$\text{fase}\left(e^{-\theta \cdot s}\right) = \text{fase}\left(e^{-j \cdot \omega_d \cdot \theta}\right) = \text{fase}\left[\cos(\omega_d \cdot \theta) - j \cdot \text{sen}(\omega_d \cdot \theta)\right]$$

$$\text{fase}\left(e^{-\theta \cdot s}\right) = \arctan\left[\frac{-\text{sen}(\omega_d \cdot \theta)}{\cos(\omega_d \cdot \theta)}\right] = \arctan\left[-\tan(\omega_d \cdot \theta)\right] = -\omega_d \cdot \theta \quad \text{(em radianos)}$$

ou

$$\text{fase}\left(e^{-\theta \cdot s}\right) = -\frac{180°}{\pi}\omega_d \cdot \theta = -57,3 \cdot \omega_d \cdot \theta \quad \text{(em graus)}$$

Assim, a condição de fase desse sistema se torna:

$$-57,3 \cdot \omega_d \cdot \theta - \text{fase}(1+\tau \cdot s) = \pm 180° \cdot (2 \cdot k+1) \qquad k = 0, 1, 2, \cdots$$

Para $k = 0$, a condição de fase se torna:

$$\text{fase}(1+\tau \cdot s) = \pm 180° - 57,3 \cdot \omega_d \cdot \theta$$

Na equação anterior, nota-se que a contribuição angular de $57,3 \cdot \omega_d \cdot \theta$ é nula para $\omega_d = 0$. Disso decorre que:

$$\text{fase}(1+\tau \cdot s) = \pm 180°$$

Assim, o eixo real, desde a posição do polo $s = -1/\tau$ até $s \to -\infty$, pertence ao LGR. Aplica-se, agora, a condição de fase para valores de ω_d diferentes de 0. A partir do ponto $-1/\tau$ no eixo real, traça-se uma linha que represente a $\text{fase}(1+\tau \cdot s)$, isto é, que forme um ângulo de $180° - 57,3 \cdot \omega_d \cdot \theta$ com o eixo real. Busca-se a intersecção dessa linha com a linha horizontal dada por ω_d, dada pelo ponto P na Figura 4.70, que é um ponto que satisfaz à condição de fase e, portanto, pertence ao LGR (OGATA, 2011).

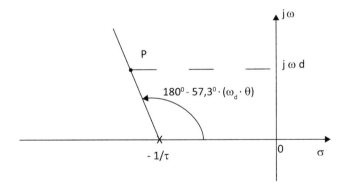

Figura 4.70 – Construção do Lugar das Raízes para processo de primeira ordem com tempo morto.

Variando-se ω_d desde próximo de 0 até próximo de π rad/s, plotam-se os pontos P obtidos para cada ω_d, gerando-se o LGR.

A determinação da frequência natural não amortecida ω_n em que o LGR corta o eixo imaginário pode ser feita por meio do valor de ω_d para o qual a parte real dos polos complexos conjugados atinge seu mínimo valor absoluto, correspondendo ao ponto em que o LGR cruza o eixo imaginário. Esse valor de ω_d corresponde a ω_n.

Por fim, para calcular o valor de K que leva o LGR a cruzar o eixo imaginário, correspondente a K_{CU}, deve-se empregar a condição de módulo:

$$\left| \tau \cdot s + 1 \right| = K \cdot e^{\sigma \cdot \theta} = K_C \cdot K_P \cdot e^{\sigma \cdot \theta}$$

Como no cruzamento do LGR pelo eixo imaginário tem-se que $s = j \cdot \omega_n$, substitui-se esse valor na condição do módulo, resultando em:

$$\left| j \cdot \omega_n \cdot \tau + 1 \right| = \sqrt{1 + \left(\omega_n \cdot \tau \right)^2} = K_{CU} \cdot K_P \cdot e^{\sigma \cdot \theta}$$

Como $s = j \cdot \omega_n$, resulta em $\sigma = 0$. Portanto:

$$K_{CU} = \frac{\sqrt{1 + \left(\omega_n \cdot \tau \right)^2}}{K_P}$$

Conhecendo-se ω_n, pode-se determinar K_{CU}.

O procedimento em Matlab para gerar o LGR de um sistema de primeira ordem afetado de tempo morto, incluindo-se o cálculo de ω_n e de K_{CU}, é mostrado a seguir.

```
% Desenha LGR de sistema de primeira ordem com tempo morto
clear all;
teta = 1;
tal = 1;
Kp = 1;
w = [0.0001:0.0001:3.1415];
for k=1:length(w),
    Re(k) = -1/tal-w(k)/tan(w(k)*teta);
    Im = w(k);
    lgr(k)=complex(Re(k),Im);
    lgrn(k)=complex(Re(k),-Im);
end
[Re_min, i] = min(abs(Re));
wn = w(i)
Kcu = sqrt(1+(wn*tal)^2)/Kp
```

```
plot(lgr,'k');
hold;
plot(complex(-1/tal,0),'kX');
plot(complex([-6/tal:0.2:12],0),'k:');
plot(complex(0,[-3:0.2:3]),'k:');
plot(lgrn,'k');
Rez = [-1/tal:-0.1/tal:-6/tal];
Imz = 0;
plot(complex(Rez,Imz),'k');
axis([-3/tal 3 -2.6 2.6]);
xlabel('Eixo real');
ylabel('Eixo imaginário');
title('LGR');
```

d) Diagrama de Bode

O diagrama de Bode é visto na Figura 4.71. No gráfico do ganho há duas curvas: com ganhos $K = 1$ e $K = K_P \cdot K_{CU} = 2,2618$. No gráfico da fase há curvas do sistema de primeira ordem com tempo morto, só do sistema de primeira ordem e apenas do tempo morto.

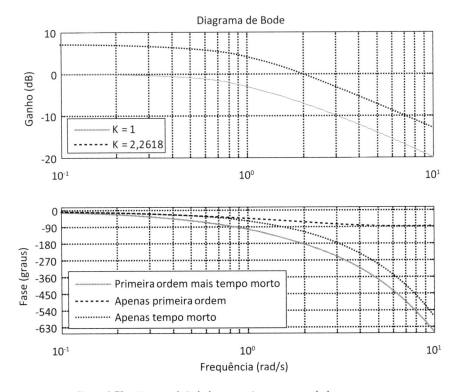

Figura 4.71 – Diagrama de Bode do sistema térmico com controle de temperatura.

Na Figura 4.71, a margem de ganho é de cerca de 7 dB ao se usar ganho $K = 1$ (0 dB). Ao se colocar na malha $K = 2,2618$, equivalente a 7,0891 dB, a margem de ganho passa a ser nula, levando o sistema ao limiar da estabilidade. Ou seja, para se ter $K = 1$ na frequência $\omega = 2,0288$ rad/s, deve-se ter $K = 2,2618$, comprovando o que já se esperava. O gráfico de fase passa por $-180°$ na frequência $\omega = 2,0288$ rad/s.

Nesse exemplo, a função de transferência do sistema em malha aberta é de primeira ordem com tempo morto. Detalha-se, a seguir, como gerar o diagrama de Bode quando há tempo morto. Na Equação (4.4), a defasagem criada pelo tempo morto em graus é:

$$\text{fase}\left(e^{-j\cdot\omega\cdot\theta}\right) = -\frac{180}{\pi}\,\omega\cdot\theta$$

A defasagem gerada por um sistema de primeira ordem é dada por:

$$\text{fase}\left(\frac{1}{1+j\cdot\omega\cdot\tau}\right) = -\arctan\left(\omega\cdot\tau\right) \text{ (em radianos)}$$

$$\text{fase}\left(\frac{1}{1+j\cdot\omega\cdot\tau}\right) = -\frac{180}{\pi}\arctan\left(\omega\cdot\tau\right) \text{ (em graus)}$$

A defasagem total de $G(j\cdot\omega)$, em graus, corresponde à soma das defasagens de cada um dos termos da função de transferência, isto é:

$$\text{fase}\left[G(j\cdot\omega)\right] = \text{fase}\left(\frac{e^{-j\cdot\omega\cdot\theta}}{1+j\cdot\omega\cdot\tau}\right) = \frac{-180}{\pi}\left[\omega\cdot\theta + \arctan\left(\omega\cdot\tau\right)\right]$$

O módulo do ganho é dado por:

$$\left|G(j\cdot\omega)\right| = \frac{K}{\sqrt{1+\left(\omega\cdot\tau\right)^2}}$$

O traçado do diagrama de Bode para esse caso é realizado de acordo com o seguinte procedimento em Matlab, que leva em conta o módulo e a fase de $G(j\cdot\omega)$.

```
% Desenha diagrama de Bode de sistema de 1a. ordem com tempo morto
K = 1;      tal = 1;      teta = 1;
num = [K];      den = [tal 1];
sys = tf(num,den);
```

Análise de estabilidade de sistemas de controle   **245**

```
wmin = 0.1;      wmax = 10;

w = wmin:0.01:wmax;

[ganho,fase]=bode(sys,w);

for i = 1:length(w),

    ganho_dB(i) = 20*log10(ganho(:,:,i));

    fase1(i) = fase(:,:,i);

    fase_tm(i) = -180*w(i)*teta/pi;

    fase1_tm(i) = fase1(i)+fase_tm(i);

end

subplot(2,1,1), semilogx(w,ganho_dB,'k',w,ganho_
dB+20*log10(2.2618),'k-.');

grid; axis([0.1 10 -20 10]);

ylabel('Ganho (dB)');

title('Diagrama de Bode');

legend('K=1','K=2,2618',3);

subplot(2,1,2), semilogx(w,fase1_tm,'k',w,fase1,'k-.',w,fase_
tm,'k:');

grid; axis([0.1 10 -660 20]);

set(gca,'YTick',-630:90:0);

legend('1a. ordem + tempo morto', 'Apenas 1a. ordem', 'Apenas
tempo morto',3);

xlabel('Frequência (rad/s)');

ylabel('Fase (graus)');
```

e) Diagrama de Nyquist

O diagrama polar ou de Nyquist é exibido na Figura 4.72. São mostrados dois casos: com ganho $K = 1$ e com ganho $K = K_p \cdot K_{CU} = 2,2618$. Nessa figura, percebe-se que, quando $K = 2,2618$, o traçado do gráfico passa pelo ponto $-1 + j \cdot 0$ uma vez, caracterizando a eliminação da margem de ganho e a consequente instabilidade do sistema. Portanto, pelo critério de Nyquist, esse sistema somente é estável se o ganho $K < 2,2618$ para τ e θ unitários. Alguns pontos importantes na Figura 4.72, que estão em destaque, podem ser calculados como indicado a seguir. Fazendo-se $s = j \cdot \omega$ para possibilitar a análise da resposta em frequência do sistema, resulta em:

$$G(j \cdot \omega) = \frac{K \cdot e^{-j \cdot \omega \cdot \theta}}{1 + j \cdot \omega \cdot \tau} = \frac{K \cdot \left[\cos(\omega \cdot \theta) - j \cdot \operatorname{sen}(\omega \cdot \theta) \right]}{1 + j \cdot \omega \cdot \tau} =$$

$$= \frac{K \cdot \left[\cos(\omega \cdot \theta) - j \cdot \operatorname{sen}(\omega \cdot \theta) \right] \cdot (1 - j \cdot \omega \cdot \tau)}{1 + (\omega \cdot \tau)^2} =$$

$$= \frac{K}{1+(\omega \cdot \tau)^2} \left\{ \cos(\omega \cdot \theta) - \omega \cdot \tau \cdot \text{sen}(\omega \cdot \theta) - j \cdot \left[\text{sen}(\omega \cdot \theta) + \omega \cdot \tau \cdot \cos(\omega \cdot \theta) \right] \right\}$$

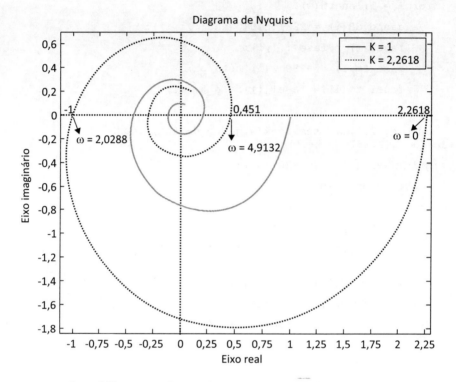

Figura 4.72 – Diagrama de Nyquist do sistema térmico com controle de temperatura.

Um primeiro ponto importante pode ser obtido fazendo-se $\omega = 0$. Resulta:

$$G(j \cdot 0) = K$$

Esse cálculo indica que, quando a frequência for nula, a função de transferência em malha aberta se resume ao ganho estacionário da malha aberta. Outros pontos do eixo real podem ser calculados, considerando-se que $G(j \cdot \omega)$ é real apenas quando:

$$\text{sen}(\omega \cdot \theta) + \omega \cdot \tau \cdot \cos(\omega \cdot \theta) = 0$$

Daí resulta que:

$$\tan(\omega \cdot \theta) = -\omega \cdot \tau$$

Para τ e θ unitários, resulta:

$$\tan(\omega) = -\omega$$

Análise de estabilidade de sistemas de controle **247**

Alguns valores de ω que são solução dessa equação, fora ω = 0, são:

$$\omega = 2{,}0288 \, \frac{\text{rad}}{\text{s}} \qquad \text{e} \qquad \omega = 4{,}9132 \, \frac{\text{rad}}{\text{s}}$$

Impondo-se que:

$$1 + G(j \cdot \omega) = 0$$

Resulta:

$$G(j \cdot 2{,}0288) = -1$$

Portanto:

$$G(j \cdot 2{,}0288) = \frac{K}{1 + 2{,}0288^2} \left[\cos(2{,}0288) - 2{,}0288 \cdot \text{sen}(2{,}0288) \right] = -1$$

Resulta que:

$$K = 2{,}2618$$

A listagem do programa em Matlab que gera o diagrama de Nyquist é vista a seguir.

```
% Desenha diagrama de Nyquist de sistema de 1a. ordem com tempo morto
K = 1;
tal = 1;
teta = 1;
wmin = 0.001;
wmax = 10;
w = wmin:0.001:wmax;
for i = 1:length(w),
    re(i) = real(K*exp(-w(i)*teta*j)/(1+w(i)*tal*j));
    im(i) = imag(K*exp(-w(i)*teta*j)/(1+w(i)*tal*j));
end
plot(re,im,'k');
axis([-1.12 2.3 -1.84 0.7]);
set(gca,'XTick',-1:0.25:2.25,'YTick',-1.8:0.2:0.6);
xlabel('Eixo real');
```

```
ylabel('Eixo imaginário');
title('Diagrama de Nyquist');
hold;
plot(complex([-1.2:0.01:2.4],0),'k:');
plot(complex(0,[-2:0.01:0.8]),'k:');
K = 2.2618;
for i = 1:length(w),
    re1(i) = real(K*exp(-w(i)*teta*j)/(1+w(i)*tal*j));
    im1(i) = imag(K*exp(-w(i)*teta*j)/(1+w(i)*tal*j));
end
plot(re1,im1,'k--');
ll = legend('K=1', 'K=2,2618');
set(ll,'FontSize',9);
hold;
```

REFERÊNCIAS

OGATA, K. **Engenharia de controle moderno**. 5. ed. São Paulo: Pearson Education do Brasil, 2011.

INEP (Instituto Nacional de Estudos e Pesquisas Educacionais Anísio Teixeira). Exame Nacional de Cursos: Provão da Engenharia Elétrica. Brasília, DF, 2000.

SEBORG, D. E.; EDGAR, T. F.; MELLICHAMP, D. A. **Process dynamics control**. 3. ed. Nova York: John Wiley & Sons, 2010.

SMITH, C. A.; CORRIPIO, A. B. **Principles and practice of automatic process control**. 3. ed. Nova York: John Wiley & Sons, 2005.

CAPÍTULO 5

CRITÉRIOS DE ANÁLISE DE DESEMPENHO DE SISTEMAS DE CONTROLE

A **análise** de um sistema linear de controle almeja, basicamente, a determinação das seguintes características do sistema:

- estabilidade absoluta;
- condição da estabilidade relativa e o comportamento da resposta transitória;
- desempenho em regime permanente.

A finalidade básica do projeto de um sistema de controle é buscar satisfazer as especificações de desempenho. É preciso estabelecer uma base que permita ao projetista comparar o desempenho de diferentes opções de sistemas de controle. Isso pode ser feito escolhendo-se sinais de entrada particulares e comparando-se o desempenho obtido em cada caso. As especificações de projeto de sistemas de controle normalmente incluem vários índices de resposta temporal para um sinal de entrada determinado, além de uma precisão especificada para a resposta estacionária. Os sinais de entrada (referência) mais utilizados são o degrau, a rampa, o impulso e a senoide.

É evidente que, ao realizar o projeto de um sistema de controle, assume-se que a premissa básica de estabilidade absoluta esteja sendo implicitamente atendida, pois qualquer outra especificação perde o sentido se o sistema for instável.

Cada resposta tem um estado estacionário e uma componente transitória. Para projetar e analisar sistemas de controle, é preciso definir e medir seu desempenho em termos de regimes transitório e estacionário. Então, com base no desempenho desejado, os parâmetros do controlador podem ser ajustados para atingir esse objetivo. As especificações de desempenho normalmente prescrevem propriedades importantes dos sistemas dinâmicos, relacionadas com seu comportamento em regimes transitório e estacionário, conforme listado a seguir:

a) Características relacionadas com a resposta em regime transitório:

- estabilidade relativa;
- comportamento (velocidade) da resposta transitória.

b) Características relacionadas com a resposta do sistema em regime permanente:

- erro em regime permanente;
- variabilidade da malha de controle.

A estabilidade relativa está diretamente relacionada com o comportamento da resposta transitória do sistema. No entanto, o modo de quantificar as diferentes características dos processos normalmente assume formas diferentes. A estabilidade relativa costuma ser enunciada em termos de especificações no domínio da frequência (margens de ganho e de fase), ao passo que o comportamento do sistema em regime transitório normalmente é prescrito em função de especificações no domínio do tempo (sobressinal máximo, tempo de subida, tempo de acomodação etc.).

A função de um sistema de controle é assegurar que o sistema em malha fechada tenha certas características de resposta estacionária e transitória. Os critérios de desempenho desejáveis em uma malha de controle são (SEBORG; EDGAR; MELLICHAMP, 2010):

a) a resposta em malha fechada deve ser estável;

b) os efeitos das perturbações externas devem ser minimizados;

c) deve haver uma resposta rápida e suave às mudanças do valor desejado;

d) os transitórios devem ser rápidos e com oscilações de pequena amplitude (o comportamento (velocidade) da resposta transitória está relacionado com as condições de estabilidade relativa);

e) o erro em regime permanente (e_{ss}) deve ser nulo;

f) o sistema de controle deve ser robusto, isto é, insensível a mudanças nas condições de processo e a erros no modelo assumido do processo.

Dentre os critérios de desempenho citados anteriormente, o primeiro deles é de fundamental importância em uma malha de controle. Os outros quesitos citados nas alíneas "b" a "f" somente têm importância se a condição de estabilidade (absoluta) for atendida. Se o sistema não for estável, não adianta falar em desempenho em regime transitório ou permanente, pois, a rigor, o sistema está fora de controle.

Este capítulo procura explicar o significado dos seguintes tópicos e os critérios normalmente empregados para quantificá-los:

- velocidade da resposta do sistema;
- erro em regime permanente;
- variabilidade da malha de controle;
- análise de desempenho de malhas de controle.

5.1 CRITÉRIOS DE AVALIAÇÃO DO COMPORTAMENTO DE SISTEMAS EM REGIME TRANSITÓRIO

As especificações no domínio do tempo são normalmente empregadas para avaliar o comportamento dos sistemas lineares em regime transitório. Elas são geralmente definidas em termos da resposta do sistema à função degrau unitário. O desempenho transitório é descrito normalmente pelas seguintes figuras de mérito:

a) sobressinal máximo (*maximum overshoot*, M_p): é uma medida da estabilidade relativa;

b) instante de pico (*peak time*, t_p).

As duas especificações seguintes são medidas da velocidade da resposta do sistema:

c) tempo de subida (*rise time*, t_r);

d) tempo de acomodação (*settling time*, t_s).

Maiores detalhes sobre esses quatro critérios constam na Subseção 3.3.4.

5.2 ANÁLISE DO ERRO EM REGIME PERMANENTE

O desempenho de muitos sistemas de controle pode ser especificado não apenas baseado na sua resposta transitória, mas também pelo erro estacionário em relação a certos sinais de referência, como degrau ou rampa. O erro estacionário, o erro de regime, o erro em regime estacionário, o erro em regime permanente, o desvio permanente, o *steady-state error* ou *offset*, normalmente representado pelo símbolo e_{ss}, são a diferença, em regime estacionário, entre o valor desejado (*set point*) R e o valor medido ou saída realimentada do processo B. O desempenho do estado estacionário, definido em termos de e_{ss}, é uma medida da precisão do sistema, quando uma certa entrada é aplicada.

Seja o sistema representado pelo diagrama de blocos da Figura 5.1.

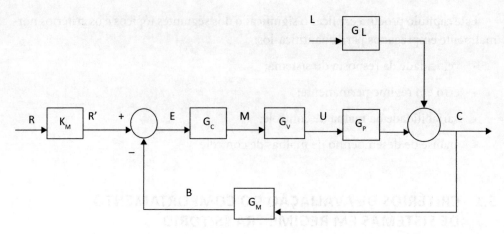

Figura 5.1 – Diagrama de blocos típico de uma malha de controle de processo industrial.

O sistema da Figura 5.1 tem a seguinte função de transferência de malha fechada, relacionando $E(s)$ a $R(s)$:

$$\frac{E(s)}{R(s)} = \frac{K_M}{1+G_C(s)\cdot G_V(s)\cdot G_P(s)\cdot G_M(s)}$$

Supondo que o sistema em malha fechada seja estável, o Teorema do Valor Final fornece:

$$e_{ss} = \lim_{t\to\infty} e(t) = \lim_{s\to 0} s\cdot E(s) = \lim_{s\to 0} \frac{K_M \cdot s}{1+G_C(s)\cdot G_V(s)\cdot G_P(s)\cdot G_M(s)} R(s)$$

ou, equivalentemente:

$$e_{ss} = \lim_{t\to\infty} e(t) = \lim_{t\to\infty} r'(t) - b(t) = \lim_{t\to\infty} K_M \cdot [r(t)-c(t)]$$

Caso se calcule a função de transferência que relaciona $E(s)$ a $L(s)$, resulta:

$$\frac{E(s)}{L(s)} = \frac{-G_M(s)\cdot G_L(s)}{1+G_C(s)\cdot G_V(s)\cdot G_P(s)\cdot G_M(s)}$$

Admitindo-se que o sistema em malha fechada seja estável, o Teorema do Valor Final diz que:

$$e_{ss} = \lim_{t\to\infty} e(t) = \lim_{s\to 0} s\cdot E(s) = \lim_{s\to 0} \frac{-G_M(s)\cdot G_L(s)\cdot s}{1+G_C(s)\cdot G_V(s)\cdot G_P(s)\cdot G_M(s)} L(s)$$

5.2.1 EXEMPLO DE ANÁLISE DE ERRO EM REGIME PERMANENTE EM UMA MALHA DE CONTROLE DE TEMPERATURA DE UM AQUECEDOR – CASO 1

Seja o sistema mostrado na Figura 5.2.

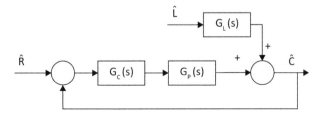

Figura 5.2 – Diagrama de blocos de malha de controle de temperatura de um aquecedor.

Considere:

$$G_C(s) = K_C$$

$$G_P(s) = \frac{-K_P \cdot e^{-\theta \cdot s}}{\tau_L \cdot s + 1}$$

$$G_L(s) = \frac{K_L}{\tau_L \cdot s + 1}$$

a) Para que a malha de controle apresente realimentação negativa, o controlador deve possuir ação direta ou reversa? Por quê?

b) Considere que o sistema em malha fechada seja estável. Calcule o erro em regime permanente para uma perturbação em degrau de amplitude A na variável de carga L. Caso esse erro seja não nulo, o que se poderia fazer para reduzi-lo ou então eliminá-lo?

Solução:

a) Como a função de transferência da planta tem ganho negativo (ação reversa), para a malha fechada ter realimentação negativa é preciso que o controlador tenha ação direta, pois assim haverá na malha um número ímpar de elementos com ação reversa.

b) Como visto na Seção 5.2, o erro estacionário em virtude de uma perturbação na carga é:

$$e_{ss} = \lim_{t \to \infty} e(t) = \lim_{s \to 0} s \cdot E(s) = \lim_{s \to 0} \frac{-G_M(s) \cdot G_L(s) \cdot s}{1 + G_C(s) \cdot G_V(s) \cdot G_P(s) \cdot G_M(s)} L(s)$$

Substituindo-se as funções de transferência fornecidas no enunciado do problema, fazendo-se $L(s) = A/s$ e considerando-se que $G_V(s) = G_M(s) = 1$, resulta:

$$e_{ss} = \lim_{s \to 0} \frac{-\dfrac{K_L}{\tau_L \cdot s + 1} s}{1 + K_C \dfrac{-K_P \cdot e^{-\theta \cdot s}}{\tau_L \cdot s + 1}} \frac{A}{s}$$

Portanto:

$$e_{ss} = \frac{-K_L \cdot A}{1 - K_C \cdot K_P}$$

O erro em regime permanente em virtude de perturbação na carga não é nulo. Para reduzi-lo, uma das opções seria aumentar o ganho K_C do controlador. Para eliminá-lo, uma sugestão seria inserir um polo na origem, por meio de um controlador proporcional mais integral. Nesse caso, a função de transferência do controlador ficaria:

$$G_C(s) = K_C \cdot \left(1 + \frac{1}{T_I \cdot s}\right)$$

Substituindo-se esta função de transferência no cálculo de e_{ss}, resulta:

$$e_{ss} = \lim_{s \to 0} \frac{-\dfrac{K_L}{\tau_L \cdot s + 1} s}{1 + K_C \cdot \left(1 + \dfrac{1}{T_I \cdot s}\right) \dfrac{-K_P \cdot e^{-\theta \cdot s}}{\tau_L \cdot s + 1}} \frac{A}{s}$$

Para $s \to 0$, o denominador de e_{ss} se torna infinito, o que faz com que $e_{ss} = 0$.

5.2.2 EXEMPLO DE ANÁLISE DE ERRO EM REGIME PERMANENTE EM UMA MALHA DE CONTROLE DE TEMPERATURA DE UM AQUECEDOR – CASO 2

Seja um sistema de controle eletrônico para um aquecedor, com sinais entre 4 mA a 20 mA, cujo diagrama de blocos é mostrado na Figura 5.3.

Critérios de análise de desempenho de sistemas de controle 255

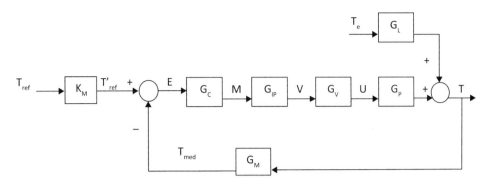

Figura 5.3 – Diagrama de blocos da malha de controle do aquecedor.

Considere que se use um controlador proporcional com ganho $K_C = 5$, cuja saída seja de 50% quando o erro for nulo (esse valor é conhecido como *manual reset*). Suponha que o transmissor de temperatura esteja calibrado de 10 ºC a 40 ºC. As condições nominais de operação são $\bar{T} = \bar{T}_{ref} = 27$ ºC e $\bar{T}_e = 18$ ºC, em que T é a temperatura de saída do aquecedor e T_e, a de entrada. Os ganhos da válvula de controle e do conversor I/P são, respectivamente, $K_V = 1,2$ (adim.) e $K_{IP} = 0,75$ psi/mA, e ambos os instrumentos, bem como o medidor de temperatura, têm dinâmica desprezível. O aquecedor pode ser modelado como um sistema de primeira ordem com constante de tempo $\tau = 5$ min. Considere ainda que a perturbação seja modelada como um sistema de primeira ordem com constante de tempo $\tau = 2$ min e ganho unitário. Após o valor desejado ser mudado bruscamente de 27 ºC para 30 ºC, a temperatura T atinge um novo valor estacionário de 29 ºC. Pergunta-se:

a) Qual é o valor do erro em regime permanente e_{ss}?

b) Qual é o ganho do processo K_p?

c) Qual o valor em psi do sinal que chega na válvula ao se atingir o novo regime estacionário?

d) Com as informações disponíveis, é possível calcular o valor nominal $\bar{u}$ na entrada do processo?

e) Como fica o erro em regime permanente caso se utilize um valor de referência variando em rampa?

f) Se uma perturbação na forma de um pulso retangular $\hat{T}_e(s) = (1 - e^{-3 \cdot s})/s$ entra no sistema e o valor de referência $T_{ref}(t)$ é mantido constante em $\bar{T}_{ref}$, qual é o valor do erro em regime permanente e_{ss}?

Solução:

a) Analisando-se a Figura 5.3, nota-se que o valor do erro em regime permanente e_{ss} se manifesta após o bloco comparador do controlador, devendo ser calculado por:

$$e_{ss} = T'_{ref} - T_{med}$$

No entanto, pode-se pensar em uma forma alternativa para o erro em regime permanente, calculado em termos da diferença entre o valor desejado T_{ref} e o valor da variável controlada T. Nesse caso, para calcular o erro, basta verificar a diferença entre o valor desejado e o valor da variável medida. Resulta:

$$e'_{ss} = T_{ref} - T = 30°C - 29°C = 1°C$$

Em termos de teoria de controle, o que vale é o primeiro cálculo proposto, isto é:

$$e_{ss} = T'_{ref} - T_{med} = K_M \cdot \left(T_{ref} - T \right)$$

O valor do ganho do medidor é dado por:

$$K_M = \frac{\Delta T_{med}}{\Delta T} = \frac{20 - 4}{40 - 10} \frac{mA}{°C} = \frac{16}{30} \frac{mA}{°C} = 0,533 \frac{mA}{°C}$$

Resulta, então:

$$e_{ss} = K_M \cdot \left(T_{ref} - T \right) = 0,533 \frac{mA}{°C} \cdot \left(30°C - 29°C \right) = 0,533 \, mA$$

b) Para se calcular o ganho do processo K_P, emprega-se a seguinte expressão:

$$e_{ss} = \lim_{t \to \infty} e(t) = \lim_{s \to 0} s \cdot E(s) = \lim_{s \to 0} \frac{K_M \cdot s}{1 + G_C(s) \cdot G_{IP}(s) \cdot G_V(s) \cdot G_P(s) \cdot G_M(s)} T_{ref}(s)$$

Supondo-se $T_{ref}(s) = A/s$, resulta:

$$e_{ss} = \frac{K_M}{1 + K_C \cdot K_{IP} \cdot K_V \cdot K_P \cdot K_M} A$$

sendo:

$$e_{ss} = 0,533 \, mA \qquad K_M = 0,533 \frac{mA}{°C} \qquad K_C = 5 \left[adim. \right]$$

$$K_{IP} = 0,75 \frac{psi}{mA} \qquad K_V = 1,2 \left[adim. \right] \qquad A = 3 \, °C \text{ (degrau no valor de referência)}$$

O valor resultante do ganho do processo K_P é:

$$K_P = \frac{5}{6} \frac{°C}{psi} = 0,833 \frac{°C}{psi}$$

c) Para se calcular o valor em psi do sinal que chega na válvula ao se atingir o regime estacionário final, deve-se primeiro pensar nos valores presentes no sistema em regime permanente com erro nulo. Nesse caso, tem-se que:

$$\bar{m} = 50\% \implies 12 \text{ mA } (\textit{manual reset} = 50\%)$$

Resulta que:

$$\bar{v} = 50\% \implies 9 \text{ psi } \text{ (sinal que chega na válvula)}$$

O valor do erro em regime permanente é:

$$e_{ss} = \hat{e} = 0{,}533 \text{ mA}$$

O valor incremental que aparece na saída do controlador é dado por:

$$\hat{m} = K_C \cdot \hat{e} = 5 \cdot 0{,}533 = 2{,}67 \text{ mA}$$

O valor incremental que aparece na saída do conversor I/P é dado por:

$$\hat{v} = K_{IP} \cdot \hat{m} = 0{,}75 \cdot 2{,}67 = 2 \text{ psi}$$

Assim, o valor do sinal v que chega na válvula após estabelecido o novo regime estacionário é:

$$v = \bar{v} + \hat{v} = 9 + 2 \text{ psi} = 11 \text{ psi}$$

Apenas a título de curiosidade, pode-se calcular o valor incremental da saída do processo $\hat{T}$ e verificar se ele coincide com o valor fornecido no problema. Seja, então:

$$\hat{T} = K_V \cdot K_P \cdot \hat{v} = 1{,}2 \cdot \frac{5}{6} \frac{°C}{\text{psi}} \cdot 2 \text{ psi} = 2 \text{ °C}$$

Verifica-se que esse é o valor efetivamente fornecido pelo problema, pois:

$$\hat{T} = T - \bar{T} = 29 \text{ °C} - 27 \text{ °C} = 2 \text{ °C}$$

d) Com as informações disponíveis, não é possível calcular o valor nominal $\bar{u}$ na entrada do processo, pois se conhecem apenas as variações ocorridas em $\hat{u}$. Sabe-se que a variação ocorrida em $\hat{u}$ corresponde a:

$$\hat{u} = K_V \cdot \hat{v} = 1{,}2 \cdot 2 \text{ psi} = 2{,}4 \text{ psi}$$

Consegue-se ainda determinar a máxima variação possível (*span*) de u:

$$\Delta u_{máx} = K_V \cdot \Delta v_{máx} = 1,2 \cdot 12 \text{ psi} = 14,4 \text{ psi}$$

No entanto, não se tem ideia de onde esteja o zero dessa faixa, portanto, não se consegue definir a faixa (*range*) de u.

e) Para verificar o que ocorre com o erro em regime permanente quando se usa um valor de referência variando em rampa, pode-se empregar o Teorema do Valor Final:

$$e_{ss} = \lim_{t \to \infty} e(t) = \lim_{s \to 0} s \cdot E(s) = \lim_{s \to 0} \frac{K_M \cdot s}{1 + G_C(s) \cdot G_{IP}(s) \cdot G_V(s) \cdot G_P(s) \cdot G_M(s)} \hat{T}_{ref}(s)$$

sendo:

$$\hat{T}_{ref}(s) = \frac{D}{s^2}$$

em que D corresponde à declividade da rampa aplicada.

Aplicando-se os valores conhecidos na equação de e_{ss} e supondo-se que $D = 1$, resulta:

$$e_{ss} = \lim_{s \to 0} \frac{0,533}{1 + 5 \cdot 0,75 \cdot 1,2 \cdot 0,833 \cdot 0,533} \frac{1}{s}$$

$$e_{ss} \to \infty$$

Mostra-se, na Figura 5.4, a temperatura de saída do processo T quando se aplica uma variação em degrau de 3 °C no valor de referência e, na Figura 5.5, a temperatura T, ao se aplicar uma variação em rampa unitária em T_{ref}, ambas ocorrendo em $t = 1$ s.

Na Figura 5.4, a diferença em regime estacionário entre o valor de referência T_{ref} e a temperatura de saída do processo T é igual a 1 °C.

Na Figura 5.5, a diferença entre o valor de referência T_{ref} e a temperatura de saída do processo T tende a crescer e se tornar infinita para $t \to \infty$.

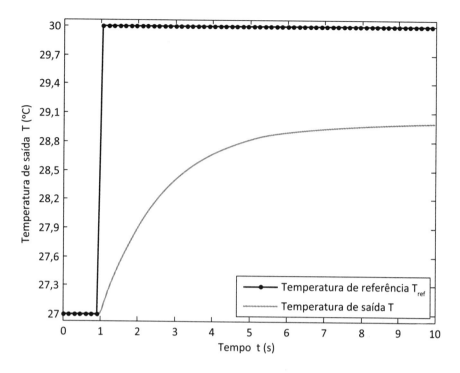

Figura 5.4 – Resposta da temperatura T à variação em degrau de 3 ºC em T_{ref} em $t = 1$ s.

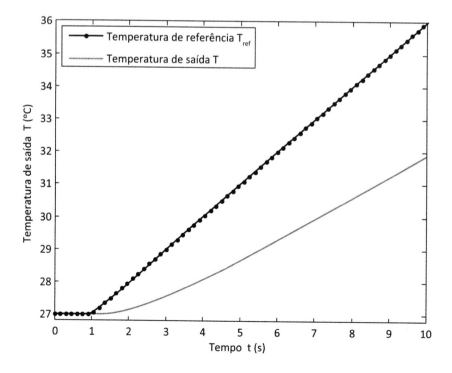

Figura 5.5 – Resposta da temperatura T à variação em rampa unitária em T_{ref} em $t = 1$ s.

f) O cálculo do erro em regime permanente e_{ss} caso uma perturbação em forma de pulso retangular $\hat{T}_e(s) = (1-e^{-3s})/s$ entre no sistema e o valor de referência $T_{ref}(t)$ seja mantido constante em $\bar{T}_{ref}$ é:

$$e_{ss} = \lim_{t \to \infty} e(t) = \lim_{s \to 0} s \cdot E(s) = \lim_{s \to 0} \frac{G_L(s) \cdot G_M(s) \cdot s}{1 + G_C(s) \cdot G_{IP}(s) \cdot G_V(s) \cdot G_P(s) \cdot G_M(s)} \hat{T}_e(s)$$

sendo:

$$\hat{T}_e(s) = \frac{1 - e^{-3s}}{s}$$

Aplicando-se os valores conhecidos na equação de e_{ss}, resulta:

$$e_{ss} = \lim_{s \to 0} \frac{0{,}533 \cdot (1 - e^{-3s})}{1 + 5 \cdot 0{,}75 \cdot 1{,}2 \cdot 0{,}833 \cdot 0{,}533} = 0$$

Portanto, uma perturbação transitória, como é o caso do pulso, gera um erro em regime permanente nulo.

5.2.3 EXEMPLO DE ANÁLISE DE ERRO EM REGIME PERMANENTE EM UMA MALHA DE CONTROLE DE NÍVEL EM TANQUE

Seja o sistema hidráulico da Subseção 2.2.1 e repetido na Figura 5.6. O P&ID indica que se usa instrumentação eletrônica (suposta, com sinais de 4 mA a 20 mA). Sabe-se que:

- o transmissor de nível pode ser modelado como um instrumento ideal que responde instantaneamente. Sua faixa calibrada é 0 m a 2 m;
- o controlador é do tipo proporcional com o valor do *manual reset* ajustado em 50%, o valor de referência $h_r = 1$ m e a banda proporcional em 50% (ganho 2);

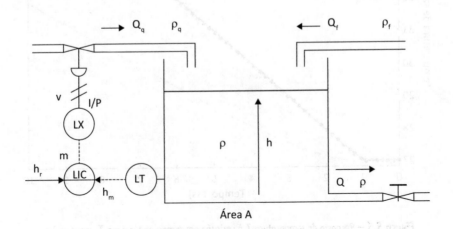

Figura 5.6 – P&ID de sistema hidráulico para controle de nível em tanque.

Critérios de análise de desempenho de sistemas de controle   **261**

- o conversor I/P tem dinâmica nula;

- a válvula de controle se comporta como um sistema de primeira ordem com $\tau = 10$ s. Ela tem característica inerente de vazão do tipo linear e manipula uma vazão que pode variar de 0 a 0,02 m³/s;

- a vazão Q é calculada por $Q = K \cdot \sqrt{h}$.

São dados:

$$\bar{Q}_f = 0,01\,\frac{m^3}{s} \qquad \bar{\rho}_f = 998,28\,\frac{kg}{m^3} \qquad \bar{\rho}_q = 971,63\,\frac{kg}{m^3} \qquad \bar{\rho} = 988,02\,\frac{kg}{m^3}$$

$$A = 3\,m^2 \qquad K = 0,019938\,\frac{m^3/s}{\sqrt{m}}$$

Pede-se:

a) A modelagem matemática do sistema.

b) O diagrama de blocos do sistema, colocando as variáveis trocadas entre os blocos.

c) As funções de transferência do sistema em malha fechada relacionando a saída $H(s)$ com o valor de referência $H_r(s)$ e com a variável de perturbação (carga) Q_f.

d) O valor da vazão manipulada Q_q nas condições nominais de operação.

e) O erro em regime permanente, supondo uma perturbação brusca em Q_f de 0,01 m³/s para 0,011 m³/s com h_r mantido fixo em seu valor nominal. Nesse caso, qual o valor do nível h? Confira esses resultados por meio da simulação do sistema em malha fechada.

f) Visando diminuir e_{ss}, qual seria o valor máximo do ganho do controlador que ainda manteria o sistema estável?

Solução:

a) A seguir, modela-se cada um dos elementos do sistema.

- Transmissor de nível: como é dito que o transmissor de nível pode ser modelado como um instrumento ideal que responde instantaneamente, isso significa que sua constante de tempo pode ser desprezada. Dessa forma, resta apenas o seu ganho, dado por:

$$G_T(s) = K_T = \frac{\Delta S}{\Delta E} = \frac{20-4}{2-0}\,\frac{mA}{m} = 8\,\frac{mA}{m}$$

- Controlador: como é dito que o controlador é do tipo proporcional com o valor do ganho ajustado em 2, resulta que sua função de transferência é dada por:

$$G_C(s) = K_C = 2 \; [\text{adim.}]$$

- Conversor I/P: como é dito que o conversor I/P tem dinâmica nula, isso significa que sua constante de tempo pode ser desprezada. Portanto, resta apenas seu ganho:

$$G_{IP}(s) = K_{IP} = \frac{\Delta S}{\Delta E} = \frac{15-3}{20-4} \frac{\text{psi}}{\text{mA}} = 0,75 \frac{\text{psi}}{\text{mA}}$$

- Válvula de controle: é dito que o atuador mais válvula se comportam como um sistema de primeira ordem com constante de tempo de 10 s, e que a válvula tem característica inerente de vazão do tipo linear e controla uma vazão que pode variar de 0 m³/s a 0,02 m³/s. Assim, sua função de transferência tem a seguinte forma:

$$G_V(s) = \frac{K_V}{\tau_V \cdot s + 1} \frac{\text{m}^3/\text{s}}{\text{psi}} = \frac{K_V}{10 \cdot s + 1} \frac{\text{m}^3/\text{s}}{\text{psi}}$$

Cálculo de K_V:

$$K_V = \frac{\Delta S}{\Delta E} = \frac{0,02-0}{15-3} \frac{\text{m}^3/\text{s}}{\text{psi}} = 0,00167 \frac{\text{m}^3/\text{s}}{\text{psi}}$$

Portanto, a função de transferência da válvula de controle se torna:

$$G_V(s) = \frac{0,00167}{10 \cdot s + 1} \frac{\text{m}^3/\text{s}}{\text{psi}}$$

- Processo: inicia-se o trabalho efetuando o balanço de massa no tanque:

$$\frac{dm}{dt} = \frac{d(\rho \cdot V)}{dt} = \frac{d(\rho \cdot A \cdot h)}{dt} = \rho_f \cdot Q_f + \rho_q \cdot Q_q - \rho \cdot Q$$

Supõe-se que a massa específica do fluido no interior do tanque ρ não varie. Dessa forma, a expressão anterior se torna:

$$\bar{\rho} \cdot A \frac{dh}{dt} = \rho_f \cdot Q_f + \rho_q \cdot Q_q - \bar{\rho} \cdot Q$$

Critérios de análise de desempenho de sistemas de controle **263**

No enunciado, é dado que a vazão Q é calculada por $Q = K \cdot \sqrt{h}$. Portanto, o modelo resultante fica:

$$\overline{\rho} \cdot A \, \frac{dh}{dt} = \rho_f \cdot Q_f + \rho_q \cdot Q_q - \overline{\rho} \cdot K \cdot \sqrt{h}$$

Supondo-se que todas as massas específicas sejam constantes, resulta:

$$\overline{\rho} \cdot A \, \frac{dh}{dt} = \overline{\rho}_f \cdot Q_f + \overline{\rho}_q \cdot Q_q - \overline{\rho} \cdot K \cdot \sqrt{h}$$

A expressão anterior possui apenas uma não linearidade representada por $\sqrt{h}$. Linearizando-a, resulta:

$$\sqrt{h} \equiv \sqrt{\overline{h}} + \frac{1}{2 \cdot \sqrt{\overline{h}}} \left(h - \overline{h} \right) = \sqrt{\overline{h}} + \frac{1}{2 \cdot \sqrt{\overline{h}}} \, \hat{h}$$

Sejam as seguintes variáveis incrementais:

$$h(t) = \overline{h} + \hat{h}(t) \qquad Q_f(t) = \overline{Q} + \hat{Q}_f(t) \qquad Q_q(t) = \overline{Q}_q + \hat{Q}_q(t)$$

Substituindo-se essas variáveis incrementais no modelo do processo, resulta no seguinte modelo dinâmico:

$$\overline{\rho} \cdot A \, \frac{d\hat{h}}{dt} = \overline{\rho}_f \cdot \left(\overline{Q} + \hat{Q}_f \right) + \overline{\rho}_q \cdot \left(\overline{Q}_q + \hat{Q}_q \right) - \overline{\rho} \cdot K \cdot \left(\sqrt{\overline{h}} + \frac{1}{2 \cdot \sqrt{\overline{h}}} \, \hat{h} \right)$$

Supondo-se que o processo opere em regime estacionário nas condições nominais de operação, resulta no seguinte modelo em regime estacionário do sistema:

$$0 = \overline{\rho}_f \cdot \overline{Q}_f + \overline{\rho}_q \cdot \overline{Q}_q - \overline{\rho} \cdot K \cdot \sqrt{\overline{h}}$$

Na expressão anterior, tem-se que:

- vazão de entrada = $\overline{\rho}_f \cdot \overline{Q}_f + \overline{\rho}_q \cdot \overline{Q}_q$
- vazão de saída = $\overline{\rho} \cdot K \cdot \sqrt{\overline{h}}$

Reescrevendo-se o modelo em regime estacionário, resulta:

$$\text{vazão de entrada} = \text{vazão de saída} \Rightarrow \overline{\rho}_f \cdot \overline{Q}_f + \overline{\rho}_q \cdot \overline{Q}_q = \overline{\rho} \cdot K \cdot \sqrt{\overline{h}}$$

Substituindo-se o modelo estacionário no modelo dinâmico, resulta:

$$\bar{\rho} \cdot A \frac{d\hat{h}}{dt} = \bar{\rho}_f \cdot \hat{Q} + \bar{\rho}_q \cdot \hat{Q}_q - \frac{\bar{\rho} \cdot K}{2 \cdot \sqrt{\bar{h}}} \hat{h}$$

Transformando-se essa equação por Laplace, supondo-se condições iniciais nulas $(\hat{h}(0) = 0 \Rightarrow h(0) = \bar{h})$, resulta:

$$\left(\bar{\rho} \cdot A \cdot s + \frac{\bar{\rho} \cdot K}{2 \cdot \sqrt{\bar{h}}} \right) \cdot \hat{H}(s) = \bar{\rho}_f \cdot \hat{Q}(s) + \bar{\rho}_q \cdot \hat{Q}_q(s)$$

Essa equação reflete o efeito das duas vazões de entrada (Q_f e Q_q) no nível h. Por ser linear, vale o princípio da superposição, podendo-se analisar individualmente o efeito de cada variável de entrada na saída, supondo que ora uma das entradas esteja fixa, ora a outra.

$$G_P(s) = \frac{\hat{H}(s)}{\hat{Q}_q(s)} = \frac{\bar{\rho}_q}{\bar{\rho} \cdot A \cdot s + \dfrac{\bar{\rho} \cdot K}{2 \cdot \sqrt{\bar{h}}}} \frac{m}{m^3/s}$$

$$G_L(s) = \frac{\hat{H}(s)}{\hat{Q}_f(s)} = \frac{\bar{\rho}_f}{\bar{\rho} \cdot A \cdot s + \dfrac{\bar{\rho} \cdot K}{2 \cdot \sqrt{\bar{h}}}} \frac{m}{m^3/s}$$

O valor numérico dessas funções de transferência pode ser calculado, supondo que $\bar{h} = h_r = 1\,m$:

$$G_P(s) = \frac{\hat{H}(s)}{\hat{Q}_q(s)} = \frac{971,63}{2964,06 \cdot s + 9,850} = \frac{98,64}{300,92 \cdot s + 1} \frac{m}{m^3/s}$$

$$G_L(s) = \frac{\hat{H}(s)}{\hat{Q}_f(s)} = \frac{998,28}{2964,06 \cdot s + 9,850} = \frac{101,35}{300,92 \cdot s + 1} \frac{m}{m^3/s}$$

Considera-se que a relação entre $\hat{H}(s)$ e $\hat{Q}_q(s)$ corresponde à função de transferência do processo $G_P(s)$, ao passo que a relação entre $\hat{H}(s)$ e $\hat{Q}_f(s)$ corresponde à função de transferência da perturbação (ou carga) $G_L(s)$.

b) O diagrama de blocos do sistema é apresentado na Figura 5.7.

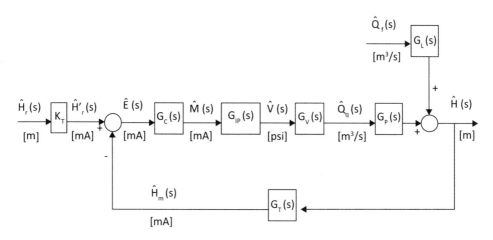

Figura 5.7 – Diagrama de blocos do sistema de controle de nível.

c) As funções de transferência do sistema em malha fechada relacionando a saída $H(s)$ com o valor de referência $H_r(s)$ e com a variável de carga Q_f são dadas por:

$$G_{H,H_r}(s) = \frac{\hat{H}(s)}{\hat{H}_r(s)} = \frac{K_T \cdot G_C(s) \cdot G_{IP}(s) \cdot G_V(s) \cdot G_P(s)}{1 + G_C(s) \cdot G_{IP}(s) \cdot G_V(s) \cdot G_P(s) \cdot G_T(s)} =$$

$$= \frac{K_T \cdot K_C \cdot K_{IP} \cdot G_V(s) \cdot G_P(s)}{1 + K_C \cdot K_{IP} \cdot G_V(s) \cdot G_P(s) \cdot K_T}$$

Substituindo-se nessa expressão os valores encontrados na alínea "a", resulta:

$$G_{H,H_r}(s) = \frac{\hat{H}(s)}{\hat{H}_r(s)} = \frac{1,977}{(10 \cdot s + 1) \cdot (300,92 \cdot s + 1) + 1,977} =$$

$$= \frac{1,977}{3009,2 \cdot s^2 + 310,92 \cdot s + 2,977}$$

Trata-se, portanto, de um sistema de segunda ordem subamortecido.

$$G_{H,Q_f}(s) = \frac{\hat{H}(s)}{\hat{Q}_f(s)} = \frac{G_L(s)}{1 + G_C(s) \cdot G_{IP}(s) \cdot G_V(s) \cdot G_P(s) \cdot G_T(s)} =$$

$$= \frac{G_L(s)}{1 + K_C \cdot K_{IP} \cdot G_V(s) \cdot G_P(s) \cdot K_T}$$

Substituindo-se nessa expressão os valores encontrados na alínea "a", resulta:

$$G_{H,H_r}(s) = \frac{\hat{H}(s)}{\hat{Q}_f(s)} = \frac{101,35\cdot(10\cdot s+1)}{(10\cdot s+1)\cdot(300,92\cdot s+1)+1,977} =$$

$$= \frac{101,35\cdot(10\cdot s+1)}{3009,2\cdot s^2+310,92\cdot s+2,977}$$

Trata-se também de um sistema de segunda ordem subamortecido. A equação característica para ambas as funções de transferência em malha fechada é a mesma, o que torna a análise de estabilidade única para ambos os casos.

d) O valor da vazão manipulada Q_q nas condições nominais de operação pode ser calculado por meio do modelo em regime estacionário encontrado na alínea "a".

$$\bar{\rho}_f\cdot\bar{Q}_f+\bar{\rho}_q\cdot\bar{Q}_q=\bar{\rho}\cdot K\cdot\sqrt{h}$$

Resulta:

$$\bar{Q}_q = \frac{\bar{\rho}\cdot K\cdot\sqrt{h}-\bar{\rho}_f\cdot\bar{Q}_f}{\bar{\rho}_q} = 0,01\ \frac{\text{m}^3}{\text{s}}$$

Pode-se chegar nesse mesmo resultado analisando-se o diagrama de blocos. Como a saída do controlador em regime estacionário com erro nulo é $\bar{m}=50\%=12\,\text{mA}$, resulta que a saída do conversor I/P nessa mesma situação será $\bar{v}=50\%=9\,\text{psi}$. A saída da válvula nessa mesma condição será $\bar{Q}_q=50\%=0,01\,\text{m}^3/\text{s}$.

e) Para se calcular o erro em regime permanente e_{ss} caso se suponha uma perturbação brusca em Q_f de 0,01 para 0,011 m³/s com h_r mantido constante em seu valor nominal, pode-se empregar a seguinte equação vista na Seção 5.2:

$$e_{ss,Q_f} = \lim_{t\to\infty} e(t) = \lim_{s\to 0} s\cdot E(s) = \lim_{s\to 0}\frac{-G_T(s)\cdot G_L(s)\cdot s}{1+G_C(s)\cdot G_{IP}(s)\cdot G_V(s)\cdot G_P(s)\cdot G_T(s)}\hat{L}(s)$$

Nesse caso, tem-se que:

$$\hat{L}(s) = \frac{0,001}{s}$$

Critérios de análise de desempenho de sistemas de controle

Substituindo-se os valores das funções de transferência encontradas na alínea "a" na expressão de e_{ss}, resulta:

$$e_{ss,Q_f} = \lim_{s\to 0} \frac{-8\,\dfrac{101,35}{\left(300,92\cdot s+1\right)}\,s}{1+2\cdot 0,75\,\dfrac{0,00167}{\left(10\cdot s+1\right)}\,\dfrac{98,64}{\left(300,92\cdot s+1\right)}\,8}\,\dfrac{0,001}{s} = \dfrac{-0,8108}{2,977} = -0,2724\text{ mA}$$

Portanto, o erro resultante é de −0,2724 mA, que equivale, em termos de nível no tanque, a:

$$e_{ss} = \lim_{t\to\infty}\left[\hat{H}'_r(t)-\hat{H}_m(t)\right] = \lim_{t\to\infty} K_T\cdot\left[\hat{H}_r(t)-\hat{H}(t)\right] = K_T\cdot\left[\hat{H}_r(\infty)-\hat{H}(\infty)\right]$$

Como se supôs que o valor de referência h_r tenha sido mantido constante, tem-se que:

$$h_r(t)=\overline{h}_r=1\,m \;\Rightarrow\; \hat{h}_r(t)=0 \;\therefore\; \hat{h}(\infty)=0$$

Resulta, então, que:

$$e_{ss} = -K_T\cdot\hat{h}(\infty)$$

Calculando-se o valor de $\hat{h}(\infty)$, resulta:

$$\hat{h}(\infty) = -\dfrac{e_{ss,Q_f}}{K_T} = -\dfrac{-0,2724\text{ mA}}{8\,\dfrac{\text{mA}}{\text{m}}} = 0,034\text{ m}$$

Visto que $h_r=\overline{h}_r=1$ m e considerando-se que $\hat{h}_r=\vec{h}$, então o valor do nível h é:

$$h = \overline{h}+0,034 = 1+0,034 = 1,034\text{ m}$$

Para simular uma variação brusca em Q_f de 0,01 m³/s para 0,011 m³/s com h_r fixo, introduz-se um degrau em Q_f de 0,001. O erro $e(t)$ é mostrado na Figura 5.8, e a variação do nível $\hat{h}(t)$ em torno do nível nominal de operação $\overline{h}$ aparece na Figura 5.9.

Na Figura 5.8, o valor de e_{ss,Q_f} converge para −0,2724 mA, e, na Figura 5.9, o valor de $\hat{h}(t)$ tende a 0,034 m.

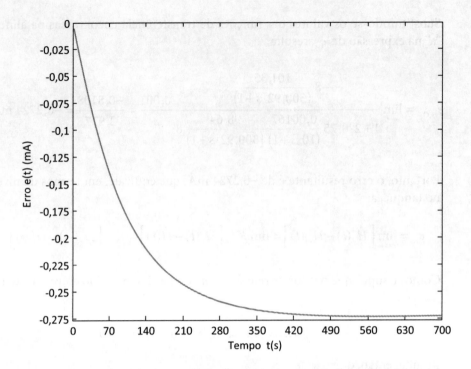

Figura 5.8 – Erro e(t) para variação brusca em Q_f de 0,01 para 0,011 m^3/s e h_r constante.

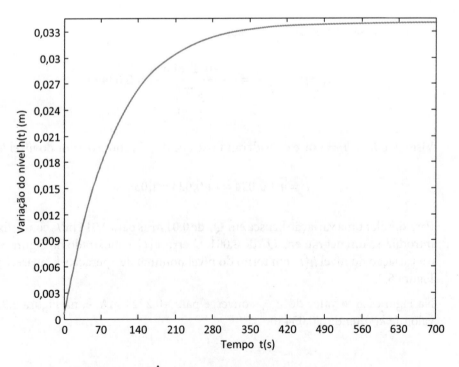

Figura 5.9 – Variação $\hat{h}(t)$ a mudança brusca em Q_f de 0,01 para 0,011 m^3/s com h_r fixo.

f) Valor máximo do ganho do controlador que minimiza e_{ss} e mantém o sistema estável

Para diminuir e_{ss} e calcular o valor máximo do ganho do controlador que ainda mantém o sistema estável, toma-se a equação característica da função de transferência em malha fechada do sistema, supondo-se K_C desconhecido:

$$A(s) = 3009,2 \cdot s^2 + 310,92 \cdot s + 1 + 0,9884 \cdot K_C$$

Aplicando-se o método de Routh à equação característica, resulta que, para qualquer $K_C > 0$, o sistema em malha fechada resulta estável. Na verdade, baseado no que foi dito na Subseção 4.3.2, esse resultado já era esperado, pois a equação é característica de um sistema de segunda ordem, que não se torna instável para nenhum valor de ganho da malha. Apresenta-se, a seguir, a expressão para e_{ss,Q_f}, dada em função de K_C:

$$e_{ss,Q_f} = \frac{-0,8108}{1 + 0,9884 \cdot K_C} \text{ mA}$$

Essa expressão indica que quanto maior for o valor de K_C, menor será o valor de e_{ss,Q_f}.

5.2.4 EXEMPLO DA ANÁLISE DE ERRO EM REGIME PERMANENTE EM UMA MALHA DE CONTROLE DE TEMPERATURA DE UM TROCADOR DE CALOR – CASO 1

Seja o mesmo trocador de calor apresentado na Subseção 4.6.1. Em continuação ao já pedido nessa subseção, pede-se:

c) Calcular o valor de e_{ss} para perturbações em degrau em $\hat{T}_e$ e $\hat{T}_r$, supondo-se que a amplitude das perturbações para cada entrada corresponda a 5% do valor de $\overline{T}_r$ (7 °C). Suponha que $K_C = K_{CU}/2$. Calcular também o valor final da variação $\hat{T}_s$ que ocorre na temperatura de saída para cada caso.

Solução:

c) Com base na Seção 5.2, pode-se escrever que:

$$\hat{E}(s) = \frac{K_M}{1 + G_C(s) \cdot G_{IP}(s) \cdot G_V(s) \cdot G_P(s) \cdot G_M(s)} \hat{T}_r -$$

$$- \frac{G_M(s) \cdot G_L(s)}{1 + G_C(s) \cdot G_{IP}(s) \cdot G_V(s) \cdot G_P(s) \cdot G_M(s)} \hat{T}_e$$

Suponha, inicialmente, que $\hat{T}_e = 0$ e $\hat{T}_r = A_{T_r}/s = 7/s$:

$$e_{ss,T_r} = \lim_{t \to \infty} e_{T_r}(t) = \lim_{s \to 0} s \cdot E_{T_r}(s) = \lim_{s \to 0} s \frac{K_M}{1 + K_C \cdot K_{IP} \cdot G_V \cdot G_P \cdot K_M} \frac{A_{T_r}}{s}$$

$$e_{ss,T_r} = \frac{0,4 \cdot 7}{1 + \dfrac{8,714}{2} \, 0,75 \cdot 2,27 \cdot 2,5 \cdot 0,4} = 0,3326 \text{ mA}$$

Mas:

$$e_{ss,T_r} = K_M \cdot \left[\hat{T}_r(\infty) - \hat{T}_s(\infty) \right] \Rightarrow 0,3326 = 0,4 \cdot \left[7 - \hat{T}_s(\infty) \right]$$

Portanto:

$$\hat{T}_s(\infty) = 7 - \frac{0,3326}{0,4} = 6,17°C$$

Suponha, agora, que $\hat{T}_r = 0$ e $\hat{T}_e = A_{T_e}/s = 7/s$:

$$e_{ss,T_e} = \lim_{t \to \infty} e_{T_e}(t) = \lim_{s \to 0} s \cdot E_{T_e}(s) = \lim_{s \to 0} s \frac{-K_M \cdot G_L}{1 + K_C \cdot K_{IP} \cdot G_V \cdot G_P \cdot K_M} \frac{A_{T_e}}{s}$$

$$e_{ss,T_e} = \frac{-0,4 \cdot 0,9 \cdot 7}{1 + \dfrac{8,714}{2} \, 0,75 \cdot 2,27 \cdot 2,5 \cdot 0,4} = -0,2994 \text{ mA}$$

Mas:

$$e_{ss,T_e} = K_M \cdot \left[\hat{T}_r(\infty) - \hat{T}_s(\infty) \right] \Rightarrow -0,2994 = 0,4 \cdot \left[0 - \hat{T}_s(\infty) \right]$$

Portanto:

$$\hat{T}_s(\infty) = \frac{0,2994}{0,4} = 0,749°C$$

5.2.5 EXEMPLO DE ANÁLISE DE ERRO EM REGIME PERMANENTE EM UMA MALHA DE CONTROLE DE TEMPERATURA DE UM TROCADOR DE CALOR – CASO 2

Seja o mesmo trocador de calor apresentado na Subseção 4.6.3. Em continuação ao já pedido nessa subseção, pede-se:

d) Apresentar as expressões literais das funções de transferência que relacionam o erro do sistema $\hat{E}(s)$ a cada uma das entradas do sistema.

e) Analisar, para variações nas entradas $T_{s,ref}$ e W, o que ocorre com o erro em regime permanente e_{ss}, caso se empregue um controlador proporcional com

Critérios de análise de desempenho de sistemas de controle **271**

ganhos K_C igual a 1 e 10, supondo que os sinais de entrada usados sejam degraus positivos com amplitude A correspondente a 10% do valor em regime estacionário nas condições nominais de operação da variável de entrada. Comentar os resultados obtidos.

f) Calcular a vazão de vapor $\overline{W}_v$ em regime permanente nas condições nominais de operação do processo.

Solução:

e) Conforme se verifica no diagrama de blocos da Figura 4.64, esse sistema possui três entradas: o valor de referência $\hat{T}_{s,ref}$ e as variáveis de carga (ou perturbação) $\hat{W}$ e $\hat{T}_e$. Portanto, as expressões literais das funções de transferência que relacionam o erro do sistema $\hat{E}(s)$ a cada uma das entradas do sistema são dadas por:

- valor desejado $\hat{T}_{s,ref}$:

$$\frac{\hat{E}(s)}{\hat{T}_{s,ref}(s)} = \frac{K_T}{1 + G_C(s) \cdot G_V(s) \cdot G_P(s) \cdot G_T(s)}$$

- vazão do fluido de processo a ser aquecido $\hat{W}$:

$$\frac{\hat{E}(s)}{\hat{W}(s)} = \frac{-G_{L1}(s) \cdot G_T(s)}{1 + G_C(s) \cdot G_V(s) \cdot G_P(s) \cdot G_T(s)}$$

- temperatura de entrada do fluido de processo a ser aquecido $\hat{T}_e$:

$$\frac{\hat{E}(s)}{\hat{T}_e(s)} = \frac{-G_{L2}(s) \cdot G_T(s)}{1 + G_C(s) \cdot G_V(s) \cdot G_P(s) \cdot G_T(s)}$$

f) Supondo-se, inicialmente, uma perturbação na vazão do fluido sendo aquecido $\hat{W}$:

$$\frac{\hat{E}(s)}{\hat{W}(s)} = \frac{-G_{L1}(s) \cdot G_T(s)}{1 + G_C(s) \cdot G_V(s) \cdot G_P(s) \cdot G_T(s)}$$

Seja, então:

$$\hat{W}(s) = \frac{A}{s}$$

Tem-se que:

$$e_{ss,W} = \lim_{t \to \infty} \hat{e}(t) = \lim_{s \to 0} s \cdot \hat{E}(s) = \lim_{s \to 0} s \frac{-G_{L1}(s) \cdot G_T(s)}{1 + G_C(s) \cdot G_V(s) \cdot G_P(s) \cdot G_T(s)} \frac{A}{s}$$

Resulta:

$$e_{ss,W} = \frac{-K_{L1} \cdot K_T \cdot A}{1 + K_C \cdot K_V \cdot K_P \cdot K_T} = \frac{-(-3,33) \cdot 0,12 \cdot A}{1 + K_C \cdot 0,1333 \cdot 50 \cdot 0,12} = \frac{0,4 \cdot A}{1 + 0,8 \cdot K_C}$$

Como $\overline{W} = 12$ kg/s, resulta que $A = 1,2$ kg/s. Efetuando os cálculos primeiro para K_C igual a 1, e, em seguida, igual a 10, tem-se que:

$$e_{ss,W} = \frac{0,48}{1,8} = 0,2667 \text{ psi} \quad (\text{para } K_C = 1)$$

$$e_{ss,W} = \frac{0,48}{9} = 0,0533 \text{ psi} \quad (\text{para } K_C = 10)$$

Na Figura 5.10, mostra-se a variação temporal do erro $e_{ss,W}$ para $K_C = 1$ e $K_C = 10$, com o degrau em W aplicado em $t = 5$ s.

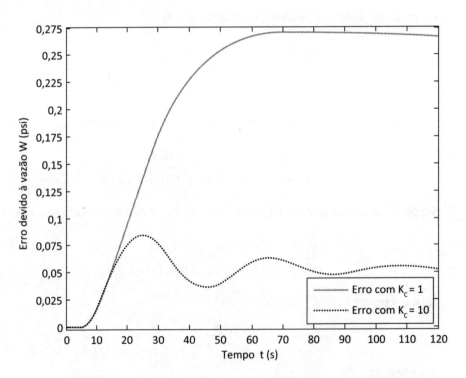

Figura 5.10 – Erro $e_{ss,W}(t)$ para mudança brusca em W de 1,2 kg/s com $T_{s,ref}$ fixo.

Na Figura 5.10, o erro em regime permanente é igual aos valores estimados analiticamente. Supondo-se agora uma perturbação no valor desejado $\hat{T}_{s,ref}$:

$$\frac{\hat{E}(s)}{\hat{T}_{s,ref}(s)} = \frac{K_T}{1+G_C(s)\cdot G_V(s)\cdot G_P(s)\cdot G_T(s)}$$

Seja, então:

$$\hat{T}_{s,ref}(s) = \frac{A}{s}$$

Resulta:

$$e_{ss,T_{s,ref}} = \lim_{t\to\infty}\hat{e}(t) = \lim_{s\to 0}s\cdot\hat{E}(s) = \lim_{s\to 0}s\frac{K_T}{1+G_C(s)\cdot G_V(s)\cdot G_P(s)\cdot G_T(s)}\frac{A}{s}$$

Tem-se, então, que:

$$e_{ss,T_{s,ref}} = \frac{K_T\cdot A}{1+K_C\cdot K_V\cdot K_P\cdot K_T} = \frac{0,12\cdot A}{1+K_C\cdot 0,1333\cdot 50\cdot 0,12} = \frac{0,12\cdot A}{1+0,8\cdot K_C}$$

Como $\overline{T}_{s,ref} = 90$ °C, resulta que $A = 9$ °C. Efetuando os cálculos primeiro para K_C igual a 1, e, em seguida, igual a 10, tem-se que:

$$e_{ss,T_{S,ref}} = \frac{1,08}{1,8} = 0,600 \text{ psi} \ (\text{para } K_C = 1)$$

$$e_{ss,T_{S,ref}} = \frac{1,08}{9} = 0,120 \text{ psi} \ (\text{para } K_C = 10)$$

Exibe-se, na Figura 5.11, a variação temporal do erro $e_{ss,Ts,ref}$ para $K_C = 1$ e $K_C = 10$, com o degrau em $T_{s,ref}$ aplicado em $t = 5$ s.

Constata-se, na Figura 5.11, que o erro em regime estacionário se iguala aos valores calculados analiticamente.

Verifica-se que, em ambos os casos, quando se aumentou o ganho K_C do controlador, o erro em regime permanente e_{ss} diminuiu.

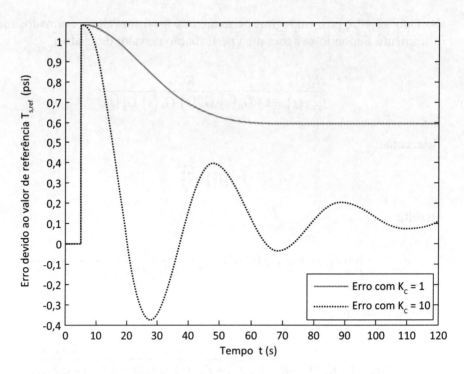

Figura 5.11 – Erro $e_{ss,T_{s,ref}}(t)$ para mudança brusca em $T_{s,ref}$ de 90 °C para 99 °C e sem perturbações.

g) A Equação (4.14) corresponde à equação em regime estacionário do balanço de energia do trocador de calor, conforme se segue:

$$c_{P,L} \cdot \overline{W} \cdot (\overline{T}_s - \overline{T}_e) = \overline{W}_v \cdot \lambda_v$$

Portanto, para se calcular a vazão de vapor $\overline{W}_v$, basta fazer:

$$\overline{W}_v = \frac{\overline{W} \cdot c_{P,L} \cdot (\overline{T}_s - \overline{T}_e)}{\lambda_v} = \frac{12 \cdot 3,75 \cdot (90 - 50)}{2250} = 0,8 \frac{\text{kg}}{\text{s}}$$

Como $\overline{W}_v = 0,8\,\text{kg/s}$ e a faixa de variação de W_v vai de 0 kg/s a 1,6 kg/s, resulta que o valor mínimo de $\hat{W}_v$ é igual a –0,8 kg/s e seu valor máximo é 0,8 kg/s. Com $W_v = \overline{W}_v = 0,8\,\text{kg/s}$, a temperatura na saída fica $T_s = \overline{T}_s = 90$ °C (supondo-se que as demais entradas (W e T_e) fiquem em seu valor nominal de operação). Com $\hat{W}_v = 0,8\,\text{kg/s}$ e as demais entradas fixas em seu valor nominal de operação, resulta:

$$\hat{T}_s = K_P \cdot \hat{W}_v = 50 \cdot 0,8 = 40 \text{ °C}$$

Portanto:

$$T_s = \overline{T}_s + \hat{T}_s = 90 + 40 = 130\,°C$$

Com $\hat{W}_v = -0,8\,\text{kg}/\text{s}$ e as demais entradas fixas em seu valor nominal de operação, resulta:

$$\hat{T}_s = K_P \cdot \hat{W}_v = 50 \cdot (-0,8) = -40\,°C$$

Portanto:

$$T_s = \overline{T}_s + \hat{T}_s = 90 - 40 = 50\,°C$$

Essa temperatura corresponde à situação em que não há nenhuma vazão de vapor e cujo valor é igual a $\overline{T}_e = 50\,°C$. Assim, supondo-se que as entradas W e T_e fiquem fixas em seu valor nominal de operação, a temperatura de saída T_s pode variar de 50 a 130 °C apenas em função de W_v.

5.2.6 EXEMPLO DE ANÁLISE DE ERRO EM REGIME PERMANENTE E DE RESPOSTA TRANSITÓRIA EM UMA MALHA DE CONTROLE

Seja a configuração clássica de controle mostrada no diagrama de blocos da Figura 5.12, no qual $G_P(s)$ corresponde à planta e $G_C(s)$, a um compensador (INEP, 2002).

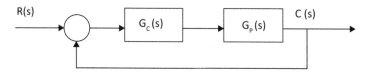

Figura 5.12 – Diagrama de blocos de configuração clássica de controle.

A planta é modelada pela seguinte função de transferência:

$$G_P(s) = \frac{1}{(0,5 \cdot s + 1) \cdot (0,125 \cdot s + 1)}$$

Os quatro gráficos da Figura 5.13 mostram o Lugar das Raízes para $K > 0$ ao se considerar quatro compensadores diferentes.

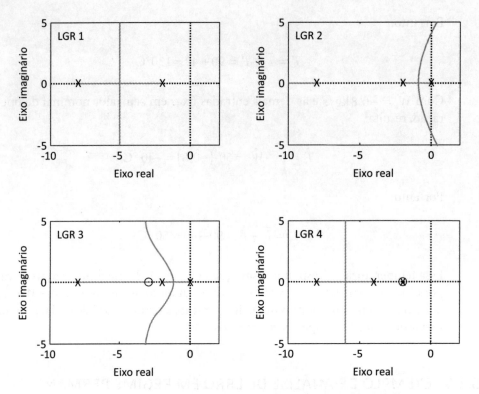

Figura 5.13 – Diagrama do Lugar das Raízes empregando-se quatro compensadores diferentes.

Cada um dos compensadores é modelado de acordo com um dos seguintes tipos:

Tipo 1: $G_C(s) = \dfrac{K \cdot (s+a)}{(s+b)}$ Tipo 2: $G_C(s) = K$ Tipo 3: $G_C(s) = \dfrac{K}{s}$

Pergunta-se:

a) Qual dos três tipos de compensador foi empregado para dar origem a cada um dos quatro gráficos de Lugar das Raízes? Quando for o caso, identifique os valores aproximados dos polos e zeros do compensador escolhido.

b) Considere os seguintes requisitos de desempenho para a resposta ao degrau desse sistema: erro de estado estacionário nulo e tempo de acomodação (5%) $t_s \leq 1,2$ seg. Com base nos dados apresentados, indique o gráfico cujo compensador permite atender os requisitos de desempenho. Justifique a sua resposta.

Vale observar que, para os sistemas em malha fechada dos gráficos 2 e 3, considere dinâmica de segunda ordem dominante.

Critérios de análise de desempenho de sistemas de controle

Solução:

a) A planta é de segunda ordem com polos em $p_1 = -2$ e $p_2 = -8$. No LGR do gráfico 1, há somente os dois polos da planta; portanto, o compensador que o gerou foi do tipo 2. No LGR do gráfico 2, além dos dois polos do processo, há também um polo na origem, indicando que o compensador usado foi do tipo 3, com $p_C = 0$. No caso do gráfico 3, há um polo e um zero adicionais aos dois polos do processo, indicando que o compensador usado foi do tipo 1, sendo que o zero do compensador está em $z_C = -3$ e o polo, em $p_C = 0$. No LGR do gráfico 4, há um polo extra em $p_C = -4$ e um zero coincidente com o polo do processo em $z_C = -2$, definindo o compensador como do tipo 1.

b) Analisam-se os requisitos de desempenho solicitados, iniciando-se pelo erro em regime permanente. Nesse caso, tem-se que:

$$e_{ss} = \lim_{t \to \infty} e(t) = \lim_{s \to 0} s \cdot E(s) = \lim_{s \to 0} s \, \frac{1}{1 + G_C(s) \, G_P(s)} \, R(s)$$

Como se está interessado na resposta ao degrau, faz-se:

$$R(s) = \frac{A}{s}$$

Substituindo-se esse valor e a expressão de $G_P(s)$ em e_{ss} e igualando-o a zero:

$$e_{ss} = \lim_{s \to 0} \frac{A}{1 + G_C(s) \dfrac{1}{(0,5 \cdot s + 1) \cdot (0,125 \cdot s + 1)}} = \lim_{s \to 0} \frac{A}{1 + G_C(s)} = 0$$

Dentre os compensadores citados, os que satisfazem a essa equação são os dos tipos 3, que gerou o gráfico 2, e 1, que gerou o gráfico 3. Para se definir qual dos dois compensadores usar, analisa-se o tempo de acomodação de 5%, o qual, para sistemas de segunda ordem, pode ser estimado aproximadamente por:

$$t_S \cong \frac{3}{\sigma} = \frac{3}{\xi \cdot \omega_n} \leq 1,2 \text{ s}$$

Resulta, então, que:

$$\sigma \geq 2,5$$

Esse valor corresponde ao módulo da parte real dos polos conjugados complexos de um sistema de segunda ordem. Portanto, para satisfazer esse requisito, a parte real dos polos complexos conjugados no diagrama do LGR deve estar à esquerda de uma linha vertical traçada em $s = -2,5$. Verificando o gráfico 2, em nenhum momento ele tem polos conjugados complexos com parte real à esquerda dessa linha. Já no gráfico 3, isso ocorre, indicando que o compensador a ser usado é do tipo 1.

5.3 CRITÉRIOS DE COMPARAÇÃO DE DESEMPENHO DE SISTEMAS DE CONTROLE

Se uma seleção entre várias configurações de controle deve ser feita, deve-se estipular alguma base de comparação. Por exemplo, um dado processo pode ser controlado de diferentes modos, com diferentes índices de desempenho, correspondendo à maneira como ele responde a variações no valor desejado ou na carga. Surge então a pergunta: como selecionar a melhor opção de controle? Há vários critérios para se avaliar o desempenho da resposta do processo, conforme mostrado a seguir.

a) Erro integrado $\left(\int_0^\infty e(t)dt \right)$: como o erro pode ser positivo ou negativo, um erro integrado nulo seria obtido em uma malha continuamente oscilante, o que desqualifica esse critério.

b) Magnitude do erro (e): esse critério possibilita a existência de um erro em regime permanente, o que é geralmente indesejável em qualquer malha.

c) Erro absoluto integrado (IAE – *integrated absolute error*) $\left(\int_0^\infty |e(t)|dt \right)$: é uma medida da área total sob a curva de resposta em ambos os lados do erro nulo. Visto que o erro seguindo uma mudança de carga eventualmente desaparece, o IAE se aproxima de um valor finito para qualquer malha estável.

d) Erro quadrático integrado (ISE – *integrated squared error*) $\left(\int_0^\infty e^2(t)dt \right)$: a elevação ao quadrado evita o cancelamento de um erro positivo por um negativo e também penaliza mais fortemente os grandes erros.

e) Integral do erro absoluto multiplicado pelo tempo (ITAE – *integral of time multiplied absolute error*) $\left(\int_0^\infty t \cdot |e(t)|dt \right)$: um erro inicial grande é ponderado com pequeno peso, e erros que ocorrem mais tarde são bastante penalizados.

f) Integral do erro quadrático multiplicado pelo tempo (ITSE – *integral of time multiplied squared error*) $\left(\int_0^\infty t \cdot e^2(t)dt \right)$: atribui-se a um erro inicial grande um peso baixo, enquanto erros que ocorrem mais tarde são bastante penalizados, o mesmo ocorrendo com grandes erros.

g) Desvio quadrático médio (RMS – *root-mean-square error*) $\left(\sqrt{\int_0^\infty e^2(t)dt} \right)$: é o desvio-padrão do erro. Se o erro se reduz a zero com o tempo, o mesmo ocorre com RMS. Esse critério é aplicável apenas a sistemas sem um estado estacionário.

5.3.1 EXEMPLO DE UTILIZAÇÃO DOS CRITÉRIOS DE COMPARAÇÃO DE DESEMPENHO DE MALHAS DE CONTROLE

Seja um sistema com dois tanques em cascata, conforme mostrado na Figura 5.14. Suponha que os escoamentos Q_1 e Q_2 sejam tão pequenos, com velocidades tão baixas, que sejam laminares. Considere as áreas de base dos tanques como A_1 e A_2.

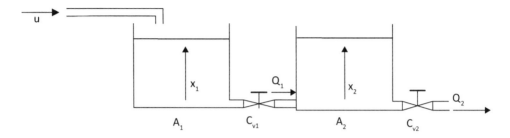

Figura 5.14 – Diagrama esquemático de dois tanques em cascata.

Aplicando-se o balanço de massa a cada um dos tanques, chega-se às seguintes relações do sistema, considerando-se que x_1 represente o nível no primeiro tanque, x_2, o nível no segundo tanque e u, a vazão de entrada no primeiro tanque.

$$A_1 \frac{dx_1}{dt} = u - Q_1 \quad \text{e} \quad A_2 \frac{dx_2}{dt} = Q_1 - Q_2$$

Suponha que os tanques estejam abertos para a atmosfera e que a descarga da vazão Q_2 ocorra na pressão atmosférica. Como se considerou um escoamento laminar, resultam nas seguintes relações constitutivas:

$$Q_1 = C_{V1} \cdot \Delta P_1 = C_{V1} \cdot \rho \cdot g \cdot (x_1 - x_2)$$

$$Q_2 = C_{V2} \cdot \Delta P_2 = C_{V2} \cdot \rho \cdot g \cdot x_2$$

Substituindo-se as relações constitutivas nas relações do sistema:

$$A_1 \frac{dx_1}{dt} = u - C_{V1} \cdot \rho \cdot g \cdot (x_1 - x_2)$$

$$A_2 \frac{dx_2}{dt} = C_{V1} \cdot \rho \cdot g \cdot (x_1 - x_2) - C_{V2} \cdot \rho \cdot g \cdot x_2$$

Isolando-se a derivada de cada equação:

$$\frac{dx_1}{dt} = \frac{-C_{V1} \cdot \rho \cdot g}{A_1} x_1 + \frac{C_{V1} \cdot \rho \cdot g}{A_1} x_2 + \frac{1}{A_1} u$$

$$\frac{dx_2}{dt} = \frac{C_{V1} \cdot \rho \cdot g}{A_2} x_1 - \frac{\rho \cdot g \cdot (C_{V1} + C_{V2})}{A_2} x_2$$

Sejam A_1 e A_2 iguais, e considere que:

$$k_1 = \frac{C_{V1} \cdot \rho \cdot g}{A_1} \qquad k_2 = \frac{\rho \cdot g \cdot (C_{V1} + C_{V2})}{A_1} \qquad k_3 = \frac{1}{A_1}$$

Resulta:

$$\frac{dx_1}{dt} = -k_1 \cdot x_1 + k_1 \cdot x_2 + k_3 \cdot u \qquad e \qquad \frac{dx_2}{dt} = k_1 \cdot x_1 - k_2 \cdot x_2$$

O fluido é água à pressão atmosférica ao nível do mar e temperatura de 20 ºC com $\rho = 998,28\ kg/m^3$, a aceleração da gravidade é $g = 9,80665\ m/s^2$, as válvulas são iguais, com característica inerente de vazão linear e $C_V = 4,0859 \cdot 10^{-6}\ m^3/s \cdot Pa$, e as áreas de base dos tanques são $A_1 = A_2 = 1\ m^2$. Tem-se, então, que:

$$k_1 = 0,04 \qquad\qquad k_2 = 2 \cdot k_1 = 0,08 \qquad\qquad k_3 = 1$$

Assim, as equações de estado resultantes são dadas por:

$$\frac{dx_1}{dt} = -0,04 \cdot x_1 + 0,04 \cdot x_2 + u$$

$$\frac{dx_2}{dt} = 0,04 \cdot x_1 - 0,08 \cdot x_2$$

$$y = x_2$$

a) Encontre a função de transferência $G_P(s) = Y(s)/U(s)$. Suponha que u seja dado em m³/min e que y seja dado em metros.

b) Suponha que se deseje controlar o nível no segundo tanque, manipulando-se a vazão de entrada no primeiro tanque. Para isso, empregam-se os seguintes instrumentos:

- um medidor de nível, com dinâmica desprezível e calibrado para gerar um sinal de 0 a 100%, conforme o nível varie de 0 m a 2 m;

- um conversor I/P com dinâmica desprezível;

- uma válvula de controle linear, de ação reversa, com tempo de acomodação de 10 s e que receba um sinal de atuação de 0 a 100% e manipule uma vazão na faixa de 0 m³/min a 3 m³/min;

- um controlador proporcional com ganho K_C.

Critérios de análise de desempenho de sistemas de controle **281**

Desenhe o diagrama de blocos dessa malha de controle.

c) Determine a ação do controlador para que se tenha realimentação negativa. Justifique a sua resposta.

d) Determine a faixa de valores de K_C para a qual o sistema seja estável em malha fechada. Calcule também o valor equivalente à frequência natural não amortecida ω_n, quando se ajusta no controlador o ganho crítico K_{CU}.

e) Calcule o valor do erro em regime estacionário quando se faz $K_C = K_{CU}/2$ e se aplica um degrau unitário no valor de referência h_{ref} em $t = 10$ s. Apresente, neste caso, o valor de ISE e ITAE caso se simule o sistema por 250 s.

f) Para que valores do ganho do controlador K_C o erro em regime permanente e_{ss} será inferior a 0,05 para uma variação em degrau unitário no valor desejado, supondo ausência de perturbações? E qual a faixa de valores de K_C para que e_{ss} seja inferior a 0,01, supondo as mesmas condições anteriores? Ambos os ganhos encontrados seriam passíveis de serem efetivamente empregados?

Solução:

a) O cálculo da função de transferência $G_P(s)$ pode ser feita de diversas formas. Uma delas corresponde a transformar por Laplace as equações diferenciais do sistema, supondo condições iniciais nulas e lembrando que $y = x_2$:

$$s \cdot X_1(s) = -0{,}04 \cdot X_1(s) + 0{,}04 \cdot Y(s) + U(s) \;\Rightarrow\; X_1(s) = \frac{0{,}04 \cdot Y(s) + U(s)}{s + 0{,}04} \quad (5.1)$$

$$s \cdot Y(s) = 0{,}04 \cdot X_1(s) - 0{,}08 \cdot Y(s) \;\Rightarrow\; X_1(s) = \frac{(s + 0{,}08) \cdot Y(s)}{0{,}04} \quad (5.2)$$

Igualando-se as Equações (5.1) e (5.2), resulta:

$$\frac{0{,}04 \cdot Y(s) + U(s)}{s + 0{,}04} = \frac{(s + 0{,}08) \cdot Y(s)}{0{,}04} \quad (5.3)$$

Manipulando-se a Equação (5.3), chega-se a:

$$G_P(s) = \frac{Y(s)}{U(s)} = \frac{0{,}04}{s^2 + 0{,}12 \cdot s + 0{,}0016}$$

Outra forma possível de se obter a função de transferência é aplicar diretamente a fórmula de transformação de equações em espaço de estados em funções de transferência, conforme indicado a seguir:

$$G_P(s) = \frac{Y(s)}{U(s)} = C(sI - A)^{-1} B + D \qquad (5.4)$$

em que as matrizes **A**, **B**, **C** e **D** correspondem a:

$$\dot{x} = Ax + Bu$$

$$y = Cx + Du$$

No caso desse exemplo, tem-se que:

$$\dot{x} = \begin{bmatrix} \dot{x}_1 \\ \dot{x}_2 \end{bmatrix} = \underbrace{\begin{bmatrix} -0{,}04 & 0{,}04 \\ 0{,}04 & -0{,}08 \end{bmatrix}}_{A} \begin{bmatrix} x_1 \\ x_2 \end{bmatrix} + \underbrace{\begin{bmatrix} 1 \\ 0 \end{bmatrix}}_{B} u \qquad y = \underbrace{\begin{bmatrix} 0 & 1 \end{bmatrix}}_{C} \begin{bmatrix} x_1 \\ x_2 \end{bmatrix} + \underset{D}{0}\, u$$

Aplicando-se a Equação (5.4), chega-se a:

$$G_P(s) = \frac{Y(s)}{U(s)} = \begin{bmatrix} 0 & 1 \end{bmatrix} \left(s\begin{bmatrix} 1 & 0 \\ 0 & 1 \end{bmatrix} - \begin{bmatrix} -0{,}04 & 0{,}04 \\ 0{,}04 & -0{,}08 \end{bmatrix} \right)^{-1} \begin{bmatrix} 1 \\ 0 \end{bmatrix} + 0$$

$$G_P(s) = \frac{Y(s)}{U(s)} = \begin{bmatrix} 0 & 1 \end{bmatrix} \left(\begin{bmatrix} s+0{,}04 & -0{,}04 \\ -0{,}04 & s+0{,}08 \end{bmatrix} \right)^{-1} \begin{bmatrix} 1 \\ 0 \end{bmatrix} =$$

$$= \begin{bmatrix} 0 & 1 \end{bmatrix} \frac{1}{s^2 + 0{,}12 \cdot s + 0{,}0016} \begin{bmatrix} s+0{,}08 & 0{,}04 \\ 0{,}04 & s+0{,}04 \end{bmatrix} \begin{bmatrix} 1 \\ 0 \end{bmatrix}$$

$$G_P(s) = \frac{Y(s)}{U(s)} = \begin{bmatrix} \dfrac{0{,}04}{s^2 + 0{,}12 \cdot s + 0{,}0016} & \dfrac{s+0{,}04}{s^2 + 0{,}12 \cdot s + 0{,}0016} \end{bmatrix} \begin{bmatrix} 1 \\ 0 \end{bmatrix}$$

$$G_P(s) = \frac{Y(s)}{U(s)} = \frac{0{,}04}{s^2 + 0{,}12 \cdot s + 0{,}0016}$$

Pode-se ainda recorrer diretamente ao Matlab, por meio do comando:

$$[y,u] = ss2tf(A,B,C,D)$$

Resulta:

y = 0   0   0,04   u = 1   0,12   0,0016

Portanto:

$$G_P(s) = \frac{Y(s)}{U(s)} = \frac{0,04}{s^2 + 0,12 \cdot s + 0,0016}$$

b) Os modelos dos instrumentos usados são apresentados a seguir.
   - Medidor de nível:

$$K_M = \frac{100}{2} = 50 \frac{\%}{m}$$

   - Válvula de controle: como a constante de tempo da válvula foi dada em segundos e a vazão, em m^3/min, deve-se uniformizar a unidade de tempo. Optou-se por converter a vazão para m^3/s, o que resulta em uma vazão máxima de $0,05\ m^3/s$. Portanto:

$$G_V(s) = \frac{-0,05}{100} \frac{1}{2 \cdot s + 1} = \frac{-5 \cdot 10^{-4}}{2 \cdot s + 1} \frac{m^3/s}{\%}$$

(supondo que o tempo de acomodação de um sistema de primeira ordem seja 5 vezes a constante de tempo τ)

O diagrama de blocos dessa malha de controle é mostrado na Figura 5.15.

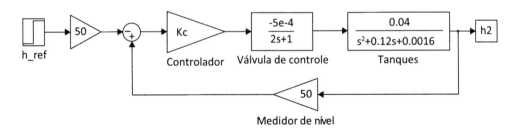

Figura 5.15 – Diagrama de blocos da malha de controle de nível.

c) Para se ter realimentação negativa, o controlador deve ter ação direta, pois o processo e o medidor são de ação direta e a válvula é de ação reversa, de modo que já há um elemento na malha com ação reversa.

d) A função de transferência do sistema em malha fechada é dada por:

$$G_{MF}(s) = \frac{\hat{H}(s)}{\hat{H}_{ref}(s)} = \frac{K_M \cdot K_C \cdot G_V \cdot G_P}{1 + K_C \cdot G_V \cdot G_P \cdot K_M}$$

Portanto, a equação característica é dada por:

$$A(s) = 1 + K_C \cdot G_V \cdot G_P \cdot K_M = 1 + K_C \frac{5 \cdot 10^{-4}}{2 \cdot s + 1} \frac{0,04}{s^2 + 0,12 \cdot s + 0,0016} 50 = 0 \cdot$$

$$A(s) = 2 \cdot s^3 + 1,24 \cdot s^2 + 0,1232 \cdot s + 0,0016 + 0,001 \cdot K_C = 0$$

Para calcular K_{CU}, pode-se empregar o método da substituição direta. Resulta:

$$A(j \cdot \omega_n) = -j \cdot 2 \cdot \omega_n^3 - 1,24 \cdot \omega_n^2 + j \cdot 0,1232 \cdot \omega_n + 0,0016 + 0,001 \cdot K_{CU} = 0$$

Tem-se que:

$$-1,24 \cdot \omega_n^2 + 0,0016 + 0,001 \cdot K_{CU} = 0 \ \text{(parte real)}$$

$$-2 \cdot \omega_n^3 + 0,1232 \cdot \omega_n = 0 \ \text{(parte imaginária)}$$

Da parte imaginária, sai que: $\omega_n = 0,2482 \ \dfrac{\text{rad}}{\text{s}}$

Da parte real, resulta: $K_{CU} = 74,788$

e) O erro em regime estacionário, ao se aplicar um degrau unitário no valor de referência h_{ref} em $t = 10\,\text{s}$ com $K_C = K_{CU}/2$, é:

$$e_{ss} = \lim_{t \to \infty} e(t) = \lim_{s \to 0} s \cdot E(s) = \lim_{s \to 0} \frac{-K_M \cdot s}{1 + K_C \cdot G_V(s) \cdot G_P(s) \cdot K_M} \frac{1}{s}$$

$$e_{ss} = \frac{-50}{1 + \dfrac{74,788}{2} \cdot 5 \cdot 10^{-4} \cdot \dfrac{0,04}{0,0016} \cdot 50} = -2,05\%$$

Convertendo-se esse valor em metros, resulta:

$$e_{ss} = \frac{-2,05}{K_M} = \frac{-2,05}{50} = -0,041\,\text{m}$$

A resposta do nível ao degrau unitário é mostrada na Figura 5.16.

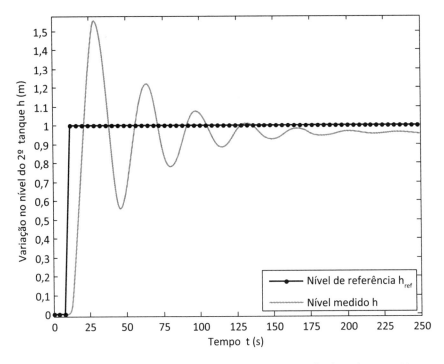

Figura 5.16 – Resposta do nível no 2º tanque a degrau unitário no valor desejado em $t = 10$ s.

Conforme se vê na Figura 5.16, o valor de erro em regime permanente de fato é igual a $(0,959 - 1)$ m $= -0,041$ m.

O cálculo dos índices ISE e ITAE em Simulink pode ser feito como visto no diagrama da Figura 5.17. Após 250 s de simulação, resulta em ISE $= 2,89 \cdot 10^4$ e ITAE $= 1,023 \cdot 10^5$.

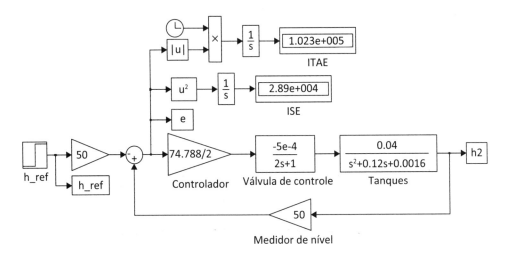

Figura 5.17 – Diagrama de blocos do sistema em Simulink com cálculo dos índices ISE e ITAE.

f) Os valores do ganho do controlador K_C que tornam o módulo do erro em regime permanente e_{ss} inferior a 0,05 m e a 0,01 m para uma variação em degrau unitário no valor de referência, supondo ausência de perturbações, é:

$$e_{ss} = \lim_{t \to \infty} e(t) = \lim_{s \to 0} s \cdot E(s) = \lim_{s \to 0} \frac{-K_M \cdot s}{1 + K_C \cdot G_V(s) \cdot G_P(s) \cdot K_M} \frac{1}{s}$$

Para $|e_{ss}| = 0,05$ m, resulta:

$$e_{ss} = \frac{50}{1 + K_C \cdot 5 \cdot 10^{-4} \cdot \frac{0,04}{0,0016} \cdot 50} \% = 0,05 \text{ m} \cdot 50 \frac{\%}{\text{m}} = 2,5\%$$

Portanto:

$$K_C > 30,4$$

Uma simulação com esse ganho é apresentada na Figura 5.18.

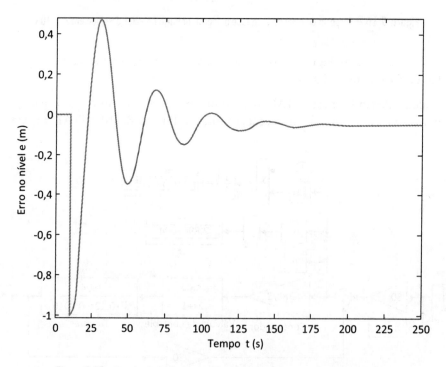

Figura 5.18 – Erro do nível a degrau unitário no valor de referência ao se usar $K_c = 30,4$.

A análise da Figura 5.18 mostra que $e_{ss} = -0,05$ m, conforme desejado.

Para $|e_{ss}| = 0,01\,\text{m}$, resulta:

$$e_{ss} = \frac{50}{1 + K_C \cdot 5 \cdot 10^{-4} \cdot \dfrac{0,04}{0,0016} \cdot 50}\% = 0,01\,\text{m} \cdot 50\,\frac{\%}{\text{m}} = 0,5\%$$

$$K_C > 158,4$$

Como esse valor está acima de K_{CU}, ele não pode ser usado, pois a malha de controle se tornaria instável.

5.4 VARIABILIDADE DA MALHA DE CONTROLE

A variabilidade da malha de controle (*loop variability*) equivale às oscilações da variável controlada. Na Figura 5.19, mostra-se a saída de uma malha com alta variabilidade.

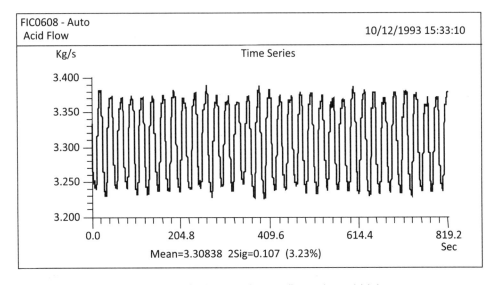

Figura 5.19 – Gráfico de resposta de uma malha com alta variabilidade.

Há diferentes formas de se quantificar a variabilidade de um processo:

a) medir a máxima variabilidade do sinal de saída do processo. No caso da Figura 5.19, isso leva a cerca de 0,16 kg/s ou, supondo que a faixa calibrada do controlador seja de 0 a 5 kg/s, resulta em uma variabilidade máxima de 3,2% (LAAKSONEN; PYÖTSIÄ, 1998);

b) calcular ao longo do tempo a área do erro entre o valor de referência e a variável medida. Para isso, pode-se empregar as técnicas IAE ou ISE, vistas na Seção 5.3;

c) duplicar o valor do desvio-padrão do erro (σ) e dividi-lo pelo valor médio da saída do processo (μ), isto é, calcular $(2 \cdot \sigma/\mu \cdot 100\%)$. Isso foi feito na Figura 5.19.

A Figura 5.20 mostra o mesmo caso da Figura 5.19, mas com a variabilidade menor.

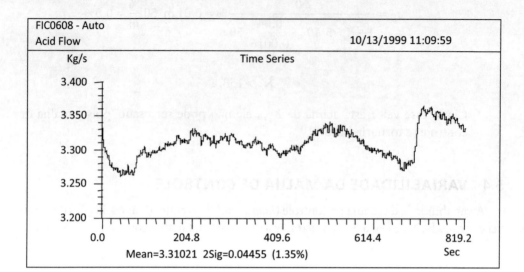

Figura 5.20 — Resposta da mesma malha da Figura 5.19, mas com variabilidade mais baixa.

Há várias causas que podem gerar a variabilidade: sintonia inadequada do controlador, válvula de controle mal selecionada, mal dimensionada ou com atrito excessivo, processo extremamente sensível, não linearidades na malha etc. Qualquer distúrbio dos seguintes tipos pode iniciar a variabilidade: mudança em condições ambientais ou na taxa de produção, alteração na especificação do produto sendo fabricado (por exemplo, mudança dos valores de referência e alteração na sintonia dos controladores), alterações na qualidade da matéria-prima ou de utilidades (ar comprimido, água destilada, vapor etc.), ruído na medição, ações manuais de controle, ações de controle do tipo *on/off*, falha em equipamentos ou instrumentos etc. (MCMILLAN, 1994). Em um estudo em uma malha de controle de vazão, Wilton (2000) verificou que a variabilidade depende das perturbações ou do ruído na malha, da constante de tempo dominante do sistema em malha fechada, do tempo morto da malha e da zona morta da válvula de controle. Dentre as causas para a existência da variabilidade, existem as que estão além da capacidade do usuário poder alterar (condições relativas ao processo propriamente dito), mas existem as que ele pode tentar mudar para reduzir. Dentre as causas manipuláveis, estão a especificação das válvulas de controle, sua manutenção para minimizar o atrito e a sintonia dos controladores.

5.5 ANÁLISE DE DESEMPENHO E AUDITORIA EM MALHAS DE CONTROLE

Perdas relativamente pequenas em uma planta podem gerar um prejuízo significativo em um ano, pois, quando se fala de um ambiente industrial, isso pode representar um número elevado de unidades produtivas. Não só essa pequena perda, oriunda de um controle ineficiente da malha ou do mau funcionamento dos seus equipamentos é preocupante, mas também as perdas geradas por manutenções não programadas ou pela parada instantânea da planta, sendo estas relativamente altas, pois se para a produção.

Uma questão importante que atualmente está sendo colocada sobre as indústrias de processo aborda se o desempenho das malhas de controle é o melhor possível. Até hoje, poucos usuários podem responder essa pergunta, ou então assegurar que o seu sistema de controle esteja realizando suas funções da melhor forma possível, ou mesmo que esteja dentro do desempenho projetado. O motivo de essa dúvida persistir se deve ao fato de as empresas terem dedicado boa parte dos seus esforços em atender outras demandas de mercado, sem prestar a devida atenção ao desempenho dos sistemas de controle. Entretanto, a partir dos anos 1990, passou-se a valorizar mais o desempenho dos sistemas de controle. Isso pode ser observado pelo investimento das empresas no gerenciamento de ativos e na busca da monitoração de desempenho das malhas de controle em tempo real, visando melhorar a produtividade e a qualidade, reduzir o consumo de insumos e, assim, aumentar os lucros (FONSECA; TORRES; SEIXAS FILHO, 2004).

Há dois tipos de soluções complementares hoje no mercado: gerenciamento de ativos e avaliação de desempenho de malhas de controle. No gerenciamento de ativos, pode-se destacar desde o uso de instrumentação inteligente, passando pelas redes de comunicação abertas e chegando até aos *softwares* de gerenciamento. Os sistemas de gerenciamento de ativos disponíveis no mercado consideram basicamente apenas os instrumentos de medição (sensores e transmissores) e atuação (válvulas e seus acessórios) de uma malha de controle e os monitoram continuamente, visando permitir que eles estejam dentro do desempenho esperado. Por meio de uma monitoração constante e do uso de ferramentas de diagnóstico e de análise, é possível realizar uma manutenção proativa e garantir que esses elementos estejam operando corretamente. Apesar de os sistemas de gerenciamento de ativos permitirem que os elementos de medição e atuação estejam operando corretamente, isso não implica o melhor desempenho possível da malha de controle como um todo. Isso se deve ao fato de que, para uma malha de controle ter um desempenho ótimo, além dos elementos de medição e atuação, tem-se que considerar mais dois elementos fundamentais: o controlador e o processo controlado. Nem sempre se pode alterar o processo de forma a se comportar da melhor forma possível. Já para o controlador, é possível verificar sua estratégia, sua implementação e sua sintonia, de forma a garantir o melhor desempenho global para a malha, por ser ele quem toma as decisões quanto a ações de controle (FONSECA; TORRES; SEIXAS FILHO, 2004).

De forma complementar ao gerenciamento de ativos, a avaliação de desempenho é essencial para garantir que a malha de controle tenha um comportamento satisfatório.

Portanto, a malha de controle é um dos principais ativos de uma empresa, e sua operação, atendendo aos quesitos de desempenho, está associada à obtenção de ganhos na planta em produtividade, qualidade, redução de consumo de matéria-prima e utilidades e outros.

5.5.1 DESEMPENHO DE MALHAS DE CONTROLE

Apesar de o controlador PID ser amplamente usado na indústria há muito tempo, é surpreendente como o desempenho das malhas de controle industriais não é satisfatório na maioria dos casos. Isso ocorre porque a grande maioria das implementações apresenta os seguintes problemas (FONSECA; TORRES; SEIXAS FILHO, 2004):

- problemas de processo e variações na dinâmica do mesmo (tempo morto, constante de tempo etc.);
- dificuldades de controle (não linearidades, interações, perturbações, ruídos etc.)
- estratégias de controle incompatíveis com as necessidades do processo e objetivos de controle;
- dimensionamento inadequado dos elementos da malha de controle;
- erros na implementação dos controladores PID;
- problemas na instalação de medidores e atuadores;
- configurações inadequadas e problemas de calibração de medidores e atuadores;
- problemas de desgaste de atuadores (histerese, folga, agarramento etc.);
- sintonia inadequada do controlador PID;
- problemas de manutenção dos elementos da malha de controle;
- restrições e problemas operacionais.

Esses problemas são conhecidos pela maioria dos profissionais de controle de processos. Entretanto, mesmo que eles tomem todas as precauções necessárias durante a fase de projeto, o desempenho das malhas de controle não pode ser considerado adequado durante sua implantação e sua vida útil. Na maioria das implantações de sistemas de controle, muitos passos importantes são deixados de lado em função do tempo e de custos reduzidos, bem como de incertezas sobre o comportamento do processo e do melhor procedimento operacional. Dessa forma, muitas das malhas de controle são implantadas sem que seja possível a obtenção do desempenho esperado para elas. Além disso, mesmo no caso das malhas de controle, em que é possível fazer uma implantação de forma correta e obter o desempenho esperado, problemas, que certamente afetarão o seu desempenho, irão aparecer durante a vida útil da planta. A Tabela 5.1 apresenta uma avaliação estatística acerca de problemas comuns nas malhas de controle PID (RUEL, 2002).

Tabela 5.1 – Avaliação estatística sobre problemas em malhas de controle na América do Norte (RUEL, 2002)

Problemas típicos das malhas de controle	Proporção das malhas auditadas
Válvulas de controle com problemas	30%
Problemas de sintonia (parâmetros incoerentes)	30%
Problemas de sintonia (comprometimento do desempenho)	85%
Estratégia de controle inadequada	15%
Controlador em modo manual	30%
Desempenho insatisfatório da malha de controle	85%
Malhas com melhor desempenho em automático que em manual	25%

Os números mostrados na Tabela 5.1 são alarmantes, e certamente as empresas nacionais não apresentam valores muito diferentes. A tabela mostra que apenas 25% das malhas auditadas têm melhor desempenho com o controlador em modo automático, e não no modo manual. Isso é oposto aos objetivos de um sistema de controle automático. Tipicamente, uma malha de controle vai degradando o seu desempenho ao longo do tempo. Isso está associado ao envelhecimento dos componentes da malha e a mudanças lentas nos processos, manifestando-se de diversas formas: oscilações, dificuldade de operação em modo automático, aumento da ocorrência de alarmes, dificuldades na partida da planta etc. Apesar disso, muitos usuários não se sentem afetados pela degradação do desempenho das malhas, porque, normalmente, são feitas mudanças no regime operacional para contornar os problemas de desempenho, mascarando, assim, as causas. Entretanto, essas mudanças normalmente afetam a produtividade, a qualidade e o consumo de insumos e, assim, reduzem os ganhos esperados para a planta. Em alguns casos, até a segurança operacional da planta fica comprometida, uma vez que o controle automático não funciona de forma adequada (FONSECA; TORRES; SEIXAS FILHO, 2004).

A Figura 5.21 compara uma malha com desempenho ruim (variabilidade alta) e uma com desempenho bom. De forma geral, uma malha com desempenho inadequado implica perda de energia, qualidade e produção (FONSECA; TORRES; SEIXAS FILHO, 2004).

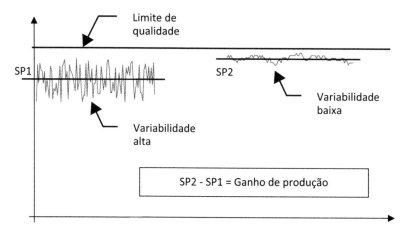

Figura 5.21 – Comparação entre diferentes desempenhos de uma malha de controle.

5.5.2 AVALIAÇÃO DE DESEMPENHO DE MALHAS DE CONTROLE

Manter as malhas de controle nas condições desejadas de desempenho é essencial para garantir os resultados esperados da planta. Mas essa tarefa é complexa, pois vários problemas afetam o desempenho.

Só se assegura que os requisitos de desempenho sejam atendidos por meio de sua avaliação constante, que deve ser feita para apontar as causas que afetam o desempenho, de modo a permitir ações corretivas. Sem corrigir as causas ou compensar seus efeitos, o desempenho das malhas é afetado (FONSECA; TORRES; SEIXAS FILHO, 2004).

Há no mercado produtos que avaliam o desempenho de malhas de controle (*control loop performance assessment* – CLPA). Eles permitem a monitoração contínua das variáveis de processo associadas às malhas e o cálculo dos seus índices de desempenho, os quais são calculados e combinados de modo que diferentes critérios de desempenho possam ser usados em função das características da aplicação e dos objetivos de determinado processo. Normalmente, os índices são combinados de forma a focar o desempenho das malhas em função dos ganhos econômicos, de qualidade, produtividade, redução de consumo e custos de manutenção, além de atender aos requisitos de segurança operacional. Além da definição de critérios diferentes para cada malha de controle, esses produtos permitem comparar o desempenho de diversas malhas entre si, grupos de malhas semelhantes, desempenho global de uma unidade específica, de uma planta inteira, bem como a comparação entre diferentes unidades e entre diferentes plantas industriais de uma corporação. O objetivo dessas métricas de desempenho individuais e globais é garantir a obtenção de resultados em todos os níveis da empresa que dependam das malhas de controle (FONSECA; TORRES; SEIXAS FILHO, 2004).

Outro ponto relevante é que a avaliação de desempenho de uma malha de controle permite diagnosticar a maioria das causas que afetam seu desempenho. Há produtos para avaliação de desempenho que aproveitam a monitoração contínua das variáveis de processo para determinar as correlações entre o desempenho das malhas e fatores que o degradam. Eles têm algoritmos de análise espectral e modelagem online da dinâmica do processo para indicar interação entre malhas, oscilações, desgaste de válvulas, sintonia de controladores e alterações na dinâmica do processo, e até usam sistemas especialistas para problemas relativos ao dimensionamento dos elementos da malha e estratégias de controle. Esses produtos normalmente fornecem as informações para que a auditoria das malhas ocorra de forma eficiente (FONSECA; TORRES; SEIXAS FILHO, 2004).

Os sistemas de controle avançado e otimização existentes no mercado dependem do desempenho adequado das malhas de controle regulatório, porque eles normalmente enviam os *set points* ótimos para elas em função das condições operacionais, enquanto o desempenho da malha fica a cargo do controlador PID. Portanto, as duas soluções são complementares, ou seja, uma não exclui a outra (FONSECA; TORRES; SEIXAS FILHO, 2004).

5.5.3 EVOLUÇÃO HISTÓRICA DOS MÉTODOS DE AVALIAÇÃO DE DESEMPENHO DE MALHAS DE CONTROLE[1]

A avaliação do desempenho de malhas de controle é um tema que existe desde que os processos químicos passaram a ser controlados automaticamente. Técnicas simples de avaliação de desempenho de malhas sempre foram conhecidas. A análise visual dos controladores a excitações em degrau ou impulso permitem conclusões pouco quantitativas ou subjetivas sobre seu desempenho. A observação de tempo de subida e de acomodação, sobressinal, erro quadrático integrado etc. permitem avaliar a ação do controlador. No entanto, essas técnicas não são práticas para a monitoração em tempo real do processo, pois inserem perturbações no processo e/ou na operação em malha aberta. Ademais, a grande quantidade de malhas de controle em uma indústria típica atual torna inviável a tarefa de monitorar o desempenho usando essas técnicas, em virtude da exigência enorme de recursos humanos. Além disso, na maioria dos casos, elas não proveem um índice de avaliação que seja adequado para implementação em tempo real.

O primeiro estudo sobre a avaliação automática de malhas de controle de desempenho é de 1967 (ÅSTRÖM, 1967). No entanto, a base para se propor métodos para avaliar o desempenho de malhas de controle foi definida em 1970 (ÅSTRÖM, 1970), da qual o controlador de mínima variância (CMV) foi derivado. No final da década de 1980, havia várias ferramentas que formavam um novo campo, chamado controle estatístico de processos, com o objetivo de monitorar a variabilidade de processos e detectar a presença e as fontes de distúrbios. Essas técnicas, no entanto, não julgam a qualidade das saídas como uma resposta das ações de controle. Quando se tenta quantificar o desempenho, procura-se comparar a avaliação com algum tipo de referência. De acordo com essa lógica, veio a proposta feita por Harris (1989), que usou o CMV como referência para comparar o desempenho dos controladores. A ideia era criar um índice para quantificar o desempenho do controlador em relação à mínima variância teórica possível. Basicamente, o índice de Harris é a razão entre a variância na saída do processo gerada por um controlador que produziria variância mínima e a variância da variável controlada real. Esse trabalho foi importante, porque mostrou como as técnicas estudadas por Åström, combinadas com uma análise simples de séries temporais, podem ser usadas para encontrar uma estimativa apropriada para a variância do CMV a partir de dados de operação normal para sistemas SISO. Sua contribuição foi marcante na definição de uma nova direção para a área de monitoramento de desempenho de malhas de controle. Em seguida, Desborough e Harris (1992) propuseram o uso de regressão linear simples para calcular uma estimativa da variância mínima de forma automática. Um procedimento recursivo, adequado para o cálculo em tempo real do índice, também foi proposto. Uma metodologia automática de monitoramento da qualidade das malhas de controle deve ser simples o suficiente para não exigir a intervenção humana, e deve ser não invasiva. Isso quer dizer que ela não deve fazer alterações no sistema sendo monitorado e que deve usar o mínimo de informação possível, de preferência apenas as disponíveis nos sistemas de controle digital. Esse é o

---

[1] O texto desta subseção é baseado no artigo de Longhi et al. (2012).

grande mérito do método proposto por Desborough e Harris (1993), que requer apenas dados de rotina do processo em malha fechada e conhecimento do tempo morto da planta. Baseado nesses estudos, vários pesquisadores passaram a estudar modos de avaliar o desempenho baseados em controladores de mínima variância. Huang e Shah (1999) criaram um método baseado em filtragem e correlação (FCOR) para estimar o valor da variância mínima e, assim, calcular o índice de desempenho.

Paralelamente, novas ferramentas ou mudanças na forma de avaliação foram propostas, como os métodos para a detecção de oscilações (HÄGGLUND, 1995; THORNHILL; HÄGGLUND, 1997). Ko e Edgar (2000) criaram um método baseado em CMV para estimar o índice de desempenho de controladores em cascata; controladores por pré-alimentação foram estudados por Desborough e Harris (1993) e Huang, Shah e Miller (2000); o desempenho de controladores MPC foi abordado por Patwardhan e Shah (2002), Ko e Edgar (2001) e Shäfer e Cinar (2004). Análises abrangentes sobre o assunto estão disponíveis em Harris et al. (1999), Kempf (2003) e Qin (1998). Farenzena (2008) decompôs o índice de Harris em três partes: Nosi (índice de ruído), Deli (índice de atraso) e Tuni (índice de sintonia), segundo a contribuição de ruído, tempo morto e sintonia do controlador, respectivamente, no valor do índice de Harris.

Paralelamente à abordagem de CMV, outras técnicas foram criadas para avaliar malhas de controle. Métodos de detecção de oscilações, como o de Hägglund (2005), análise espectral, funções de autocorrelação e de correlação cruzada, métricas simples como a excursão de válvulas de controle e inversões em seu movimento são usadas para monitorar e diagnosticar malhas de controle. Aplicações práticas também são relatadas na literatura, como as encontradas em Harris et al. (1996), Huang e Shah (1998), Thornhill, Oettinger e Fedenkzuk (1999) e Paulonis e Cox (2003). Por volta de 1997, passou-se a produzir *softwares* para executar automaticamente a análise e a avaliação de malhas de controle.

5.5.4 ÍNDICES USADOS NA ANÁLISE DE DESEMPENHO DE MALHAS DE CONTROLE

Muitas empresas vendem sistemas para avaliar o desempenho de malhas de controle, os quais monitoram a planta inteira e ajudam a diagnosticar problemas. Eles devem coletar dados, filtrar dados espúrios, executar a rotina para estimar índices e métricas de desempenho e armazenar os resultados para análise. Um bom *software* deve: (1) ser fácil de instalar e configurar; (2) ter boa conectividade com diferentes sistemas de controle; (3) realizar análises precisas; (4) prover interfaces amigáveis, tanto para configuração como para análise; e (5) gerar relatórios para avaliar as malhas de controle. O uso desses produtos para avaliar o desempenho de forma online permite que se acompanhe o desempenho de cada malha de controle e o seu impacto no processo. Eles fornecem os resultados da avaliação por meio de interface gráfica (FONSECA; TORRES; SEIXAS FILHO, 2004).

A Matrikon (canadense) e a ExperTune (norte-americana) são pioneiras mundiais no desenvolvimento de ferramentas baseadas em *software* para monitoramento e análise do desempenho das malhas de controle em plantas industriais.

Critérios de análise de desempenho de sistemas de controle 295

Existem muitos critérios e índices para avaliação do desempenho de malhas de controle definidos na teoria de controle convencional: IAE, ITAE, ISE, ITSE, decaimento de um quarto, variabilidade, tempo de acomodação etc. que permitem definir a eficiência de uma malha de controle. Além desses critérios e índices, outros índices também são usados para avaliar o desempenho das malhas. Eles normalmente permitem monitorar não só o desempenho do controlador em si, mas também o comportamento da malha como um todo (esforço da válvula, variações da dinâmica do processo etc.). Os índices usados em *softwares* comerciais de análise de desempenho de malhas de controle variam segundo o fornecedor. O *software* PlantTriage, da empresa ExperTune, emprega os índices mostrados na Tabela 5.2 (FONSECA; TORRES; SEIXAS FILHO, 2004).

Tabela 5.2 – Alguns dos índices de desempenho utilizados pelo PlantTriage, da ExperTune

Índice de desempenho	Aplicação
Variabilidade	Variância como % da média
Erro médio	Desvio do *set point*
Cruzamentos do *set point*	Oscilações, problemas na válvula de controle
Desvio-padrão da saída	Faixa de movimento da válvula
Banda de ruído	Problemas de medição
Índice de Harris normalizado	Problemas de controle, processo ou alterações de desempenho
Índice de Harris	Controle comparado com o controlador de variância mínima
Oscilações	Oscilações na malha de controle
Oscilações (*hardware*)	Oscilações em virtude de problemas na válvula de controle
Oscilações (sintonia)	Oscilações em virtude de problemas de sintonia no controlador
Oscilações (perturbações)	Oscilações em virtude de perturbações na malha
Erro absoluto integrado	Desvio do *set point* (malhas em cascata ou servomecanismos)
Variância	Desvio da média
Tempo em normal	Problemas de controle ou de operação
Reversões da válvula	Desgaste da válvula, alteração da variabilidade do processo
Excusão da válvula	Desgaste da válvula, alteração da variabilidade do processo
Saída no limite	Problemas de dimensionamento da válvula
Índice ExperTune	Melhoria de controle por meio da sintonia
Tempo de resposta	Interação ou sincronismo entre malhas
Robustez	Capacidade da malha em lidar com alterações no processo
Qualidade do modelo	Adequação do último degrau de SP para sintonia
Ganho do processo	Alterações de processo (com base nos dados coletados)
Tempo morto do processo	Alterações de processo (com base nos dados coletados)
Atraso no processo (*lag*)	Alterações de processo (com base nos dados coletados)
Avanço no processo (*lead*)	Alterações de processo (com base nos dados aquisitados)
Força das oscilações	Contribuição da oscilação para a variabilidade
Período das oscilações	Interação entre malhas e fontes de oscilação

O *software* ProcessDoctor, da Matrikon, é um dos concorrentes do PlantTriage. Ele é uma ferramenta mais antiga que o PlantTriage, tendo sido criado em meados de 1999 para atender a demanda de indústrias de processo na América do Norte. Sua filosofia é baseada na busca das causas do mau desempenho do controle em todos os níveis hierárquicos de uma planta, buscando a razão disso e propondo soluções. Ele usa diversos índices de desempenho, além de possibilitar a construção de índices propostos pelo usuário. Dentre os índices utilizados, listam-se a seguir os mais conhecidos:

- índice de Harris (ou *benchmark* de mínima variância);
- autocorrelação;
- resposta ao impulso em malha fechada;
- fator de serviço (% do tempo em manual);
- resposta em frequência da malha fechada.

Um *software* brasileiro de análise de desempenho de malhas é o TriPerfX, que é uma ferramenta em tempo real para monitoramento e avaliação do desempenho de malhas de controle, desenvolvido pela Universidade Federal do Rio Grande do Sul e pela empresa Trisolutions. Ele permite a identificação das principais causas responsáveis pelo mau desempenho do controle de uma planta com um grande número de malhas. Isso é possível devido aos índices e métricas de desempenho disponíveis no *software*: (1) índices de detecção de oscilações; (2) métricas de desempenho baseadas no índice de variância mínima; (3) estatísticas tradicionais; (4) análise de válvula; (5) fator de serviço dos controladores; (6) monitoramento da sintonia dos PID; (7) diversas análises gráficas; e (8) notas ponderadas para equipamentos, unidades e plantas.

A seguir, listam-se os índices de desempenho empregados pelo TriPerfX (LONGHI et al., 2012). Para uma explicação mais detalhada sobre os índices (a) a (d) e seu cálculo, veja Farenzena (2008). Para os demais índices, consulte Kempf (2003).

a) Índice de Harris: mede o potencial de melhoria do desempenho de uma malha em termos da redução de variância. O índice é obtido pelo complemento de 1 a partir da razão entre a variância produzida por um hipotético CMV aplicado à malha e a variância do controlador real da malha. O índice é compreendido no intervalo de 0 a 1, em que 0 indica o melhor desempenho (sem potencial de redução de variabilidade) e valores próximos a 1 sugerem ausência de controle.

b) Índice de ruído (NOSI): representa a porcentagem da variância total que é provocada pelo ruído. Se esse índice é alto e o Índice de Harris não é adequado, sugere-se implantar algum filtro na variável controlada.

c) Índice de tempo morto (DELI): representa a porcentagem da variância total devida ao tempo morto. Esse tipo de variabilidade não pode ser evitado pelo uso de controle por realimentação, pois se trata de uma limitação de desempenho intrínseca do processo. A situação ideal é ter um bom índice de Harris com um valor alto para o índice DELI.

Critérios de análise de desempenho de sistemas de controle   297

d) Índice de sintonia (TUNI): representa a porcentagem da variância total atribuível ao controle por realimentação. Se esse índice é elevado e o índice de Harris não é adequado, essa é uma clara indicação da necessidade de sintonizar o controlador. Para confirmar problemas de sintonia, é preciso analisar a função de autocorrelação.

e) Função de autocorrelação (ACF): supre informações adicionais sobre o desempenho das malhas de controle. Como o objetivo principal de um controlador é evitar a correlação entre a variável controlada e seus valores passados, seu valor deve ser próximo de 0 depois de passar o tempo morto (para um controlador bem sintonizado). Uma situação natural que ocorre em sistemas com dados amostrados é obter um conjunto de dados em que um certo ponto é fortemente dependente de pontos coletados previamente, isso é, o estado do sistema sofre grande influência de seu passado, resultando em sinais amostrados fortemente correlacionados. Um controlador deve atuar sobre o sistema, de maneira a evitar que o processo siga sua tendência natural e se mantenha no valor de referência. A variável controlada sob a ação de um controlador bem sintonizado resulta ser não correlacionada. A ACF mostra a correlação que um certo ponto tem com pontos anteriores. Conforme o tempo morto vai passando, período este em que o controlador não consegue atuar, a ACF deve ser eliminada para caracterizar um bom controle. Em alguns casos, a análise da ACF é mais útil do que o índice de Harris, porque a ACF pode apresentar correlação não linear entre o desempenho da malha de controle e o valor do índice de Harris.

f) Análise espectral/temporal: analisa a existência de componentes oscilatórios em um sinal. Picos em um gráfico de análise espectral/temporal indicam frequências ou períodos em que as oscilações ocorrem. O espectro é obtido pelo processamento do sinal das variáveis pela Transformada Rápida de Fourier (FFT). O espectro produz resultados no domínio da frequência e pode ser convertido para o domínio do tempo, em que os resultados indicam períodos de oscilação em unidades de tempo. O diagrama resultante mostra as principais frequências de oscilação na variável controlada. Ele pode ser muito útil para corroborar a análise do diagrama da variável controlada (PV)/sinal de saída do controlador (CO), descrito a seguir, ou para identificar variáveis acopladas com mesmas frequências de pico.

g) Diagrama PV-CO: é muito útil para observar qualitativamente possíveis problemas nos elementos finais de controle. Existem algumas formas típicas para esse diagrama (elipse e paralelogramo) que indicam a existência de histerese ou atrito estático (*stiction*) na válvula de controle. Uma pessoa com um conhecimento razoável de teoria de controle é capaz de reconhecer esses padrões.

h) Fator de amplificação de distúrbio (AmpFactor): trata-se de uma técnica aplicada somente a malhas de nível ou de pressão. Esse fator é dado pela razão entre o somatório da saída do controlador (em %) e a IAE da variável controlada (convertida para %, se necessário, utilizando a largura da faixa da PV). Um valor maior do que um indica que a malha não está reduzindo as perturbações no processo, ao passo que os valores menores do que um sugerem que as perturbações estão sendo suavizadas.

i) Estatística tradicional: estatísticas clássicas como média, variância, desvio-padrão, erro porcentual e medidas operacionais, como porcentual de tempo de operação em manual ou porcentual de tempo em condição saturada, também são utilizadas.

j) % do tempo de saturação (%SatTime): indica o porcentual de tempo em que a malha de controle opera acima ou abaixo dos limites da CO (alto e baixo). É útil para ver as malhas de controle que não estão operando adequadamente e para entender por que algumas notas não são boas, mesmo que outros índices não estejam tão ruins.

k) % do tempo em manual (%ManTime): indica a porcentagem de tempo em que as malhas de controle operam em manual (ou modo não normal). Também serve para encontrar malhas de controle que estão desativadas. Como o índice anterior, ele é útil para entender por que algumas malhas têm notas ruins. Além disso, sugere ainda ações a serem tomadas no caso de malhas de controle que precisem de melhoria.

Com base no diagnóstico, nas notas médias e na criticidade para o conjunto de malhas de controle, é definida a prioridade para tentar corrigi-las. A escolha é feita usando como principal critério a melhoria das malhas de controle mais influentes no processo.

5.5.5 AUDITORIA EM MALHAS DE CONTROLE

Uma vez evidenciada a necessidade da melhoria de desempenho das malhas de controle, a obtenção do desempenho esperado normalmente depende de uma auditoria das malhas. Apenas a avaliação de desempenho não garante que a malha esteja gerando o resultado esperado, e isso normalmente implica perda de dinheiro. Portanto, além da avaliação de desempenho, é necessário identificar e corrigir todos os problemas que afetam o desempenho das malhas de controle por meio de uma auditoria da malha como um todo. Os produtos para avaliação existentes no mercado fazem uma parte importante do trabalho, que é identificar a necessidade de uma auditoria e apontar alguns dos prováveis problemas das malhas de controle (FONSECA; TORRES; SEIXAS FILHO, 2004).

Para auditar as malhas de controle, recomenda-se envolver profissionais qualificados para identificar e solucionar os problemas que afetam o seu desempenho. Eles normalmente usam produtos adicionais para análise, diagnóstico e sintonia de malhas. Todos os elementos de uma malha de controle devem ser auditados, inclusive o processo. Usualmente, são abordados todos os problemas que uma malha pode apresentar, e são indicadas as correções necessárias. Após a realização das correções, é feita a sintonia do controlador. Só assim é possível garantir que as malhas estarão dentro do desempenho esperado. A Tabela 5.3 mostra os ganhos típicos obtidos com a realização da auditoria de malhas de controle em relação ao desempenho das malhas antes dela. O retorno do investimento ocorre tipicamente em dois meses (FONSECA; TORRES; SEIXAS FILHO, 2004).

Tabela 5.3 – Ganhos típicos obtidos após a auditoria de malhas de controle

Índice de desempenho	Melhoria relativa
Variabilidade	Redução de 50%
Erro IAE	Redução de 50%
Tempo de acomodação	Redução de 50%
Excursão total da válvula (desgaste)	Redução de 80%
Número de inversões do movimento da válvula (desgaste)	Redução de 80%
Percentual do tempo em modo manual	Redução de 50%
Oscilações	Eliminação total
Robustez	Aumento de 100%

Os profissionais indicados para a realização da auditoria das malhas podem pertencer à empresa ou serem externos. O ponto-chave para a auditoria das malhas é que eles sejam preparados para analisar, diagnosticar, definir os ajustes necessários e fazer a correta sintonia das malhas. Para realizar a auditoria, é essencial que sejam usadas ferramentas de *software* para análise, diagnóstico e, principalmente, sintonia de controladores. Essas ferramentas normalmente aumentam muito a produtividade e a qualidade da auditoria, reduzindo seu tempo e seu custo. É desejável que as ferramentas de análise e diagnóstico sejam integradas às ferramentas para avaliação de malhas, de forma que seja maximizado o emprego dos dados do processo pelas ferramentas, bem como a redução do tempo necessário para a realização da auditoria. A integração dessas ferramentas com os sistemas de automação e sistemas historiadores (PIMS) também é um fator importante.

A avaliação contínua das malhas de controle e sua auditoria, para atingir o seu desempenho ótimo, podem significar ganhos expressivos para a indústria, destacando-se (FONSECA; TORRES; SEIXAS FILHO, 2004):

- redução do consumo de energia e insumos;

- diminuição da variabilidade da qualidade do produto;

- aumento de produção, pois, com uma variabilidade menor, pode-se trabalhar mais próximo aos limites de produção, com segurança;

- diminuição do número de paradas não programadas, uma vez que a vida útil dos equipamentos (válvulas, motores), refratários e outros é aumentada;

- maior estabilidade e redução dos tempos de partida e parada do processo;

- diminuição dos custos de manutenção;

- melhor aproveitamento da capacidade instalada dos equipamentos;

- melhor aproveitamento dos recursos humanos e financeiros em manutenção. O investimento é feito apenas nas malhas de controle que precisam e que darão o melhor resultado, as quais são apontadas pela ferramenta de monitoração de desempenho.

REFERÊNCIAS

ÅSTRÖM, K. J. Computer control of a paper machine: an application of linear stochastic control theory. **IBM Journal of Research and Development**, v. 11, n. 4, p. 389-405, 1967.

_____. **Introduction to stochastic control theory**. Londres: Academic Press, 1970.

DESBOROUGH, L.; HARRIS, T. J. Performance assessment measures for univariate feedback control. **The Canadian Journal Of Chemical Engineering**, v. 70, p. 1186-1197, 1992.

_____. Performance assessment measures for univariate feedforward/feedback control. **The Canadian Journal of Chemical Engineering**, v. 71, p. 605-616, 1993.

FARENZENA, M. **Novel methodologies for assessment and diagnostics in control loop management**. 2008. Tese (doutorado) – Universidade Federal do Rio Grande do Sul, Porto Alegre, RS, Brasil, 2008.

FONSECA, M. O.; TORRES, B. S.; SEIXAS FILHO, C. Avaliação de desempenho e auditoria de malhas de controle. **InTech Brasil**, ano VI, n. 63, p. 32-37, 2004.

HÄGGLUND, T. A control loop performance monitor. **Control Engineering Practice**, v. 3, p. 1543-1551, 1995.

_____. Industrial application of online performance monitoring tools. **Control Engineering. Practice**, v. 13, n. 11, p. 1383-1390, 2005.

HARRIS, T. J.; SEPPALA, C. T.; DESBOROUGH, L. D. A review of performance monitoring and assessment techniques for univariate and multivariate control systems. **Journal of Process Control**, v. 9, p. 1-17, 1999.

HARRIS, T. J. et al. Plant-wide feedback control performance assessment using an expert-system framework. **Control Engineering Practice**, v. 4, p. 1297-1303, 1996.

HUANG, B.; SHAH, S. L. Practical issues in multivariable feedback control performance assessment. **Journal of Process Control**, v. 8, p. 421-430, 1998.

_____. **Performance assessment of control loops: theory and applications**. Londres: Springer-Verlag, 1999.

HUANG, B.; SHAH, S. L.; MILLER, R. Feedforward plus feedback controller performance assessment of MIMO systems. **IEEE Trans. on Control Systems Technology**, v. 8, p. 580-587, 2000.

INEP (Instituto Nacional de Estudos e Pesquisas Educacionais Anísio Teixeira). **Exame Nacional de Cursos:** Provão da Engenharia Elétrica. Brasília, DF, 2002.

KEMPF, A. O. **Avaliação de desempenho de malhas de controle**. 2003. Dissertação (mestrado) – Universidade Federal do Rio Grande do Sul, Porto Alegre, RS, Brasil, 2003.

KO, B. S.; EDGAR, T. F. Performance assessment of cascade control loops. **AIChE Journal**, v. 46, p. 281-291, 2000.

_____. Performance assessment of constrained model predictive control systems. **AIChE Journal**, v. 47, n. 6, p. 1363-1371, 2001.

LAAKSONEN, J.; PYÖTSIÄ, J. Process variability simulated, tested, minimized. **InTech**, v. 45, n. 12, p. 68-70, dez. 1998.

LONGHI, L. G. S. et al. Control loop performance assessment and improvement of an industrial hydrotreating unit and its economical benefits. **SBA Controle & Automação**, v. 23, n. 1, p. 60-77, 2012.

MCMILLAN, G. K. **Tuning and control loop performance**. 3. ed. Research Triangle Park, NC, ISA – The Instrumentation, Systems and Automation Society, 1994.

PATWARDHAN, R. S.; SHAH, S. L. Issues in performance diagnostics of model-based controllers. **Journal of Process Control**, v. 12, p. 413-427, 2002.

PAULONIS, M. A.; COX, J. W. A practical approach for large-scale controller performance assessment, diagnosis and improvement. **Journal of Process Control**, v. 13, p. 155-168, 2003.

QIN, S. J. Control performance monitoring: a review and assessment. **Computers and Chem. Eng.**, v. 23, p. 173-186, 1998.

RUEL, M. Eliminating cycling: a tutorial on variability reduction. In: **Proceedings** of the ISA 2002 Conference. Chicago, out. 2002.

SCHÄFER, J.; CINAR, A. Multivariable MPC system performance assessment, monitoring and diagnosis. **Journal of Process Control**, v. 14, n. 2, p. 113-129, 2004.

SEBORG, D. E.; EDGAR, T. F.; MELLICHAMP, D. A. **Process Dynamics and Control**. 3. ed. Nova York: John Wiley, 2010.

THORNHILL, N. F.; HÄGGLUND, T. Detection and diagnosis of oscillation in control loops. **Control Engineering Practice**, v. 5, n. 10, p. 1343-1347, 1997.

THORNHILL, N. F.; OETTINGER, M.; FEDENKZUK, P. Refinery-wide control loop performance assessment. **Journal of Process Control**, v. 9, p. 109-124, 1999.

WILTON, S. R. Control valves and process variability. **ISA Transactions**, v. 39, p. 265-271, 2000.

PARTE III
CONTROLADORES *ON/OFF* E PID

CAPÍTULO 6
CONTROLE DO TIPO *ON/OFF*

Elementos com propriedades não lineares aparecem tanto nos processos como em seus sistemas de controle. Elementos de controle não lineares podem ser inseridos em uma malha de controle para melhorar seu desempenho.

6.1 CONTROLE *ON/OFF*

O modo mais simples de controle não linear é o controle ***on/off***, **liga/desliga**, **de duas posições** ou ***bang-bang***. Neste caso, a saída do controlador (variável manipulada) pode assumir apenas dois estados: ligado/desligado, aberto/fechado, 0/1 etc., e muda toda vez que a variável controlada cruza o valor desejado, como se vê na Figura 6.1.

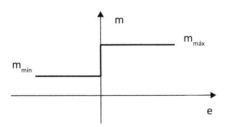

Figura 6.1 – Saída de controlador do tipo *on/off*.

Se a variável controlada estiver acima ou abaixo do valor desejado, a saída do controlador estará ligada ou desligada, conforme a atuação do controlador, direta ou reversa. Quando a variável controlada cruza o valor de referência, a saída automaticamente é comutada, como indicado na Equação (6.1).

$$m(t) = \begin{cases} m_{\text{máx}} & \text{se } e(t) \geq 0 \\ m_{\text{mín}} & \text{se } e(t) < 0 \end{cases} \qquad (6.1)$$

As principais desvantagens desse controlador são a tendência de a saída oscilar e o desgaste do elemento final de controle, que é continuamente comutado entre as posições liga/desliga ou abre/fecha. Aplicações industriais típicas incluem pressostatos (por exemplo, para controlar compressores de ar), termostatos (usados em geladeiras, condicionadores de ar etc.), relés etc. Um atuador muito comum com controladores *on/off* é a válvula solenoide.

Como exemplo de aplicação, mostra-se o trocador de calor do exemplo da Subseção 4.6.2, controlado por meio de um regulador *on/off* com saída comutando entre 4 mA e 20 mA. O modelo em Simulink desse sistema é mostrado na Figura 6.2.

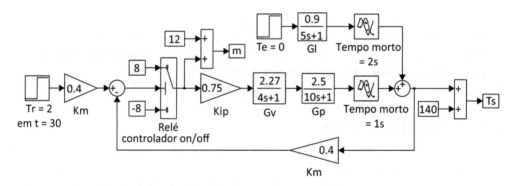

Figura 6.2 – Modelo em Simulink do trocador de calor e do controlador *on/off*.

Primeiramente, supõe-se que em $t = 30$ s o valor de referência varie 2 °C em degrau. A temperatura de saída T_s é mostrada no primeiro gráfico da Figura 6.3.

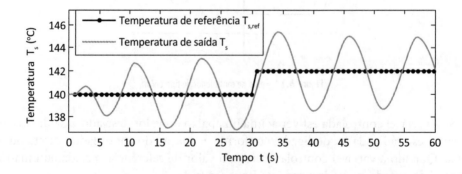

Figura 6.3 – Primeiro gráfico: resposta da temperatura de saída T_s sem ruído de medição a degrau de 2 °C no valor desejado. Segundo gráfico: sinal de saída *m* do controlador *on/off* (*continua*).

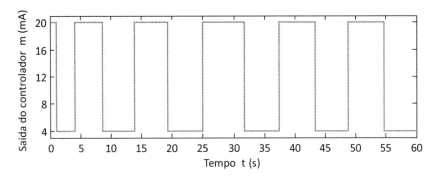

Figura 6.3 – Primeiro gráfico: resposta da temperatura de saída T_s sem ruído de medição a degrau de 2 °C no valor desejado. Segundo gráfico: sinal de saída m do controlador on/off (*continuação*).

A Figura 6.3 indica que quando a temperatura T_s cai abaixo do valor de referência, o controlador aciona a injeção de vapor, mas se a temperatura T_s sobe acima desse valor, o controlador corta a injeção de vapor (controlador de ação reversa). Há oscilações não amortecidas na temperatura de saída T_s cujo valor máximo não ultrapassa 3,4 °C do valor desejado, e cujo valor mínimo não ultrapassa –3,5 °C. Nota-se que o elemento final de controle (válvula) é continuamente comutado de aberto para fechado, com um ciclo completo aberto/fechado, após entrar em regime, que leva cerca de 11,4 s.

Supõe-se agora que a variável controlada T_s seja afetada por ruído. A Figura 6.4 indica que ruído na variável controlada faz a saída do controlador tender a comutar bruscamente, pois ocorrem variações rápidas da variável controlada em torno do valor desejado.

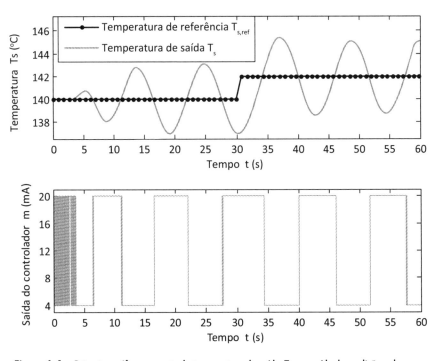

Figura 6.4 – Primeiro gráfico: resposta da temperatura de saída T_s com ruído de medição a degrau de 2 °C no valor desejado. Segundo gráfico: sinal de saída m do controlador on/off.

Essas comutações rápidas, denominadas *flickering* em inglês, certamente são indesejáveis, pois o elemento final de controle passa a ser muito exigido.

Suponha haver uma perturbação em degrau de 2 °C na temperatura T_e em $t = 30$ s. A temperatura de saída T_s é mostrada no primeiro gráfico da Figura 6.5.

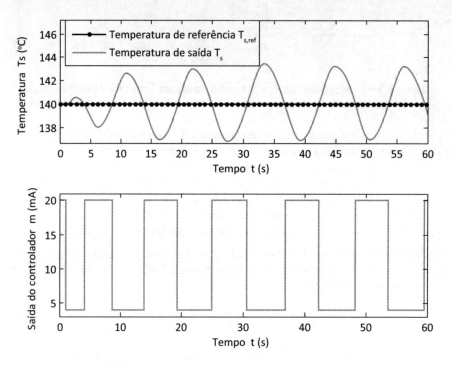

Figura 6.5 – Primeiro gráfico: resposta da temperatura de saída T_s sem ruído de medição a degrau de 2 °C na temperatura T_e. Segundo gráfico: sinal de saída *m* do controlador *on/off*.

Nota-se na Figura 6.5 que as oscilações não amortecidas na temperatura T_s têm valor máximo de 3,5 °C acima do valor de referência e valor mínimo de −3,1 °C abaixo. A válvula é continuamente comutada, com um ciclo completo aberta/fechada, após entrar em regime, que leva 11,4 s.

Suponha agora que T_s seja afetada por ruído de medição, conforme a Figura 6.6.

Como ocorre na Figura 6.4, a Figura 6.6 mostra que a presença de ruído na variável controlada faz com que a saída do controlador tenda a comutar bruscamente, desgastando assim o elemento final de controle.

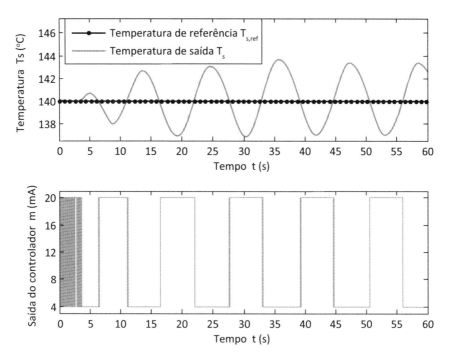

Figura 6.6 – Primeiro gráfico: resposta da temperatura de saída T_s com ruído de medição a degrau de 2 °C na temperatura T_e. Segundo gráfico: sinal de saída m do controlador on/off.

6.2 CONTROLE *ON/OFF* COM ZONA MORTA

Analisando-se os gráficos das Figuras 6.3 e 6.5, nota-se que existe uma comutação periódica do elemento final de controle, o que certamente pode desgastá-lo. Essa situação fica bem agravada nos gráficos das Figuras 6.4 e 6.6, em que ocorre uma comutação excessiva do elemento final de controle. Visando à sua preservação, uma solução seria aumentar o período de comutação e evitar o chaveamento excessivo, fazendo com que o elemento final de controle fique mais tempo nos estados ligado e desligado. Uma forma de implementar essa solução é empregar controladores *on/off* que possuam uma zona morta ou intervalo diferencial (*differential gap*) em torno do valor de referência, definida por um limite superior *sup* e um limite inferior *inf*. Dentro da zona morta, a saída do controlador não comuta, conforme mostrado na Figura 6.7.

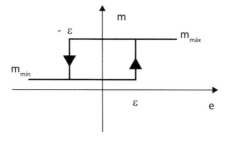

Figura 6.7 – Saída de controlador do tipo *on/off* com zona morta ou intervalo diferencial.

A Equação (6.2) define a ação desse controlador:

$$m(t) = \begin{cases} m_{máx} & \text{se } e(t) > \varepsilon \text{ e } de/dt > 0 \\ m_{mín} & \text{se } e(t) < -\varepsilon \text{ e } de/dt < 0 \end{cases} \qquad (6.2)$$

Considere o seguinte exemplo: seja uma geladeira com o valor de referência ajustado em 2 °C. Suponha que haja um intervalo diferencial de ±1 °C em torno do valor desejado. Dessa forma, se a temperatura estiver acima de 3 °C, a saída estará acionada, e o compressor da geladeira será ligado. Nesse caso, a tendência da temperatura no interior da geladeira é cair. O compressor somente será desligado quando a temperatura atingir 1 °C. Por outro lado, se a temperatura estiver abaixo de 1 °C e começar a subir, o compressor somente será ligado após ela ultrapassar a marca de 3 °C. Dentro do intervalo diferencial, a saída não comuta.

Como exemplo de aplicação, emprega-se o mesmo trocador de calor da Seção 6.1, controlado por meio de um regulador *on/off* com zona morta de ±2 °C. O modelo do trocador de calor e do controlador *on/off* com zona morta é mostrado na Figura 6.8.

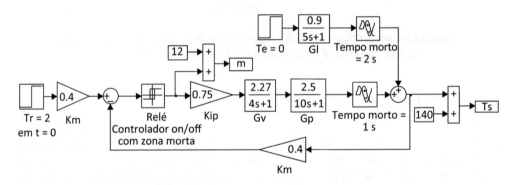

Figura 6.8 – Modelo em Simulink do trocador de calor e do controlador *on/off* com zona morta.

O ajuste do relé do controlador *on/off* com zona morta da Figura 6.8 é:

- ponto em que liga (*switch on point*): 0,8 mA (limite superior da zona morta, ε);
- ponto em que desliga (*switch off point*): −0,8 mA (limite inferior da zona morta, $-\varepsilon$);
- valor da saída quando ligado (*output when on*): 8 mA (valor incremental máximo $m_{máx}$);
- valor da saída quando desligado (*output when off*): −8 mA (valor incremental mínimo $m_{mín}$).

Vale observar que os valores limites da zona morta de 0,8 mA e −0,8 mA se referem ao sinal equivalente de corrente que chega no relé. Como a zona morta é de ±2 °C, multiplica-se esse valor por $K_M = 0,4 \text{ mA}/°C$ e se chega aos valores a serem inseridos.

Aplica-se em $t = 30$ s um degrau de 2 °C no valor desejado. A temperatura de saída T_s é vista no primeiro gráfico da Figura 6.9, em que se plota o valor desejado com uma linha pontilhada e os limites superior e inferior da zona morta com uma linha tracejada.

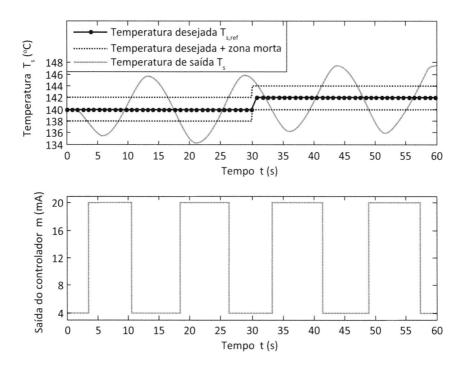

Figura 6.9 – Primeiro gráfico: resposta da temperatura de saída T_s a degrau de 2 °C no valor de referência. Segundo gráfico: sinal de saída m do controlador *on/off* com zona morta.

Percebe-se na Figura 6.9 as seguintes diferenças com relação à Figura 6.3:

a) a amplitude das oscilações não amortecidas é maior no caso do controlador com zona morta. No caso da Figura 6.9, a máxima amplitude fica 5,8 °C acima do valor de referência, e a mínima amplitude se situa −6 °C abaixo do valor desejado. Isso é uma condição pior que a do controlador sem zona morta mostrado na Figura 6.3, em que T_s tem valores de desvios máximos de 3,5 °C e −3,1 °C em torno do valor de referência;

b) por outro lado, um ciclo completo de comutação aberto/fechado, após o sistema entrar em regime, leva em torno de 15,8 s, superior ao caso sem intervalo diferencial que era de 11,4 s. Isso significa que o elemento final de controle será menos solicitado, pois será comutado a intervalos maiores.

Propõe-se agora averiguar o que ocorre quando há ruído de medição na variável controlada, como mostra a Figura 6.10. Comparando-se as Figuras 6.4 e 6.10, nota-se que o número de comutações foi reduzido em virtude da zona morta e dos chaveamentos excessivos quando a variável controlada cruzava o valor desejado sumiram.

Assim, ao se usar a zona morta, apesar de a amplitude das oscilações da variável controlada crescer, preserva-se o elemento final de controle.

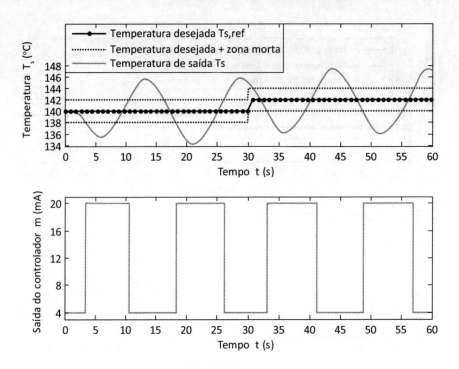

Figura 6.10 – Primeiro gráfico: temperatura T_s com ruído de medição a degrau de 2 °C no valor desejado. Segundo gráfico: sinal de saída m do controlador *on/off* com zona morta.

Supõe-se agora que haja uma perturbação em degrau de 2 °C na temperatura T_e em $t = 0$. A temperatura de saída T_s é mostrada no primeiro gráfico da Figura 6.11.

Existem as seguintes diferenças entre as Figuras 6.11 e 6.5:

a) a amplitude das oscilações não amortecidas é maior no caso do controlador com intervalo diferencial. No caso da Figura 6.11, a máxima amplitude fica em torno de 6 °C acima do valor de referência, e a mínima amplitude se situa em torno de –5,8 °C abaixo. Isso é uma condição pior que a do controlador sem intervalo diferencial;

b) por outro lado, um ciclo completo de comutação aberto/fechado, após o sistema entrar em regime, leva em torno de 15,8 s, superior ao caso sem intervalo diferencial, que era de aproximadamente 11,4 s.

A Figura 6.12 mostra o caso de distúrbio brusco de 2 °C em T_e com a variável controlada sujeita a ruído de medição. Comparando-se as Figuras 6.6 e 6.12, a zona morta no controlador aumentou a amplitude das oscilações, mas reduziu a comutação na saída do controlador e eliminou o chaveamento quando a variável controlada cruzava o *set point*.

Controle do tipo on/off

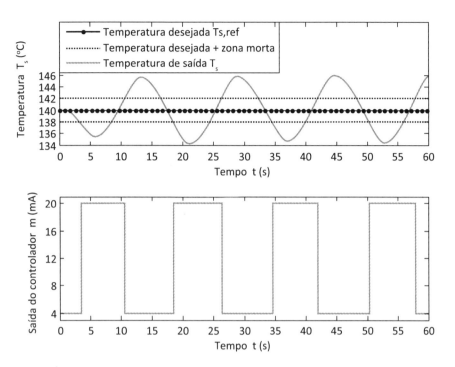

Figura 6.11 – Primiro gráfico: resposta da temperatura de saída T_s a degrau de 2 °C na temperatura T_e. Segundo gráfico: sinal de saída m do controlador *on/off* com zona morta.

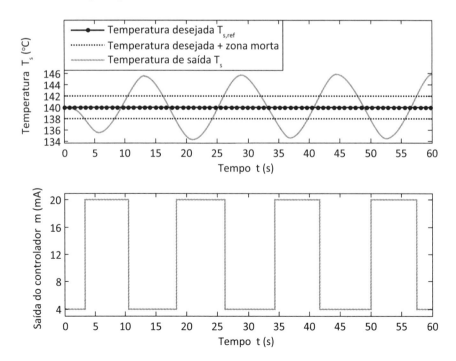

Figura 6.12 – Primiro gráfico: resposta da temperatura de saída T_s com ruído de medição a degrau de 2 °C na temperatura T_e. Segundo gráfico: sinal de saída m do controlador *on/off* com zona morta.

Portanto, perde-se em termos de manter a variável controlada no valor desejado, mas se ganha em função da menor solicitação do elemento final de controle. Assim, a opção do controlador *on/off* com intervalo diferencial piora a qualidade do controle, mas desgasta menos o atuador.

6.3 CONTROLE DE TRÊS ZONAS OU DE TRÊS ESTADOS

Nesse tipo de controle, a saída do controlador atua normalmente conforme seu algoritmo de controle quando a variável controlada está fora de uma certa região. Dentro dessa região, a saída do controlador fica congelada em um valor, como ilustra a Figura 6.13.

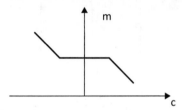

Figura 6.13 – Saída de controlador do tipo três zonas ou três estados.

Caso o controle aplicado seja do tipo *on/off*, a Figura 6.13 se converte na Figura 6.14.

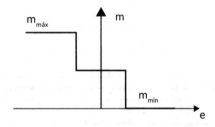

Figura 6.14 – Saída de controlador *on/off* do tipo três zonas ou três estados.

Para evitar o chaveamento nas regiões em que o controlador é ligado ou desligado, recomenda-se o uso de uma zona morta nessas regiões, como indicado na Figura 6.15.

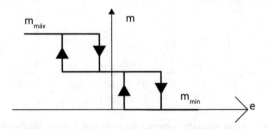

Figura 6.15 – Saída de controlador *on/off* com zona morta do tipo três zonas ou três estados.

Esse tipo de controle é normalmente aplicado a processos em que os dois estados da variável manipulada tenham efeitos opostos na variável controlada, como ocorre, por exemplo, em sistemas de controle por aquecimento e resfriamento (*heating and cooling*). Nesse caso, é necessária uma zona morta entre esses dois estados, incluindo assim um terceiro estado ao controlador. Como exemplo de aplicação do controlador *on/off* com zona morta de três estados, emprega-se o mesmo trocador de calor das seções anteriores. Supõe-se que a zona morta seja de 1 °C, e que a banda morta em torno do erro nulo seja de ±1 °C. Supondo-se que o valor de referência esteja inicialmente em 140 °C, o gráfico ilustrativo das faixas de atuação do controlador é mostrado na Figura 6.16.

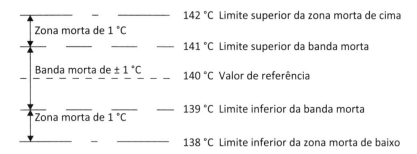

Figura 6.16 – Faixas de atuação de controlador *on/off* do tipo três estados com zona morta.

O modelo em Simulink do trocador de calor e do controlador liga/desliga de três estados com zona morta é mostrado na Figura 6.17.

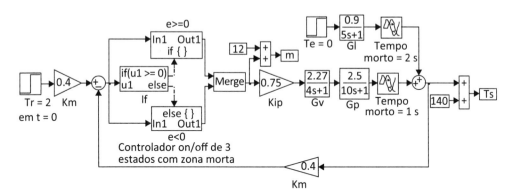

Figura 6.17 – Modelo do trocador de calor com controle *on/off* de 3 estados com zona morta.

Os dois blocos de saída do bloco *if* são mostrados nas Figuras 6.18 e 6.19.

O relé contido nesse bloco, intitulado relé superior, possui a seguinte configuração:

- ponto em que liga (*switch on point*): 0,8 mA;
- ponto em que desliga (*switch off point*): 0,4 mA;
- valor da saída quando ligado (*output when on*): 8 mA;
- valor da saída quando desligado (*output when off*): 0 mA.

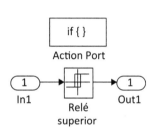

Figura 6.18 – Bloco do *if* correspondente a e ≥ 0.

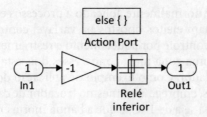

Figura 6.19 – Bloco do *if* correspondente a e < 0.

O relé desse bloco, denominado relé inferior, possui a seguinte configuração:

- ponto em que liga (*switch on point*): 0,8 mA;
- ponto em que desliga (*switch off point*): 0,4 mA;
- valor da saída quando ligado (*output when on*): –8 mA;
- valor da saída quando desligado (*output when off*): 0 mA.

A seguir são feitas as simulações. Primeiramente, aplica-se em $t = 10$ s um degrau de 2 °C no valor de referência, e o resultado é mostrado na Figura 6.20.

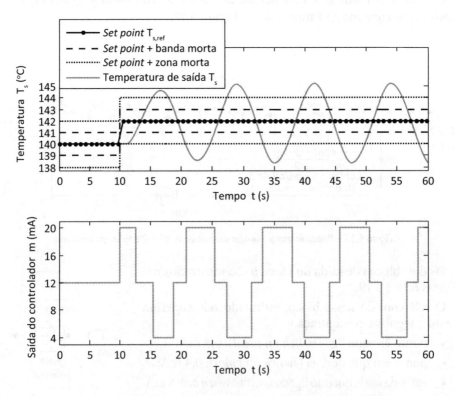

Figura 6.20 – Primeiro gráfico: resposta da temperatura T_s sem ruído de medição a degrau de 2 °C no valor desejado. Segundo gráfico: sinal de saída *m* do controlador *on/off* de três estados com zona morta.

Controle do tipo on/off

Nos primeiros 10 s, com o valor de referência de 140 °C, enquanto T_s estiver dentro da banda morta (±1 °C em torno de 140 °C), a saída do controlador fica no meio da faixa de 4 mA a 20 mA, isto é, em 12 mA. A temperatura T_s é mostrada no primeiro gráfico da Figura 6.20, em que se destaca o valor de referência, com uma linha pontilhada, os limites superior e inferior da banda morta em torno do valor de referência, com uma linha tracejada, e os limites superior e inferior das bandas mortas de cima e de baixo, com uma linha traço-ponto. Há as seguintes diferenças entre a Figura 6.20 e as Figuras 6.3 e 6.9:

a) a amplitude máxima das oscilações não amortecidas na Figura 6.13 fica em torno de 3,3 °C acima do valor de referência, e a mínima amplitude se situa em torno de −3,7 °C abaixo do valor desejado. Essa é uma condição muito parecida com a do controlador *on/off* e melhor que a do controlador *on/off* com zona morta;

b) por outro lado, um ciclo completo de comutação aberto/fechado, após o sistema entrar em regime, leva em torno de 12,6 s, superior ao caso sem zona morta, que é de 11,4 s, mas inferior ao do controlador *on/off* com zona morta, que era de 15,8 s.

Na Figura 6.21, mostra-se a resposta da malha de controle quando se aplica um degrau de 2 °C no valor de referência em 10 segundos, sendo que a variável controlada T_s é afetada por ruído de medição.

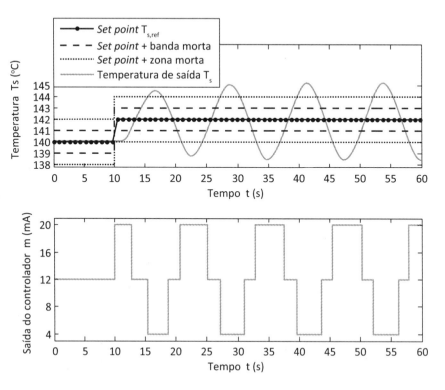

Figura 6.21 – Primeiro gráfico: resposta da temperatura T_s com ruído de medição a degrau de 2 °C no valor desejado. Segundo gráfico: sinal de saída *m* do controlador *on/off* de três estados com zona morta.

Na Figura 6.21, há um comportamento bastante parecido com o obtido na Figura 6.20, indicando que esse controlador foi imune a ruído de medição na variável controlada.

Supõe-se agora que haja uma perturbação em degrau de 2 °C na temperatura T_e em $t = 10$ s. A temperatura de saída T_s é mostrada no primeiro gráfico da Figura 6.22.

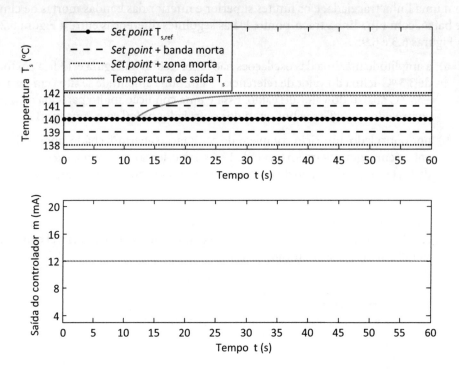

Figura 6.22 – Primeiro gráfico: resposta de T_s sem ruído de medição a degrau de 2 °C em T_e. Segundo gráfico: sinal de saída m do controlador *on/off* de três estados com zona morta.

Observa-se na Figura 6.22 que a temperatura T_s não chega a ultrapassar o limite superior da zona morta, de modo que o controlador não atua, deixando a temperatura estabilizar em torno de 141,8 °C.

Por fim, estuda-se a reação do controlador *on/off* de três estados com zona morta ao se aplicar um distúrbio brusco de 2 °C em T_e em $t = 10$ s, supondo ruído de medição na variável controlada. A temperatura T_s é mostrada no primeiro gráfico da Figura 6.23. Nesse caso, o controlador só é acionado por volta de $t = 40,5$ s, pela ultrapassagem da temperatura T_s do limite superior da zona morta, em virtude do ruído de medição. Verifica-se que as oscilações da variável controlada começam e não param mais.

Assim, dentre os três controladores testados nesse processo, o que gerou um desempenho levemente superior aos demais, analisando-se o conjunto qualidade do controle mais solicitação do elemento final, foi o *on/off* de três estados com zona morta.

Controle do tipo on/off

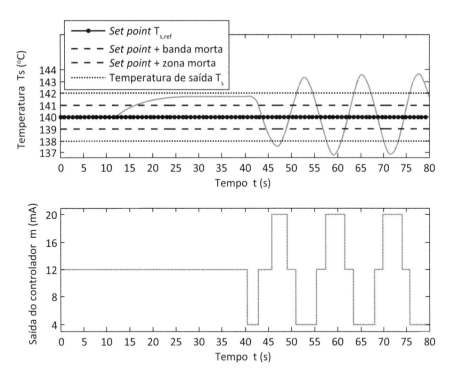

Figura 6.23 – Primeiro gráfico: resposta de T_s com ruído de medição a degrau de 2 °C em T_e. Segundo gráfico: sinal de saída *m* do controlador *on/off* de três estados com zona morta.

CAPÍTULO 7
O CONTROLADOR PID ANALÓGICO

A função do controlador é manter a variável controlada no valor desejado (ou o mais próximo possível deste), atuando nela apesar das variações de carga de alimentação ou de demanda. Deseja-se que o sistema em malha fechada tenha certas características de resposta estacionária e transitória, como visto no Capítulo 5. A Figura 7.1 mostra o esquema típico de uma malha de controle por realimentação, em que quatro funções básicas (medição, comparação, computação e atuação) são implantadas.

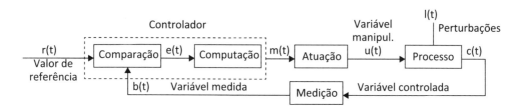

Figura 7.1 – Malha típica de controle por realimentação.

A medição quantifica o valor da variável que se deseja controlar (variável controlada), e é feita pelos sensores e transmissores. A comparação calcula o desvio $e(t)$, dado pela diferença entre o valor da variável medida $b(t)$ e o valor de referência $r(t)$. É aqui que se define se a ação do controlador é direta $[b(t) - r(t)]$ ou reversa $[r(t) - b(t)]$. A computação executa o algoritmo de controle, recebendo o valor do desvio $e(t)$ e gerando um sinal $m(t)$, que atua sobre a variável manipulada, obedecendo a equação $m(t) = f[e(t)]$, em que a função f equivale ao algoritmo de controle. A comparação e a computação são efetuadas pelo controlador. A atuação é feita pelos elementos finais de controle (válvulas, *dampers*, motores de velocidade variável, reguladores de potência elétrica etc.), visando fazer com que o valor da variável manipulada siga o comando de saída do controlador.

O que se busca idealmente por meio da função f é tornar $e(t) = 0$, isto é, que a variável controlada $c(t)$ siga o mais próximo possível o valor desejado $r(t)$. Qualquer equação que consiga atingir, ou pelo menos se aproximar desse intento, para situações de regime permanente e transitório, pode se converter em um algoritmo de controle.

Em controle de processos, das duas entradas externas do sistema $[r(t) \text{ e } l(t)]$, a que mais varia é normalmente $l(t)$, ao passo que $r(t)$ costuma ser fixo. No controle de servomecanismos, normalmente o valor de referência $r(t)$ muda constantemente.

Apesar da contínua busca de novas técnicas de controle, com o uso de tecnologia digital de ponta, não há dúvida que, em processos industriais, o algoritmo de controle mais usado continua sendo o PID (proporcional, integral, derivativo). Isso se deve à sua fácil implementação, aliada à sua versatilidade, significando que os resultados obtidos são satisfatórios, mesmo com variações apreciáveis nas características do processo e nos distúrbios. O algoritmo PID tem sido usado desde o início da década de 1940, com uma tripla forma de atuação em relação ao desvio $e(t)$:

- a amplitude do sinal de saída $m(t)$ é proporcional ao desvio $e(t)$, afetada apenas por um ganho K_C (modo proporcional);

- a velocidade do sinal de saída $dm(t)/dt$ é proporcional ao desvio $e(t)$, afetada pelo parâmetro T_I (modo integral);

- a amplitude do sinal de saída $m(t)$ é proporcional à velocidade do desvio $de(t)/dt$, afetada pelo parâmetro T_D (modo derivativo).

No caso do modo proporcional, a atuação do controlador é estática em relação ao desvio $e(t)$, ao passo que nos modos integral e derivativo, sua atuação é dinâmica. Neste capítulo, é explicado o funcionamento dos controladores PID e se estuda o efeito de cada modo de controle (P/I/D) e de suas combinações tipicamente usadas: P; PI; PD e PID. As principais vantagens do controlador PID são:

- é uma técnica que não requer um conhecimento profundo da planta. Em particular, um modelo matemático do processo não é requerido, muito embora um modelo aproximado seja útil no projeto do sistema de controle;

- o PID, que é um algoritmo de controle universal, baseado na filosofia por realimentação, é versátil e robusto. Se as condições de processo mudam, a ressintonia do controlador usualmente produz controle satisfatório.

A principal desvantagem do PID é que seu desempenho pode ser insatisfatório para processos com constantes de tempo grandes e/ou atrasos puros longos. Se grandes distúrbios são frequentes, o processo pode operar continuamente em estado transitório e nunca atingir o estado estacionário desejado. Outras técnicas de controle eventualmente melhoram a eficiência da planta, minimizando os custos com matéria-prima e energia e reduzindo a perda de produtos, mas com complexidade matemática e custos maiores para implantação. Essas técnicas mais sofisticadas, genericamente intituladas de *controle avançado*, normalmente precisam de um modelo da planta.

7.1 MODO PROPORCIONAL

A Figura 7.2 mostra uma malha de controle com controlador proporcional (P). No modo proporcional, a amplitude da correção é proporcional à magnitude do erro:

$m = K_C \cdot e + \bar{m} = K_C \cdot (b-r) + \bar{m}$ (ação direta) ou

$m = K_C \cdot e + \bar{m} = K_C \cdot (r-b) + \bar{m}$ (ação reversa)

Em que: $\bar{m}$ = valor da saída quando o desvio é nulo (ponto de equilíbrio); conhecido como *manual reset*. Na ação reversa, a saída m do controlador aumenta quando a entrada b diminui, ou vice-versa. Na ação direta, a saída m do controlador aumenta quando a entrada b aumenta, ou vice-versa.

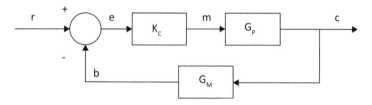

Figura 7.2 – Malha de controle por realimentação com as principais variáveis destacadas.

Legenda: r = valor de referência, valor desejado ou *set point*; $e = (r-b)$ ou $(b-r)$ = erro ou desvio; m = saída do controlador, chamada de variável manipulada; c = saída do processo (variável controlada); b = variável medida.

O ganho proporcional é definido como:

$$K_C = \frac{\Delta S}{\Delta E}, \text{ em que } \Delta S = m - \bar{m} \text{ e } \Delta E = b - r \text{ ou } r - b$$

Pode-se também definir o parâmetro que caracteriza o controlador proporcional como "banda proporcional" *BP* (ou *PB – proportional band*):

$$BP = \frac{100\%}{K_C}$$

Por exemplo, se $K_C = 2 \Rightarrow BP = 50\%$. Quando *BP* for igual a 0% (ganho K_C infinito), o controlador será do tipo liga/desliga (*on/off*). Vários fabricantes de sistemas digitais de controle usam o ganho K_C, como a Honeywell, a Emerson e a ABB, ao passo que outros, como a Foxboro e a Yokogawa, utilizam a banda proporcional *BP* (Smuts, 2011).

7.1.1 ANÁLISE DO MODO PROPORCIONAL EM MALHA ABERTA

Avalia-se o comportamento do controlador P em malha aberta analisando-se como varia a saída com a entrada mudada manualmente, isto é, com a realimentação inativa. A curva de entrada/saída em malha aberta desse controlador é vista na Figura 7.3.

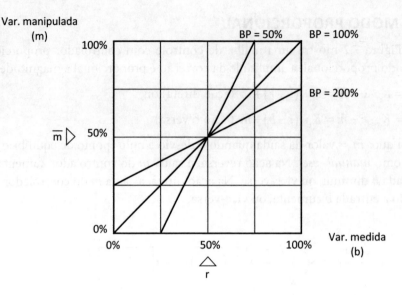

Figura 7.3 – Atuação do controlador proporcional em malha aberta com $\bar{m} = 50\%$ e $r = 50\%$.

Na Figura 7.3, observa-se que:

- o valor desejado r foi ajustado em 50% da largura da faixa da variável medida, e a saída $\bar{m}$, equivalente ao erro nulo, é 50% da largura da faixa da variável manipulada;

- o controlador analisado tem ação direta;

- a banda proporcional tem relação com a mudança que a variável medida deve ter para a saída variar 100%. Assim, para $BP = 50\%$, se a entrada mudar 50%, a saída variará 100%, e para $BP = 200\%$, a entrada deve mudar 200% para a saída variar 100%. Para $BP > 100\%$, o elemento final de controle não chega a abrir e/ou fechar totalmente.

As Figuras 7.4 a 7.6 mostram outros ajustes de controladores proporcionais.

Nos gráficos das Figuras 7.4 a 7.6, foram usados três ganhos distintos (0,5; 1 e 2). Os controladores comerciais têm normalmente o ganho K_C continuamente ajustável entre 0,02 a 50 (BP de 500% a 2%). O controlador P discutido até aqui não inclui limites físicos para sua saída.

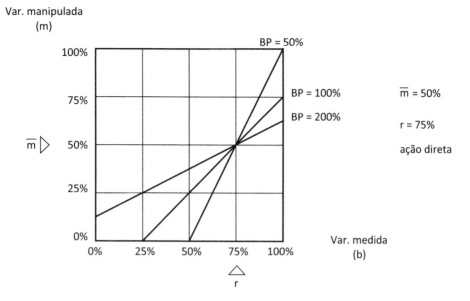

Figura 7.4 — Atuação do controlador proporcional em malha aberta com $\overline{m} = 50\%$ e $r = 75\%$.

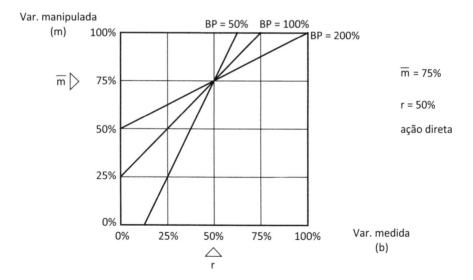

Figura 7.5 — Atuação do controlador proporcional em malha aberta com $\overline{m} = 75\%$ e $r = 50\%$.

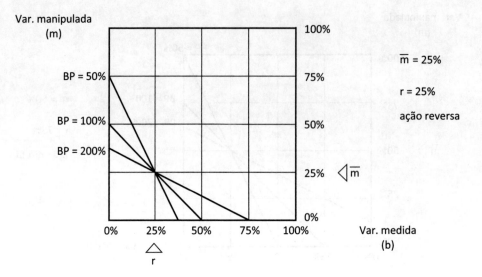

Figura 7.6 – Atuação do controlador proporcional em malha aberta com $\overline{m} = 25\%$ e $r = 25\%$.

Uma forma mais realista é mostrada na Figura 7.7, em que a saída do controlador satura quando atinge um determinado limite físico, seja $m_{máx}$ ou $m_{mín}$. Nessa figura, usou-se um controlador com ganho $K_C = 1$ e *manual reset* $\overline{m} = 50\%$.

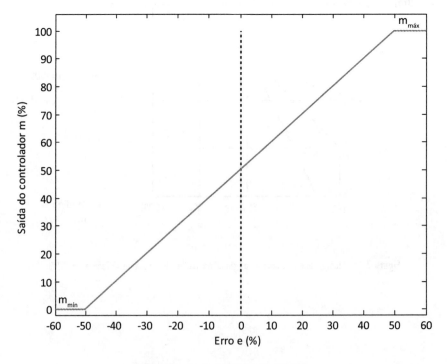

Figura 7.7 – Saturação da saída do controlador.

7.1.2 EXEMPLOS DE APLICAÇÃO DE CONTROLADOR PROPORCIONAL EM MALHA ABERTA

1. Um controlador eletrônico com sinais de entrada/saída de 4 a 20 mA é analisado em malha aberta. Sua escala é de 100 a 200 °C. O valor desejado corresponde a 160 °C, e a variável controlada, a 150 °C. O controlador é ajustado com *manual reset* $\bar{m}$ de 12 mA. A banda proporcional é 50%, e a ação é reversa. Qual é a saída atual m em mA?

Tem-se que:

r = 160 °C = 13,6 mA = 60%

b = 150 °C = 12 mA = 50%

$\bar{m}$ = 12 mA = 50%

$BP = 50\% \rightarrow K_C = 2$

Resulta:

$$m = K_C \cdot (r - b) + \bar{m} \quad \text{(ação reversa)}$$

$$\therefore m = 70\%$$

Saída atual m em mA = $(0,7 \cdot 16) + 4 = 15,2$ mA.

Observe que esse controlador satura a saída em 100% se a variável controlada chega a 135 °C ou em 0% se ela chega a 185 °C.

2. Os gráficos das Figuras 7.8 e 7.9 mostram como se comporta a saída de um controlador proporcional em malha aberta para variações na entrada.

   a) Seja $BP = 50\%$, ação direta, $\bar{m} = 30\%$ e $r = 50\%$:

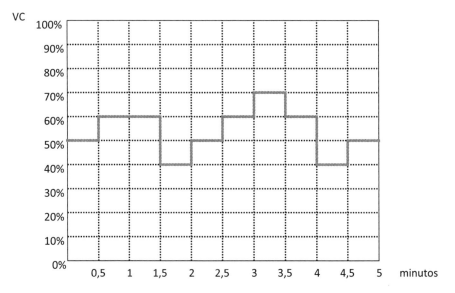

Figura 7.8 – Saída de um controlador proporcional para variações na variável controlada (*continua*).

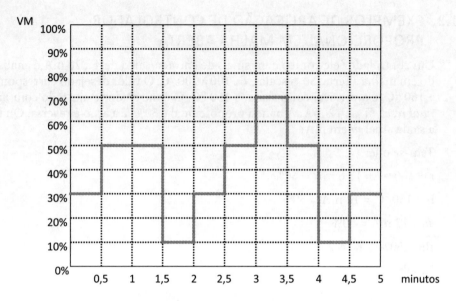

Figura 7.8 – Saída de um controlador proporcional para variações na variável controlada (*continuação*).

b) Seja $BP = 200\%$, ação reversa, $\bar{m} = 50\%$ e $r = 50\%$:

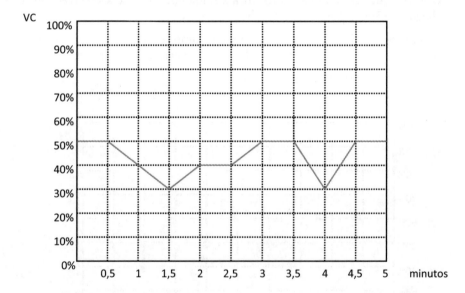

Figura 7.9 – Saída de um controlador proporcional para variações na variável controlada (*continua*).

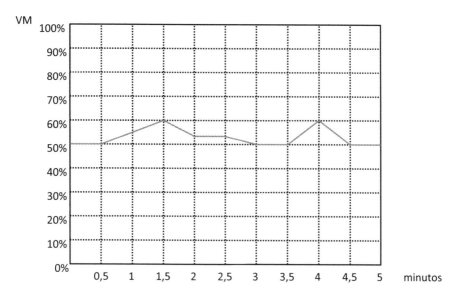

Figura 7.9 – Saída de um controlador proporcional para variações na variável controlada (*continuação*).

3. Seja um controlador P do tipo "caixa grande", em que o fluido de processo entra no sensor de pressão no interior do instrumento. Suponha que ele seja pneumático, operando na faixa de 3 a 15 psi, e que seu *manual reset* seja fixo em 9 psi. Suponha que um transmissor pneumático de pressão, calibrado na faixa de 0 a 10 kgf/cm^2, tenha quebrado, e que se queira substituí-lo pelo controlador. Que ajustes devem ser feitos no controlador para que ele substitua o transmissor, considerando as seguintes condições:

a) O controlador tem uma escala de 0 a 10 kgf/cm^2.

b) O controlador tem uma escala de 0 a 20 kgf/cm^2.

c) O controlador tem uma escala de 0 a 5 kgf/cm^2.

Como um transmissor normalmente opera no modo direto, o controlador deverá ter ação direta. Sabe-se ainda que o *manual reset* do controlador corresponde a $\bar{m}$ = 9 psi = 50%. Passa-se agora a definir os ajustes do controlador proporcional.

Solução:

a) Para controlador com escala de 0 a 10 kgf/cm^2:

Como a curva de operação de um controlador P é uma reta, é suficiente levantar dois pontos da mesma para se definir o seu modo de operação. Considere, então, os pontos de operação do transmissor de pressão mostrados na Tabela 7.1.

Tabela 7.1 – Dois pontos de operação do transmissor de pressão

Variável medida (%)	Saída do transmissor (%)
0	0
100	100

A equação que define a operação do controlador proporcional de ação direta é:

$$m = K_C \cdot e + \bar{m} = K_C \cdot (PV - SP) + \bar{m}$$

Nesse caso, a variável de processo deve corresponder à variável medida pelo transmissor, e a saída do controlador m, à saída do transmissor. Como aqui o controlador está ajustado para operar na mesma faixa que o transmissor de pressão, pode-se substituir diretamente os dados da Tabela 7.1 na equação do controlador:

$$0 = K_C \cdot (0 - SP) + 50\% \Rightarrow K_C \cdot SP = 50\%$$

$$100 = K_C \cdot (100 - SP) + 50\%$$

Substituindo-se a primeira equação na segunda, resulta:

$$K_C = 1 \rightarrow BP = 100\%$$

Portanto: $SP = 50\%$, que equivalve a 5 kgf/cm^2 na escala de 0 a 10 kgf/cm^2.

b) Para controlador com escala de 0 a 20 kgf/cm^2:

Analisando-se a Tabela 7.1 e sabendo-se agora que o controlador está ajustado para operar na faixa de 0 a 20 kgf/cm^2, o fundo de escala do transmissor de pressão (10 gkf/cm^2) corresponde, no controlador, a um sinal equivalente a 50%. Esse sinal, no entanto, deverá gerar na saída do controlador um valor $m = 100\%$. Portanto, resultam nas seguintes equações para o controlador:

$$0 = K_C \cdot (0 - SP) + 50\% \Rightarrow K_C \cdot SP = 50\%$$

$$100 = K_C \cdot (50 - SP) + 50\%$$

Substituindo-se a primeira equação na segunda, resulta:

$$K_C = 2 \rightarrow BP = 50\%$$

Assim: $SP = 25\%$, que equivale a 5 kgf/cm^2 na escala de 0 a 20 kgf/cm^2.

c) Para controlador com escala de 0 a 5 kgf/cm²:

Nesse caso, não há como usar o controlador em substituição ao transmissor de pressão, pois o controlador não tem como medir valores de pressão superiores a 5 kgf/cm². Aqui, caso o controlador não contenha um dispositivo de segurança para sobrepressões, ele poderá ser danificado para pressões maiores que 5 kgf/cm².

7.1.3 ANÁLISE DO MODO PROPORCIONAL EM MALHA FECHADA

São analisadas as características de um controlador de ação proporcional em malha fechada no tocante ao ganho e seu efeito na estabilidade da malha de controle e no desvio permanente. Para tal, usa-se o exemplo a seguir. Considere um tanque em que entram água quente e fria. A temperatura da água que sai é controlada por meio da manipulação da vazão de entrada de água fria, conforme indicado na Figura 7.10.

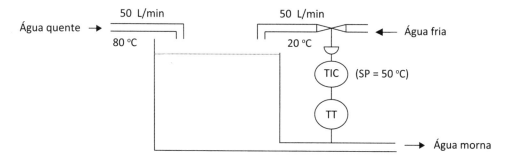

Figura 7.10 – Exemplo de controle de temperatura pela mistura de fluido quente e frio.

Na situação de equilíbrio, indicada na Figura 7.10, a temperatura da água morna é:

$$\frac{80 \cdot 50 + 20 \cdot 50}{50 + 50} = 50 \text{ °C}$$

Realizam-se, a seguir, algumas simulações do que ocorre nessa malha de controle, quando perturbada por distúrbios transitórios e permanentes.

7.1.3.1 Perturbação transitória

Considere inicialmente o regime estacionário, como indicado na Figura 7.10, em que o valor de referência é 50 °C. Repentinamente, ocorre uma perturbação que leva a temperatura do tanque a 48 °C (por exemplo, joga-se um balde de água fria no tanque).

Ajusta-se inicialmente o controlador com um ganho alto, de forma que, para cada 1 °C de diferença na temperatura desejada, a válvula de controle da água fria receba um sinal do controlador que mude sua vazão de 5 L/min, sendo que se ajusta o controlador para ação direta.

$$K_C = \frac{\Delta S}{\Delta E} = \frac{5\text{ L/min}}{1°C} \qquad e \qquad m = K_C \cdot (b-r) + \bar{m}$$

Como o valor de referência é 50 °C, resulta que o controlador vai comandar a válvula para reduzir a vazão de água fria de 10 L/min. A nova temperatura para esse caso é:

$$\frac{80 \cdot 50 + 20 \cdot 40}{50 + 40} = 53,3 \text{ °C}$$

Mas agora o controlador tem uma diferença de temperatura de 50 − 53,3 = −3,3 ºC. O novo sinal corretor para a válvula aumentará a vazão de água fria para 66,5 L/min. Isso resultará em uma nova temperatura de equilíbrio de 45,8 °C. Repetindo-se mais uma vez os cálculos anteriores, resulta: vazão de água fria = 29 L/min e temperatura de regime = 58 °C. A Figura 7.11 exibe essas temperaturas. As diferenças de temperatura vão aumentando, apesar do controlador agir corretamente (realimentação negativa). Ele apenas age em demasia. O ganho K_C do controlador afeta a estabilidade da malha, surgindo, nesse caso, oscilações de amplitude crescente na saída do processo.

Vale notar que o gráfico real da resposta não é o exposto na Figura 7.11, pois o controlador reage tão logo a temperatura comece a se afastar do valor desejado. A Figura 7.11 equivale a se ter um certo valor na entrada (por exemplo, 48 °C), que é congelado para o controlador, que altera sua saída em função desse valor. O controlador só muda seu valor de entrada quando a temperatura atinge um novo valor estacionário.

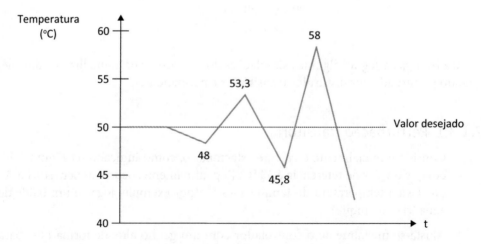

Figura 7.11 – Variação da temperatura no interior do tanque.

O controlador PID analógico

Suponha agora que se reduza o ganho do controlador, de modo que 1 °C de desvio na entrada corresponda a um ajuste de vazão de água fria de 2,5 L/min. Caso se considere a mesma perturbação transitória inicial, que leva a temperatura de 50 °C para 48 °C, resulta no perfil de temperatura visto na Tabela 7.2, em que T corresponde à temperatura da mistura em °C, e Q, à vazão de água fria em L/min. A análise da Tabela 7.2 indica que, com a redução à metade do ganho do controlador, a malha passou de instável para estável e, após algumas oscilações, a temperatura voltou para o valor desejado.

Tabela 7.2 – Variação da temperatura e da vazão de água fria no tanque

T	48,0	51,58	48,86	50,93	49,32	50,52	49,62	50,29	49,78
Q	45,0	53,95	47,0	52,33	48,3	51,3	49,05	50,73	49,45

T	50,17	49,87	50,10	49,93	50,05	49,96	50,03	49,98	50,015
Q	50,43	49,68	50,25	49,83	50,13	49,9	50,08	49,95	50,04

7.1.3.2 Perturbação permanente

Suponha agora que a temperatura da água quente passe de 80 °C para 90 °C. A nova temperatura resultante da mistura, supondo que se parta do regime estacionário, em que a temperatura do processo é 50 °C e a vazão de entrada é de 50 L/min, resulta:

$$\frac{90 \cdot 50 + 20 \cdot 50}{50 + 50} = 55 \ °C$$

Supondo que o ganho do controlador K_C esteja ajustado em 2,5 L/min para cada 1 °C de desvio, resulta no perfil de temperaturas/vazões mostrado na Tabela 7.3.

Tabela 7.3 – Variação da temperatura e da vazão de água fria no tanque

T	55	51,11	54,05	51,78	53,51	52,18	53,19	52,41	53,01	52,55
Q	62,5	52,78	60,13	54,45	58,78	55,45	57,98	56,03	57,53	56,38

T	52,90	52,63	52,84	52,68	52,80	52,71	52,78	52,73	52,76	52,74	52,75
Q	57,25	56,58	57,1	56,7	57	56,78	56,95	56,83	56,9	56,85	56,88

A temperatura não estabiliza em 50 °C, como desejado, mas em 52,75 °C, com um desvio de 2,75 °C, chamado erro estacionário, erro de regime permanente ou *offset* e designado por e_{ss}, que equivale à diferença entre o valor desejado e o valor medido, irremovível pelo controlador P. A explicação para o desvio permanente é: parte-se de uma situação em regime, em que a variável controlada é igual ao valor desejado. Supõe-se que ocorra uma perturbação na carga (no caso do exemplo, temperatura da água quente). Para fazer a temperatura retornar ao *set point*, deve-se aumentar a vazão de água fria, o que forçosamente obriga a válvula de controle a abrir mais e, assim, a saída do controlador aumentar. Ora, quando essa válvula abre mais, como a curva de operação do controlador P é uma reta, resulta que, se a posição da válvula muda (saída do controlador), a variável medida também muda, como visto na Figura 7.12.

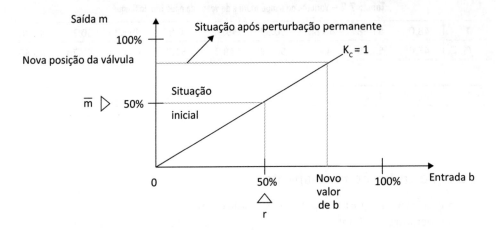

Figura 7.12 — Gráfico da atuação do controlador proporcional.

Na Figura 7.12, surge uma diferença entre o valor desejado r e a variável medida b, que constitui o desvio permanente. Caso se duplique na Figura 7.12 o ganho do controlador, reduz-se à metade o valor do desvio permanente, como indica a Figura 7.13.

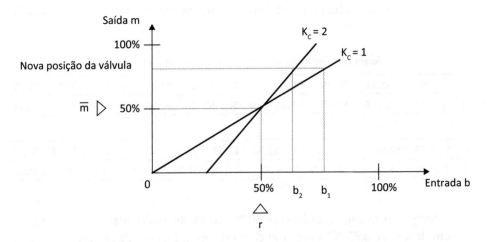

Figura 7.13 — Atuação do controlador proporcional quando se duplica o ganho.

Os controladores P normalmente geram erro permanente, pois qualquer variação na carga do processo leva a saída do controlador a uma nova posição, e, assim, a variável controlada se afasta do valor desejado, como se vê nas Figuras 7.12 e 7.13. O único modo de sempre manter a variável controlada igual ao valor desejado é alterar manualmente o valor de $\bar{m}$, intitulado reajuste manual (*manual reset*).

Transitórios com diferentes ganhos K_C são vistos nas Figuras 7.17 e 7.18. Aumentar K_C aumenta o tempo de acomodação da variável controlada, e, se o aumento for excessivo, o processo fica instável, isto é, a variável controlada oscila continuamente ou de modo crescente, até um sistema de proteção parar o processo. O exemplo da Subseção 7.1.4 mostra a resposta da malha fechada ao se variar o ganho proporcional.

7.1.3.3 Análise da realimentação negativa

O controle da temperatura da planta da Figura 7.10 ilustra outro aspecto relevante: a realimentação negativa. Nesse caso, o transmissor, o controlador e a válvula têm ação direta, e o processo tem ação reversa, pois um aumento na variável de entrada (vazão de água fria) diminui a variável de saída (temperatura da mistura). Caso se mudasse a variável manipulada para vazão de água quente, o processo teria ação direta, e a realimentação negativa deveria ser implantada pela ação reversa no controlador.

7.1.4 EFEITO DO GANHO PROPORCIONAL DO CONTROLADOR NO ERRO EM REGIME PERMANENTE

Estuda-se o efeito do ganho do controlador no desvio permanente por meio do diagrama de blocos da Figura 7.14, em que se usam variáveis incrementais.

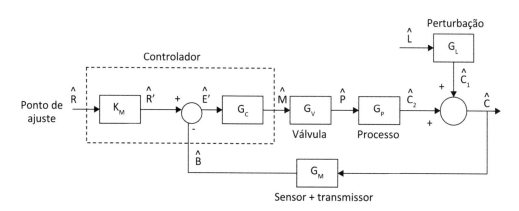

Figura 7.14 – Diagrama de blocos típico de uma malha de controle por realimentação.

Em uma malha fechada, uma perturbação $\hat{L}$ ou uma mudança no valor desejado $\hat{R}$ requer uma mudança na variável manipulada $\hat{M}$ para manter a variável controlada no valor desejado. No entanto, a variável manipulada não muda com o desvio $\hat{E}$ nulo. Não existe $\hat{E}$ se não houver diferença entre o sinal de medição $\hat{B}$ e o valor desejado $\hat{R}$. Assim, uma variação mantida em $\hat{L}$ ou $\hat{R}$ gera um desvio permanente e_{ss}. Para calcular esse desvio, parte-se das seguintes equações, extraídas da Figura 7.14.

$$\hat{R}' = K_M \cdot \hat{R} \qquad \hat{E} = \hat{R}' - \hat{B} \qquad \hat{M} = G_C \cdot \hat{E}$$

$$\hat{C} = G_V \cdot G_P \cdot \hat{M} + G_L \cdot \hat{L} \qquad \hat{B} = G_M \cdot \hat{C}$$

Manipulando-se essas equações algebricamente, chega-se a:

$$\hat{C} = \frac{K_M \cdot G_C \cdot G_V \cdot G_P \cdot \hat{R} + G_L \cdot \hat{L}}{1 + G_C \cdot G_V \cdot G_P \cdot G_M}$$

$$\hat{E} = \frac{K_M \cdot \hat{R} - G_L \cdot G_M \cdot \hat{L}}{1 + G_C \cdot G_V \cdot G_P \cdot G_M}$$

Como se está admitindo condições estacionárias, os ganhos G assumem seus valores estacionários K. Suponha a existência de uma variação em degrau em $\hat{L}$ de amplitude ΔL ou em $\hat{R}$ de amplitude ΔR. Partindo-se de uma situação em que o desvio $\hat{E}$ seja nulo, qualquer variação mantida em $\hat{L}$ ou $\hat{R}$ acarreta um valor de $\hat{E}$ não nulo, exceto quando, por coincidência, se tiver $K_M \cdot \Delta R = G_L \cdot G_M \cdot \Delta L$ ou quando se provocar essa situação intencionalmente, por meio da manipulação do reajuste manual $\bar{m}$.

Calcula-se o desvio e_{ss} a variações em degrau por meio das seguintes equações:

- para uma perturbação $\hat{L} = \Delta L$, assumindo-se $\hat{R} = 0$:

$$e_{ss} = \frac{-K_L \cdot K_M \cdot \Delta L}{1 + K_C \cdot K_V \cdot K_P \cdot K_M}, \text{ sendo } e_{ss} = r'(\infty) - b(\infty)$$

- para uma mudança do valor desejado $\hat{R} = \Delta R$, assumindo-se $\hat{L} = 0$:

$$e_{ss} = \frac{K_M \cdot \Delta R}{1 + K_C \cdot K_V \cdot K_P \cdot K_M}, \text{ em que } \Delta R = r(\text{atual}) - r(\text{anterior})$$

Conforme o ganho em malha aberta ($K_C \times K_V \times K_P \times K_M$) aumenta, o desvio e_{ss} diminui. O ganho em malha aberta cresce, aumentado-se o ganho K_C do controlador. No entanto, o aumento do ganho da malha geralmente tende a piorar a estabilidade relativa e levar o sistema em direção à instabilidade, conforme visto na Subseção 7.1.3.

7.1.5 EXEMPLO DE ATUAÇÃO DE CONTROLE P EM MALHA FECHADA COM GANHO FIXO

Suponha a montagem da Figura 7.15, com o controlador P ajustado para ação reversa, equilibrado inicialmente com a entrada r, a saída m em 50% e o ganho $K_C = 2$.

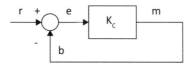

Figura 7.15 – Montagem com controlador proporcional em malha fechada.

Suponha que o valor desejado r seja passado de 50% para 74%. Calcule o desvio permanente e_{ss}. Para calcular esse desvio, usa-se a equação dada na Subseção 7.1.4:

$$K_M = K_V = K_P = 1 \quad \hat{L} = 0 \quad r\text{ (atual)} = 74\%$$

$$r\text{ (para desvio nulo)} = K_V \times K_P \times K_M \cdot \bar{m} = 50\%$$

$$\therefore r_0 = 74\% - 50\% = 24\%$$

O valor do desvio permanente é:

$$e_{ss} = \frac{K_M \cdot r_0}{1 + K_C \cdot K_V \cdot K_P \cdot K_M} = \frac{24\%}{1+2} = 8\% \quad \Rightarrow \quad 8\% = 74\% - b \quad \therefore b = 66\%$$

Nota-se que:

- o desvio permanente é tanto maior quanto a variação de carga que o provocou para um mesmo ganho proporcional;
- o desvio permanente é tanto maior quanto menor o ganho do controlador para uma mesma variação de carga.

Outra forma mais imediata de resolver esse problema seria:

$$\frac{\hat{M}(s)}{\hat{R}(s)} = \frac{\hat{B}(s)}{\hat{R}(s)} = \frac{K_C}{1 + K_C} = \frac{2}{3}$$

Para $\hat{R}(s) = 24\%/s$, resulta:

$$\hat{B}(s) = \frac{2}{3}\frac{24\%}{s} \quad \therefore \hat{b}(t) = 16\% \text{ (para } t > 0\text{)}$$

$$b(t) = \overline{b} + \hat{b}(t) = 50\% + 16\% = 66\%$$

Como: $\hat{r}(t) = 24\%$ (para $t > 0$), resulta:

$$r(t) = \overline{r} + \hat{r}(t) = 50\% + 24\% = 74\%$$

$$e_{ss}(t) = r(t) - b(t) = 74\% - 66\% = 8\%$$

7.1.6 EXEMPLO DE ATUAÇÃO DE CONTROLE PROPORCIONAL EM PROCESSO COM TEMPO MORTO

Suponha que se tenha a malha de controle mostrada na Figura 7.16, em que se emprega um controlador proporcional (SHINSKEY, 1996).

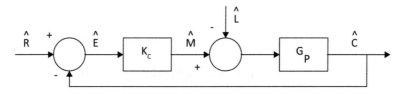

Figura 7.16 – Malha com controlador proporcional.

Seja o processo dado por: $G_p = K_p \cdot e^{-\theta \cdot s}$. A seguir, criam-se condições para haver oscilações contínuas na malha fechada.

a) Como não há elementos dinâmicos no controlador proporcional, a defasagem de 180° deve ocorrer no elemento com tempo morto. Isso define o período natural da malha:

$$\phi_d = -2 \cdot \pi \cdot f \cdot \theta \text{ (em radianos) ou} -360° \cdot f \cdot \theta \text{ (em graus)}$$

Resulta em $\varphi_d = -360° \dfrac{\theta}{\tau_n} = -180°$, portanto: $\tau_n = 2 \cdot \theta$.

Dessa forma, um processo com tempo morto $\theta = 1$ minuto oscilará com um período τ_n de 2 minutos sob controle proporcional.

b) Estima-se agora o ganho K_C para manter as oscilações. Como o tempo morto não influi no ganho, se o ganho em malha aberta deve ser 1, o ganho K_{CU} deve ser:

$$K_{CU} \cdot K_p = 1 \therefore K_{CU} = \frac{1}{K_p}$$

Para amortecer as oscilações, o ganho proporcional deve ser diminuído, assim atenuando a oscilação de entrada.

Vale notar que há só um ajuste possível, e ele afeta o amortecimento. Dado um processo composto por um tempo morto de 1 minuto a ser controlado pelo modo proporcional, ajustado para decaimento de ¼, o período natural é fixado em 2 minutos, e K_C deve ser $0,5/K_P$.

A seguir, explica-se o motivo do decaimento de ¼. Durante oscilações uniformes, um sinal através da malha retorna a seu ponto inicial com a mesma amplitude um ciclo completo após. Se o sinal é atenuado, o sinal gradualmente diminui, e a oscilação é amortecida. Para as oscilações persistirem, o produto do módulo do ganho de todos os elementos na malha deve ser unitário na frequência de oscilação. Caso o produto do módulo dos ganhos dos elementos da malha na frequência de oscilação exceda 1, cada ciclo sucessivo excederá o anterior em amplitude, até que algum limite natural seja atingido, eventualmente danificando equipamentos. Devido ao perigo de um ciclo expansivo, produtos de ganho excedendo 1 devem ser evitados. Quando o produto dos ganhos é inferior a 1, a oscilação é amortecida e, em um sistema linear, desaparece. Para não exceder 1, um valor de 0,5 ou algo em torno disso é usualmente desejável. Em uma malha fechada, em que o tempo morto é o único elemento dinâmico, diminuir o produto dos ganhos para 0,5 reduz a amplitude de cada meio ciclo sucessivo pela metade, portanto, cada ciclo sucessivo completo para ¼, sem afetar o período. Esse grau de amortecimento, conhecido como decaimento de ¼, é aceitável para muitas malhas de controle industriais.

7.1.7 EXEMPLO DE ATUAÇÃO DE CONTROLE PROPORCIONAL EM MALHA FECHADA CONFORME SE VARIA O GANHO

Seja o trocador de calor da Figura 2.12, em que se quer controlar a temperatura medida T_m do fluido de saída. A Figura 7.17 exibe a resposta com controlador P com ação reversa ao se variar o *set point* de 45 °C para 48 °C em $t = 20$ s, com ganhos $K_C = 2$, 20 e 73,1. As variáveis de distúrbio foram mantidas em seus valores nominais de operação.

Analisando-se a Figura 7.17, nota-se que:

- nos três casos há erro e_{ss}, sendo ele tanto menor quanto maior o ganho K_C. Para $K_C = K_{CU} = 73,1$, o valor médio da senoide é de 47,96 °C, levemente inferior ao *set point* de 48 °C, isto é, a variável controlada oscila com um valor médio abaixo do *set point*;

- o aumento do ganho K_C reduz e_{ss}, mas piora a estabilidade relativa do sistema, chegando, no caso de $K_C = K_{CU} = 73,1$, a gerar oscilações não amortecidas.

Aplicando-se um degrau de 20 °C a 30 °C na perturbação T_e em $t = 20$ s, mantendo-se fixas as demais variáveis de distúrbio e o *set point* em 45 °C, resultam nos gráficos da Figura 7.18 para os mesmos valores de K_C da Figura 7.17. Na Figura 7.18, conforme K_C aumenta, a malha fica mais oscilatória, e o erro e_{ss} diminui. Para $K_C = K_{CU} = 73,1$ há oscilações não amortecidas, e o valor médio da senoide fica em 45,14 °C, acima do *set point*.

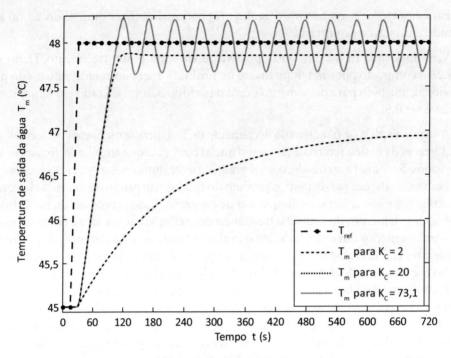

Figura 7.17 – Variação da temperatura T_m na saída do trocador de calor para um degrau no valor de referência, de 45 °C para 48 °C em $t = 20$ s, com diferentes ganhos K_C.

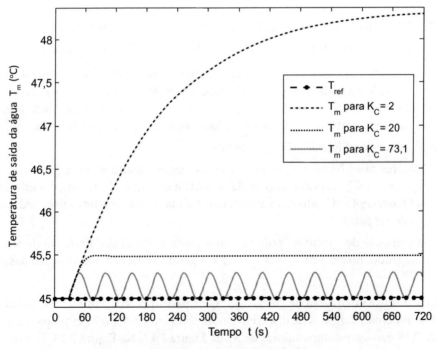

Figura 7.18 – Variação da temperatura T_m na saída do trocador de calor para degrau na temperatura de entrada T_e, de 20 °C para 30 °C em $t = 20$ s, com diferentes ganhos K_C.

7.1.8 EXEMPLO DE ELIMINAÇÃO DO ERRO ESTACIONÁRIO POR ALTERAÇÃO NO *MANUAL RESET*

Este exemplo é uma continuação do exemplo da Subseção 5.2.3.

g) Qual seria uma opção para eliminar o erro e_{ss} se houvesse uma mudança brusca em Q_f de 0,010 para 0,011 m³/s em $t = 20$ s, mantendo-se h_r em seu valor nominal e sem instabilizar o sistema? Simule o sistema resultante em malha fechada.

Solução:

Para atender o solicitado, deve-se alterar o *manual reset* do controlador. O problema é saber quanto mudá-lo. Como Q_f aumentou de 0,001 m³/s, para compensar esse efeito e manter o nível no *set point*, o modelo em regime estacionário do processo deve ser obedecido, o qual é visto na alínea "a" da Subseção 5.2.3 e repetido a seguir.

$$0 = \bar{\rho}_f \cdot \bar{Q}_f + \bar{\rho}_q \cdot \bar{Q}_q - \bar{\rho} \cdot K \cdot \sqrt{\bar{h}}$$

Nesse caso, supõe-se que o novo valor em regime estacionário de Q_f seja:

$$\bar{Q}_f = 0,011 \frac{\text{m}^3}{\text{s}}$$

Deve-se calcular o valor em regime estacionário que Q_q deve passar a ter:

$$\bar{Q}_q = \frac{\bar{\rho} \cdot K \cdot \sqrt{\bar{h}} - \bar{\rho}_f \cdot \bar{Q}_f}{\bar{\rho}_q} = \frac{988,02 \cdot 0,019938 \cdot \sqrt{1} - 998,28 \cdot 0,011}{971,63} = 0,00897 \frac{\text{m}^3}{\text{s}}$$

Da alínea "d" da Subseção 5.2.3, sabe-se que o valor original de $\bar{Q}_q$ é dado por:

$$\bar{Q}_q = 0,01 \frac{\text{m}^3}{\text{s}}$$

Assim, a vazão Q_q deve ser reduzida de 0,00103 m³/s. Da alínea "a" da Subseção 5.2.3, sabe-se que o ganho da válvula é dado por:

$$K_V = 0,00167 \frac{\text{m}^3/\text{s}}{\text{psi}}$$

Como é uma válvula de ação direta e como se quer uma redução na vazão Q_q de 0,00103 m³/s, o que implica que o sinal v que chega na válvula deve ser reduzido de:

$$\hat{v} = \frac{\hat{Q}_q}{K_V} = \frac{1}{0,00167} \frac{\text{psi}}{\text{m}^3/\text{s}} * 0,00103 \text{ m}^3/\text{s} = 0,617 \text{ psi}$$

Para isso ocorrer, o sinal de saída do controlador deve ser reduzido nessa mesma proporção. Como o ganho do conversor I/P é $K_{IP} = 0{,}75$ psi/mA, a variação do sinal m na saída do controlador deve ser igual a:

$$\hat{m} = \frac{\hat{v}}{K_{IP}} = \frac{0{,}617 \text{ psi}}{0{,}75 \text{ psi/mA}} = 0{,}823 \text{ mA}$$

Assim, o *manual reset* original deve ser reduzido de 0,823 mA. Para ilustrar que esse cálculo está correto, mostra-se o nível no tanque após o distúrbio na vazão Q_f e, passado um tempo suficiente para ver que há um erro permanente, reduz-se bruscamente a saída do controlador de 0,823 mA, gerando a Figura 7.19, que indica que a mudança no *manual reset* levou o nível a seu valor desejado, sem instabilizar a malha.

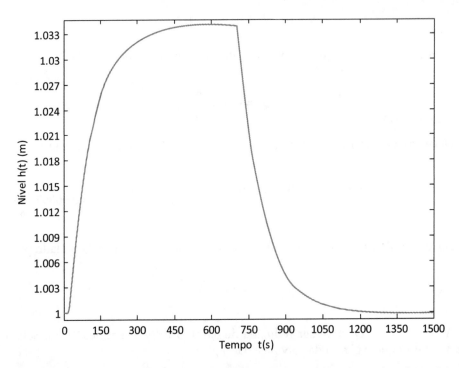

Figura 7.19 – Variação no nível por perturbação na carga e posterior correção por mudança no *manual reset* do controlador.

Essa operação teria que ser feita manualmente e exigiria um simulador para saber quanto alterar $\bar{m}$ ou então uma busca por tentativa e erro de qual seria seu valor adequado. Isso seria um absurdo, pois há um controlador automático para evitar intervenções manuais, e o operador teria que agir a cada perturbação ou mudança no *set point*. Isso torna inaceitável esse tipo de controle. Para eliminar automaticamente o erro e_{ss}, deve-se usar um controlador com ação integral, exposto na Seção 7.2.

7.1.9 IMPLEMENTAÇÃO DE CONTROLADOR PROPORCIONAL ANALÓGICO

A implementação de um controlador proporcional é esquematizada na Figura 7.20.

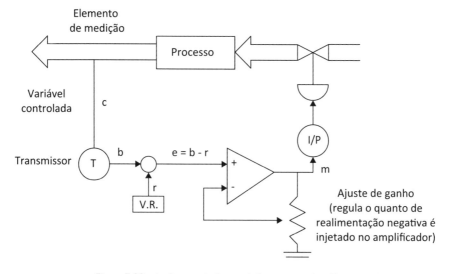

Figura 7.20 – Implementação de controlador proporcional analógico.

7.2 MODO INTEGRAL

No modo integral (I), a velocidade de correção é proporcional à amplitude do desvio:

$$\frac{d(m-m_0)}{dt} = K_I \cdot e$$

Não se usa $\bar{m}$, mas m_0, pois, no modo I, não se tem, como no proporcional (P), um valor predefinido da saída m para erro nulo. No modo I, o que vale é a história pregressa do erro; assim, se usa a condição inicial m_0 da integral no instante em que se inicia a análise de sua resposta. Para não deixar a correção na forma de velocidade, mas de amplitude, integra-se a equação anterior:

$$m(t) - m_0 = K_I \cdot \int_0^t e(t)\,dt$$

O modo I raramente é usado sozinho, pois, para a variável manipulada atingir um valor significativo, o erro deve persistir por certo tempo. Já o modo P age simultaneamente com o erro, isto é, ele age tão logo surja um erro. Por isso, o modo I é normalmente usado junto com o P, compondo o controlador proporcional-integral (PI):

$$m(t) - m_0 = K_C \cdot e(t) + K_I \cdot \int_0^t e(t)\,dt$$

O modo I executa automaticamente o que o reajuste manual (*manual reset*) faz manualmente no modo P, eliminando o erro estacionário. Por isso, o modo I é também intitulado *automatic reset* ou simplesmente *reset*, significando *eliminar* e_{ss}.

7.2.1 DEFINIÇÃO DO PARÂMETRO QUE CARACTERIZA O MODO INTEGRAL

Analisa-se o controlador PI em malha aberta, submetido a excitação em degrau na entrada, com $BP = 100\%$ e ação direta, conforme mostrado na Figura 7.21.

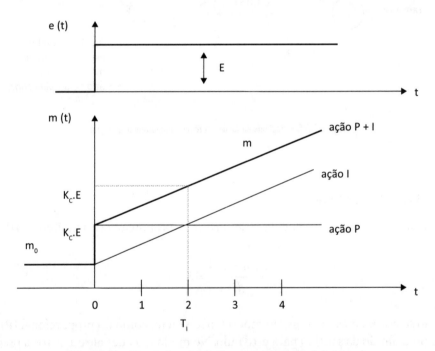

Figura 7.21 – Obtenção do parâmetro T_I que caracteriza o controlador integral.

Observa-se o seguinte na Figura 7.21:

- a curva P é a componente proporcional da saída;
- a curva I é a componente integral. Ela tem velocidade constante, pois o desvio é fixo. Aqui, o ajuste do modo integral foi de 0,5 rep/min, significando que, após 2 minutos, a amplitude do modo integral é a mesma do modo proporcional. A velocidade de integração V_I é o número de vezes por minuto que o modo integral "repete" a amplitude que o modo P atingiu instantaneamente. Pode-se também definir o tempo de integração por meio do tempo integral (ou *reset*

time T_I), normalmente dado em "minutos por repetição", que é o tempo para a ação integral repetir o que a ação P fez instantaneamente, após o controlador PI sofrer um desvio em degrau. Tem-se que $T_I = 1/V_I$. Por exemplo, a ABB usa tempo/repetições, e a Rockwell, repetições/tempo;

- a resultante P + I é a soma gráfica das duas componentes, a partir do valor m_0;
- o valor K_I da equação do modo integral é igual a $K_C \cdot V_I$ ou K_C / V_I. Assim:

$$m - m_0 = K_C \cdot \left[(b-r) + \frac{1}{T_I} \int_0^t (b-r)\, dt \right] = K_C \cdot \left[(b-r) + V_I \cdot \int_0^t (b-r)\, dt \right]$$

Aumentar T_I torna o controle PI menos ativo. Teoricamente, o desvio permanente é eliminado para todos os valores de T_I entre 0 e ∞. Mas, para valores altos de T_I, a variável controlada retornará ao valor desejado lentamente, após a ocorrência de um erro.

7.2.2 EXEMPLO DE ATUAÇÃO DE UM CONTROLADOR PI OPERANDO EM MALHA ABERTA

Na Figura 7.22, é mostrada a resposta de um controlador PI em malha aberta a variações na variável medida. Seja $BP = 50\%$, ação direta, $m_0 = 30\%$, $r = 50\%$ e $T_I = 2$ min/rep.

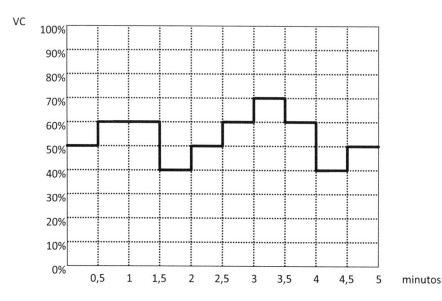

Figura 7.22 — Gráfico de resposta de um controlador PI (*continua*).

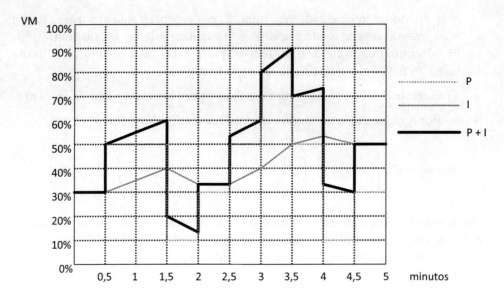

Figura 7.22 – Gráfico de resposta de um controlador PI (*continuação*).

7.2.3 EXEMPLO DE CÁLCULO DOS PARÂMETROS DE SINTONIA DE UM CONTROLADOR PI OPERANDO EM MALHA ABERTA

Seja um controlador PI eletrônico (4 a 20 mA) em malha aberta (instalado em bancada) com escala de 0 a 40 kgf/cm². Com seu *set point* e sua variável controlada em 20 kgf/cm², sua saída vale 8 mA. Muda-se bruscamente o *set point* para 21 kgf/cm², mantendo-se o valor da variável controlada. No instante da mudança, a saída muda bruscamente para 10 mA, e, a partir de então, passa a crescer a uma taxa de 1 mA/min. Pede-se:

- a ação do controlador;
- o valor da banda proporcional BP e do ganho K_C; e
- o valor do tempo integral T_I e da velocidade integral V_I.

Solução:

Um aumento no valor de referência equivale a uma redução na variável controlada. Como houve um aumento do valor desejado, equivalente a uma redução da variável controlada, e como o resultado dessa mudança gerou um aumento na saída, implica que a ação do controlador é reversa. Para calcular o valor do ganho K_C, deve-se lembrar que:

$$K_C = \Delta S / \Delta E$$

O ganho K_C deve ser adimensional. Para tal, uma opção é converter os sinais de entrada e saída em valores percentuais, de modo que sua relação se torne adimensional. Na saída do controlador, houve uma variação de 2 mA em uma faixa possível de 16 mA.

$$\Delta S = \frac{(10-8)\,\text{mA}}{(20-4)\,\text{mA}}\,100\% = \frac{2}{16}\,100\% = 12,5\%$$

A variação no sinal de entrada do controlador (desvio) foi de 1 kgf/cm², sendo que a máxima faixa possível de variação é de 40 kgf/cm².

$$\Delta E = \frac{(21-20)\,\text{kgf}/\text{cm}^2}{(40-0)\,\text{kgf}/\text{cm}^2}\,100\% = \frac{1}{40}\,100\% = 2,5\%$$

Resulta:

$$K_C = \frac{\Delta S}{\Delta E} = \frac{12,5\%}{2,5\%} = 5 \quad \text{e} \quad BP = \frac{100\%}{K_C} = \frac{100\%}{5} = 20\%$$

O modo mais fácil de calcular T_I é pela definição da Subseção 7.2.1. Para um degrau na entrada do controlador, a saída no início apresentou um degrau de 2 mA, gerado pela ação P e após uma rampa criada pela ação I, que sobe a uma taxa de 1 mA/min e que leva 2 minutos para repetir o que a ação P fez instantaneamente. Resulta:

$$T_I = 2\,\frac{\text{min}}{\text{rep}} \quad \text{e} \quad V_I = \frac{1}{T_I} = 0,5\,\frac{\text{rep}}{\text{min}}$$

Pode-se também calcular T_I pela equação da ação integral do controlador:

$$m(t) = \frac{K_C}{T_I} \int_0^1 e(t)\,dt + \bar{m}$$

Nesse caso, considera-se, por exemplo, que a ação I agiu por 1 minuto. No início desse intervalo, tem-se que m = $\bar{m}$ = 10 mA = 37,5%. No final, a saída m vale 11 mA. Convertendo-se esse valor de corrente em um valor percentual, resulta:

$$m = \frac{(11-4)\,\text{mA}}{(20-4)\,\text{mA}}\,100\% = \frac{7}{16}\,100\% = 43,75\%$$

O desvio $e(t)$ permanece em 1 kgf/cm² durante esse intervalo, que, em termos percentuais, vale:

$$e(t) = E = \frac{1\,\text{kgf}/\text{cm}^2}{40\,\text{kgf}/\text{cm}^2}\,100\% = 2,5\%$$

Portanto: $43,75\% = \dfrac{5}{T_I} \displaystyle\int_0^1 2,5\% \, dt + 37,5\%$ $\therefore 6,25\% = \dfrac{5}{T_I} 2,5\% \Rightarrow T_I = 2 \dfrac{\min}{\text{rep}}$

7.2.4 ANÁLISE EM FREQUÊNCIA DE CONTROLADOR PI OPERANDO EM MALHA ABERTA

Efetuam-se testes excitando um controlador PI com ondas senoidais de diferentes frequências. Os resultados indicam que, ao contrário do modo proporcional, em que o ganho e a defasagem permanecem constantes, tem-se aqui variações sensíveis desses dois parâmetros, como visto na Figura 7.23. Seja a seguinte entrada senoidal:

$$e = b - r = e_0 \cdot \text{sen}(2 \cdot \pi \cdot f \cdot t) = e_0 \cdot \text{sen}(\omega \cdot t)$$

Resulta na seguinte resposta advinda da parte proporcional do controlador PI:

$$m_P = K_C \cdot e = K_C \cdot e_0 \cdot \text{sen}(\omega \cdot t)$$

Essa componente está em fase com o desvio e, mas tem amplitude K_C vezes maior.

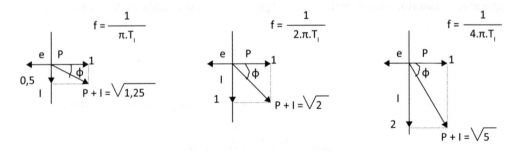

Figura 7.23 – Influência da frequência na magnitude da ação integral.

A componente integral da resposta é a seguinte:

$$m_I = \dfrac{K_C}{T_I} \int_0^t e_0 \cdot \text{sen}(\omega \cdot t) \, dt = -\dfrac{K_C}{T_I \cdot \omega} e_0 \cdot \cos(\omega \cdot t)\Big|_0^t = \dfrac{K_C}{T_I \cdot \omega} e_0 \cdot \left[1 - \cos(\omega \cdot t)\right]$$

A resposta da ação I a um erro senoidal é mostrada na Figura 7.24, considerando:

$$e_0 = 1 \quad \text{e} \quad A = \dfrac{K_C}{T_I \cdot \omega} e_0$$

com:

$K_C = 2 \quad T_I = 0,8 \dfrac{\min}{\text{rep}} = 48 \dfrac{\text{seg}}{\text{rep}} \quad \omega = \dfrac{2 \cdot \pi}{60} \dfrac{\text{rad}}{\text{s}} = 2 \cdot \pi \dfrac{\text{rad}}{\min} = 1 \text{ cpm}$ (ciclo por minuto)

Resulta: $A = \dfrac{2 \cdot 1}{0.8 \cdot 2 \cdot \pi} = 0,3979$

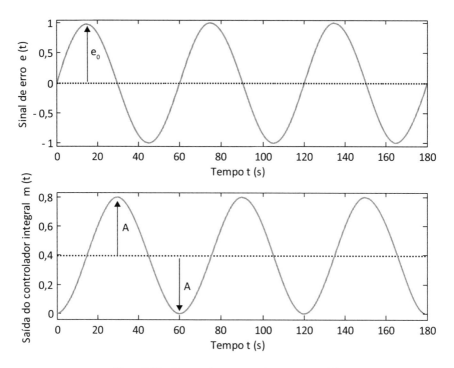

Figura 7.24 – Resposta da ação integral a um erro senoidal.

Como $\cos(\omega \times t)$ é o mesmo que $\text{sen}(\omega \times t - \pi/2)$, a senoide da ação I é atrasada de $\pi/2$ em relação à senoide da ação P, que está em fase com o desvio e. A análise em frequência do controlador PI é feita por meio do diagrama de Bode:

$$\hat{M}(s) = \hat{M}_P(s) + \hat{M}_I(s) = K_C \cdot \left[1 + \dfrac{1}{T_I \cdot s}\right] \cdot \hat{E}(s)$$

Substitui-se s por $j \times 2 \times \pi \times f$:

$$G_{PI} = \dfrac{\hat{M}(s)}{\hat{E}(s)} = K_C \cdot \left(1 + \dfrac{1}{j \cdot 2 \cdot \pi \cdot f \cdot T_I}\right) = K_C \cdot \left(1 - \dfrac{j}{2 \cdot \pi \cdot f \cdot T_I}\right)$$

em que: $\quad |G_{PI}| = K_C \cdot \sqrt{1 + \left(\dfrac{1}{2 \cdot \pi \cdot f \cdot T_I}\right)^2} \quad$ e $\quad \varphi_{PI} = -\arctan\left(\dfrac{1}{2 \cdot \pi \cdot f \cdot T_I}\right)$

O diagrama de Bode é visto na Figura 7.25, com $K_C = 2$, $T_I = 0{,}8$ min/rep e controlador com ação direta.

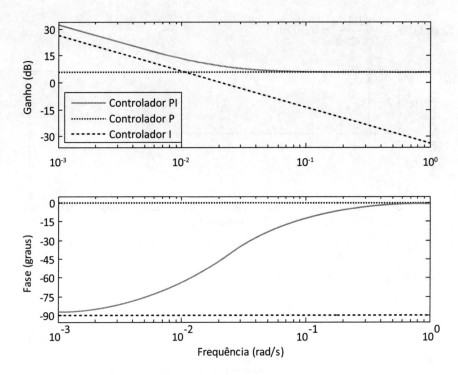

Figura 7.25 – Diagrama de Bode de um controlador PI.

Nota-se o seguinte com relação ao controlador PI:

- a curva de ganho tem 2 assíntotas: uma em baixas frequências, com inclinação – 20 dB/década, e uma em altas frequências, com ganho de $20 \times \log(K_C) = 6{,}02$ dB;
- para baixas frequências, a curva de ganho assume altos valores, e a curva de defasagem se aproxima de – 90° para controladores com ação direta e de – 270° para controladores com ação reversa, revelando uma forte influência da ação I;
- para altas frequências, a curva de ganho se aproxima do valor do ganho K_C, e a defasagem se aproxima de 0°, para controladores com ação direta, e de – 180°, para controladores com ação reversa, assinalando a influência da ação P;
- as assíntotas se cruzam na frequência de canto ω_c, e a relação entre ω_c e a ação I é:

$$\omega_c = 1/T_I$$

A frequência de canto ω_c depende apenas do modo I, e não do modo P. O valor de ω_c é dado pelo ponto em que a curva de defasagem corta a linha de –45° (para controladores com ação direta) ou –225° (para controladores com ação reversa). Isto é:

$$-\tan(-45°) = -\tan(-225°) = 1 = \frac{1}{\omega_c \cdot T_I}$$

O controlador PID analógico

No caso da Figura 7.26, verifica-se que:

$$\omega_c = \frac{1}{T_I} = \frac{1}{0,8 \cdot 60} = 0,0208 \ \frac{\text{rad}}{\text{s}}$$

A Figura 7.27 exibe o diagrama de Bode, em malha aberta, de uma planta de terceira ordem com um controlador PI com ação direta, ganho $K_C = 2$ e $T_I = 0,8$min/rep.

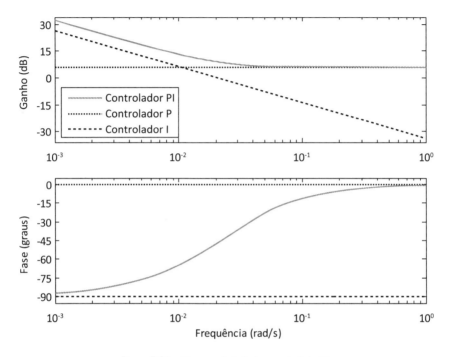

Figura 7.26 – Diagrama de Bode de um controlador PI.

O processo tem ganho $K_P = 10$ e constantes de tempo $\tau_1 = 1$ min, $\tau_2 = 0,5$ min e $\tau_3 = 0,25$ min. Inserir o modo I desloca a curva de defasagem da malha aberta para a esquerda; assim a linha dos $-180°$ é cortada em uma frequência menor que com o modo P.

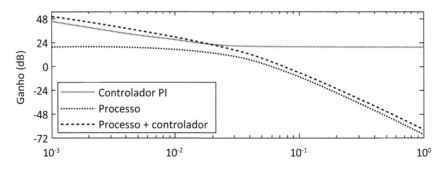

Figura 7.27 – Diagrama de Bode de um processo de terceira ordem mais um controlador PI (*continua*).

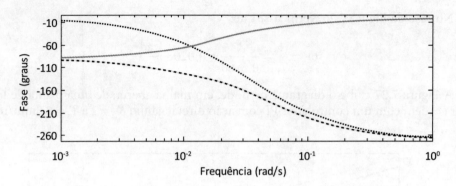

Figura 7.27 – Diagrama de Bode de um processo de terceira ordem mais um controlador PI (*continuação*).

7.2.5 EXEMPLO DE ATUAÇÃO DE CONTROLADORES I E PI OPERANDO EM MALHA FECHADA

Usa-se a malha da Figura 7.28, com controle I e processo $G_p = K_p \cdot e^{-\theta \cdot s}$, para ilustrar o efeito do tempo integral no amortecimento e no período da resposta do processo.

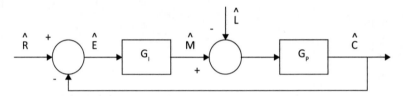

Figura 7.28 – Malha fechada de um sistema com controlador integral.

Seja: $G_I = \dfrac{1}{s \cdot T_I}$ e $G_P = K_p \cdot e^{-\theta \cdot s}$

Ajusta-se, inicialmente, o controlador para gerar oscilações mantidas na malha fechada, fazendo o ganho de malha aberta unitário e sua defasagem de –180°. Tem-se:

a) Ajuste da defasagem em –180°

A defasagem ϕ_I de um integrador é –90°, independentemente da frequência da entrada.

Então: $\phi_I + \phi_p = -180°$ (em que ϕ_p representa o ângulo de defasagem do processo)

Fazendo-se $P = 1/f$ = período de oscilação da malha: $\varphi_P = -\dfrac{360° \cdot \theta}{P}$

Tem-se que: $-90° + \left(-\dfrac{360° \cdot \theta}{P}\right) = -180°$

Resulta: $P = 4 \cdot \theta$

b) Ajuste do ganho em 1

$|G_I| = \dfrac{1}{2 \cdot \pi \cdot f \cdot T_{IU}} = \dfrac{P}{2 \cdot \pi \cdot T_{IU}}$, em que T_{IU} é o valor de T_I que cria oscilações mantidas na malha.

O controlador PID analógico

353

Mas:

$$|G_I| \cdot |G_P| = \frac{P}{2 \cdot \pi \cdot T_{IU}} K_P = 1$$

Tem-se que $P = 4 \cdot \theta$. Portanto: $T_{IU} = \dfrac{P \cdot K_P}{2 \cdot \pi} = \dfrac{2 \cdot \theta \cdot K_P}{\pi} \cong 0{,}64$

Uma planta com $\theta = 1$ min oscila com período de 4 min em uma malha com controle I, com oscilações mantidas com período de $0{,}64 \times K_P$ min. Gera-se amortecimento reduzindo-se o ganho da malha via aumento do tempo integral. Seja a malha da Figura 7.28, mas com um controlador PI. O módulo do ganho e a defasagem de um controlador PI são:

$$|G_{PI}| = K_C \cdot \sqrt{1 + \left(\frac{P}{2 \cdot \pi \cdot T_I}\right)^2} \qquad e \qquad \varphi_{PI} = \arctan\left(\frac{P}{2 \cdot \pi \cdot T_I}\right)$$

Para se alcançar amortecimento nulo, é necessário ganho unitário da malha aberta:

$$K_C \cdot \sqrt{1 + \left(\frac{P}{2 \cdot \pi \cdot T_I}\right)^2} \cdot K_P = 1$$

Há amortecimento nulo com vários valores de K_C e T_I, cada um criando uma defasagem distinta e, assim, um período distinto. Por exemplo, se o ângulo de defasagem do controlador ϕ_{PI} é $-30°$, a defasagem restante para o tempo morto é a diferença para $-180°$:

$$\phi_P = -180° - \phi_{PI} = -150°$$

O período de oscilação da malha é determinado, fazendo-se:

$$P = -360° \frac{\theta}{\varphi_P} = 2{,}4 \cdot \theta$$

O valor de T_I requerido para produzir uma defasagem de $-30°$ no controlador é:

$$-\tan(-30°) = \frac{P}{2 \cdot \pi \cdot T_I} \quad \Rightarrow 0{,}577 = \frac{2{,}4 \cdot \theta}{2 \cdot \pi \cdot T_I} \quad \therefore \ T_I = 0{,}662 \cdot \theta$$

O ganho K_C requerido para produzir um ganho unitário de malha aberta é:

$$K_C = \frac{1}{K_P \cdot \sqrt{1 + (0{,}577)^2}} = \frac{1}{1{,}16 \cdot K_P} = \frac{0{,}866}{K_P}$$

Para obter uma resposta amortecida, o ganho K_C deve ser diminuído, e/ou o tempo integral T_I deve ser aumentado.

7.2.6 ANÁLISE DO COMPORTAMENTO DO CONTROLADOR PI OPERANDO EM MALHA FECHADA

Considere o trocador de calor da Subseção 7.1.7. A Figura 7.29 exibe a resposta com um controlador PI com ganhos K_C 2, 20 e 72,3, e tempo integral $T_I = 600$s/rep para uma variação brusca de 45 °C para 48 °C no *set point* em $t = 30$ s, com as variáveis de perturbação fixas em seus valores nominais.

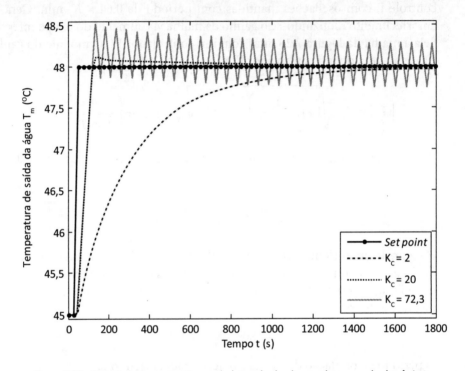

Figura 7.29 – Variação da temperatura T_m na saída do trocador de calor para degrau no valor de referência de 45 °C para 48 °C em $t = 30$ s, com diferentes ganhos K_C.

Na Figura 7.29, para todos os ganhos, a variável controlada T_m tende ao *set point*. Para $K_C = 2$, ela é superamortecida, e para $K_C = 20$, tem um pico de sobressinal, mas não oscila. Para $K_C = 72,3$ a resposta tem oscilações mantidas. Na Subseção 7.1.7, o ganho K_C que gera oscilações mantidas é um pouco maior (73,1), pois aqui há a ação I.

Aplicando-se um degrau de 20 °C a 30 °C na variável de perturbação T_e em $t = 30$ s, mantendo-se fixas as demais variáveis de perturbação e o valor desejado em 45 °C, resultam nos gráficos da Figura 7.30 para os mesmos valores de K_C da Figura 7.29. Na Figura 7.30, com ganhos $K_C = 2$ e $K_C = 20$, a malha não oscila, mas, com $K_C = 72,3$, há oscilações não amortecidas em torno do valor desejado.

Na Figura 7.31, testa-se o efeito de T_I na temperatura T_m a um degrau de 45 °C a 48 °C no *set point* em $t = 60$ s, com as variáveis de carga fixas e com $K_C = 2$ e $T_I = 600$, 25 e 1 s/rep. Com $T_I = 600$, a malha tem resposta superamortecida e e_{ss} nulo. Com $T_I = 25$, a resposta oscila um pouco e tem e_{ss} nulo. Com $T_I = 1$, a resposta oscila sem parar.

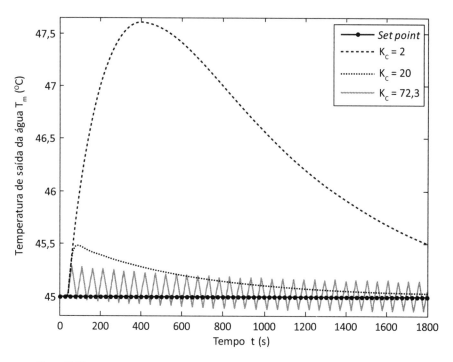

Figura 7.30 – Variação da temperatura T_m na saída do trocador de calor para degrau na temperatura de entrada T_e de 20 °C para 30 °C em $t = 30$ s, com diferentes ganhos K_C.

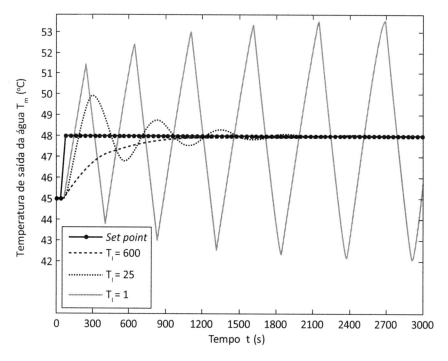

Figura 7.31 – Variação da temperatura T_m na saída do trocador de calor para degrau no valor de referência de 45 °C para 48 °C em $t = 60$ s, com diferentes tempos integrais T_I.

Aplicando-se em $t = 60$ s um degrau de 20 °C para 30 °C na variável de perturbação T_e, mantendo-se fixas as demais variáveis de perturbação e o valor desejado em 45 °C, resultam nos gráficos da Figura 7.32 para os mesmos valores de T_I do caso da Figura 7.31.

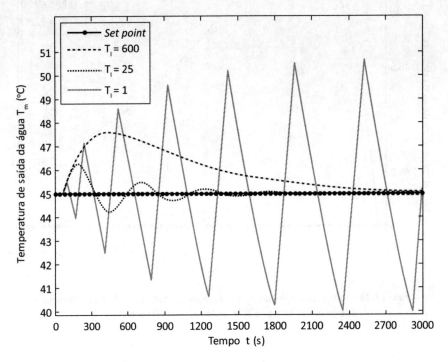

Figura 7.32 – Variação da temperatura T_m na saída do trocador de calor para degrau na temperatura de entrada T_e de 20 para 30 °C em $t = 60$ s, com vários tempos integrais T_I.

Na Figura 7.32, uma ação I moderada fez T_m voltar ao *set point* após um certo tempo com uma resposta pouco oscilatória, mas uma ação I excessiva gerou instabilidade.

7.2.7 EFEITO DA AÇÃO INTEGRAL SOBRE O ERRO EM REGIME PERMANENTE

Para mostrar o efeito da ação integral sobre o erro em regime permanente e_{ss}, seja o sistema genérico em malha fechada apresentado na Figura 7.33.

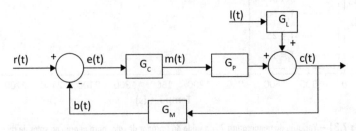

Figura 7.33 – Sistema em malha fechada mostrando variável de carga ou perturbação $l(t)$.

O controlador PID analógico **357**

A expressão no domínio de Laplace que descreve o erro $E(s)$ é dada por:

$$E(s) = \frac{1}{1 + G_C(s) \cdot G_P(s) \cdot G_M(s)} R(s) + \frac{G_L(s) \cdot G_M(s)}{1 + G_C(s) \cdot G_P(s) \cdot G_M(s)} L(s)$$

Supondo-se que as variações no valor de referência $R(s)$ e na variável de carga $L(s)$ ocorram na forma de um degrau com amplitude A_R e A_L, respectivamente, resulta:

$$E(s) = \frac{1}{1 + G_C(s) \cdot G_P(s) \cdot G_M(s)} \frac{A_R}{s} + \frac{G_L(s) \cdot G_M(s)}{1 + G_C(s) \cdot G_P(s) \cdot G_M(s)} \frac{A_L}{s}$$

Aplicando-se o Teorema do Valor Final a essa expressão, resulta:

$$e_{ss} = \lim_{t \to \infty} e(t) = \lim_{s \to 0} s \cdot E(s) = \frac{1}{1 + G_C(0) \cdot G_P(0) \cdot G_M(0)} A_R + \frac{G_L(0) \cdot G_M(0)}{1 + G_C(0) \cdot G_P(0) \cdot G_M(0)} A_L$$

a) Efeito do termo proporcional (P)

O modo P normalmente gera um erro em regime permanente. Caso se tome a expressão anterior para e_{ss} com o controlador P, tem-se que:

$$G_C(0) = K_C$$

Portanto, haverá um desvio inversamente proporcional a K_C, a menos que o produto $K_C \cdot G_P(0) \cdot G_M(0)$ assuma um valor tendendo a infinito.

b) Efeito do termo integral (I)

Analisando-se apenas o modo integral, tem-se que:

$$m(t) = \frac{K_C}{T_I} \int e(t) \, dt$$

Derivando-se esta expressão, chega-se a:

$$e(t) = \frac{T_I}{K_C} \frac{dm}{dt}$$

O sinal de controle $m(t)$ não será constante enquanto o desvio $e(t)$ não se anular. O uso de um controlador apenas com ação I geralmente levaria a uma malha instável, por isso se combinam os modos P e I. Escolhendo-se adequadamente os termos K_C e T_I, se obtém um sistema estável. Pode-se também pensar que, como na função de transferência de um controlador com ação I há um polo na origem, resulta que o termo $G_C(0) \cdot G_p(0) \cdot G_M(0)$ normalmente tende a infinito, de modo que e_{ss} tende a zero.

7.2.8 EXEMPLOS DO EFEITO DO MODO INTEGRAL SOBRE O ERRO EM REGIME PERMANENTE

a) Seja o caso da Subseção 5.2.5. Analise o que ocorre com o erro e_{ss} ao se usar um controlador PI para variação em degrau com amplitude A nas entradas $T_{s,ref}$ e W. Compare com os resultados da Subseção 5.2.5, em que se usou um controlador P.

Considere inicialmente uma variação em degrau com amplitude A no fluxo do fluido sendo aquecido $\hat{W}$. Na alínea "f" da Subseção 5.2.5, há a seguinte expressão para e_{ss}:

$$e_{ss,W} = \lim_{t\to\infty} \hat{e}(t) = \lim_{s\to 0} s \cdot \hat{E}(s) = \lim_{s\to 0} s \frac{-G_{L1}(s) \cdot G_T(s)}{1 + G_C(s) \cdot G_V(s) \cdot G_P(s) \cdot G_T(s)} \hat{W}(s)$$

Substituindo-se as expressões das funções de transferência, resulta:

$$e_{ss,W} = \lim_{s\to 0} \frac{-K_{L1} \cdot K_T \cdot s}{1 + K_C \cdot \left(1 + \dfrac{1}{s \cdot T_I}\right) \cdot K_V \cdot K_P \cdot K_T} \hat{W}(s)$$

$$e_{ss,W} = \lim_{s\to 0} \frac{3,33 \cdot 0,12 \cdot s}{1 + K_C \cdot \left(1 + \dfrac{1}{s \cdot T_I}\right) \cdot 0,1333 \cdot 50 \cdot 0,12} \hat{W}(s)$$

$$e_{ss,W} = \lim_{s\to 0} \frac{0,3996 \cdot s}{1 + K_C \cdot \left(1 + \dfrac{1}{s \cdot T_I}\right) \cdot 0,8} \hat{W}(s) = \lim_{s\to 0} \frac{0,3996 \cdot T_I \cdot s^2}{0,8 \cdot K_C} \hat{W}(s)$$

Caso se considere $\hat{W}(s)$ como um degrau de amplitude A:

$$e_{ss,W} = \lim_{s\to 0} \frac{0,3996 \cdot T_I \cdot s^2}{0,8 \cdot K_C} \frac{A}{s} = \lim_{s\to 0} \frac{0,3996 \cdot T_I \cdot A \cdot s}{0,8 \cdot K_C} = 0$$

Percebe-se que o erro $e_{ss,W}$ se torna nulo caso $\hat{W}(s)$ seja um degrau. Supondo agora uma variação em degrau com amplitude A no valor desejado $\hat{T}_{s,ref}$:

O controlador PID analógico **359**

$$e_{ss,T_{s,ref}} = \lim_{t \to \infty} \hat{e}(t) = \lim_{s \to 0} s \cdot \hat{E}(s) = \lim_{s \to 0} s \frac{K_T \cdot s}{1 + G_C(s) \cdot G_V(s) \cdot G_P(s) \cdot G_T(s)} \hat{T}_{s,ref}$$

Substituindo-se as expressões das funções de transferência, resulta:

$$e_{ss,T_{s,ref}} = \lim_{s \to 0} \frac{K_T \cdot s}{1 + K_C \cdot \left(1 + \dfrac{1}{s \cdot T_I}\right) \cdot K_V \cdot K_P \cdot K_T} \hat{T}_{s,ref}$$

$$e_{ss,T_{s,ref}} = \lim_{s \to 0} \frac{0,12 \cdot s}{1 + K_C \cdot \left(1 + \dfrac{1}{s \cdot T_I}\right) \cdot 0,8} \hat{T}_{s,ref} = \lim_{s \to 0} \frac{0,12 \cdot T_I \cdot s^2}{0,8 \cdot K_C} \hat{T}_{s,ref}$$

Caso se considere $\hat{T}_{s,ref}$ como um degrau com amplitude A:

$$e_{ss,T_{s,ref}} = \lim_{s \to 0} \frac{0,12 \cdot T_I \cdot s^2}{0,8 \cdot K_C} \frac{A}{s} = \lim_{s \to 0} \frac{0,12 \cdot T_I \cdot A \cdot s}{0,8 \cdot K_C} = 0$$

Assim como ocorreu com $e_{ss,W}$, $e_{ss,T_{s,ref}}$ também se anula. Comparando-se as respostas usando um controlador PI com as da Subseção 5.2.5, em que se usou um controlador P, nota-se que o erro e_{ss} é nulo, independentemente dos valores de K_C ou T_I, ao passo que, com um controlador P, o erro e_{ss} não é nulo e diminui conforme K_C cresce.

b) Seja o sistema de controle de nível em tanque da Subseção 5.2.3, em que se verificou que, aumentando-se K_C, o erro e_{ss} não some. Qual seria a opção para eliminar o erro estacionário e_{ss} sem tornar o sistema instável? Comprove sua escolha.

Para eliminar e_{ss} sem instabilizar o sistema, uma opção é trocar o controlador P por um PI. Para comprovar isso, analisa-se a equação do erro e_{ss} da Subseção 5.2.3.

$$e_{ss,Q_f} = \lim_{t \to \infty} e(t) = \lim_{s \to 0} s \cdot E(s) = \lim_{s \to 0} \frac{-G_M(s) \cdot G_L(s) \cdot s}{1 + G_C(s) \cdot G_{IP}(s) \cdot G_V(s) \cdot G_P(s) \cdot G_M(s)} \hat{L}(s)$$

Substituindo os valores das funções de transferência encontradas na Subseção 5.2.3, considerando agora que se está usando um controlador PI, resulta:

$$e_{ss,Q_f} = \lim_{s \to 0} \frac{-8 \dfrac{101,35}{300,92 \cdot s + 1} s}{1 + K_C \cdot \left(1 + \dfrac{1}{s \cdot T_I}\right) \cdot 0,75 \dfrac{0,00167}{10 \cdot s + 1} \dfrac{98,64}{300,92 \cdot s + 1} 8} \dfrac{0,001}{s}$$

$$e_{ss,Q_f} = \lim_{s \to 0} \frac{-0,8108}{1 + K_C \cdot \left(1 + \dfrac{1}{s \cdot T_I}\right) \cdot 0,9884} = 0$$

O erro e_{ss} é eliminado, qualquer que seja o valor de K_C ou T_I. Essa análise foi feita supondo uma perturbação $\hat{L}$ em degrau. Seja agora uma perturbação $\hat{L}$ qualquer:

$$e_{ss,Q_f} = \lim_{s \to 0} \frac{-8 \dfrac{101,35}{300,92 \cdot s + 1} s}{1 + K_C \cdot \left(1 + \dfrac{1}{s \cdot T_I}\right) \cdot 0,75 \dfrac{0,00167}{10 \cdot s + 1} \dfrac{98,64}{300,92 \cdot s + 1} 8} \hat{L}(s)$$

$$e_{ss,Q_f} = \lim_{s \to 0} \frac{-810,8 \cdot s}{1 + K_C \cdot \left(1 + \dfrac{1}{s \cdot T_I}\right) \cdot 0,9884} \hat{L}(s) = \lim_{s \to 0} \frac{-810,8 \cdot T_I \cdot s^2}{K_C \cdot 0,9884} \hat{L}(s)$$

O termo s^2 no numerador anula e_{ss}, a menos que $\hat{L}(s)$ seja de grau superior a 2. Assim, o controlador PI elimina e_{ss} para distúrbios do tipo impulso, degrau ou rampa.

7.2.9 COMPARAÇÃO DO COMPORTAMENTO DE CONTROLADORES P, I E PI EM MALHA FECHADA

Compara-se a resposta do trocador de calor da Subseção 4.6.2, regulado por controladores P, I e PI, sujeitos a variação no *set point* (Figura 7.34) e na carga (Figura 7.35).

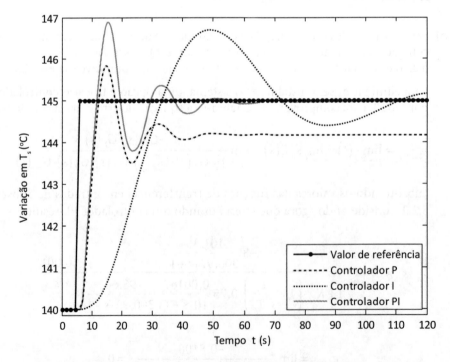

Figura 7.34 – Resposta de processo regulado por controladores P, I e PI quando submetido a mudança em degrau no valor de referência de 140 °C para 145 °C em $t = 5$ s.

A mudança no valor desejado é um degrau em $T_{s,ref}$ de 5 °C em $t = 5$ s, e a variação na carga é um degrau em T_e de 5 °C em $t = 5$ s. Os controladores usados são:

Proporcional (P): $G_C(s) = K_C$, em que $K_C = 3$;

Integral (I): $G_C(s) = \dfrac{1}{s \cdot T_I}$, em que $T_I = 20 \dfrac{s}{rep} = \dfrac{1}{3} \dfrac{min}{rep}$; e

PI: $G_C(s) = K_C \cdot \left(1 + \dfrac{1}{s \cdot T_I}\right)$, em que K_C e T_I são os mesmos dos controladores P e I.

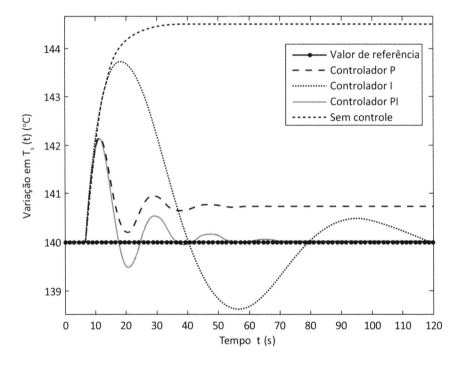

Figura 7.35 – Resposta de processo sem controle e regulado por controladores P, I e PI quando submetido a perturbação em degrau em T_e de 5 °C em $t = 5$ s.

Verifica-se, tanto na Figura 7.34 quanto na Figura 7.35, que:
- o controlador P puro não elimina o desvio permanente;
- o controlador I puro gera muitas oscilações;
- o controlador PI elimina o desvio permanente e reduz o tempo de acomodação.

Na Figura 7.35, sem controle nenhum, a temperatura T_s sobe até atingir um novo regime estacionário. O controle P leva T_s a um novo valor estacionário, melhor que sem controle nenhum, mas com um desvio e_{ss}. A ação I elimina o desvio permanente, mas a variável controlada oscila. O melhor desempenho é o do controlador PI.

7.2.10 VANTAGENS E INCONVENIENTES DO MODO INTEGRAL

A principal vantagem da ação I é eliminar o desvio permanente, e seu maior problema é inserir um atraso adicional na malha, tendendo a gerar respostas oscilatórias, o que, somado com as demais ações, piora a estabilidade da malha. Uma pequena oscilação costuma ser aceita, já que ela está em geral ligada a uma resposta rápida. Os efeitos indesejáveis da ação I podem ser atenuados por uma sintonia adequada ou incluindo a ação D, que pode compensar os efeitos instabilizantes. Por exemplo, um processo bicapacitivo, que não oscila com o modo P, pode fazê-lo com um PI. A desvantagem do modo I de não reagir em altas frequências pode ser usada para estabilizar a malha. Há processos ruidosos, em que um sinal espúrio se soma à variável controlada (pressão de bomba de engrenagem, nível perturbado pela queda de líquidos etc.). O modo P apenas geraria variações da saída, proporcionais ao ruído e ao sinal. Aproveitando a característica do modo I, pode-se tornar o controlador sensível às variações em baixa frequência e insensível ao ruído.

O modo integral faz com que a saída do controlador continue mudando enquanto houver um desvio, gerando a saturação do modo integral. Em controladores digitais, mesmo com a saída saturada, a integral continua crescendo internamente. Quando o erro inverte seu sinal, o acúmulo na integral deve ser descontado, o que leva muito tempo. Se a saturação for no limite superior da saída do controlador, tem-se o *reset windup* ou *integral windup*; se for no limite inferior, tem-se o *reset wind down*. Na prática, a saturação é dita *reset* ou *integral windup*, independentemente de ocorrer no limite inferior ou superior.

7.2.11 SATURAÇÃO DO MODO INTEGRAL E TÉCNICAS *ANTI-RESET WINDUP*

A saturação do modo integral é indesejável e surge quando o controlador é submetido a um erro $e(t)$, que se mantém ao longo de um certo tempo, sem mudança de seu sinal algébrico. Se o sinal de desvio $e(t)$ permanece positivo ou negativo por um certo tempo, a ação integral leva a saída do controlador à saturação, equivalente ao limite superior ou inferior de seu sinal de saída. Caso haja saturação, a ação de controle não retorna até que o sinal de desvio se reverta. Assim, a saturação sempre resulta em sobressinal antes de o controle ser restaurado, pois, ao ocorrer o sobressinal, se reverte o sinal de erro quando a variável controlada ultrapassa o valor desejado, como mostrado na Figura 7.36.

A Figura 7.36 mostra o reinício de um processo que parou para manutenção, cuja temperatura de saída T_m estabilizou na temperatura do fluido de entrada T_e (20 °C) e que, em $t = 50$ s, foi posto novamente para operar, com o controlador PI mantido em automático durante toda a parada, com seu valor de referência em 45 °C, ocorrendo a saturação do modo integral. Essa figura indica que o sobressinal, ao não se usar uma técnica de antissaturação do modo integral, é enorme. Esse caso é mais bem detalhado na próxima subseção. Na prática, esse problema surge de diversas formas, destacando-se:

O controlador PID analógico 363

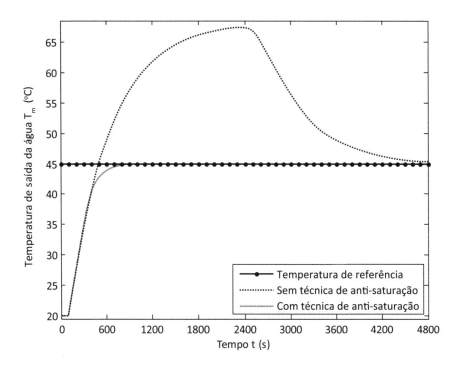

Figura 7.36 – Resposta de malha de controle com e sem técnica de *anti-reset windup*.

- a partida de processos com o controlador em automático, quando a variável controlada está longe do *set point*. Isso pode ocorrer tanto com processos contínuos parados para manutenção como com processos batelada que ficam esperando uma nova batelada, com o controlador em automático em ambos os casos. Com o processo inativo, a variável controlada não se altera para nenhum valor da variável manipulada. Por exemplo, considere um reator de batelada com um controlador de temperatura com *set point* ajustado em 100 °C. Durante a carga do reator para uma nova batelada, os produtos entram na temperatura ambiente. Como a reação ainda não começou, o sistema de aquecimento do reator não está operante. Nessa situação, mesmo que o controlador leve a válvula que manipula o fluido de aquecimento a sua posição extrema, nada acontece, pois o fluido não circula por ela devido a algum intertravamento externo, que impede a passagem do fluido. Resulta na saturação da saída do controlador;

- o controlador primário (mestre ou *master*) de uma malha em cascata é mantido em automático quando o controlador secundário (escravo ou *slave*) é posto em manual. Assim, qualquer atuação do controlador primário é ineficaz, e ele pode vir a enxergar um desvio, cuja integração no tempo pode levar à saturação da saída do controlador;

- o controlador não selecionado em uma estrutura de controle do tipo autosseletivo (*override*). Nesse caso, a saída do controlador não selecionado ficará inoperante, e ele poderá passar a enxergar um desvio permanente, que levará sua saída à saturação.

A saturação pode ser entendida analisando-se um controlador PI, como na Figura 7.37.

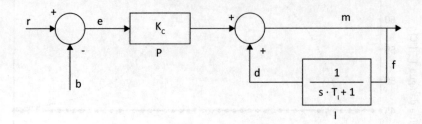

Figura 7.37 – Configuração típica de um controlador PI.

Se a malha de realimentação interna da ação integral está ativa e há um desvio e diferente de 0, a saída m é levada pela realimentação positiva ao limite de saturação. A saturação só é alcançada quando a saída do atraso de transferência d atinge também o limite de saturação. Então, ainda que e volte bruscamente a zero, m fica em d.

Os cuidados normalmente tomados para evitar a saturação do modo integral são:

a) Para evitar a saturação do modo integral para qualquer um dos três casos citados anteriormente, evitam-se acúmulos adicionais no valor da integral enquanto durar a saturação na saída. Isso é feito congelando-se a ação integral enquanto a saída estiver saturada. Essa técnica é intitulada *anti-reset windup*. A ação integral retorna tão logo a saída saia da saturação. Nesse caso, ao ocorrer a inversão no sinal de erro, a ação integral começa a diminuir, tirando de imediato a saída do controlador da saturação. A implantação dessa técnica em Simulink é vista na Figura 7.38.

b) Outro modo de se evitar a saturação do modo integral em processos do tipo batelada, com constantes partidas e paradas, ou em processos que parem para manutenção, é usar o método *set point tracking* (SPTR), em que, quando o processo para, programa-se o valor de referência para seguir a variável controlada, de modo que, ao longo da parada, o *set point* fica igual à variável controlada e, portanto, o erro é mantido nulo. Pode-se então programar a partida do processo com o valor de referência seguindo uma curva programada, como uma rampa ou uma parábola.

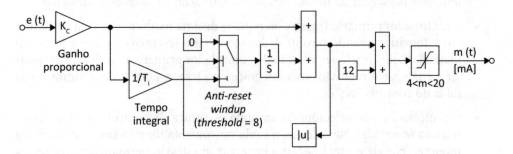

Figura 7.38 – Proposta de técnica antissaturação do modo integral de um controlador PI.

c) no caso de reinício de um processo parado, realizar a partida em manual. Caso se lide com processos batelada, que periodicamente estão partindo, pode-se querer parti-los no modo automático. Nesse caso, pode-se usar a chave de batelada (*batch switch*) (SHINSKEY, 1996). O efeito da saturação pode ser moderado pela colocação de uma chave no ramo de realimentação da ação integral, intitulada chave de batelada, devido a seu uso em processos desse tipo, como indicado na Figura 7.39.

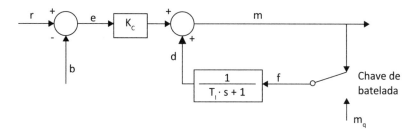

Figura 7.39 – Chave de batelada usada para resolver o problema do *reset windup*.

A chave de batelada comuta o sinal de realimentação, oriundo da saída do controlador, por um valor fixo m_q, conhecido como pré-carga, sempre que a saída exceder a faixa da variável manipulada, isto é, sempre que a saída do controlador tender a saturar. A pré-carga deve ser ajustada para o valor que a saída do controlador teria em regime estacionário, com todas as variáveis de entrada em seus valores nominais.

d) Em uma malha em cascata ou de controle *override*, pode-se evitar a saturação no controlador primário usando-se a realimentação externa para o modo integral, segundo o esquema mostrado na Figura 7.40 para controle em cascata (SHINSKEY, 1996).

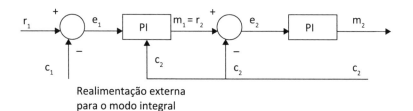

Figura 7.40 – Sistema de controle PI com realimentação externa para o modo integral.

Normalmente, a saída do controlador primário, que é o valor desejado do secundário, é realimentada a seu modo integral internamente, mas a Figura 7.40 mostra a variável controlada do secundário realimentada externamente ao controlador primário. Se há um desvio e_2 de pequena amplitude no secundário, o controlador primário integra normalmente, não fazendo diferença se a ação integral é realimentada com sua própria saída ou com o sinal de medição secundário, pois ambos são próximos. Mas se um desvio e_2 de certa magnitude surge no secundário, por exemplo, ao passar o controlador secundário para manual, de modo que sua medição não corresponda ao *set point* gerado pelo controlador primário, a malha de realimentação da ação I no controlador primário é aberta, de modo que ele passa a operar como um controlador P:

$$m_1 = r_2 = K_{C1} \cdot e_1 + c_2$$

Surge um desvio permanente no secundário, proporcional ao desvio no primário:

$$e_2 = K_{C1} \cdot e_1$$

Quando o desvio secundário novamente fica abaixo de um certo valor, o controlador primário volta a sua configuração original. Esse esquema assegura transferência "sem tranco" (*bumpless*) na válvula de controle, quando se comuta o controlador primário de manual para automático, com o controlador secundário já em automático. Maiores detalhes sobre essa técnica aplicada ao controle *override* são vistos na Seção 16.4, volume 2.

7.2.12 EXEMPLO DE APLICAÇÃO DE TÉCNICAS DE ANTISSATURAÇÃO DO MODO INTEGRAL

Seja o trocador de calor das Subseções 7.1.7 e 7.2.6 com um controlador PI. Suponha que o processo pare para manutenção a partir de $t\_par = 100$ s por 1800 s e que, nesse período, uma válvula de bloqueio seja acionada, de modo que a vazão de vapor W_v se anule e a temperatura do fluido de saída T_m chegue no valor da temperatura de entrada $T_e = 20$ °C. A Figura 7.41 mostra o diagrama em Simulink desse caso.

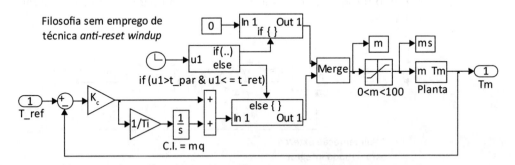

Figura 7.41 – Sistema sem uso de técnica de antissaturação do modo integral.

A Figura 7.42 mostra a temperatura T_m sem a aplicação de uma técnica de antissaturação do modo I. O controlador PI foi mantido sempre em automático, com $T_{ref} = 45°$.

As técnicas aplicadas de antissaturação do modo integral são listadas a seguir, e sua implementação em Simulink é mostrada nas Figuras 7.43 a 7.45:

- controlador mantido sempre em automático com método que congela a ação integral quando a saída satura (técnica *anti-reset windup*), como proposto na alínea "a" da Subseção 7.2.11, e partida da planta com valor de referência em $T_{ref} = 45$ °C;

- uso da técnica de *set point tracking*, proposta na alínea "b" da Subseção 7.2.11, e partida da planta com rampas de τ = 538 s e τ/2 = 269 s no valor desejado (vide estimativa da constante de tempo do processo na Subseção 3.6.1), com a rampa indo desde a temperatura da saída após os trinta minutos de parada até T_{ref} = 45 °C;

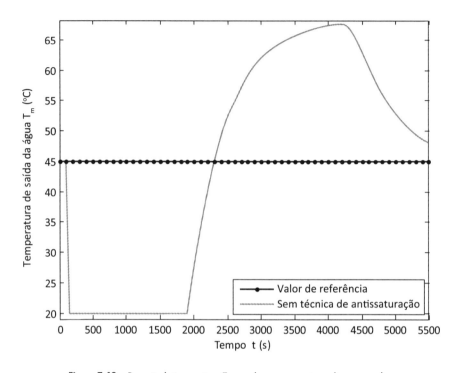

Figura 7.42 – Resposta da temperatura T_m quando o processo retorna de uma parada.

- aplicação da *chave de batelada* citada na alínea "c" da Subseção 7.2.11. Nesse caso, o controle é mantido em automático o tempo todo com T_{ref} = 45 °C. O valor empregado da pré-carga na chave de batelada foi $m_q = 100 \cdot W_{v\_nom} = 100 \cdot 0{,}51948$ kg/s.

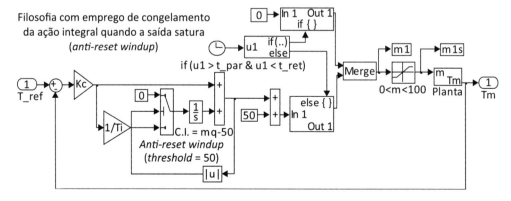

Figura 7.43 – Diagrama de blocos do sistema com uso da técnica *anti-reset windup*.

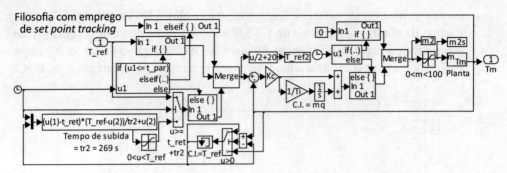

Figura 7.44 – Diagrama de blocos do sistema com uso da técnica *set point tracking*.

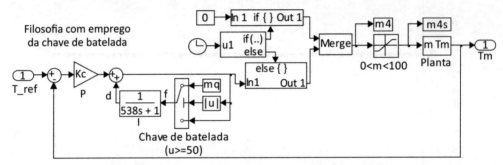

Figura 7.45 – Diagrama de blocos do sistema com uso da chave de batelada.

Na Figura 7.46, mostra-se a temperatura T_m para os quatro casos propostos.

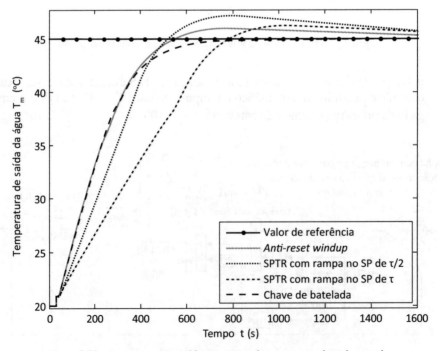

Figura 7.46 – Temperatura T_m com diferentes técnicas de antissaturação do modo integral.

A Figura 7.42 indica que não usar uma técnica de antissaturação do modo integral gera um sobressinal máximo de 22,5 °C e um grande tempo de retorno ao valor desejado. Na Figura 7.46, a técnica *anti-reset windup* cria um sobressinal máximo de 0,9 °C e um rápido retorno ao valor desejado. A técnica de *set point tracking* leva a um sobressinal máximo de 2,1 °C quando a rampa do *set point* é mais acentuada, com tempo de subida de 269 s, e um sobressinal máximo de 1,2 °C quando a rampa é mais suave, com tempo de subida de 538 s, sendo que em ambos os casos há um rápido retorno da variável controlada ao valor desejado, embora o tempo de subida cresça ao se usar a rampa mais lenta. A chave de batelada não gera sobressinal e um retorno muito rápido ao valor desejado.

A seguir, ilustram-se os esforços de controle na saída m do controlador. A Figura 7.47 mostra o valor de m sem saturação na saída do controlador, e a Figura 7.48, com saturação entre 0 e 100%. Como o valor da integral cresce ao não se usar nenhum método de antissaturação do modo integral, o esforço de controle é grande, atingindo 695% na Figura 7.47, pois a ação integral não para de integrar durante a parada do processo e até o sinal de erro do controlador inverter, no reinício do processo. Já ao usar a técnica de *anti-reset windup*, o esforço de controle é bem menor; mesmo assim, a saída atinge um valor relativamente alto, pois a ação integral só para de atuar quando a saída atinge a saturação (m = 100%) e, mesmo depois disso, a ação proporcional ainda aumenta a saída, de modo que ela chega em torno de 197%. Devido a esse valor acumulado relativamente alto na saída, e como no reinício do processo ocorre um degrau elevado no valor desejado de cerca de 25 °C, isso faz com que a saída T_m tenha um sobressinal máximo de 0,9 °C.

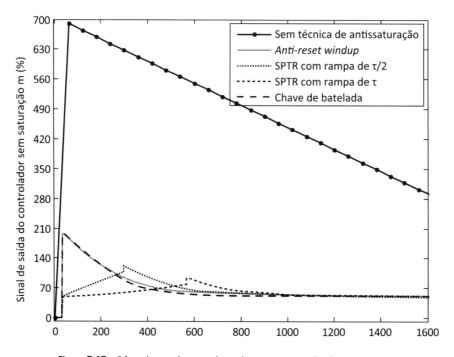

Figura 7.47 – Esforço de controle para cada um dos cinco ensaios realizados sem saturação.

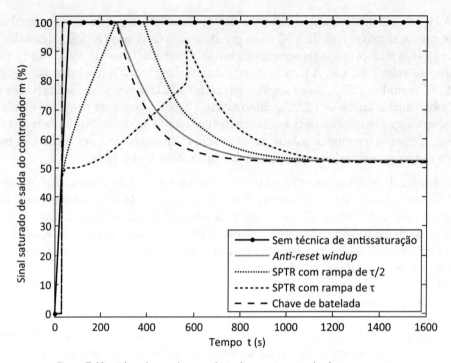

Figura 7.48 – Esforço de controle para cada um dos cinco ensaios realizados com saturação.

Ao usar o *set point tracking*, a saída do controlador não muda durante a parada do processo, e seu reinício é feito com o *set point* em rampa, de modo que a integral tem uma pequena saturação quando o controle é reiniciado e a rampa do valor desejado é mais rápida ou então não satura em nenhum momento ao se usar uma rampa mais suave. Ao se usar a chave de batelada, o ramo de realimentação da ação I congela a saída no valor da pré-carga m_q durante a parada do processo. No entanto, pelo efeito da ação P, a saída *m* sobe 197%. No reinício do processo, a saída continua congelada, independentemente do erro entre a saída T_m e o *set point*, de modo que a ação I não sobe mais.

7.2.13 IMPLEMENTAÇÃO DE CONTROLADOR PI ANALÓGICO

A implementação de um controlador PI analógico é mostrada na Figura 7.49.

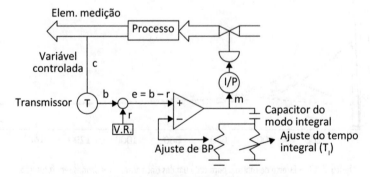

Figura 7.49 – Implementação de controlador PI analógico.

7.3 MODO DERIVATIVO

Na ação derivativa, a amplitude da correção é proporcional à velocidade do desvio:

$$m - \bar{m} = K_D \frac{d(b-r)}{dt}$$

A ação D nunca é usada sozinha, pois, para um erro constante, a saída do controlador seria nula. Ela sempre é usada com as ações P ou PI. O controlador PD é dado por:

$$m - \bar{m} = K_C \cdot (b-r) + K_D \frac{d(b-r)}{dt}$$

Analisa-se, a seguir, o significado do parâmetro K_D.

7.3.1 DEFINIÇÃO DO PARÂMETRO QUE CARACTERIZA O MODO DERIVATIVO

Na Figura 7.50, mostra-se a resposta do controlador PD em malha aberta, submetido a um erro em rampa, com *BP* ajustada em 100% e ação direta. Observa-se que:

- a curva P é a componente de saída do modo proporcional. Como o controlador tem ação direta e *BP* = 100%, ela copia a entrada $e(t)$;

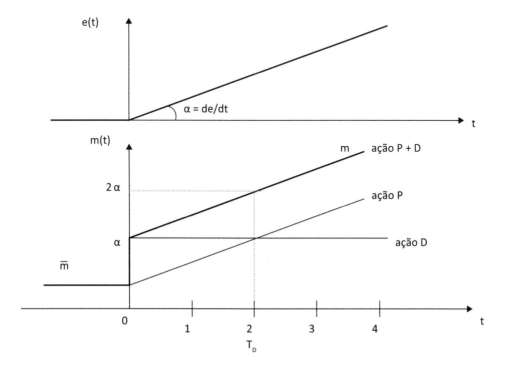

Figura 7.50 – Resposta de controlador PD em malha aberta submetido à entrada em rampa.

- a curva D é a componente do modo derivativo. Ela tem amplitude proporcional à velocidade do desvio. Sua amplitude é constante, já que a velocidade do desvio é fixa;

- nesse caso, o ajuste do modo derivativo está em 2 minutos, o que significa que, instantaneamente, a ação D tem uma amplitude que a ação P terá 2 minutos depois;

- o tempo derivativo (ou *rate time*) T_D é normalmente dado em minutos nos controladores comerciais. Ele é definido como o tempo em que a resposta proporcional leva para repetir o que a ação derivativa fez instantaneamente, quando um controlador PD sofre um desvio em rampa. A maioria dos fabricantes usa minutos no tempo integral e derivativo, como a Siemens, mas alguns, como a Emerson, operam em segundos;

- a resultante P+D é a soma gráfica das ações P e D a partir do ponto de equilíbrio $\bar{m}$;

- o valor K_D da equação do controlador PD é igual a $K_C \cdot T_D$. Consequentemente:

$$m - \bar{m} = K_C \cdot \left[(b - r) + T_D \frac{d(b-r)}{dt} \right] \quad \therefore \quad m(t) = K_C \cdot \left[e(t) + T_D \frac{d\,e(t)}{dt} \right] + \bar{m}$$

Há duas formas possíveis de se implementar o modo derivativo:

- atuando-se sobre o desvio $e(t)$, conforme mostrado na equação anterior; ou

- atuando-se no valor medido da variável controlada $b(t)$, conforme indicado a seguir:

$$m(t) = K_C \cdot \left[e(t) + T_D \frac{d\,b(t)}{dt} \right] + \bar{m}$$

(para controlador com ação direta)

$$m(t) = K_C \cdot \left[e(t) - T_D \frac{d\,b(t)}{dt} \right] + \bar{m}$$

(para controlador com ação reversa)

O primeiro caso tem como consequência indesejável o fato de variações bruscas no valor desejado r acarretarem derivadas de altíssimo valor, gerando alterações rápidas e de grande magnitude na saída do controlador, o que não ocorre no segundo caso.

7.3.2 EXEMPLO DE APLICAÇÃO DE CONTROLADOR PD OPERANDO EM MALHA ABERTA

A Figura 7.51 mostra a saída de um controlador PD em malha aberta para mudanças na variável controlada. Seja $BP = 200\%$, $T_D = 2$ min, ação reversa, $\bar{m} = 50\%$ e $SP = 50\%$.

O controlador PID analógico 373

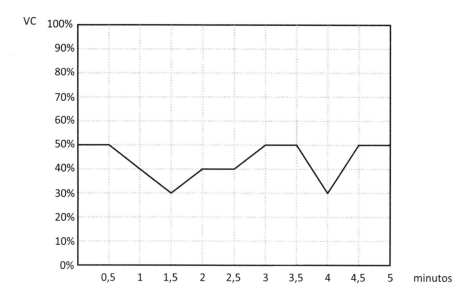

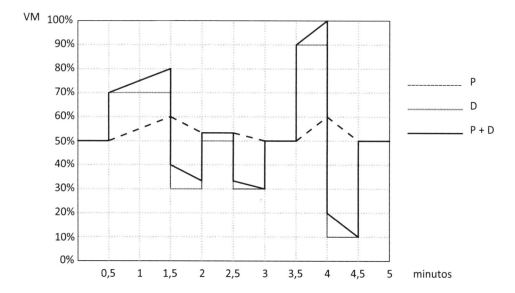

Figura 7.51 – Resposta de controlador PD em malha aberta a mudanças na variável controlada.

7.3.3 ANÁLISE EM FREQUÊNCIA DE CONTROLADOR PD OPERANDO EM MALHA ABERTA

Repete-se aqui o que foi feito com o controlador PI na Subseção 7.2.4. Na Figura 7.52, o ganho e a defasagem do controlador PD variam bastante em frequências distintas.

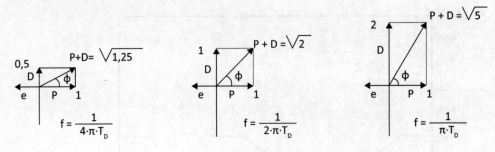

Figura 7.52 – Influência da frequência na magnitude da ação derivativa.

Para uma excitação senoidal $e(t) = e_0 \cdot \text{sen}(\omega \cdot t)$, a ação derivativa m_D é dada por:

$$m_D = K_C \cdot T_D \cdot e_0 \frac{d[\text{sen}(\omega \cdot t)]}{dt} + \bar{m} \therefore m_D = K_C \cdot T_D \cdot e_0 \cdot \omega \cdot \cos(\omega \cdot t) + \bar{m}$$

A função de transferência do controlador PD é dada por:

$$\hat{M}(s) = K_C \cdot \left[\hat{E}(s) + T_D \cdot s \cdot \hat{E}(s)\right] \therefore G_{PD}(s) = \frac{\hat{M}(s)}{\hat{E}(s)} = K_C \cdot (1 + T_D \cdot s)$$

Substituindo-se s por $j \cdot 2 \cdot \pi \cdot f$ e calculando-se o módulo e a fase de G_{PD}, resulta:

$$|G_{PD}| = K_C \cdot \sqrt{1 + (2 \cdot \pi \cdot f \cdot T_D)^2} \text{ e } \varphi_{PD} = \arctan(2 \cdot \pi \cdot f \cdot T_D)$$

Esses elementos são mostrados na Figura 7.53.

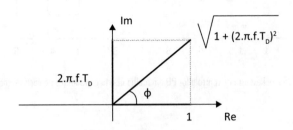

Figura 7.53 – Módulo e fase de G_{PD}.

O diagrama de Bode de um controlador PD com ação direta é mostrado na Figura 7.54, com $K_C = 2$ e $T_D = 0,8$ min.

O controlador PID analógico 375

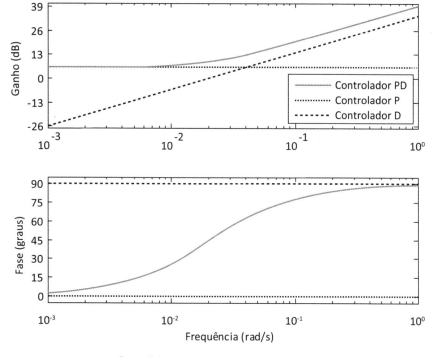

Figura 7.54 – Diagrama de Bode de controlador PD.

Na Figura 7.54, observa-se o seguinte:

- a curva de ganho tem 2 assíntotas, uma horizontal em baixas frequências valendo $20 \cdot \log(K_C)$ (6,02 dB) e uma em altas frequências de inclinação (20 dB/década);
- em baixas frequências, a curva de ganho se aproxima do ganho K_C, e a curva de defasagem é próxima a 0° para controladores com ação direta e de –180° para controladores com ação reversa, indicando uma forte influência do modo proporcional;
- em altas frequências, o ganho é alto, e a defasagem tende a +90° para controladores com ação direta e a –90° para ação reversa, indicando a influência da ação derivativa;
- as assíntotas se cruzam na frequência de canto do modo derivativo, cujo valor é:

$$\omega_c = \frac{1}{T_D}$$

A frequência de canto ω_c depende apenas do ajuste do modo derivativo. O valor de ω_c é dado pelo ponto em que a curva de defasagem corta a linha de +45° para controladores com ação direta ou –135° para aqueles com ação reversa, isto é:

$$\tan(45°) = \tan(-135°) = 1 = \frac{1}{\omega_c \cdot T_D}$$

No caso da Figura 7.54, verifica-se que: $\omega_c = \dfrac{1}{T_D} = \dfrac{1}{0,8 \cdot 60} = 0,0208 \, \dfrac{\text{rad}}{\text{s}}$

No diagrama de Bode da Figura 7.54, o ganho D tende a infinito quando a frequência tende a infinito, fazendo o controlador hipersensível a ruídos e perturbações de alta frequência. Assim, o termo D ideal agrava os efeitos do ruído do processo. Como o ganho da resposta em frequência do termo $T_D \cdot s$ sobe sem limite quando a frequência cresce, esse efeito se reduz com um filtro passa-baixas, substituindo-se $T_D \cdot s$ pela Equação (7.1), denominada termo derivativo real. Na Equação (7.1) há o termo derivativo $T_D \cdot s$, intitulado ideal, multiplicado por $1 / (\alpha \cdot T_D s + 1)$, que é um sistema de primeira ordem com ganho unitário e que age como um filtro passa-baixas, limitando o ganho em altas frequências.

$$D(s) = \dfrac{T_D \cdot s}{\alpha \cdot T_D \cdot s + 1} \qquad (7.1)$$

O parâmetro α tipicamente está entre 1/20 a 1/6 (LUYBEN, 1990; SMITH; CORRIPIO, 2005). Um valor muito usado é $\alpha = 0,1$. Como α é pequeno, a constante de tempo $\alpha \cdot T_D$ também é; assim, o efeito do filtro em baixas frequências é desprezível, enquanto em altas frequências o ganho não passa de $1/\alpha$. Esse algoritmo é usado em controladores comerciais, de modo que o ganho derivativo fica delimitado a um valor que fica entre 6 e 20, para reduzir a sensibilidade ao ruído. Expõe-se na Figura 7.55 o diagrama de Bode das duas opções do modo derivativo (ideal e real), em que se usou $T_D = 0,8$ min e $\alpha = 0,1$.

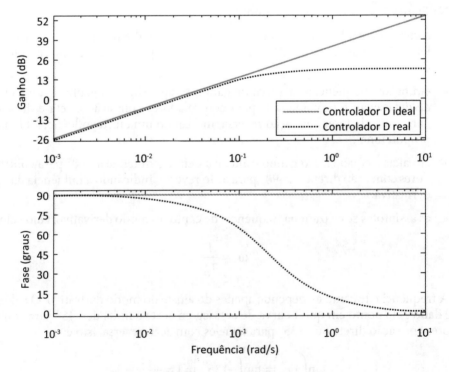

Figura 7.55 – Diagrama de Bode de controladores D ideal e real.

O controlador PID analógico 377

Na Figura 7.55, o ganho do controlador D ideal é sem limite, mas o do D real não passa de 20 dB, pois o ganho atingiu 1 / α = 10. O controlador D ideal tem uma defasagem fixa de 90° e o D real, de 90° para baixas frequências, mas cai até 0° ao crescer a frequência.

7.3.4 ANÁLISE DO COMPORTAMENTO DO CONTROLADOR PD OPERANDO EM MALHA FECHADA

Observa-se o seguinte ao se operar com um controlador PD:

- o controlador PD não elimina o desvio permanente, mas geralmente o diminui;
- o modo derivativo afeta mais processos não autorregulados do que autorregulados;
- o modo derivativo atua antes dos outros, visando retornar mais rapidamente a variável controlada ao valor desejado, podendo gerar excessos de correção. Por isso, ele é também chamado de *pre-act* ou de *rate*, pois sua atuação é proporcional à velocidade de variação (*rate of change*) do desvio.

A ação I elimina o desvio permanente, ao custo de diminuir a frequência de oscilação da malha devido a seu atraso de fase. A ação D, por outro lado, gera um avanço de fase. O modo D controla bem processos bicapacitivos. Se o termo D de um controlador PD for ajustado do mesmo modo que uma das constantes de tempo da planta, ele será eliminado (cancelamento de polo), reduzindo a malha a um sistema de primeira ordem. A ação D isolada não é usada, pois não gera uma malha estável. O controle PD é menos eficiente para controlar malhas com tempo morto que o controle PI. Um uso comum do modo D é eliminar o atraso na fase gerado pelo modo I no controlador PID. Reguladores PD são muito menos usados que os PI, sendo muito aplicados em processos batelada, em que um corpo deve atingir uma alta temperatura ou uma mistura de produtos deve ter uma dada composição. O estado final desses processos, quando a variável controlada está no *set point*, requer que a válvula de controle esteja em uma posição conhecida; $\bar{m}$ pode então ser ajustado para esse valor, para evitar o desvio permanente. A ação I não pode ser usada nesses casos, pois a carga do processo é fixa, e a variável controlada começa muito longe do valor desejado. Um integrador saturaria a saída e não mudaria essa situação, até que o valor desejado fosse cruzado, o que criaria sobressinal.

Na Figura 7.56, analisa-se porque o erro permanente é menor com controladores PD do que com P. Nela, a planta é tricapacitiva, com ganho K_p = 10 e constantes de tempo τ_1 = 1 min, τ_2 = 0,5 min e τ_3 = 0,25 min. O regulador tem ação direta, ganho K_C = 2 e tempo derivativo T_D = 0,8 min. Mostra-se o sistema em malha aberta. A inclusão do modo D na Figura 7.56 desloca para a direita a curva de defasagem da malha aberta em relação à curva do processo. Assim, a linha de –180° é cortada em frequências maiores que só com o modo P. Por outro lado, como o ganho do processo diminui quando a frequência cresce, isso permite usar um ganho K_C maior, que reduz o erro permanente.

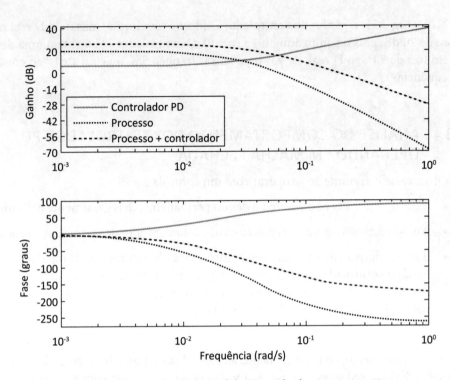

Figura 7.56 – Diagrama de Bode de controlador PD atuando sobre processo tricapacitivo.

7.3.5 VANTAGENS E INCONVENIENTES DO MODO DERIVATIVO

Ao inserir um caráter antecipatório na ação de controle, o modo D tende a estabilizar a malha. A ação D também tende a diminuir o erro estacionário, pois se pode usar ganhos maiores. Além disso, ela normalmente melhora a resposta dinâmica do sistema, reduzindo o tempo de acomodação.

Se a variável medida for afetada por ruído, isto é, se ela tiver componentes de alta frequência, então a derivada da variável medida amplifica consideravelmente o ruído, a menos que o sinal seja previamente filtrado. O modo D deve ser usado em processos com várias capacitâncias e tempos mortos, pois se consegue um menor desvio permanente e, com a frequência de recuperação sendo maior, a variável levará menos tempo para estabilizar. Por outro lado, a ação D não deve ser usada em processos ruidosos, pois ela responderá às altas frequências com amplitudes de correção que poderão ser prejudiciais ao processo. Caso seja indispensável seu uso em processos ruidosos, recomenda-se o uso do algoritmo D real, conforme citado na Subseção 7.3.3.

7.3.6 IMPLEMENTAÇÃO DE CONTROLADOR PD ANALÓGICO

A implementação de um controlador PD analógico é mostrada na Figura 7.57.

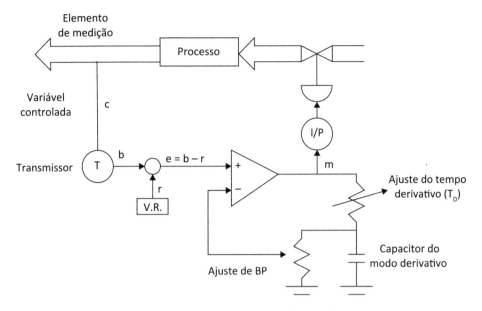

Figura 7.57 – Implementação de controlador PD analógico.

7.4 ALGORITMO PID ANALÓGICO

A equação do PID analógico clássico, também intitulado PID ISA ou PID ideal, é:

$$m - m_0 = K_C \cdot \left[(b-r) + \frac{1}{T_I} \int_0^t (b-r)\, dt + T_D \frac{d(b-r)}{dt} \right]$$

Ou, equivalentemente:

$$m(t) = K_C \cdot \left(e(t) + \frac{1}{T_I} \int_0^t e(t)\, dt + T_D \frac{de(t)}{dt} \right) + m_0 \qquad (7.2)$$

Em que $m(t)$ = sinal de saída do controlador, m_0 = valor de $m(0)$, $e(t)$ = desvio $[b(t) - r(t)]$ (para ação direta) ou $[r(t) - b(t)]$ (para ação reversa), K_C = ganho proporcional, T_I = tempo integral e T_D = tempo derivativo.

Sejam as seguintes variáveis incrementais:

$$\hat{m}(t) = m(t) - m_0 \text{ e } \hat{e}(t) = e(t) - \bar{e}\text{, sendo } \bar{e} = 0$$

Substituindo-se estas relações na Equação (7.2), resulta:

$$\hat{m}(t) = K_C \cdot \left(\hat{e}(t) + \frac{1}{T_I} \int_0^t \hat{e}(t)\, dt + T_D \frac{d\hat{e}(t)}{dt} \right) \qquad (7.3)$$

Sua função de transferência é:

$$G_C(s) = \frac{\hat{M}(s)}{\hat{E}(s)} = K_C \cdot \left(1 + \frac{1}{T_I \cdot s} + T_D \cdot s\right) \quad (7.4)$$

O diagrama de blocos desse controlador é mostrado na Figura 7.58.

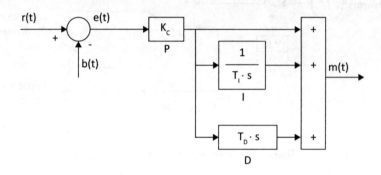

Figura 7.58 – Diagrama de blocos de controlador PID clássico, ideal ou ISA.

7.4.1 ANÁLISE EM FREQUÊNCIA DE CONTROLADOR PID OPERANDO EM MALHA ABERTA

O módulo e a fase do controlador PID da Equação (7.4) são:

$$|G_{PID}| = K_C \cdot \sqrt{1 + \left(2 \cdot \pi \cdot f \cdot T_D - \frac{1}{2 \cdot \pi \cdot f \cdot T_I}\right)^2}$$

$$\varphi_{PID} = \arctan\left(2 \cdot \pi \cdot f \cdot T_D - \frac{1}{2 \cdot \pi \cdot f \cdot T_I}\right)$$

O diagrama de Bode de um regulador PID com ação direta e das ações I e D, com ganho $K_C = 2$, tempo integral $T_I = 0{,}8$ min/rep e tempo derivativo $T_D = 0{,}2$ min é mostrado na Figura 7.59. Os modos I e D estão afetados pelo ganho K_C [$K_C / (s \cdot T_I)$] e $K_C \cdot s \cdot T_D$].

Na Figura 7.60 mostra-se o diagrama de Bode de controladores PID, PI e PD com os mesmos parâmetros de sintonia da Figura 7.59.

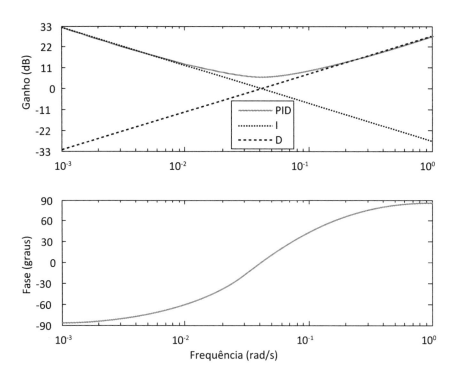

Figura 7.59 – Diagrama de Bode de um controlador PID e dos modos I e D.

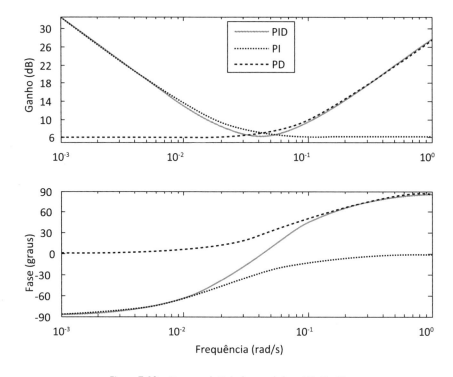

Figura 7.60 – Diagrama de Bode de controladores PID, PI e PD.

Na Figura 7.60, a equação do PI é $[K_C \cdot (1 + 1 / s \cdot T_I)]$ e a do PD é $[K_C \cdot (1 + s \cdot T_D)]$. As curvas do PID são combinações dos modos PI e PD. Em baixas frequências, a fase é $-90°$ devido ao modo I; em altas frequências, a fase é $+90°$ devido ao modo D. Como se vê na Figura 7.59, a fase é $0°$ na intersecção das duas linhas retas que aproximam a curva de ganho dos modos I e D. Como o ganho em frequência zero tende a infinito, a variável controlada retorna ao valor desejado após uma perturbação na carga. O ganho infinito em altas frequências equivale a um avanço de fase de $90°$. Conforme o tempo integral T_I diminui, a frequência de canto do modo I se desloca para a direita, e, conforme o tempo derivativo T_D diminui, a frequência de canto do modo D vai para a direita.

7.4.2 VANTAGENS E DESVANTAGENS DE CADA UM DOS MODOS DO CONTROLADOR PID

O modo P é sempre usado em controladores PID. Por não ter dinâmica, ele age assim que surge o erro. Sua principal desvantagem é não eliminar o erro estacionário e_{ss}. Valores excessivos do ganho K_C podem levar a malha de controle à instabilidade. O modo I elimina o erro e_{ss}. Esse benefício geralmente é obtido às custas de uma redução da estabilidade ou do amortecimento do sistema. O modo D aumenta o amortecimento e, em geral, melhora a estabilidade do sistema. Pode-se entender a ação D ao se considerar um controlador PD em um instante em que o erro seja momentaneamente nulo, mas não sua taxa de variação. Nesse caso, a ação P não contribui com a saída, mas o modo D, sim. Este faz o controlador se antecipar ao erro. Essa característica de tornar o controlador sensível à taxa de variação do erro aumenta o amortecimento do sistema.

A combinação das ações P, I e D é usada para obter um grau aceitável de redução do erro em regime permanente simultaneamente com boas características de estabilidade e amortecimento. Em termos gerais, o controlador P torna a resposta mais rápida e reduz o erro estacionário. A adição do termo I elimina o erro estacionário, mas tende a tornar a resposta mais oscilatória. A inclusão do termo D reduz tanto a intensidade das oscilações como o tempo de resposta. Os exemplos a seguir ilustram o que foi dito aqui. Seja um processo com realimentação unitária, dado pela seguinte função de transferência:

$$G_P(s) = \frac{1}{(s+1)\cdot(2\cdot s+1)} = \frac{0,5}{(s+1)\cdot(s+0,5)}$$

A seguir, são analisadas características da resposta desse processo quando regulado pelas seguintes formas do controlador PID: P, PI, PD e PID.

a) Controle P

A função de transferência em malha aberta do sistema fica:

$$G(s) = G_C(s) \cdot G_P(s) = \frac{K_C}{(s+1)\cdot(2\cdot s+1)} = \frac{0,5\cdot K_C}{(s+1)\cdot(s+0,5)}$$

O erro em regime estacionário desse sistema de controle em malha fechada a uma perturbação em degrau com amplitude A no valor de referência é dado por:

$$e_{ss} = \frac{A}{1+K_C}$$

Supondo-se A unitário e $K_C = 1$ e 10, resulta:

$$e_{ss} = 0{,}50 \text{ (para } K_C = 1\text{)} \text{ e } e_{ss} = 0{,}091 \text{ (para } K_C = 10\text{)}$$

Assim, para e_{ss} ser pequeno, é preciso que o ganho K_C seja grande. No entanto, ganhos altos geram polos complexos conjugados e, quanto maior for K_C, mais oscilatórias serão as respostas, como se deduz do lugar geométrico das raízes da Figura 7.61. Exibe-se na Figura 7.62 a resposta do sistema em malha fechada a degrau unitário no *set point* em $t = 0{,}2$ s, com controlador P com ganhos $K_C = 1$ e 10. A resposta com $K_C = 10$ oscila mais que com $K_C = 1$, embora o erro permanente seja muito menor.

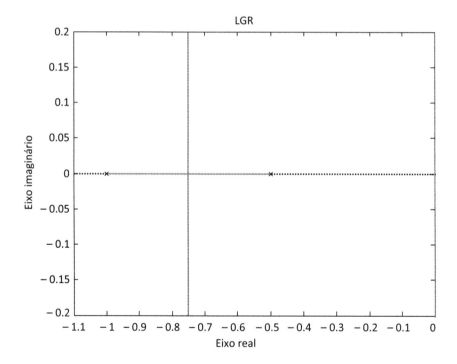

Figura 7.61 – Lugar geométrico das raízes (LGR) do processo regulado por controlador P.

Exibe-se na Figura 7.62 a resposta do sistema em malha fechada a degrau unitário no *set point* em $t = 0{,}2$ s, com controlador P com ganhos $K_C = 1$ e 10. A resposta com $K_C = 10$ oscila mais que com $K_C = 1$, embora o erro permanente seja muito menor.

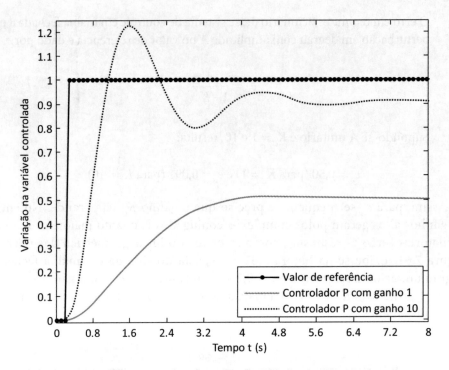

Figura 7.62 – Resposta do sistema em malha fechada com controlador P.

b) Controlador PI

A função de transferência em malha aberta do sistema resulta em:

$$G(s) = G_C(s) \cdot G_P(s) = \frac{K_C \cdot (T_I \cdot s + 1)}{T_I \cdot s} \cdot \frac{1}{(s+1) \cdot (2 \cdot s + 1)}$$

Com $T_I = 2$, o zero do controlador coincide com o polo do processo em $s = -0,5$. O erro em regime permanente dessa malha a um degrau com amplitude A no valor desejado é nulo, para qualquer ganho K_C. A Figura 7.63 mostra o LGR desse sistema.

Comparando-se os LGR das Figuras 7.61 e 7.63, nota-se que neste último há um deslocamento para a direita, que reduz o amortecimento do sistema, gerando sobressinais maiores. Na Figura 7.64, mostra-se a resposta da planta em malha fechada a degrau unitário no valor desejado, com controlador PI com ganhos $K_C = 1$ e 10 e $T_I = 2$.

Em nenhum dos casos da Figura 7.64 há erro de regime permanente. O controlador com ganho $K_C = 10$ oscila mais, e o amortecimento do sistema é menor do que no caso da Figura 7.62, conforme se atesta pelo valor do sobressinal máximo.

O controlador PID analógico 385

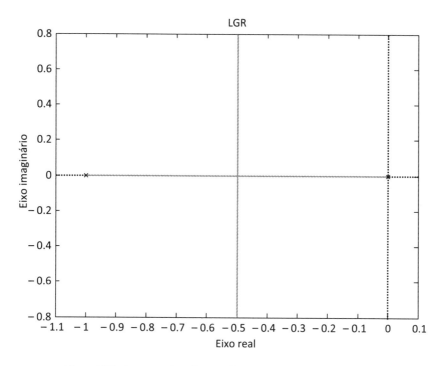

Figura 7.63 – Lugar geométrico das raízes do processo regulado com controlador PI.

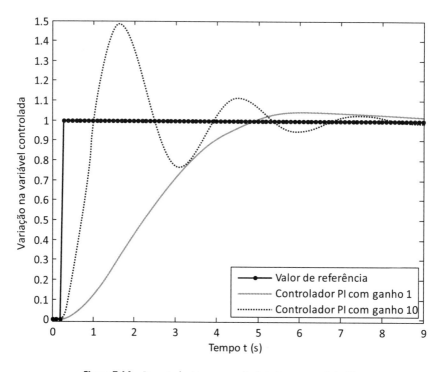

Figura 7.64 – Resposta do sistema em malha fechada com controlador PI.

c) Controlador PD

A função de transferência em malha aberta do sistema resulta em:

$$G(s) = G_C(s) \cdot G_P(s) = K_C \cdot (T_D \cdot s + 1) \frac{1}{(s+1) \cdot (2 \cdot s + 1)}$$

Fazendo-se $T_D = 2$, o zero do controlador se anula com o polo do processo em $s = -0,5$. Nesse caso, o erro e_{ss} a uma variação em degrau de amplitude A no *set point* é:

$$e_{ss} = \frac{A}{1 + K_C}$$

Considerando-se A unitário e $K_C = 1$ e 10, resulta:

$$e_{ss} = 0,50 \text{ (para } K_C = 1\text{) e } e_{ss} = 0,091 \text{ (para } K_C = 10\text{)}$$

Mesmo que se trabalhe com valores elevados de ganho K_C para reduzir e_{ss}, a resposta do sistema terá sempre caráter superamortecido, conforme se comprova no diagrama do lugar geométrico das raízes desse sistema mostrado na Figura 7.65.

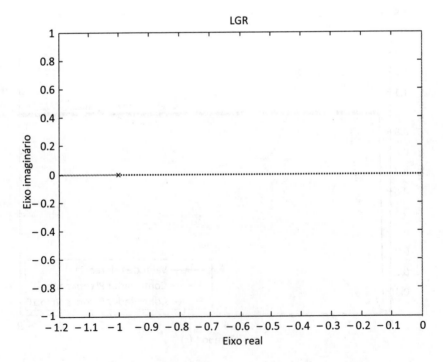

Figura 7.65 – Lugar geométrico das raízes do processo regulado por controlador PD.

Mostra-se na Figura 7.66 a resposta temporal do sistema em malha fechada supondo o controlador PD com ganhos $K_C = 1$ e 10 e tempo derivativo $T_D = 2$. Em ambos os casos há erro em regime permanente e as respostas são superamortecidas.

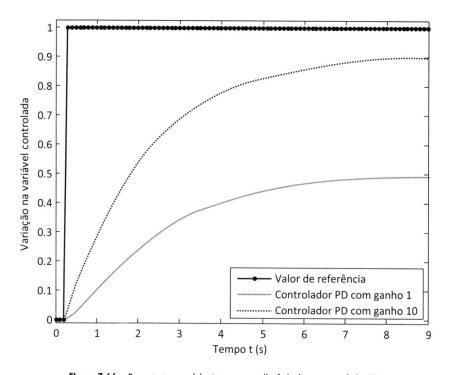

Figura 7.66 – Resposta temporal do sistema em malha fechada com controlador PD.

d) Controlador PID

A função de transferência em malha aberta do sistema resulta em:

$$G(s) = G_C(s) \cdot G_P(s) = K_C \cdot \left(1 + \frac{1}{T_I \cdot s} + T_D \cdot s\right) \frac{1}{(s+1) \cdot (2 \cdot s + 1)}$$

$$G(s) = K_C \cdot \left(\frac{T_I \cdot T_D \cdot s^2 + T_I \cdot s + 1}{T_I \cdot s}\right) \frac{1}{2 \cdot s^2 + 3 \cdot s + 1}$$

Com $T_I = 3$ e $T_D = 2/3$, os zeros do controlador se anulam com os polos do processo, cancelando os polos de malha aberta do sistema. Nesse caso, o erro em regime permanente a uma variação em degrau com amplitude A no valor de referência é sempre nulo, independentemente do valor do ganho K_C. A resposta do sistema é sempre superamortecida, como se deduz do LGR do sistema mostrado na Figura 7.67.

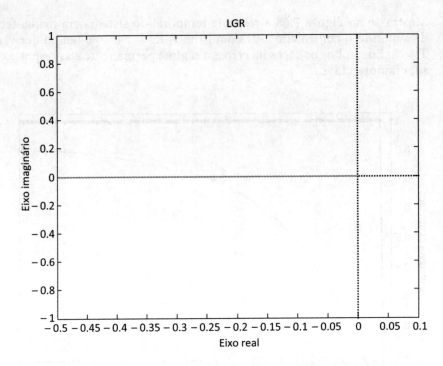

Figura 7.67 – Lugar geométrico das raízes do processo regulado por controlador PID.

Mostra-se, na Figura 7.68, a implementação em Simulink de um controlador PID clássico, com a derivada aplicada sobre o erro *e*.

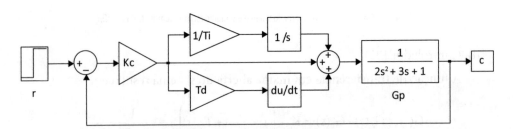

Figura 7.68 – Implementação em Simulink de controlador PID clássico.

A Figura 7.69 mostra a resposta do sistema em malha fechada a degrau unitário no valor desejado, com controlador PID com $K_C = 1$ e 10, $T_I = 3$ e $T_D = 2/3$. Em ambas as respostas, não há erro permanente, e há um comportamento superamortecido ou levemente subamortecido. O PID reúne, nesse exemplo, as boas características dos controladores PI e PD.

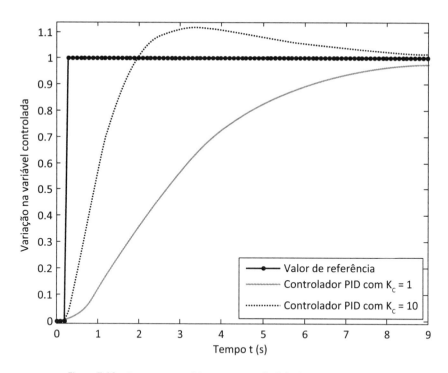

Figura 7.69 – Resposta temporal do sistema em malha fechada com controlador PID.

7.4.3 VANTAGENS E INCONVENIENTES DE SE ADICIONAR O MODO D A CONTROLADORES PI

Na prática, a ação D é menos usada que as outras, pois o ruído é ampliado em altas frequências e porque variações rápidas na variável controlada criam mudanças bruscas no sinal de controle e, assim, atuações bruscas nos elementos finais de controle. A Figura 7.70 exibe a resposta do trocador de calor das Subseções 7.1.7 e 7.2.6 sob controle PI e PID. Nessa figura, variou-se o *set point* em degrau de 45 °C a 48 °C em $t = 60$ s. Os parâmetros de sintonia do PID são $K_C = 2$, $T_I = 600$ s/rep e $T_D = 80$, 160 e 320 segundos. As curvas da Figura 7.70 indicam que a ação D para esse processo não resulta em grande melhoria com relação ao controle PI. Isso porque o processo se comporta praticamente como um sistema de primeira ordem e, para esse tipo de processo, o uso da ação D é pouco vantajoso.

Na Figura 7.71, vê-se a temperatura T_m ao se aplicar degrau de 20 °C a 30 °C na perturbação T_e em $t = 60$ s. A ação D gerou pouca melhoria com relação ao PI.

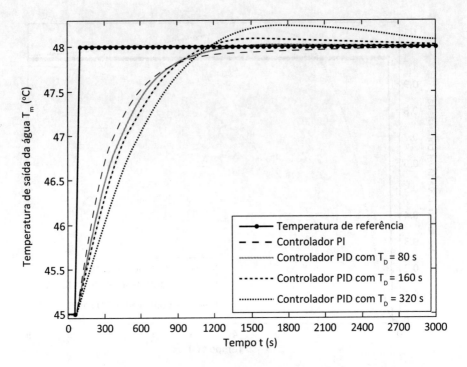

Figura 7.70 – Resposta da malha sob controle PI e PID submetida a degrau no *set point*.

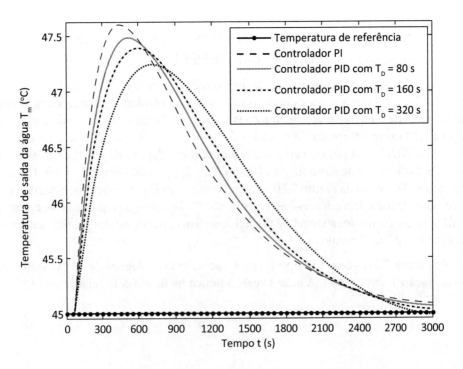

Figura 7.71 – Resposta da malha sob controle PI e PID perturbada por degrau em T_e.

A Figura 7.72 exibe a resposta do trocador de calor da Subseção 7.2.9 com controladores PI e PID. Muda-se em degrau de 140 °C para 145 °C o *set point* em $t = 2$ s. Usou-se $K_C = 3$, $T_I = 20$ s/rep e $T_D = 2, 5$ e 10 s. A figura indica que, nesse caso, o modo D tornou a resposta menos oscilatória. Com $T_D = 2$ s, o retorno ao valor desejado foi bem mais rápido que com o controlador PI. Como o processo é de segunda ordem, o uso da ação D foi benéfico.

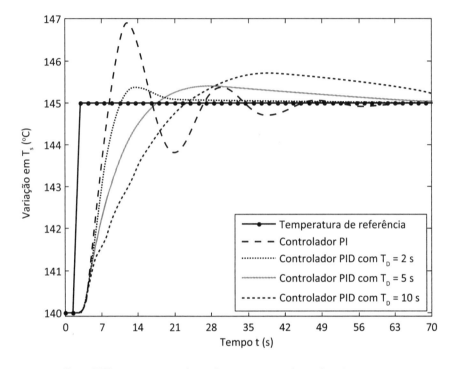

Figura 7.72 – Temperatura T_s sob controle PI e PID sujeita a degrau de 5 °C no *set point*.

A Figura 7.73 exibe a resposta a um distúrbio em degrau de 5 °C na temperatura de entrada T_e em $t = 1$ s. A resposta melhora ao incluir a ação D, pois a variável controlada cresce menos, e seu retorno ao *set point* é mais rápido e com poucas oscilações.

A ação D aumenta a estabilidade da malha e permite usar um ganho K_C maior ou um tempo integral T_I menor. O modo D também aumenta a estabilidade de sistemas de segunda ordem ou superior, e um sistema tricapacitivo poderia ser estabilizado para todos os ganhos usando um tempo integral alto e um tempo derivativo maior que a menor constante de tempo do processo. Adicionar a ação D a um processo contendo diversos elementos de primeira ordem melhora a controlabilidade. Há um benefício relativamente pequeno em usar a ação D se o sistema tem um tempo morto grande, enquanto a ação D deve ser omitida para sistemas muito rápidos, como controle de vazão ou pressão.

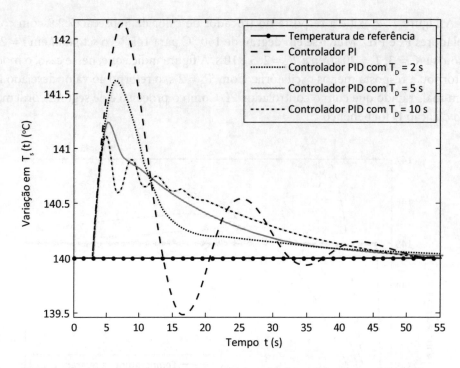

Figura 7.73 – Resposta de trocador de calor sob controle PI e PID submetido a degrau de 5 °C na variável de carga T_e em $t = 1$ s.

Averigua-se agora a influência de T_D em controladores PID. Para pequenos valores de T_D, aumentá-lo tende a melhorar a resposta da malha fechada pela redução do máximo desvio, do tempo de resposta e do grau de oscilação. No entanto, se T_D for muito grande, ruídos na medição tendem a ser amplificados e a resposta pode se tornar oscilatória. Assim, um valor intermediário de T_D é desejável.

7.4.4 IMPLEMENTAÇÃO DE CONTROLADOR PID ANALÓGICO

A configuração do controlador PID analógico e a combinação dos elementos RC que existem em uma malha de controle são mostradas na Figura 7.74.

Há seis conjuntos RC responsáveis por defasagens no sistema da Figura 7.74: τ_1 (processo), τ_2 (elemento de medição), τ_3 (transmissor), τ_4 (modo integral), τ_5 (modo derivativo) e τ_6 (atuador da válvula).

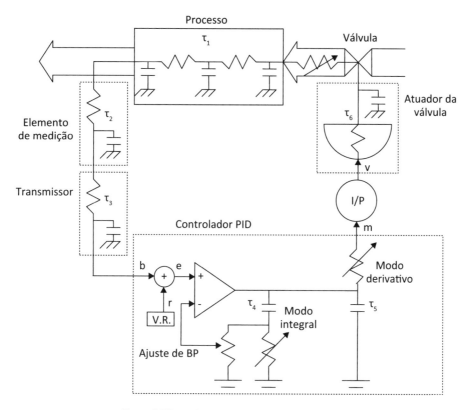

Figura 7.74 – Implementação de controlador PID analógico.

7.4.5 VARIANTES DO CONTROLADOR PID ANALÓGICO TRADICIONAL

Há diversas variantes do algoritmo PID. A seguir, são apresentadas algumas delas.

7.4.5.1 PID padrão, ISA, ideal, não interativo ou com ganhos dependentes

Corresponde à estrutura apresentada na Equação (7.2), repetida a seguir:

$$m(t) = K_C \cdot \left(e(t) + \frac{1}{T_I} \int_0^t e(t)\, dt + T_D \frac{de(t)}{dt} \right) + m_0 \qquad (7.2)$$

Sua função de transferência equivalente é dada por:

$$G_C(s) = \frac{\hat{M}(s)}{\hat{E}(s)} = K_C \cdot \left(1 + \frac{1}{T_I \cdot s} + T_D \cdot s \right) \qquad (7.2a)$$

Os métodos de sintonia de Cohen-Coon e Síntese Direta, abordados no Capítulo 8, foram projetados para este algoritmo. Seu diagrama de blocos é visto na Figura 7.75.

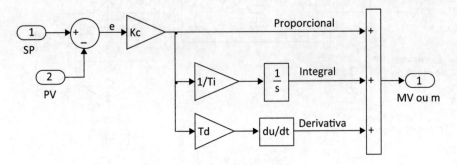

Figura 7.75 – Diagrama de blocos do PID padrão.

7.4.5.2 Algoritmo PID interativo, série, cascata, clássico ou real

Não se consegue construir um dispositivo pneumático ou eletrônico analógico que produza ação derivativa ideal. Assim, controladores PID analógicos comerciais ou mesmo controladores PID digitais aproximam o comportamento ideal pelo uso da função de transferência, apresentada na Equação (7.5), tratando-se do algoritmo PID mais antigo (SMUTS, 2011).

$$m(t) = K'_C \cdot \left(e(t) + \frac{1}{T'_I} \int_0^t e(t)\, dt \right) \cdot \left(1 + T'_D \frac{de(t)}{dt} \right) + m_0 \quad (7.5)$$

Sua função de transferência equivalente é dada por:

$$G_C(s) = \frac{\hat{M}(s)}{\hat{E}(s)} = K'_C \cdot \left(1 + \frac{1}{T'_I \cdot s} \right) \cdot \left(T'_D \cdot s + 1 \right) \quad (7.5a)$$

Os dois métodos de sintonia propostos por Ziegler-Nichols (ver Capítulo 8) foram criados para esse controlador. Seu diagrama de blocos é mostrado na Figura 7.76.

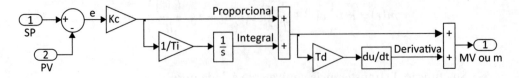

Figura 7.76 – Diagrama de blocos do PID interativo.

Se a ação D não é usada ($T_D = 0$), os algoritmos interativo e não interativo são iguais. Uma variante da Equação (7.5) considera o filtro de primeira ordem usado na ação

O controlador PID analógico

D, como consta na Equação (7.1) da Subseção 7.3.3, resultando na Equação (7.6), que equivale a um controlador PI em série com uma unidade de avanço/atraso.

$$G_C(s) = \frac{\hat{M}(s)}{E(s)} = K'_C \cdot \left(1 + \frac{1}{T'_I \cdot s}\right) \cdot \left(\frac{T'_D \cdot s + 1}{\alpha \cdot T'_D \cdot s + 1}\right) \qquad (7.6)$$

Um valor muito usado para α é 0,1. Os parâmetros de sintonia nas Equações (7.5) e (7.6) estão com apóstrofes, por não serem os mesmos da Equação (7.2) do PID ISA. Manipulando-se as Equações (7.5) e (7.6) e supondo que $T_D / T_I \le$ 1/4, chega-se à conversão dos parâmetros de sintonia do modo padrão para o modo série dada na Equação (7.7) (SMITH; CORRIPIO, 2005; SEBORG; EDGAR; MELLICHAMP, 2010):

$$K'_C = K_C \cdot \left(0,5 + \sqrt{0,25 - \frac{T_D}{T_I}}\right) \quad T'_I = T_I \cdot \left(0,5 + \sqrt{0,25 - \frac{T_D}{T_I}}\right)$$

$$\qquad (7.7)$$

$$T'_D = \frac{T_D}{0,5 + \sqrt{0,25 - \frac{T_D}{T_I}}}$$

A conversão do modo série para o modo padrão é dada pela Equação (7.8).

$$K_C = K'_C \cdot \left(1 + \frac{T'_D}{T'_I}\right) \qquad T_I = T'_I + T'_D \qquad T_D = \frac{T'_D \cdot T'_I}{T'_I + T'_D} \qquad (7.8)$$

7.4.5.3 Algoritmo PID paralelo ou com ganhos independentes

Sua expressão é dada por:

$$m(t) = K_P \cdot e(t) + K_I \cdot \int_0^t e(t)\, dt + K_D \cdot \frac{de(t)}{dt} + m_0$$

Sua função de transferência equivalente é dada por:

$$G_C(s) = \frac{\hat{M}(s)}{\hat{E}(s)} = K_P + \frac{K_I}{s} + K_D \cdot s$$

O algoritmo PID paralelo tem um ganho proporcional K_P que afeta apenas a ação P, ao passo que o PID padrão tem um ganho K_C que afeta as três ações simultaneamente. Essa diferença afeta o ajuste dos controladores, pois as técnicas clássicas de sintonia do Capítulo 8 supõem que o PID tenha um ganho K_C que afeta as três ações. Assim, ao usar as técnicas clássicas de sintonia para a forma com ganhos independentes, deve-se multiplicar o inverso do tempo integral e o tempo derivativo por K_C, para obter, respectivamente, K_I e K_D. Seu diagrama de blocos é visto na Figura 7.77.

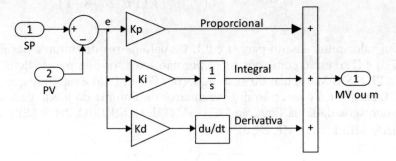

Figura 7.77 – Diagrama de blocos do PID paralelo.

7.4.5.4 Redução ou eliminação dos saltos proporcional e derivativo

Uma desvantagem do controlador da Equação (7.2) é que uma mudança rápida no *set point* e, portanto, em $e(t)$, torna o termo D muito grande e gera um salto no atuador. Isso pode ser evitado baseando o modo D na variável medida $b(t)$, e não em $e(t)$:

$$e(t) = r(t) - b(t)$$

Caso se use a variável medida $b(t)$, resulta que o sinal da ação derivativa passa a ser negativo. Considerando-se, então, $-b(t)$ em vez de $e(t)$ na Equação (7.2), resulta:

$$m(t) = K_C \cdot \left(e(t) + \frac{1}{T_I} \int_0^t e(t)\, dt - T_D \frac{db(t)}{dt} \right) + m_0$$

Esse artifício para eliminar o salto derivativo tornou-se padrão na maioria dos controladores comerciais, e sua implementação é mostrada na Figura 7.78.

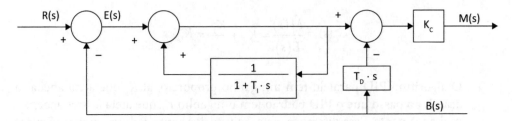

Figura 7.78 – Diagrama de blocos de controlador PID com eliminação do salto derivativo.

O controlador PID analógico **397**

Nela, há internamente ao controlador PID um sinal de realimentação devido ao termo integral. Outra opção é ponderar o valor de referência nos modos P e D, que elimina os saltos proporcional e derivativo que ocorrem após uma mudança brusca no *set point*.

Nessa versão do algoritmo PID, define-se o erro de modo diferente para cada uma das três ações de controle. Suponha que o controlador tenha ação reversa:

erro proporcional: $e_P(t) = \beta \cdot r(t) - b(t)$

erro: $e(t) = r(t) - b(t)$

erro derivativo: $e_D(t) = \gamma \cdot r(t) - b(t)$

em que β e γ são constantes não negativas. O algoritmo PID resultante é:

$$m(t) = K_C \cdot \left(e_P(t) + \frac{1}{T_I} \int_0^t e(t)\ dt - T_D \frac{de_D(t)}{dt} \right) + m_0$$

Neste algoritmo, é feita uma ponderação independente do *set point* nos modos P e D, de modo que, para se eliminar totalmente o salto derivativo, faz-se $\gamma = 0$, e para se eliminar totalmente o salto proporcional, faz-se $\beta = 0$.

7.4.5.5 Filtragem do ruído no sinal que entra na ação derivativa

Considere o seguinte algoritmo para um controlador PID (ver Subseção 7.3.3):

$$m(t) = K_C \cdot \left(e(t) + \frac{1}{T_I} \int_0^t e(t)\ dt - T_D \frac{de_f(t)}{dt} \right) + m_0$$

em que e_f corresponde ao sinal de erro filtrado, dado por Luyben (1990); Hang, Åström e Ho (1991); Hang, Lee e Weng (1993); Åström e Hägglund (1995); Smith e Corripio (2005):

$$e_f = \frac{1}{\alpha \cdot T_D \cdot s + 1} e = \frac{1}{\frac{T_D}{N} s + 1} e$$

Tem-se que $\alpha = 1 / N$, sendo que alguns autores usam α, enquanto outros usam $1 / N$. N pode ser escolhido entre 3 a 10 (HANG; ÅSTRÖM; HO, 1991) ou 8 a 20 (ÅSTRÖM; HÄGGLUND, 1995). Um valor comumente usado é $\alpha = 0,1$ ou $N = 10$. Assim:

$$\frac{de_f}{dt} = \frac{s}{\alpha \cdot T_D \cdot s + 1} e = \frac{s}{\frac{T_D}{N} s + 1} e \qquad (7.9)$$

7.4.5.6 Algoritmo PID não linear

Usado em processos em que a variável controlada troca de sinal:

$$m(t) = K_C \cdot \left(e(t) + \frac{1}{T_I} \int_0^t |e(t)| \, dt - T_D \frac{de(t)}{dt} \right) + m_0$$

7.4.5.7 Algoritmo com saída ativa por tempo proporcional ao valor do erro do processo

Trata-se de um controlador com saída do tipo PWM (ver Seção 7.7), cujo tempo ativo é proporcional ao erro do processo, conforme indicado na Figura 7.79.

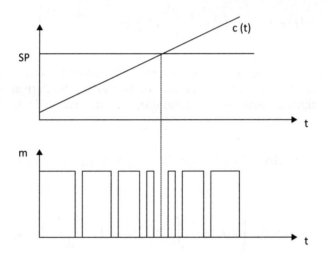

Figura 7.79 – Forma de atuação de controlador com saída ativa por tempo proporcional ao valor do erro do processo.

7.5 VERSÕES MELHORADAS DO CONTROLADOR PID ANALÓGICO

Há variantes do controlador PID que buscam um desempenho melhor em malha fechada. Duas delas são discutidas a seguir.

7.5.1 ALGORITMO PID COM DOIS GRAUS DE LIBERDADE – PID-2DoF

O PID clássico gerou muitas variantes para resolver problemas relevantes a uma dada aplicação. Surgiram controladores para reduzir o efeito de ruídos e perturbações, compensar erros de modelagem e tornar o sistema estável para faixas maiores de operação. Dentre essas variantes, há o PID com dois graus de liberdade (2 *Degrees of Freedom* – 2DoF). O grau de liberdade de um sistema de controle equivale ao número de funções de transferência que pode ser ajustado independentemente. Como o projeto de sistemas de controle é um problema multiobjetivo, o controlador 2DoF tem vantagens sobre controladores 1DoF, como é o PID clássico (ARAKI; TAGUCHI, 2003), fato este originalmente citado em (Horowitz (1963). Uma vantagem de sistemas com 2 graus de liberdade é o desacoplamento do desempenho dos modos servo e regulatório. Uma configuração possível do PID-2Dof, intitulada tipo *feedforward* por Araki e Taguchi (2003), é vista na Figura 7.80.

No diagrama de blocos da Figura 7.80 há dois compensadores: C_s e C_f. C_s é o compensador-série e equivale ao controlador PID padrão. Já C_f é o compensador antecipatório (*feedforward*), incumbido de melhorar o desempenho do sistema no modo servo, isto é, melhorar a rastreabilidade do sinal de referência.

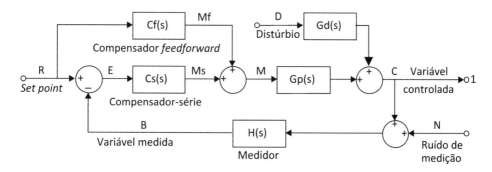

Figura 7.80 – Diagrama de blocos de um controlador 2DoF.

Segundo Ogata (2011), incluir o controlador C_f com ação antecipatória pode melhorar o desempenho da malha no modo servo sem prejudicar a rejeição de perturbações. A função de transferência dos controladores C_s e C_f é a seguinte (ARAKI; TAGUCHI, 2003):

$$C_s(s) = \frac{M_s(s)}{E(s)} = K_C \cdot \left(1 + \frac{1}{T_I \cdot s} + T_D \cdot D(s)\right) \tag{7.10}$$

$$C_f(s) = \frac{M_f(s)}{R(s)} = -K_C \cdot \left(b + c \cdot T_D \cdot D(s)\right) \tag{7.11}$$

Considere $b = 1 - \beta$ e $c = 1 - \gamma$ na Equação (7.11). Analisando-se a saída das Equações (7.10) e (7.11), tem-se que:

$$M_s(s) = K_C \cdot \left(1 + \frac{1}{T_I \cdot s} + T_D \cdot D(s)\right) \cdot [R(s) - B(s)] \tag{7.10a}$$

$$M_f(s) = -K_C \cdot \left[(1-\beta)+(1-\gamma)\cdot T_D \cdot D(s)\right]\cdot R(s) \qquad (7.11a)$$

A Equação (7.10a) é a equação do PID padrão, enquanto a Equação (7.11a) que provê o segundo grau de liberdade está multiplicando apenas o *set point* $R(s)$. Isso significa que o segundo grau de liberdade do PID-2DoF apenas afeta a resposta a variações no valor desejado (modo servo). Somando-se as Equações (7.10a) e (7.11a), resulta:

$$M(s) = M_s(s) + M_f(S) = K_C \cdot \left[(\beta \cdot R - B) + \frac{1}{T_I \cdot s}(R-B) + T_D \cdot D(s)\cdot(\gamma \cdot R - B) \right] \qquad (7.12)$$

A Equação (7.12) representa o algoritmo PID-2DoF, em que K_C, T_I e T_D são os parâmetros do PID padrão, e são aplicados os seguintes pesos: β no valor desejado do modo P e γ no valor desejado do modo D, sendo que β e γ variam entre 0 e 1 e são parâmetros independentes, que inserem o segundo grau de liberdade ao controlador; $R(s)$ é o sinal de referência e $B(s)$ a variável medida. Para $\beta = \gamma = 1$, tem-se a expressão original do PID e, consequentemente, perde-se o grau extra de liberdade. O termo $D(s)$ pode ser simplesmente s ou então uma versão com um filtro no erro da ação D (ver Equação (7.9)):

$$D(s) = \frac{s}{\alpha \cdot T_D \cdot s + 1} = \frac{s}{\dfrac{T_D}{N}s+1} \qquad (7.13)$$

Substituindo-se a Equação (7.13) na (7.12), resulta:

$$M(s) = K_C \cdot \left\{ \left[\beta \cdot R(s) - B(s)\right] + \frac{1}{T_I \cdot s}E(s) + \frac{T_D \cdot s}{T_D/N \cdot s + 1}\left[\gamma \cdot R(s) - B(s)\right] \right\} \qquad (7.14)$$

O controlador PID-2DoF da Equação (7.14) permite ponderar o *set point*, visando atingir tanto um acompanhamento suave do valor desejado como uma boa rejeição a distúrbios. Ele computa uma diferença ponderada nas ações P e D, segundo pesos atribuídos ao valor desejado. Esse algoritmo reduz os saltos derivativo e proporcional e provê filtragem do ruído na ação D, reduzindo o sobressinal ao mudar o *set point*, sem afetar a resposta a perturbações na carga. Seu diagrama em Simulink é visto na Figura 7.81.

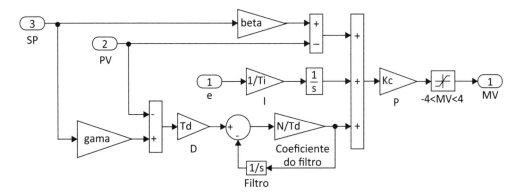

Figura 7.81 – Implementação em Simulink de algoritmo PID-2DoF com redução dos saltos proporcional e derivativo e com filtragem do ruído no erro que entra na ação derivativa.

7.5.2 ALGORITMO PI-PD

Uma forma específica de controlador com dois graus de liberdade é o PI-PD, proposto por Majhi (1999). Dado um certo ajuste dos parâmetros do controlador PID-2DoF em sua configuração intitulada *feedback* (ARAKI; TAGUCHI, 2003), tem-se o controlador PI-PD, o qual transfere parte da ação P e toda a ação D do controlador PID tradicional para o ramo de realimentação, buscando a melhoria da rejeição de perturbações, sem prejudicar o desempenho do sistema no modo servo. Os controladores PI-PD proveem um controle eficiente para sistemas que, em malha aberta, têm polos instáveis ou polos integradores. No entanto, eles geralmente não funcionam bem com sistemas não lineares ou com processos lineares de alta ordem com tempo morto (VEERAIAH; MAJHI; MAHANTA, 2004).

Em muitos processos, um aumento da ação D melhora a rejeição de pequenas perturbações no sistema, porém, quando submetido a variações bruscas no valor desejado, a ação da parcela D se torna muito elevada, tornando o sistema mais oscilatório e, em alguns casos, até instável. O deslocamento de parte da ação P juntamente com a ação D para o ramo de realimentação do sistema, sem receber a carga direta de variações do *set point*, se mostra uma boa solução para contornar esse problema, pois a ação PD enxerga apenas a variável controlada. Essa implementação evita o problema do salto derivativo associado com a ação D no ramo direto da malha de controle, o qual ocorre mesmo quando um filtro é usado. A Figura 7.82 representa o diagrama de blocos de um controlador PI-PD em que se observa essa ideia (TSAI; TSAI, 2011). No diagrama de blocos da Figura 7.82, o controlador PI-PD é representado por dois controladores.

O controlador PI atua sobre o erro do sistema e, assim, age mais efetivamente no modo servo, sendo responsável por fazer o sistema atingir o *set point* R. O controlador PD atua na realimentação do sistema, respondendo às variações da variável controlada C, permitindo uma sintonia mais voltada ao modo regulatório, agindo mais efetivamente para evitar flutuações em C.

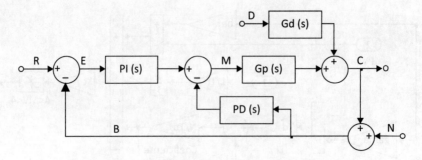

Figura 7.82 – Diagrama de blocos do controlador PI-PD.

Porém, a separação dos efeitos não é completa e, portanto, não é tão simples a sua sintonia, tampouco é garantida a sua capacidade de melhorar os desempenhos regulatório e servo de modo uniforme. Os controladores PI e PD têm suas funções de transferência dadas por (TSAI; TSAI, 2011):

$$G_{PI}(s) = K_C^* \cdot \left(1 + \frac{1}{T_I^* \cdot s}\right) \quad (7.15)$$

$$G_{PD}(s) = K_F \cdot \left(1 + T_D^* \cdot s\right) \quad (7.16)$$

Em que: $K_C^* = \dfrac{\beta \cdot K_C}{1+\beta}$, $K_F = \dfrac{K_C}{1+\beta}$, $T_I^* = \dfrac{\beta \cdot T_I}{1+\beta}$ e $T_D^* = (1+\beta) \cdot T_D$ (7.17)

K_C, T_I e T_D são os parâmetros do PID clássico, β é o parâmetro de sintonia do controlador PI-PD, $R(s)$ é o sinal de referência e $B(s)$ é a variável medida.

O efeito conjunto dos dois controladores na Figura 7.82 é dado por:

$$M(s) = PI(s) \cdot [R(s) - B(s)] - PD(s) \cdot B(s) \quad (7.18)$$

Substituindo-se as Equações (7.15) e (7.16) na (7.18) e utilizando-se os parâmetros da Equação (7.17), resulta na função de transferência integrada do controlador PI-PD da Equação (7.19).

$$M(s) = K_C \cdot \left\{ \left[\frac{\beta}{\beta+1} R(s) - B(s)\right] + \frac{1}{T_I \cdot s}\left[R(s) - B(s)\right] - T_D \cdot s \cdot B(s) \right\} \quad (7.19)$$

$$M(s) = K_C \cdot \left\{ \left[\frac{\beta}{\beta+1} R(s) - B(s)\right] + \frac{1}{T_I \cdot s} E(s) - T_D \cdot s \cdot B(s) \right\} \quad (7.19a)$$

O controlador PID analógico **403**

A Equação (7.19a) indica que a ação D atua apenas sobre o sinal da variável medida. Esse desacoplamento da variável de referência traz um ganho imediato, que é a possibilidade de se trabalhar com ganhos maiores para a ação D. Quando se tem variações em degrau sofrendo a atuação da ação D, têm-se saídas instantâneas teoricamente tendendo a infinito no sistema, o que o torna mais instável e, portanto, prejudica seu desempenho. Com a atuação somente sobre a variável medida, tais degraus são filtrados pela dinâmica da planta e, portanto, não incidem como entrada na ação D.

7.6 SELEÇÃO DOS MODOS DE CONTROLE SEGUNDO A APLICAÇÃO

A seleção dos modos P, PI, PD e PID depende da aplicação. Se um desvio permanente é tolerável, o modo P pode ser usado. Se nenhum desvio permanente é tolerável, o modo I deve ser usado. Se oscilações excessivas devem ser eliminadas, o modo D deve ser aplicado. Em termos de tipos de processos e/ou variáveis controladas, afirma-se que:

- O controlador P responde rapidamente a mudanças no valor desejado e a perturbações na carga. O modo P é muito útil para processos de ordem n, mas com um único polo dominante, como indicado a seguir:

$$G_P(s) = \frac{K_P}{(\tau_1 \cdot s + 1) \cdot (\tau_2 \cdot s + 1) \cdot (\tau_3 \cdot s + 1) \cdots} \text{, em que } \tau_1 >> \tau_2; \tau_1 >> \tau_3 \ldots$$

- O modo I é eficiente para processos muito rápidos, notadamente com muito ruído, processos dominados por tempo morto e processos de alta ordem, em que as constantes de tempo sejam próximas. Sua resposta é relativamente lenta. Ele reduz a estabilidade do sistema e, assim, não deve ser usado em processos cuja função de transferência tenha termos $1/s$. Ele nunca é usado na forma pura em processos industriais.

- O controlador PI associa a vantagem de eliminar o desvio permanente do modo I com a rapidez de resposta do modo P. Devido ao modo I, a estabilidade da malha diminui. Assim, deve-se ter cuidado ao usar o PI em processos com termos $1/s$. O controlador PI está sujeito à saturação do modo I. Ele é o controlador mais usado na indústria de processos, sendo aplicado em controle de nível, pressão, vazão e outras variáveis.

- O controlador PD é eficiente para sistemas de segunda ordem ou superior. Ele resulta em respostas mais rápidas e com menos desvio permanente do que com um controlador P. Em geral, ele melhora a estabilidade da malha. Deve haver precaução quanto ao uso do modo D no controle de processos muito rápidos ou caso o sinal de medição tenha muito ruído.

- O controlador PID tem como principal dificuldade a seleção dos parâmetros apropriados de sintonia (K_C, T_I e T_D). Ele é usado na indústria de processos para controlar variáveis lentas como temperatura ou algumas variáveis analíticas, como pH.

O modo P normalmente não elimina o erro em regime permanente (*offset*). Assim, em processos em que não se aceita e_{ss}, deve-se usar o controlador PI. O modo D tende a acelerar a resposta do processo. No entanto, em processos que tendam a variações rápidas ou em variáveis controladas com sinais muito ruidosos, a ação D é indesejável, pois como ela deriva o sinal de entrada, a derivada de um sinal que varia bruscamente ou com ruído tende a gerar impulsos, o que pode provocar choques no elemento final de controle. Portanto, nesse tipo de processo, não se deve usar controladores com ação D.

7.6.1 AÇÕES DE CONTROLE COMUMENTE USADAS NAS PRINCIPAIS VARIÁVEIS DE PROCESSOS INDUSTRIAIS

Tradicionalmente, usam-se controladores PI em malhas de pressão, nível e vazão e controladores PID em malhas de temperatura. Aqui são dados mais detalhes sobre os modos de controle PID mais adequados para as variáveis de processo mais comuns.

7.6.1.1 Controle de vazão

Os processos de vazão de líquidos são normalmente muito rápidos e ruidosos, com tempos de resposta da ordem de 0,5 s ou menos. A vazão de gás é um pouco mais lenta devido à compressibilidade do fluido. Os componentes da malha (transmissor e válvula) são seus elementos dinâmicos, sendo que a válvula é o principal elemento dinâmico. Assim, a maior parte dos atrasos está nos instrumentos da malha de controle. Deve-se usar válvulas de igual porcentagem para medidores de vazão com sinais lineares. O controlador tipicamente usado é o PI. O ganho K_C é invariavelmente pequeno, usualmente inferior a 1. A ação I é usada para eliminar o erro em regime permanente (*offset*), sendo que o tempo integral T_I deve ser baixo. A ação D não pode ser usada devido aos ruídos do processo e às variações bruscas na vazão, que a fariam ser prejudicial pelas fortes variações que provocaria na variável manipulada.

7.6.1.2 Controle de pressão

Nesse caso, consideram-se três possibilidades:

- pressão de líquidos: o controle de pressão de líquidos é similar ao controle de vazão. O ganho K_C está normalmente em torno de 1, e o tempo integral T_I deve ser baixo. O modo D não deve ser usado, pois normalmente há ruído. A válvula deve ser do tipo linear.

- pressão de gases: o ganho proporcional K_C é alto, podendo variar tipicamente entre 20 e 50 ou mais. O controle proporcional geralmente é adequado, embora a ação integral possa ser usada para evitar *offset*, mas o tempo integral T_I deve ser alto. A ação derivativa é desnecessária. A característica inerente da válvula de controle é pouco importante.

- pressão de vapor: as aplicações mais relevantes de controle de pressão de vapor incluem transferência de calor, colunas de destilação, evaporadores etc. em que o sistema de controle equivale a um controle de equilíbrio de energia térmica. Nesses casos, o controle de pressão de vapor atua como controle de temperatura. Esses processos têm pouco ruído, assim, sugere-se o controlador PID: ganho K_C moderado, tempo integral T_I igual ou superior a 2 min/rep e tempo derivativo T_D igual ou superior a 0,5 min. Sugere-se usar válvulas com característica de vazão do tipo igual porcentagem.

7.6.1.3 Controle de nível

Os processos de nível equivalem normalmente a sistemas monocapacitivos. A capacitância de um tanque é diretamente proporcional a seu diâmetro (considerando-se um tanque cilíndrico) e inversamente proporcional a sua altura. Tanques de diâmetro grande (alta capacitância) com pequena vazão são de fácil controle, ao passo que tanques de pequeno diâmetro e alta vazão são mais difíceis de controlar, porém, menos comuns.

Os sistemas de controle de nível podem ser divididos em controle preciso e aproximado. No caso do controle preciso, controladores P com alto ganho são adequados para sistemas de grande capacitância. Conforme a capacitância diminui, o ganho K_C deve ser reduzido, e o modo I é necessário. Já os sistemas de controle aproximado visam manter uma vazão constante na saída. Nesse caso, controladores PI com baixo ganho K_C são adequados. A característica inerente da válvula de controle não é relevante.

Em aplicações típicas, os tanques sob controle estão entre outras seções de um processo de múltiplos estágios para absorver as variações e evitar sua propagação aos estágios seguintes. Permite-se, nesse caso, que o nível varie entre dois limites amplos, com a ação corretiva sendo aplicada gradualmente, de modo a manter o nível dentro de limites de segurança. Controladores PI com baixo ganho proporcional normalmente são suficientes. O ruído devido à turbulência gerada pelas vazões de entrada e saída está geralmente presente, especialmente em sistemas de baixa capacitância.

7.6.1.4 Controle de temperatura

A complexidade de processos com controle de temperatura vai de simples a muito difícil de ser controlada. Não há o que se pode intitular processo típico. Quase todos os casos de controle de temperatura se relacionam com transferência de calor e se caracterizam por constantes de tempo longas e respostas lentas. O tempo morto é comum. O atraso na medição pode ser um problema, especialmente se o sensor de temperatura for protegido por um poço termométrico. A constante de tempo desse sistema depende da massa e da área de contato do poço com o fluido, das propriedades termodinâmicas do fluido e de sua velocidade ao passar pelo poço. Os problemas de controle de temperatura são agravados por não linearidades. Os processos de transferência de calor têm parâmetros que variam com a vazão; assim, os atrasos de transferência e de transporte variam com a carga (demanda) ou ponto de operação.

Em processos com uma grande capacitância, como banhos de temperatura ou sistemas de aquecimento de ar, pode-se usar controladores *on/off*. Algumas oscilações ocorrem, mas usualmente da ordem de 1% da faixa de medição (*span*). Em processos com menor capacitância, em que as variações de carga são grandes e em que os atrasos de transporte ou no sistema de medição são relevantes, usa-se um controlador PI. A maioria dos trocadores de calor do tipo casco/tubos recai nessa categoria.

A ação D é útil, desde que o tempo morto não seja o elemento dinâmico dominante. Trocadores de calor do tipo casco/tubos possuem um tempo morto grande, de modo que o modo D é de valor limitado. Mas outros sistemas, como reatores de processos batelada, são dominados por atrasos de transferência, e nesse caso o modo D é muito útil. No caso de controle de temperatura pela mistura de fluxos quente e frio, deve-se usar um sistema de medição rápido, e um controlador PI deve ser aplicado.

Na sintonia dos controladores, os parâmetros variam segundo a aplicação. O ganho K_C é usualmente maior que 1. O modo D é de valor limitado se o tempo morto for grande. A dinâmica do sistema de medição é relevante. Recomenda-se usar válvulas do tipo igual porcentagem.

7.6.1.5 Controle de composição

O controle de composição pode ser um simples problema de mistura (como a mistura de vários óleos para se chegar a uma viscosidade desejada), um problema de separação (controle de qualidade do produto em uma coluna de destilação) ou um problema de reação (neutralização com controle de pH). Generalizar sobre controles típicos não é possível, embora algumas observações possam ser feitas:

- analisadores em linha geram um controle mais simples, são relativamente rápidos e não requerem sistemas de amostragem. No entanto, é comum terem ruído;

- a maioria dos analisadores é linear em sua faixa de operação, exceto os analisadores de pH;

- sistemas de amostragem introduzem atraso de transporte na malha de controle, e, quanto maior for o tempo morto, mais difícil se torna o problema de controle;

- sistemas com amostragem também requerem um projeto cuidadoso, para assegurar que uma amostra representativa do processo todo esteja sendo analisada;

O controlador PID analógico

- sistemas com analisadores descontínuos, como cromatógrafos, são os mais difíceis de se controlar;

- em sistemas em que o controle da composição é realizado por meio de uma mistura (por exemplo concentrado + solvente), a dinâmica é regida principalmente por um sistema monocapacitivo e um tempo morto.

Os analisadores são normalmente dispositivos sensíveis, com uma faixa estreita de medição. Tal elemento de alto ganho na malha força o controlador a ter um baixo ganho, usualmente inferior a 1. O modo integral é essencial ao controle. O modo derivativo pode, às vezes, ser útil. Sugere-se o emprego de válvulas de controle lineares.

7.7 TRANSFERÊNCIA AUTO/MANUAL (A/M) E MANUAL/ AUTOMÁTICA (M/A)

Ao transferir o controlador de automático para manual ou vice-versa, deve-se tomar certos cuidados para evitar que sinais de grande magnitude cheguem ao processo. No caso ideal, a transferência A/M é *procedureless* ou *balanceless + bumpless*, em que *balanceless* ou *procedureless* significa uma transferência A/M direta, sem atuação do operador, e *bumpless* representa uma transferência A/M sem "tranco" no elemento final de controle, por mudança brusca na saída do controlador. Os instrumentos mais antigos eram *bumpless*, mas não *balanceless*. Para a transferência A/M ser *bumpless*, deve-se igualar a saída manual com a automática antes de efetuar a transferência. Para que a transferência M/A seja *bumpless*, deve-se igualar o SP com a variável controlada, efetuar a transferência e, após isso, o SP pode retornar lentamente a seu valor orignal.

A transferência BBT (*balanceless bumpless transfer*) nos sistemas de controle digitais é feita com o regulador manual seguindo (*tracking*) a saída automática e vice-versa.

7.8 TIPOS DE SAÍDA DE CONTROLADORES PID

Existem dois tipos básicos de saída de controladores PID:

- a mais comum é uma saída que varia continuamente dentro de uma faixa. Por exemplo, se o controlador é eletrônico analógico, a faixa de variação da saída é normalmente de 4 mA a 20 mA, ao passo que se o controlador é pneumático, essa faixa é de 3 psig a 15 psig;

- a segunda opção é a saída PWM (*pulse width modulation*), em que a saída assume dois valores: 0 ou 1. Nesse caso, define-se um período de tempo em que a saída do controlador irá efetuar um ciclo completo. Nesse ciclo, a saída permanece um certo intervalo de tempo ligada, e o resto do tempo do ciclo desligada. A relação do tempo em que a saída do controlador permanece ligada sobre o tempo total do ciclo é intitulada *duty cycle*, sendo normalmente calculada em porcentagem. Se a saída do controlador se alterar, os tempos em que ele fica ligado e desligado se alteram.

REFERÊNCIAS

ARAKI, M.; TAGUCHI, H. Two-Degree-of-Freedom PID Controllers. **International Journal of Control, Automation, and Systems**, v. 1, n. 2, p. 401-411, Dec. 2003.

ÅSTRÖM, K. J.; HÄGGLUND, T. **PID controllers: theory, design and tuning**. 2. ed. Research Triangle Park: Instrument Society of America, 1995.

HANG, C. C.; ÅSTRÖM, K. J.; HO, W. K. Refinements of the Ziegler-Nichols tuning formula. **IEE Proceedings-D**, v. 138, n. 2, p. 111-118, Mar. 1991.

HANG, C. C.; LEE, T. H.; WENG, K. H. **Adaptive control**. Research Triangle Park: Instrument Sociey of America, 1993.

HOROWITZ, I. M. **Synthesis of Feedback Systems**. New York: Academic Press, 1963.

LUYBEN, W. L. **Process modeling, simulation and control for chemical engineers**. 2.ed. New York: McGraw Hill, 1990.

MAJHI, S. **Relay feedback process identification and controller design**. Ph.D Thesis, University of Sussex, Brighton, Aug. 1999.

OGATA, K. **Engenharia de controle moderno**. 5. ed. São Paulo: Pearson Education do Brasil, 2011.

SEBORG, D. E.; EDGAR, T. F.; MELLICHAMP, D. A. **Process dynamics control**. 3. ed. New York: John Wiley & Sons, 2010.

SHINSKEY, F. G. **Process Control Systems**: application, design and tuning. 4. ed. New York: McGraw Hill, 1996.

SMITH, C. A.; CORRIPIO, A. B. **Principles and practice of automatic process control**. 3. ed. New York: John Wiley & Sons, 2005.

SMUTS, J. F. **Process control for practitioners**: how to tune PID controllers and optimize control loops. League City: OptiControls Inc., 2011.

TSAI, K. I.; TSAI, C. C. Design and experimental evaluation of robust PID and PI-PD temperature controllers for oil-cooling machines. **Proceedings** of the 9th World Congress on Intelligent Control and Automation, p.535-540, Taipei, June 2011.

VEERAIAH, M. P.; MAJHI, M. P. V. S.; MAHANTA, C. Fuzzy Proportional Integral – Proportional Derivative (PI-PD) controller. **Proceedings** of the American Control Conference, v. 5, p. 4028-4033, Boston, Jun./Jul. 2004.

CAPÍTULO 8

PROJETO E SINTONIA DE CONTROLADORES PID ANALÓGICOS

Com o sistema de controle instalado, os parâmetros do controlador devem ser ajustados para tornar satisfatório o desempenho do sistema. Essa tarefa é intitulada **sintonia do controlador**. Na prática, a sintonia é muitas vezes realizada por tentativa e erro, podendo ser demorada. Por isso, é desejável dispor de boas estimativas preliminares dos parâmetros do controlador. Uma boa estimativa inicial pode ser sugerida por experiência prévia com sistemas de controle similares. Quando se dispõe de um modelo matemático do sistema, métodos de projeto baseados na teoria de controle podem ser aplicados. Mas, mesmo nesses casos, o ajuste no campo pode ser necessário para garantir a sintonia fina do controlador, principalmente se o modelo disponível não for muito preciso.

8.1 O QUE SE BUSCA AO SINTONIZAR UM CONTROLADOR

Nesta seção, são abordados tópicos relativos à sintonia de um controlador PID.

8.1.1 CRITÉRIOS DE DESEMPENHO DESEJÁVEIS DA MALHA DE CONTROLE

Como já foi dito no Capítulo 5, a função do controle por realimentação é assegurar que o sistema em malha fechada tenha certas características de resposta estacionária e transitória. Idealmente, seria desejável que o sistema em malha fechada atendesse aos seguintes critérios de desempenho e robustez (GARCIA; MORARI, 1982; SEBORG; EDGAR; MELLICHAMP, 2010):

- resposta em malha fechada estável;

- comportamento regulatório eficiente, isto é, a variável controlada deve ser mantida no valor de referência, independentemente das perturbações (não medidas) afetando o processo, de modo que os efeitos das perturbações externas devam ser minimizados;

- comportamento de servomecanismo satisfatório, de maneira que mudanças no valor de referência devam ser seguidas de forma rápida e suave;

- erro de regime (e_{ss}) nulo;

- robustez assegurada, de modo que a estabilidade e o desempenho aceitável de controle sejam mantidos perante mudanças estruturais e paramétricas no processo. Isso equivale a dizer que o controlador deve ser projetado com um mínimo de informações acerca do processo e que o sistema de controle deve ser robusto, isto é, insensível a mudanças nas condições de processo e a erros no modelo assumido do processo.

Outros critérios ou estão incluídos nos cinco anteriores ou são de menor importância. Em problemas típicos de controle, é impossível alcançar todas essas metas, pois elas envolvem conflitos inerentes. Por exemplo, ajustes de controladores PID que minimizem os efeitos de distúrbios tendem a produzir grandes sobressinais em mudanças do valor desejado. Por outro lado, se o controlador é ajustado para prover uma resposta rápida e suave a uma mudança no valor desejado, ele normalmente gera um controle vagaroso para perturbações. Assim, um balanço é requerido ao ajustar os controladores, de forma a satisfazer tanto mudanças no valor desejado quanto em perturbações na carga.

Um segundo tipo de balanço é requerido entre robustez e desempenho. É possível tornar um sistema de controle robusto, escolhendo valores conservativos para seus parâmetros (por exemplo, K_C pequeno, T_I grande), mas essa escolha resulta em respostas lentas a variações na carga e no valor desejado.

8.1.2 EFEITOS NA MALHA DE CONTROLE DE CADA UM DOS TRÊS PARÂMETROS DE SINTONIA DE UM CONTROLADOR PID

Em geral, o aumento do ganho K_C tende a acelerar a resposta, mas valores altos de K_C podem gerar oscilações excessivas ou mesmo instabilizar o sistema. Assim, "valores intermediários" de K_C, em geral, produzem o "melhor" controle. Isso se aplica também a controladores PI e PID. O aumento de T_I normalmente torna os controladores PI e PID mais conservadores. Teoricamente, o erro estacionário é eliminado para todos os valores de $T_I > 0$, mas, para valores muito altos, a variável controlada retorna ao *set point* muito lentamente após uma mudança no valor desejado ou a ocorrência de um distúrbio.

É um pouco mais difícil generalizar sobre o efeito do tempo derivativo T_D. Para valores pequenos de T_D, seu aumento tende a melhorar a resposta, reduzindo o desvio máximo, o tempo de resposta e a intensidade das oscilações. Por outro lado, com T_D alto, o ruído de medição da variável controlada tende a ser amplificado, e a resposta pode se tornar oscilatória. Então, um valor "intermediário" de T_D é desejável.

8.1.3 CRITÉRIOS NORMALMENTE EMPREGADOS PARA AVALIAR O DESEMPENHO DA SINTONIA DE UM CONTROLADOR

Há três critérios normalmente aceitos para avaliar se a sintonia de um controlador é satisfatória, todos eles se referindo à curva de reação da variável controlada a uma perturbação. A escolha do melhor critério depende do processo em questão. A melhor resposta de um processo não é necessariamente a melhor para outro. Os três critérios são:

a) critério da área mínima: é o critério mais usado. O controlador é ajustado para minimizar a área de erro (diferença entre a variável controlada e o *set point*). A taxa de decaimento de ¼ se encaixa nesse critério. Muitos métodos de sintonia foram criados empiricamente para prover respostas em malha fechada com taxa de decaimento de ¼ (¼ *decay* ou *quarter damp*). A taxa de decaimento é a relação entre a altura de dois picos sucessivos de uma oscilação amortecida, medidos a partir do novo valor de regime permanente da resposta. Essa taxa implica obter decaimento de ¼ entre o primeiro e o segundo picos da curva de resposta, como mostra a Figura 8.1.

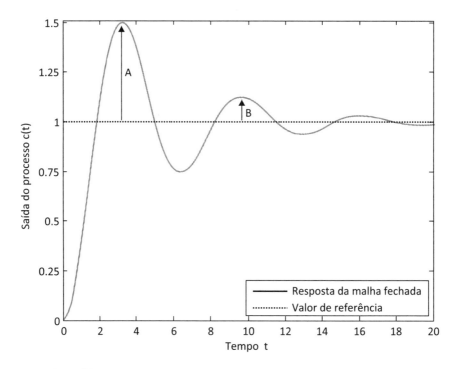

Figura 8.1 – Curva de resposta de um sistema de segunda ordem com taxa de decaimento de ¼.

Em um sistema de segunda ordem, o decaimento de ¼ equivale a um coeficiente de amortecimento $\xi \cong 0,215$ e a um sobressinal máximo de 50% para mudanças no *set point*. Em controle de processos, os valores desejáveis de ξ estão na faixa de 0,4 a 0,8, pois a oscilação não deve ser grande, e a resposta deve ser rápida. Como não se conhecem todas as entradas (ou perturbações) que atuam no sistema, ξ deve ser escolhido "conservadoramente" ($\xi \cong 0{,}5$) (SEBORG; EDGAR; MELLICHAMP, 2010). Esse amortecimento corresponde a um decaimento de 1/8. Na Figura 8.1, vê-se que a relação entre as amplitudes B e A é dada por:

$$\frac{B}{A} = \frac{0{,}126}{0{,}501} \cong 0{,}25 = \frac{1}{4}$$

b) critério da perturbação mínima: o ajuste visa estabilizar o processo no menor tempo possível sem oscilar. Aceita-se um grande sobressinal da resposta. É usado em processos que não podem oscilar.

c) critério da amplitude de oscilação mínima: busca-se minimizar o desvio entre a variável controlada e o valor desejado. Isso implica aceitar oscilações de baixa amplitude por um longo tempo, sem perder a estabilidade. É usado em casos em que desvios excessivos podem danificar o produto sendo fabricado ou o equipamento em que o processo está ocorrendo.

8.2 PROJETO E SINTONIA DE CONTROLADORES PID

Com o sistema de controle instalado, os parâmetros do controlador PID devem ser ajustados até que o desempenho do sistema seja considerado satisfatório. Essa tarefa é conhecida como sintonia do controlador ou sintonia em campo do controlador. Visto que a sintonia é usualmente feita pelo método da tentativa e erro, essa tarefa pode ser tediosa e longa. Portanto, é desejável ter boas estimativas preliminares de ajustes satisfatórios. Uma boa estimativa inicial pode advir da experiência com malhas de controle similares. Como opção, se há um modelo aproximado do processo, os métodos desta seção podem ser usados para a sintonia. No entanto, um ajuste em campo pode ainda ser requerido para a sintonia fina do controlador, quando as informações disponíveis do processo são incompletas ou imprecisas. O ajuste do controlador afeta a estabilidade em malha fechada. Para a maioria dos casos práticos de controle, o sistema em malha fechada é estável para uma faixa de valores dos parâmetros do controlador. Assim, é possível selecionar valores que resultem no desempenho desejado do sistema em malha fechada.

Os primeiros métodos sistemáticos de sintonia de controladores PID foram criados em 1942 por John G. Ziegler e Nataniel B. Nichols, na época engenheiros da Taylor Instrument Company. Até então, só se usavam métodos de sintonia por tentativa e erro. O motivo para se criar essas técnicas foi que a linha de controladores Fulscope da Taylor havia acabado de ser lançada no mercado, e Ziegler, que era da área comercial, precisava de um método de sintonia do PID para incentivar as vendas, e trabalhou com Nichols, da área de pesquisa, para atingir seu intento (CAMPOS; TEIXEIRA,

Projeto e sintonia de controladores PID analógicos **413**

2006). Esses métodos são amplamente usados até hoje, tanto em sua forma original como com variantes.

A seguir, são apresentados os principais métodos de sintonia de controladores PID lineares, agrupando-os segundo as técnicas empregadas em seu desenvolvimento:

a) método da tentativa e erro: ajuste no campo após a instalação;

b) métodos empregando relações de ajuste:

- em malha fechada:
  - Oscilações Contínuas de Ziegler e Nichols;
  - Tyreus e Luyben;
  - Oscilações Contínuas de Åström e Hägglund;
- em malha aberta:
  - Curva de Reação do Processo de Ziegler e Nichols;
  - Chien, Hrones e Reswick (CHR);
  - Cohen e Coon;
  - 3C;
  - Minimização do Erro Integrado;
  - Curva de Reação do Processo de Åström e Hägglund;

c) métodos de projeto baseados em modelo do processo:

- Síntese Direta ou Sintonia Lambda;
- IMC (*Internal Model Control*);
- SIMC (*Simple Internal Model Control*).

Os três últimos métodos se baseiam em um modelo aproximado do processo e fornecem uma primeira estimativa para o ajuste final no campo, o qual é frequentemente necessário, visto que os modelos do processo são raramente exatos.

8.2.1 SINTONIA DE CONTROLADORES PID POR TENTATIVA E ERRO

O ajuste em campo de controladores PID é normalmente feito por condutas de tentativa e erro sugeridas pelos fabricantes. Uma abordagem típica é (SEBORG; EDGAR; MELLICHAMP, 2010):

- passo 1: elimine as ações integral e derivativa, minimizando T_D e $1/T_I$;
- passo 2: ajuste K_C em um valor baixo (por exemplo, 0,5) e ponha o controlador em automático;

- passo 3: aumente o ganho K_C lentamente até que oscilações contínuas (com amplitude constante) ocorram após uma pequena mudança no valor desejado ou na carga;
- passo 4: reduza K_C à metade;
- passo 5: diminua T_I lentamente até que as oscilações contínuas ocorram novamente. Ajuste T_I igual a três vezes esse valor;
- passo 6: aumente T_D até que oscilações contínuas ocorram. Ajuste T_D em um terço desse valor.

O valor de K_C que gera as oscilações contínuas do passo 3 é intitulado "ganho limite" ou "ganho crítico" (*ultimate gain*), e é denotado por K_{CU}, sendo que é o valor de K_C que provoca uma resposta em malha fechada com oscilações mantidas ao se usar um controlador P. Ao realizar os experimentos, é importante que a saída do controlador não seja saturada. Se saturar, uma oscilação mantida pode resultar, mesmo que $K_C >$ K_{CU}, o que resultaria em um controle ineficiente, pois o ganho do controlador calculado no passo 4 seria muito alto.

Se $K_C < K_{CU}$, a resposta de malha fechada normalmente é superamortecida ou levemente oscilatória. O aumento de K_C até atingir o valor K_{CU} leva a oscilações mantidas. Se $K_C > K_{CU}$, o sistema em malha fechada é instável e teoricamente apresentará uma resposta de amplitude ilimitada se a saturação do controlador for ignorada. No entanto, na prática, a saturação do controlador normalmente impede que a resposta cresça indefinidamente, gerando-se, então, uma oscilação mantida. É óbvio que uma oscilação mantida pode levar a um valor superestimado de K_{CU}, que pode gerar um desempenho de baixa qualidade, uma vez que o ganho do controlador do passo 4 será demasiado elevado.

A seguinte variante do método proposto visa obter decaimento de ¼:

- passos 1 a 4: idênticos;
- passo 5: duplicar o valor de T_I;
- passo 6: ajustar $T_D = T_I$.

Há outras opções para a sintonia por tentativa e erro, tais como as citadas a seguir.

a) Controlador P: ao aumentar o ganho K_C, normalmente o processo tende a oscilar cada vez mais. Ao reduzi-lo, o erro em regime permanente (*offset*) cresce. Deve-se, então, iniciar com K_C baixo e variar o *set point* em degrau. Repetir esse procedimento, aumentando gradativamente K_C, até alcançar a resposta desejada, segundo o critério escolhido (taxa de decaimento de ¼, perturbação mínima ou amplitude de oscilação mínima).

Projeto e sintonia de controladores PID analógicos **415**

b) Controlador PI:

- $1^{\underline{o}}$ passo: inicie com K_C baixo e $T_I \to \infty$. Provoque variações em degrau no valor desejado e vá aumentando K_C até obter decaimento de ¼. Então, reduza levemente K_C.

- $2^{\underline{o}}$ passo: deixe K_C no valor obtido no $1^{\underline{o}}$ passo, gere pequenas variações em degrau no *set point* e vá diminuindo T_I até as oscilações começarem a aumentar. Aumente um pouco T_I até obter um retorno rápido da variável controlada ao valor desejado.

c) Controlador PD:

- $1^{\underline{o}}$ passo: inicie com K_C baixo e $T_D = 0$. Varie o valor desejado em degrau e vá aumentando gradativamente K_C, visando atingir a taxa de decaimento de ¼.

- $2^{\underline{o}}$ passo: deixe K_C no ajuste obtido no $1^{\underline{o}}$ passo, aumente gradativamente T_D e vá provocando pequenos degraus no valor desejado até que as oscilações comecem a aumentar. Então, reduza um pouco T_D, até obter um mínimo de oscilações e, a seguir, aumente um pouco K_C, para reduzir o erro em regime permanente (*offset*).

d) Controlador PID:

- $1^{\underline{o}}$ passo: inicie com K_C baixo, $T_I \to \infty$ e $T_D = 0$. Varie o valor desejado em degrau e vá aumentando gradativamente K_C, visando atingir taxa de amortecimento de ¼.

- $2^{\underline{o}}$ passo: deixando K_C no ajuste obtido no $1^{\underline{o}}$ passo, provoque pequenos degraus no valor de referência e vá diminuindo T_I até chegar próximo à instabilidade.

- $3^{\underline{o}}$ passo: deixando o ganho K_C e o tempo integral T_I nos ajustes obtidos nos passos anteriores, varie o valor desejado em degrau e vá aumentando levemente o tempo derivativo T_D até o comportamento cíclico começar a aumentar. A seguir, diminua levemente T_D e, depois, aumente levemente K_C para reduzir o erro em regime permanente.

Os procedimentos de sintonia por tentativa e erro têm diversos inconvenientes:

- será uma conduta muito longa se for preciso um grande número de tentativas para otimizar K_C, T_I e T_D, ou se a dinâmica do processo for muito lenta. Esse teste pode sair caro devido a perdas na produção ou redução na qualidade do produto;

- a geração das oscilações contínuas pode gerar situações indesejáveis, pois o processo é levado ao limite da estabilidade, e, nessa condição, se perturbações ocorrerem, poderá resultar em uma operação instável e uma situação perigosa no processo;

- essa técnica de sintonia é inaplicável a processos que sejam não autorregulados (instáveis em malha aberta), porque tais processos são tipicamente instáveis para valores altos e baixos de K_C, mas são estáveis para valores intermediários;

- alguns processos simples não têm um ganho limite (por exemplo, processos modelados por atrasos de transferência de primeira ou segunda ordem e sem tempo morto).

8.2.2 MÉTODO DAS OSCILAÇÕES CONTÍNUAS OU MANTIDAS DE ZIEGLER E NICHOLS

Métodos de sintonia por tentativa e erro baseados em oscilações mantidas podem ser encarados como variantes do método das Oscilações Contínuas ou Oscilações Mantidas, proposto por Ziegler e Nichols em 1942. Esse método clássico, aplicado com o sistema em malha fechada, é provavelmente o mais conhecido para ajustar controladores PID e também é intitulado sintonia de malha ou método do ganho limite. Deve-se estimar experimentalmente o valor de K_{CU}, como descrito na Subseção 8.2.1, e o período da oscilação mantida, intitulado de período crítico ou período limite (*ultimate period*) P_U. Esses termos equivalem, respectivamente, ao ganho e ao período no ponto em que o lugar geométrico das raízes relativo à função de transferência $G(s)$ do processo intercepta o eixo real negativo, ou seja, o limite de estabilidade do sistema. O PID é sintonizado a partir de K_{CU} e P_U, usando as relações da Tabela 8.1. Os parâmetros desse método se baseiam na experiência com processos típicos e foram empiricamente criados para prover taxa de decaimento de ¼.

Tabela 8.1 – Ajustes propostos para o método das Oscilações Contínuas de Ziegler-Nichols

Controlador	K_C	T_I	T_D
P	$0,50 \cdot K_{CU}$	------	------
PI	$0,45 \cdot K_{CU}$	$P_U/1,2$	------
PD	$0,60 \cdot K_{CU}$	------	$P_U/2$
PID	$0,60 \cdot K_{CU}$	$P_U/8$	$P_U/8$

As desvantagens desse método são: perturba-se a planta várias vezes até atingir as oscilações mantidas, sendo que pode levar muito tempo para atingi-las, e é arriscado levar uma planta industrial ao limiar da estabilidade. Para evitá-las, sugere-se obter K_{CU} e P_U de modo aproximado pelo método da Realimentação por Relé (ver Subseção 8.4.1).

Esse método define $K_C = 0,50 \cdot K_{CU}$ para um controlador P, implicando que a margem de segurança é razoável. Ao adicionar o termo integral, o ganho K_C diminui para $0,45 \cdot K_{CU}$, denotando o caráter instabilizante da ação integral. Ao se incluir o termo derivativo, o ganho K_C sobe para $0,60 \cdot K_{CU}$, indicando a natureza estabilizante da ação derivativa.

A seguir, aplica-se essa sintonia ao seguinte processo:

$$G(s) = \frac{2 \cdot e^{-3 \cdot s}}{10 \cdot s + 1} \quad (8.1)$$

Obtém-se K_{CU} e P_U por meio do aumento gradual do ganho K_C do controlador P, até provocar oscilações mantidas na variável controlada, resultando em:

$$K_{CU} = 2{,}94 \text{ e } P_U = 10{,}8$$

O método aplicado a um controlador PID gera o seguinte ajuste:

$$K_C = 1{,}76$$

$$T_I = 5{,}40$$

$$T_D = 1{,}35$$

Há dúvidas se as relações de Ziegler-Nichols foram geradas para a forma interativa ou não interativa do PID (ver Subseção 7.4.5). A sintonia foi criada para a linha Fulscope de controladores pneumáticos da Taylor Instrument Company, que tinha uma estrutura interativa (SEBORG; EDGAR; MELLICHAMP, 2010). A resposta a degrau unitário no *set point* em $t = 0$ do processo da Equação (8.1) é vista na Figura 8.2, para PID série ou interativo (ver Equação (7.5)) e para PID padrão ou não interativo (ver Equação (7.2)), ambos com parâmetros iguais de ajuste.

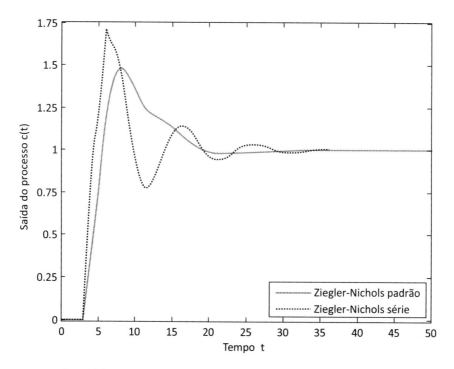

Figura 8.2 – Resposta a degrau unitário no valor desejado da sintonia de Ziegler-Nichols aplicada a PID com estruturas série e padrão.

A Figura 8.2 mostra que a aplicação da sintonia de Ziegler-Nichols para o PID padrão produz uma resposta menos oscilatória do que usando-a no PID série. Portanto, é razoável aplicar esse ajuste para a forma padrão. Ela indica ainda que aplicar os parâmetros de sintonia na estrutura PID série gera uma resposta com decaimento de ¼.

Como para algumas malhas de controle é indesejável a grande oscilação associada ao decaimento de ¼ aliada ao grande sobressinal proveniente de mudanças no valor desejado, ajustes mais conservativos são normalmente preferíveis, como os de Ziegler-Nichols modificados, listados na Tabela 8.2 (SEBORG; EDGAR; MELLICHAMP, 1989).

Tabela 8.2 – Variantes para o método das Oscilações Contínuas de Ziegler-Nichols

Tipo de resposta desejado	K_c	T_I	T_D
Original (decaimento de ¼)	$0,60 \cdot K_{CU}$	$\dfrac{P_U}{2}$	$\dfrac{P_U}{8}$
Algum sobressinal	$0,33 \cdot K_{CU}$	$\dfrac{P_U}{2}$	$\dfrac{P_U}{3}$
Nenhum sobressinal	$0,20 \cdot K_{CU}$	$\dfrac{P_U}{2}$	$\dfrac{P_U}{3}$

A Tabela 8.3 exibe o método de sintonia de Tyreus-Luyben, com ajustes mais conservativos que os de Ziegler-Nichols, com maior robustez (LUYBEN, 2002).

Tabela 8.3 – Método de sintonia de Tyreus-Luyben

Controlador	K_c	T_I	T_D
PI	$\dfrac{K_{CU}}{3,2}$	$2,2 \cdot P_U$	0
PID	$0,45 \cdot K_{CU}$	$2,2 \cdot P_U$	$\dfrac{P_U}{6,3}$

As sintonias das Tabelas 8.2 e 8.3 são aplicadas no processo de primeira ordem com tempo morto da Equação (8.1), gerando os valores da Tabela 8.4.

Tabela 8.4 – Ajuste do controlador PID pelos métodos de Ziegler-Nichols original e alterado

Método empregado	K_c	T_I	T_D
Ziegler-Nichols original	1,76	5,40	1,35
Com algum sobressinal	0,97	5,40	3,60
Sem sobressinal	0,59	5,40	3,60
Tyreus-Luyben	1,32	23,8	1,71

A Figura 8.3 exibe as respostas a degrau unitário no *set point* em $t = 0$. Há um sobressinal menor para os métodos alterados, mas, mesmo no caso "sem sobressinal", ele não some. O caso com "algum sobressinal" gera uma resposta um pouco mais oscilatória que a versão original, a despeito do valor menor do ganho K_C. Isso é devido ao valor mais alto de T_D. O método de Tyreus-Luyben não provocou sobressinal nem oscilações.

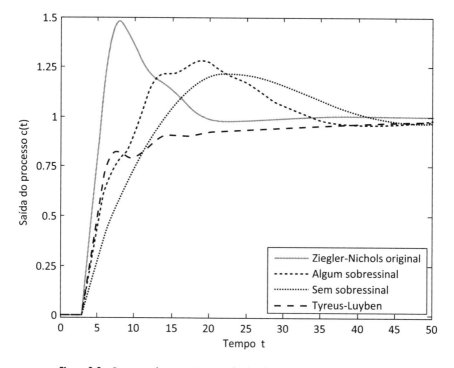

Figura 8.3 – Resposta a degrau unitário no valor de referência das sintonias da Tabela 8.4.

O método das Oscilações Contínuas dá bons resultados quando a razão θ/τ, intitulada fator de incontrolabilidade F_c, é pequena. O fator F_c é uma indicação da qualidade do controle que se pode esperar. Quanto maior for F_c, mais difícil é controlar o processo. Se $F_c > 0,3$, pode ser necessário considerar técnicas de controle mais avançadas que o PID. Na Tabela 8.5 mostram-se os ajustes do PID para o processo da Equação (8.1) para valores distintos de F_c. Manteve-se $\tau = 10$, aumentando-se θ de 1 até 21.

A Figura 8.4 exibe a resposta a degrau unitário em $t = 0$ no *set point* do processo da Equação (8.1) com o controlador PID ajustado pelo método das Oscilações Contínuas para alguns valores de F_c da Tabela 8.5. Com $F_c = 0,1$, o sobressinal máximo é de 60%, e há poucas oscilações. Conforme F_c cresce, o sobressinal máximo diminui, mas as oscilações duram mais.

Tabela 8.5 – Sintonia de controlador PID pelo método das Oscilações Contínuas de Ziegler-Nichols para diferentes valores do fator F_c

Valor de F_c	K_{CU}	P_U	K_c	T_I	T_D
0,1	8,18	3,85	4,91	1,93	0,481
0,3	2,94	10,8	1,76	5,40	1,35
0,5	1,91	17,1	1,15	8,55	2,14
0,7	1,46	22,9	0,876	11,45	2,86
0,9	1,22	28,3	0,732	14,15	3,54
1,1	1,06	33,5	0,636	16,75	4,19
1,3	0,957	38,5	0,574	19,25	4,81
1,5	0,880	43,3	0,528	21,65	5,41
1,7	0,824	48,0	0,494	24,0	6,0
1,9	0,779	52,6	0,467	26,30	6,58
2,1	0,743	57,2	0,446	28,60	7,15

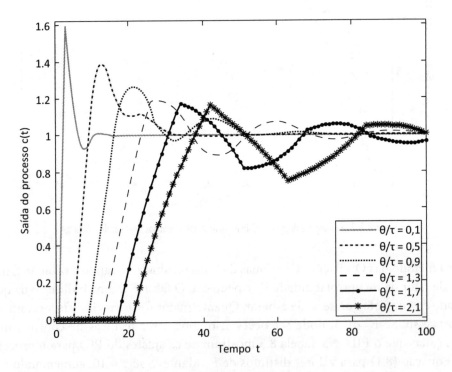

Figura 8.4 – Resposta a degrau unitário no valor de referência com F_c variando de 0,1 a 2,1.

Exemplos de aplicação do método das Oscilações Contínuas de Ziegler-Nichols são mostrados nas Subseções 8.3.1, 8.3.4 e 8.4.2.

8.2.3 MÉTODO DA CURVA DE REAÇÃO DO PROCESSO DE ZIEGLER E NICHOLS

Ziegler e Nichols (1942) lançaram outro método de sintonia (Curva de Reação), feito em um único teste experimental com o sistema em malha aberta (controlador em manual) e o processo em equilíbrio. Aplica-se um degrau na saída do controlador e a resposta (curva de reação do processo) $c(t)$ é registrada. Na Figura 8.5, há dois tipos de curva de reação: um processo autorregulado com a saída atingindo um valor de regime e um processo não autorregulado com a resposta subindo até saturar. O método é usado em processos autorregulados e foi proposto para responder em malha fechada com taxa de decaimento de ¼.

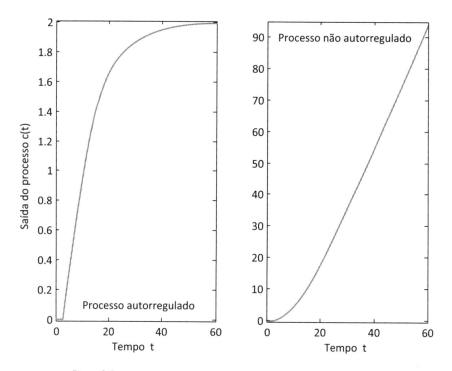

Figura 8.5 – Curvas de resposta de processos autorregulados e não autorregulados.

Dois parâmetros representam a resposta do processo: S (inclinação da tangente no ponto de inflexão da curva) e θ (tempo morto), como se vê na Figura 8.6. A sintonia desse método aparece na Tabela 8.6, em que S^* é a inclinação normalizada da tangente ($S^* = S/\Delta m$, sendo Δm a magnitude da mudança na saída do controlador (m)). O traçado da tangente à curva de reação usualmente tem grande incerteza.

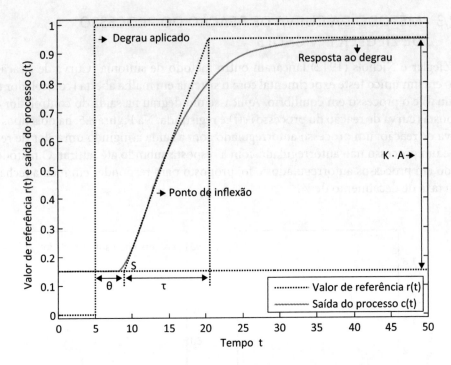

Figura 8.6 – Parâmetros de sintonia para método da Curva de Reação do Processo.

Tabela 8.6 – Parâmetros de sintonia pelo método da Curva de Reação do Processo

Tipo de controlador	K_c	T_I	T_D
P	$\dfrac{1}{\theta \cdot S^*}$	---	---
PI	$\dfrac{0{,}9}{\theta \cdot S^*}$	$\dfrac{10 \cdot \theta}{3}$	---
PID	$\dfrac{1{,}2}{\theta \cdot S^*}$	$2 \cdot \theta$	$\dfrac{\theta}{2}$

Para não precisar traçar a tangente à curva de reação do processo, aproxima-se essa curva por um sistema de primeira ordem com tempo morto (ver Subseção 3.5.2). Se a curva de reação se assemelha à Figura 8.6, o seguinte modelo provê um ajuste satisfatório:

$$G(s) = \frac{B(s)}{M(s)} = G_V \cdot G_P \cdot G_M = \frac{K \cdot e^{-\theta \cdot s}}{\tau \cdot s + 1}$$

Os parâmetros do controlador PID são estimados a partir desse modelo. O ajuste do ganho K_C com base nesse modelo é mostrado na Tabela 8.7 (ZIEGLER; NICHOLS, 1943).

Tabela 8.7 – Tabela alterada de ganho K_c pelo método da Curva de Reação do Processo

Tipo de controlador	K_c
P	$\dfrac{\tau}{K \cdot \theta}$
PI	$\dfrac{0,9 \cdot \tau}{K \cdot \theta}$
PID	$\dfrac{1,2 \cdot \tau}{K \cdot \theta}$

O método da Curva de Reação do Processo apresenta diversas vantagens:

- somente um teste experimental é necessário;
- não requer tentativa e erro;
- os parâmetros de ajuste do controlador são facilmente calculados.

No entanto, há também diversas desvantagens:

- como o ensaio é feito em malha aberta, se houver uma mudança significativa na carga durante o teste, não haverá nenhuma correção, e os resultados ficarão muito distorcidos;
- os valores precisos dos parâmetros θ e τ podem ser difíceis de se obter se a saída do processo é ruidosa;
- a resposta tende a ser oscilatória, pois o método foi criado para decaimento de ¼;
- o método não se aplica a sistemas que tenham uma resposta oscilatória em malha aberta, uma vez que esta não tem a forma padrão apresentada na Figura 8.6;
- o método gera bons resultados quando a relação θ/τ (fator de incontrolabilidade do processo F_c) estiver entre 0,1 e 0,5. Para $F_c > 4$, os métodos de Ziegler-Nichols criam malhas instáveis. O fator F_c indica a qualidade do controle que se pode esperar;
- não há garantia de estabilidade.

Foram propostas versões em malha fechada desse método como um paliativo para a primeira desvantagem. Nesse caso, uma curva de reação do processo é criada, gerando uma mudança em degrau no valor desejado, com o controlador só com ação P. Os parâmetros (K, θ e τ) são estimados a partir da resposta em malha fechada. Analisando-se os parâmetros de sintonia das Tabelas 8.6 e 8.7, conclui-se que (CAMPOS; TEIXEIRA, 2006):

- o ganho proporcional K_C é inversamente proporcional ao ganho do processo K;

- o ganho K_C também é inversamente proporcional ao fator de incontrolabilidade do processo θ/τ, significando que, quanto maior essa razão, menor deve ser o ganho K_C;

- o tempo integral T_I está relacionado com o tempo morto do processo θ, de modo que quanto maior θ (e quanto mais lento for o processo), maior deve ser T_I;

- o tempo derivativo T_D está relacionado com o tempo morto θ, de modo que quanto maior θ, maior deve ser T_D. Ziegler e Nichols sugerem uma relação de 1/4 entre T_D e T_I.

Os métodos de sintonia de Ziegler-Nichols geram boas respostas a distúrbios em processos integradores, mas, para outros processos, as sintonias são muito agressivas e criam um mau desempenho quando o tempo morto é significativo (SKOGESTAD, 2003).

Exemplos de aplicação do método de sintonia da Curva de Reação de Ziegler-Nichols são apresentados nas Subseções 8.3.2 e 8.3.7.

8.2.4 RELAÇÃO ENTRE GANHO LIMITE E PERÍODO LIMITE E OS PARÂMETROS DE UM PROCESSO DE PRIMEIRA ORDEM COM TEMPO MORTO

Pode-se definir uma relação aproximada entre o ganho limite K_{CU} e o período limite P_U e os parâmetros de um processo de primeira ordem com tempo morto do seguinte tipo:

$$G(s) = \frac{K \cdot e^{-\theta \cdot s}}{\tau \cdot s + 1}$$

Deseja-se estimar o ganho e o período limite desse processo ao ser submetido a um controlador P de ganho K_C. A equação característica da malha fechada é:

$$1 + K_C \cdot G(s) = 0$$

Substituindo-se a função de transferência do processo:

$$1 + \frac{K_C \cdot K \cdot e^{-\theta \cdot s}}{\tau \cdot s + 1} = 0$$

Expressando-se $e^{-\theta \cdot s}$ pela aproximação de Padé de primeira ordem da Equação (4.7):

$$1 + \frac{K_C \cdot K}{\tau \cdot s + 1} \frac{1 - \dfrac{\theta \cdot s}{2}}{1 + \dfrac{\theta \cdot s}{2}} = 0$$

Manipulando-se essa equação, chega-se a:

$$\frac{\tau \cdot \theta}{2} s^2 + \left(\tau + \frac{\theta}{2} - \frac{K_C \cdot K \cdot \theta}{2} \right) \cdot s + 1 + K_C \cdot K = 0$$

Supondo que o sistema esteja no limiar da estabilidade, faz-se $s = j \cdot \omega_n$ e $K_C = K_{CU}$:

$$-\frac{\tau \cdot \theta}{2} \omega_n^{\,2} + j \cdot \left(\tau + \frac{\theta}{2} - \frac{K_{CU} \cdot K \cdot \theta}{2} \right) \cdot \omega_n + 1 + K_{CU} \cdot K = 0$$

Desmembrando-se essa equação em parte real e parte imaginária:

$$-\frac{\tau \cdot \theta}{2} \omega_n^{\,2} + 1 + K_{CU} \cdot K = 0 \ \ \text{(parte real)}$$

$$\left(\tau + \frac{\theta}{2} - \frac{K_{CU} \cdot K \cdot \theta}{2} \right) \cdot \omega_n = 0 \ \ \text{(parte imaginária)}$$

Da parte imaginária, resulta:

$$K_{CU} = \frac{2 \cdot \tau + \theta}{K \cdot \theta} \tag{8.2}$$

Da parte real, extrai-se:

$$\omega_n = \frac{2}{\theta} \cdot \sqrt{1 + \frac{\theta}{\tau}}$$

Para calcular P_U, faz-se:

$$P_U = \frac{2 \cdot \pi}{\omega_n} = \frac{\pi \cdot \theta}{\sqrt{1 + \dfrac{\theta}{\tau}}} \tag{8.2a}$$

Para o processo da Equação (8.1), os valores aproximados são:

$$K_{CU} = \frac{2 \cdot \tau + \theta}{K \cdot \theta} = \frac{2 \cdot 10 + 3}{2 \cdot 3} = 3,83 \quad \text{e} \quad P_U = \frac{\pi \cdot \theta}{\sqrt{1 + \dfrac{\theta}{\tau}}} = \frac{\pi \cdot 3}{\sqrt{1 + \dfrac{3}{10}}} = 8,27$$

Os valores obtidos na Subseção 8.2.2 são:

$$K_{CU} = 2,94 \quad e \quad P_U = 10,8$$

Há um desvio entre os valores estimados pelas Equações (8.2a) e (8.2b) e aqueles da Subseção 8.2.2. Pode-se também fazer o inverso, usando-se as seguintes expressões, que relacionam K_{CU} e P_U a parâmetros de um modelo de primeira ordem com tempo morto:

$$G(s) = \frac{K \cdot e^{-\theta \cdot s}}{\tau \cdot s + 1}$$

A constante de tempo pode ser estimada a partir da Equação (8.3) ou da Equação (8.4) (YU, 2006):

$$\tau = \frac{P_U}{2 \cdot \pi} \tan\left[\frac{\pi \cdot (P_U - 2 \cdot \theta)}{P_U}\right] \tag{8.3}$$

ou

$$\tau = \frac{P_U}{2 \cdot \pi} \sqrt{(K \cdot K_{CU})^2 - 1} \tag{8.4}$$

As Equações (8.3) e (8.4) têm três incógnitas: K, θ e τ. Deve-se saber o tempo morto θ ou o ganho do processo K para poder calcular os outros dois parâmetros. Por exemplo, caso θ seja estimado por inspeção visual ou por um teste de resposta ao degrau em malha aberta (curva de reação), τ pode ser estimado pela Equação (8.3), e K pode ser estimado a partir de um rearranjo da Equação (8.4). Para o exemplo do processo da Equação (8.1), tem-se que:

$$K_{CU} = 2,94 \quad e \quad P_U = 10,8$$

Supondo-se que se conheça com precisão o tempo morto θ, da Equação (8.3) resulta:

$$\tau = \frac{P_U}{2 \cdot \pi} \tan\left[\frac{\pi \cdot (P_U - 2 \cdot \theta)}{P_U}\right] = \frac{10,8}{2 \cdot \pi} \tan\left[\frac{\pi \cdot (10,8 - 2 \cdot 3)}{10,8}\right] = 9,75$$

Rearranjando-se a Equação (8.4) para poder calcular K, resulta:

$$K = \frac{\sqrt{\left(\frac{2 \cdot \pi \cdot \tau}{P_U}\right)^2 + 1}}{K_{CU}} = \frac{\sqrt{\left(\frac{2 \cdot \pi \cdot 9,75}{10,8}\right)^2 + 1}}{2,94} = 1,96$$

Comparando-se os valores de τ e K com os da Equação (8.1) ($\tau = 10$ e $K = 2$), a aproximação foi boa. Considere que se aplicou o valor real de θ, e não uma aproximação.

8.2.5 MÉTODO CHR

O método CHR foi criado por Chien, Hrones e Reswick (1952), que definiram ajustes para os modos servo e regulatório. A sintonia para a resposta mais rápida possível sem sobressinal para o modo servo está na Tabela 8.8 (CAMPOS; TEIXEIRA, 2006).

Tabela 8.8 – Parâmetros de sintonia do método CHR para resposta mais rápida possível sem sobressinal para o modo servo

Tipo de controlador	K_c	T_I	T_D
P	$\dfrac{0,3 \cdot \tau}{K \cdot \theta}$	---	---
PI	$\dfrac{0,35 \cdot \tau}{K \cdot \theta}$	$1,16 \cdot \tau$	---
PID	$\dfrac{0,6 \cdot \tau}{K \cdot \theta}$	τ	$\dfrac{\theta}{2}$

A sintonia para a resposta mais rápida possível sem sobressinal para o modo regulatório está na Tabela 8.9.

Tabela 8.9 – Parâmetros de sintonia do método CHR para resposta mais rápida possível sem sobressinal para o modo regulatório

Tipo de controlador	K_c	T_I	T_D
P	$\dfrac{0,3 \cdot \tau}{K \cdot \theta}$	---	---
PI	$\dfrac{0,6 \cdot \tau}{K \cdot \theta}$	$4 \cdot \theta$	---
PID	$\dfrac{0,95 \cdot \tau}{K \cdot \theta}$	$2,375 \cdot \theta$	$0,421 \cdot \theta$

Os ajustes para a resposta mais rápida possível com um sobressinal máximo de 20% para o modo servo estão na Tabela 8.10 (CAMPOS; TEIXEIRA, 2006).

Tabela 8.10 – Parâmetros de sintonia do método CHR para resposta mais rápida possível com sobressinal máximo de 20% para o modo servo

Tipo de controlador	K_c	T_I	T_D
P	$\dfrac{0,7 \cdot \tau}{K \cdot \theta}$	---	---
PI	$\dfrac{0,6 \cdot \tau}{K \cdot \theta}$	τ	---
PID	$\dfrac{0,95 \cdot \tau}{K \cdot \theta}$	$1,357 \cdot \tau$	$0,473 \cdot \theta$

Um exemplo de aplicação do método CHR é visto na Subseção 8.3.4.

8.2.6 MÉTODO DE COHEN-COON

Esse método é aplicável a processos modeláveis por sistemas de primeira ordem mais tempo morto. Ele foi concebido para prover taxa de decaimento de ¼ e para ser aplicado a processos com tempo morto mais elevado, isto é, com fator de incontrolabilidade $F_C = \theta/\tau \geq 0{,}3$. As equações de sintonia de Cohen-Coon foram posteriormente recalculadas por Witt e Waggoner (1999). A Tabela 8.11 mostra os ajustes (COHEN; COON, 1953).

Tabela 8.11 – Ajustes propostos pelo método de Cohen-Coon

Controlador	K_C	T_I	T_D
P	$\dfrac{1}{K}\cdot\left(\dfrac{\tau}{\theta}+\dfrac{1}{3}\right)$	---	---
PI	$\dfrac{1}{K}\cdot\left(\dfrac{0{,}9\cdot\tau}{\theta}+\dfrac{1}{12}\right)$	$3\cdot\theta\dfrac{10+\dfrac{\theta}{\tau}}{9+\dfrac{20\cdot\theta}{\tau}}$	---
PD	$\dfrac{1}{K}\cdot\left(\dfrac{1{,}25\cdot\tau}{\theta}+\dfrac{1}{6}\right)$	---	$2\cdot\theta\dfrac{3-\dfrac{\theta}{\tau}}{22+\dfrac{3\cdot\theta}{\tau}}$
PID	$\dfrac{1}{K}\cdot\left(\dfrac{4\cdot\tau}{3\cdot\theta}+\dfrac{1}{4}\right)$	$\theta\dfrac{32+\dfrac{6\cdot\theta}{\tau}}{13+\dfrac{8\cdot\theta}{\tau}}$	$\dfrac{4\cdot\theta}{11+\dfrac{2\cdot\theta}{\tau}}$

Exemplos de aplicação desse método são exibidos nas Subseções 8.3.1 e 8.3.3.

8.2.7 MÉTODO 3C

Murrill e Smith (MURRILL; SMITH, 1966; SMITH; MURRILL, 1966a; SMITH; MURRILL, 1966b) criaram o método de sintonia intitulado 3C, por requerer três condições para gerar um conjunto único de parâmetros de ajuste de PIDs. Os critérios de desempenho incluíam o decaimento de ¼, o valor mínimo da integral do erro absoluto (IAE) e o cumprimento da relação $K_C \cdot K \cdot \theta/\tau = 0{,}5$. O método se aplica a processos modeláveis por sistemas de primeira ordem com tempo morto. Os ajustes sugeridos estão na Tabela 8.12 (SMITH, MURRILL; 1966a).

Projeto e sintonia de controladores PID analógicos

Tabela 8.12 – Ajustes propostos pelo método 3C

Tipo de controlador	K_c	T_I	T_D
P	$\dfrac{1,208}{K} \cdot \left(\dfrac{\tau}{\theta}\right)^{0,956}$	---	---
PI	$\dfrac{0,928}{K} \cdot \left(\dfrac{\tau}{\theta}\right)^{0,946}$	$0,928 \cdot \tau \cdot \left(\dfrac{\theta}{\tau}\right)^{0,583}$	---
PID	$\dfrac{1,370}{K} \cdot \left(\dfrac{\tau}{\theta}\right)^{0,950}$	$0,740 \cdot \tau \cdot \left(\dfrac{\theta}{\tau}\right)^{0,738}$	$0,365 \cdot \tau \cdot \left(\dfrac{\theta}{\tau}\right)^{0,950}$

8.2.8 RELAÇÕES DE SINTONIA BASEADAS EM CRITÉRIOS DE ERRO INTEGRADO

O projeto baseado no decaimento de ¼ apresenta diversas desvantagens:

- respostas com esse decaimento são usualmente consideradas oscilatórias demais pelos operadores de plantas industriais;

- o critério considera apenas dois pontos da resposta em malha fechada $c(t)$, a saber, os dois primeiros picos da curva de resposta.

Um enfoque opcional é gerar relações para sintonia dos controladores baseadas em um índice de desempenho que considere a resposta inteira em malha fechada. Foram criadas relações de sintonia para reguladores PID que minimizam os seguintes critérios de erro integrado: IAE, ISE e ITAE (*Integrated Absolute Error, Integrated Squared Error, Integral of Time multiplied Absolute Error*, respectivamente). Elas geram sintonias eficientes, tanto no modo regulatório (mudanças na carga) como no modo servo (variações no valor desejado). Em geral, o critério ITAE resulta no ajuste mais conservativo, enquanto o ISE, no menos conservativo.

O primeiro método de sintonia baseado em critérios de erro integrado foi criado por López et al. (1967), sendo aplicável ao modo regulatório. Rovira, Murrill e Smith (1969) estimaram a sintonia para o modo servo. Os métodos de López e de Rovira se aplicam a controladores PID padrão. Kaya e Sheib (1988) estudaram como calcular os parâmetros de sintonia usando critérios de erro integrado, tanto para o modo servo como regulatório, para controladores PID não padrão. Em particular, estudaram o controlador PID série e uma variante do PID padrão. Esses métodos de sintonia são válidos no intervalo $0,1 \leq \theta/\tau \leq 1$.

O ajuste do PID baseado nos critérios de erro integrado considera o seguinte:

- o controlador PID usa o algoritmo padrão: $G_C(s) = K_C \cdot [1 + 1/(T_I \cdot s) + T_D \cdot s]$;

- o modelo aproximado do processo é um sistema de primeira ordem mais tempo morto;

- os ajustes do controlador são diferentes, dependendo do tipo de perturbação: variação no valor desejado ou distúrbio na carga, conforme indicado a seguir.

a) Relações de ajuste do controlador para variações na carga:

$$K \cdot K_C = A \cdot \left(\frac{\theta}{\tau}\right)^B \qquad \frac{\tau}{T_I} = C \cdot \left(\frac{\theta}{\tau}\right)^D \qquad \frac{T_D}{\tau} = E \cdot \left(\frac{\theta}{\tau}\right)^F$$

As constantes usadas nessas equações são dadas na Tabela 8.13 (LÓPEZ et al., 1967).

Tabela 8.13 – Constantes a serem utilizadas para perturbações na carga

Técnica	Modo	A	B	C	D	E	F
IAE	P	0,9023	−0,985	------	------	------	------
ISE	P	1,411	−0,917	------	------	------	------
ITAE	P	0,4897	−1,085	------	------	------	------
IAE	PI	0,984	−0,986	0,608	−0,707	------	------
ISE	PI	1,305	−0,960	0,492	−0,739	------	------
ITAE	PI	0,859	−0,977	0,674	−0,680	------	------
IAE	PID	1,435	−0,921	0,878	−0,749	0,482	1,137
ISE	PID	1,495	−0,945	1,101	−0,771	0,560	1,006
ITAE	PID	1,357	−0,947	0,842	−0,738	0,381	0,995

b) Relações de ajuste do controlador para variações no valor desejado:

$$K \cdot K_C = A \cdot \left(\frac{\theta}{\tau}\right)^B \qquad \frac{\tau}{T_I} = C + D \cdot \left(\frac{\theta}{\tau}\right) \qquad \frac{T_D}{\tau} = E \cdot \left(\frac{\theta}{\tau}\right)^F$$

As constantes usadas nessas equações estão na Tabela 8.14 (ROVIRA; MURRILL; SMITH, 1969).

Tabela 8.14 – Constantes a serem utilizadas para variações no valor desejado

Técnica	Modo	A	B	C	D	E	F
IAE	PI	0,758	−0,861	1,02	−0,323	------	------
ITAE	PI	0,586	−0,916	1,03	−0,165	------	------
IAE	PID	1,086	−0,869	0,74	−0,13	0,348	0,914
ITAE	PID	0,965	−0,85	0,796	−0,1465	0,308	0,929

Projeto e sintonia de controladores PID analógicos **431**

Assume-se que a dinâmica do sistema a variações no valor desejado seja idêntica à resposta devida ao distúrbio, o que nem sempre é verdadeiro. Quando isso não ocorre, as formulações relativas ao distúrbio (perturbações na carga) deixam de ser válidas.

Exemplos de aplicação das relações de sintonia baseadas em critérios de erro integrado são mostrados nas Subseções 8.3.1 e 8.3.3.

8.2.9 PID MODIFICADO COM PONDERAÇÃO NO VALOR DESEJADO NA AÇÃO P

A técnica aqui descrita reduz o sobressinal excessivo na resposta a mudanças no valor desejado pela introdução de um fator de peso no *set point* no cálculo do erro da ação P de um controlador PID sintonizado pelo método das Oscilações Contínuas de Ziegler-Nichols. No caso de controladores PI, a fórmula das Oscilações Contínuas de Ziegler-Nichols é inadequada e deve ser revisada. A aplicação de uma ponderação no valor desejado é baseada no conhecimento do ganho e do tempo morto normalizados do processo. Esse refinamento apresenta uma melhoria apreciável no desempenho do controlador.

A redução do sobressinal na resposta a variações no *set point* pode ser feita pela inclusão de um fator de ponderação constante β no valor desejado no termo proporcional (HÄGGLUND; ÅSTRÖM; 1985). A equação do controlador PID é dada na Equação (8.5).

$$m(t) = K_C \cdot \left\{ \left[\beta \cdot r(t) - b(t) \right] + \frac{1}{T_I} \int_0^t e(\tau)\, d\tau + T_D \frac{db_f(t)}{dt} \right\} + m_0 \tag{8.5}$$

em que:

$$b_f(t) = \frac{1}{1 + \dfrac{T_D}{N} s}\, b \quad \text{(ver Equação (7.13))}$$

O valor de β é estimado segundo a Tabela 8.15 (HANG et al., 1991), em que tempo morto normalizado $= \Theta = \theta_p / \tau_p$ e ganho normalizado $= K = K_p \cdot K_{CU}$, sendo $\theta_p =$ tempo morto do processo, $\tau_p =$ constante de tempo do processo e $K_p =$ ganho do processo.

Tabela 8.15 – Cálculo do parâmetro β (HANG et al., 1991)

$0{,}16 < \Theta < 0{,}57$	$2{,}25 < K < 15$	$\beta = \dfrac{15 - K}{15 + K}$
$0{,}57 < \Theta < 0{,}96$	$1{,}5 < K < 2{,}25$	$\beta = \dfrac{8}{17}\left(\dfrac{4}{9} K + 1 \right)$

432 *Controle de processos industriais – volume 1*

Os termos K_p, θ_p e τ_p podem ser estimados pela curva de reação do processo, como feito na Seção 3.4. A seguir, mostra-se um exemplo em que se aplica um controlador PID clássico, como o da Equação (7.2), e um controlador PID modificado, como o da Equação (8.5). O processo empregado é um sistema de primeira ordem com tempo morto:

$$G_P(s) = \frac{e^{-0,4 \cdot s}}{s+1} \quad \text{(constante de tempo e tempo morto em segundos)}$$

Os parâmetros do processo são:

$$K_p = 1$$

$$\tau_p = 1\text{s}$$

$$\theta_p = 0,4\text{s}$$

Realizam-se simulações com a planta em malha fechada com controlador P, visando estimar o ganho e o período derradeiros. Chega-se a:

$$K_{CU} = 4,587 \quad \text{e} \quad P_U = 1,403 \text{ s}$$

Resulta:

$$K = K_P \cdot K_{CU} = 4,587$$

$$\Theta = \frac{\theta_p}{\tau_p} = 0,4$$

$$\beta = \frac{15 - K}{15 + K} = 0,5316$$

Utiliza-se $N = 10$ no filtro da ação derivativa. Sintoniza-se o PID pelo método das Oscilações Contínuas de Ziegler-Nichols, como apresentado na Subseção 8.2.2:

$$K_C = 0,6 \cdot K_{CU} = 2,752$$

$$T_I = P_U/2 = 0,7015$$

$$T_D = P_U/8 = 0,1754$$

São feitas simulações em que se aplica um degrau unitário no *set point* em $t = 0,2$ s. Em $t = 3$ s, a planta sofre uma perturbação na carga em degrau unitário, que entra diretamente no processo. O resultado das simulações é mostrado na Figura 8.7, que indica uma clara vantagem do controlador PID modificado ao se variar o valor desejado, devido à redução do salto proporcional gerado pelo fator β. Para perturbação na carga, praticamente não há diferença na resposta dos controladores, conforme esperado.

A Figura 8.8 apresenta a saída dos controladores PID com restrição na saída entre ±4. Nela, percebe-se que houve um menor esforço de controle por parte do controlador PID modificado e, portanto, um menor desgaste do elemento final de controle.

Projeto e sintonia de controladores PID analógicos

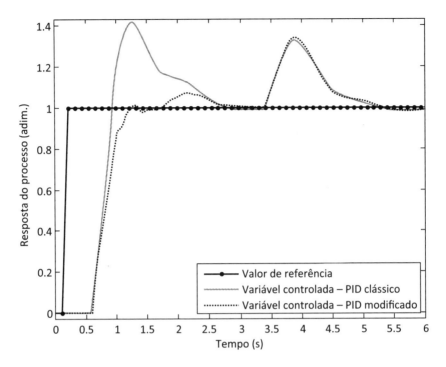

Figura 8.7 – Resposta da malha com controlador PID clássico e PID modificado.

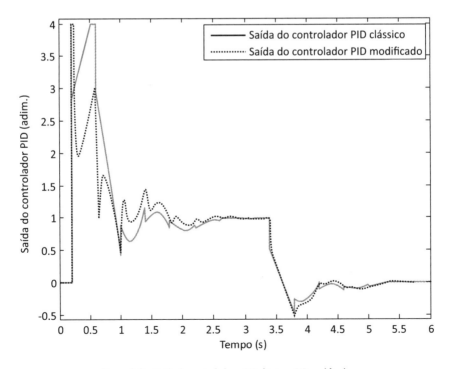

Figura 8.8 – Saída dos controladores PID clássico e PID modificado.

A Figura 8.9 mostra o efeito do ruído de medição no sinal que chega ao controlador. O PID modificado tem um desempenho bem melhor que o clássico para mudança no *set point*, mas ambos se assemelham ao se perturbar a carga.

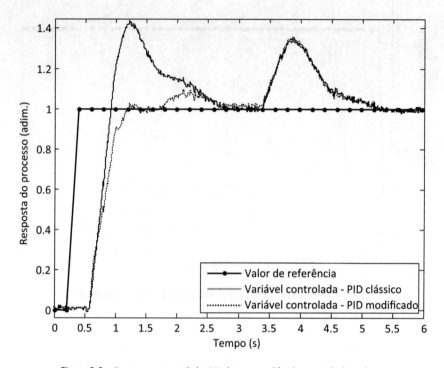

Figura 8.9 – Resposta com controlador PID clássico e modificado com ruído de medição.

A Figura 8.10 mostra o primeiro segundo da saída dos controladores com restrição de ±4 na saída. O controlador PID clássico gera uma saída que muda bruscamente entre os valores extremos da restrição, indicando um enorme esforço de controle e um grande desgaste do elemento final de controle. A saída do controlador PID modificado varia muito mais suavemente, desgastando muito menos o elemento de atuação da malha.

Na Tabela 8.16, comparam-se os índices IAE para os casos das Figuras 8.7 e 8.9.

Tabela 8.16 – Valor do índice IAE dos casos apresentados nas Figuras 8.7 e 8.9

	Variação no SP PID clássico	Variação no SP PID modificado	Perturbação na carga PID clássico	Perturbação na carga PID modificado
Sem ruído de medição	0,9062	0,6822	0,2715	0,2777
Com ruído de medição	0,9089	0,6842	0,2740	0,2787

Projeto e sintonia de controladores PID analógicos 435

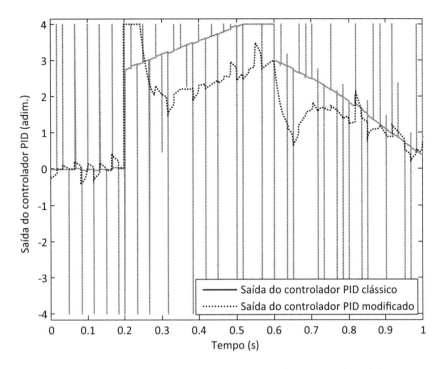

Figura 8.10 – Saída dos controladores PID com ruído de medição na variável controlada.

A Tabela 8.16 indica que, para mudança no SP, o desempenho do controlador PID modificado foi melhor. Para perturbação na carga, o desempenho de ambos foi similar, com uma leve vantagem do controlador PID clássico. O filtro na ação D do controlador PID modificado não provocou melhorias no índice IAE, comparado ao PID clássico no caso de variação no SP, e trouxe uma pequena melhoria no caso da perturbação na carga.

8.2.10 MÉTODO DA CURVA DE REAÇÃO DO PROCESSO DE ÅSTRÖM E HÄGGLUND

Nesta e na subseção seguinte são abordados métodos de sintonia propostos por Åström e Hägglund (1995), sendo que em um método deve-se obter a curva de reação do processo e no outro deve-se obter o ganho limite K_{CU} e o período limite P_U. Os métodos foram intitulados Kappa-Tau ou, simplesmente, KT. No primeiro método, a resposta do processo é caracterizada por parâmetros a e T normalizados, sendo que a Equação (8.6a) é usada para processos estáveis e a Equação (8.6b), para processos integradores do tipo $G(s) = 1/s\, H(s)$, com os parâmetros da Equação (8.6b) extraídos da parte estável do processo $H(s)$:

$$a = K\frac{\theta}{\tau} \text{ ganho normalizado} \quad T = \frac{\theta}{\theta + \tau} \text{ tempo morto normalizado} \quad (8.6a)$$

$$a = K \cdot (\theta + \tau) \text{ ganho normalizado} \quad T = \theta + \tau \text{ tempo morto normalizado} \quad (8.6b)$$

K é o ganho estático do processo, τ é a constante de tempo dominante e θ, o tempo morto. Assim, supõe-se que o processo seja modelável por um sistema de primeira ordem com tempo morto. Os parâmetros de ajuste são obtidos em função do tempo morto normalizado T, via Equação (8.7), com os valores de a_0, a_1 e a_2 dados nas Tabelas 8.17 a 8.20.

$$f(T) = a_0 \cdot e^{\left(a_1 \cdot T + a_2 \cdot T^2\right)} \quad (8.7)$$

Tabela 8.17 – Sintonia de controladores PI pelo método da Curva de Reação do processo de Åström e Hägglund para processos autorregulados (estáveis em malha aberta)

	$M_s = 1,4$			$M_s = 2$		
	a_0	a_1	a_2	a_0	a_1	a_2
$a \times K_c$	0,29	−2,7	3,7	0,78	−4,1	5,7
T_I/θ	8,9	−6,6	3,0	8,9	−6,6	3,0
T_I/τ	0,79	−1,4	2,4	0,79	−1,4	2,4
β	0,81	0,73	1,9	0,44	0,78	-0,45

Tabela 8.18 – Sintonia de controladores PID pelo método da Curva de Reação do Processo de Åström e Hägglund para processos autorregulados (estáveis em malha aberta)

	$M_s = 1,4$			$M_s = 2$		
	a_0	a_1	a_2	a_0	a_1	a_2
$a \times K_c$	3,8	−8,4	7,3	8,4	−9,6	9,8
T_I/θ	5,2	−2,5	−1,4	3,2	−1,5	−0,93
T_I/τ	0,46	2,8	−2,1	0,28	3,8	−1,6
T_D/θ	0,89	−0,37	−4,1	0,86	−1,9	−0,44
T_D/τ	0,077	5,0	−4,8	0,076	3,4	−1,1
β	0,40	0,18	2,8	0,22	0,65	0,051

Tabela 8.19 – Sintonia de controladores PI pelo método da Curva de Reação do Processo de Åström e Hägglund para processos integradores (instáveis em malha aberta)

	$M_s = 1,4$			$M_s = 2$		
	a_0	a_1	a_2	a_0	a_1	a_2
$a \times K_c$	0,41	−0,23	0,019	0,81	−1,1	0,76
T_I/θ	5,7	1,7	−0,69	3,4	0,28	−0,0089
β	0,33	2,5	−1,9	0,78	−1,9	1,2

Projeto e sintonia de controladores PID analógicos

Tabela 8.20 – Sintonia de controladores PID pelo método da Curva de Reação do Processo de Åström e Hägglund para processos integradores (instáveis em malha aberta)

	$M_s = 1,4$			$M_s = 2$		
	a_0	a_1	a_2	a_0	a_1	a_2
$a \times K_C$	5,6	−8,8	6,8	8,6	−7,1	5,4
T_I/θ	1,1	6,7	−4,4	1,0	3,3	−2,3
T_D/θ	1,7	−6,4	2,0	0,38	0,056	−0,60
β	0,12	6,9	−6,6	0,56	−2,2	1,2

A sintonia também depende do fator de sensibilidade M_s, que significa quanto o sistema em malha fechada é sensível a variações na dinâmica do processo. Valores razoáveis para M_s estão entre 1,3 e 2. Quanto maior for M_s, mais rápido será o processo, mas menos robusto. Usam-se aqui dois valores para M_s: 1,4 e 2 (ÅSTRÖM; HÄGGLUND, 1995).

Os parâmetros devem ser usados na estrutura do PID dada na Equação (8.8).

$$m(t) = K_C \cdot \left\{ [\beta \cdot r(t) - b(t)] + \frac{1}{T_I} \int_0^t e(\tau)\, d\tau + T_D \frac{de(t)}{dt} \right\} + m_0 \qquad (8.8)$$

Como não há constante de tempo τ em processos integradores, é melhor basear o ajuste em θ em vez de τ nas Tabelas 8.19 e 8.20 (ÅSTRÖM; HÄGGLUND, 1995).

Um exemplo de aplicação do método da Curva de Reação do Processo de Åström e Hägglund é apresentado na Subseção 8.3.7.

8.2.11 MÉTODO DAS OSCILAÇÕES CONTÍNUAS DE ÅSTRÖM E HÄGGLUND

A técnica das Oscilações Contínuas de Åström e Hägglund (1995) pode ser considerada uma extensão do método das Oscilações Contínuas de Ziegler-Nichols. A principal diferença é que, além dos parâmetros K_{CU} e P_U, nessa técnica também é utilizado o parâmetro κ. Os valores de K_{CU} e P_U são os mesmos determinados pelo método da Realimentação por Relé. Para determinar o valor de κ, é necessário obter o ganho quando a frequência do sinal de controle é zero. O valor de κ é dado pela Equação (8.9).

$$\kappa = \left| \frac{G(j\omega_U)}{G(0)} \right| = \frac{1}{K_{CU} \cdot K} \qquad (8.9)$$

$K = G(0)$ corresponde ao ganho em regime permanente do processo, obtido a partir da sua curva de reação. O parâmetro κ corresponde à taxa de ganho. Ele indica o grau de dificuldade para controlar um processo. Processos com κ pequeno são fáceis de controlar. A dificuldade aumenta conforme κ cresce.

Assim como ocorre no método da Curva de Reação do Processo de Åström e Hägglund (ver Subseção 8.2.10), os parâmetros do controlador nesse método também dependem do fator de sensibilidade M_s. Seguindo a proposta de Åström e Hägglund (1995), são usados dois valores para M_s: 1,4 e 2. Os parâmetros do PID são obtidos em função de κ pela Equação (8.10), com a_0, a_1 e a_2 dados nas Tabelas 8.21 e 8.22.

$$f(\mathbf{K}) = a_0 \cdot e^{(a_1 \cdot \mathbf{K} + a_2 \cdot \mathbf{K}^2)} \tag{8.10}$$

Tabela 8.21 – Sintonia de controladores PI pelo método das Oscilações Contínuas de Åström e Hägglund

	$M_s = 1{,}4$			$M_s = 2$		
	a_0	a_1	a_2	a_0	a_1	a_2
K_c/K_{CU}	0,053	2,9	−2,6	0,13	1,9	−1,3
T_I/P_U	0,90	−4,4	2,7	0,90	−4,4	2,7
β	1,1	−0,0061	1,8	0,48	0,40	−0,17

Tabela 8.22 – Sintonia de controladores PID pelo método das Oscilações Contínuas de Åström e Hägglund

	$M_s = 1{,}4$			$M_s = 2$		
	a_0	a_1	a_2	a_0	a_1	a_2
K_c/K_{CU}	0,33	−0,31	−1,0	0,72	−1,6	1,2
T_I/P_U	0,76	−1,6	−0,36	0,59	−1,3	0,38
T_D/P_U	0,17	−0,46	−2,1	0,15	−1,4	0,56
β	0,58	−1,3	3,5	0,25	0,56	−0,12

Um exemplo de aplicação do método das Oscilações Contínuas de Åström e Hägglund é apresentado na Subseção 8.4.2.

8.2.12 MÉTODO DA SÍNTESE DIRETA OU SINTONIA LAMBDA

A "Sintonia Lambda" é uma evolução do algoritmo de Dahlin (1968), também conhecido como método da Síntese Direta (SD). É um método que usa um modelo inverso do processo e cancelamento de polos e zeros para buscar o desempenho desejado em malha fechada. Essa é a mesma teoria em que se baseia o IMC (*Internal Model Control*), visto na Subseção 8.2.13. A expressão "Sintonia Lambda" se refere a todos os métodos de sintonia em que a velocidade de resposta da malha fechada é um parâmetro de sintonia selecionável, em vez de se definir a localização dos polos em malha fechada. Se a malha de controle tiver um tempo morto elevado com relação à constante de tempo dominante, isto é, quando $\theta/\tau \geq 0{,}2$, a Sintonia Lambda é a melhor opção de sintonia. Ela é particularmente eficiente para malhas de controle rápidas e auxilia a suprimir oscilações.

Um controlador por realimentação pode ser projetado usando um modelo aproximado do processo e definindo a resposta desejada em malha fechada. No método da Síntese Direta, o controlador resultante pode não ter estrutura PID. No entanto, como se vê a seguir, controladores PID são obtidos para tipos específicos de modelos de processo. O primeiro passo do método da Síntese Direta ou Sintonia Lambda é obter um modelo aproximado do processo, via curva de reação. Deve-se então escolher uma constante de tempo em malha fechada, baseada nos requisitos do processo, e sintonizar o controlador. Seja o diagrama de uma malha de controle por realimentação da Figura 8.11.

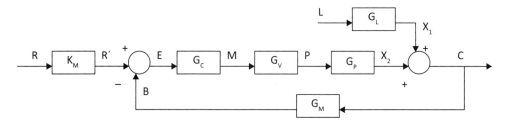

Figura 8.11 – Diagrama de blocos típico de sistema de controle por realimentação.

Em que: R = valor de referência, E = erro dinâmico, M = saída do controlador, P = variável manipulada (saída do elemento final de controle), C = variável controlada, L = perturbação ou carga, B = variável medida, G_C = função de transferência do controlador, G_V = função de transferência da válvula, G_P = função de transferência do processo, G_L = função de transferência da perturbação e G_M = função de transferência do medidor (sensor-transmissor).

A função de transferência de malha fechada para variações no valor desejado é:

$$G_{MF}(s) = \frac{C(s)}{R(s)} = \frac{K_M \cdot G_C \cdot G_V \cdot G_P}{1 + G_C \cdot G_V \cdot G_P \cdot G_M}$$

Supondo que o sensor mais transmissor tenha comportamento ideal, sem atrasos, resulta em $G_M = K_M$. Definindo-se $G = G_V \cdot G_P \cdot K_M$, tem-se que:

$$\frac{C(s)}{R(s)} = \frac{G_C \cdot G}{1 + G_C \cdot G}$$

Essa equação indica que a malha de controle é representada com apenas dois termos: o processo G (que abrange também a válvula e o medidor) e o controlador G_C. Daí:

$$G_C = \frac{1}{G} \cdot \left(\frac{C/R}{1 - C/R} \right)$$

Como, em geral, não se conhece G nem C/R (pois não se tem G_C), então:

- usa-se o modelo aproximado $\tilde{G}$ de G, definido como $\tilde{G} = \tilde{G}_V \cdot \tilde{G}_P \cdot \tilde{K}_M$; e
- usa-se a resposta desejada em malha fechada $(C/R)_d$.

Portanto:

$$G_C = \frac{1}{\tilde{G}} \cdot \left(\frac{\left(\dfrac{C}{R} \right)_d}{1 - \left(\dfrac{C}{R} \right)_d} \right) \tag{8.11}$$

Considerando o modelo perfeito do processo ($\tilde{G} = G$), o controlador tem o inverso do modelo do processo ($1/G$). O cancelamento de polos e zeros do processo e do controlador gera a função de transferência desejada em malha fechada $(C/R)_d$. Como o cancelamento é raramente exato, por erros na modelagem, o método da SD deve ser usado com cautela em processos com polos ou zeros no semiplano direito (processos de fase não mínima). No método SD, dada a resposta desejada em malha fechada $[C(s)/R(s)]_d$, busca-se o controlador $G_C(s)$ que a gere. Tendo um modelo dinâmico aproximado da planta $\tilde{G}(s)$ e a resposta desejada em malha fechada $(C/R)_d$, pode-se obter o controlador, que deve ser fisicamente realizável. Isso implica que ele não pode ter tempo morto positivo (avanço puro) ou termos puros de diferenciação (mais zeros que polos na função de transferência), e que o ganho deve ser finito (SMITH, CORRIPIO; MARTIN JR., 1975). É inviável obter o caso ideal, $(C/R)_d=1$, em que a saída segue imediatamente o *set point*, isto é, o controle perfeito ($C(s)=R(s)$), por exigir ganho infinito do controlador, como se vê na Equação (8.11). Deve-se buscar uma resposta adequada em malha fechada, sendo que uma sugestão seria a seguinte resposta:

$$\left(\frac{C}{R} \right)_d = \frac{1}{\tau_C \cdot s + 1} \tag{8.12}$$

em que τ_C é a constante de tempo desejada da resposta. Essa escolha significa que o sistema em malha fechada responde ao valor desejado como um processo de primeira ordem que apresenta desvio permanente nulo, pois o ganho em regime estacionário é unitário.

Dahlin (1968) definiu a posição desejada de um único polo em malha fechada λ, propondo essa resposta como a de um sistema de primeira ordem. Smith e Corripio (2005) usaram essa ideia para definir a resposta da malha fechada via constante de tempo τ_C em vez da locação do polo λ ($\tau_C = 1/\lambda$). Essa classe de métodos força a constante de tempo τ_C. Assim, para $\tau_C = \tau/2$, a resposta desejada em malha fechada é duas vezes mais rápida que em malha aberta. Quanto menor for τ_C, mais atuante será o controle, e maior será K_C, gerando retornos mais rápidos ao valor desejado; ao passo que

Projeto e sintonia de controladores PID analógicos

valores maiores de τ_C geram respostas mais lentas, mas reduzem variações na variável manipulada.

Substituindo-se a Equação (8.12) na (8.11), resulta:

$$G_C(s) = \frac{1}{\tilde{G}} \frac{1}{\tau_C \cdot s} \qquad (8.13)$$

8.2.12.1 Exemplos de aplicação do método da Síntese Direta a processos sem tempo morto

Calcule $G_C(s)$ quando se deseja que:

$$\left(\frac{C}{R}\right)_d = \frac{1}{\tau_C \cdot s + 1}$$

Sendo o modelo aproximado da planta dado por:

a) $\tilde{G}(s) = K$

Trata-se de um processo muito rápido, cuja dinâmica é desprezível, como ocorre, por exemplo, em malhas de vazão. Substituindo-se $\tilde{G}(s)$ na Equação (8.13), resulta:

$$G_C(s) = \frac{1}{K \cdot \tau_C \cdot s}$$

Resulta em um controlador integral puro, em que se tem:

$$T_I = K \cdot \tau_C$$

b) Seja um processo integrador:

$$\tilde{G}(s) = \frac{K_i}{s}$$

Substituindo-se a expressão de $\tilde{G}(s)$ na Equação (8.13), resulta:

$$G_C(s) = \frac{s}{K_i \cdot \tau_C \cdot s} = \frac{1}{K_i \cdot \tau_C}$$

A expressão anterior equivale a um controlador P, em que:

$$K_C = \frac{1}{K_i \cdot \tau_C}$$

c) Seja um processo representado por um sistema de primeira ordem:

$$\tilde{G}(s) = \frac{K}{\tau \cdot s + 1}$$

Substituindo-se a expressão de $\tilde{G}(s)$ na Equação (8.13), resulta:

$$G_C(s) = \frac{\tau \cdot s + 1}{K \cdot \tau_C \cdot s} = \frac{\tau}{K \cdot \tau_C}\left(1 + \frac{1}{\tau \cdot s}\right)$$

Essa expressão equivale a um controlador PI, em que:

$$K_C = \frac{\tau}{K \cdot \tau_C} \qquad e \qquad T_I = \tau$$

Note que $K_C \to \infty$ quando $\tau_C \to 0$, e que o valor do tempo integral T_I é definido estritamente pela constante de tempo do processo em malha aberta. Assim, a velocidade de resposta da malha fechada é definida unicamente pelo ganho do controlador K_C.

d) Considere um processo de segunda ordem superamortecido:

$$\tilde{G}(s) = \frac{K}{(\tau_1 \cdot s + 1) \cdot (\tau_2 \cdot s + 1)}$$

Nesse caso, resulta em um controlador PID:

$$G_C(s) = \frac{(\tau_1 \cdot s + 1) \cdot (\tau_2 \cdot s + 1)}{K \cdot \tau_C \cdot s} = \frac{(\tau_1 + \tau_2)}{K \cdot \tau_C}\left(1 + \frac{1}{(\tau_1 + \tau_2) \cdot s} + \frac{\tau_1 \cdot \tau_2 \cdot s}{\tau_1 + \tau_2}\right)$$

$$K_C = \frac{\tau_1 + \tau_2}{K \cdot \tau_C} \qquad T_I = \tau_1 + \tau_2 \qquad T_D = \frac{\tau_1 \cdot \tau_2}{\tau_1 + \tau_2}$$

Se $\tau_2 = 0$, as expressões para K_C e T_I são idênticas às do exemplo da alínea "c".

8.2.12.2 Método da Síntese Direta aplicado a processos com tempo morto

No caso de sistemas com atraso puro θ, tem-se que:

$$\left(\frac{C}{R}\right)_d = \frac{e^{-\theta_C \cdot s}}{\tau_C \cdot s + 1} \tag{8.14}$$

Em que τ_C e θ_C são os parâmetros de projeto. Tem-se que $\theta_C \geq \theta$ (θ é o tempo morto do processo), pois a variável controlada não responde ao valor desejado em um tempo inferior a θ. Como o ganho da malha em regime estacionário é unitário, assegura-se um erro nulo em regime permanente. Fazendo-se $\theta_C = \theta$ na Equação (8.14) e substituindo na Equação (8.11), resulta:

$$G_C(s) = \frac{1}{\tilde{G}} \frac{e^{-\theta \cdot s}}{1 + \tau_C \cdot s - e^{-\theta \cdot s}} \tag{8.15}$$

Esse controlador não tem estrutura PID. Para chegar nela, é preciso fazer uma aproximação, baseada em expansão da série de Taylor de primeira ordem:

$$e^{-\theta \cdot s} \cong 1 - \theta \cdot s \tag{8.16}$$

Substituindo-se essa aproximação no denominador da Equação (8.15):

$$G_C(s) = \frac{1}{\tilde{G}} \frac{e^{-\theta \cdot s}}{(\tau_C + \theta) \cdot s} \tag{8.17}$$

Não é preciso aproximar o termo de atraso do numerador, pois ele é cancelado pelo mesmo termo em $\tilde{G}$.

8.2.12.3 Exemplos de aplicação do método da Síntese Direta a processos com tempo morto

Calcule $G_C(s)$ quando se deseja que:

$$\left(\frac{C}{R}\right)_d = \frac{e^{-\theta_C \cdot s}}{\tau_C \cdot s + 1}$$

Sendo o modelo aproximado da planta dado pelas opções a seguir.

e) Sistema de primeira ordem mais tempo morto (modelo comum para processos industriais):

$$\tilde{G}(s) = \frac{K \cdot e^{-\theta \cdot s}}{\tau \cdot s + 1}$$

Substituindo-se a expressão de $\tilde{G}(s)$ na Equação (8.17), resulta:

$$G_C(s) = \frac{\tau \cdot s + 1}{K \cdot (\tau_C + \theta) \cdot s} = \frac{\tau}{K \cdot (\tau_C + \theta)} \left(1 + \frac{1}{\tau \cdot s}\right)$$

Trata-se de um controlador PI com:

$$K_C = \frac{\tau}{K \cdot (\tau_C + \theta)} \qquad e \qquad T_I = \tau$$

Compare com o exemplo da alínea "c" e veja que K_C deve ser reduzido quando o processo contém um tempo morto θ, o qual impõe também um limite superior para K_C, mesmo para o caso em que $\tau_C \to 0$, o que não ocorria no exemplo da alínea "c".

Para se verificar, por meio de um exemplo, que a única aproximação para $e^{-\theta \cdot s}$ que leva a uma estrutura PID é a da Equação (8.16), realiza-se aqui outra aproximação:

$$e^{-\theta \cdot s} \cong \frac{1 - \dfrac{\theta \cdot s}{2}}{1 + \dfrac{\theta \cdot s}{2}}$$

Nesse caso, com um modelo do processo aproximado por um sistema de primeira ordem mais tempo morto, resulta na seguinte expressão para o controlador:

$$G_C(s) = \frac{2 + (\theta + 2 \cdot \tau) \cdot s + \theta \cdot \tau \cdot s^2}{K \cdot \left[2 \cdot (\tau_C + \theta) \cdot s + \tau_C \cdot \theta \cdot s^2\right]}$$

Trata-se de um algoritmo cuja estrutura não é de um PID.

f) Modelo de segunda ordem superamortecido com tempo morto:

$$\tilde{G}(s) = \frac{K \cdot e^{-\theta \cdot s}}{(\tau_1 \cdot s + 1) \cdot (\tau_2 \cdot s + 1)}$$

Considere a aproximação da Equação (8.16) para o tempo morto. Nesse caso:

$$G_C(s) = \frac{(\tau_1 \cdot s + 1) \cdot (\tau_2 \cdot s + 1)}{K \cdot (\tau_C + \theta) \cdot s} = \frac{(\tau_1 + \tau_2)}{K \cdot (\tau_C + \theta)} \left(1 + \frac{1}{(\tau_1 + \tau_2) \cdot s} + \frac{\tau_1 \cdot \tau_2 \cdot s}{\tau_1 + \tau_2}\right)$$

Trata-se de um controlador PID com:

$$K_C = \frac{\tau_1 + \tau_2}{K \cdot (\tau_C + \theta)} \qquad T_I = \tau_1 + \tau_2 \qquad T_D = \frac{\tau_1 \cdot \tau_2}{\tau_1 + \tau_2}$$

Compare com o exemplo da alínea "e" para constatar que o tempo morto reduz K_C, mas não altera T_I ou T_D.

Deve-se escolher τ_C conservativamente quando θ/τ for grande, pois as equações de projeto do controlador consideram uma aproximação de primeira ordem para o tempo morto, como visto na Equação (8.16). Segundo Smith et al. (1975),

Projeto e sintonia de controladores PID analógicos 445

para se ter uma resposta em malha fechada com 5% de sobressinal com um controlador PI, deve-se fazer $\tau_C \cong \theta$.

8.2.12.4 Método da Síntese Direta aplicado a processo integrador com tempo morto

Considere um processo integrador com tempo morto, conforme indicado a seguir:

$$G(s) = \frac{K_i \cdot e^{-\theta \cdot s}}{s}$$

O método da Síntese Direta aplicado a esse processo com tempo morto é um pouco diferente do que foi visto até aqui. As expressões da Sintonia Lambda para processos integradores com tempo morto são (BIALKOWSKI, 1996; BOUDREAU; MCMILLAN, 2006):

$$K_C = \frac{2 \cdot \tau_C + \theta}{K_i \cdot (\tau_C + \theta)^2} \tag{8.18}$$

$$T_I = 2 \cdot \tau_C + \theta$$

Para haver a máxima rejeição de carga, pode-se fazer $\tau_C = \theta$, e a malha será estável se a dinâmica do processo for conhecida com precisão. A Equação (8.18) se reduz a:

$$K_C = 0,75 \frac{1}{K_i \cdot \theta} \tag{8.19}$$

O tempo integral que gera uma resposta superamortecida em processos integradores é:

$$T_I > \frac{4}{K_i \cdot K_c}$$

Supondo-se que se conheça o ganho integrador do processo, a rejeição de carga melhora conforme se reduz τ_C, o que simultaneamente aumenta K_C e diminui T_I.

8.2.12.5 Tabela de sintonia de controladores PID pelo método da Síntese Direta

A Tabela 8.23 mostra a sintonia de controladores PID para vários modelos de processo. Não se usa o método da SD para projetar controladores PID para processos de segunda ordem subamortecidos, pois ele gera valores complexos para τ_1 e τ_2 e, assim, para T_I e T_D.

Tabela 8.23 – Sintonia de controladores PID pelo método da Síntese Direta ou Sintonia Lambda

Modelo do processo $G(s)$	Parâmetros do controlador PID		
	K_c	T_I	T_D
$G(s) = K$	0	$K \cdot \tau_c$	0
$G(s) = \dfrac{K_i}{s}$	$\dfrac{1}{K_i \cdot \tau_c}$	∞	0
$G(s) = \dfrac{K_i \cdot e^{-\theta s}}{s}$	$\dfrac{2 \cdot \tau_c + \theta}{K_i \cdot (\tau_c + \theta)^2}$	$2 \cdot \tau_c + \theta$	0
$G(s) = \dfrac{K}{\tau \cdot s + 1}$	$\dfrac{\tau}{K \cdot \tau_c}$	τ	0
$G(s) = \dfrac{K \cdot e^{-\theta s}}{\tau \cdot s + 1}$ para $e^{-\theta s} \cong 1 - \theta \cdot s$	$\dfrac{\tau}{K \cdot (\tau_c + \theta)}$	τ	0
$G(s) = \dfrac{K}{(\tau_1 \cdot s + 1) \cdot (\tau_2 \cdot s + 1)}$	$\dfrac{\tau_1 + \tau_2}{K \cdot \tau_c}$	$\tau_1 + \tau_2$	$\dfrac{\tau_1 \cdot \tau_2}{\tau_1 + \tau_2}$
$G(s) = \dfrac{K \cdot e^{-\theta s}}{(\tau_1 \cdot s + 1) \cdot (\tau_2 \cdot s + 1)}$ para $e^{-\theta s} \cong 1 - \theta \cdot s$	$\dfrac{\tau_1 + \tau_2}{K \cdot (\tau_c + \theta)}$	$\tau_1 + \tau_2$	$\dfrac{\tau_1 \cdot \tau_2}{\tau_1 + \tau_2}$

Exemplos de aplicação do método da Síntese Direta são apresentados nas Subseções 8.3.1, 8.3.2, 8.3.5 e 8.3.6.

8.2.13 CONTROLE POR MODELO INTERNO (IMC – *INTERNAL MODEL CONTROL*)

Os requisitos gerais empregados no IMC são:

a) o controlador deve cancelar a dinâmica do processo, fazendo com que os polos do processo se cancelem com os zeros do controlador e vice-versa;

b) o controlador deve prover pelo menos um integrador na função de transferência em malha fechada, para assegurar que erros de regime permanente devidos a variações no valor de referência sejam eliminados;

c) o controlador deve permitir que a velocidade da resposta em malha fechada (τ_c) seja especificada pelo usuário.

Partindo da estrutura geral IMC, Rivera, Morari e Skogestad (1986) criaram um método, baseado no modelo do processo, para obter controladores que atingissem um desempenho desejado, cuja estrutura só dependesse da complexidade do modelo da planta e dos requisitos de desempenho do sistema de controle impostos pelo usuário. Eles mostraram que, para modelos simples do processo, as estruturas obtidas são do tipo PID. Vários autores criaram métodos para obter controladores PID baseados na estrutura IMC: Chien e Fruehauf (1990), Brambilla, Chen e Scali (1990) e Chia e Lefkowitz (1992a, 1992b).

Seja o diagrama de blocos de uma malha de controle por realimentação da Figura 8.12, em que G representa processo mais instrumentação (como feito na Subseção 8.2.12).

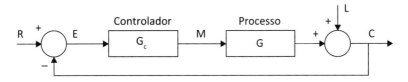

Figura 8.12 – Malha típica de controle por realimentação.

O método IMC adota a estrutura mostrada na Figura 8.13:

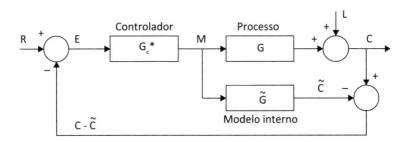

Figura 8.13 – Estrutura de malha adotada pelo controlador IMC.

em que G é a função de transferência nominal e $\tilde{G}$, o modelo do processo. Em geral, $\tilde{C} \neq C$ devido a erros no modelo ($\tilde{G} \neq G$) e perturbações ($L \neq 0$). Manipulando-se a Figura 8.13, chega-se à Figura 8.14, cuja malha interna equivale ao controlador G_C, dado por:

$$G_C = \frac{G_C^*}{1 - G_C^* \cdot \tilde{G}} \qquad (8.20)$$

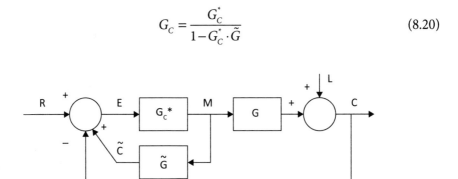

Figura 8.14 – Estrutura equivalente de malha àquela mostrada na Figura 8.13.

Assim, o controlador G_C é composto por dois blocos: o modelo interno $\tilde{G}$ e um compensador dinâmico G_C^*. A equação desse sistema em malha fechada é dada por:

$$C = \frac{G_C^* \cdot G}{1 + G_C^* \cdot (G - \tilde{G})} R + \frac{1 - G_C^* \cdot \tilde{G}}{1 + G_C^* \cdot (G - \tilde{G})} L$$

No caso especial em que o modelo seja perfeito, tem-se $\tilde{G} = G$ e:

$$C = G_C^* \cdot G \cdot R + (1 - G_C^* \cdot G) \cdot L$$

O projeto do controlador IMC é implementado em duas etapas:

a) O modelo do processo é fatorado como:

$$\tilde{G} = \tilde{G}_+ \cdot \tilde{G}_-$$

Em que $\tilde{G}_+$ tem ganho de regime unitário e contém os atrasos puros e os zeros situados no semiplano direito.

b) O compensador G_C^* é especificado por:

$$G_C^* = \frac{G_f}{\tilde{G}_-} \tag{8.21}$$

Em que $\tilde{G}_-$ é a parte inversível de $\tilde{G}$ (não possui polos no semiplano direito nem termos da forma $e^{+\theta \cdot s}$), e G_f é um filtro passa-baixas com ganho estacionário unitário, usado para melhorar a robustez do controlador e para assegurar a realizabilidade física de G_C^*. Tipicamente, G_f é da forma:

$$G_f = \frac{1}{(\tau_C \cdot s + 1)^r} \tag{8.22}$$

em que τ_C é a constante de tempo desejada da malha fechada e r é um número inteiro positivo, tal que G_C^* seja realizável fisicamente. Tipicamente, usa-se um filtro de primeira ordem, portanto, $r = 1$. O controlador IMC perfeito ($\tau_C = 0$) é o inverso do modelo do processo, isto é, $G_C^* = 1/\tilde{G}$. No entanto, usualmente, um controlador perfeito não é fisicamente realizável ou pode ser inviável, devido a erros no modelo.

O controlador IMC inclui $\tilde{G}_-$ e não $\tilde{G}$, pois senão ele teria que ter um termo preditivo $e^{+\theta \cdot s}$ (se $\tilde{G}_+$ tiver um atraso puro θ) ou um polo instável (se $\tilde{G}_+$ tiver um zero no semiplano direito). Assim, G_C^* é realizável e estável. No caso ideal ($\tilde{G} = G$), tem-se:

$$C = \tilde{G}_+ \cdot G_f \cdot R + \left(1 - G_f \cdot \tilde{G}_+\right) \cdot L$$

A função de transferência de malha fechada a mudanças no *set point* ($L = 0$) é:

$$\frac{C}{R} = \tilde{G}_+ \cdot G_f$$

Em certas situações, os métodos IMC e da Síntese Direta geram controladores idênticos. Isso ocorre, por exemplo, se o filtro G_f for tal que $C/R = \tilde{G}_+ \cdot G_f$ seja igual à função de transferência desejada $(C/R)_d$. Seja o caso em que o processo não tenha tempo morto nem zeros no semiplano direito, de modo que $\tilde{G} = \tilde{G}_-$. Portanto, da Equação (8.21) tem-se que:

$$G_C^* = \frac{G_f}{\tilde{G}_-} = \frac{G_f}{\tilde{G}}$$

Substituindo-se esta expressão na Equação (8.20):

$$G_C = \frac{G_f}{\tilde{G} \cdot \left(1 - G_f\right)}$$

Considerando G_f um filtro de primeira ordem e substituindo-o na equação anterior:

$$G_C = \frac{\dfrac{1}{\tau_C \cdot s + 1}}{\tilde{G} \cdot \left(1 - \dfrac{1}{\tau_C \cdot s + 1}\right)} = \frac{1}{\tilde{G}} \frac{1}{\tau_C \cdot s}$$

Esta fórmula é idêntica à equação usada no método da Síntese Direta.

8.2.13.1 Exemplo de aplicação do método IMC

Seja o modelo:

$$\tilde{G}(s) = \frac{K \cdot e^{-\theta \cdot s}}{\tau \cdot s + 1}$$

Tem-se que:

$$\tilde{G}(s) = \tilde{G}_+(s) \cdot \tilde{G}_-(s) \qquad \text{em que: } \tilde{G}_+(s) = e^{-\theta \cdot s} \qquad \tilde{G}_-(s) = \frac{K}{\tau \cdot s + 1}$$

Seja: $G_f = \dfrac{1}{\tau_C \cdot s + 1}$

Tem-se que:

$$\tilde{G}_C^*(s) = \frac{f}{\tilde{G}_-} = \frac{1}{\tau_C \cdot s + 1} \frac{\tau \cdot s + 1}{K} \quad e$$

$$G_C(s) = \frac{G_C^*}{1 - G_C^* \cdot \tilde{G}} = \frac{\dfrac{1}{\tau_C \cdot s + 1} \dfrac{\tau \cdot s + 1}{K}}{1 - \dfrac{\tau \cdot s + 1}{(\tau_C \cdot s + 1) \cdot K} \dfrac{K \cdot e^{-\theta s}}{\tau \cdot s + 1}} = \frac{\tau \cdot s + 1}{K \cdot (\tau_C \cdot s + 1) - K \cdot e^{-\theta s}} \quad (8.23)$$

Há uma exponencial no denominador da função de transferência G_C. Nenhum algoritmo PID possui uma exponencial, de modo que, para se ter uma estrutura PID, deve-se eliminá-la. Propõe-se, então, aproximar a exponencial $e^{-\theta s}$ de duas formas diferentes.

a) Aproximando-se:

$$e^{-\theta s} \cong 1 - \theta \cdot s$$

Substituindo na Equação (8.23):

$$G_C(s) = \frac{\tau \cdot s + 1}{K \cdot (\tau_C + \theta) \cdot s}$$

Colocando-se $\tau \cdot s$ em evidência, chega-se a:

$$G_C(s) = \frac{\tau}{K \cdot (\tau_C + \theta)} \left(1 + \frac{1}{\tau \cdot s} \right)$$

Trata-se de um controlador PI com os seguintes parâmetros:

$$K_C = \frac{\tau}{K \cdot (\tau_C + \theta)} \quad e \quad T_I = \tau$$

Resulta em um controlador idêntico ao obtido pelo método da Síntese Direta.

b) Aproximando-se:

$$e^{-\theta s} \cong \frac{1 - \dfrac{\theta \cdot s}{2}}{1 + \dfrac{\theta \cdot s}{2}}$$

Substituindo na Equação (8.23):

$$G_C = \frac{\left(1+\dfrac{\theta \cdot s}{2}\right) \cdot (\tau \cdot s + 1)}{K \cdot \left(\tau_C + \dfrac{\theta}{2}\right) \cdot s} = \frac{1}{K}\frac{\theta+2\cdot\tau}{\theta+2\cdot\tau_C}\left[1+\frac{1}{\left(\tau+\dfrac{\theta}{2}\right)\cdot s}+\frac{\tau\cdot\theta}{\left(\theta+2\cdot\tau\right)}s\right]$$

Este é um controlador PID com:

$$K_C = \frac{1}{K}\frac{\theta+2\cdot\tau}{\theta+2\cdot\tau_C}$$

$$T_I = \tau + \frac{\theta}{2}$$

$$T_D = \frac{\tau\cdot\theta}{\theta+2\cdot\tau}$$

Cada termo do PID depende dos parâmetros do modelo (θ e τ). Em contraste, quando a aproximação $e^{-\theta\cdot s} \cong 1 - \theta \cdot s$ foi usada, o tempo morto θ só surgiu na equação de K_C. A equação anterior indica que há um limite para K_C, mesmo quando $\tau_C \to 0$.

8.2.13.2 Tabela de sintonia de controladores PID pelo método IMC

Não necessariamente o método IMC gera um PID. No entanto, o filtro G_f de primeira ordem para os processos de primeira e segunda ordens nos modelos mostrados na Tabela 8.24 tornam G_C um controlador com estrutura PID.

Tabela 8.24 – Sintonia de controladores PID pelo método IMC (CHIEN; FRUEHAUF, 1990)

Modelo $\tilde{G}$	K_C	T_I	T_D
$\dfrac{K_i}{s}$	$\dfrac{1}{K_i\cdot\tau_c}$	∞	0
$\dfrac{K_i\cdot e^{-\theta\cdot s}}{s}$ para $e^{-\theta\cdot s}\cong 1-\theta\cdot s$	$\dfrac{2\cdot\tau_c+\theta}{K_i\cdot\left(\tau_c+\theta\right)^2}$	$2\cdot\tau_c+\theta$	0
$\dfrac{K_i\cdot e^{-\theta\cdot s}}{s}$ para $e^{-\theta s}\cong\dfrac{1-\dfrac{\theta\cdot s}{2}}{1+\dfrac{\theta\cdot s}{2}}$	$\dfrac{2\cdot\tau_c+\theta}{K_i\cdot\left(\tau_c+\dfrac{\theta}{2}\right)^2}$	$2\cdot\tau_c+\theta$	$\dfrac{\tau_c\cdot\theta+\dfrac{\theta^2}{4}}{2\cdot\tau_c+\theta}$
$\dfrac{K}{\tau\cdot s+1}$	$\dfrac{\tau}{K\cdot\tau_c}$	τ	0

(continua)

Tabela 8.24 – Sintonia de controladores PID pelo método IMC (CHIEN; FRUEHAUF, 1990) *(continuação)*

Modelo $\tilde{G}$	K_c	T_I	T_D
$\dfrac{K}{s\cdot(\tau\cdot s+1)}$	$\dfrac{1}{K\cdot\tau_c}$	∞	τ
$\dfrac{K\cdot e^{-\theta s}}{\tau\cdot s+1}$ para $e^{-\theta\cdot s}\cong 1-\theta\cdot s$	$\dfrac{\tau}{K\cdot(\tau_c+\theta)}$	τ	0
$\dfrac{K\cdot e^{-\theta\cdot s}}{\tau\cdot s+1}$ para $e^{-\theta s}\cong\dfrac{1-\dfrac{\theta\cdot s}{2}}{1+\dfrac{\theta\cdot s}{2}}$	$\dfrac{1}{K}\dfrac{2\cdot\tau+\theta}{2\cdot\tau_c+\theta}$	$\tau+\dfrac{\theta}{2}$	$\dfrac{\tau\cdot\theta}{2\cdot\tau+\theta}$
$\dfrac{K\cdot e^{-\theta\cdot s}}{s\cdot(\tau\cdot s+1)}$	$\dfrac{2\cdot\tau_c+\tau+\theta}{K\cdot(\tau_c+\theta)^2}$	$2\cdot\tau_c+\tau+\theta$	$\dfrac{(2\cdot\tau_c+\theta)\cdot\tau}{2\cdot\tau_c+\tau+\theta}$
$\dfrac{K}{(\tau_1\cdot s+1)\cdot(\tau_2\cdot s+1)}$	$\dfrac{\tau_1+\tau_2}{K\cdot\tau_c}$	$\tau_1+\tau_2$	$\dfrac{\tau_1\cdot\tau_2}{\tau_1+\tau_2}$
$\dfrac{K\cdot e^{-\theta\cdot s}}{(\tau_1\cdot s+1)\cdot(\tau_2\cdot s+1)}$ para $e^{-\theta\cdot s}\cong 1-\theta\cdot s$	$\dfrac{\tau_1+\tau_2}{K\cdot(\tau_c+\theta)}$	$\tau_1+\tau_2$	$\dfrac{\tau_1\cdot\tau_2}{\tau_1+\tau_2}$
$\dfrac{K}{(\tau\cdot s)^2+2\cdot\xi\cdot\tau\cdot s+1}$	$\dfrac{2\cdot\xi\cdot\tau}{K\cdot\tau_c}$	$2\cdot\xi\cdot\tau$	$\dfrac{\tau}{2\cdot\xi}$
$\dfrac{K\cdot e^{-\theta s}}{(\tau\cdot s)^2+2\cdot\xi\cdot\tau\cdot s+1}$	$\dfrac{2\cdot\xi\cdot\tau}{K\cdot(\tau_c+\theta)}$	$2\cdot\xi\cdot\tau$	$\dfrac{\tau}{2\cdot\xi}$
$\dfrac{K\cdot(1-\beta\cdot s)}{(\tau\cdot s)^2+2\cdot\xi\cdot\tau\cdot s+1}$ $\beta>0$	$\dfrac{2\cdot\xi\cdot\tau}{K\cdot(\tau_c+\beta)}$	$2\cdot\xi\cdot\tau$	$\dfrac{\tau}{2\cdot\xi}$

Ademais, para modelos de processos integradores, emprega-se a seguinte expressão para o filtro G_f (CHIEN; FRUEHAUF, 1990):

$$G_f=\frac{(2\cdot\tau_C-C)\cdot s+1}{(\tau_C\cdot s+1)^2}\text{, sendo }C=\left.\frac{d\tilde{G}_+}{ds}\right|_{s=0}$$

Se $G(s)=K_i/s$ então $\tilde{G}_+=0$ e $C=0$. Mas se $G(s)=K_i e^{-\theta\cdot s}/s$, então $\tilde{G}_+=e^{-\theta\cdot s}$ e $C=-\theta$.

A sintonia gerada pelo método IMC resulta em um mau desempenho na resposta a perturbações para processos integradores, mas é robusta e geralmente provê respostas muito boas para mudanças no valor desejado (SKOGESTAD, 2003).

Exemplos de uso do método IMC são vistos nas Subseções 8.3.1, 8.3.5 e 8.3.6.

8.2.14 COMENTÁRIOS ACERCA DOS MÉTODOS DA SÍNTESE DIRETA E IMC

Há vários ajustes na Tabela 8.24 idênticos aos da Tabela 8.23, pois ambos os métodos usam a mesma função de transferência desejada de malha fechada $[1/(\tau_C \cdot s + 1)]$. Os métodos da Síntese Direta e IMC são aplicáveis a uma ampla gama de modelos de processo, ao passo que os métodos baseados na minimização do erro integrado, de Cohen-Coon, 3C, CHR e Curva de Reação de Ziegler-Nichols usam um modelo de sistema de primeira ordem mais tempo morto $[G(s) = K \cdot e^{-\theta \cdot s}/(\tau \cdot s + 1)]$.

A seleção do parâmetro τ_C é essencial, tanto no método da Síntese Direta quanto no método IMC. Em geral, um aumento de τ_C produz um controlador mais conservador, pois K_C diminui e T_I aumenta. Para um processo descrito por um sistema do tipo

$$G(s) = \frac{K \cdot e^{-\theta \cdot s}}{\tau \cdot s + 1}, \text{ diversas recomendações foram publicadas:}$$

a) $\tau_C/\theta > 0,8$ e $\tau_C > \tau/10$ (RIVERA; MORARI; SKOGESTAD, 1986);

b) $\tau > \tau_C > \theta$ (CHIEN; FRUEHAUF, 1990); e

c) $\tau_C = \theta$ (SKOGESTAD, 2003).

Modelos de primeira ou segunda ordem com tempo morto relativamente pequeno, isto é, com fator de incontrolabilidade $F_C = \theta/\tau << 1$, são usualmente intitulados modelos com constante de tempo dominante. Os métodos IMC e da Síntese Direta proveem resposta satisfatória a mudanças no valor desejado, mas respostas lentas a perturbações na carga, pois T_I é relativamente grande (igual a τ). Isso pode ser resolvido dos seguintes modos:

a) Aproxime o modelo com constante de tempo dominante por um modelo com integrador mais tempo morto (CHIEN; FRUEHAUF, 1990):

$$G(s) = \frac{K_i \cdot e^{-\theta \cdot s}}{s}$$

$$\text{em que } K_i = \frac{K}{\tau}$$

Pode-se então aplicar as sintonias das Tabelas 8.23 e 8.24.

b) Limite o valor de T_I (SKOGESTAD, 2003):

Faça $T_I = \text{mín}\{\tau, 4 \cdot (\tau_C + \theta)\}$.

8.2.15 CONTROLE POR MODELO INTERNO SIMPLES (SIMC – *SIMPLE INTERNAL MODEL CONTROL*)

Esse método é uma evolução da sintonia IMC da Subseção 8.2.13, em que, em vez de lidar com regras diferentes para cada modelo do processo, aproxima-se o processo por um sistema de primeira ou de segunda ordem mais tempo morto, e então emprega-se uma única regra de sintonia. Isso torna o método muito mais simples e, segundo o autor, gera sintonias com desempenho comparável ao método IMC (SKOGESTAD, 2003).

Considere um processo modelado por um sistema de segunda ordem com tempo morto:

$$\tilde{G}(s) = \frac{K \cdot e^{-\theta \cdot s}}{(\tau_1 \cdot s + 1) \cdot (\tau_2 \cdot s + 1)}$$

Considerando a Equação (8.14) com $\theta_C = \theta$, resulta:

$$\left(\frac{C}{R}\right)_d = \frac{e^{-\theta \cdot s}}{\tau_C \cdot s + 1} \tag{8.14a}$$

Em que a constante de tempo desejada da malha fechada é τ_C, já usada nas Subseções 8.2.12 e 8.2.13.

Da Equação (8.15), tem-se que o controlador para seguir o valor desejado é:

$$G_C(s) = \frac{1}{\tilde{G}} \frac{e^{-\theta \cdot s}}{1 + \tau_C \cdot s - e^{-\theta \cdot s}} = \frac{1}{K} \frac{(\tau_1 \cdot s + 1) \cdot (\tau_2 \cdot s + 1)}{1 + \tau_C \cdot s - e^{-\theta \cdot s}} \tag{8.15a}$$

Esse controlador não possui a forma do PID. Para chegar em uma estrutura PID é preciso fazer uma aproximação baseada em expansão da série de Taylor de primeira ordem:

$$e^{-\theta \cdot s} \cong 1 - \theta \cdot s \tag{8.16}$$

Substituindo-se essa aproximação no denominador da Equação (8.15a):

$$G_C(s) = \frac{1}{\tilde{G}} \frac{e^{-\theta \cdot s}}{(\tau_C + \theta) \cdot s} = \frac{1}{K} \frac{(\tau_1 \cdot s + 1) \cdot (\tau_2 \cdot s + 1)}{(\tau_C + \theta) \cdot s} = \frac{1}{K} \frac{(\tau_1 \cdot \tau_2 \cdot s^2 + (\tau_1 + \tau_2) \cdot s + 1)}{(\tau_C + \theta) \cdot s} \tag{8.15b}$$

A sintonia SIMC foi desenvolvida considerando o controlador PID interativo ou cascata, citado na Equação (7.5a) da Subseção 7.4.5 e reapresentado a seguir.

$$G_C(s) = \frac{\hat{M}(s)}{\hat{E}(s)} = K_C \cdot \left(1 + \frac{1}{T_I \cdot s}\right) \cdot (T_D \cdot s + 1) =$$
$$= \frac{K_C}{T_I \cdot s} \cdot \left(T_I \cdot T_D \cdot s^2 + (T_I + T_D) \cdot s + 1\right) \tag{7.5a}$$

Projeto e sintonia de controladores PID analógicos   **455**

A Equação (8.15b) é a forma interativa ou cascata do controlador PID. Portanto, comparando-se (8.15b) e (7.5a), a sintonia SIMC é dada por (SKOGESTAD, 2003):

$$K_C = \frac{1}{K} \frac{\tau_1}{\theta + \tau_C}$$

$$T_I = \tau_1$$

$$T_D = \tau_2$$

Essa sintonia visa a resposta ao valor desejado. A sintonia IMC original (RIVERA; MORARI; SKOGESTAD, 1986) propõe usar $T_I = \tau_1$, isto é, o tempo integral visa cancelar a dinâmica da constante de tempo dominante τ_1. Essa sintonia gera respostas muito boas a mudanças no valor desejado e a perturbações entrando diretamente na saída do processo (SKOGESTAD, 2003). No entanto, sabe-se que, para processos lentos (τ_1 grande) ou processos integradores, essa escolha gera uma resposta muito lenta para rejeitar perturbações, gerando um grande tempo de acomodação para perturbações na carga de entrada do processo (CHIEN; FRUEHAUF, 1990). Assim, para melhorar a resposta a perturbações na carga, propõe-se reduzir o tempo integral. No entanto, não se deve reduzi-lo muito, pois oscilações lentas podem surgir causadas pela dinâmica lenta do processo associada a um integrador rápido do controlador. Assim, no método SIMC, o termo integral foi alterado para melhorar a rejeição a perturbações para processos lentos ou integradores.

Há um bom equilíbrio entre resposta a perturbações e robustez escolhendo-se o tempo integral para evitar oscilações lentas. A solução em (SKOGESTAD, 2003) é $T_I = 8 \cdot \theta$, que rejeita bem perturbações em processos modelados por um sistema de primeira ordem com tempo morto. Uma primeira versão da sintonia SIMC é dada por (SKOGESTAD, 2003):

$$K_C = \frac{1}{K} \frac{\tau_1}{\theta + \tau_C}$$

$$T_I = \text{mín}[\tau_1, 4 \cdot (\theta + \tau_C)]$$

$$T_D = \tau_2$$

Em que $-\theta < \tau_C < \infty$. Para sintonias robustas, recomenda-se usar $\tau_C \geq \theta$.

A ação derivativa é sugerida para processos de segunda ordem com $\tau_2 > \theta$, sendo que o tempo derivativo é escolhido para cancelar a segunda maior constante de tempo do processo. A ação derivativa ainda é usada para estabilizar processos instáveis (SKOGESTAD, 2003).

O valor ótimo de τ_C é escolhido visando equilibrar os seguintes efeitos:

a) resposta rápida e boa rejeição a perturbações favorecidos por um pequeno τ_C; e

b) etabilidade, robustez e uso de pequenas variações no valor desejado, que são favorecidos por um valor alto de τ_C.

A principal limitação para atingir uma resposta rápida em malha fechada é o tempo morto do processo. Caso se faça $\tau_C = \theta$, consegue-se uma resposta razoavelmente rápida e um esforço de controle moderado, gerando a seguinte sintonia (SKOGESTAD, 2003):

$$K_C = \frac{0,5 \cdot \tau_1}{K \cdot \theta}$$

$$T_I = \text{mín}[\tau_1, 8 \cdot \theta]$$

$$T_D = \tau_2$$

Como citado anteriormente, essa sintonia se aplica à forma interativa ou cascata do controlador PID. Para derivar a sintonia correspondente para o PID ideal, faz-se:

$$G'_C(s) = \frac{\hat{M}'(s)}{\hat{E}(s)} = K'_C \cdot \left(1 + \frac{1}{T'_I \cdot s} + T'_D \cdot s\right)$$

$$K'_C = K_C \cdot \left(1 + \frac{T_D}{T_I}\right)$$

$$T'_I = T_I \cdot \left(1 + \frac{T_D}{T_I}\right)$$

$$T'_D = \frac{T_D}{1 + \dfrac{T_D}{T_I}}$$

Observe que os parâmetros de sintonia são idênticos para as formas ideal e interativa do PID quando se lida com controladores PI ($T_D = 0$) ou então PD ($T_I = \infty$).

Apresenta-se, a seguir, a sintonia SIMC para o PID ideal, considerando $\tau_C = \theta$.

$$T_I \leq 8 \cdot \theta:$$

$$K'_C = \frac{0,5}{K} \cdot \frac{\tau_1 + \tau_2}{\theta}$$

$$T'_I = \tau_1 + \tau_2$$

$$T'_D = \frac{\tau_2}{1 + \dfrac{\tau_2}{\tau_1}}$$

$$T_I \geq 8 \cdot \theta:$$

$$K'_C = \frac{0,5 \cdot \tau_1}{K \cdot \theta} \cdot \left(1 + \frac{\tau_2}{8 \cdot \theta}\right)$$

$$T'_I = 8 \cdot \theta + \tau_2$$

$$T'_D = \frac{\tau_2}{1 + \dfrac{\tau_2}{8 \cdot \theta}}$$

A sintonia SIMC é focada em processos modelados por sistemas de primeira ou segunda ordem com tempo morto, com τ_C como único parâmetro de sintonia. Usam-se as mesmas regras para controladores PI e PID, mas o valor dos parâmetros de sintonia são diferentes. Para se obter um controlador PI, usa-se um modelo de primeira ordem com $\tau_2 = 0$, e para um controlador PID, um modelo de segunda ordem, lembrando que controladores com ação derivativa são recomendados para processos com dinâmica de segunda ordem com $\tau_2 > \theta$.

Apresenta-se na Tabela 8.25 a sintonia recomendada pelo método SIMC para casos especiais de processos de segunda ordem com tempo morto.

Tabela 8.25 – Sintonia de controladores PID pelo método SIMC

Modelo do processo $G(s)$	Parâmetros do controlador PID		
	K_c	T_I	T_D
$G(s) = \dfrac{K \cdot e^{-\theta \cdot s}}{\tau_1 \cdot s + 1}$	$\dfrac{\tau_1}{K \cdot (\tau_c + \theta)}$	$\text{mín}[\tau_1 , 4 \cdot (\theta + \tau_c)]$	0
$G(s) = \dfrac{K \cdot e^{-\theta \cdot s}}{(\tau_1 \cdot s + 1) \cdot (\tau_2 \cdot s + 1)}$	$\dfrac{\tau_1}{K \cdot (\tau_c + \theta)}$	$\text{mín}[\tau_1 , 4 \cdot (\theta + \tau_c)]$	τ_2
$G(s) = K_i \cdot e^{-\theta \cdot s}$	0	0	0
$G(s) = \dfrac{K_i \cdot e^{-\theta \cdot s}}{s}$	$\dfrac{1}{K_i \cdot (\tau_c + \theta)}$	$4 \cdot (\theta + \tau_c)$	0
$G(s) = \dfrac{K_i \cdot e^{-\theta \cdot s}}{s \cdot (\tau_2 \cdot s + 1)}$	$\dfrac{1}{K_i \cdot (\tau_c + \theta)}$	$4 \cdot (\theta + \tau_c)$	τ_2
$G(s) = \dfrac{K_i \cdot e^{-\theta \cdot s}}{s^2}$	$\dfrac{1}{K_i \cdot 4 \cdot (\tau_c + \theta)^2}$	$4 \cdot (\theta + \tau_c)$	$4 \cdot (\theta + \tau_c)$

Exemplos de aplicação do método SIMC são vistos nas Subseções 8.3.1 e 8.3.2.

8.2.16 SINTONIA DE CONTROLADORES PARA PROCESSOS INTEGRADORES

Processos integradores são um caso especial de sintonia, pois não são descritos por modelos de primeira ou segunda ordem. O processo integrador mais comum é o nível de líquidos, que é um processo não autorregulado e que precisa ser mantido sob controle. Há duas especificações distintas para o desempenho da malha de controle (SMITH; CORRIPIO, 2005):

- controle rigoroso do nível: requer que o nível seja mantido próximo a seu valor de referência, como ocorre em evaporadores de circulação natural e refervedores devido à grande sensibilidade da taxa de transferência de calor com respeito ao nível;
- controle aproximado do nível: deseja-se atenuar o efeito de variações bruscas nas vazões de perturbação do tipo que ocorre na entrada de tanques de surto ou de acumuladores de líquido, de modo que a vazão de saída (manipulada) varie suavemente.

Uma especificação intermediária ocorre em reatores químicos em que se controla o nível para manter o volume de líquido no tanque aproximadamente constante. Nessas aplicações, é aceitável variações no nível de cerca de ± 5% em torno do valor de referência, o que é um controle menos exigente que para um evaporador ou refervedor.

Considere o controle de nível em um tanque com uma bomba na saída, como na Figura 8.15, em que a válvula de controle é colocada na descarga da bomba.

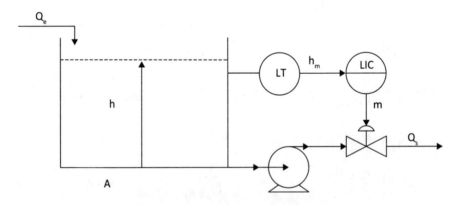

Figura 8.15 – Sistema de controle de nível em tanque.

Para definir a sintonia, analisa-se primeiro o comportamento do processo, que é modelado via balanço de massa. Considere que a massa específica do fluido que entra e sai do tanque seja a mesma. Resulta:

$$A\frac{dh(t)}{dt} = Q_e(t) - Q_s(t)$$

Empregando-se variáveis incrementais:

$$A \frac{d\hat{h}(t)}{dt} = \hat{Q}_e(t) - \hat{Q}_s(t)$$

Transformando essa expressão por Laplace, supondo-se que $\hat{h}(0) = 0$:

$$A \cdot s \cdot \hat{H}(s) = \hat{Q}_e(s) - \hat{Q}_s(s)$$

Supondo que, devido à presença da bomba, a vazão de saída Q_s seja função apenas da posição da válvula, e modelando-a como um sistema de primeira ordem:

$$\hat{Q}(s) = \frac{K_V}{\tau_V \cdot s + 1} \hat{M}(s)$$

sendo M(s) o sinal de saída do controlador.

Como medidores de nível costumam ser rápidos, pode-se modelá-los como ganhos:

$$\hat{H}_m(s) = K_T \cdot \hat{H}(s)$$

sendo $H_m(s)$ o sinal de saída do medidor.

Por fim, o controlador de nível pode ser modelado por:

$$\hat{M}(s) = G_C(s) \cdot \hat{e} = G_C(s) \cdot \left[\hat{H}_{ref}(s) - \hat{H}(s) \right],$$

sendo $H_{ref}(s)$ o valor desejado do nível.

A Figura 8.16 mostra o diagrama de blocos da malha de controle de nível.

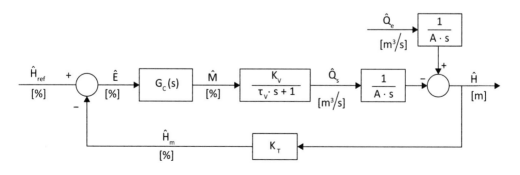

Figura 8.16 – Diagrama de blocos da malha de controle de nível.

O diagrama da Figura 8.16 pode ser reduzido ao diagrama da Figura 8.17.

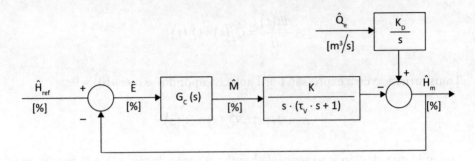

Figura 8.17 – Diagrama de blocos simplificado da malha de controle de nível.

Na Figura 8.17, tem-se que:

$$K = \frac{K_V \cdot K_T}{A} \quad e \quad K_D = \frac{K_T}{A}$$

Da Figura 8.17, resulta na seguinte função de transferência em malha fechada:

$$\hat{H}_m(s) = \frac{-K \cdot G_C(s)}{s \cdot (\tau_V \cdot s + 1) - K \cdot G_C(s)} \hat{H}_{ref}(s) + \frac{K_D \cdot (\tau_V \cdot s + 1)}{s \cdot (\tau_V \cdot s + 1) - K \cdot G_C(s)} \hat{Q}_e(s)$$

O sinal negativo na malha do processo exige que o controlador tenha ganho negativo (ação direta). Isso pode ser visto na Figura 8.16, pois um aumento na saída do controlador aumenta a vazão de saída e, assim, há uma redução no nível, indicando que o processo tem ação reversa, requerendo um controlador de ação direta.

Muitos controladores para controles de nível rigoroso ou aproximado são P. Como se vê nas Tabelas 8.23 e 8.24, um processo integrador requer um controlador P. Como o processo é integrador, o controlador não precisa ter ação I para eliminar o erro estacionário. Nesse caso, como é preciso um controlador de ação direta e se sugere que ele seja P, substitui-se $G_C(s)$ por $-K_C$ na função de transferência da malha fechada:

$$\hat{H}_m(s) = \frac{K \cdot K_C}{s \cdot (\tau_V \cdot s + 1) + K \cdot K_C} \hat{H}_{ref}(s) + \frac{K_D \cdot (\tau_V \cdot s + 1)}{s \cdot (\tau_V \cdot s + 1) + K \cdot K_C} \hat{Q}_e(s) \qquad (8.24)$$

Como um controlador P usualmente gera um erro em regime permanente, propõe-se estimá-lo. Para tal, aplica-se um degrau no valor desejado ΔH_{ref} e outro na vazão de entrada ΔQ_e. A mudança permanente no nível medido é calculada com $s = 0$ na Equação (8.24):

$$\Delta H_m = \Delta H_{ref} + \frac{K_D}{K \cdot K_C} \Delta Q_e$$

Projeto e sintonia de controladores PID analógicos **461**

O erro em regime permanente corresponde a:

$$e_{ss} = \Delta H_m - \Delta H_{ref} = \frac{K_D}{K \cdot K_C} \Delta Q_e = \frac{1}{K_V \cdot K_C} \Delta Q_e \tag{8.25}$$

Isso indica que, para um processo integrador com um controlador proporcional, não há erro em regime permanente para mudanças no valor de referência, mas somente para variações na carga. Esse erro é inversamente proporcional ao ganho do controlador K_C.

Da Equação (8.24), a equação característica desse sistema é dada por:

$$A(s) = s \cdot (\tau_V \cdot s + 1) + K \cdot K_C = 0$$

Suas raízes (polos do sistema em malha fechada) são:

$$p_{1,2} = \frac{-1 \pm \sqrt{1 - 4 \cdot \tau_V \cdot K \cdot K_C}}{2 \cdot \tau_V}$$

Essa expressão indica que ambos os polos do sistema em malha fechada são reais e negativos, desde que o ganho seja limitado a:

$$0 < K_C \leq \frac{1}{4 \cdot \tau_V \cdot K} = \frac{A}{4 \cdot \tau_V \cdot K_V \cdot K_T} \tag{8.26}$$

Esse é o máximo ganho K_C que gera uma resposta não oscilatória. Se K_C exceder esse valor máximo, a resposta se torna oscilatória, mas jamais instável, independentemente do ganho do controlador, pois a parte real dos polos complexos é sempre negativa. Se o ganho K_C for $1/4 \cdot \tau_V \cdot K$, então a função de transferência em malha fechada terá duas raízes idênticas e iguais a $-1/(2 \cdot \tau_V)$, significando que as constantes de tempo do sistema em malha fechada são idênticas e valem $2 \cdot \tau_V$. Como a maioria das válvulas de controle tem uma constante de tempo rápida, de poucos segundos, isso implica um controlador P que pode ser ajustado para gerar uma resposta rápida e não oscilatória, sujeita a erro em regime permanente por variações na carga (SMITH; CORRIPIO, 2005).

A sintonia proposta é para controle preciso do nível. No caso de um controle aproximado, suponha, por exemplo, que o vaso da Figura 8.15 seja um tanque de surto na alimentação de uma coluna de destilação contínua. É desejável que a coluna não sofra variações bruscas na vazão de alimentação, pois isso pode fazer os pratos transbordarem e afetar a composição dos produtos. Um controlador P é ideal para controle aproximado de nível, mas se deseja que seu ganho seja tão pequeno quanto possível, de modo a manter um nível aproximado no tanque e absorver as variações nas vazões de perturbação. O ganho mínimo do controlador é aquele que evita que o nível exceda a faixa do transmissor em qualquer instante. Para calcular esse ganho, considere a equação de um controlador P:

$$m(t) = K_C \cdot e(t) + \bar{m}$$

Para $\bar{m} = 50\%$, a válvula de controle estará meio aberta quando o nível estiver no valor desejado. Caso se ajuste o valor desejado em 50% da faixa do transmissor de nível, então o erro máximo é de ± 50%. Da equação do controlador P, nota-se que o mínimo ganho do controlador que evita que o nível exceda os limites do transmissor é unitário. Se o ganho for menor que 1, o nível deve exceder a faixa do transmissor para a válvula abrir totalmente ($m = 100\%$) ou fechar totalmente ($m = 0\%$). Para ganhos maiores que 1, a válvula pode atingir um de seus limites antes do nível atingir o limite da faixa do transmissor, mas então a vazão manipulada irá variar mais do que o necessário. Portanto, o controlador ideal de nível aproximado é do tipo P, com o valor desejado ajustado em 50% da faixa do transmissor, *manual reset* $\bar{m}$ igual a 50% e ganho unitário (SMITH; CORRIPIO, 2005).

Vê-se um exemplo de sintonia de PID para processo integrador na Subseção 8.3.8.

8.2.17 SINTONIA DE CONTROLADORES PID COM 2 GRAUS DE LIBERDADE (PID-2DoF)

O controlador PID-2DoF pode resolver o problema do controlador PID convencional de que as sintonias ótimas para rejeitar perturbações e para seguir o *set point* não são compatíveis em muitos casos práticos. Dentre os métodos de sintonia disponíveis para o controlador PID-2DoF está o método dos Dois Passos (*Two-step Tuning method*) (ARAKI; TAGUCHI, 2003), aplicado a controladores do tipo *feedforward*, como o mostrado na Figura 7.80. Esse método consiste em primeiro obter os parâmetros otimizados K_C, T_I e T_D do compensador série C_s e, em seguida, otimizar os valores β e γ do compensador antecipatório C_f. Analisando-se a função de transferência $G_d(s)$ na Figura 7.80, que relaciona o distúrbio $D(s)$ com a variável de saída do sistema $Y(s)$, nota-se que o compensador C_f não influi na rejeição ao distúrbio. Por isso, o método dos dois passos orienta, em seu primeiro passo, a otimização dos parâmetros do controlador C_s segundo técnicas de sintonia focadas na resposta ao distúrbio (modo regulatório). Obtidos os valores de K_C, T_I e T_D, o segundo passo pede que tais valores sejam fixados e, focando agora a resposta a variações do valor desejado (modo servo), que se busque os valores otimizados de β e γ.

As respostas da variável medida B a mudanças no *set point* R e na perturbação D são chamadas, respectivamente, resposta ao *set point* e à perturbação. Elas são normalmente usadas como medidas do desempenho da sintonia de controladores PID. Elas são usadas aqui para avaliar o desempenho do controlador PID-2DoF (ARAKI; TAGUCHI, 2003). A resposta ao *set point* é dada pela função de transferência em malha fechada dada por:

$$G_{yr}(s) = \frac{Y(s)}{R(s)} = \frac{\left[C_s(s) + C_f(s)\right] \cdot G_p(s)}{1 + C_s(s) \cdot G_p(s) \cdot H(s)} \tag{8.27}$$

Projeto e sintonia de controladores PID analógicos

A resposta à perturbação é dada por:

$$G_{yd}(s) = \frac{Y(s)}{D(s)} = \frac{G_d(s)}{1 + C_s(s) \cdot G_p(s) \cdot H(s)} \tag{8.28}$$

A Equação (8.28) indica que a resposta à perturbação $D(s)$ é totalmente determinada pelo compensador série $C_s(s)$. Por outro lado, a Equação (8.27) mostra que a resposta ao *set point* $R(s)$ depende de $C_s(s)$ e $C_f(s)$, e que, portanto, ela pode ser ajustada por $C_f(s)$, mesmo após $C_s(s)$ ter sido fixado. Essas observações sugerem o método de Sintonia de Dois Passos (ARAKI; TAGUCHI, 2003):

- passo 1: otimize a resposta à perturbação sintonizando $C_s(s)$, isto é, ajustando os parâmetros K_C, T_I e T_D; e

- passo 2: fixe $C_s(s)$ e otimize a resposta ao valor desejado sintonizando $C_f(s)$, isto é, ajustando os parâmetros β e γ.

Esse método permite que técnicas clássicas de sintonia de controladores PID sejam usadas no passo 1, e que o número de parâmetros a ser otimizado em cada passo seja pequeno (isto é, 3 e 2, respectivamente). Por outro lado, ele não assegura um resultado ótimo nos modos servo e regulatório, principalmente porque, visando simplificar o problema de sintonia, os autores introduziram duas hipóteses que nem sempre são satisfeitas na prática. A hipótese 1 é que na Figura 7.80 a função de transferência $H(s)$ do medidor seja unitária, e que o ruído de medição $N = 0$. A hipótese 2, mais incomum de ocorrer na prática, é que a perturbação entra na entrada do processo $G_p(s)$, de modo que, nesse caso, tem-se que $G_p(s) = G_D(s)$. Os próprios autores reconhecem que o método pode dar uma sintonia insatisfatória se a hipótese 2 não for atendida, com $G_D(s)$ tendo uma constante de tempo maior do que $G_p(s)$. Para contornar esse problema, os autores propõem duas alternativas: manter a estratégia de dois passos e modificar o ajuste por tentativa e erro até obter um resultado adequado ou, então, realizar um procedimento de sintonia em um só passo, otimizando simultaneamente os cinco parâmetros do controlador PID-2DoF. Esse tipo de problema é estudado em Taguchi e Araki (2002) e não é abordado aqui.

Nas Tabelas 8.26 a 8.28, exibem-se as sintonias pelo método dos Dois Passos, supondo válida a hipótese 2 e assumindo alguns modelos de processo $G_p(s) = G_D(s)$ (ARAKI; TAGUCHI, 2003).

Tabela 8.26 – Parâmetros ótimos para $G_p(s) = G_D(s) = \dfrac{e^{-\theta \cdot s}}{\tau \cdot s + 1}$

Relação θ/τ	Parâmetros de sintonia				
	K_C	T_I/τ	T_D/τ	β	γ
0,1	12,57	0,22	0,04	0,64	0,66
0,2	6,32	0,40	0,08	0,61	0,64
0,4	3,21	0,69	0,16	0,56	0,61
0,8	1,68	1,09	0,30	0,47	0,54

$$\text{Tabela 8.27 – Parâmetros ótimos para } G_P(s) = G_D(s) = \frac{e^{-\theta \cdot s}}{s}$$

Parâmetros de sintonia				
$K_C \cdot \theta$	T_I/τ	T_D/τ	β	γ
1,253	2,39	0,414	0,66	0,68

$$\text{Tabela 8.28 – Parâmetros ótimos para } G_P(s) = G_D(s) = \frac{e^{-\theta \cdot s}}{s \cdot (\tau \cdot s + 1)}$$

Relação θ/τ	Parâmetros de sintonia				
	K_C	T_I/τ	T_D/τ	β	γ
0,1	41,31	0,42	0,22	0,67	0,85
0,2	12,04	0,81	0,38	0,66	0,84
0,4	3,93	1,55	0,62	0,66	0,82
0,8	1,50	2,87	0,90	0,66	0,78

A seguir, mostra-se o mesmo exemplo da Subseção 8.2.9 e se compara o desempenho do controlador PID-2DoF da Equação (7.14) com o controlador PID modificado da Equação (8.5). O processo empregado é um sistema de primeira ordem com tempo morto:

$$G_P(s) = \frac{e^{-0,4 \cdot s}}{s+1} \text{ (constante de tempo e tempo morto em segundos)}$$

Os parâmetros do processo são:

$$K = 1, \tau = 1 \text{ s e } \theta = 0,4 \text{ s}$$

Por se tratar de um processo de primeira ordem com tempo morto, emprega-se a Tabela 8.26 para realizar a sintonia do controlador PID-2DoF. Resultam nos seguintes parâmetros: relação $\theta/\tau = 0,4$; $K_C = 3,21$; $T_I/\tau = 0,69 \rightarrow T_I = 0,69$; $T_D/\tau = 0,16 \rightarrow T_D = 0,16$; $\beta = 0,56$ e $\gamma = 0,61$.

No controlador PID modificado, usam-se os parâmetros de sintonia K_C, T_I, T_D e β da Subseção 8.2.9. Utiliza-se $N = 10$ no filtro da ação D de ambos os controladores. São feitas simulações aplicando-se um degrau unitário no *set point* em $t = 0,2$ s. Em $t = 3$ s, a planta sofre uma perturbação na carga em degrau unitário, que entra diretamente no processo. O resultado das simulações é visto na Figura 8.18, considerando a presença de ruído de medição. O controlador PID-2DoF foi pior no modo servo e melhor no modo regulatório, como mostra a Tabela 8.29, em que se comparam os índices IAE relativos à Figura 8.18.

Tabela 8.29 – Valor do índice IAE do caso apresentado na Figura 8.18

Variação no SP PID modificado	Variação no SP PID-2DoF	Perturbação na carga PID modificado	Perturbação na carga PID-2DoF
0,6842	0,7004	0,2787	0,2388

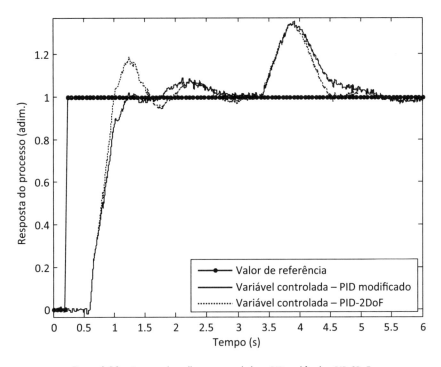

Figura 8.18 – Resposta da malha com controladores PID modificado e PID-2DoF.

8.2.18 SINTONIA DE CONTROLADORES PI-PD

A função de transferência do controlador PI-PD é apresentada na Equação (7.19) e repetida a seguir:

$$M(s) = K_C \cdot \left\{ \left[\frac{\beta}{\beta+1} R(s) - B(s) \right] + \frac{1}{T_I \cdot s} \left[R(s) - B(s) \right] - T_D \cdot s \cdot B(s) \right\} \quad (7.19)$$

Em que K_C, T_I e T_D são os parâmetros do PID tradicional, β é o parâmetro de sintonia do controlador PI-PD, $R(s)$ é o sinal de referência e $B(s)$ é a variável medida.

A sintonia do controlador PI-PD proposta em Kaya; Tan; Atherton (2003) e usada em Tsai e Tsai (2011) envolve a escolha adequada do parâmetro β após se obter uma boa sintonia para o PID tradicional. Assim como na técnica dos Dois Passos da Subseção 8.2.17, a ideia aqui é obter um bom controlador para o modo regulatório e melhorá-lo para o modo servo com a escolha adequada de β. Tal escolha é, em geral, parte de uma análise empírica e está ligada à dinâmica do sistema testado. Em Kaya; Tan; Atherton (2003), extensivas simulações revelaram que β = 0,2 resulta em um bom desempenho da malha de controle.

Apresenta-se agora o mesmo exemplo da Subseção 8.2.17 e se compara o desempenho dos controladores PID-2DoF e PI-PD. O processo usado é um sistema de primeira ordem com tempo morto:

$$G_p(s) = \frac{e^{-0.4 \cdot s}}{s+1} \quad \text{(constante de tempo e tempo morto em segundos)}$$

O controlador PID-2DoF usa a mesma sintonia da Subseção 8.2.17. O controlador PI-PD utiliza a sintonia gerada pelo método das Oscilações Contínuas de Ziegler-Nichols, como na Subseção 8.2.9, resultando nos seguintes parâmetros:

$$K_C = 2{,}752$$

$$T_I = 0{,}7015$$

$$T_D = 0{,}1754$$

$$\beta = 0{,}2$$

São feitas simulações aplicando-se um degrau unitário no *set point* em $t = 0{,}2$ s. Em $t = 3$ s, a planta sofre uma perturbação na carga em degrau unitário, que entra diretamente no processo. O resultado das simulações considerando ruído de medição é visto na Figura 8.19, incluindo os controladores PID-2DoF e PI-PD. O controlador PI-PD foi mais lento para atingir o novo *set point* no modo servo e no modo regulatório ele foi mais lento para retornar ao *set point*. Na Tabela 8.30, comparam-se os índices IAE relativos à Figura 8.19, e ela corrobora o que foi dito, pois no modo servo o controlador PI-PD apresentou um maior tempo de subida, e, no modo regulatório, um maior tempo de acomodação.

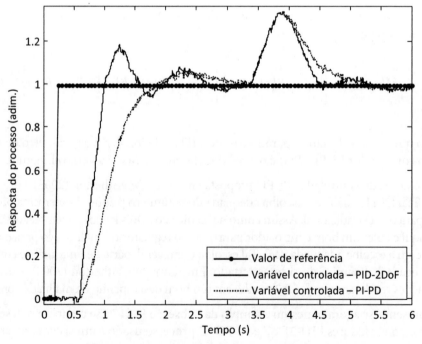

Figura 8.19 – Resposta da malha com controladores PID-2DoF e PI-PD.

Tabela 8.30 – Valor do índice IAE do caso apresentado na Figura 8.19

Variação no SP PID-2DoF	Variação no SP PI-PD	Perturbação na carga PID-2DoF	Perturbação na carga PI-PD
0,7004	0,9342	0,2388	0,2831

8.3 EXEMPLOS DE APLICAÇÃO DOS MÉTODOS DE PROJETO E SINTONIA DE CONTROLADORES PID

São mostrados aqui exemplos dos efeitos de sintonias distintas de controladores PID realizadas por meio de diferentes métodos quando aplicadas ao mesmo processo.

8.3.1 EXEMPLO DE DIFERENTES SINTONIAS APLICADAS AO MODELO DE UM TROCADOR DE CALOR

Seja o trocador de calor da Subseção 3.6.1 operando com controle em manual. Sua função de transferência aproximada é dada por:

$$G(s) = \frac{K \cdot e^{-\theta \cdot s}}{\tau \cdot s + 1} = \frac{0,962 \cdot e^{-\theta \cdot s}}{538 \cdot s + 1} \; [\text{adim.}]$$

A resposta do processo com controle P com ganho K_C que gera oscilações mantidas (K_{CU}) quando o *set point* muda em degrau de 45 °C para 50 °C é vista na Figura 8.20.

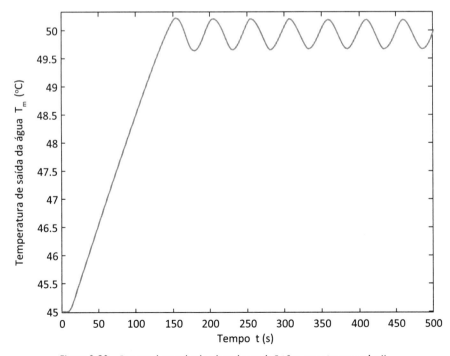

Figura 8.20 – Resposta do trocador de calor a degrau de 5 °C no *set point* com ganho K_{CU}.

Tem-se que $K_{CU} = 73,1$ e $P_U = 51,0$ s. Na Tabela 8.31 usam-se sete diferentes métodos para sintonizar controladores PI ou PID. Para os métodos de Síntese Direta e IMC, o valor de τ_C foi $\tau > \tau_C = \tau/30 = 17,9$ s $> \theta$, segundo a sugestão de Chien e Fruehauf (1990) citada na Subseção 8.2.13. Para o método SIMC, empregou-se $\tau_C = \theta = 10$ s.

Tabela 8.31 – Sintonia proposta por diversos métodos

Método de sintonia	K_c	T_I (s/rep)	T_D (s)
Oscilações Contínuas de Ziegler-Nichols (Z-N)	32,9	42,5	0
Cohen-Coon	50,4	32,0	0
Minimização do Erro Integrado (ITAE) (p/ variações no *set point*)	23,4	523,9	0
Minimização do Erro Integrado (ITAE) (p/ perturbações na carga)	43,8	53,1	0
Síntese Direta (para $\tau_C = \tau/30 = 17,9$ s)	20,0	538	0
IMC (para $\tau_C = \tau/30 = 17,9$ s)	24,6	543	4,95
SIMC (para $\tau_C = \theta = 10$ s)	28,0	80	0

A Figura 8.21 mostra a resposta a um degrau no *set point* de 45 °C para 48 °C em $t = 10$ s. Este degrau é diferente da Figura 8.20, para verificar que K_{CU} e P_U foram obtidos com um *set point* e que o controlador é testado com outro.

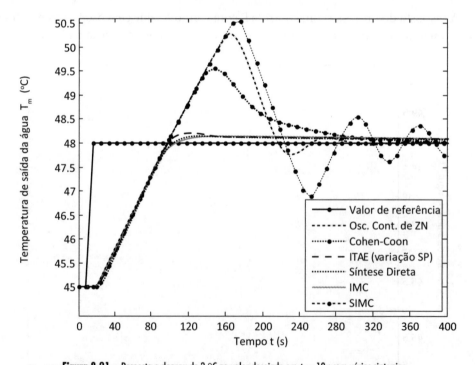

Figura 8.21 – Resposta a degrau de 3 °C no valor desejado em $t = 10$ s com várias sintonias.

Na Figura 8.21, a sintonia das Oscilações Contínuas de Ziegler-Nichols gerou um grande sobressinal e a resposta foi um pouco oscilatória. A sintonia de Cohen-Coon gerou um sobressinal um pouco maior e uma resposta excessivamente oscilatória. A sintonia da minimização do índice ITAE para variação no *set point* gerou um pequeno sobressinal e uma resposta não oscilatória. Os resultados das sintonias da Síntese Direta e IMC foram muito parecidos, com respostas muito próximas a um sistema de primeira ordem, com constante de tempo de cerca de τ_C = 33 s, quase o dobro do valor projetado de τ_C = 17,9 s. A sintonia SIMC gerou o terceiro maior sobressinal e teve um retorno lento ao valor desejado, mas sem oscilações. O melhor resultado foi obtido por meio das sintonias da Síntese Direta e IMC.

Testa-se agora a resposta do sistema a uma perturbação na carga, variando-se a temperatura de entrada T_e em t = 10 s de 20 °C para 30 °C, como mostrado na Figura 8.22.

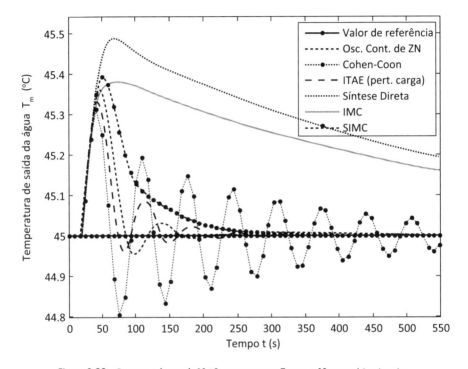

Figura 8.22 – Resposta a degrau de 10 °C na temperatura T_e em t = 10 s com várias sintonias.

Na Figura 8.22, a sintonia das Oscilações Contínuas de Z-N gerou um sobressinal relativamente grande, mas a resposta foi pouco oscilatória. A sintonia de Cohen-Coon teve um sobressinal um pouco menor, mas foi a mais oscilatória. A sintonia pela Minimização do Critério ITAE para perturbação na carga gerou um sobressinal similar ao ajuste de Cohen-Coon e uma resposta um pouco mais oscilatória que a da sintonia das Oscilações Contínuas de Z-N. A sintonia da Síntese Direta gerou o maior sobressinal, mas a resposta não foi oscilatória. A sintonia IMC teve um resultado similar ao da Síntese Direta, mas com um sobressinal um pouco menor. A sintonia SIMC gerou um sobressinal similar ao da sintonia IMC, sem oscilações, mas com um tempo de acomodação elevado. Nesse caso, a sintonia com a melhor resposta foi a das Oscilações Contínuas de Ziegler-Nichols.

Conforme citado na Subseção 8.2.12, para modelos com constante de tempo dominante, que é o caso deste exemplo, os métodos IMC e da Síntese Direta proveem uma resposta satisfatória a variações no valor de referência, mas respostas muito lentas a perturbações na carga, pois o valor de T_I é relativamente grande, sendo igual a τ. Aplicam-se, a seguir, as duas sugestões da Subseção 8.2.13 para resolver esse problema. A primeira é substituir o modelo com constante de tempo dominante por um modelo com integrador mais tempo morto (CHIEN; FRUEHAUF, 1990):

$$G(s) = \frac{K_i \cdot e^{-\theta \cdot s}}{s}$$

em que $K_i = \dfrac{K}{\tau}$

No caso deste exemplo, tem-se que:

$$G(s) = \frac{0,962/538 \cdot e^{-10 \cdot s}}{s}$$

Aplica-se a sintonia da Síntese Direta da Tabela 8.23 a um controlador PI e a sintonia IMC da Tabela 8.24 a um controlador PID, conforme mostrado na Tabela 8.32.

Tabela 8.32 – Sintonias sugeridas para processo com constante de tempo dominante

Método de sintonia	K_C	T_I (s/rep)	T_D (s)
Síntese Direta (aplicada a modelo integrador com tempo morto)	32,9	45,8	0
IMC (aplicada a modelo integrador com tempo morto)	48,8	45,8	4,45
Síntese Direta (com limitação no valor de T_I)	20,0	111,6	0
IMC (com limitação no valor de T_I)	24,6	111,6	4,95

A segunda sugestão consiste em limitar o valor de T_I (SKOGESTAD, 2003), fazendo-se $T_I = \text{mín}\{\tau, 4 \cdot (\tau_C + \theta)\}$. No caso deste exemplo, resulta:

$$T_I = \text{mín}\{538; 111,6\} = 111,6 \text{ s/rep}$$

O processo é simulado de novo com essas sintonias. Na Figura 8.23, exibe-se a resposta a um degrau de 3 °C no valor desejado. Para comparar, mostra-se também a resposta da melhor sintonia da Figura 8.15 (método da Síntese Direta). Na Figura 8.23, as sintonias da Síntese Direta e IMC aplicadas a um processo integrador com tempo morto geraram um sobressinal bem maior que as criadas por ambos os métodos com T_I limitado. No caso servo, não compensou mexer nas sintonias originais da Síntese Direta e IMC.

Na Figura 8.24, mostram-se as respostas a uma perturbação em degrau de 10 °C na temperatura de entrada T_e. Exibe-se a resposta obtida com a melhor sintonia da Figura 8.22 (Oscilações Contínuas de Z-N). As sintonias com T_I limitado não tiveram um bom desempenho. Já a sintonia da Síntese Direta para processo integrador com tempo morto ficou boa e muito parecida com a sintonia das Oscilações Contínuas de Z-N. A sintonia IMC para processo integrador com tempo morto foi a melhor, com o menor sobressinal e sem oscilações.

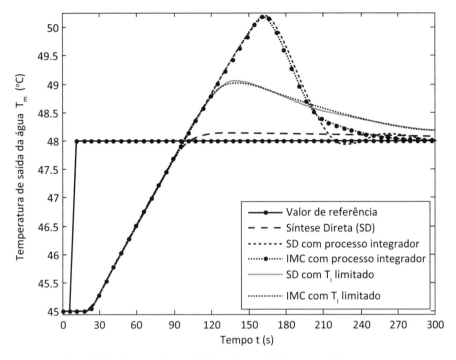

Figura 8.23 – Resposta a degrau de 3 °C no valor de referência em $t = 10$s com sintonias voltadas a processos com constante de tempo dominante.

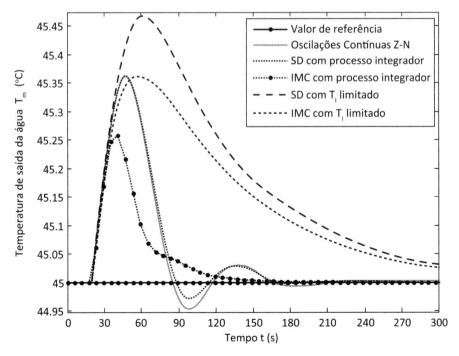

Figura 8.24 – Resposta a degrau de 10 °C na temperatura de entrada T_e em $t = 10$s com sintonias voltadas a processos com constante de tempo dominante.

8.3.2 EXEMPLO DE AJUSTE USANDO MÉTODOS DA CURVA DE REAÇÃO DO PROCESSO DE Z-N, SÍNTESE DIRETA E SIMC APLICADOS PARA CONTROLAR UM TROCADOR DE CALOR

Um fluido é aquecido por um trocador de calor, como na Figura 8.25 (SEBORG; EDGAR; MELLICHAMP, 2010). Esse processo já foi usado na Subseção 3.6.2 e, como visto lá, durante um teste em malha aberta, a pressão de vapor P_v foi rapidamente mudada de 18 para 20 psi, sendo que a temperatura medida de saída $T_{s,m}$ foi registrada. O ganho da válvula de controle é $K_V = 0,9$ psi/psi e do conversor I/P é $K_{IP} = 0,75$ psi/mA, ambos com dinâmica desprezível.

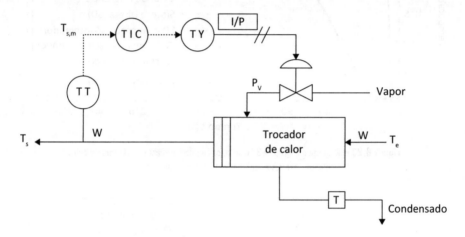

Figura 8.25 – Esquema do trocador de calor.

a) Sintonize um controlador PID usando os métodos da Síntese Direta (selecione um valor razoável para τ_c), SIMC e da Curva de Reação do Processo de Ziegler-Nichols.

b) Execute simulações com os três controladores, com o transmissor de temperatura calibrado de 20 °C a 60 °C, valor desejado de 40 °C e variando-o de +4 °C em $t = 1$ min. Avalie o índice ISE para ambas as respostas. Qual sintonia desempenhou melhor?

Solução:

a) Para sintonizar um PID, é preciso primeiro um modelo do processo mais instrumentação:

$$G(s) = \frac{T_{s,m}(s)}{m(s)} = K_{IP} \cdot K_V \cdot G_P$$

Supõe-se que G_P abranja o processo e o medidor de temperatura. No caso da Subseção 3.6.2, diversos modelos do processo G_P foram obtidos por meio de

Projeto e sintonia de controladores PID analógicos

diferentes métodos. Optou-se aqui por usar dois modelos distintos (os obtidos pelos métodos de Ziegler-Nichols (Z-N) e de Smith) para que se pudesse comparar as distintas sintonias do PID.

$$G_P(s) = \frac{T_{s,m}(s)}{P_v(s)} = \frac{K_P \cdot e^{-\theta \cdot s}}{\tau \cdot s + 1} = \frac{2,45 \cdot e^{-1,2 \cdot s}}{6,6 \cdot s + 1} \frac{\text{mA}}{\text{psi}} \quad \text{modelo pelo método de Z-N}$$

$$G_P(s) = \frac{T_{s,m}(s)}{P_v(s)} = \frac{K_P \cdot e^{-\theta \cdot s}}{\tau \cdot s + 1} = \frac{2,45 \cdot e^{-2,2 \cdot s}}{3,3 \cdot s + 1} \frac{\text{mA}}{\text{psi}} \quad \text{modelo pelo método de Smith}$$

Resultam nas seguintes funções de transferência do processo mais instrumentação:

$$G(s) = \frac{T_{s,m}(s)}{M(s)} = K_{IP} \cdot K_V \cdot G_P = \frac{1,65 \cdot e^{-1,2 \cdot s}}{6,6 \cdot s + 1} \; [\text{adim.}] \; \text{modelo pelo método de Z-N}$$

$$G(s) = \frac{T_{s,m}(s)}{M(s)} = K_{IP} \cdot K_V \cdot G_P = \frac{1,65 \cdot e^{-2,2 \cdot s}}{3,3 \cdot s + 1} \; [\text{adim.}] \; \text{modelo pelo método de Smith}$$

Usa-se a Tabela 8.23 na sintonia pelo método da Síntese Direta (SD). Como $G(s)$ descreve um sistema de primeira ordem mais tempo morto, o controlador obtido é um PI. No método SD, deve-se definir τ_C. Com $\tau_C = \theta$, resultam nos ajustes da Tabela 8.33.

Tabela 8.33 – Ajuste proposto para o controlador PI pelo método da Síntese Direta

Parâmetros de sintonia	Sintonia do PI para modelo gerado pelo método de Ziegler e Nichols	Sintonia do PI para modelo gerado pelo método de Smith
$K_C = \dfrac{\tau}{K \cdot (\tau_c + \theta)}$	1,67	0,455
$T_I = \tau$	6,6 min/rep	3,3 min/rep
Controlador obtido	$G_c(s) = 1,67 \cdot \left(1 + \dfrac{1}{6,6 \cdot s}\right)$	$G_c(s) = 0,455 \cdot \left(1 + \dfrac{1}{3,3 \cdot s}\right)$

Aplica-se a Tabela 8.25 para sintonizar o controlador pelo método SIMC, gerando um controlador PI. Empregando-se $\tau_C = \theta$, resultam nos ajustes da Tabela 8.34.

Tabela 8.34 – Ajuste proposto para o controlador PI pelo método SIMC

Parâmetros de sintonia	Sintonia do PI para modelo gerado pelo método de Ziegler e Nichols	Sintonia do PI para modelo gerado pelo método de Smith
$K_C = \dfrac{\tau}{K \cdot (\tau_C + \theta)}$	1,67	0,455
$T_I = \min(\tau, 8 \cdot \theta)$	6,6 min/rep	3,3 min/rep
Controlador obtido	$G_C(s) = 1,67 \cdot \left(1 + \dfrac{1}{6,6 \cdot s}\right)$	$G_C(s) = 0,455 \cdot \left(1 + \dfrac{1}{3,3 \cdot s}\right)$

Nesse caso, as sintonias pelos métodos SD e SIMC geraram exatamente os mesmos valores. Assim, nas simulações feitas na alínea "b", apenas a sintonia SD é citada.

Para sintonizar pelo método da Curva de Reação de Ziegler-Nichols, usa-se a Tabela 8.6 para obter T_I e T_D e a Tabela 8.7 para estimar K_C, gerando-se a Tabela 8.35.

Tabela 8.35 – Ajustes do PID gerados pelo método da Curva de Reação de Ziegler-Nichols

Parâmetros de sintonia	Sintonia do PID para modelo gerado pelo método de Ziegler e Nichols	Sintonia do PID para modelo gerado pelo método de Smith
$K_C = 1,2 \cdot \tau / K \cdot \theta$	4,0	1,09
$T_I = 2 \cdot \theta$	2,4 min/rep	4,4 min/rep
$T_D = \theta/2$	0,6 min	1,1 min
Controlador obtido	$G_C(s) = 4,0 \cdot \left(1 + \dfrac{1}{2,4 \cdot s} + 0,6 \cdot s\right)$	$G_C(s) = 1,09 \cdot \left(1 + \dfrac{1}{4,4 \cdot s} + 1,1 \cdot s\right)$

b) O modelo da planta usado nas simulações é neutro, pois foi gerado pelo método de Sundaresan e Krishnaswamy (vide Item 3.5.2.4) e nenhuma das sintonias se baseou nele:

$$G_P(s) = \frac{T_{s,m}(s)}{M(s)} = \frac{1,65 \cdot e^{-2,6 \cdot s}}{2,4 \cdot s + 1}$$

Varia-se em 10% (1,6 mA) o *set point* em $t = 1$ min. Usaram-se as quatro sintonias das Tabelas 8.33 e 8.35, com as respostas dadas na Figura 8.26. A malha com o PI ajustado pelo método SD usando o modelo de Smith quase não oscilou e teve o menor tempo de acomodação. A malha com o PID ajustado pelo método da Curva de Reação de Ziegler-Nichols (CR-ZN) usando o modelo de Smith ficou bem mais oscilatória, mas com oscilações de pequena amplitude. O PI ajustado pelo método SD e o PID pelo método CR-ZN, ambos usando o modelo de Z-N, geraram malhas instáveis com oscilações não amortecidas.

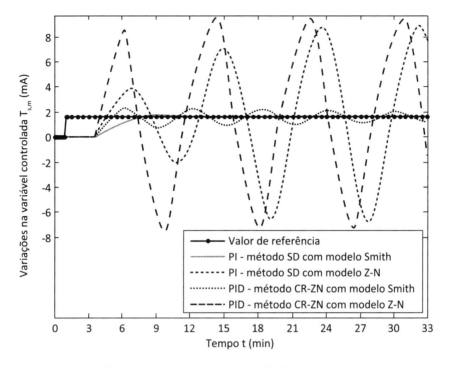

Figura 8.26 – Resposta da malha com controladores PI e PID com diferentes sintonias.

Esse exemplo mostra ser essencial ter um bom modelo para sintonizar, pois os controladores ajustados com base no modelo de Z-N geraram sistemas instáveis devido à imprecisão no traçado da tangente por esse método. O índice ISE, integrado até 33 minutos, é visto na Tabela 8.36. Com base nesse índice, o controlador com melhor desempenho foi o PI sintonizado pelo método SD empregando o modelo de Smith.

Tabela 8.36 – Valores de ISE obtidos pelos controladores PI e PID

Controlador empregado	ISE
PI sintonizado pelo método SD empregando modelo de Smith	9,692
PID sintonizado pelo método CR-ZN empregando modelo de Smith	13,27
PI sintonizado pelo método SD empregando modelo de Z-N	579,5
PID sintonizado pelo método CR-ZN empregando modelo de Z-N	865,2

8.3.3 EXEMPLO DE AJUSTE COM MÉTODOS DE COHEN-COON E ITAE PARA CONTROLAR UM CSTR

Seja o sistema de controle para o reator contínuo com agitação da Subseção 3.6.4.

a) Ajuste um controlador PID usando o método de Cohen-Coon e as relações ITAE para variações no valor desejado.

476 · Controle de processos industriais – volume 1

b) Simule o sistema com ambas as sintonias, supondo o transmissor de temperatura calibrado de 20 °C a 80 °C, valor desejado em 50 °C e que ele varie +5 °C em $t = 0{,}5$ min.

c) Avalie o índice ITAE para as duas respostas. Qual sintonia teve melhor desempenho?

Solução:

a) Os métodos de Cohen-Coon e das relações ITAE precisam de modelos de primeira ordem mais tempo morto. O modelo aproximado do processo obtido na Subseção 3.6.4 é:

$$G(s) = \frac{T_m(s)}{M(s)} = \frac{K \cdot e^{-\theta \cdot s}}{\tau \cdot s + 1} = \frac{0{,}60 \cdot e^{-2{,}4 \cdot s}}{3{,}8 \cdot s + 1} \frac{°C}{\%}$$

Esse modelo não tem ganho adimensional, como é preciso para sintonizar controladores. O sinal de saída do processo é uma temperatura em °C. Como o sinal de entrada do modelo é dado em %, seu sinal de saída tem que estar assim, sendo preciso converter o sinal de °C para %. Isso é feito aplicando-se o seguinte ganho:

$$K_{C\%} = \frac{\Delta S}{\Delta E} = \frac{100 - 0}{80 - 20} \frac{\%}{°C} = 1{,}67 \frac{\%}{°C}$$

Portanto, a função de transferência do processo relaciona a temperatura medida (T_m) com a saída do controlador (m), ambas em % e é dada por:

$$G(s) = \frac{T_m(s)}{M(s)} = \frac{K_{C\%} \cdot K \cdot e^{-\theta \cdot s}}{\tau \cdot s + 1} = \frac{e^{-3{,}4 \cdot s}}{3{,}8 \cdot s + 1} \text{ [adim.]}$$

Nota-se que o ganho de $G(s)$ é unitário. Isso pode ser comprovado verificando-se os sinais de saída e de entrada do sistema. Analisando-se a Figura 3.55, percebe-se que, para uma variação na saída do controlador de 12,5%, a variação resultante na saída do processo é de 7,5 °C. O ganho [adim.] desse sistema é dado por:

$$K = \frac{\Delta S}{\Delta E} = \frac{7{,}5 / 60}{12{,}5 / 100} = 1$$

Aplicando-se o método de Cohen-Coon e as relações ITAE para variações no valor desejado, resulta na Tabela 8.37.

Projeto e sintonia de controladores PID analógicos

Tabela 8.37 – Ajustes propostos para o controlador PID gerados pelo método de Cohen-Coon e pelas relações ITAE para variação no valor de referência

Parâmetro	Método de Cohen-Coon	Relação ITAE p/ variação no *set point*
K_c	$\dfrac{1}{K}\cdot\left(\dfrac{4\cdot\tau}{3\cdot\theta}+\dfrac{1}{4}\right)=\dfrac{4\cdot3,8}{3\cdot2,4}+\dfrac{1}{4}=2,36$	$\dfrac{A}{K}\cdot\left(\dfrac{\theta}{\tau}\right)^{B}=0,965\cdot\left(\dfrac{3,4}{3,8}\right)^{-0,85}=1,62$
T_I	$\theta\dfrac{32+\dfrac{6\cdot\theta}{\tau}}{13+\dfrac{8\cdot\theta}{\tau}}=4,76\,\dfrac{\text{min}}{\text{rep}}$	$\dfrac{\tau}{C+D\cdot\left(\dfrac{\theta}{\tau}\right)}=5,78\,\dfrac{\text{min}}{\text{rep}}$
T_D	$\dfrac{4\cdot\theta}{11+\dfrac{2\cdot\theta}{\tau}}=0,783\,\text{min}$	$\tau\cdot E\cdot\left(\dfrac{\theta}{\tau}\right)^{F}=0,869\,\text{min}$
Algoritmo PID	$G_C(s)=2,36\cdot\left(1+\dfrac{1}{4,76\cdot s}+0,783\cdot s\right)$	$G_C(s)=1,62\cdot\left(1+\dfrac{1}{5,78\cdot s}+0,869\cdot s\right)$

b) Para realizar as simulações solicitadas para ambas as sintonias, emprega-se o modelo que representa o processo real, dado na Subseção 3.6.4.

$$G(s)=\frac{0,60}{6\cdot s^3+11\cdot s^2+6\cdot s+1}\,\frac{^\circ C}{\%}=\frac{1}{6\cdot s^3+11\cdot s^2+6\cdot s+1}\left[\text{adim.}\right]$$

A Figura 8.27 mostra a resposta a um degrau de 5 °C no valor desejado em $t=0,5$ min. A sintonia pelo método de Cohen-Coon (CC) produziu um sobressinal maior e mais oscilações na resposta. Já a sintonia pelo método ITAE gerou um sobressinal menor e poucas oscilações, sendo, portanto, a melhor nesse caso.

c) Avaliar o índice ITAE para a resposta dos dois controladores. Qual deles foi melhor?

O sistema foi simulado por 16 minutos e o índice ITAE resultou nos seguintes valores:

$$\text{ITAE\_CC} = 118,7$$

$$\text{ITAE\_ITAE} = 101,2$$

De acordo com esse critério, o controlador com melhor desempenho foi o PID sintonizado pelo método ITAE, o que concorda com a avaliação da alínea anterior.

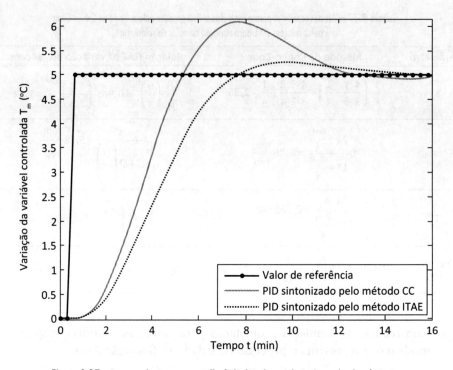

Figura 8.27 – Resposta do sistema em malha fechada a degrau de 5 °C no valor de referência.

8.3.4 EXEMPLO DE CONTROLADOR SINTONIZADO PELOS MÉTODOS CHR E DAS OSCILAÇÕES CONTÍNUAS DE ZIEGLER-NICHOLS

Seja o trocador de calor da Figura 8.28. A curva de reação do processo da Figura 8.29 foi obtida aplicando-se um degrau de 0,8 mA (5%) na saída manual do controlador.

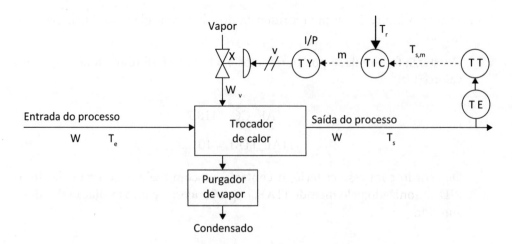

Figura 8.28 – P&ID de trocador de calor.

Projeto e sintonia de controladores PID analógicos 479

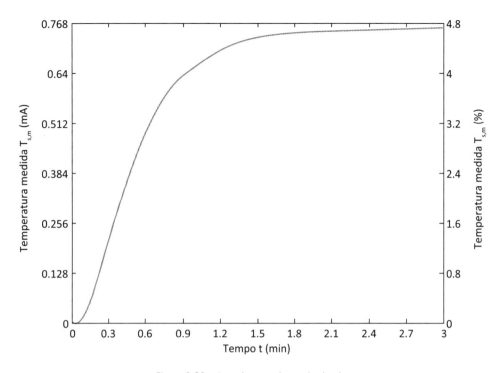

Figura 8.29 – Curva de reação do trocador de calor.

a) Sintonize um controlador PID pelo método CHR aplicado no modo servo.

b) Estime o ganho limite K_{CU} e o período limite P_U do sistema.

c) Avalie os valores dos parâmetros de um controlador PID pelo método das Oscilações Contínuas de Ziegler-Nichols (Z-N).

d) Simule o processo com o controlador PID ajustado pelas diferentes sintonias, supondo um degrau no valor de referência de 4 °C aplicado em $t = 0{,}05$ min.

Solução:

a) Para sintonizar um controlador PID pelo método CHR, é preciso gerar um modelo do processo de primeira ordem mais tempo morto. Para tal, utiliza-se o método de Smith (vide Item 3.5.2.3), sendo necessário estimar na curva de reação, o tempo para a resposta atingir 28,4% e 63,2% de seu valor final. Da Figura 8.29, tem-se que:

$$t_{0,284} = 0{,}305 \text{ min} \quad \text{e} \quad t_{0,632} = 0{,}598 \text{ min}$$

Resulta:

$$\tau = 1{,}5 \cdot (t_{0,632} - t_{0,284}) = 0{,}440 \text{ min}$$

$$\theta = 1{,}5 \cdot \left(t_{0,284} - \frac{t_{0,632}}{3} \right) = t_{0,632} - \tau = 0{,}158 \text{ min}$$

O ganho é calculado pela variação na temperatura medida dividida pela variação na variável manipulada:

$$K = \frac{\Delta T_{s,m}}{\Delta m} = \frac{0,757 \text{ mA}}{0,8 \text{ mA}} = 0,946$$

Para a sintonia do PID para o modo servo, a Tabela 8.8 indica que:

$$K_C = \frac{0,6 \cdot \tau}{K \cdot \theta} = 1,77 \text{ [adim.]}$$

$$T_I = \tau = 0,440 \text{ min/rep}$$

$$T_D = \frac{\theta}{2} = 0,0790 \text{ min}$$

O controlador PID resultante tem a seguinte forma:

$$G_C(s) = 1,77 \cdot \left(1 + \frac{1}{0,440 \cdot s} + 0,0790 \cdot s\right)$$

b) Pode-se estimar o ganho limite K_{CU} e o período limite P_U do sistema, aplicando-se as Equações (8.2a) e (8.2b):

$$K_{CU} = \frac{2 \cdot \tau + \theta}{K \cdot \theta} = \frac{2 \cdot 0,440 + 0,158}{0,946 \cdot 0,158} = 6,94 \quad \text{e} \quad P_U = \frac{\pi \cdot \theta}{\sqrt{1 + \frac{\theta}{\tau}}} = 0,426 \text{ min}$$

Para conferir se esses valores são precisos, calcula-se teoricamente K_{CU} e P_U, partindo-se do diagrama de blocos da Figura 8.30, relativo ao P&ID da Figura 8.28.

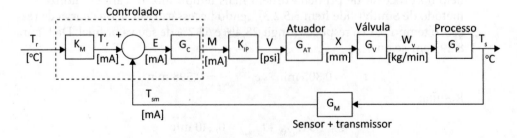

Figura 8.30 – Diagrama de blocos do trocador de calor.

As funções de transferência que descrevem as partes do sistema são:

- conversor I/P: $G_{IP}(s) = \dfrac{V(s)}{M(s)} = K_{IP} = 0,75\ \dfrac{\text{psi}}{\text{mA}}$

- atuador da válvula de controle: $G_{AT}(s) = \dfrac{X(s)}{V(s)} = \dfrac{1,59}{0,083 \cdot s + 1}\ \dfrac{\text{mm}}{\text{psi}}$

- corpo da válvula de controle: $G_V(s) = \dfrac{W_v(s)}{X(s)} = K_V = 1,50\ \dfrac{\text{kg}/\text{min}}{\text{mm}}$

- processo: $G_P(s) = \dfrac{T_s(s)}{W_v(s)} = \dfrac{2,45}{(0,057 \cdot s + 1) \cdot (0,42 \cdot s + 1)}\ \dfrac{°\text{C}}{\text{kg}/\text{min}}$

- sensor + transmissor de temperatura: $G_M(s) = \dfrac{T_{s,m}(s)}{T_s(s)} = \dfrac{0,216}{0,025 \cdot s + 1}\ \dfrac{\text{mA}}{°\text{C}}$

Para calcular o ganho limite K_{CU} e o período limite P_U do sistema, monta-se a função de transferência do sistema em malha fechada.

$$G_{MF}(s) = \frac{T_s(s)}{T_r(s)} = \frac{K_M \cdot G_C \cdot K_{IP} \cdot G_{AT} \cdot K_V \cdot G_P}{1 + G_C \cdot K_{IP} \cdot G_{AT} \cdot K_V \cdot G_P \cdot G_M}$$

$$G_{MF}(s) = \frac{T_s(s)}{T_r(s)} = \frac{0,216 \cdot K_C \cdot 0,75\ \dfrac{1,59}{0,083 \cdot s + 1}\ 1,50\ \dfrac{2,45}{(0,057 \cdot s + 1) \cdot (0,42 \cdot s + 1)}}{1 + K_C \cdot 0,75\ \dfrac{1,59}{(0,083 \cdot s + 1)}\ 1,50\ \dfrac{2,45}{(0,057 \cdot s + 1) \cdot (0,42 \cdot s + 1)}\ \dfrac{0,216}{(0,025 \cdot s + 1)}}$$

A equação característica desse sistema é dada por:

$$A(s) = 1 + \frac{0,9466 \cdot K_C}{(0,083 \cdot s + 1) \cdot (0,057 \cdot s + 1) \cdot (0,42 \cdot s + 1) \cdot (0,025 \cdot s + 1)} = 0$$

$$A(s) = 0,00004968 \cdot s^4 + 0,003575 \cdot s^3 + 0,07753 \cdot s^2 + 0,5850 \cdot s + 1 + 0,9466 \cdot K_C = 0$$

Aplicando-se o método de Routh:

$$0 < K_C < 10,93$$

Portanto $K_{CU} = 10,93$. Substituindo-se s por $j \cdot \omega_n$ na equação característica e fazendo-se $K_C = K_{CU} = 10,93$:

$$\omega_n = 12,79\ \frac{\text{rad}}{\text{min}}$$

Poder-se-ia usar o método da substituição direta para estimar K_{CU} e ω_n, bastando substituir s por $j \cdot \omega_n$ na equação característica. O período limite P_U é dado por:

$$P_U = \frac{2 \cdot \pi}{\omega_n} = \frac{2 \cdot \pi}{12,79} = 0,491 \text{ min}$$

O valor aproximado calculado para K_{CU} é 6,94 e para P_U é 0,426 min, havendo, portanto, um desvio com relação aos valores reais.

c) Calculam-se os parâmetros do PID pelo método das Oscilações Contínuas de Ziegler-Nichols, usando tanto os valores aproximados quanto os exatos para K_{CU} e P_U.

Sintonia com valores exatos:

$$K_C = 0,6 \cdot K_{CU} = 6,56$$

$$T_I = \frac{P_U}{2} = 0,246 \frac{\text{min}}{\text{rep}}$$

$$T_D = \frac{P_U}{8} = 0,0614 \text{ min}$$

O controlador PID resultante tem a seguinte forma:

$$G_C(s) = 6,56 \cdot \left(1 + \frac{1}{0,246 \cdot s} + 0,0614 \cdot s \right)$$

Sintonia com valores aproximados:

$$K_C = 0,6 \cdot K_{CU} = 4,16$$

$$T_I = \frac{P_U}{2} = 0,213 \frac{\text{min}}{\text{rep}}$$

$$T_D = \frac{P_U}{8} = 0,0532 \text{ min}$$

O controlador PID fica:

$$G_C(s) = 4,16 \cdot \left(1 + \frac{1}{0,213 \cdot s} + 0,0532 \cdot s \right)$$

d) A simulação do processo com o PID ajustado pelos métodos CHR e das Oscilações Contínuas de Z-N com valores exato e aproximado dos termos K_{CU} e P_U, com degrau de 4 °C no valor desejado em $t = 0,05$ min, é vista na Figura 8.31.

Na Figura 8.31, a sintonia CHR teve um pequeno sobressinal, não oscilou, mas o tempo de subida foi alto. A sintonia das Oscilações Contínuas de Z-N gerou um sobressinal bem maior, mais oscilações, mas seu tempo de subida foi menor. No ajuste feito com os termos K_{CU} e P_U aproximados, o sobressinal e o tempo de subida foram maiores, e houve mais oscilações do que com eles exatos.

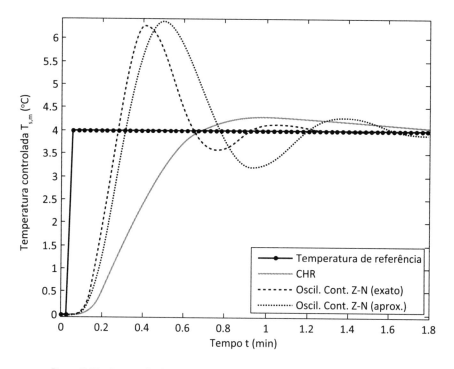

Figura 8.31 – Resposta da planta a degrau de 4 °C no *set point* com diferentes ajustes do PID.

8.3.5 EXEMPLO DE AJUSTE USANDO MÉTODOS DA SÍNTESE DIRETA E IMC APLICADOS PARA CONTROLAR UMA CALDEIRA

Uma caldeira que supre vapor para uma coluna de destilação tem o nível de água controlado por uma válvula na linha de vapor, conforme o diagrama P&ID da Figura 8.32.

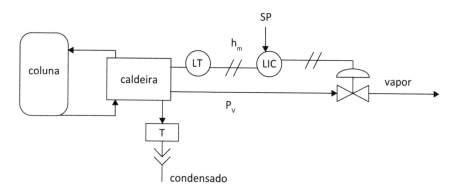

Figura 8.32 – Diagrama P&ID de uma caldeira de vapor.

A função de transferência do processo foi determinada experimentalmente, sendo:

$$G_P(s) = \frac{H(s)}{P_V(s)} = \frac{1,6 \cdot (1 - 0,5 \cdot s)}{s \cdot (3 \cdot s + 1)} \frac{\text{pol}}{\text{psi}}$$

em que: $h(t)$ = nível d'água (em polegadas) e $P_v(t)$ = pressão do vapor (em psi).

Suponha as constantes de tempo em minutos. A dinâmica do transmissor de nível e da válvula de controle pode ser desprezada, sendo que seus ganhos de regime são: $K_M = 0,5$ psi/polegadas (transmissor de nível) e $K_V = 2,5$ [adim.] (válvula).

a) Desenhe o diagrama de blocos do sistema para esta malha de nível, admitindo que o controlador tenha função de transferência $G_C(s)$.

b) Projete o controlador $G_C(s)$ pelos métodos da Síntese Direta e IMC. Eles têm estrutura PID?

c) Analise os sistemas em malha fechada obtidos. Eles são estáveis?

Solução:

a) O diagrama de blocos para a malha de nível da caldeira é mostrado na Figura 8.33.

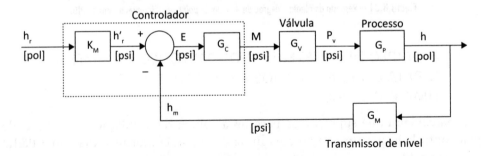

Figura 8.33 – Diagrama de blocos do trocador de calor.

b) Projeta-se primeiramente o controlador $G_C(s)$ pelo método da Síntese Direta:

$$\left(\frac{C}{R}\right)_d = \frac{K_M \cdot G}{1 + G \cdot H} = \frac{K_M \cdot G_C \cdot G_V \cdot G_P}{1 + G_C \cdot G_V \cdot G_P \cdot G_M} = \frac{K_M \cdot G_C \cdot K_V \cdot G_P}{1 + G_C \cdot K_V \cdot G_P \cdot G_M}$$

Pode-se reescrever esta função de transferência da seguinte forma:

$$\left(\frac{C}{R}\right)_d = \frac{G_C \cdot \tilde{G}}{1 + G_C \cdot \tilde{G}}$$

em que:

$$\tilde{G} = K_M \cdot K_V \cdot G_P = \frac{0,5 \cdot 2,5 \cdot 1,6 \cdot (1 - 0,5 \cdot s)}{s \cdot (3 \cdot s + 1)} = \frac{2 \cdot (1 - 0,5 \cdot s)}{s \cdot (3 \cdot s + 1)}$$

Sabe-se que:

$$G_C = \frac{\left(\dfrac{C}{R}\right)_d}{\tilde{G}\cdot\left(1-\left(\dfrac{C}{R}\right)_d\right)}$$

Fazendo-se:

$$\left(\frac{C}{R}\right)_d = \frac{H(s)}{H_r(s)} = \frac{1}{\tau_C\cdot s+1}$$

Substituindo-se esta expressão na função de transferência de G_C, resulta:

$$G_C = \frac{\dfrac{1}{\tau_C\cdot s+1}}{\dfrac{2\cdot(1-0,5\cdot s)}{s\cdot(3\cdot s+1)}\cdot\left(1-\dfrac{1}{s\cdot\tau_C+1}\right)} = \frac{3\cdot s+1}{2\cdot\tau_C\cdot(1-0,5\cdot s)}$$

O método da Síntese Direta gera um controlador que não tem estrutura PID. Projeta-se agora o controlador $G_C(s)$ pelo método IMC. Tem-se que:

$$\tilde{G}_+ = 1-0,5\cdot s$$

$$\tilde{G}_- = \frac{2}{s\cdot(3\cdot s+1)}$$

$$f = \frac{1}{\tau_C\cdot s+1}$$

Portanto:

$$G_C^* = \frac{f}{\tilde{G}_-} = \frac{s\cdot(3\cdot s+1)}{2\cdot(\tau_C\cdot s+1)}$$

Para calcular $G_C(s)$, faz-se:

$$G_C = \frac{G_C^*}{1-G_C^*\cdot\tilde{G}} = \frac{3\cdot s+1}{1+2\cdot\tau_C} = \frac{1}{1+2\cdot\tau_C}(3\cdot s+1)$$

Trata-se de um controlador com estrutura PD, sendo:

$$K_C = \frac{1}{1+2\cdot\tau_C} \quad e \quad T_D = 3 \text{ min}$$

c) Realiza-se agora a análise de estabilidade dos sistemas em malha fechada obtidos:

$$G_{MF}(s) = \frac{H(s)}{H_r(s)} = \frac{K_M \cdot G_C \cdot G_V \cdot G_P}{1 + G_C \cdot G_V \cdot G_P \cdot G_M} = \frac{K_M \cdot G_C \cdot K_V \cdot G_P}{1 + G_C \cdot K_V \cdot G_P \cdot G_M}$$

Fazendo a equação característica $A(s)$ igual a zero, resulta:

$$A(s) = 1 + G_C \cdot K_V \cdot G_P \cdot G_M = 0$$

No caso do controlador obtido pelo método da Síntese Direta, tem-se que:

$$1 + \frac{1+3 \cdot s}{2 \cdot \tau_C \cdot (1-0,5 \cdot s)} \frac{2 \cdot (1-0,5 \cdot s)}{s \cdot (3 \cdot s + 1)} = \tau_C \cdot s + 1 = 0 \quad \therefore \quad s = \frac{-1}{\tau_C}$$

Esse é um sistema estável, pois o polo sempre está no semiplano esquerdo. Analisa-se agora o controlador obtido pelo método IMC:

$$1 + \frac{(3 \cdot s + 1)}{(1 + 2 \cdot \tau_C)} \frac{2 \cdot (1-0,5 \cdot s)}{s \cdot (3 \cdot s + 1)} = 2 \cdot \tau_C \cdot s + 2 = 0$$

Portanto: $s = \dfrac{-1}{\tau_C}$.

É idêntico ao controlador obtido pelo método da Síntese Direta, portanto, estável.

8.3.6 EXEMPLO DE SINTONIA DE CONTROLADOR PID INCLUINDO ANÁLISE DE ESTABILIDADE E VERIFICAÇÃO DO ERRO EM REGIME PERMANENTE

Considere o sistema de controle de nível mostrado na Figura 8.34.

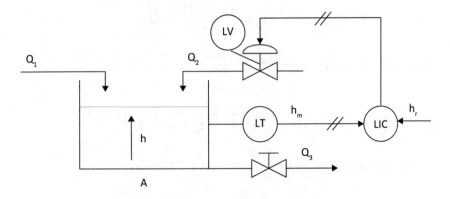

Figura 8.34 – Diagrama P&ID de sistema de controle de nível.

Projeto e sintonia de controladores PID analógicos

O tanque é cilíndrico vertical, seu diâmetro D é 0,9 m e ele está aberto para a atmosfera. A válvula de saída tem um coeficiente de vazão $C_V = 35$ gpm/$\sqrt{\text{psi}}$. A linha de saída por onde escoa Q_3 (m³/min) despeja seu conteúdo à pressão atmosférica. O transmissor pneumático de nível está calibrado de 0 a 0,5 m e tem faixa de saída de 3 a 15 psi.

A característica inerente de vazão da válvula de controle é do tipo igual porcentagem, sua "rangeabilidade" é $R = 25$ e ela tem um coeficiente de vazão $C_V = 31$ gpm/$\sqrt{\text{psi}}$, estando prevista para operar com um diferencial constante de pressão $\Delta P = 2.000$ mm de coluna de H_2O (a 20 °C). A válvula de controle opera no modo "ar para abrir", e seu atuador recebe um sinal m de 3 a 15 psi. Supõe-se que o atuador seja linear, isto é, que a relação entre o movimento da haste da válvula seja diretamente proporcional ao sinal de controle m do controlador. Na condição nominal de operação, a válvula de controle está meio aberta, recebendo um sinal $\bar{m} = 9$ psi e o nível no tanque $\bar{h}$ é 0,25 m. Supõe-se que:

- a massa específica do líquido $\rho = 1000$ kg/m³ e a área do tanque A sejam constantes;

- o transmissor de nível e a válvula de controle tenham dinâmica desprezível.

a) Defina qual é a variável controlada, a variável manipulada e as variáveis de perturbação (ou de carga).

b) Defina a ação de controle (direta ou reversa) do controlador. Justifique sua resposta.

c) Modele o processo, criando seu diagrama de blocos com as funções de transferência em cada bloco e incluindo as unidades das variáveis de entrada/saída em cada bloco.

d) Apresente a função de transferência em malha fechada para os seguintes casos:

- variações no valor desejado $\hat{h}_r$

- variações na variável de carga $\hat{Q}_1$

e) Estime o erro em regime permanente para as entradas em degrau: $\hat{h}_r = 0,025$ m (de $\bar{h}_r = 0,25$ m a $h_r = 0,275$ m) e $\hat{Q}_1 = 0,02$ m³/min (de $\bar{Q}_1 = 0$ a $Q_1 = 0,02$ m³/min). Suponha um controlador P com ganhos $K_C = 1$ e $K_C = 10$. Comente a relação entre e_{ss} e K_C. Suponha um controlador PI com $K_C = 1$ e $T_I = 1$ min/rep e calcule o valor de e_{ss}. Comente o resultado obtido. Realize simulações para comprovar os resultados obtidos.

f) Estime o ganho K_C que leva o sistema ao limite da estabilidade, supondo que se esteja usando um controlador PI com $T_I = 1$ min/rep. Trace o LGR do sistema.

g) Selecione dois métodos diferentes de sintonia para controladores PID.

h) Analise a estabilidade do sistema em malha fechada resultante para cada um dos dois controladores obtidos.

i) Realize as seguintes simulações do sistema em malha fechada com os dois controladores encontrados na alínea "g":

488   *Controle de processos industriais – volume 1*

- degrau no valor desejado de $\bar{h}_r = 0,25$ m para $h_r = 0,275$ m $(\hat{h}_r = 0,025$ m correspondente a um degrau de 10% com relação ao valor de $\bar{h}_r$);

- perturbação na vazão de carga Q_1, supondo inicialmente $\bar{Q}_1 = 0$ e aplicando bruscamente $\hat{Q}_1 = 0,02$ m^3/min.

Analise os gráficos obtidos do nível. O valor obtido para e_{ss} é o esperado? Por quê? A constante de tempo da resposta do sistema em malha fechada usando o controlador ajustado pelo método da Síntese Direta ficou próximo ao valor de τ_C proposto?

Solução:

a) Variável controlada: nível no tanque h; variável manipulada: vazão de entrada Q_2; e variáveis de perturbação (ou de carga): vazão de entrada Q_1 e vazão de saída Q_3 (a perturbação em Q_3 ocorre se a posição da válvula manual de saída for alterada).

b) O controlador deve ter ação de controle reversa, conforme mostrado na Tabela 8.38.

Tabela 8.38 – Ação de cada elemento presente na malha de controle de nível no tanque

Elemento da malha	Tipo de ação
Transmissor de nível (LT)	Direta (+1)
Controlador de nível (LIC)	Reversa (–1)
Válvula de controle (LV)	Direta (ar para abrir) (+1)
Processo	Direta (nível cresce quando Q_2 cresce) (+1)

Portanto, pela análise da Tabela 8.38, para a malha ter realimentação negativa, o controlador deve ter ação reversa.

c) Executa-se a seguir a modelagem de cada um dos elementos da malha.

- Modelagem do transmissor de nível (LT)

O transmissor de nível tem dinâmica desprezível, é pneumático e está ajustado para medir de 0 a 0,5 m, com uma faixa de saída de 3 a 15 psi. Resulta:

$$G_M(s) = K_M = \frac{\Delta S}{\Delta E} = \frac{12}{0,5} = 24 \, \frac{\text{psi}}{\text{m}}$$

- Modelagem do processo

Balanço de massa no tanque:

$$\frac{dm}{dt} = \rho_1 \cdot Q_1 + \rho_2 \cdot Q_2 - \rho_3 \cdot Q_3$$

em que ρ corresponde à massa específica do fluido. Supondo-se que a massa específica dos fluidos que entram no tanque seja a mesma do fluido no interior do mesmo e, consequentemente, do fluido que sai dele, resulta:

$$\frac{d(\rho \cdot V)}{dt} = \rho \cdot Q_1 + \rho \cdot Q_2 - \rho \cdot Q_3$$

Como se pressupõe que a massa específica dos fluidos é constante, o mesmo ocorrendo com a área de base do tanque, tem-se que:

$$A\frac{dh}{dt} = Q_1 + Q_2 - Q_3 \tag{8.29}$$

A vazão Q_3 pode ser calculada por:

$$Q_3 = C_V \cdot \sqrt{\Delta P}$$

O valor de ΔP é dado por:

$$\Delta P = P_m - P_J$$

em que P_m = pressão à montante da válvula de saída, $P_m = \rho \cdot g \cdot h + P_{atm}$ e P_J = pressão à jusante da válvula de saída, $P_J = P_{atm}$

Portanto: $\Delta P = \rho \cdot g \cdot h$

A vazão é então dada por:

$$Q_3 = C_V \cdot \sqrt{\rho \cdot g \cdot h} = C_V \cdot \sqrt{\rho \cdot g} \cdot \sqrt{h}$$

Tem-se que:

$$\rho = 1000\ \frac{\text{kg}}{\text{m}^3} \ \text{ e } \ g = 9{,}8\ \frac{\text{m}}{\text{s}^2}$$

O valor do C_V dessa válvula é igual a 35 gpm/$\sqrt{\text{psi}}$. Supondo-se que a vazão Q_3 seja dada em m³/min, resulta que a unidade esperada para C_V é:

$$[C_V] = \frac{\dfrac{\text{m}^3}{\text{min}}}{\sqrt{\dfrac{\text{kg}}{\text{m}\cdot\text{s}^2}}} = \frac{\dfrac{\text{m}^3}{\text{min}}}{\sqrt{\dfrac{\text{N}}{\text{m}^2}}} = \frac{\dfrac{\text{m}^3}{\text{min}}}{\sqrt{\text{Pa}}}$$

Convertendo-se $C_V = 35$ gpm/$\sqrt{\text{psi}}$ para a unidade da expressão anterior, resulta:

$$C_V = 35\ \frac{3{,}7854 \cdot 0{,}001}{\sqrt{6895}}\ \frac{\text{m}^3\big/\text{min}}{\sqrt{\text{Pa}}} = 1{,}596 \cdot 10^{-3}\ \frac{\text{m}^3\big/\text{min}}{\sqrt{\text{Pa}}}$$

Agregando-se os valores constantes da expressão de Q_3, resulta:

$$Q_3 = C_V \cdot \sqrt{\rho \cdot g} \cdot \sqrt{h} = 1{,}596 \cdot 10^{-3} \cdot \sqrt{1000 \cdot 9{,}8} \cdot \sqrt{h} = 0{,}1580 \cdot \sqrt{h} \qquad (8.30)$$

Nesta expressão, o termo 0,1580 equivale a uma condutância hidráulica. Poder-se-ia convertê-lo em uma resistência hidráulica equivalente R, cujo valor seria:

$$R = \frac{1}{0{,}1580} = 6{,}329 \; \frac{\min \cdot \sqrt{m}}{m^3}$$

Substituindo-se a Equação (8.30) no balanço global de massa da Equação (8.29), resulta:

$$A \frac{dh}{dt} = Q_1 + Q_2 - Q_3 = Q_1 + Q_2 - 0{,}1580 \cdot \sqrt{h} \qquad (8.31)$$

Linearizando-se o termo $\sqrt{h}$:

$$\sqrt{h} \cong \sqrt{\bar{h}} + \frac{1}{2 \cdot \sqrt{\bar{h}}} \left(h - \bar{h} \right)$$

Empregando-se a notação de variáveis incrementais, tem-se que:

$$\sqrt{h} \cong \sqrt{\bar{h}} + \frac{1}{2 \cdot \sqrt{\bar{h}}} \hat{h} \qquad (8.32)$$

Tomando-se a Equação (8.31) e empregando-se variáveis incrementais, resulta:

$$A \frac{d\hat{h}}{dt} \cong \bar{Q}_1 + \hat{Q}_1 + \bar{Q}_2 + \hat{Q}_2 - 0{,}1580 \cdot \left(\sqrt{\bar{h}} + \frac{1}{2 \cdot \sqrt{\bar{h}}} \hat{h} \right) \qquad (8.33)$$

Supondo esta equação em regime permanente nas condições nominais de operação:

$$\bar{Q}_1 + \bar{Q}_2 = 0{,}1580 \cdot \sqrt{\bar{h}} = \bar{Q}_3 \qquad (8.34)$$

Como $\bar{h} = 0{,}25 \, m$, tem-se que:

$$\bar{Q}_1 + \bar{Q}_2 = \bar{Q}_3 = 0{,}1580 \cdot \sqrt{\bar{h}} = 0{,}079 \; \frac{m^3}{\min}$$

Esse é o modelo em estado estacionário do tanque. Inserindo-se a Equação (8.34) na Equação (8.33):

$$A\frac{d\hat{h}}{dt} = \hat{Q}_1 + \hat{Q}_2 - \frac{0,1580}{2\cdot\sqrt{\overline{h}}}\hat{h} = \hat{Q}_1 + \hat{Q}_2 - 0,1580\cdot\hat{h} \qquad (8.35)$$

Esta é a equação diferencial ordinária linearizada que descreve o processo. Transformando-a por Laplace, supondo condições iniciais nulas $\left(\hat{h}(0)=0 \Rightarrow h(0)=\overline{h}\right)$:

$$\hat{H}(s)\cdot(A\cdot s + 0,1580) = \hat{Q}_1(s) + \hat{Q}_2(s)$$

Portanto:

$$\hat{H}(s) = \frac{\hat{Q}_1(s) + \hat{Q}_2(s)}{A\cdot s + 0,1580}$$

Sabe-se que:

$$A = \frac{\pi\cdot(0,9)^2}{4} = 0,6362\ \text{m}^2$$

Portanto:

$$\hat{H}(s) = \frac{\hat{Q}_1(s) + \hat{Q}_2(s)}{A\cdot s + 0,1580} = \frac{6,329\cdot\left(\hat{Q}_1(s) + \hat{Q}_2(s)\right)}{4,027\cdot s + 1} = \frac{K\cdot\left(\hat{Q}_1(s) + \hat{Q}_2(s)\right)}{\tau\cdot s + 1}$$

Pode-se dividir esta equação em duas funções de transferência: uma relacionada com o processo propriamente dito $G_p(s)$ e outra, com a carga $G_L(s)$. Seja, então:

$$G_P(s) = \frac{\hat{H}(s)}{\hat{Q}_2(s)} = \frac{6,329}{4,027\cdot s + 1} = \frac{K_P}{\tau\cdot s + 1}$$

$$G_L(s) = \frac{\hat{H}(s)}{\hat{Q}_1(s)} = \frac{6,329}{4,027\cdot s + 1} = \frac{K_L}{\tau\cdot s + 1}$$

- Modelagem da válvula de controle (LV)

No enunciado, é dito que a válvula de controle tem dinâmica desprezível. Assim, é preciso calcular apenas seu ganho K_V. Uma válvula de controle tem três partes: corpo, castelo e atuador. Nesse caso, o corpo tem um ganho K_{CV} dado pela relação entre a vazão pela válvula Q_2 e a posição da haste X gerada pelo atuador. O castelo não tem uma equação que defina o seu comportamento, pois sua função é estrutural ou de dissipação de calor. Já a função do atuador, de converter o sinal pneumático m que chega nele em um movimento mecânico, que é transmitido à haste da válvula X, pode ser descrita por um ganho K_{AT}. O ganho da válvula K_V é:

$$K_V = K_{CV} \cdot K_{AT}$$

Para calcular K_{CV}, considere que a vazão de um líquido através de uma válvula seja dada por (GARCIA, 2005):

$$Q_2 \left(\text{gpm}\right) = C_V \cdot f\left(X\right) \cdot \sqrt{\frac{\Delta P\left(\text{psi}\right)}{G\left(\text{adim}\right)}} \quad \text{(para válvulas de acionamento translacional)}$$

Ou, equivalentemente, empregando unidades do Sistema Internacional:

$$Q_2 \left(\frac{\text{m}^3}{\text{s}}\right) = 2,40153 \cdot 10^{-5} \cdot C_V \cdot f\left(X\right) \cdot \sqrt{\frac{\Delta P\left(\text{Pa}\right)}{\rho\left(\frac{\text{kg}}{\text{m}^3}\right)}} \tag{8.36}$$

Q_2 = vazão volumétrica pela válvula; C_V = coeficiente de vazão da válvula, fornecido pelo fabricante e função do tamanho e do tipo da válvula $\left(\sqrt{\text{psig/gpm}}\right)$; X = abertura da válvula (varia de 0 a 1 p.u. – por unidade); $f(X)$ = curva característica inerente de vazão da válvula (varia de 0 a 1), sendo que $f(X)$ depende do tipo de obturador/sede da válvula. Nesse caso, a característica inerente de vazão usada é a igual porcentagem, em que $f(X)$ é dado por $f(X) = R^{X-1}$. $R = 25$ corresponde à "rangeabilidade" da válvula; ΔP = queda de pressão na válvula; e ρ = massa específica do líquido.

O coeficiente de vazão da válvula é $C_V = 31 \text{ gpm}/\sqrt{\text{psi}}$, e ela opera com um diferencial fixo de pressão $\Delta P = 2000 \text{ mm H}_2\text{O}$ a 20 °C, que equivale a 19.580 Pa.

Inserindo-se os dados na Equação (8.36) e passando Q_2 para m³/min:

$$Q_2 \left(\frac{\text{m}^3}{\text{min}}\right) = 60 \cdot 2,40153 \cdot 10^{-5} \cdot 31 \cdot 25^{X-1} \sqrt{\frac{19.580}{1000}} \tag{8.37}$$

Caso se considere uma válvula totalmente aberta ($X = 1$), a vazão máxima que passa por ela é de:

$$Q_{2,\text{máx}} \left(\frac{\text{m}^3}{\text{min}}\right) = 60 \cdot 2,40153 \cdot 10^{-5} \cdot 31 \cdot \sqrt{19,58} = 0,1977 \, \frac{\text{m}^3}{\text{min}}$$

Projeto e sintonia de controladores PID analógicos **493**

Pode-se, portanto, reescrever a Equação (8.37) na seguinte forma:

$$Q_2\left(\frac{m^3}{min}\right) = Q_{2,máx} \cdot 25^{X-1} = 0,1977 \cdot 25^{X-1} \tag{8.38}$$

A abertura X da válvula é imposta por meio de seu atuador, pelo sinal m vindo do controlador. Existe uma relação linear entre X e m, a qual é dada por:

$$X = \frac{m-3}{12} \tag{8.39}$$

Para $m = 3$ psi, resulta em $X = 0$; para $m = 15$ psi, resulta em $X = 1$. Reescreve-se a Equação (8.38) tendo como entrada o sinal pneumático m que ela recebe, e não a abertura X da válvula:

$$Q_2 = Q_{2,máx} \cdot 25^{\frac{m-3}{12}-1} = 0,1977 \cdot 25^{\frac{m-3}{12}-1} \tag{8.40}$$

Tanto a Equação (8.38) como a (8.40) são não lineares. Pode-se linearizar qualquer uma delas. Suponha que se escolha inicialmente linearizar a Equação (8.38):

$$Q_2 = 0,1977 \cdot 25^{X-1} \cong 0,1977 \cdot \left(25^{\bar{X}-1} + \frac{d\left(25^{X-1}\right)}{dX}\bigg|_{X=\bar{X}} \cdot \hat{X}\right)$$

Sabe-se que:

$$\frac{d(k^y)}{dx} = \ln(k) \cdot k^y \frac{dy}{dx}$$

Portanto:

$$Q_2 \cong 0,1977 \cdot \left(25^{\bar{X}-1} + \ln(25) \cdot 25^{\bar{X}-1} \cdot \hat{X}\right) \tag{8.41}$$

Para se calcular o valor de $\bar{X}$, pode-se empregar a Equação (8.39). Resulta:

$$\bar{X} = \frac{\bar{m}-3}{12} = \frac{9-3}{12} = 0,5$$

Portanto, a posição nominal da haste da válvula é no meio de seu curso total. Substituindo-se este valor na Equação (8.41), resulta:

$$Q_2 \cong 0,1977 \cdot \left(0,2 + 0,6438 \cdot \hat{X}\right) = 0,0395 + 0,1273 \cdot \hat{X}$$

Pode-se escrever a vazão Q_2 na forma de variáveis incrementais:

$$Q_2 = \overline{Q}_2 + \hat{Q}_2 \cong 0,0395 + 0,1273 \cdot \hat{X}$$

Tem-se, então, que:

$$\overline{Q}_2 \cong 0,0395 \ \text{m}^3/\text{min}$$

$$\hat{Q}_2 \cong 0,1273 \cdot \hat{X} \ \text{m}^3/\text{min}$$

O ganho de um sistema equivale à variação que ocorre na saída a uma dada variação na entrada. Então, o ganho associado ao corpo da válvula é dado por:

$$K_{CV} = \frac{\Delta S}{\Delta E} = \frac{\hat{Q}_2}{\hat{X}} = 0,1273 \ \frac{\text{m}^3/\text{min}}{\text{p.u.}}$$

Determina-se agora o ganho do atuador da válvula:

$$K_{AT} = \frac{\Delta S}{\Delta E} = \frac{\Delta X}{\Delta m} = \frac{\hat{X}}{\hat{m}} = \frac{1-0}{15-3} \ \frac{\text{p.u.}}{\text{psi}} = 0,0833 \ \frac{\text{p.u.}}{\text{psi}}$$

O ganho total da válvula de controle é dado por:

$$K_V = K_{CV} \cdot K_{AT} = 0,1273 \cdot 0,0833 = 0,0106 \ \frac{\text{m}^3/\text{min}}{\text{psi}}$$

Tem-se, então, que o ganho da válvula é dado por:

$$K_V = \frac{\hat{Q}_2}{\hat{m}} = 0,0106 \ \frac{\text{m}^3/\text{min}}{\text{psi}}$$

Suponha agora que se deseje linearizar a Equação (8.40). Faz-se:

$$Q_2 = 0,1977 \cdot 25^{\frac{m-3}{12}-1} \cong 0,1977 \cdot \left(25^{\frac{\overline{m}-3}{12}-1} + \frac{d\left(25^{\frac{m-3}{12}-1}\right)}{dm} \Bigg|_{m=\overline{m}} \right) \cdot \hat{m}$$

Portanto:

$$Q_2 \cong 0,1977 \cdot \left(25^{\frac{\overline{m}-3}{12}-1} + \ln(25) \cdot 25^{\frac{\overline{m}-3}{12}-1} \frac{1}{12} \hat{m} \right)$$

Como $\bar{m} = 9$ psi, resulta:

$$Q_2 \cong 0{,}1977 \cdot (0{,}2 + 0{,}0536 \cdot \hat{m}) = 0{,}0395 + 0{,}0106 \cdot \hat{m}$$

Escrevendo-se a vazão Q_2 na forma de variáveis incrementais, resulta:

$$\bar{Q}_2 \cong 0{,}0395 \text{ m}^3/\text{min} \text{ e } \hat{Q}_2 \cong 0{,}0106 \cdot \hat{m}.$$

O diagrama de blocos do processo é mostrado na Figura 8.35.

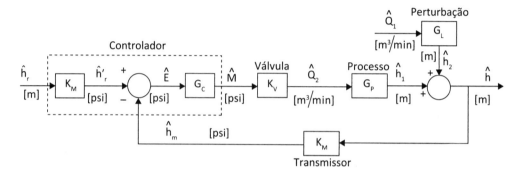

Figura 8.35 – Diagrama de blocos do sistema de controle de nível.

d) Função de transferência em malha fechada do sistema para os seguintes casos:

- variações no valor desejado $\hat{h}_r$

$$G_{MF,h_r} = \frac{\hat{H}(s)}{\hat{H}_r(s)} = \frac{K_M \cdot G_C \cdot K_V \cdot G_P}{1 + G_C \cdot K_V \cdot G_P \cdot K_M}$$

Como:

$$G_P(s) = \frac{6{,}329}{4{,}027 \cdot s + 1} = \frac{K_P}{\tau \cdot s + 1}$$

Resulta:

$$G_{MF,h_r} = \frac{\hat{H}(s)}{\hat{H}_r(s)} = \frac{G_C \cdot K_V \cdot K_P \cdot K_M}{1 + \tau \cdot s + G_C \cdot K_V \cdot K_P \cdot K_M}$$

- variações na variável de carga $\hat{Q}_1$

$$G_{MF,Q_1} = \frac{\hat{H}(s)}{\hat{Q}_1(s)} = \frac{G_L}{1 + G_C \cdot K_V \cdot G_P \cdot K_M}$$

Como:

$$G_L(s) = \frac{6,329}{4,027 \cdot s + 1} = \frac{K_L}{\tau \cdot s + 1}$$

Resulta:

$$G_{MF,Q_1} = \frac{\hat{H}(s)}{\hat{Q}_1(s)} = \frac{K_L}{1 + \tau \cdot s + G_C \cdot K_V \cdot K_P \cdot K_M}$$

e) Para estimar o erro e_{ss} para as entradas $\hat{h}_r$ e $\hat{Q}_1$, inicialmente se calcula a função de transferência que relaciona o erro com cada uma dessas entradas:

$$G_{E,h_r} = \frac{\hat{E}_{h_r}(s)}{\hat{h}_r(s)} = \frac{K_M}{1 + G_C \cdot K_V \cdot G_P \cdot K_M}$$

$$G_{E,Q_1} = \frac{\hat{E}_{h_r}(s)}{\hat{Q}_1(s)} = \frac{-G_L \cdot K_M}{1 + G_C \cdot K_V \cdot G_P \cdot K_M}$$

Supondo que as perturbações sejam degraus de amplitude A, calcula-se e_{ss} por:

$$e_{ss,h_r} = \lim_{t \to \infty} \hat{e}_{h_r}(t) = \lim_{s \to 0} s \cdot \hat{E}_{h_r}(s) = \lim_{s \to 0} s \frac{K_M}{1 + G_C \cdot K_V \cdot G_P \cdot K_M} \frac{A_{h_r}}{s}$$

$$e_{ss,h_r} = \lim_{s \to 0} \frac{K_M}{1 + G_C \cdot K_V \cdot K_P \cdot K_M} A_{h_r} = \lim_{s \to 0} \frac{24}{1 + G_C \cdot 0,0106 \cdot 6,329 \cdot 24} 0,025$$

$$e_{ss,Q_1} = \lim_{t \to \infty} \hat{e}_{q_1}(t) = \lim_{s \to 0} s \cdot \hat{E}_{Q_1}(s) = \lim_{s \to 0} s \frac{-G_L \cdot K_M}{1 + G_C \cdot K_V \cdot G_P \cdot K_M} \frac{A_{Q_1}}{s}$$

$$e_{ss,Q_1} = \lim_{s \to 0} \frac{K_L \cdot K_M}{1 + G_C \cdot K_V \cdot K_P \cdot K_M} A_{Q_1} = \lim_{s \to 0} \frac{-6,329 \cdot 24}{1 + G_C \cdot 0,0106 \cdot 6,329 \cdot 24} 0,02$$

Suponha inicialmente um controlador proporcional com ganhos $K_C = 1$ e $K_C = 10$.

$$e_{ss,h_r} = \frac{24}{1 + 1 \cdot 0,0106 \cdot 6,329 \cdot 24} 0,025 = 0,2299 \text{ psi} \quad (\text{para } K_C = 1)$$

$$e_{ss,h_r} = \frac{24}{1 + 10 \cdot 0,0106 \cdot 6,329 \cdot 24} 0,025 = 0,0351 \text{ psi} \quad (\text{para } K_C = 10)$$

Projeto e sintonia de controladores PID analógicos

$$e_{ss,Q_1} = \frac{-6,329 \cdot 24}{1+1 \cdot 0,0106 \cdot 6,329 \cdot 24} \, 0,02 = -1,164 \text{ psi} \quad (\text{para } K_C = 1)$$

$$e_{ss,Q_1} = \frac{-6,329 \cdot 24}{1+10 \cdot 0,0106 \cdot 6,329 \cdot 24} \, 0,02 = -0,1776 \text{ psi} \quad (\text{para } K_C = 10)$$

Conforme K_C cresce, o erro e_{ss} diminui. A variação final do nível $\hat{h}(\infty)$ em cada caso é:

$$e_{ss} = K_M \cdot \left(\hat{h}_r(\infty) - \hat{h}(\infty) \right) \Rightarrow \hat{h}(\infty) = \hat{h}_r(\infty) - \frac{e_{ss}}{K_M}$$

No caso de variação em $\hat{h}_r = 0,025$ m, tem-se que:

$$\hat{h}_{h_r}(\infty) = 0,025 - \frac{0,2299}{24} = 0,0154 \text{ m (erro de 0,0096 m)} \quad (\text{para } K_C = 1)$$

$$\hat{h}_{h_r}(\infty) = 0,025 - \frac{0,0351}{24} = 0,0235 \text{ m (erro de 0,0015 m)} \quad (\text{para } K_C = 10)$$

No caso de perturbação em $\hat{Q}_1 = 0,02 \text{ m}^3/\text{min}$ ($\hat{h}_r = 0$ m), tem-se que:

$$\hat{h}_{Q_1}(\infty) = 0 + \frac{1,164}{24} = 0,0485 \text{ m (erro de } -0,0485 \text{ m)} \, (\text{para } K_C = 1)$$

$$\hat{h}_{Q_1}(\infty) = 0 + \frac{0,1776}{24} = 0,0074 \text{ m (erro de } -0,0074 \text{ m)} \, (\text{para } K_C = 10)$$

Seja agora um controlador PI com $K_C = 1$ e $T_I = 1$ min/rep. O valor de e_{ss} é dado por:

$$e_{ss,h_r} = \lim_{s \to 0} \frac{24}{1 + \left(1 + \dfrac{1}{s} \right) \cdot 0,0106 \cdot 6,329 \cdot 24} \, 0,025 = 0 \text{ psi}$$

$$e_{ss,Q_1} = \lim_{s \to 0} \frac{-6,329 \cdot 24}{1 + \left(1 + \dfrac{1}{s} \right) \cdot 0,0106 \cdot 6,329 \cdot 24} \, 0,02 = 0 \text{ psi}$$

Para quaisquer K_C e T_I, o erro e_{ss} é nulo, devido à ação I. Na Figura 8.36, vê-se a resposta do nível $\hat{h}$ à mudança de 0,025 m no *set point* $\hat{h}_r$ e, na Figura 8.37, ao distúrbio de 0,02 m³/min na vazão de entrada $\hat{Q}_1$, ambas em $t = 0,5$ min.

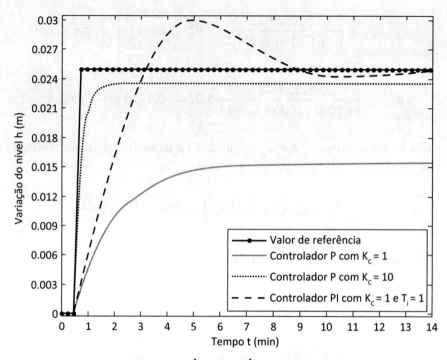

Figura 8.36 – Variação do nível $\hat{h}$ para degrau $\hat{h}_r = 0,025$ m no valor de referência.

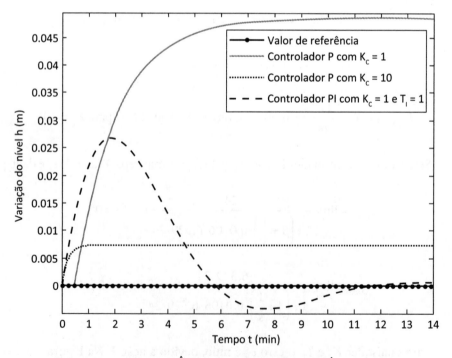

Figura 8.37 – Variação do nível $\hat{h}$ para perturbação na vazão de entrada $\hat{Q}_1 = 0,02\,m^3/min$.

O valor de $\hat{h}(\infty)$ nas Figuras 8.36 e 8.37 coincide com os calculados analiticamente.

Projeto e sintonia de controladores PID analógicos **499**

f) Para definir o ganho do controlador K_{CU} que leva o sistema ao limite da estabilidade, determina-se inicialmente a equação característica do sistema com um controlador P.

$$A(s)=1+G_C \cdot K_V \cdot G_P \cdot K_M = 1+K_C \cdot 0,0106 \frac{6,329}{4,027 \cdot s+1} 24 = 0$$

$$A(s) = s \cdot (4,027 \cdot s + 1) + 1,610 \cdot K_C = 4,027 \cdot s^2 + s + 1,610 \cdot K_C = 0$$

O método de Routh revela que o sistema em malha fechada é estável para $\forall K_C > 0$. Isso era esperado, pois a função de transferência do sistema em malha aberta tem um polo em $s = -0,2483$. Por ser um sistema de primeira ordem, ele não oscila para nenhum K_C.

g) Para escolher dois métodos de sintonia, deve-se analisar quais são viáveis.

O método das Oscilações Contínuas de Z-N se aplica a processos que oscilem de forma mantida com o ganho limite K_{CU}. A análise de estabilidade da alínea "f" mostra que o sistema $\forall K_C > 0$ é estável, portanto, não há um ganho limite e o método é inviável. Os métodos em malha aberta (Curva de Reação de Z-N, CHR, Cohen-Coon, 3C etc.) supõem que o modelo do processo em malha aberta seja de primeira ordem mais tempo morto. A função de transferência do processo em malha aberta é:

$$\tilde{G}(s) = K_V \cdot G_P \cdot K_M = 0,0106 \frac{6,329}{4,027 \cdot s+1} 24 = \frac{1,610}{4,027 \cdot s+1}$$

Como é um sistema de primeira ordem sem tempo morto, os métodos citados são inviáveis. O método da Síntese Direta é aplicável, gerando o seguinte controlador PI:

$$K_C = \frac{\tau}{K \cdot \tau_C} \quad e \quad T_I = \tau$$

Adotando-se, por exemplo, $\tau_C = \tau/10 = 0,403$ min, resulta:

$$K_C = \frac{4,027}{1,610 \cdot 0,403} = 6,21 \ e \ T_I = 4,027 \frac{min}{rep}$$

Tem-se, então, o seguinte controlador PI:

$$G_C(s) = 6,21 \cdot \left(1+\frac{1}{4,027 \cdot s}\right)$$

Outra opção é o método IMC (ver Subseção 8.2.12), que também se aplica a esse tipo de processo e resulta na mesma sintonia obtida pelo método da Síntese Direta.

h) Como as sintonias geradas pelos métodos da Síntese Direta e IMC são iguais e sugerem um controlador PI, analisa-se uma delas. A equação característica do sistema é:

$$A(s) = 1 + G_C \cdot K_V \cdot G_P \cdot K_M = 1 + 6,21 \cdot \left(1 + \frac{1}{4,027 \cdot s}\right) \cdot 0,0106 \frac{6,329}{4,027 \cdot s + 1} 24 = 0$$

$$A(s) = 4,027 \cdot s \cdot (4,027 \cdot s + 1) + 6,21 \cdot (4,027 \cdot s + 1) \cdot 1,610 =$$

$$= 16,22 \cdot s^2 + 44,29 \cdot s + 10 = 0$$

Verifica-se que os polos do sistema em malha fechada encontram-se em:

$$s_1 = -2,482 \quad \text{e} \quad s_2 = -0,2484.$$

Com os dois polos no semiplano esquerdo, o sistema em malha fechada é estável.

i) Simula-se o sistema em malha fechada com a sintonia da alínea "g", considerando:
- degrau no valor desejado de $\hat{h}_r = 0,025$ m em $t = 0,1$ min (ver Figura 8.38)

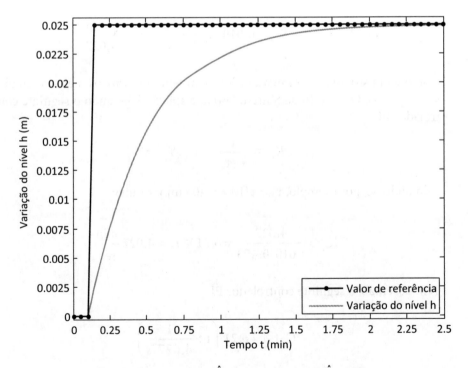

Figura 8.38 – Variação do nível $\hat{h}$ a degrau no valor desejado $\hat{h}_r = 0,025$ m.

Na Figura 8.38, e_{ss} é nulo devido ao modo I e a constante de tempo da resposta em malha fechada é de cerca de 0,40 min, muito próxima ao τ_C proposto (0,403 min).

- mudança brusca na vazão de carga $\hat{Q}_1 = 0{,}02$ m³/min em $t = 0{,}5$ min (ver Figura 8.39)

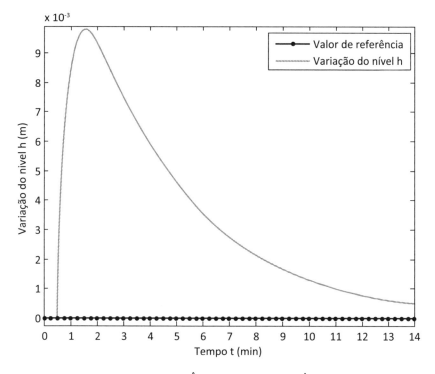

Figura 8.39 — Variação do nível $\hat{h}$ a degrau na vazão de carga $\hat{Q}_1 = 0{,}02\,\text{m}^3/\text{min}$.

Na Figura 8.39, e_{ss} é nulo, como esperado.

8.3.7 EXEMPLO DE SINTONIA DE CONTROLADOR PID APLICANDO OS MÉTODOS DA CURVA DE REAÇÃO DO PROCESSO E DE ZIEGLER-NICHOLS E ÅSTRÖM-HÄGGLUND

O processo é o mesmo da Subseção 8.2.9, reapresentado a seguir:

$$G_P(s) = \frac{e^{-0{,}4 \cdot s}}{s+1}$$

Tem-se que $K = 1$, $\tau = 1$ e $\theta = 0{,}4$.

O ajuste do PID pelo método da Curva de Reação de Ziegler-Nichols (CR-ZN) é:

$$K_C = \frac{1,2 \cdot \tau}{K \cdot \theta} = 3$$

$$T_I = 2 \cdot \theta = 0,8$$

$$T_D = \frac{\theta}{2} = 0,2$$

Sintoniza-se o PID pelo método da Curva de Reação do Processo de Åström e Hägglund (CR-AH). Inicialmente, calculam-se o ganho e o tempo morto normalizados.

$$a = K \frac{\theta}{\tau} = 0,4 \quad \text{(ganho normalizado)}$$

$$T = \frac{\theta}{\theta + \tau} = 0,286 \quad \text{(tempo morto normalizado)}$$

Os ajustes da Tabela 8.39 são obtidos em função do tempo morto normalizado T, pela Equação (8.7), com os valores de a_0, a_1 e a_2 dados na Tabela 8.18.

Tabela 8.39 – Parâmetros de ajuste pelo método CR-AH

	$M_s = 1,4$	$M_s = 2$
K_C	1,562	3,006
$T_I(\theta)$	0,907	0,772
$T_I(\tau)$	0,863	0,728
$T_D(\theta)$	0,229	0,193
$T_D(\tau)$	0,217	0,184
β	0,530	0,266

A Tabela 8.39 gera quatro sintonias. Elas são testadas nos modos servo e regulatório, como na Subseção 8.2.9, sem ruído de medição. Os resultados estão na Figura 8.40. A sintonia pelo método CR-ZN gerou um grande sobressinal no modo servo, mas foi bem no modo regulatório. As duas sintonias pelo método CR-AH com fator de sensibilidade $M_s = 1,4$ geraram um desempenho similar, com um tempo de subida lento no modo servo e um retorno lento ao *set point* no modo regulatório, com um grande sobressinal. As duas sintonias pelo método CR-AH com $M_s = 2$ tiveram o melhor resultado no modo servo e uma resposta similar à da sintonia CR-ZN no modo regulatório.

Projeto e sintonia de controladores PID analógicos 503

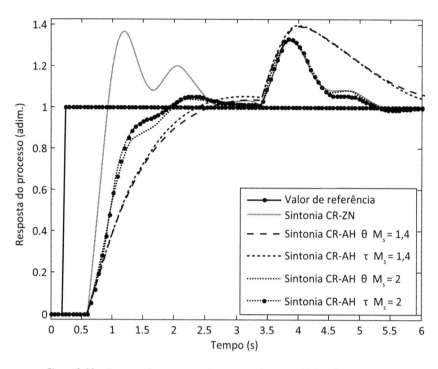

Figura 8.40 – Resposta a degrau no *set point* e na perturbação com PID com diversos ajustes.

Os índices IAE obtidos para os modos servo e regulatório são exibidos nas Tabelas 8.40 e 8.41, respectivamente.

Tabela 8.40 – Valor do índice IAE para variação no valor de referência

CR-ZN	CR-AH parametriz. θ, $M_s = 1,4$	CR-AH parametriz. τ, $M_s = 1,4$	CR-AH parametriz. θ, $M_s = 2$	CR-AH parametriz. τ, $M_s = 2$
0,8559	1,0747	1,0482	0,8835	0,8513

Tabela 8.41 – Valor do índice IAE para perturbação na carga

CR-ZN	CR-AH parametriz. θ, $M_s = 1,4$	CR-AH parametriz. τ, $M_s = 1,4$	CR-AH parametriz. θ, $M_s = 2$	CR-AH parametriz. τ, $M_s = 2$
0,2761	0,6269	0,6150	0,2760	0,2640

As Tabelas 8.40 e 8.41 revelam que a melhor das sintonias testadas nos modos servo e regulatório com base no critério IAE é pelo método CR-AH, com fator de sensibilidade $M_s = 2$, parametrizada em τ.

8.3.8 EXEMPLO DE SINTONIA DE CONTROLADOR PID APLICADO A PROCESSO INTEGRADOR

Como exemplo de aplicação de sintonia de PID aplicada a processo integrador, considere um tanque cilíndrico vertical na Figura 8.11, com altura $H = 4$ m, área de base $A = 10$ m^2 e *set point* de 2 m. O transmissor de nível está calibrado de 1 a 3 m. A vazão nominal de saída do tanque é $\overline{Q}_s = 0,04$ m^3/s. A válvula de controle é linear, com constante de tempo de 4 s, e pode controlar uma vazão até $Q_{s,\,máx} = 0,09$ m^3/s.

a) Calcule o máximo ganho de um controlador P que gere uma resposta não oscilatória.

b) Calcule a constante de tempo do sistema em malha fechada.

c) Estime o erro e_{ss} gerado por mudança brusca de 2 a 2,5 m (50% a 75%) no *set point* e por mudança brusca de 20% na vazão nominal de entrada, não simultâneas.

d) Simule o sistema em malha fechada, tanto para controle rigoroso quanto para controle aproximado do nível, considerando as perturbações citadas na alínea anterior em $t = 15$ s.

e) Estime o modelo aproximado em malha aberta do processo mais a instrumentação.

f) Sintonize o controlador P, aplicando os métodos da Síntese Direta e IMC.

g) Simule a resposta do sistema com a sintonia da alínea "a" e da alínea "f", supondo que se apliquem as perturbações citadas na alínea "c".

Solução:

a) Ganho máximo de um controlador proporcional para resposta não oscilatória:

Considerando-se queda de pressão constante através da válvula, possibilitada pela presença da bomba na saída do tanque, o ganho da válvula é dado por:

$$K_V = \frac{\Delta Q_e}{100} = \frac{0,09}{100} = 9 \cdot 10^{-4} \ \frac{\text{m}^3/\text{s}}{\%}$$

A função de transferência da válvula de controle é:

$$G_V(s) = \frac{9 \cdot 10^{-4}}{4 \cdot s + 1}$$

O ganho do transmissor de nível é:

$$K_T = 100/2 = 50\%/\text{m}$$

O ganho máximo do controlador, calculado a partir da Equação (8.26), é:

$$K_{C,\,máx} = \frac{A}{4 \cdot \tau_V \cdot K_V \cdot K_T} = \frac{10}{4 \cdot 4 \cdot 9 \cdot 10^{-4} \cdot 50} = 13,89 \ \left[\text{adim.}\right]$$

Projeto e sintonia de controladores PID analógicos **505**

b) Constante de tempo do sistema em malha fechada:

A constante de tempo da malha fechada com o ganho do regulador igual a $K_{C,máx}$ é:

$$\lambda = 2 \cdot \tau_V = 2 \cdot 4 = 8 \text{ s}$$

Isso é muito rápido, considerando-se o tamanho do tanque.

c) Erro e_{ss} gerado por degrau de 25% no *set point* e por degrau de 20% na vazão nominal de entrada

Como visto na Subseção 8.2.16, o valor de e_{ss} para variações no valor desejado é nulo. Para perturbações na vazão de entrada, tem-se da Equação (8.25) que:

$$e_{ss} = \frac{1}{K_V \cdot K_C} \Delta Q_e = \frac{1}{9 \cdot 10^{-4} \cdot 13,88} 0,2 \cdot 0,04 = 0,64\% = 0,0128 \text{ m}$$

Esse erro é quase imperceptível na prática, sendo inferior a 1% da faixa calibrada do transmissor de nível.

d) Simulações do sistema em malha fechada com as perturbações citadas anteriormente

A função de transferência do sistema em malha fechada sem restrições na saída m do controlador é dada na Equação (8.24). Limitando-se a saída m entre 0% e 100%, a resposta muda. Na Figura 8.41, exibe-se a resposta da planta a degrau de 25% no *set point* em $t = 15$ s, aplicando-se o controle rigoroso com e sem restrições em m e o controle aproximado. O erro e_{ss} é nulo nos três casos; o controle rigoroso sem restrições é muito rápido, o com restrições é um pouco mais lento e o controle aproximado é muito lento.

Aplicando-se o método de Harriott, visto no Item 3.5.1.4, tem-se que a resposta do controlador rigoroso sem restrições tem $t_{73} = 20,7$ s, portanto:

$$\tau_1 + \tau_2 \cong \frac{t_{73}}{1,3} = \frac{20,7}{1,3} = 15,9 \text{ s}$$

Como se sabe o valor de $(\tau_1 + \tau_2)$, pode-se calcular o valor de t em $t/(\tau_1 + \tau_2) = 0,5$:

$$\frac{t}{\tau_1 + \tau_2} = \frac{t}{15,9} = 0,5 \quad \therefore \quad t = 7,95 \text{ s}$$

Entra-se com esse valor de t na curva da Figura 8.41 do controlador rigoroso sem restrições e verifica-se o valor de $h_m - 50\% = y$:

$$h_m - 50\% = y = 6,55\%$$

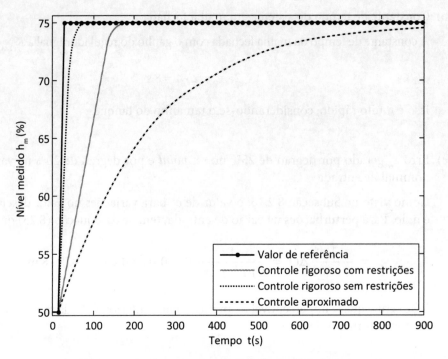

Figura 8.41 – Resposta do sistema a degrau de 25% no valor de referência em $t = 15$ s.

O valor da amplitude do sinal de entrada é 25%, de modo que:

$$K = \frac{\Delta S}{\Delta E} = \frac{75-50}{25}\frac{\%}{\%} = 1 \; [\text{adim.}]$$

Portanto:

$$\frac{y}{K \cdot A} = \frac{6,55}{1 \cdot 25} = 0,262$$

Consultando-se a Figura 3.41, extrai-se o valor de $\tau_1/(\tau_1 + \tau_2)$:

$$\frac{\tau_1}{\tau_1 + \tau_2} = 0,5$$

Como $\tau_1 + \tau_2 = 15,9$ s, resulta: $\tau_1 = \tau_2 = 7,95$ s.

O sistema em malha fechada responde com constantes de tempo idênticas e muito próximas ao valor esperado de $2 \cdot \tau_V = 8$ s, com o controlador sem restrições na saída. Na Figura 8.42, mostra-se a vazão manipulada Q_s resultante de degrau de 25% no valor desejado, ao aplicar controle rigoroso com restrições e controle aproximado. Como esperado, a Figura 8.42 indica que a variação na vazão Q_s é muito mais suave no caso do controle aproximado do que com controle rigoroso com restrições.

Na Figura 8.43, vê-se a resposta a distúrbio de 20% na vazão de entrada Q_e, com controle rigoroso com e sem restrições e controle aproximado. Os controles rigorosos com e sem restrição têm respostas iguais e $e_{ss} = h_m - h_{ref} = 0,64\%$, como visto na alínea "c", e o controle aproximado tem e_{ss} de 8,8%.

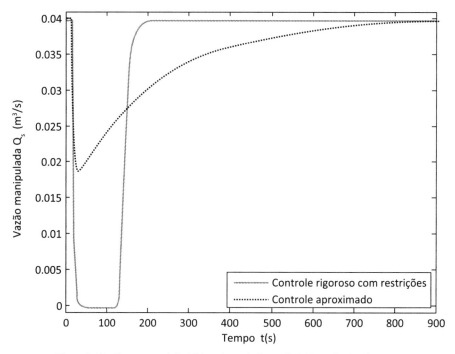

Figura 8.42 – Vazão manipulada $Q_s(t)$ resultante de degrau de 25% no valor de referência.

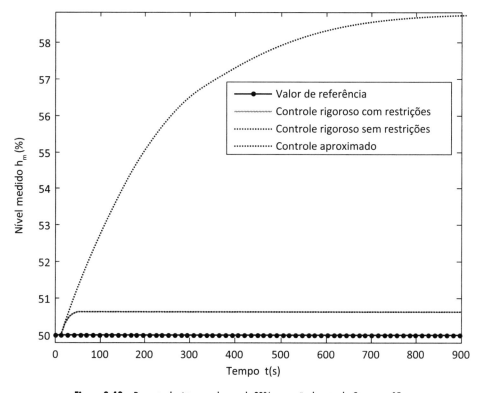

Figura 8.43 – Resposta do sistema a degrau de 20% na vazão de entrada Q_e em $t = 15$ s.

A Figura 8.44 mostra a vazão manipulada Q_s em resposta a degrau de 20% na vazão de entrada Q_e. A variação em Q_s é bem mais lenta com o controle aproximado, segundo a proposta desse controle, de minimizar mudanças na variável manipulada.

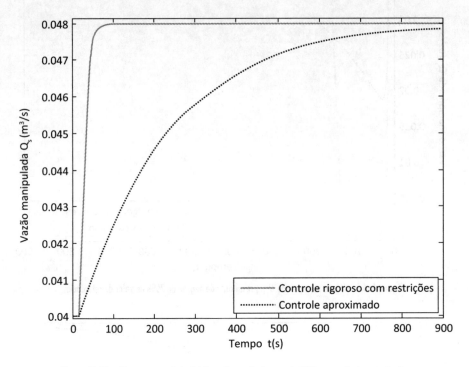

Figura 8.44 – Vazão manipulada $Q_s(t)$ resultante de degrau de 20% na vazão de entrada Q_e.

e) Modelo aproximado em malha aberta do processo mais a instrumentação de campo

Inserindo-se um degrau de 10% na saída manual do controlador em $t = 0$ s e medindo-se o nível $h_m(t)$, tem-se a resposta da planta em malha aberta conforme a Figura 8.45.

Para modelar a resposta da Figura 8.45, considere a seguinte função de transferência:

$$G(s) = K_i/s$$

A tangente à curva de resposta é:

$$\tan(\alpha) = K_i \cdot A \therefore K_i = \tan(\alpha)/A$$

sendo A a amplitude do degrau aplicado.

Como $\tan(\alpha) = -0{,}045$ e $A = 10\%$, $K_i = -0{,}0045$. O modelo aproximado é $G(s) = -0{,}0045/s$.

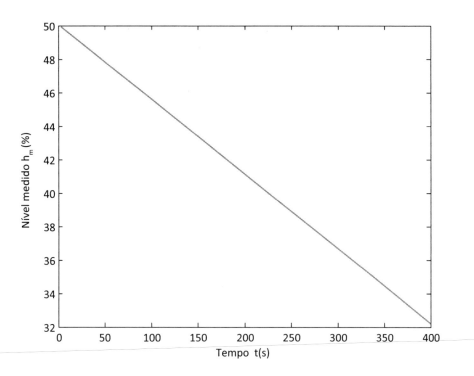

Figura 8.45 – Resposta do sistema a degrau de 10% na saída manual do controlador.

f) Sintonia do controlador proporcional pelos métodos da Síntese Direta e IMC.

Consultando-se as Tabelas 8.23 e 8.24, verifica-se que, para um processo integrador, os métodos da Síntese Direta e IMC sugerem um controlador P, com ganho dado por:

$$K_C = \frac{1}{K_i \cdot \tau_C}$$

Suponha que se exija um tempo curto da resposta em malha fechada, dado por:

$$\lambda = 2 \cdot \tau_V = 8 \text{ s}$$

Resulta no seguinte ganho para o controlador:

$$K_C = \frac{1}{K_i \cdot \tau_C} = \frac{1}{-0,0045 \cdot 8} = -27,78$$

K_C é o dobro daquele do controle rigoroso. O sinal negativo indica que o controlador deve ter ação direta.

g) Simulação da resposta do sistema com a sintonia das alíneas "a" e "f.

Simula-se o sistema com os ajustes das alíneas "a" e "f", com a saída do controlador restrita entre 0% a 100%. Na Figura 8.46, vê-se a resposta a degrau de 25% no *set point*. Nessa figura, as respostas geradas pelas três sintonias são muito parecidas.

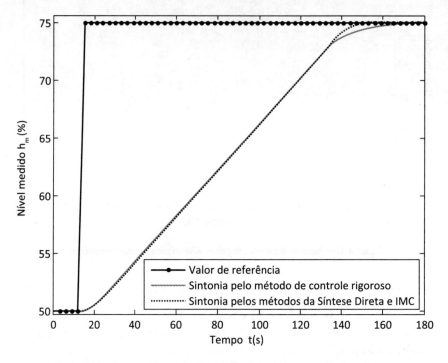

Figura 8.46 – Resposta a degrau de 25% no valor de referência em $t = 15$ s do controlador proporcional com sintonia de controle rigoroso de nível e da Síntese Direta e IMC.

A Figura 8.47 exibe a resposta a degrau de 20% na vazão Q_e. O erro e_{ss} cai à metade com as sintonias SD e IMC, pois o ganho K_C é o dobro do controle rigoroso de nível.

8.4 MÉTODOS DE SINTONIA AUTOMÁTICA DE CONTROLADORES PID

Há duas formas de sintonia automática do PID: autossintonia (*auto-tuning*) e sintonia adaptativa (*self-tuning*). O *auto-tuning* ajusta o PID ao ser ativado (sob demanda ou periodicamente) e o *self-tuning* opera periodicamente, sendo um modo de controle adaptativo.

O PID é desativado durante a sintonia por *auto-tuning* e o *self-tuning* opera com o PID ativo. O *auto-tuning* é abordado aqui e o *self-tuning*, no Capítulo 14, volume 2.

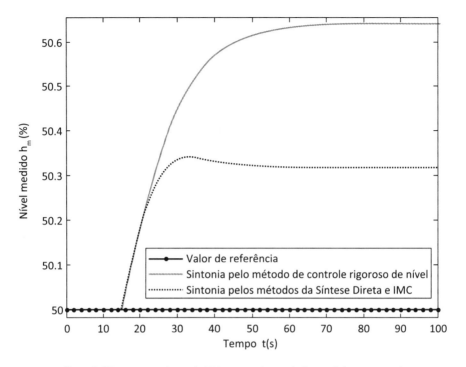

Figura 8.47 – Resposta a degrau de 20% na vazão de entrada do controlador proporcional com sintonia de controle rigoroso de nível e da Síntese Direta e IMC.

8.4.1 MÉTODO DA REALIMENTAÇÃO POR RELÉ DE ÅSTRÖM E HÄGGLUND

Åström e Hägglund (1984, 1995) criaram um método alternativo ao das Oscilações Contínuas de Ziegler-Nichols. No método da Realimentação por Relé, um único teste é feito para estimar o ganho limite K_{CU} e o período limite P_U. Nesse teste, o controlador PID é temporariamente substituído por um regulador *on/off* ou então por um *on/off* com zona morta, como visto na Figura 8.48, para gerar oscilações no sistema. A opção de usar a zona morta é para evitar chaveamentos muito frequentes, gerados por ruído de medição.

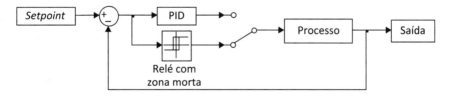

Figura 8.48 – Estrutura de controle usada no método da Realimentação por Relé.

Ao passar para controle *on/off*, a variável controlada tem oscilações não amortecidas de pequena amplitude, típicas em malhas com controle *on/off* (ver Capítulo 6), como mostra a Figura 8.49, que exibe a resposta do processo de primeira ordem com tempo morto da Equação (8.1) e do processo de segunda ordem a seguir. A resposta do sistema de primeira ordem se assemelha a uma onda triangular, e a do sistema de segunda ordem, a uma senoide.

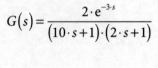

$$G(s) = \frac{2 \cdot e^{-3 \cdot s}}{(10 \cdot s + 1) \cdot (2 \cdot s + 1)}$$

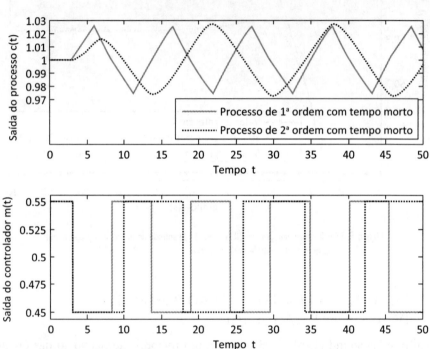

Figura 8.49 – Resposta de processos de primeira e de segunda ordem com tempo morto e sem ruído submetidos a controlador *on/off*.

Em regime permanente com valor desejado unitário, a saída do PID é 0,5. Ajustou-se o regulador *on/off* para sua saída variar de 0,45 a 0,55. Nos dois casos da Figura 8.49, não há ruído na medição e a saída oscila com frequência constante. Na Figura 8.50, vê-se a resposta do processo de primeira ordem com tempo morto da Equação (8.1), sujeito a ruído de medição, com controlador *on/off* puro. Sua saída comuta rapidamente devido ao ruído.

Para evitar comutações rápidas, usa-se um controlador *on/off* com zona morta de ± 1%, e o resultado se vê na Figura 8.51. As comutações rápidas na saída do controlador pararam, mas a amplitude da saída do processo cresceu um pouco devido à zona morta.

A amplitude das oscilações pode ser limitada, ajustando-se o tamanho das variações da entrada. O método prevê que haja de 2 a 4 oscilações completas. Como o experimento é feito em malha fechada, ele é aplicável a sistemas não autorregulados (instáveis em malha aberta).

Projeto e sintonia de controladores PID analógicos 513

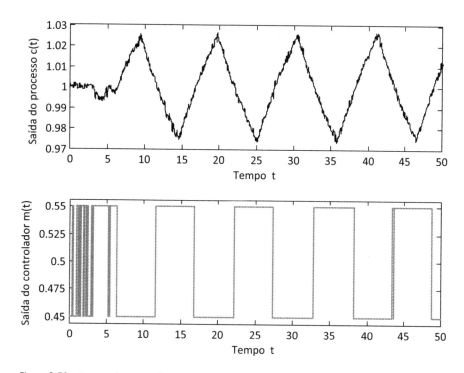

Figura 8.50 – Resposta de processo de primeira ordem com tempo morto com ruído submetido a controlador *on/off*.

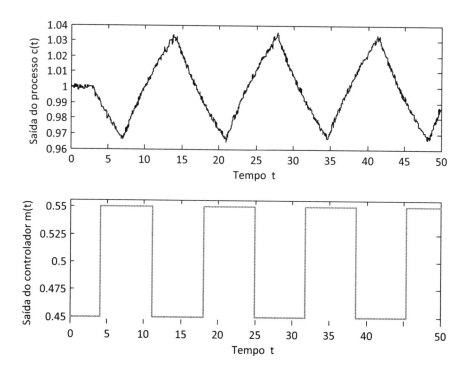

Figura 8.51 – Resposta de processo de primeira ordem com tempo morto com ruído submetido a controlador *on/off* com banda morta de 1%.

Ao forçar as oscilações com o controlador *on/off*, busca-se estimar dois valores: a amplitude *a* da saída do processo e a amplitude 2 · *d* da saída do controlador, como visto na Figura 8.52, que mostra a resposta do processo de primeira ordem com tempo morto sem ruído com controlador *on/off* sem banda morta. O ganho limite K_{CU} e o período limite P_U são extraídos da Figura 8.52. Åström e Hägglund (1984, 1995) indicaram como estimar o ganho limite aproximado, caso o regulador *on/off* não tenha banda morta:

$$K_{CU} = \frac{4 \cdot d}{\pi \cdot a} \qquad (8.42)$$

em que 2 · *d* é a amplitude da saída do controlador *on/off* (ajustada pelo usuário) e *a* é a amplitude das oscilações do processo. Se o controlador *on/off* tiver banda morta, a Equação (8.42) se torna (NEVES, 2009):

$$K_{CU} = \frac{4 \cdot d}{\pi \cdot \sqrt{a^2 - \varepsilon^2}} \qquad (8.43)$$

em que ε corresponde à largura da banda morta, conforme indicado na Figura 6.7.

Medindo-se os parâmetros *a* e 2 · *d* na Figura 8.52, resulta que *a* = 0,026 e 2 · *d* = 0,1.

Aplicando-se esses valores na Equação (8.42), resulta:

$$K_{CU} = \frac{4 \cdot d}{\pi \cdot a} = \frac{2 \cdot 0,1}{\pi \cdot 0,026} = 2,45$$

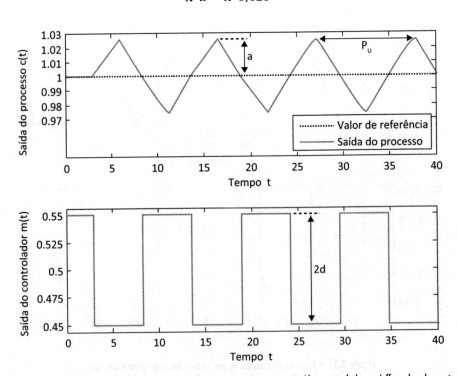

Figura 8.52 – Resposta do processo de primeira ordem com tempo morto sem ruído a controlador *on/off* sem banda morta.

Tem-se ainda que $P_U = 10{,}6$.

Na Subseção 8.2.2, os valores obtidos para K_{CU} e P_U foram $K_{CU} = 2{,}94$ e $P_U = 10{,}8$.

Há um desvio na estimativa dos parâmetros, principalmente para K_{CU}. Suponha agora que se aplique o controlador *on/off* com banda morta de 1% ao processo da Equação (8.1), mas sem ruído no processo. Resulta na Figura 8.53.

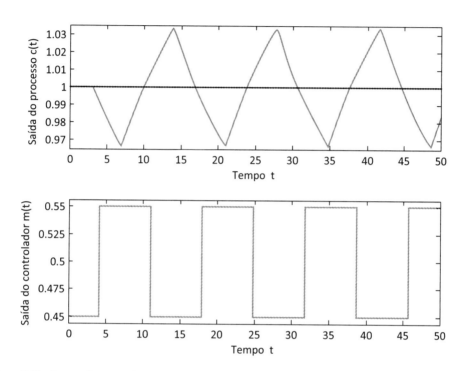

Figura 8.53 – Resposta do processo de primeira ordem com tempo morto sem ruído a controlador *on/off* com banda morta de 1%.

Extraindo-se os parâmetros a e $2 \cdot d$ da Figura 8.53, resulta em $a = 0{,}033$ e $2 \cdot d = 0{,}1$, que, aplicados na Equação (8.43), resulta:

$$K_{CU} = \frac{4 \cdot d}{\pi \cdot \sqrt{a^2 - \varepsilon^2}} = \frac{2 \cdot 0{,}1}{\pi \cdot \sqrt{0{,}033^2 + 0{,}01^2}} = 1{,}85$$

Tem-se que $P_U = 13{,}9$. Nota-se que, ao se inserir a banda morta, os valores obtidos para K_{CU} e P_U ficaram ainda mais distantes daqueles obtidos na Subseção 8.2.2.

A seguir, utiliza-se um controlador *on/off* puro, mas com uma variação de amplitude na saída de 0,49 a 0,51 em vez de 0,45 a 0,55. O resultado é mostrado na Figura 8.54.

Os parâmetros resultantes são $a = 0{,}0052$ e $2 \cdot d = 0{,}02$, que, aplicados na Equação (8.42), resultam em:

$$K_{CU} = \frac{4 \cdot d}{\pi \cdot a} = \frac{2 \cdot 0{,}1}{\pi \cdot 0{,}033} = 2{,}45$$

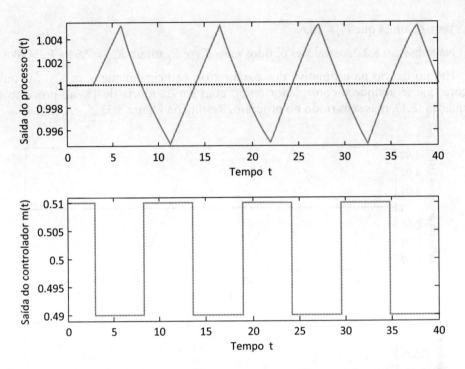

Figura 8.54 – Resposta do processo de primeira ordem com tempo morto sem ruído a controlador *on/off* sem banda morta e amplitude reduzida de saída.

Tem-se que $P_U = 10,6$. Esses resultados são idênticos aos obtidos a partir da Figura 8.52, o que era esperado, pois o modelo do processo em questão é linear.

Segundo Li, Eskinat e Luyben, (1991), a estimativa do ganho e do período limite da malha pelo método visto nesta subseção pode resultar em erros de 5% a 20%, dependendo do fator de incontrolabilidade do processo F_c. Para mostrar esse efeito no processo da Equação (8.1), exibe-se na Tabela 8.42 o valor de K_{CU} e P_U obtidos para F_c variando de 0,1 a 2,1, com a variação de amplitude na saída do controlador de 0,45 a 0,55, considerando o controlador *on/off* sem banda morta e o processo sem ruído. Nesse caso, o valor de K_{CU} estimado pela Equação (8.42) se aproxima do valor real de K_{CU} quando F_c cresce e o valor de P_U estimado pelo método da Realimentação por Relé se afasta do valor real de P_U. Segundo Li, Eskinat e Luyben (1991) esse efeito nem sempre ocorre, pois eles notaram uma tendência do erro de crescer conforme F_c aumenta e diminuir conforme a ordem do sistema cresce.

A autossintonia pelo método da Realimentação por Relé apresenta diversas vantagens sobre o método das Oscilações Contínuas de Ziegler-Nichols (SEBORG; EDGAR; MELLICHAMP, 2010):

- somente um teste experimental é necessário em vez de um procedimento de tentativa e erro em busca das oscilações contínuas;
- a amplitude da saída do processo *a* pode ser ajustada manipulando-se a amplitude do sinal *d* de saída do relé;

Projeto e sintonia de controladores PID analógicos

Tabela 8.42 – Estimativa dos parâmetros K_{cu} e P_u para diferentes valores do fator F_c

Valor de F_c	A	$2 \cdot d$	K_{cu} estimado	K_{cu} da Subseção 8.2.2	Desvio de K_{cu}	P_u Estimado	P_u da Subseção 8.2.2	Desvio de P_u
0,1	0,0095	0,1	6,70	8,18	18,1%	3,82	3,85	0,78%
0,3	0,026	0,1	2,45	2,94	16,7%	10,6	10,8	1,85%
0,5	0,039	0,1	1,63	1,91	14,7%	16,6	17,1	2,92%
0,7	0,050	0,1	1,27	1,46	13,0%	22,2	22,9	3,06%
0,9	0,059	0,1	1,08	1,22	11,5%	27,3	28,3	3,53%
1,1	0,067	0,1	0,950	1,06	10,4%	32,2	33,5	3,88%
1,3	0,073	0,1	0,872	0,957	8,88%	36,9	38,5	4,16%
1,5	0,078	0,1	0,816	0,880	7,27%	41,5	43,3	4,16%
1,7	0,082	0,1	0,776	0,824	5,83%	46,0	48,0	4,17%
1,9	0,085	0,1	0,749	0,779	3,85%	50,3	52,6	4,37%
2,1	0,088	0,1	0,723	0,743	2,69%	54,6	57,2	4,55%

- o processo não é levado ao limite da estabilidade;

- o teste experimental é facilmente automatizável, usando-se controladores comerciais, podendo, portanto, tornar-se um método de autossintonia (*auto-tuning*).

O principal problema do método da Realimentação por Relé é que pode ser inviável submeter processos lentos a duas ou mais (até quatro) oscilações completas. A versão básica desse método foi estendida a processos não lineares, não autorregulados e multivariáveis (HANG; ÅSTRÖM; WANG, 2002; YU, 2006). A partir dos parâmetros K_{CU} e P_U obtidos pelo método da Realimentação por Relé, o PID pode ser ajustado pelo método das Oscilações Contínuas de Z-N ou suas variantes, pelo método de Tyreus-Luyben (Subseção 8.2.2) ou pelo método das Oscilações Contínuas de Åström e Hägglund (Subseção 8.2.11).

8.4.2 EXEMPLO DE APLICAÇÃO DAS TÉCNICAS DE AUTOSSINTONIA DE CONTROLADORES PID

Inicialmente, estimam-se os parâmetros K_{CU} e P_U. Para obtê-los, usa-se o método da Realimentação por Relé, abordado na Subseção 8.4.1, em que se aplica o procedimento da Figura 8.48, transferindo o controle para um regulador *on/off*. O processo considerado é o mesmo das Subseções 8.2.9 e 8.3.7:

$$G_P\left(s\right) = \frac{e^{-0,4 \cdot s}}{s+1}$$

Vê-se na Figura 8.55 a resposta da simulação com o controlador *on/off* ativo, com sua saída indo de 0,8 a 1,2 e com a saída do processo oscilando em torno de 1.

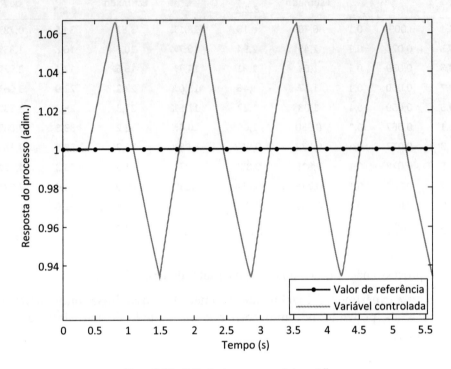

Figura 8.55 – Saída da planta com controlador *on/off*.

Da Figura 8.55, extrai-se $a = 0,066$. Sabe-se que $2 \cdot d = 0,4$. Portanto, com base na Equação (8.42), tem-se que:

$$K_{CU} = \frac{4 \cdot d}{\pi \cdot a} = \frac{2 \cdot 0,4}{\pi \cdot 0,066} = 3,858$$

Medindo-se P_U na Figura 8.55, chega-se a 1,372 segundos.

As técnicas de sintonia usadas são o método das Oscilações Contínuas de Ziegler-Nichols (OC-ZN) e o de Åström-Hägglund (OC-AH). Utiliza-se ainda, para comparar, a técnica de autossintonia disponível no Matlab, intitulada *PID Tuner*. Aplicando-se a sintonia pelo método OC-ZN, obtêm-se os seguintes parâmetros para o PID:

$$K_C = 0,6 \cdot K_{CU} = 2,315 \qquad T_I = \frac{P_U}{2} = 0,686 \frac{s}{rep} \qquad T_D = \frac{P_U}{8} = 0,172 \text{ s}$$

Nesse caso, visto que se conhece o modelo nominal do processo, é possível calcular de forma exata os valores de K_{CU} e P_U. Para tal, lembrando que K_{CU} corresponde à margem de ganho do sistema, pode-se empregar o seguinte comando do Matlab:

Projeto e sintonia de controladores PID analógicos   **519**

```
Gp = tf(1,[1 1],'IoDelay',0.4); % Cria a função de transferência do
%processo Gp(s)

[Gm,Pm,wu,ws] = margin(Gp); % Estima a margem de ganho e a frequência
%crítica de Gp(s)
```

Resulta: Gm = 4,5868; Pm = −180; wu = 4,4764 e ws = 0. Portanto, K_{CU} = Gm = 4,5868 e P_U = 2*pi/wu = 2*pi/4,4764 = 1,4036 s.

Comparando-se estes valores com os obtidos por aumentos sucessivos no ganho K_C do controlador P, até atingir o limite da estabilidade, como feito na Subseção 8.2.9 (K_{CU} = 4,587 e P_U = 1,403 s), nota-se que os valores obtidos são muito parecidos. Sendo assim, os parâmetros de ajuste pelo método das Oscilações Contínuas de Ziegler-Nichols com K_{CU} = 4,587 e P_U = 1,403 s são:

$$K_C = 2,752$$

$$T_I = 0,7015 \text{ s/rep}$$

$$T_D = 0,1754 \text{ s}$$

A seguir, calculam-se os parâmetros de sintonia pelo método OC-AH, como discutido na Subseção 8.2.11. O primeiro passo é estimar o valor de κ, dado na Equação (8.9):

$$\kappa = \frac{1}{K_{CU} \cdot K} = \frac{1}{3,858 \cdot 1} = 0,259$$

São usados dois valores para M_s (1,4 e 2). Os parâmetros a_0, a_1 e a_2 são dados na Tabela 8.22 e inseridos na Equação (8.10), resultando na Tabela 8.43.

Tabela 8.43 – Valor dos parâmetros K_C, T_I, T_D e β

	M_s = 1,4	M_s = 2
K_C	1,099	1,989
T_I	0,671	0,592
T_D	0,180	0,149
β	0,524	0,287

Aplicando-se o *PID Tuner* do Matlab, chega-se aos seguintes parâmetros de ajuste:

$$K_C = 2,0862$$

$$T_I = \frac{1}{I} = \frac{1}{1,1909} = 0,8397 \ \frac{\text{s}}{\text{rep}}$$

$$T_D = 0,10802 \text{ s}$$

O *PID Tuner* do Matlab estima o parâmetro $N = 228,4637$ do filtro derivativo. O algoritmo PID-2DoF do Matlab, conforme Figura 7.81, com redução dos saltos P e D e com filtragem do ruído no sinal que entra na ação D, é usado nas simulações com a sintonia gerada pelo *PID Tuner*, com $\beta=0,5316$ (vide Subseção 8.2.9), $\gamma=1$, "*response time*" de 1 segundo e "*transient behavior*", de 0,5. Nas simulações, aplica-se um degrau unitário no *set point* em $t = 0,2$ s e em $t = 3$ s há uma perturbação em degrau unitário entrando diretamente no processo. Considera-se que não há ruído de medição.

A Figura 8.56 exibe a resposta da malha com controlador PID, com as cinco sintonias calculadas nesta subseção, em que, no modo servo, o *PID Tuner* do Matlab foi o que gerou o melhor resultado, e o pior foi criado pela sintonia OC-ZN clássica, isto é, com os parâmetros K_{CU} e P_U obtidos de forma exata. No modo regulatório, o melhor resultado foi obtido pela sintonia OC-ZN clássica e o pior foi gerado pelo método OC-AH com $M_s = 1,4$.

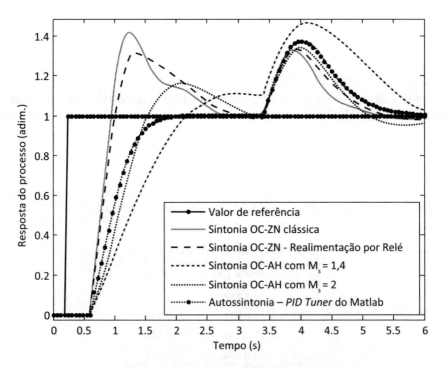

Figura 8.56 – Resposta a variação no valor desejado e à perturbação na carga com controlador PID com cinco diferentes sintonias.

A Tabela 8.44 mostra o índice IAE resultante de cada uma das cinco sintonias testadas ao se variar o valor desejado, e na Tabela 8.45, o índice IAE para distúrbios na carga. As Tabelas 8.44 e 8.45 endossam o que foi comentado sobre a Figura 8.56.

Projeto e sintonia de controladores PID analógicos

Tabela 8.44 – Valor do índice IAE para variação no valor de referência

OC-ZN clássica	OC-ZN Realimentação por Relé	OC-AH com $M_s = 1,4$	OC-AH com $M_s = 2$	*PID Tuner* do Matlab
0,9062	0,9312	1,1514	1,0267	0,8002

Tabela 8.45 – Valor do índice IAE para perturbação na carga

OC-ZN clássica	OC-ZN Realimentação por Relé	OC-AH com $M_s = 1,4$	OC-AH com $M_s = 2$	*PID Tuner* do Matlab
0,2715	0,3171	0,7735	0,3580	0,4016

8.5 RECOMENDAÇÕES SOBRE A SINTONIA DE CONTROLADORES PID

Pode-se extrair as seguintes conclusões gerais acerca do ajuste de controladores PID:

- o ganho K_C deve ser inversamente proporcional ao produto dos outros ganhos na malha de realimentação, isto é, $K_C \propto 1/K$, em que $K = K_V \cdot K_P \cdot K_M$;

- K_C deve diminuir conforme a relação entre o tempo morto e a constante de tempo dominante (θ/τ) cresce. Em geral, a qualidade do controle decresce conforme θ/τ cresce, pois ocorrem tempos de acomodação mais longos e desvios máximos maiores;

- os tempos integral T_I e derivativo T_D devem crescer conforme θ/τ cresce. A razão T_D/T_I deve tipicamente estar entre 0,1 e 0,3. Como regra geral, use $T_D/T_I = 0,25$;

- ao inserir a ação I em um controlador P, o ganho K_C deve diminuir, mas o uso da ação D permite K_C ser maior; e

- como sintonias visando ao decaimento de ¼ geram respostas oscilatórias em malha fechada, sugere-se, para reduzir as oscilações, diminuir K_C e aumentar T_I.

8.6 COMPARAÇÃO ENTRE OS MÉTODOS DE SINTONIA DE CONTROLADORES PID

Como se verifica neste capítulo, há vários métodos para sintonizar controladores PID baseados em critérios de resposta transitória. Os mais conhecidos são os de Ziegler-Nichols, por terem sido os primeiros a serem publicados (ZIEGLER; NICHOLS, 1942). Os métodos CHR, Cohen-Coon, 3C e do Erro Integrado proveem relações de ajuste para controladores PID com base em modelos compostos de um atraso de primeira ordem mais tempo morto. Outros métodos, tais como Síntese Direta, IMC e SIMC, são mais gerais, pois podem ser usados com modelos com funções de transferência arbitrárias e não necessariamente geram uma estrutura PID. Esses três métodos são especialmente úteis, pois o ajuste dos controladores é facilmente calculado a partir dos parâmetros dos modelos e somente um parâmetro de sintonia (τ_c) precisa ser especificado.

Conforme visto nos exemplos deste capítulo, nenhum dos métodos de sintonia pode ser considerado o melhor, pois, para cada situação, um deles tem um desempenho superior. Há até casos em que a sintonia gerada pelo método instabiliza o processo. Ademais, os métodos aqui citados podem ser encarados como métodos de pré--sintonia, provendo um valor preliminar, sendo que a sintonia fina normalmente é feita em campo, com o controlador instalado, por tentativa e erro.

REFERÊNCIAS

ARAKI, M.; TAGUCHI, H. Two-Degree-of-Freedom PID Controllers. **International Journal of Control, Automation, and Systems**, v. 1, n. 2, p. 401-411, Dec. 2003.

ÅSTRÖM, K. J.; HÄGGLUND, T. Automatic tuning of simple regulators with specification on the gain and phase margin. **Automatica**, v. 20, n. 5, p. 645-651, Sep. 1984.

_____. **PID controllers: theory, design and tuning**. 2. ed. Research Triangle Park, 1995.

BIALKOWSKI, W. L. Control of the Pulp and Paper Making Process. In: LEVINE, W. S. (Ed.). **The Control Handbook**. CRC Press and IEEE Press, 1996.

BOUDREAU, M. A.; McMILLAN, G. K. **New directions in bioprocess modeling and control**. Appendix C: Unification of controller tuning relationships. Research Triangle Park, 2006.

BRAMBILLA, A.; CHEN, S.; SCALI, C. Robust Tuning of Conventional Controllers. **HydrocarbonProcessing**, v. 69, n. 11, p. 53-58, Nov. 1990.

CAMPOS, M. C. M. M.; TEIXEIRA, H. C. G. **Controles típicos de equipamentos e processos industriais**. São Paulo: Blucher, 2006.

CHIA, T. L.; LETKOWITZ, I. Robust PID tuning using IMC technology – part 1. **InTech**, v. 39, n. 10, p. 36-38, Oct. 1992a.

_____. Robust PID tuning using IMC technology – part 2. **InTech**, v. 39, n. 11, p. 36-39, Nov. 1992b.

CHIEN, I. L.; FRUEHAUF, P. S. Consider IMC tuning to improve controller performance. **Chemical Engineering Progress**, v. 86, n. 10, p. 33-41, Oct. 1990.

CHIEN, K. L.; HRONES, J. A.; RESWICK, J. B. On the automatic control of generalized passive systems. **Transactions of the ASME**, v. 76, n. 2, p. 175-185, 1952.

COHEN, G. H.; COON, G. A. Theoretical considerations of retarded control. **Transactions of the ASME**, v. 75, p. 827-834, Jul. 1953.

DAHLIN, E. B. Designing and tunig digital controllers. **Instruments & Control Systems**, v. 41, n. 6, p. 77-83, Jun. 1968.

GARCIA, C. **Modelagem e simulação de processos industriais e de sistemas eletromecânicos**. 2. ed. São Paulo: Edusp, 2005.

GARCIA, C. E.; MORARI, M. Internal Model Control. 1. A unifying review and some new results. **Ind. Eng. Chem. Process. Des. Dev.**, v. 21, n. 2, p. 308-323, Apr. 1982.

HANG, C. C.; ÅSTRÖM, K. J.; WANG, Q. G. Relay feedback auto-tuning of process controllers – a tutorial review. **Journal of Process Control**, v. 12, n. 1, p. 143-162, Jan. 2002.

HÄGGLUND, T.; ÅSTRÖM, K. J. Automatic tuning of PID controllers based on dominant pole design. **Anais do IFAC Workshop on Adaptive Control of Chemical Processes**, Frankfurt, Alemanha, 1985.

KAYA, A.; SHEIB, T. J. Tuning of PID controllers of different structures. **Control Engineering**, v. 35, n. 7, p. 62-65, Jul. 1988.

KAYA, I.; TAN, N.; ATHERTON, D. P. A simple procedure for improving performance of PID controllers. **Proceedings** of the IEEE Conference on Control Applications – CCA-2003, p. 882-885, Istanbul, Turkey, Jun. 2003.

LI, W.; ESKINAT, E.; LUYBEN, W. L. An improved autotune identification method. **Industrial and Engineering Chemistry Research**, v. 30, n. 7, p. 1530-1541, Jul. 1991.

LÓPEZ, A. M. et al. Tuning controllers with error-integral criteria. **Instrumentation Technology**, v. 14, n. 11, p. 57-62, Nov. 1967.

LUYBEN, W. L. **Process modeling, simulation and control for chemical engineers**. 2. ed. New York: McGraw-Hill, 1990.

_____. **Plantwide dynamic simulators in chemical processing and control**. New York: Marcel Dekker, 2002.

MURRILL, P. W.; SMITH, C. L. Controllers set them right. **Hydrocarbon Processing**, v. 45, n. 2, Feb. 1966.

NEVES, M. G. S. **Auto-tuning de controladores PID pelo método Relay – Optimização de controlo em Automação Industrial**. 2009. Dissertação (Mestrado) – Instituto Superior Técnico da Universidade Técnica de Lisboa, Lisboa, 2009.

RIVERA, D. E.; MORARI, M.; SKOGESTAD, S. Internal Model Control, 4: PID controller design. **Industrial & Engineering Chemistry, Process Design & Development**, v. 25, n. 1, p. 252-265, Jan. 1986.

ROVIRA, A. A.; MURRILL, P. W.; SMITH, C. L. Tuning controllers for setpoint changes. **Instruments and Control Systems**, v. 42, n. 12, p. 67-69, Dez. 1969.

SEBORG, D. E.; EDGAR, T. F.; MELLICHAMP, D. A. **Process dynamics and control**. New York, John Wiley & Sons, 1989.

_____. **Process dynamics and control**. 3. ed. New York: John Wiley & Sons, 2010.

SKOGESTAD, S. Simple analytic rules for model reduction and PID controller tuning. **Journal of Process Control**, v. 13, n. 4, p. 291-309, Jun. 2003.

SMITH, C. A.; CORRIPIO, A. B. **Principles and practice of automatic process control**. 3. ed. New York: John Wiley & Sons, 2005.

SMITH, C. L. **Digital computer process control**. Scranton, PA: Intext Educational Publishers, 1972.

SMITH, C. L.; CORRIPIO, A. B.; MARTIN JR., J. Controller tuning from simple process models. **Instrumentation Technology**, v. 22, n. 12, p. 39-44, Dec. 1975.

SMITH, C. L.; MURRILL, P. W. A more precise method for tuning controllers. **ISA Journal**, v. 13, n. 5, p. 50-58, May 1966a.

_____. Analytical tuning of underdamped systems. **ISA Journal**, v. 13, n. 9, p. 48-53, Sep. 1966b.

SUNDARESAN, K. R.; KRISHNASWAMY, P. R. Estimation of time delay time constant parameters in time, frequency and Laplace domains. **The Canadian Journal of Chemical Engineering**, v. 56, n. 2, p. 257-262, Apr. 1978.

TAGUCHI, H.; ARAKI, M. On tuning of two degree-of-freedom PID controllers with consideration on location of disturbance input. **Transactions of the Society of Instrument and Control Engineers – SICE**, v. 38, n. 5, p. 441-446, 2002.

TAGUCHI, H.; DOI, M.; ARAKI, M. Optimal parameters of two-degree-of-freedom PID control systems. *Transactions of the Society of Instrument and Control Engineers – SICE*, v. 23, p. 889-895, 1987.

TSAI, K.-I., TSAI, C.-C. Design and experimental evaluation of robust PID and PI-PD temperature controllers for oil-cooling machines. **Proceedings** of the 9th World Congress on Intelligent Control and Automation, p. 535-540, Taipei, Taiwan, Jun. 2011.

WITT, S. D.; WAGGONER, R. C. Tuning parameters for non-PID three-mode controllers. **Hydrocarbon Processing**, v. 69, Jun. 1999.

YU, C.-C. **Autotuning of PID controllers:** a relay feedback approach. 2. ed., New York: Springer-Verlag, 2006.

ZIEGLER, J. G.; NICHOLS, N. B. Optimum settings for automatic controllers, **Transactions of the ASME**, v. 64, n. 11, p. 759-765, Nov. 1942.

ZIEGLER, J. G.; NICHOLS, N. B.; ROCHESTER, N. Y. Process lags in automatic control circuits. **Transactions of the ASME**, v. 65, n. 5, p. 433-444, Jul. 1943.

PARTE IV
APLICAÇÃO DE DIFERENTES CONTROLADORES EM UM TROCADOR DE CALOR

CAPÍTULO 9
EXEMPLO DE APLICAÇÃO DE DIFERENTES CONTROLADORES EM UM TROCADOR DE CALOR

Neste capítulo, aplicam-se controladores *on/off* e PID a um trocador de calor simulado do tipo casco/tubo. Diferentes estruturas e sintonias do controlador PID são utilizadas.

9.1   APRESENTAÇÃO DOS DADOS DO TROCADOR DE CALOR

Seja um trocador de calor do tipo casco/tubo, operando em contracorrente com água de ambos os lados, suposto adiabático, mostrado na Figura 9.1 (GARCIA, 2005).

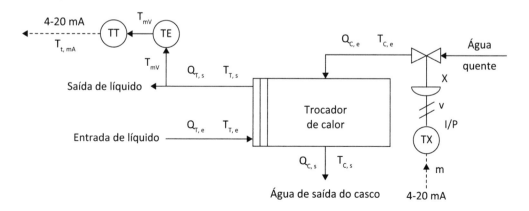

Figura 9.1 – Diagrama esquemático de trocador de calor do tipo casco/tubo.

Seu objetivo é aquecer o fluido que entra (água) usando água quente. A temperatura nominal do fluido na saída dos tubos $T_{T,s}$ é 40 °C. Suponha inicialmente uma condição estacionária em que a temperatura do fluido na saída esteja no valor desejado.

Um esquema mostrando os tubos e o casco do trocador de calor é visto na Figura 9.2. Supõe-se que os tubos do trocador se comportem de modo similar do ponto de vista térmico, permitindo, assim, sua representação por meio da modelagem de um único tubo.

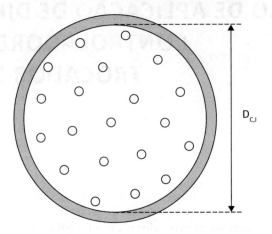

Figura 9.2 – Corte transversal do trocador de calor.

As seguintes variáveis de entrada afetam a temperatura $T_{T,s}$:

- vazão da água quente entrando no casco ($Q_{C,e}$);
- temperatura da água quente entrando no casco ($T_{C,e}$);
- vazão de entrada nos tubos do fluido sendo aquecido ($Q_{T,e}$); e
- temperatura de entrada nos tubos do fluido sendo aquecido ($T_{T,e}$).

Vale observar que, caso o trocador não tivesse sido considerado adiabático, as perdas para o meio ambiente deveriam ter sido computadas em função da temperatura ambiente.

9.1.1 DADOS DAS VARIÁVEIS DE ENTRADA

Escolheu-se a vazão de água quente $Q_{C,e}$ como variável manipulada. Ela pode variar de $5,128 \times 10^{-6}$ m³/s a $1,917 \times 10^{-3}$ m³/s. O valor mínimo não chega a 0 porque a válvula, mesmo recebendo um sinal de 3 psi (0%), não fecha completamente, pois é uma válvula de controle, e não de bloqueio. As demais variáveis de entrada passam a ser variáveis de perturbação, cujos valores nominais de operação são:

- $\bar{Q}_{T,e} = 1{,}5 \cdot 10^{-3}$ m³/s: vazão de entrada nominal de operação da água nos tubos;

Exemplo de aplicação de diferentes controladores em um trocador de calor

- $\overline{T}_{T,\,e} = 20\ °C$: temperatura de entrada nominal de operação do fluido sendo aquecido nos tubos, igual à temperatura ambiente;
- $\overline{T}_{C,\,e} = 90\ °C$: temperatura de entrada nominal de operação da água quente no casco.

9.1.2 CARACTERÍSTICAS DO SENSOR MAIS TRANSMISSOR DE TEMPERATURA (TE + TT)

O sensor é uma termorresistência do tipo Pt-100 montado dentro de uma bainha (sem poço termométrico), conectado a um transmissor com saída de 4 a 20 mA, que lineariza o sinal do Pt-100. O par sensor mais transmissor responde como um sistema de primeira ordem. A faixa calibrada de medição é de 20 °C a 50 °C. Supondo uma instalação malfeita, o sensor está a 15 m do trocador de calor, em uma tubulação termicamente isolada.

9.1.3 CARACTERÍSTICAS DO CONVERSOR I/P MAIS VÁLVULA DE CONTROLE (TX + TV)

Supõe-se que o par conversor I/P mais válvula de controle responda como um sistema de primeira ordem. Usa-se uma válvula globo de sede simples com diâmetro nominal de 1 polegada, com característica inerente de vazão igual porcentagem, com coeficiente nominal de vazão $C_V = 17,2\ \mathrm{gpm}/\sqrt{\mathrm{psi}}$. Supõe-se que a linha e a válvula tenham o mesmo diâmetro. A queda de pressão na válvula (considerada constante) é de $\Delta P_V = 0,208$ bar.

9.2 MODELAGEM MATEMÁTICA DO SISTEMA COMPLETO

Os modelos matemáticos obtidos aqui se basearam no exposto em Garcia (2005).

9.2.1 MODELAGEM DO TROCADOR DE CALOR

As equações de movimento do trocador de calor são:

$$d\frac{\left(T_{T,\,média}\right)}{dt} = \frac{\rho_{T,e}\cdot Q_{T,e}\cdot c_{P,A}\cdot\left(T_{T,e}-T_{T,s}\right)+U\cdot A\cdot\Delta T_{CT}}{\rho_T\cdot V_T\cdot c_{P,A}} \tag{9.1}$$

$$d\frac{\left(T_{C,\,média}\right)}{dt} = \frac{\rho_{C,e}\cdot Q_{C,e}^{\cdot}\cdot c_{P,A}\cdot\left(T_{C,e}-T_{C,s}\right)-U\cdot A\cdot\Delta T_{CT}}{\rho_C\cdot V_C\cdot c_{P,A}} \tag{9.2}$$

Observação: como o calor específico dos metais é baixo, supôs-se que a capacitância térmica da parede metálica que envolve o casco é pequena, de modo que sua temperatura praticamente acompanha a temperatura do fluido no casco, armazenando uma quantidade desprezível de energia.

Como a modelagem ideal do trocador de calor deveria considerá-lo como um sistema a parâmetros distribuídos, com as temperaturas no casco e nos tubos variando em função do tempo e da posição em seu interior, para evitar o uso de equações com derivadas parciais, optou-se por dividi-lo em quatro seções e aplicar as Equações (9.1) e (9.2) a cada uma delas. Para calcular ΔT_{CT}, é usada a média aritmética da temperatura do fluido na entrada e na saída de cada seção, tanto do lado do casco quanto dos tubos:

$$\Delta T_{CT,\,\text{em cada seção}} = \frac{\Delta T_{\text{casco em cada seção}}}{2} - \frac{\Delta T_{\text{tubos em cada seção}}}{2}$$

9.2.2 MODELAGEM DA TRANSMISSÃO DO SINAL DE TEMPERATURA MEDIDA

A Equação (9.1) estima a temperatura $T_{T,s}(t)$ na saída dos tubos. Como o sensor mais transmissor de temperatura estão a uma certa distância do trocador de calor, há um tempo morto entre $T_{T,s}(t)$ e $T_{T,s,med}(t)$, que é a temperatura medida pelo medidor:

$$T_{T,s,med}(t) = T_{T,s}(t-\theta)\text{, em que } \theta = 13,9 \text{ s (supondo que a vazão } Q_{T,s} \text{ não varie)}$$

O sensor mais transmissor de temperatura convertem °C em mA, de forma linear. Portanto, o ganho do conjunto TE + TT é dado por:

$$K_m = \frac{\text{faixa de saída (mA)}}{\text{faixa de entrada (°C)}} = \frac{(20-4)\,\text{mA}}{(50-20)\,°C} = \frac{16\,\text{mA}}{30\,°C} = 0,533\;\frac{\text{mA}}{°C}$$

Como o par sensor mais transmissor responde como um sistema de primeira ordem com constante de tempo $\tau_m = 3$ s, a temperatura incremental transmitida $\hat{T}_{t,mA}$ em mA é:

$$G_{med}(s) = \frac{\hat{T}_{t,mA}(s)}{\hat{T}_{t,s}(s)} = \frac{K_m \cdot e^{-\theta \cdot s}}{\tau_m \cdot s + 1} = \frac{0,533 \cdot e^{-13,9 \cdot s}}{3 \cdot s + 1},$$

sendo que

$$\hat{T}_{t,s} = T_{t,s} - T_{t,s,nom} \text{ e } T_{t,mA} = \hat{T}_{t,mA} + T_{t,mA,nom} \text{ com } T_{T,s,nom} = 40\ °C$$

$$\text{e } T_{t,mA,nom} = K_m \cdot (T_{T,s,nom} - 20) + 4 = 14,667 \text{ mA}.$$

9.2.3 MODELAGEM DO CONJUNTO CONVERSOR I/P + VÁLVULA DE CONTROLE

O conversor I/P, supostamente com dinâmica desprezível, tem um ganho estático K_{IP}:

$$K_{IP} = \frac{\Delta v}{\Delta m} = \frac{(15-3)\,\text{psig}}{(20-4)\,\text{mA}} = 0,75\;\frac{\text{psig}}{\text{mA}}$$

Exemplo de aplicação de diferentes controladores em um trocador de calor　　**531**

em que Δv = variação do sinal de entrada no atuador da válvula (psig) e Δm = variação do sinal de entrada no conversor I/P (mA).

O sinal de saída do conversor I/P é dado por $v = K_{IP} \cdot m$ (psig), em que m é o sinal de 4 a 20 mA recebido pelo conversor I/P para atuar sobre a válvula. O sinal v é enviado ao atuador da válvula, que o converte em movimento translacional da haste da válvula (X). Assim, o ganho estático do atuador é dado por:

$$K_{at} = \frac{\Delta X}{\Delta v} = \frac{(1-0)\ \text{p.u.}}{(15-3)\ \text{psig}} = \frac{1}{12}\ \frac{\text{p.u.}}{\text{psig}} = 0,0833\ \frac{\text{p.u.}}{\text{psig}}$$

em que ΔX = variação na posição da haste da válvula (p.u.).

A variação de X é dada em p.u. (por unidade) de 0 a 1, significando a excursão completa da válvula, de totalmente aberta a completamente fechada (se válvula de ação reversa) ou de completamente fechada a totalmente aberta (se válvula de ação direta). A seleção do tipo de ação (direta ou reversa) é normalmente feita considerando as condições de segurança. Assim, caso se julgue que a causa mais provável de falha de uma válvula de controle seja a falta de ar comprimido, deve-se analisar qual seria a situação mais segura na falta de ar comprimido: válvula totalmente aberta ou fechada. Caso se considere que a condição de risco seja a da válvula totalmente aberta (liberação total de água quente para o trocador de calor), resulta que sem ar comprimido a válvula deve estar totalmente fechada. Trata-se, portanto, de uma válvula de ação direta.

Como o conversor I/P está montado junto ao atuador da válvula, o atraso devido à transmissão pneumática é desprezível. Assim, considera-se o modelo do conjunto conversor I/P mais válvula como um sistema de primeira ordem com constante de tempo $\tau_{at} = 5$ s:

$$G_{at}(s) = \frac{\hat{X}(s)}{\hat{v}(s)} = \frac{K_{at}}{\tau_{at} \cdot s + 1}$$

em que $\hat{v} = v - v_{nom}$ e $X = \hat{X} + X_{nom}$, com $m_{nom} = 14,012\ \text{mA}$, $v_{nom} = K_{IP} \cdot m_{nom}$ psi e $X_{nom} = K_{at} \cdot (v_{nom} - 3)$ p.u. (com m_{nom} obtido simulando-se o modelo do trocador de calor em malha fechada com um controlador PI em regime estacionário). A posição X da haste da válvula sofre um atraso τ_{at} em relação ao sinal v que sai do conversor I/P, sendo que τ_{at} engloba os atrasos do conjunto conversor I/P mais válvula de controle.

A equação que define a vazão através da válvula é dada por:

$$Q_{C,e}\left(\frac{\text{m}^3}{\text{s}}\right) = K_V \cdot C_V(X) \sqrt{\frac{\Delta P_V\ (\text{bar})}{\overline{\rho}_{C,e}\ (\text{kg}/\text{m}^3)}}$$

em que $K_V = 7,59432 \cdot 10^{-3}$, $\Delta P_V = 0,2080$ bar e $\overline{\rho}_{C,e} = 965,31\ \text{kg}/\text{m}^3$.

A curva relacionando C_v a X é dada na Tabela 9.1, obtida do fabricante da válvula de controle (Fisher/Emerson).

Tabela 9.1 – Curva relacionando C_v a X

X	0,10	0,15	0,20	0,25	0,30	0,35	0,40	0,45	0,50	0,55
C_v	0,478	0,694	0,910	1,126	1,343	1,824	2,305	2,737	3,169	4,034

X	0,60	0,65	0,70	0,75	0,80	0,85	0,90	0,95	1,0
C_v	4,898	6,108	7,318	9,133	10,948	12,821	14,693	15,947	17,20

9.2.4 DEFINIÇÃO DAS CONDIÇÕES INICIAIS

A temperatura desejada de saída no lado dos tubos é $T_{T,s} = 40\ °C$. Para atingir esse valor, com as variáveis de perturbação em seus valores nominais, a única variável que pode ser ajustada é a vazão de entrada no casco $Q_{C,e}$, por meio do sinal m que vem do controlador. Com $m = \bar{m} = m_{nom} = 14,012$ mA, tem-se $Q_{C,e} = \bar{Q}_{C,e} = 6,154 \cdot 10^{-4}\ m^3/s$.

As Equações (9.1) e (9.2) precisam de condições iniciais. Para calculá-las, considera-se $Q_{T,e}$, $T_{T,e}$, $T_{C,e}$ e m nas condições nominais de operação e simula-se o modelo em regime estacionário. Como o trocador de calor foi dividido em quatro seções, resulta:

$$T_{T,s1}(0) = 23,401\ °C \qquad\qquad T_{C,s1}(0) = 72,693\ °C$$
$$T_{T,s2}(0) = 27,700\ °C \qquad\qquad T_{C,s2}(0) = 58,999\ °C$$
$$T_{T,s3}(0) = 33,133\ °C \qquad\qquad T_{C,s3}(0) = 48,165\ °C$$
$$T_{T,s4}(0) = T_{T,s}(0) = T_{T,s,nom} = 40\ °C \qquad\qquad T_{C,s4}(0) = T_{C,s}(0) = 39,593\ °C$$

9.2.5 MODELO DO SISTEMA IMPLEMENTADO NA PLATAFORMA MATLAB/SIMULINK

A Figura 9.3 exibe o modelo do sistema em malha aberta implantado em Simulink. Ela mostra o controlador em manual, os elementos de atuação (conversor I/P mais válvula de controle), o processo (trocador de calor) e o medidor de temperatura.

O arquivo em Matlab a seguir contém os parâmetros do modelo:

```
% DADOS PARA SISTEMA OPERANDO EM MALHA ABERTA

% Trocador de calor

UA = 961.35; % [W/K] Coeficiente global de transferência térmica

T_table = [14:2:100];% [°C] Temperaturas de 14 °C a 100 °C
```

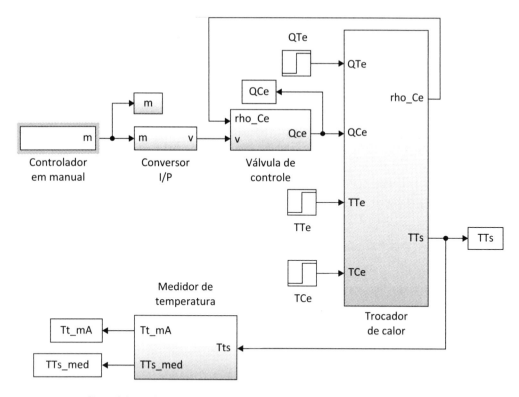

Figura 9.3 – Modelo em Simulink do trocador de calor mais instrumentação em malha aberta.

```
rho_table = [999.25 998.95 998.60 998.21 997.77 997.30 996.79 996.24...
995.65 995.03 994.37 993.69 992.97 992.22 991.44 990.63 989.79 988.93...
988.04 987.12 986.18 985.21 984.22 983.20 982.16 981.10 980.01 978.90...
977.77 976.62 975.45 974.25 973.04 971.80 970.54 969.27 967.97 966.66...
965.32 963.97 962.60 961.21 959.80 958.37]; % [kg/m3] Massa específica
% da água à pressão de saturação variando com a temperatura de 14 °C a 100 °C

cPA = 4186.8;% [J/(kg*K)] Calor específico da água sob pressão cons-
% tante, calculado a partir de 1 kcal/(kg*K). Ele é suposto constante,
% pois de 14 °C a 100 °C a variação que ocorre em cPA vai de 4186,9 a
% 4216,0 J/(kg*K), que representa uma variação de apenas 0,7%

VT = 3.385e-3;% [m3] Volume do fluido nos tubos

VC = 4.557e-3;% [m3] Volume do fluido no casco

n_sec = 4;% [adim] Número de seções em que o trocador de calor foi
% dividido

VT = VT/n_sec;% [m3] Volume do fluido nos tubos em cada seção

VC = VC/n_sec;% [m3] Volume do fluido no casco em cada seção

% Conversor I/P

Kip = 0.75;% [psi/mA] Ganho do conversor I/P

% Válvula de controle
```

```
Tau_at = 5;% [s] Constante de tempo do atuador da válvula de controle

Kat = 1/12;% [pu/psi] Ganho do atuador da válvula

Kv = 7.59432e-3;% [adim] Fator de ajuste das unidades da equação da
% válvula

X_table = [0.1:0.05:1];% [p.u.] Abertura da válvula

Cv_table = [0.478 0.694 0.910 1.126 1.343 1.824 2.305 2.737 3.169...
4.034 4.898 6.108 7.318 9.133 10.948 12.821 14.693 15.947 17.20];
% [gpm/sqrt(psi)] Coeficiente de vazão da válvula globo sede simples
% igual porcentagem de 1" da Fisher

dPv = 0.208;% [bar] Queda de pressão na válvula assumida como constante

% Medidor de temperatura

Theta_m = 13.90;% [s] Tempo morto na entrada do medidor de temperatura

Km = 16/30;% [mA/°C] Ganho do medidor de temperatura

Tau_m = 3;% [s] Constante de tempo do medidor de temperatura

% Valor nominal das variáveis

TTe_nom = 20;% [°C] Temperatura nominal do fluido de entrada nos tubos

TCe_nom = 90;% [°C] Temperatura nominal do fluido de entrada no casco

TTs_nom = 40;% [°C] Temperatura nominal do fluido na saída dos tubos

QTe_nom = 1.5e-3;% [m3/s] Vazão de entrada nominal do fluido nos tubos

m_nom = 14.011732306337423; % [mA] Valor nominal da saída do controlador

v_nom = Kip*m_nom;% [mA] Valor nominal da saída do conversor I/P

X_nom = Kat*(v_nom-3); % [p.u.] Condição nominal da posição da haste da
% válvula

Tt_mA_nom = Km*(TTs_nom-20)+4; % [mA] Corrente nominal de saída do
% transmissor de temperatura

% Condições iniciais

TTs10 = 23.401107676539265; % [°C] Temperatura inicial do fluido na saída
% dos tubos na seção 1

TTs20 = 27.699802614055031; % [°C] Temperatura inicial do fluido na saída
% dos tubos na seção 2

TTs30 = 33.132967313100181; % [°C] Temperatura inicial do fluido na saída
% dos tubos na seção 3

TTs40 = 40.000000000004029; % [°C] Temperatura inicial do fluido na saída
% dos tubos na seção 4

TCs10 = 72.692737498891546; % [°C] Temperatura inicial do fluido na saída
% do casco na seção 4

TCs20 = 58.999310957109508; % [°C] Temperatura inicial do fluido na saída
% do casco na seção 3

TCs30 = 48.165134816130831; % [°C] Temperatura inicial do fluido na saída
% do casco na seção 2

TCs40 = 39.593184450340473; % [°C] Temperatura inicial do fluido na saída
% do casco na seção 1
```

9.3 SIMULAÇÕES REALIZADAS EM MALHA ABERTA

Analisa-se o efeito da saída do controlador e das variáveis de perturbação na variável medida e, em seguida, obtêm-se modelos aproximados de baixa ordem do processo.

9.3.1 INFLUÊNCIA DA SAÍDA DO CONTROLADOR E DAS VARIÁVEIS DE PERTURBAÇÃO NA VARIÁVEL MEDIDA

A Figura 9.4 exibe a resposta em malha aberta da temperatura de saída dos tubos $T_{T,s}$ e da temperatura transmitida $T_{T,s,med}$ em °C (não em mA) a degraus de ± 3% em m, equivalendo a valores de ± 0,48 mA, a partir de seu valor nominal, aplicados em $t = 0$ s. As demais entradas são mantidas em seus valores nominais.

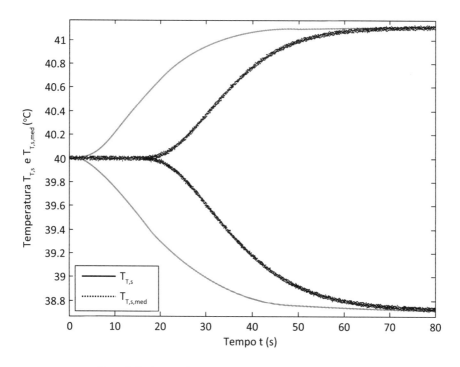

Figura 9.4 – Resposta de $T_{T,s}$ e $T_{T,s,med}$ a degraus de 3% e de -3% em m.

Na Figura 9.4, ambos os sinais iniciam em 40 °C e terminam no mesmo valor. A temperatura $T_{T,s,med}$ tem ruído de medição, e $T_{T,s}$ é um sinal limpo. Degraus idênticos geram valores estacionários assimétricos: no degrau de 3%, a temperatura atingiu 41,1 °C, e no degrau de -3%, atingiu 38,7 °C. Ao se comparar os sinais $T_{T,s}$ e $T_{T,s,med}$, nota-se que eles levam mais tempo para estabilizar com o degrau de -3% do que com o degrau de 3%. Isso indica um processo não linear. Um ponto marcante é o tempo morto no sinal $T_{T,s,med}$, devido ao sensor de temperatura estar distante do ponto de saída da água no trocador de calor.

A Figura 9.5 exibe a resposta de $T_{T,s}$ ao se aplicar na saída manual do controlador em $t = 0$ s um degrau, levando-a para 4 mA, e outro degrau, levando-a para 20 mA, mantendo-se as demais variáveis de entrada em seus valores nominais. O valor máximo que $T_{T,s}$ atinge é 47,6 °C e o mínimo é 25 °C. O valor mínimo não atinge a temperatura do fluido na entrada (20 °C), pois a válvula de controle não fecha totalmente, permitindo passar um pequeno fluxo de fluido de aquecimento que eleva a temperatura $T_{T,s}$ de 20 °C para 25 °C.

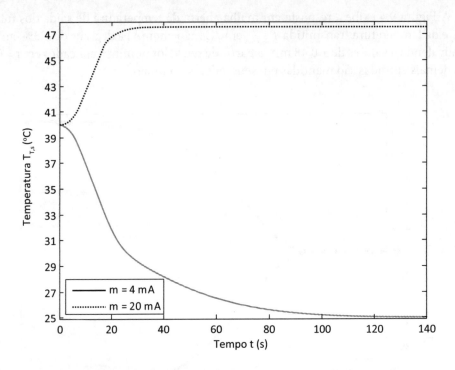

Figura 9.5 – Resposta de $T_{T,s}$ a degrau em m para 4 mA e para 20 mA.

A seguir, analisa-se como as variáveis de perturbação $Q_{T,e}$, $T_{T,e}$ e $T_{C,e}$ afetam a temperatura $T_{T,s}$ e define-se a que mais afeta. Para uma análise coerente, devem ser gerados distúrbios equivalentes; nesse caso, de 5%, considerando a faixa de variação de cada uma:

$Q_{T,e}$: pode variar de $0,5 \times 10^{-3}$ a $2,5 \times 10^{-3}$ m³/s ($\bar{Q}_{T,e} = 1,5 \cdot 10^{-3}$ m³/s);

$T_{T,e}$: pode variar de 15 °C a 35 °C ($\bar{T}_{T,e} = 20$ °C);

$T_{C,e}$: pode variar de 80 °C a 100 °C ($\bar{T}_{C,e} = 90$ °C).

A Figura 9.6 exibe as respostas a degrau nas variáveis de perturbação.

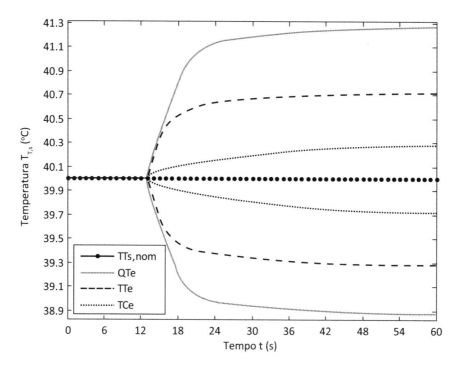

Figura 9.6 – Resposta de $T_{T,s}$ a degrau nas variáveis de perturbação $Q_{T,e}$, $T_{T,e}$ e $T_{C,e}$.

O degrau aplicado em $t = 0$ s em $Q_{T,e}$ é de $\pm 1 \times 10^{-4}$ m³/s, em $T_{T,e}$ e em $T_{C,e}$ é de ± 1 °C, todos a partir do valor nominal da variável em questão. A perturbação que mais afeta $T_{T,s}$ é $Q_{T,e}$. Nota-se a não linearidade do processo: a mesma amplitude em módulo nas entradas gera variações distintas na saída. Por exemplo, degraus de $\pm 1 \times 10^{-4}$ m³/s em $Q_{T,e}$ levaram a temperatura $T_{T,s}$ a 38,9 °C e a 41,3 °C, criando variações distintas de amplitude.

9.3.2 ANÁLISE DA AÇÃO DA PLANTA MAIS SUA INSTRUMENTAÇÃO

A Figura 9.7 mostra $T_{t,mA}$ ao se aplicar um degrau de 3% na saída m do controlador em $t = 0$ s, mantendo-se as variáveis de perturbação em seus valores nominais. É possível ver que a planta mais sua instrumentação têm ação direta, pois, ao aplicar um degrau positivo na saída manual m do controlador, o sinal medido $T_{t,mA}$ cresce.

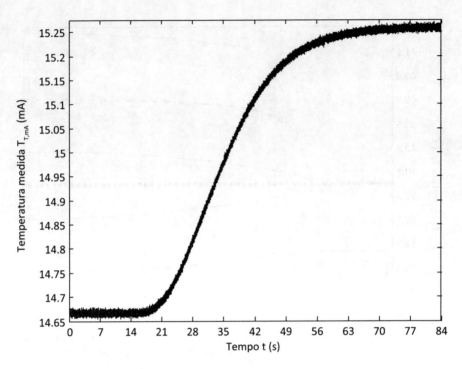

Figura 9.7 – Resposta de $T_{t,mA}$ a degrau de 3% no valor nominal de m.

9.3.3 GERAÇÃO DE MODELOS APROXIMADOS DE BAIXA ORDEM DO PROCESSO

A Figura 9.7 exibe $T_{t,mA}$ ao se aplicar um degrau de 3% na saída do controlador em $t = 0$ s, com as variáveis de perturbação em seus valores nominais. Vê-se que a planta tem ação direta, pois com um degrau positivo na saída do controlador $T_{t,mA}$ cresce.

Pode-se gerar modelos aproximados do processo a partir da resposta ao degrau (curva de reação) da Figura 9.7. São criados dois modelos: um de primeira e outro de segunda ordem, ambos com tempo morto. Para gerar o modelo de primeira ordem com tempo morto, aplica-se o método de Sundaresan e Krishnaswamy (1978) (ver Item 3.5.2.4):

$$\tau = 0{,}675 \cdot \left(t_{0,853} - t_{0,353}\right) \quad \theta = 1{,}294 \cdot t_{0,353} - 0{,}294 \cdot t_{0,853}$$

$$t_{0,353} = 30{,}55 \text{ segundos} \quad t_{0,853} = 47{,}20 \text{ segundos}$$

Portanto,

$$\tau = 0{,}675 \times (47{,}20 - 30{,}55) = 11{,}24 \text{ s e}$$

$$\theta = 1{,}294 \times 30{,}55 - 0{,}294 \times 47{,}20 = 25{,}65 \text{ s}$$

Exemplo de aplicação de diferentes controladores em um trocador de calor **539**

O cálculo do ganho estacionário K é dado por $K = \dfrac{\Delta S}{\Delta E} = \dfrac{0,592}{0,03 \cdot 16} = 1,233$.

O modelo gerado é $G_1(s) = \dfrac{\hat{T}_{t,mA}(s)}{\hat{M}(s)} = \dfrac{1,233 \cdot e^{-25,65 \cdot s}}{11,24 \cdot s + 1}$.

O fator de incontrolabilidade $F_C = \theta/\tau = 25,65/11,24 = 2,283$ indica que o processo é muito difícil de controlar. Cria-se agora um modelo de segunda ordem com tempo morto, aplicando-se o método de Harriott (1964) (ver Item 3.5.1.4). Esse método supõe que o tempo morto na curva de reação do processo já tenha sido subtraído, de modo que a função de transferência que se visa obter é dada por:

$$G(s) = \frac{K}{(\tau_1 \cdot s + 1) \cdot (\tau_2 \cdot s + 1)}$$

Com base na Figura 9.7, estima-se visualmente que o tempo morto é de cerca de $\theta_1 = 20$ s. A seguir, mede-se o tempo para o sistema atingir 73% de seu valor final (t_{73}), já subtraído o tempo morto. A soma das duas constantes de tempo é dada por:

$$\tau_1 + \tau_2 \cong \frac{t_{73}}{1,3}$$

No caso da Figura 9.7 tem-se que $t_{73} = 21,35$ s. Portanto, $\tau_1 + \tau_2 \cong 16,42$ s.

Como se conhece $(\tau_1 + \tau_2)$, pode-se calcular t em $t/(\tau_1 + \tau_2) = 0,5 : t = 8,21$ s.

Com base nesse valor de t, entra-se na curva de resposta ao degrau do processo (Figura 9.7) e verifica-se o valor de $T_{t,mA}(t + \theta_1) - 14,667 = y$. Resulta:

$$14,821 - 14,667 = 0,154 \text{ mA} = y.$$

O ganho K para os modelos de primeira e segunda ordem é o mesmo ($K = 1,233$). Resulta:

$$\frac{y}{K \cdot A} = \frac{0,154}{1,233 \cdot 0,48} = 0,260 \, [\text{adim.}]$$

Entra-se com esse valor no eixo vertical da Figura 3.41, resultando em 0,5 no eixo horizontal, de modo que: $\tau_1/(\tau_1 + \tau_2) = 0,5$.

Como $\tau_1 + \tau_2 \cong 16,42$ s, tem-se que: $\tau_1 = 8,21$ s e $\tau_2 = 8,21$ s.

O modelo resultante é:

$$G_2(s) = \frac{\hat{T}_{t,mA}(s)}{\hat{M}(s)} = \frac{K \cdot e^{-\theta_1 \cdot s}}{(\tau_1 \cdot s + 1) \cdot (\tau_2 \cdot s + 1)} = \frac{1,233 \cdot e^{-20 \cdot s}}{(8,21 \cdot s + 1) \cdot (8,21 \cdot s + 1)}$$

Os modelos de primeira e segunda ordem são validados excitando-se suas entradas com um sinal incremental $\hat{m}(t)$ (degrau de $0,03 \times 16 = 0,48$ mA) e somando ao sinal incremental de saída $\hat{T}_{t,mA}(t)$ seu valor nas condições nominais de operação (14,667 mA). A Figura 9.8 mostra os seguintes sinais: $T_{t,mA}(t)$ (temperatura medida); $T_{t,mA1}(t)$ (saída do modelo de primeira ordem mais tempo morto) e $T_{t,mA2}(t)$ (saída do modelo de segunda ordem mais tempo morto). Ambos os modelos descrevem bem a temperatura $T_{t,mA}$, em especial o modelo de segunda ordem.

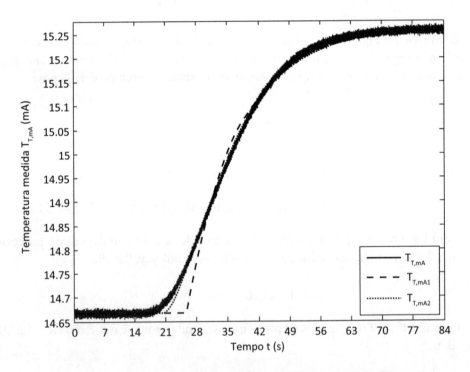

Figura 9.8 – Resposta de $T_{t,mA}$, $T_{t,mA1}$ e $T_{t,mA2}$ a degrau de 3% em m com modelos obtidos com degrau positivo.

Os modelos não ficam tão bons quando se comparam suas saídas com as da planta com degrau negativo em $\hat{m}(t)$, em especial o ganho dos modelos, como indica a Figura 9.9. Para atenuar esse problema, pode-se obter modelos distintos para degraus positivos e negativos em $\hat{m}(t)$ e fundi-los usando a média aritmética dos parâmetros K, τ e θ.

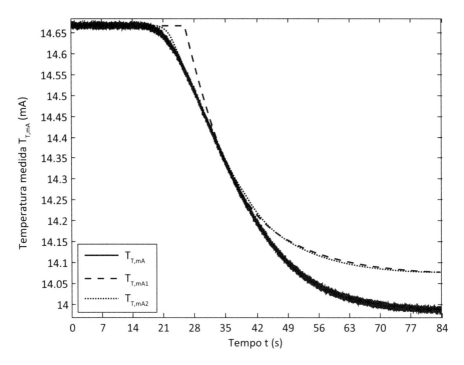

Figura 9.9 – Resposta de $T_{t,mA}$, $T_{t,mA1}$ e $T_{t,mA2}$ a degrau de –3% em m com modelos obtidos com degrau positivo.

Os modelos obtidos de primeira e segunda ordens a degrau negativo em $\hat{m}(t)$ são:

$$G_1(s) = \frac{\hat{T}_{t,mA}(s)}{\hat{M}(s)} = \frac{1,415 \cdot e^{-25,65 \cdot s}}{13,34 \cdot s + 1}$$

$$G_2(s) = \frac{\hat{T}_{t,mA}(s)}{\hat{M}(s)} = \frac{1,415 \cdot e^{-20 \cdot s}}{(11,02 \cdot s + 1) \cdot (7,04 \cdot s + 1)}$$

A Figura 9.10 exibe a resposta da planta e dos modelos a degrau de ± 3% em $\hat{m}(t)$. Como era esperado, os modelos obtidos com degrau negativo reproduzem bem o comportamento do processo quando se aplica um degrau negativo em $\hat{m}(t)$. No entanto, para degraus positivos em $\hat{m}(t)$, o resultado piora. Para poder ter modelos que sejam razoáveis, tanto para degraus positivos quanto negativos em $\hat{m}(t)$, criam-se modelos "médios" que representam razoavelmente bem o processo, tanto para entradas positivas quanto para negativas. Os modelos "médios" de primeira e segunda ordens são:

$$G_1(s) = \frac{\hat{T}_{t,mA}(s)}{\hat{M}(s)} = \frac{1,324 \cdot e^{-25,65 \cdot s}}{12,29 \cdot s + 1}$$

$$G_2(s) = \frac{\hat{T}_{t,mA}(s)}{\hat{M}(s)} = \frac{1{,}324 \cdot e^{-20 \cdot s}}{(9{,}62 \cdot s + 1) \cdot (7{,}63 \cdot s + 1)}$$

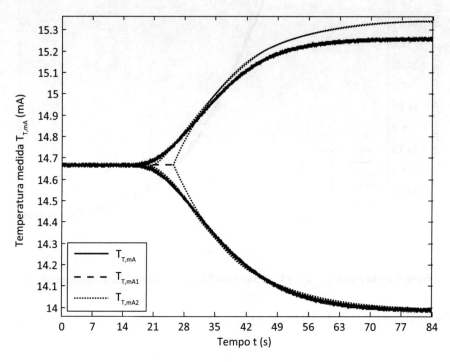

Figura 9.10 – Resposta de $T_{t,mA}$, $T_{t,mA1}$ e $T_{t,mA2}$ a degrau de ± 3% em m com modelos obtidos com degrau negativo.

A Figura 9.11 exibe a resposta dos modelos "médios" a degrau de ± 3% em m. Essa figura indica que os modelos "médios" geram pequenos erros, tanto para entradas positivas quanto para entradas negativas, não favorecendo, assim, nenhum lado.

Como consta na Seção 8.2, esses modelos permitem gerar parâmetros para realizar sintonias baseadas em métodos usando relações de ajuste em malha aberta.

9.4 SIMULAÇÕES REALIZADAS EM MALHA FECHADA PARA OBTER PARÂMETROS PARA REALIZAR SINTONIAS

Utilizam-se aqui dois modos para se obter parâmetros para efetuar sintonias usando relações de ajuste em malha fechada. Na primeira, leva-se o processo ao limiar da estabilidade usando um controlador P. Na segunda, usa-se o método de realimentação por relé (ver Subseção 8.4.1).

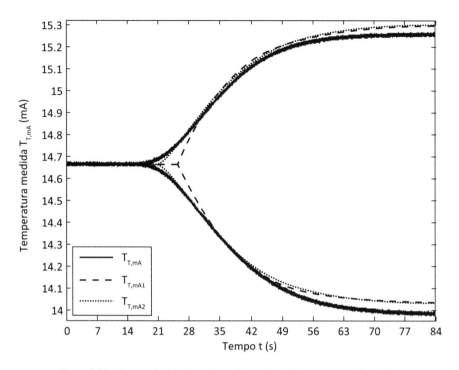

Figura 9.11 – Resposta de $T_{t,mA}$, $T_{t,mA1}$ e $T_{t,mA2}$ a degrau de ± 3% em m com modelos médios.

9.4.1 PROCESSO LEVADO AO LIMIAR DA ESTABILIDADE USANDO UM CONTROLADOR P

Para poder gerar parâmetros para efetuar sintonias baseadas em métodos usando relações de ajuste em malha fechada, é preciso usar um controlador P, o qual deve ter ação reversa, pois a planta tem ação direta. Deve-se prover a opção de se ter controle automático e manual. A Figura 9.12 exibe o modelo em Simulink da malha fechada.

Seja ganho $K_C = 1$. A resposta de $T_{T,s,med}$ a degrau de 1 °C no *set point* em $t = 20$ s é vista na Figura 9.13. Nela, ocorrem oscilações, e há erro em regime estacionário e_{ss}, pois o controlador é P.

A seguir, aumenta-se gradualmente o ganho K_C, visando levar a planta ao limiar da estabilidade. Na Figura 9.14, tem-se que $K_C = 1{,}1$ e $1{,}2$. Nas figuras 9.13 e 9.14, conforme o ganho K_C cresce, as oscilações aumentam e o erro estacionário e_{ss} diminui. O ganho que gera oscilações não amortecidas (mantidas) é $K_C = K_{CU} = 1{,}304$. A resposta obtida com $K_C = K_{CU} = 1{,}304$ é vista na Figura 9.15, ao se aplicar um degrau de 1 °C no valor desejado. O período P_U da oscilação é de 69,5 s.

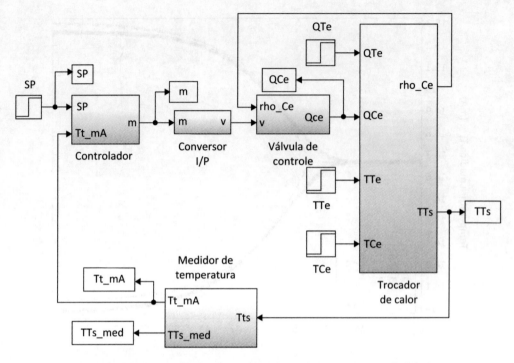

Figura 9.12 – Modelo em Simulink do trocador de calor mais instrumentação em malha fechada.

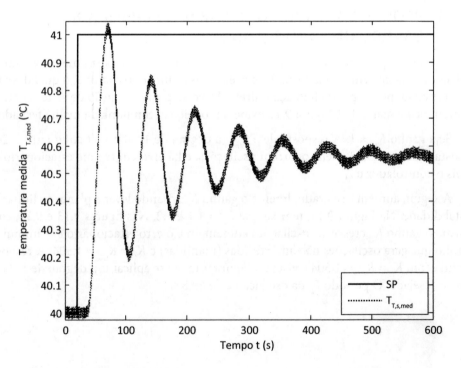

Figura 9.13 – Resposta de $T_{T,s,med}$ a degrau de 1 °C no valor de referência para $K_c = 1$.

Exemplo de aplicação de diferentes controladores em um trocador de calor

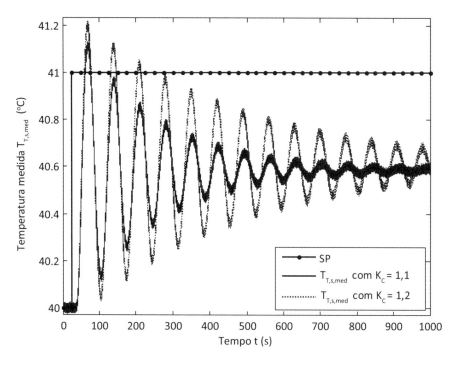

Figura 9.14 – Resposta de $T_{T,s,med}$ a degrau de 1 °C no valor desejado para $K_C = 1,1$ e 1,2.

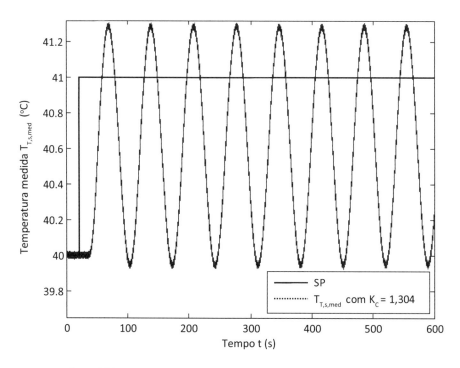

Figura 9.15 – Resposta de $T_{T,s,med}$ a degrau de 1 °C no valor desejado para $K_C = 1,304$.

Ao se aplicar um degrau de –1 °C no *set point*, o ganho que gera oscilações não amortecidas é K_{CU} = 1,215, e o período P_U é 70,8 s. Devido à não linearidade da planta, K_{CU} e P_U diferem ao se aplicar degraus positivos ou negativos. Eles também seriam alterados caso a amplitude do degrau fosse mudada. Adota-se, daqui para a frente, para evitar uma possível instabilidade da malha, o menor valor de K_{CU} (1,215) e P_U = 70,8 s.

Outra maneira de se obter K_{CU} e P_U é usar o método de realimentação por relé, abordado na Subseção 8.4.1 e aplicado a seguir.

9.4.2 EMPREGO DO MÉTODO DE REALIMENTAÇÃO POR RELÉ

No método de Realimentação por Relé, aplica-se o procedimento da Figura 8.48, de transferir o controle para um regulador *on/off*, nesse caso sem zona morta, cuja saída foi ajustada para variar ± 1 mA, isto é, de m_{nom} + 1 mA a m_{nom} – 1 mA. A Figura 9.16 mostra a resposta da variável medida $T_{t,mA}$ oscilando em torno do valor desejado em mA.

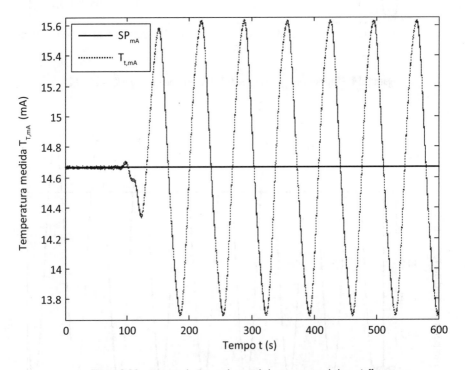

Figura 9.16 – Resposta de $T_{t,mA}$ sendo controlada por um controlador *on/off*.

Da Figura 9.16, extrai-se a = 0,965 mA. Como 2 · d = 2 mA, da Equação (8.42), resulta:

$$K_{CU,relé} = \frac{4 \cdot d}{\pi \cdot a} = \frac{2 \cdot 2}{\pi \cdot 0,965} = 1,319$$

Medindo-se $P_{U,relé}$ na Figura 9.16, chega-se a 68,9 segundos. Comparando com os valores medidos de K_{CU} e P_U na Subseção 9.4.1, nota-se que ambos ficaram próximos.

9.5 SIMULAÇÕES REALIZADAS COM DIFERENTES CONTROLADORES

Nesta seção, são testados controladores de diversos tipos com diferentes sintonias.

9.5.1 TESTES DE CONTROLADORES *ON/OFF* E *ON/OFF* COM ZONA MORTA

O controlador *on/off* (liga/desliga) opera com sua saída assumindo dois valores: 4 mA ou 20 mA. Ele é testado aplicando-se um degrau de 1 °C no valor desejado em $t = 10$ s e simulando a planta por 400 s, mantendo-se as variáveis de perturbação em seus valores nominais. O resultado aparece na Figura 9.17, tratando-se de um teste no modo servo. Nota-se que a variável controlada oscila continuamente. A saída do controlador é vista na Figura 9.18. Há momentos em que a saída do controlador chaveia intensamente, como ocorre, por exemplo, no início da simulação. Isso acontece devido ao ruído na variável medida.

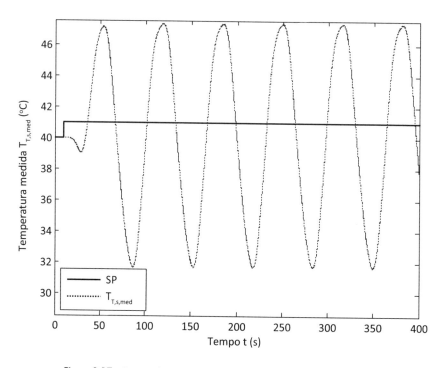

Figura 9.17 – Resposta da variável controlada com controlador *on/off* (modo servo).

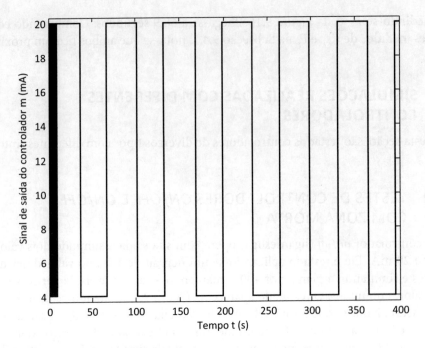

Figura 9.18 – Sinal de saída do controlador *on/off*.

Na verdade, em todos os pontos de comutação de 4 mA para 20 mA ou vice-versa, ocorrem vários chaveamentos, como se vê na Figura 9.19, em que se faz uma ampliação a partir do instante $t = 36,025$ s.

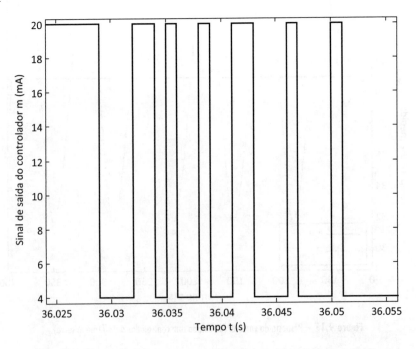

Figura 9.19 – Sinal de saída do controlador *on/off* ampliado a partir do instante $t = 36,025$ s.

Na Figura 9.20, vê-se a resposta da variável controlada ao se aplicar em $t = 10$ s um degrau de 5% (1×10^{-4} m^3/s) na variável de perturbação $Q_{T,e}$, que é a que mais afeta a variável controlada $T_{T,s}$. A variável controlada oscila continuamente, como na Figura 9.17.

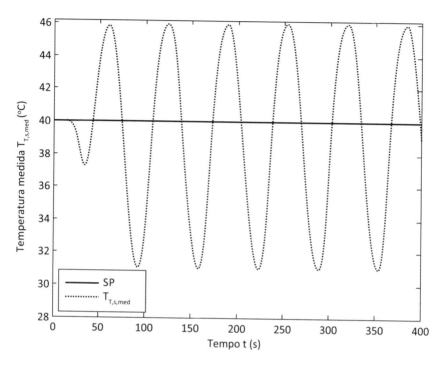

Figura 9.20 – Resposta da variável controlada com controlador *on/off* (modo regulatório).

Visando eliminar as comutações rápidas na saída do regulador *on/off* (ver Figuras 9.18 e 9.19), implanta-se um regulador *on/off* com zona morta de 1 °C. A Figura 9.21 exibe a variável controlada ao se aplicar um degrau de 1 °C no *set point* em $t = 10$ s. A resposta de $T_{T,s,med}$ é similar à da Figura 9.17, mas a amplitude pico a pico é levemente diferente: na Figura 9.17, a amplitude é de 15,65 °C, e na Figura 9.21, é de 16,06 °C.

O sinal de saída do controlador *on/off* com zona morta é visto na Figura 9.22.

As Figuras 9.18 e 9.22 são similares, mas na Figura 9.18 há um intenso chaveamento quando a variável controlada cruza o *set point* e na Figura 9.22 esse efeito é anulado pela zona morta do controlador. Outra diferença é que, na Figura 9.18, um ciclo completo de comutação, isto é, o tempo total em um ciclo em que a saída do controlador fica em 4 mA e em 20 mA, é de 65,65 s, enquanto na Figura 9.22 esse ciclo dura 68,29 s, com um pequeno aumento, como esperado. A figura da variável controlada ao se usar o regulador *on/off* com zona morta no modo regulatório não é exibida, por ser similar à Figura 9.20.

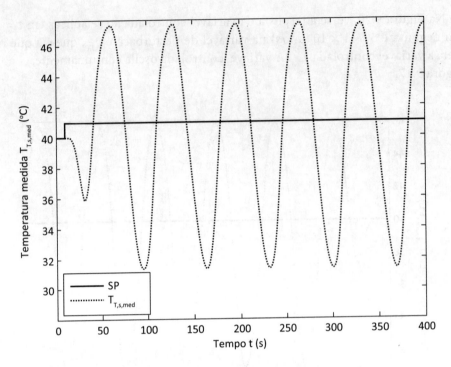

Figura 9.21 – Resposta da variável controlada com controlador *on/off* com zona morta.

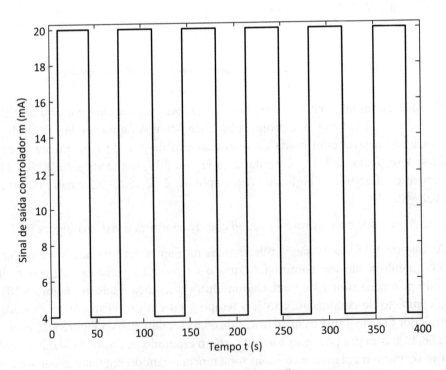

Figura 9.22 – Sinal de saída do controlador *on/off* com zona morta.

9.5.2 TESTES DE CONTROLADOR P COM DIFERENTES SINTONIAS

Testa-se o controlador P com duas sintonias: a primeira usando relação de ajuste com parâmetros obtidos em malha fechada, e a outra, com parâmetros obtidos em malha aberta. A primeira sintonia emprega o método das Oscilações Contínuas de Z-N (OC-ZN):

$$K_C = 0,5 \times K_{CU} = 0,5 \times 1,215 = 0,608$$

O algoritmo de controle P é dado por:

$$m(t) = K_C \cdot \left[SP(t) - PV(t) \right] + \bar{m}$$

A Figura 9.23 mostra a resposta de $T_{T,s,med}$ a degrau de 1 °C no SP em $t = 10$ s, com as variáveis de perturbação fixas. Nela, há poucas oscilações e há erro estacionário.

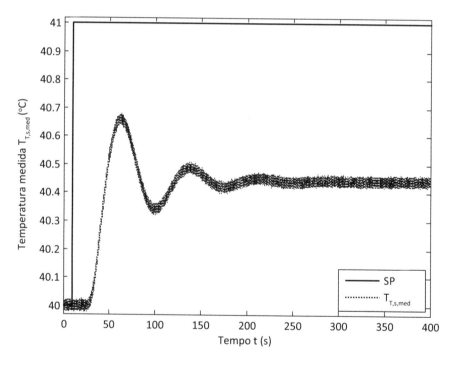

Figura 9.23 – Resposta de $T_{T,s,med}$ com controlador P – sintonia OC-ZN (modo servo).

A Figura 9.24 exibe a resposta da variável controlada com controlador P com a sintonia OC-ZN, ao se aplicar em $Q_{T,e}$ um degrau de 1×10^{-4} m³/s em $t = 10$ s. A resposta oscila pouco e há erro de regime permanente. A seguir, ajusta-se o controlador P pelo método da Curva de Reação de Z-N (CR-ZN), com parâmetros obtidos em malha aberta:

$$K_C = \frac{\tau}{K \cdot \theta} = \frac{12,29}{1,324 \cdot 25,65} = 0,362$$

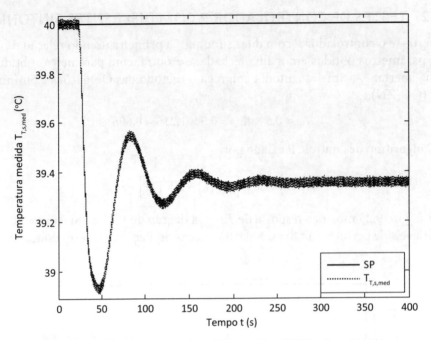

Figura 9.24 – Resposta de $T_{T,s,med}$ com controlador P – sintonia OC-ZN (modo regulatório).

A Figura 9.25 mostra a resposta da variável controlada a degrau de 1 °C no *set point* em $t = 10$ s. Comparando-se as Figuras 9.23 e 9.25, observa-se que esta última apresenta menos oscilações com menor amplitude, mas tem um erro de regime permanente maior.

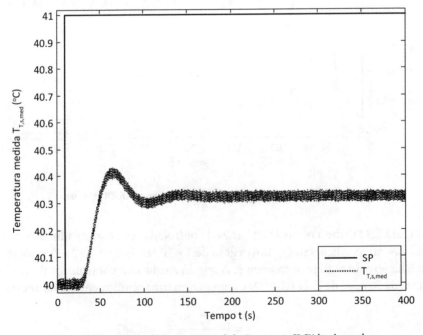

Figura 9.25 – Resposta de $T_{T,s,med}$ com controlador P – sintonia CR-ZN (modo servo).

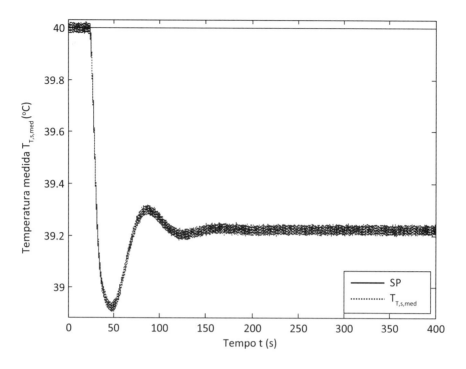

Figura 9.26 – Resposta de $T_{T,s,med}$ com controlador P – sintonia CR-ZN (modo regulatório).

A Figura 9.26 mostra a resposta da variável controlada ao se excitar $Q_{T,e}$ em $t = 10$ s com um degrau de 1×10^{-4} m³/s com controlador P sintonizado pelo método CR-ZN. Comparando-se as Figuras 9.24 e 9.26, verifica-se que a última possui menos oscilações com menor amplitude, mas tem um erro de regime permanente maior.

9.5.3 TESTES DE CONTROLADOR PI COM DIFERENTES SINTONIAS

A primeira sintonia usa o método das Oscilações Contínuas de Z-N (OC-ZN):

$K_C = 0{,}45 \times K_{CU} = 0{,}45 \times 1{,}215 = 0{,}547$ $T_I = P_U / 1{,}2 = 25{,}65/1{,}2 = 21{,}38$ s/rep

O algoritmo de controle PI é dado por:

$$m(t) = K_C \cdot \left\{ \left[SP(t) - PV(t)\right] + \frac{1}{T_I} \int_0^t \left[SP(t) - PV(t)\right] \right\} + m_0$$

A Figura 9.27 exibe a resposta de $T_{T,s,med}$ a um degrau de 1 °C no SP em $t = 10$ s. Nela, se mostra o efeito do uso de realimentação negativa (correta) e positiva (incorreta).

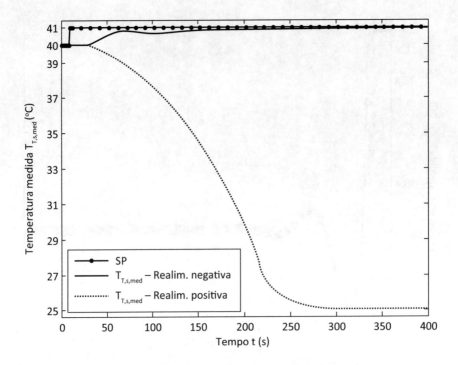

Figura 9.27 – Resposta de $T_{T,s,med}$ com controlador PI – sintonia OC-ZN com degrau positivo no *set point* (modo servo) usando realimentações negativa e positiva.

Na Figura 9.27, com realimentação negativa, a variável controlada não tem erro em regime permanente, como esperado, por se tratar de um controlador PI, e atinge o novo *set point* em torno de 500 s. Com realimentação positiva, $T_{T,s,med}$ se move em direção oposta ao *set point*, atingindo cerca de 25 °C, que é o mínimo valor a que pode chegar.

A Figura 9.28 exibe a resposta de $T_{T,s,med}$ ao se aplicar no SP um degrau de –1 °C em $t = 10$ s, com controlador PI ajustado pelo método OC-ZN. Nessa figura, mostra-se também o efeito do uso de realimentação negativa (correta) e positiva (incorreta). O resultado é similar ao da Figura 9.27 no caso da realimentação negativa, com $T_{T,s,med}$ atingindo o novo *set point* em torno de 400 s. Com realimentação positiva, $T_{T,s,med}$ se move em direção oposta ao SP, atingindo cerca de 47,6 °C, que é o máximo valor a que pode chegar.

Na Figura 9.29, vê-se a resposta de $T_{T,s,med}$ a degrau de 1×10^{-4} m³/s em $Q_{T,e}$, com realimentação negativa e positiva. Com realimentação negativa, $T_{T,s,med}$ retorna ao SP e o atinge em torno de 600 s. Com realimentação positiva, $T_{T,s,med}$ se afasta do SP, atingindo cerca de 25 °C, que é o mínimo valor a que pode chegar. A Figura 9.30 exibe a resposta de $T_{T,s,med}$ a degrau de -1×10^{-4} m³/s em $Q_{T,e}$, com realimentações negativa e positiva. Com realimentação negativa, $T_{T,s,med}$ retorna ao SP e o atinge em torno de 500 s.

Exemplo de aplicação de diferentes controladores em um trocador de calor

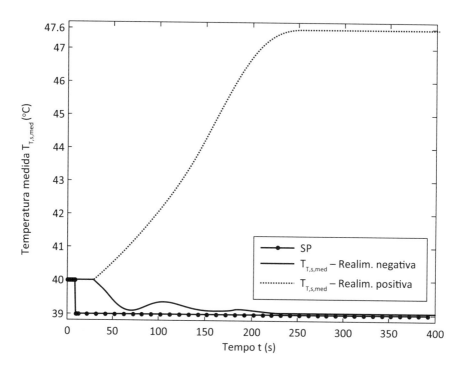

Figura 9.28 – Resposta de $T_{T,s,med}$ com controlador PI – sintonia OC-ZN com degrau negativo no *set point* (modo servo) usando realimentações negativa e positiva.

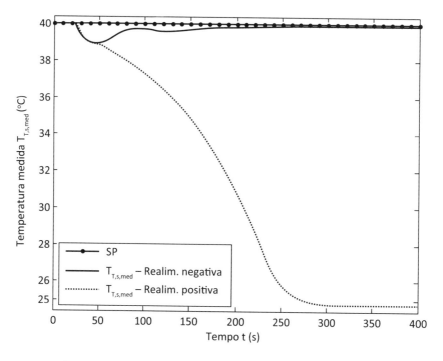

Figura 9.29 – Resposta de $T_{T,s,med}$ com controlador PI – sintonia OC-ZN com degrau positivo em $Q_{T,e}$ (modo regulatório) usando realimentações negativa e positiva.

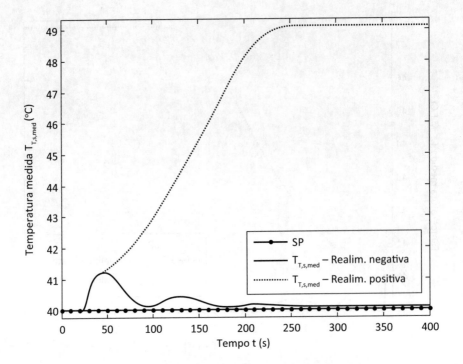

Figura 9.30 – Resposta de $T_{T,s,med}$ com controlador PI – sintonia OC-ZN com degrau negativo em $Q_{T,e}$ (modo regulatório) usando realimentações negativa e positiva.

Na Figura 9.30, com realimentação positiva, $T_{T,s,med}$ se afasta do SP, atingindo cerca de 49,2 °C, que é o máximo valor a que pode chegar nas condições dadas. A seguir, sintoniza-se o controlador PI pelo método CR-ZN:

$$K_C = \frac{0{,}9 \cdot \tau}{K \cdot \theta} = \frac{0{,}9 \cdot 12{,}29}{1{,}324 \cdot 25{,}65} = 0{,}326$$

$$T_I = \frac{10 \cdot \theta}{3} = \frac{10 \cdot 25{,}65}{3} = 85{,}5 \text{ s/rep}$$

A Figura 9.31 exibe a resposta de $T_{T,s,med}$ a degrau de 1 °C no SP em $t = 10$ s. $T_{T,s,med}$ atinge o novo SP em um período superior a 800 s, indicando uma resposta lenta.

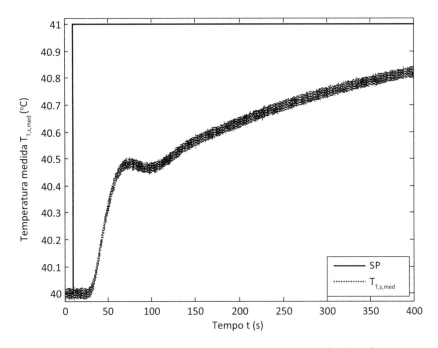

Figura 9.31 – Resposta de $T_{T,s,med}$ com controlador PI – sintonia CR-ZN (modo servo).

A Figura 9.32 exibe a resposta de $T_{T,s,med}$ a degrau de 1×10^{-4} m³/s em $Q_{T,e}$, indicando lentidão na resposta, com $T_{T,s,med}$ voltando ao SP em mais de 800 s.

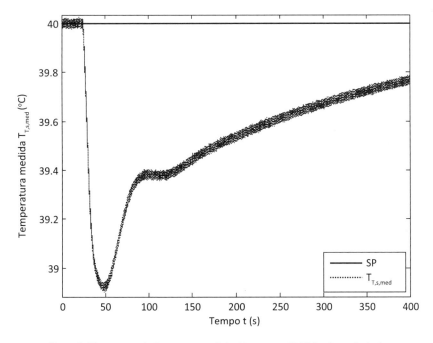

Figura 9.32 – Resposta de $T_{T,s,med}$ com controlador PI – sintonia CR-ZN (modo regulatório).

O método das Oscilações Contínuas de Åström-Hägglund (OC-AH) é usado para ajustar o controlador PI. Estima-se o valor de κ pela Equação (8.9), com $K_{CU,relé}$ = 1,319 (Subseção 9.4.2) e K = 1,324, equivalente ao ganho "médio" do processo (Subseção 9.3.3).

$$\kappa = \frac{1}{K_{CU,\,relé} \cdot K} = \frac{1}{1,319 \cdot 1,324} = 0,573$$

Como os parâmetros do controlador PI nesse método dependem do fator de sensibilidade M_s, usam-se dois valores (M_s = 1,4 e 2). Os coeficientes a_0, a_1 e a_2 saem da Tabela 8.21 considerando $K_{CU,relé}$ = 1,319 e $P_{U,relé}$ = 68,9 s e são aplicados na Equação (8.10), resultando na Tabela 9.2.

Tabela 9.2 – Valor dos parâmetros K_c, T_I e β do controlador PI – sintonia OC-AH

	M_s = 1,4	M_s = 2
K_c	0,1568	0,3323
T_I	12,10	12,10
β	1,978	0,5708

Usa-se a seguinte estrutura do controlador PI, com redução do salto proporcional:

$$m(t) = K_C \cdot \left\{ \left[\beta \cdot SP(t) - PV(t) \right] + 1/T_I \cdot \left[SP(t) - PV(t) \right] \right\}$$

O resultado das simulações com as duas sintonias da Tabela 9.2 é exibido na Figura 9.33 para o caso em que se aplica um degrau de 1 °C no SP em t = 10 s. A resposta com M_s = 1,4 não oscilou e atingiu o novo *set point* em cerca de 140 s, ao passo que, com M_s = 2, teve sobressinal e oscilou um pouco, estabilizando no novo *set point* em torno de 250 s.

A Figura 9.34 mostra a resposta de $T_{T,s,med}$ a degrau de 1×10^{-4} m³/s em $Q_{T,e}$. Ambas as respostas retornaram rapidamente ao *set point*, estabilizando em torno de 260 s. Na parametrização com M_s = 1,4 não houve sobressinal, mas com M_s = 2 houve.

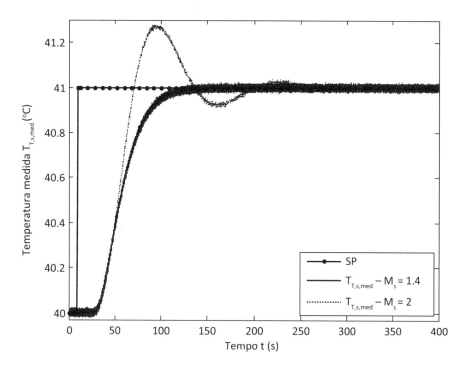

Figura 9.33 – Resposta de $T_{T,s,med}$ com controlador PI – sintonia OC-AH (modo servo).

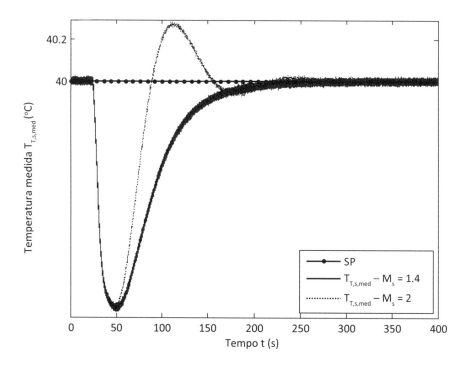

Figura 9.34 – Resposta de $T_{T,s,med}$ com controlador PI – sintonia OC-AH (modo regulatório).

Ajusta-se o controlador PI pelo método da Curva de Reação de Åström-Hägglund (CR-AH). Estimam-se a e T, segundo a Equação (8.6a). Da Subseção 9.3.3, tem-se que $K = 1,324$, $\tau = 12,29$ s e $\theta = 25,65$ s (parâmetros "médios" do processo), portanto:

$$a = K\,\frac{\theta}{\tau} = 1,324\,\frac{25,65}{12,29} = 2,763 \quad \text{(ganho normalizado)}$$

$$T = \frac{\theta}{\theta + \tau} = \frac{25,65}{25,65 + 12,29} = 0,676 \quad \text{(tempo morto normalizado)}$$

Os parâmetros de sintonia do controlador PI são obtidos aplicando-se os coeficientes a_0, a_1 e a_2 da Tabela 8.17 na Equação (8.7), resultando na Tabela 9.3.

Tabela 9.3 – Valor dos parâmetros K_c, T_I e β do controlador PI – sintonia CR-AH

	$M_s = 1,4$	$M_s = 2$
K_c	0,0918	0,2390
$T_I\,(\theta)$	10,379	10,379
$T_I\,(\tau)$	11,286	11,286
β	3,1621	0,6069

Na Tabela 9.3, os termos T_I parametrizados em θ ou em τ têm valores próximos. Eles são testados e o melhor resultado no modo servo foi obtido com T_I parametrizado em θ para $M_s = 1,4$ e com T_I parametrizado em τ para $M_s = 2$. Os resultados são vistos na Figura 9.35, em que se aplica um degrau de 1 °C no SP em $t = 10$ s. A sintonia com $M_s = 1,4$ fez $T_{T,s,med}$ atingir o novo *set point* em 300 s, sem oscilações; já a sintonia com $M_s = 2$ fez $T_{T,s,med}$ estabilizar no novo SP em 240 s e houve um pequeno sobressinal.

Testa-se a sintonia pelo método CR-AH com um degrau de 1×10^{-4} m³/s em $Q_{T,e}$ em $t = 10$ s, como visto na Figura 9.36, na qual, com $M_s = 1,4$, se obteve uma resposta lenta, sem oscilações, levando cerca de 500 s para retornar ao *set point*, enquanto com $M_s = 2$, a variável controlada retornou muito mais rapidamente ao *set point*, estabilizando em torno de 260 s, mas com um pequeno sobressinal.

A seguir, testa-se a sintonia pelo método da Síntese Direta (SD) da Tabela 8.23, com base no modelo "médio" de primeira ordem mais tempo morto obtido na Subseção 9.3.3, para valores distintos de τ_C. Inicia-se com $\tau_C = \theta$:

$$K_C = \frac{\tau}{K \cdot (\tau_C + \theta)} = \frac{12,29}{1,324 \cdot (25,65 + 25,65)} = 0,181 \quad \text{e} \quad T_I = \tau = 12,29 \text{ s/rep}$$

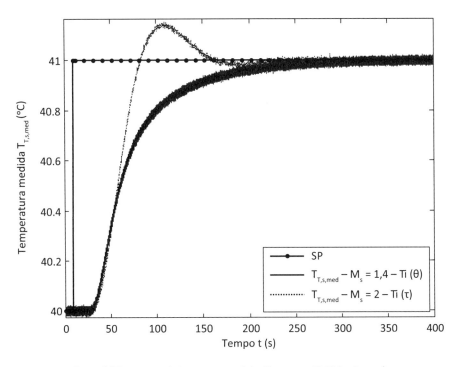

Figura 9.35 – Resposta de $T_{T,s,med}$ com controlador PI – sintonia CR-AH (modo servo).

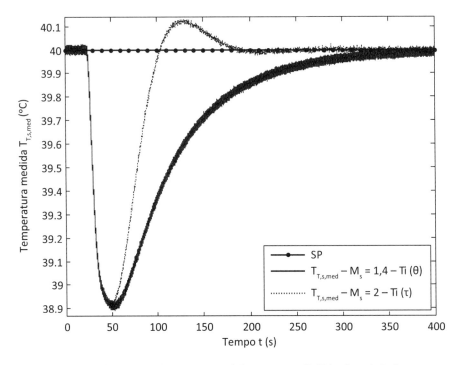

Figura 9.36 – Resposta de $T_{T,s,med}$ com controlador PI – sintonia CR-AH (modo regulatório).

No primeiro teste, aplica-se um degrau de 1 °C no SP em $t = 10$ s, e o resultado é visto na Figura 9.37, a qual indica que a variável controlada estabilizou rapidamente no novo *set point*, em torno de 200 s, sem oscilações e com erro nulo de regime permanente.

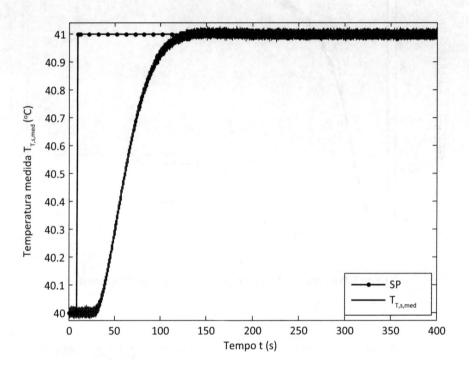

Figura 9.37 – Resposta de $T_{T,s,med}$ com controlador PI – sintonia SD com $\tau_c = \theta$ (modo servo).

A Figura 9.38 exibe a resposta de $T_{T,s,med}$ ao se aplicar em $Q_{T,e}$ um degrau de 1×10^{-4} m³/s em $t = 10$ s. A variável controlada retornou rapidamente ao *set point*, estabilizando em torno de 240 s, sem oscilações.

Na Figura 9.39, é possível ver a resposta ao se usar um controlador PI ajustado pelo método SD com $\tau_c = \tau$, ao se aplicar um degrau de 1 °C no SP em $t = 10$ s. A variável controlada atingiu rapidamente o novo *set point*, em torno de 240 s, com um pequeno sobressinal.

Na Figura 9.40, se mostra a resposta desse controlador ao se aplicar em $Q_{T,e}$ um degrau de 1×10^{-4} m³/s em $t = 10$ s. Nota-se que $T_{T,s,med}$ retornou rapidamente ao *set point*, em cerca de 210 s, com um pequeno sobressinal.

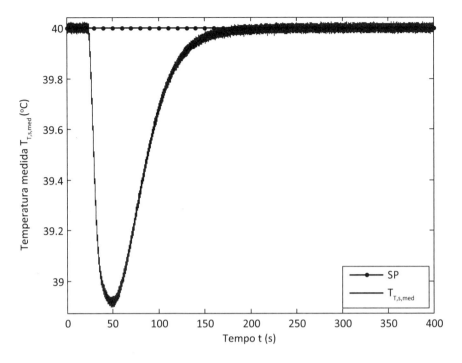

Figura 9.38 – Resposta de $T_{T,s,med}$ com controlador PI – sintonia SD com $\tau_c = \theta$ (modo regulatório).

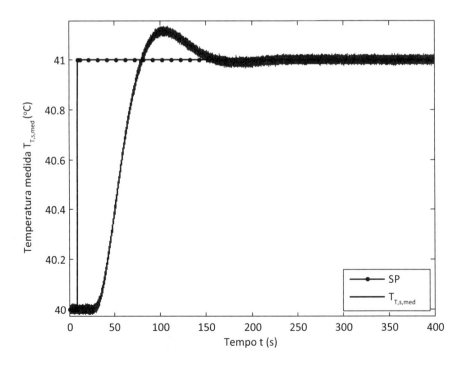

Figura 9.39 – Resposta de $T_{T,s,med}$ com controlador PI – sintonia SD com $\tau_c = \tau$ (modo servo).

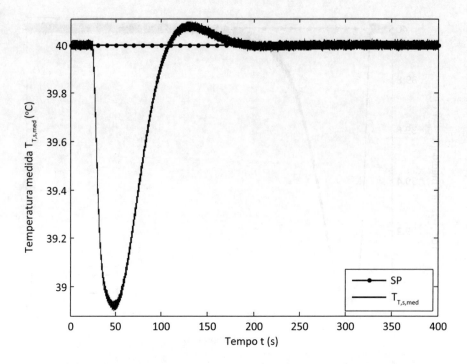

Figura 9.40 – Resposta de $T_{T,s,med}$ com controlador PI – sintonia SD com $\tau_C = \tau$ (modo regulatório).

Poder-se-ia continuar tentando outros valores para τ_C, mas, em vez disso, aplica-se agora o método SIMC de sintonia ao controlador PI, como visto na Subseção 8.2.15. Considera-se $\tau_C = \theta$ e que o processo seja modelado por um sistema de primeira ordem mais tempo morto. Têm-se, então, os seguintes parâmetros de ajuste:

$$K_C = \frac{\tau}{K \cdot (\tau_C + \theta)} = \frac{12,29}{1,324 \cdot (25,65 + 25,65)} = 0,181$$

$$T_I = \text{mín}\left[\tau, 4 \cdot (\theta + \tau_C)\right] = \text{mín}(12,29;\ 205,2) = 12,29 \text{ s/rep}$$

Essa sintonia fica igual à do método da Síntese Direta ao se fazer $\tau_C = \theta$. O mesmo ocorre caso se faça $\tau_C = \tau$. Portanto, ela já foi testada ao se usar o método SD.

9.5.4 TESTES DE CONTROLADOR PD COM DIFERENTES SINTONIAS

O controlador PD é inicialmente sintonizado pelo método das Oscilações Contínuas de Ziegler-Nichols (OC-ZN), empregando o ajuste citado na Tabela 8.1. Assim:

$$K_C = 0,60 \times K_{CU} = 0,60 \cdot 1,215 = 0,729 \quad \text{e} \quad T_D = P_U / 8 = 25,65 / 8 = 3,206 \text{ s}$$

O controlador PD inicialmente usado tem a estrutura mostrada a seguir:

$$m(t) = K_C \cdot \left\{ e(t) + T_D \frac{de(t)}{dt} \right\} + \bar{m}$$

Antes de mostrar a resposta da variável controlada, exibe-se na Figura 9.41 a saída m do controlador, com uma grande ampliação na escala de tempo (0,1 s). Devido ao ruído no sinal medido, a ação derivativa gera variações intensas na saída do controlador.

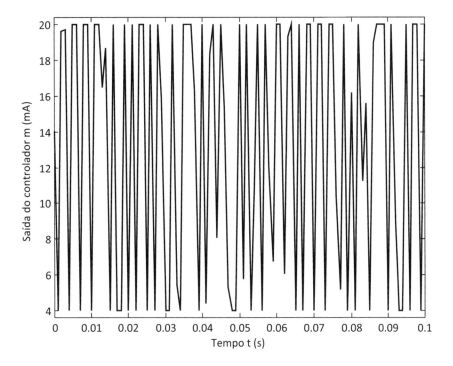

Figura 9.41 – Sinal de saída m do controlador PD.

Para atenuar esse problema, usa-se um filtro passa-baixas na ação derivativa, como o da Equação (7.1), com $\alpha = 0,1$ ($N = 10$). O sinal filtrado de saída do controlador é visto na Figura 9.42, com uma escala vertical expandida com relação à da Figura 9.41. Fica evidente que o filtro praticamente eliminou as variações geradas pela ação derivativa.

Mostra-se na Figura 9.43 a resposta da variável controlada ao se aplicar no SP um degrau de 1 °C em $t = 10$ s, com controlador PD ajustado pelo método OC-ZN. Essa figura indica que a variável controlada oscila um pouco e apresenta erro de regime permanente, indicando que, como esperado, o controlador PD não consegue eliminá-lo.

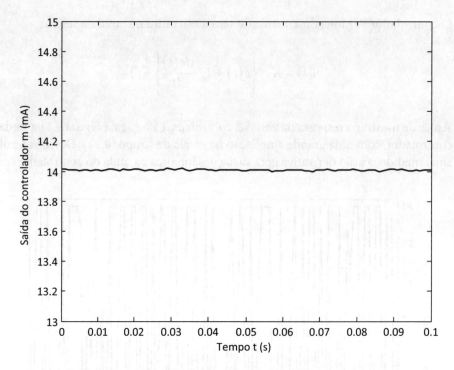

Figura 9.42 – Sinal de saída m do controlador PD com uso de filtro na ação derivativa.

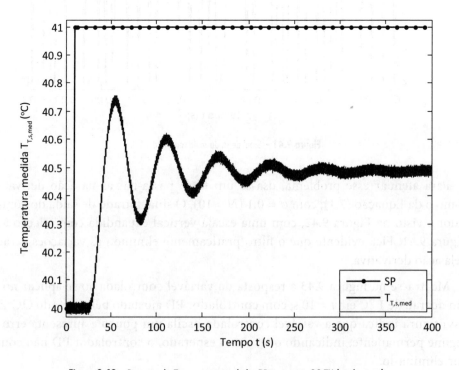

Figura 9.43 – Resposta de $T_{T,s,med}$ com controlador PD – sintonia OC-ZN (modo servo).

A Figura 9.44 exibe a saída do controlador. Há em $t = 10$ s um impulso, criado pelo degrau no SP. Para evitar esse impulso, usa-se o controlador PD sem o salto derivativo.

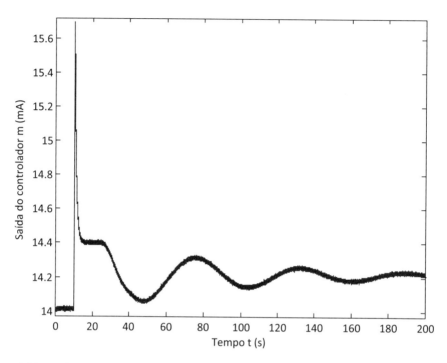

Figura 9.44 – Sinal de saída m do controlador PD com filtro na ação derivativa ao se aplicar degrau de 1 °C em $t = 10$ s no SP.

No modo D sem o salto derivativo, deriva-se a variável medida, como na expressão a seguir, que representa um controlador PD com filtro derivativo e sem salto derivativo.

$$m(t) = K_C \cdot \left\{ [SP(t) - PV(t)] - T_D \frac{d[PV_f(t)]}{dt} \right\} + \bar{m} \text{ com}$$

$$PV_f(s) = \frac{1}{\alpha \cdot T_D \cdot s + 1} PV(s), \text{ em que se costuma usar } \alpha = 0,1$$

Essa forma para o modo derivativo é usada daqui em diante neste capítulo sempre que houver um controlador que inclua o modo derivativo. Vê-se na Figura 9.45 a saída do controlador com essa opção, a qual indica que se eliminou o impulso da Figura 9.44.

A Figura 9.46 exibe a resposta de $T_{T,s,med}$ a degrau no SP de 1 °C em $t = 10$ s, com controlador PD com filtro na ação derivativa e sem salto derivativo, ajustado pelo método OC-ZN. A variável controlada oscila um pouco e não atinge o novo *set point*.

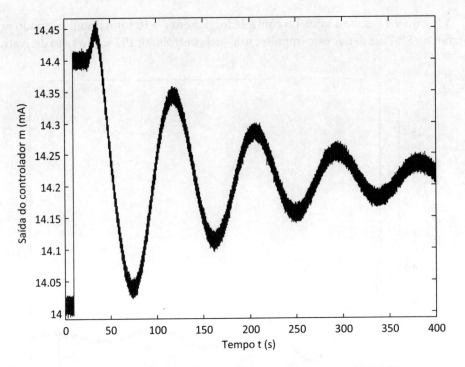

Figura 9.45 – Saída *m* do controlador PD com filtro na ação derivativa e sem salto derivativo.

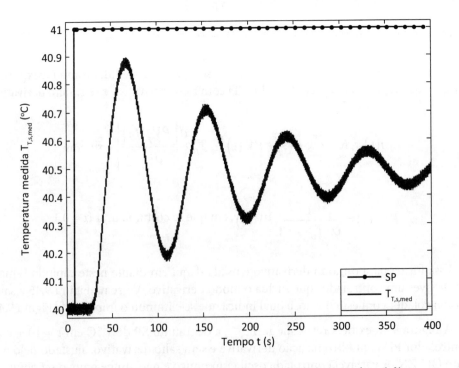

Figura 9.46 – Resposta de $T_{T,s,med}$ com controlador PD – sintonia OC-ZN (modo servo) usando filtro na ação derivativa e sem salto derivativo.

Na Figura 9.47, se exibe a resposta de $T_{T,s,med}$ ao se aplicar em $Q_{T,e}$ um degrau de 1×10^{-4} m³/s em $t = 10$ s. A variável controlada oscila um pouco e não retorna ao SP.

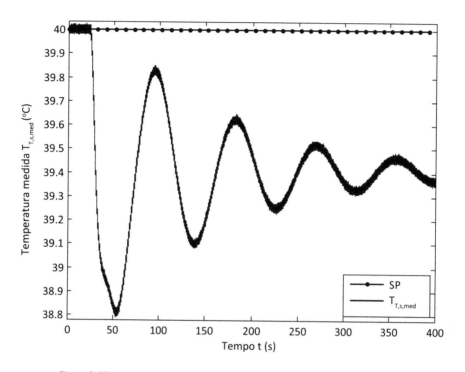

Figura 9.47 – Resposta de $T_{T,s,med}$ com controlador PD – sintonia OC-ZN (modo regulatório).

Sintoniza-se o controlador PD pelo método de Cohen-Coon (CC) (ver Tabela 8.11):

$$K_C = \frac{1}{K} \cdot \left(\frac{1,25 \cdot \tau}{\theta} + \frac{1}{6} \right) = 0,578$$

$$T_D = 2 \cdot \theta \frac{3 - \theta/\tau}{22 + 3 \cdot \theta/\tau} = 1,657 \, s$$

A Figura 9.48 mostra $T_{T,s,med}$ ao se aplicar um degrau de 1 °C no SP em $t = 10$ s. A variável controlada oscila um pouco e apresenta erro de regime permanente.

A Figura 9.49 exibe a resposta de $T_{T,s,med}$ a degrau em $Q_{T,e}$ de 1×10^{-4} m³/s em $t = 10$ s. Notam-se algumas oscilações e erro de regime permanente.

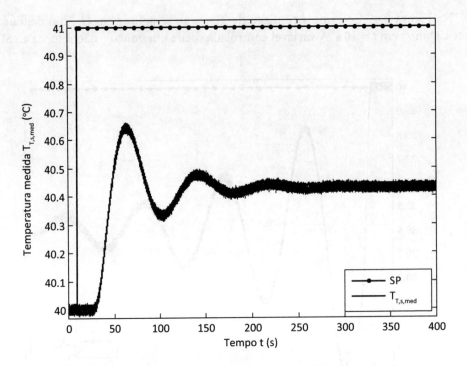

Figura 9.48 – Resposta de $T_{T,s,med}$ com controlador PD – sintonia Cohen-Coon (modo servo).

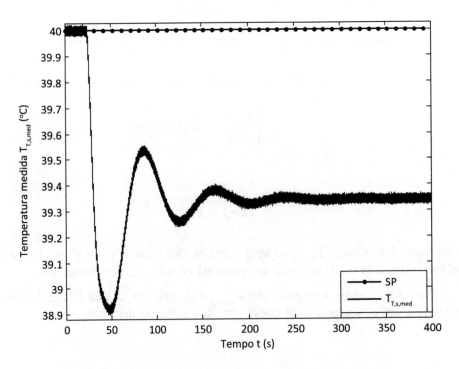

Figura 9.49 – Resposta de $T_{T,s,med}$ com controlador PD – sintonia CC (modo regulatório).

9.5.5 TESTES DE CONTROLADOR PID COM DIFERENTES SINTONIAS

Emprega-se inicialmente a sintonia pelo método OC-ZN:

$$K_C = 0{,}6 \times K_{CU} = 0{,}6 \times 1{,}215 = 0{,}729$$

$$T_I = P_U / 2 = 25{,}65 / 2 = 12{,}83 \text{ s/rep}$$

$$T_D = P_U / 8 = 3{,}206 \text{ s}$$

A Figura 9.50 exibe a resposta de $T_{T,s,med}$ a degrau de 1 °C no SP em t = 10 s. $T_{T,s,med}$ segue rapidamente o novo SP, atingindo-o após algumas oscilações em t = 290 s.

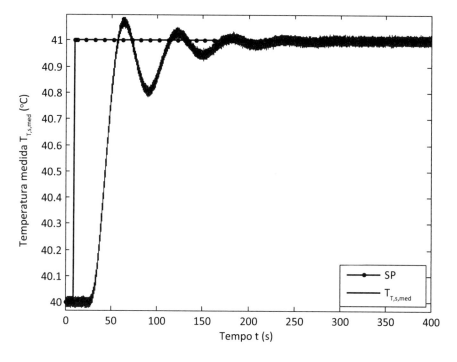

Figura 9.50 – Resposta de $T_{T,s,med}$ com controlador PID – sintonia OC-ZN (modo servo).

A seguir, aplica-se um degrau de 1×10^{-4} m^3/s em $Q_{T,e}$ em t = 10 s e mostra-se o resultado na Figura 9.51. Vê-se que a variável controlada retorna ao SP em torno de 300 s, após algumas oscilações.

Sintoniza-se o controlador PID pelo método da Curva de Reação de Z-N (CR-ZN):

$$K_C = \frac{1{,}2 \cdot \tau}{K \cdot \theta} = \frac{1{,}2 \cdot 12{,}29}{1{,}324 \cdot 25{,}65} = 0{,}434$$

$$T_I = 2 \cdot \theta = 51{,}3 \text{ s/rep}$$

$$T_D = \theta/2 = 12{,}83 \text{ s}$$

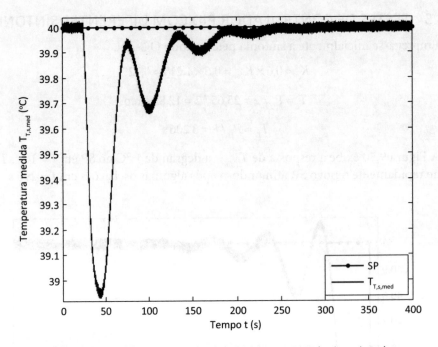

Figura 9.51 – Resposta de $T_{T,s,med}$ com controlador PID – sintonia OC-ZN (modo regulatório).

A Figura 9.52 exibe a resposta de $T_{T,s,med}$ a degrau de 1 °C no SP em $t = 10$ s. A variável $T_{T,s,med}$ tende ao novo SP com oscilações, estabilizando nele em cerca de 800 s.

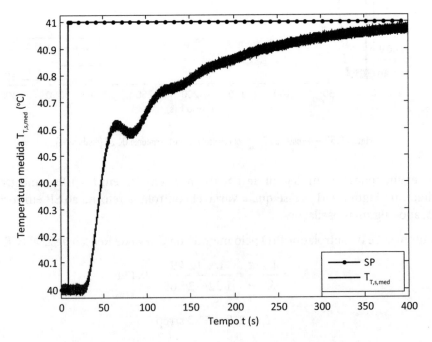

Figura 9.52 – Resposta de $T_{T,s,med}$ com controlador PID – sintonia CR-ZN (modo servo).

Aplica-se um degrau de 1×10^{-4} m³/s em $Q_{T,e}$ em $t = 10$ s, mantendo-se o SP fixo em 40 °C, e se exibe o resultado na Figura 9.53. A variável controlada retorna lentamente ao *set point*, levando em torno de 800 s para atingi-lo.

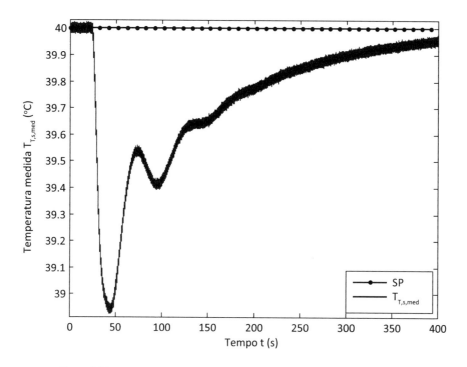

Figura 9.53 – Resposta de $T_{T,s,med}$ com controlador PID – sintonia CR-ZN (modo regulatório).

Ajusta-se o controlador PID pelo método das Oscilações Contínuas de Åström-Hägglund (OC-AH). O valor de κ foi calculado na Subseção 9.5.3 (κ = 0,573). Como os parâmetros do controlador PID nesse método dependem do fator de sensibilidade M_s, são usados dois valores (M_s = 1,4 e 2). Os coeficientes a_0, a_1 e a_2 são extraídos da Tabela 8.22 com $K_{CU,relé}$ = 1,319 e $P_{U,relé}$ = 68,9 s e são aplicados na Equação (8.10), gerando os parâmetros de sintonia exibidos na Tabela 9.4.

Tabela 9.4 – Valor dos parâmetros K_C, T_I, T_D e β do controlador PID – sintonia OC-AH

	M_s = 1,4	M_s = 2
K_C	0,2626	0,5631
T_I	18,615	21,872
T_D	4,521	5,571
β	0,8681	0,3312

A estrutura do controlador PID é mostrada a seguir:

$$M(s) = K_C \cdot \left\{ \begin{array}{c} [\beta \cdot SP(s) - PV(s)] + \\ + \dfrac{1}{T_I \cdot s}[SP(s) - PV(s)] - \dfrac{T_D \cdot s}{\alpha \cdot T_D \cdot s + 1} PV(s) \end{array} \right\}, \text{ com } \alpha = 0,1$$

A resposta de $T_{T,s,med}$ a degrau de 1 °C no SP em $t = 10$ s é mostrada na Figura 9.54. Com ambas as sintonias, a variável controlada atinge o novo *set point* praticamente sem oscilar. A sintonia gerada com $M_s = 1,4$ gera uma resposta um pouco mais lenta, estabilizando no novo SP em torno de 280 s, e na sintonia com $M_s = 2$, $T_{T,s,med}$ atinge o novo SP em cerca de 160 s.

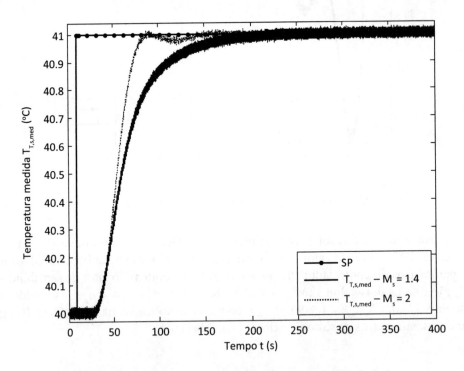

Figura 9.54 – Resposta de $T_{T,s,med}$ com controlador PID – sintonia OC-AH (modo servo).

A resposta de $T_{T,s,med}$ a degrau de 1×10^{-4} m³/s em $Q_{T,e}$ em $t = 10$ s é vista na Figura 9.55. A resposta gerada pela sintonia com $M_s = 1,4$ não oscila, mas leva cerca de 320 s para retornar ao SP. Com $M_s = 2$, a resposta volta mais rapidamente ao SP, estabilizando em torno de 160 s.

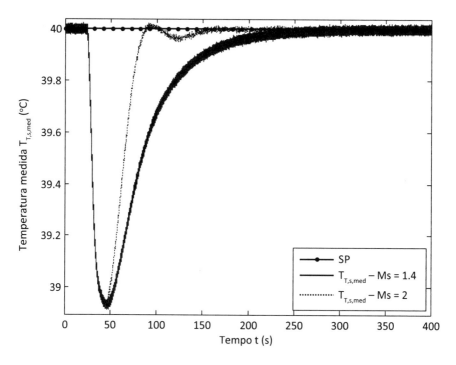

Figura 9.55 – Resposta de $T_{T,s,med}$ com controlador PID – sintonia OC-AH (modo regulatório).

Ajusta-se o controlador PID pelo método da Curva de Reação de Åström-Hägglund (CR-AH). Estimam-se a e T usando a Equação (8.6a). Os parâmetros de sintonia do controlador PID são obtidos aplicando-se os coeficientes a_0, a_1 e a_2 da Tabela 8.18 na Equação (8.7), resultando na Tabela 9.5.

Tabela 9.5 – Valor dos parâmetros K_C, T_I, T_D e β do controlador PID – sintonia CR-AH

	$M_s = 1{,}4$	$M_s = 2$
K_C	0,1322	0,4069
$T_I(\theta)$	12,977	19,463
$T_I(\tau)$	14,374	21,619
$T_D(\theta)$	2,729	4,993
$T_D(\tau)$	3,100	5,627
β	1,625	0,3495

Foram testadas as sintonias da Tabela 9.5 no modo servo, parametrizadas em θ e em τ, para $M_s = 1{,}4$ e $M_s = 2$, e os melhores resultados foram obtidos pelas sintonias parametrizadas em θ, tanto para $M_s = 1{,}4$ como para $M_s = 2$. As respostas de $T_{T,s,med}$ a degrau de 1 °C no SP em $t = 10$ s são vistas na Figura 9.56. Ambas as sintonias testadas geraram respostas sem oscilações, mas a resposta da sintonia com $M_s = 1{,}4$ levou cerca de 400 s para atingir o novo SP, e com $M_s = 2$, levou em torno de 160 s.

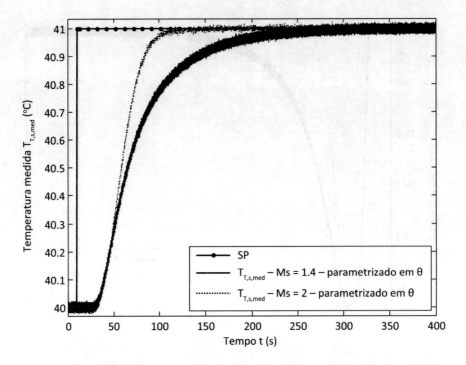

Figura 9.56 – Resposta de $T_{T,s,med}$ com controlador PID – sintonia CR-AH (modo servo).

Foram testadas as sintonias da Tabela 9.5 no modo regulatório, parametrizadas em θ e em τ, para $M_s = 1,4$ e $M_s = 2$, e os melhores resultados foram obtidos pelas sintonias parametrizadas em θ, tanto para $M_s = 1,4$ quanto para $M_s = 2$. A resposta de $T_{T,s,med}$ a degrau de 1×10^{-4} m³/s em $Q_{T,e}$ em $t = 10$ s é exibida na Figura 9.57. As respostas geradas pelas sintonias com $M_s = 1,4$ e $M_s = 2$ não oscilam, mas com $M_s = 1,4$ a resposta levou cerca de 500 s para retornar ao SP, e com $M_s = 2$, levou em torno de 230 s.

Ajusta-se o controlador PID pelo método da Síntese Direta (SD) ou sintonia λ. Usa-se o modelo "médio" de segunda ordem com tempo morto da Subseção 9.3.3: $K = 1,324$; $\tau_1 = 9,62$ s; $\tau_2 = 7,63$ s e θ = 20 s. A sintonia utiliza a Tabela 8.23, inicialmente com $\tau_C = \theta$:

$$K_C = \frac{\tau_1 + \tau_2}{K \cdot (\tau_C + \theta)} = 0,3257$$

$$T_I = \tau_1 + \tau_2 = 17,25 \text{ s/rep}$$

$$T_D = \frac{\tau_1 \cdot \tau_2}{\tau_1 + \tau_2} = 4,255 \text{ s}$$

A Figura 9.58 exibe a resposta de $T_{T,s,med}$ a degrau de 1 °C no SP em $t = 10$ s, a qual atinge o novo SP em cerca de 200 s, com apenas um leve sobressinal.

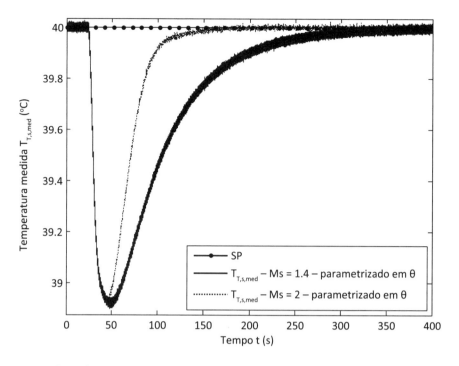

Figura 9.57 – Resposta de $T_{T,s,med}$ com controlador PID – sintonia CR-AH (modo regulatório).

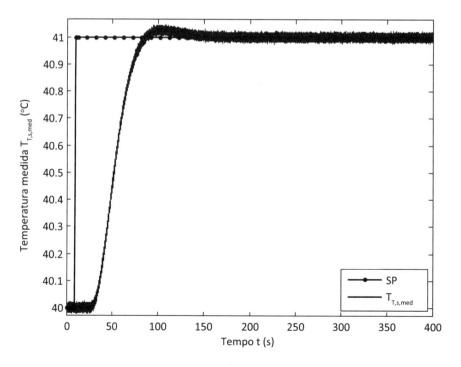

Figura 9.58 – Resposta de $T_{T,s,med}$ com controlador PID – sintonia SD com $\tau_c = \theta$ (modo servo).

A Figura 9.59 mostra a resposta da variável controlada a degrau de 1×10^{-4} m³/s em $Q_{T,e}$ em $t = 10$ s. A variável controlada retorna ao SP em torno de 220 s sem oscilar.

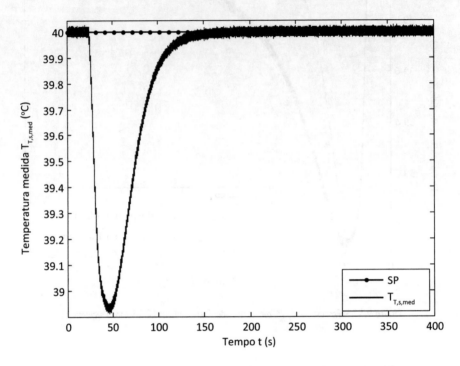

Figura 9.59 – Resposta de $T_{T,s,med}$ com PID – sintonia SD com $\tau_c = \theta$ (modo regulatório).

Sintoniza-se o controlador PID pelo método da Síntese Direta com $\tau_C = (\tau_1 + \tau_2) / 2$:

$$K_C = \frac{\tau_1 + \tau_2}{K \cdot (\tau_C + \theta)} = 0,4552$$

$$T_I = \tau_1 + \tau_2 = 17,25 \text{ s/rep}$$

$$T_D = \frac{\tau_1 \cdot \tau_2}{\tau_1 + \tau_2} = 4,255 \text{ s}$$

Com essa sintonia, aplica-se um degrau de 1 °C no SP e verifica-se a resposta de $T_{T,s,med}$ na Figura 9.60, que chega ao novo SP em 260 s com um pequeno sobressinal.

Aplica-se um degrau de 1×10^{-4} m³/s em $Q_{T,e}$ em $t = 10$ s, e a resposta da variável controlada, a qual retorna ao SP em cerca de 260 s, é exibida na Figura 9.61.

Exemplo de aplicação de diferentes controladores em um trocador de calor 579

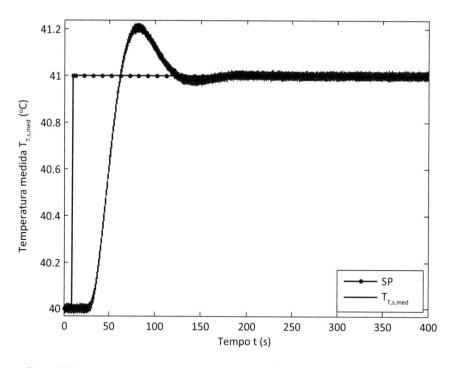

Figura 9.60 – Resposta de $T_{T,s,med}$ com controlador PID – sintonia SD com $\tau_c = (\tau_1 + \tau_2)/2$ (modo servo).

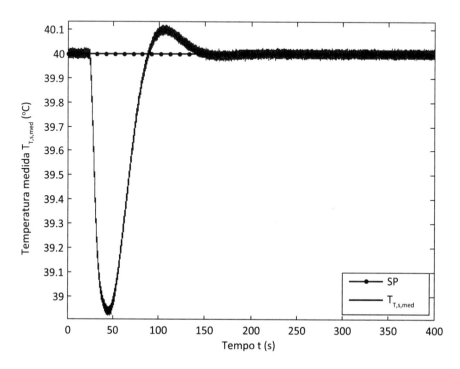

Figura 9.61 – Resposta de $T_{T,s,med}$ com controlador PID – sintonia SD com $\tau_c = (\tau_1 + \tau_2)/2$ (modo regulatório).

Ajusta-se o controlador PID pelo método SIMC, com $K = 1,324$; $\tau_1 = 9,62$ s; $\tau_2 = 7,63$ s e $\theta = 20$ s. A sintonia é feita a partir da Tabela 8.25, inicialmente considerando $\tau_C = \theta$:

$$K_C' = \frac{\tau_1}{K \cdot (\tau_C + \theta)} = \frac{9,62}{1,324 \cdot (20 + 20)} = 0,1816$$

$$T_I' = \min\left[\tau_1, 4 \cdot (\theta + \tau_C)\right] = \min\left[9,62,\ 4 \cdot (20 + 20)\right] = 9,62 \text{ s/rep}$$

$$T_D' = \tau_2 = 7,63 \text{ s}$$

Conforme a Subseção 8.2.15, a sintonia SIMC se aplica na forma interativa do controlador PID. O ajuste equivalente para o PID ideal (forma usada neste capítulo) é:

$$K_C = K_C' \cdot \left(1 + \frac{T_D'}{T_I'}\right) \qquad T_I = T_I' \cdot \left(1 + \frac{T_D'}{T_I'}\right) \qquad T_D = \frac{T_D'}{1 + T_D'/T_I'}$$

Portanto: $K_C = 0,3256$ $\qquad T_I = 17,25$ s/rep $\qquad T_D = 4,255$ s.

Essa sintonia é igual à gerada pelo método da Síntese Direta quando se usou $\tau_C = \theta$. O mesmo ocorre ao se fazer $\tau_C = (\tau_1 + \tau_2)/2$. Portanto, elas não serão testadas novamente.

9.5.6 TESTES DE CONTROLADOR PID-2DoF

O controlador PID-2DoF (ver Subseção 7.5.1) é mostrado na Equação (7.14):

$$M(s) = K_C \cdot \left\{ \begin{array}{l} \left[\beta \cdot SP(s) - PV(s)\right] + \dfrac{1}{T_I \cdot s}\, E(s) + \\[2mm] + \dfrac{T_D \cdot s}{\alpha \cdot T_D \cdot s + 1}\left[\gamma \cdot SP(s) - PV(s)\right] \end{array} \right\}, \text{ com } \alpha = 0,1. \qquad (7.14)$$

A Tabela 8.26 é usada para sintonizar controladores PID-2DoF cujo processo seja modelável por um sistema de primeira ordem com tempo morto. Nela, a relação θ/τ vai até 0,8 e, no caso do trocador de calor daqui, essa relação vale $25,65/12,29 = 2,087$. Assim, essa tabela não é aplicável nesse caso. Aplicam-se, então, os conceitos do método dos Dois Passos (ARAKI; TAGUCHI, 2003), como visto na Subseção 8.2.17, que sugere, em seu primeiro passo, a otimização dos parâmetros do controlador PID, segundo técnicas de sintonia focadas na resposta ao distúrbio (modo regulatório). Obtidos os valores de K_C, T_I e T_D, o segundo passo propõe que esses valores sejam fixados e, focando agora na resposta a variações do *set point* (modo servo), sejam buscados os valores otimizados de β e γ.

Segundo a Tabela 9.6, o controlador PID com melhor desempenho no modo regulatório foi ajustado pelo método OC-AH com $M_s = 2$. No entanto, nesse método, o valor de β já está definido, e no PID-2DoF ele é um dos parâmetros de sintonia a ser estimado. Assim, escolheu-se a segunda melhor sintonia no modo regulatório da Tabela 9.6, representada pelo método SD com $\tau_C = (\tau_1 + \tau_2)/2$. Assim, adotam-se os parâmetros:

$$K_C = 0{,}4552,\ T_I = 17{,}25\ \text{s/rep e}\ T_D = 4{,}255\ \text{s}.$$

Procuram-se os melhores valores para β e γ por uma busca exaustiva do seguinte modo: testa-se um controlador PID em que β varia de 0,1 a 1, e γ varia de 0 a 1, ambos com incrementos de 0,1, de modo a avaliar todas as combinações. Anota-se o valor do índice de desempenho IAE no modo servo para cada par de valores β e γ e, ao final, elegem-se os valores de β e γ que geram o menor índice IAE. A escolha pelo modo servo recai na comparação da Subseção 8.2.17, que indicou que a vantagem do controlador PID-2DoF ocorre ao variar o SP da malha. Isso fica claro ao se verificar que os parâmetros β e γ agem no SP. Nessa busca, os melhores valores são β = 1,0 e γ = 1,0. Nesse caso, o controlador PID-2DoF teve um melhor desempenho no modo servo, sem eliminar os saltos proporcional e derivativo. A Figura 9.62 mostra a resposta de $T_{T,s,med}$ a degrau de 1 °C no SP em $t = 10$ s. A variável controlada atinge o novo SP em torno de 250 s, com um pequeno sobressinal.

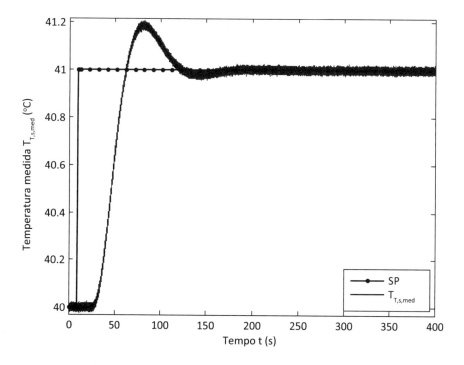

Figura 9.62 – Resposta de $T_{T,s,med}$ com controlador PID-2DoF (modo servo).

Aplica-se um degrau de 1×10^{-4} m³/s em $Q_{T,e}$ em $t = 10$ s e a resposta de $T_{T,s,med}$ é vista na Figura 9.63. Ela retorna ao SP em torno de 220 s, com um pequeno sobressinal.

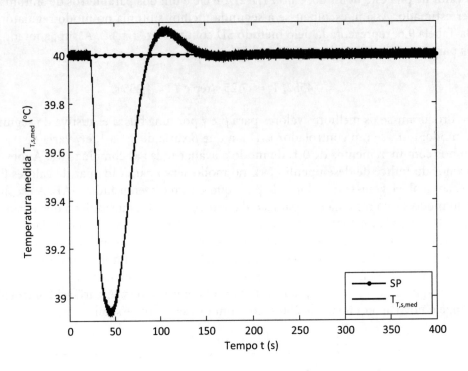

Figura 9.63 – Resposta de $T_{T,s,med}$ com controlador PID-2DoF (modo regulatório).

O controlador PID-2DoF gerou uma resposta um pouco melhor que o PID com sintonia SD com $\tau_C = (\tau_1 + \tau_2)/2$ no modo servo, mas no modo regulatório ambos tiveram respostas idênticas, como era esperado.

9.5.7 TESTES DE CONTROLADOR PI-PD

A função de transferência do controlador PI-PD é mostrada na Equação (7.19):

$$M(s) = K_C \cdot \left\{ \begin{array}{l} \left[\dfrac{\beta}{\beta+1} SP(s) - PV(s) \right] + \\ + \dfrac{1}{T_I \cdot s} \left[SP(s) - PV(s) \right] - T_D \cdot s \cdot PV(s) \end{array} \right\} \qquad (7.19)$$

Na Equação (7.19), K_C, T_I e T_D são os parâmetros do PID tradicional, β é o parâmetro de sintonia do controlador PI-PD, $SP(s)$ é o sinal de referência e $PV(s)$ é a variável controlada.

Usa-se o controlador PI-PD com filtro na ação derivativa, de modo que a Equação (7.19) passa a ser:

Exemplo de aplicação de diferentes controladores em um trocador de calor

$$M(s) = K_C \cdot \left\{ \begin{array}{l} \left[\dfrac{\beta}{\beta+1} SP(s) - PV(s)\right] + \\ + \dfrac{1}{T_I \cdot s}\left[SP(s) - PV(s)\right] - \dfrac{T_D \cdot s}{\alpha \cdot T_D \cdot s + 1} PV(s) \end{array} \right\}, \text{com } \alpha = 0{,}1$$

No ajuste do controlador PI-PD da Subseção 8.2.18, deve-se obter uma boa sintonia para o PID tradicional no modo regulatório e melhorá-la para o modo servo, com a escolha adequada de β. Tal escolha é, em geral, parte de uma análise empírica e está ligada à dinâmica do sistema testado. Em Kaya, Ian e Atherton (2003), múltiplas simulações indicaram que β = 0,2 gera um bom desempenho da malha de controle. Aqui, usa-se a sintonia pelo método da Síntese Direta com $\tau_C = (\tau_1 + \tau_2)/2$, pelas razões citadas na Subseção 9.5.6:

$$K_C = 0{,}4552, \quad T_I = 17{,}25 \text{ s/rep} \quad \text{e} \quad T_D = 4{,}255 \text{ s}$$

Ademais, em vez de usar diretamente *β* = 0,2, efetua-se uma busca exaustiva pelo melhor valor de *β*, simulando-se a malha de controle no modo servo para valores de *β* entre 0,1 e 12, com incrementos de 0,1 e avaliando-se o valor do índice IAE. Verifica-se que a melhor resposta no modo servo foi obtida com *β* = 12, que é usado nos testes a seguir. A Figura 9.64 exibe a resposta de $T_{T,s,med}$ a degrau de 1 °C no SP em *t* = 10 s. A variável controlada atinge o novo SP em torno de 260 s, com um pequeno sobressinal.

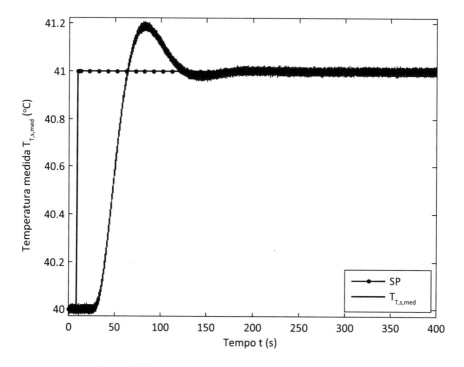

Figura 9.64 – Resposta de $T_{T,s,med}$ com controlador PI-PD (modo servo).

Aplica-se um degrau de 1×10^{-4} m³/s em $Q_{T,e}$ em $t = 10$ s, e a resposta de $T_{T,s,med}$ é vista na Figura 9.65. Ela retorna ao SP em cerca de 230 s com um pequeno sobressinal.

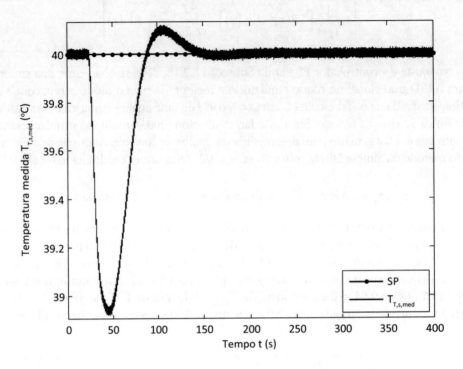

Figura 9.65 – Resposta de $T_{T,s,med}$ com controlador PI-PD (modo regulatório).

O controlador PI-PD gerou uma resposta similar à do controlador PID com sintonias pelos métodos SD e SIMC com $\tau_C = (\tau_1 + \tau_2)/2$.

9.6 COMPARAÇÃO DO DESEMPENHO DOS CONTROLADORES E SINTONIAS TESTADOS NESTE CAPÍTULO

Para comparar o desempenho dos controladores e das sintonias, calcula-se o índice IAE (*integrated absolute error*) (ver alínea "c" da Seção 5.3) em cada simulação feita:

$$IAE = \int_0^\infty |e(t)| dt$$

A Tabela 9.6 exibe o índice IAE de todos os controladores. O controlador com melhor desempenho no modo servo foi o PID com sintonia OC-ZN, e no modo regulatório, o PID com sintonia OC-AH com $M_s = 2$. De modo geral, o melhor controlador foi o PID-2DoF com sintonia SD com $\tau_C = (\tau_1 + \tau_2)/2$, pois foi o segundo melhor nos modos servo e regulatório.

Exemplo de aplicação de diferentes controladores em um trocador de calor

Tabela 9.6 – Valor do índice de desempenho IAE para os controladores e sintonias testados

Controlador e sintonia usados	Índice IAE obtido	
	Modo servo	Modo regulatório
On/off	973,2	921,8
On/off com zona morta	1035	1019
P com sintonia OC-ZN	120,9	131,9
P com sintonia CR-ZN	145,2	157,3
PI com sintonia OC-ZN	44,23	52,12
PI com sintonia CR-ZN	85,56	97,41
PI com sintonia OC-AH, $M_s = 1,4$	27,26	39,76
PI com sintonia OC-AH, $M_s = 2$	31,13	31,19
PI com sintonia CR-AH, $M_s = 1,4$	36,42	57,54
PI com sintonia CR-AH, $M_s = 2$	29,88	30,65
PI com sintonia SD, $\tau_c = \theta$	29,87	35,25
PI com sintonia SD, $\tau_c = \tau$	27,47	29,92
PI com sintonia SIMC, $\tau_c = \theta$	29,87	35,25
PI com sintonia SIMC, $\tau_c = \tau$	27,47	29,92
PD com sintonia OC-ZN	111,13	123,68
PD com sintonia Cohen-Coon	123,20	134,71
PID com sintonia OC-ZN	22,41	25,11
PID com sintonia CR-ZN	48,82	57,32
PID com sintonia OC-AH, $M_s = 1,4$	31,99	36,53
PID com sintonia OC-AH, $M_s = 2$	25,09	20,67
PID com sintonia CR-AH, $M_s = 1,4$	37,79	50,19
PID com sintonia CR-AH, $M_s = 2$	27,85	25,07
PID com sintonia SD, $\tau_c = \theta$	24,37	27,70
PID com sintonia SD, $\tau_c = (\tau_1 + \tau_2)/2$	24,53	23,53
PID com sintonia SIMC, $\tau_c = \theta$	24,37	27,70
PID com sintonia SIMC, $\tau_c = (\tau_1 + \tau_2)/2$	24,53	23,53
PID-2DoF com sintonia SD, $\tau_c = (\tau_1 + \tau_2)/2$	23,75	23,53
PI-PD com sintonia SD, $\tau_c = (\tau_1 + \tau_2)/2$	24,53	23,53

REFERÊNCIAS

ARAKI, M.; TAGUCHI, H. Two-Degree-of-Freedom PID Controllers. **International Journal of Control, Automation, and Systems,** v. 1, n. 2, p. 401-411, Dec. 2003.

GARCIA, C. **Modelagem de processos industriais e de sistemas eletromecânicos.** 2. ed. São Paulo: Edusp, 2005.

HARRIOTT, P. **Process control.** New York: McGraw Hill, 1964.

KAYA, I.; TAN, N.; ATHERTON, D. P. A simple procedure for improving performance of PID controllers. **Proceedings of the IEEE Conference on Control Applications** – CCA-2003, p. 882-885, Istanbul, Jun. 2003.

SUNDARESAN, K. R.; KRISHNASWAMY, P. R. Estimation of time delay, time constant parameters in time, frequency and Laplace domains. **The Canadian Journal of Chemical Engineering,** Toronto, v. 56, n. 2, p. 257-262, Apr. 1978.

APÊNDICE

SIMBOLOGIA E NOMENCLATURA USADAS EM INSTRUMENTAÇÃO INDUSTRIAL

Este apêndice foi redigido em colaboração com o Prof. Dr. Rubens Gedraite, da Universidade Federal de Uberlândia.

Descreve-se aqui a documentação típica que constitui um projeto de automação e controle e, em seguida, define-se a simbologia e a nomenclatura usadas nesses projetos. A versão mais recente da norma que trata desse assunto é a ANSI/ISA-5.1-2009 – *Instrumentation Symbols and Identification*. Essa norma é extensa, com 128 páginas e com tabelas bastante detalhadas. A proposta é usar a versão anterior dessa norma (ANSI/ISA-5.1-1984 (R1992) – *Instrumentation Symbols and Identification*), com 72 páginas e que tem tabelas menos detalhadas, de modo que tabelas como a Tabela A.2 e as Tabelas A.4 a A.8 fiquem menores. No entanto, o conteúdo mais conciso da versão de 1984 continua válido na versão de 2009 e contém as informações básicas que importam a quem vai interpretar um P&ID (*piping and instrumentation diagram*). A Tabela A.1 é praticamente a mesma em ambas as versões da norma. Assim, o conteúdo básico de simbologia e nomenclatura que se mostra neste capítulo é suficientemente bem abordado na versão mais antiga da norma.

A.1 DOCUMENTAÇÃO TÍPICA DE UM PROJETO DE AUTOMAÇÃO E CONTROLE

Os principais documentos que compõem o projeto de uma planta nova são:

- descrição do processo (fluxograma de processo ou PFD – *process flow diagram*);

- descrição da configuração e interconexão de equipamentos, tubulações e instrumentos (fluxograma de engenharia ou diagrama P&ID – *piping & instrumentation diagram*).

Uma observação interessante é que o custo da instrumentação mais o sistema de controle normalmente varia entre 1% a 10% do custo total da planta.

A.2 SIMBOLOGIA EMPREGADA EM INSTRUMENTAÇÃO INDUSTRIAL

A forma usada para representar os instrumentos de medição, monitoração, controle e atuação em processos industriais são os **Fluxogramas de Engenharia** ou **P&IDs** (*piping & instrumentation diagrams*), que são diagramas esquemáticos do processo, mostrando as interconexões de cada equipamento do processo e das tubulações, bem como da instrumentação. Eles são como "fotografias" de toda a configuração e interconexões de equipamentos, tubulações e instrumentação. A simbologia e a forma de numerar itens de equipamentos e de tubulações não são padronizadas, sendo normalmente adotados diferentes símbolos e formas de identificação por diferentes empresas e, na maioria dos casos, esses símbolos diferem entre si. A exceção é a área de instrumentação, que está padronizada com o uso da simbologia e da nomenclatura propostas na norma ANSI/ISA-5.1-1984 (R1992). A norma brasileira equivalente é a NBR-8190 de outubro/1983 da ABNT.

As variáveis típicas de processos industriais são vazão, temperatura, pressão, nível, densidade, umidade, condutividade e pH. Como cada uma delas pode ser medida, indicada, registrada, controlada ou totalizada, definiu-se uma nomenclatura internacional para identificar a variável de processo e a função do instrumento, na qual se distingue cada malha por sua variável medida. A norma ANSI/ISA-5.1-1984 (R1992) define que cada instrumento deve ser identificado por um conjunto de letras que permita saber a sua função. A Tabela A.1, baseada na norma NBR-8190 de outubro/1983, exibe uma visão geral das letras e seus significados, usadas para identificar a variável de processo sendo medida e/ou controlada, bem como a(s) função(ões) desempenhada(s) pelo instrumento. Ao conjunto de letras, seguem-se números indicativos da malha em que o instrumento está instalado. O modo de se especificar um item de instrumentação é dado por:

$$nn - V\ F1\ F2\ ...\ Fi - mmm$$

em que:

- nn (opcional) representa uma unidade ou área da planta (numérico);
- V é a variável de processo que está sendo monitorada ou controlada;
- F1 F2 ... Fi são funções do instrumento (pelo menos uma função deve existir);
- mmm é o número da malha onde o instrumento é empregado.

A seguir, são listados alguns exemplos de identificação de instrumentos industriais:

- FI-01 = indicador de vazão da malha nº 01;
- PAH-100 = alarme de pressão alta da malha nº 100;

Simbologia e nomenclatura usadas em instrumentação industrial

- CR-30 = registrador de condutividade da malha nº 30;
- TIC-04 = controlador e indicador de temperatura da malha nº 04;
- HCV-200 = válvula de controle manual da malha nº 200;
- AE-10 = elemento primário de medição de pH da malha nº 10;
- FO-25 = orifício de restrição da malha nº 25;
- FQI-107 = totalizador com indicação da vazão acumulada da malha nº 107;
- WY-205 = unidade de cômputo de peso da malha nº 205;
- TW-05 = poço termométrico da malha nº 05;
- 26-LIC-18 = controlador e indicador de nível da malha nº 18 da unidade nº 26.

Tabela A.1 – Classificação das letras usadas para identificar os itens de instrumentação

	PRIMEIRA LETRA		LETRAS SUBSEQUENTES		
	Variável medida ou inicial	Modificadora	Função de informação ou passiva	Função final	Modificadora
A	Analisador		Alarme		
B	Queimador, chama		Indefinida (*)	Indefinida	Indefinida
C	Condutividade elétrica			Controlador	Fechada
D	Densidade ou massa específica	Diferencial			Desvio (de vazão)
E	Tensão elétrica		Elemento primário (sensor)		
F	Vazão	Relação ou razão			
G	Medida dimensional		Visor		
H	Comando manual				Alto
I	Corrente elétrica		Indicador		
J	Potência	Varredura ou seletor			
K	Tempo ou programação	Taxa de tempo de variação		Estação de controle	
L	Nível		Lâmpada piloto		Baixo
M	Umidade	Momentâneo			Médio ou intermediário
N	Indefinida		Indefinida	Indefinida	Indefinida
O	Indefinida		Orifício de restrição		Aberto

(continua)

Tabela A.1 – Classificação das letras usadas para identificar os itens de instrumentação (*continuação*)

PRIMEIRA LETRA		LETRAS SUBSEQUENTES		
Variável medida ou inicial	Modificadora	Função de informação ou passiva	Função final	Modificadora
P Pressão ou vácuo		Ponto de teste ou tomada de impulso		
Q Quantidade ou evento	Integrador ou totalizador			
R Radioatividade		Registrador ou impressor		
S Velocidade ou frequência	Segurança		Chave ou interruptor	
T Temperatura			Transmissor	
U Multivariável		Multifunção	Multifunção	Multifunção
V Viscosidade			Válvula, registro de tiragem, regulador de chaminé ou veneziana	
W Peso ou força		Poço termométrico		
X Não classificada	Eixo X	Não classificada	Não classificada	Não classificada
Y Evento, estado ou presença	Eixo Y		Relé, computação ou conversão	
Z Posição ou dimensão	Eixo Z		Acionador, atuador ou elemento final de controle não classificado	

(*) Quando se diz indefinida, significa que não há função definida para aquela letra. O usuário pode, então, definir o uso que bem entender para ela.

Outro aspecto da norma ANSI/ISA-5.1-1984 (R1992) se refere à simbologia utilizada. Nos P&ID, deve-se usar os símbolos da Tabela A.2 para linhas de sinais.

Tabela A.2 – Símbolos de linhas de sinais empregados em P&IDs

▬▬▬▬▬	Conexão ao processo, ligação mecânica ou alimentação do instrumento
—//—//—//—//—	Conexão de instrumentos por meio de sinal pneumático (3 a 15 psig)
—o—o—o—	Conexão entre os instrumentos por meio de *software* (*software* ou *data link*)
—✕—✕—✕—✕—	Conexão entre instrumento e elemento sensor por tubo capilar
— — — — —	Conexão entre os instrumentos por meio de sinal elétrico (4 mACC a 20 mACC)
⌐⌐⌐⌐⌐⌐⌐	Conexão entre os instrumentos por meio de sinal hidráulico
∿∿∿∿	Conexão entre os instrumentos por meio de sinal eletromagnético ou sônico (o fenômeno eletromagnético inclui calor, ondas de rádio, radiação nuclear e luz)

Simbologia e nomenclatura usadas em instrumentação industrial 591

A Tabela A.3 mostra a simbologia usada para diferenciar a transmissão digital de sinais (Fieldbus Foundation e outros protocolos) das demais formas de comunicação serial.

Tabela A.3 – Símbolos de linhas de sinais de comunicação digital e comunicação serial

— — ○ — — ○ — — ○ — —	Sinal de comunicação digital (*fieldbusses*)
— — ● — — ● — — ● — —	Sinal de comunicação serial convencional

A Tabela A.4 mostra a representação geral de instrumentos.

Tabela A.4 – Símbolos gerais de instrumentação

	Painel principal acessível ao operador	Montado no campo	Painel auxiliar acessível ao operador	Painel auxiliar não acessível ao operador
Instrumentos discretos				
Instrumentos compartilhados e SDCD				
Computador de processo				
Controlador lógico programável (CLP)				

A Tabela A.5 mostra a representação de alguns tipos de válvulas de controle.

Tabela A.5 – Símbolos de alguns tipos de válvulas de controle

	Válvula de controle pneumaticamente atuada (via diafragma)
	Válvula solenoide

A Tabela A.6 mostra a representação de atuadores de válvulas de controle.

Tabela A.6 – Símbolos de atuadores de válvulas de controle

T	Atuador manual
	Atuador tipo diafragma com mola oposta
	Atuador tipo diafragma balanceado por pressão
	Volante – usado com qualquer atuador
	Atuador tipo cilindro de efeito simples
M	Válvula motorizada
E/H	Atuador eletro-hidráulico
S	Atuador solenoide
S R	Válvula solenoide com rearme remoto
S R	Válvula solenoide com rearme manual
S FC	Válvula de controle pneumática com posicionador e solenoide

Simbologia e nomenclatura usadas em instrumentação industrial 593

A Tabela A.7 mostra a representação de elementos primários (sensores) de vazão.

Tabela A.7 – Símbolos de elementos primários (sensores) de vazão

Símbolo	Descrição
XX	Símbolo geral para elemento em linha, sendo XX = FS, FG, FE ou FT
FT / XXXX	Elemento de vazão em linha com transmissor integral, sendo XXXX um medidor mássico do tipo Coriolis, um sensor termal de vazão, um orifício integral etc.
FT / FE / XXXX	Elemento de vazão em linha com transmissor separado, sendo XXXX um medidor mássico do tipo Coriolis, um sensor termal de vazão etc.
	Placa de orifício
M	Medidor magnético de vazão
	Turbina ou hélice
~	Medidor ultrassônico de vazão
▷	Medidor de vazão tipo vórtice
	Tubo de Pitot
	Medidor de vazão tipo Annubar
	Bocal de vazão
	Tubo de Venturi
	Medidor de vazão tipo cunha (*wedge*)
	Medidor de vazão em canal aberto do tipo vertedouro
	Medidor de vazão em canal aberto do tipo calha
	Medidor de vazão por deslocamento positivo
	Placa de orifício montada em uma conexão de troca rápida

(*continua*)

Tabela A.7 – Símbolos de elementos primários (sensores) de vazão (*continuação*)

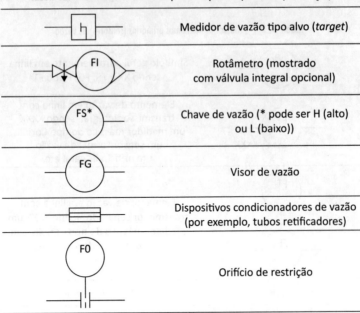

A Tabela A.8 mostra a representação de funções desempenhadas por relés.

Tabela A.8 – Símbolos de funções desempenhadas por relés

Símbolo	Função	Símbolo	Função
Σ	Somador	>	Seletor de alta
Σ/n	Cálculo da média	<	Seletor de baixa
△	Diferença	▷	Limite alto
X	Multiplicação	◁	Limite baixo
÷	Divisão	±	Polarização ou viés (*bias*)
√	Raiz quadrada	f(x)	Função não especificada
X^n	Exponencial		Função definida pelo usuário
/	Conversão entrada/saída		

```
*/*   A  Analógica      I  Corrente
      B  Binária        O  Eletromagnético, sônico
      D  Digital        P  Pneumático
      E  Tensão         R  Resistência elétrica
      H  Hidráulico
```

Simbologia e nomenclatura usadas em instrumentação industrial 595

As figuras a seguir exibem P&ID de um processo com sistema de monitoração e controle usando tecnologia pneumática (Figura A.1), eletrônica analógica (Figura A.2) e eletrônica digital (Figura A.3), representados segundo a norma ANSI/ISA-5.1-1984 (R1992).

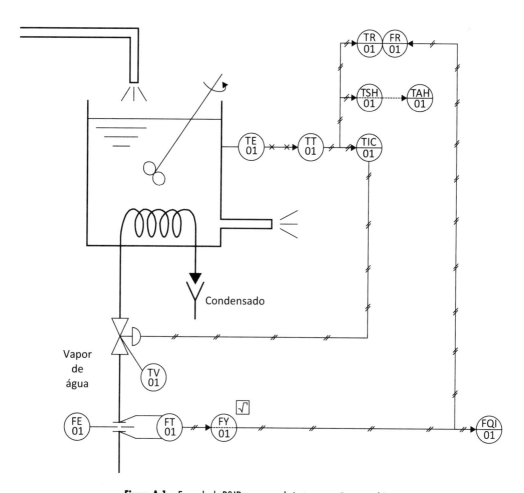

Figura A.1 – Exemplo de P&ID empregando instrumentação pneumática.

596   *Controle de processos industriais – volume 1*

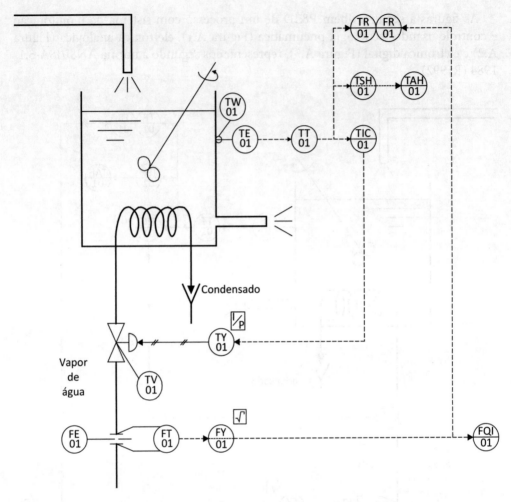

Figura A.2 – Exemplo de P&ID empregando instrumentação eletrônica analógica.

Simbologia e nomenclatura usadas em instrumentação industrial 597

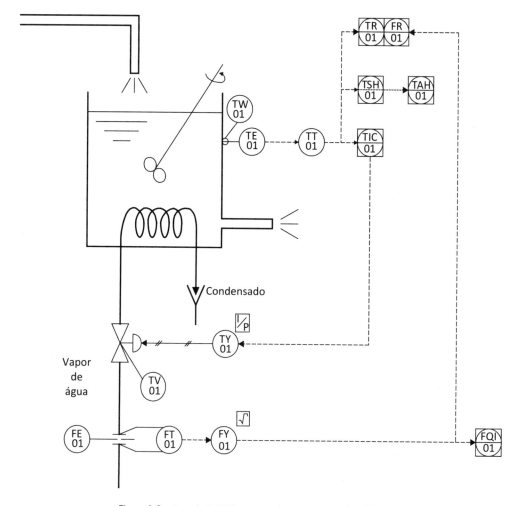

Figura A.3 – Exemplo de P&ID empregando instrumentação digital (SDCD).

A.3 TERMINOLOGIA EMPREGADA EM INSTRUMENTAÇÃO INDUSTRIAL

A terminologia usada em instrumentação e controle de processos industriais se baseia na norma ANSI/ISA-5.1-1984 (R1992), e é apresentada a seguir.

Aferição: aferição de um sistema é o resultado da comparação de seu desempenho com o de outro, considerado padrão.

Analisador: instrumento conectado diretamente a um processo industrial, cuja função é realizar a análise de gases ou de líquidos.

Atuador: instrumento com potência própria, cuja função é operar elementos finais de um sistema de controle.

Calibração: calibração de um instrumento é uma aferição seguida de um ajuste do mesmo para conformar a sua resposta a valores anteriormente estabelecidos pelo fabricante.

Controlador: instrumento que ajusta automaticamente uma variável de processo a um valor predeterminado por meio de um sinal de saída continuamente variável.

Elemento final de controle: atua diretamente no processo para realizar a ação de controle, manipulando uma variável conveniente. Normalmente é uma válvula de controle.

Elemento primário (ou sensor): é montado junto ao processo e converte a variável de processo em uma forma mensurável. Sua função é ser o elemento sensor e/ou transdutor de uma grandeza física ou química de um processo industrial.

Estação manual: permite ao operador gerar manualmente um sinal de controle.

Estação de razão: mantém um sinal de saída em uma relação predeterminada entre dois sinais de entrada ou entre um sinal de entrada e um parâmetro ajustado.

Indicador: fornece uma indicação visual instantânea do valor da variável de processo que está sendo medida.

Instrumento: dispositivo usado direta ou indiretamente para medir ou controlar uma variável, ou ambos. O termo inclui válvulas de controle e válvulas de alívio.

Integrador: integra uma grandeza em função do tempo.

Limitador de sinal: fornece um sinal de saída igual ao sinal de entrada até atingir um limite preestabelecido.

Malha de controle: é a combinação de um ou mais instrumentos interligados para controlar uma variável de processo.

Posicionador: assegura a posição correta da haste da válvula de controle de acordo com o sinal de entrada.

Processo: qualquer operação ou sequência de operações realizada sobre um ou mais materiais visando alterar seu estado, nível de energia, composição, dimensão ou qualquer outra propriedade física ou química.

Registrador: grava ou registra o valor da variável de processo sendo medida.

Relé seletor: fornece um sinal de saída igual ao maior ou menor dos sinais de entrada.

Transdutor (ou conversor): converte um sinal de um tipo em outro. Corresponde usualmente à associação do elemento primário com o transmissor.

Transmissor: converte o valor da variável medida em um sinal eletrônico ou pneumático padrão. É um instrumento cuja função é medir uma variável de processo, convertendo o valor da variação dessa grandeza em um sinal adequado à transmissão.

Valor desejado, valor de referência ou *set point*: valor em que se deseja manter a variável controlada.

Válvula de controle: dispositivo acionado por um sinal de controle cuja função é controlar a vazão ou a pressão de um fluido em um processo industrial.

Variável controlada: quantidade ou condição, associada a um processo, que é medida e controlada.

Variável manipulada: quantidade ou condição que é alterada pelo controlador para mudar o valor da variável controlada e fazer com que ela se aproxime do valor desejado.

Variável de processo: quantidade ou condição associada a um processo que está sujeita a alterações.

Completa-se esta lista incluindo-se os termos a seguir (KEMPENICH, 1985):

Faixa de medição (*range*): é a região na qual uma quantidade é medida, recebida ou transmitida; é expressa por meio dos valores máximo e mínimo da faixa.

Largura de faixa (*span*): é a diferença algébrica entre o maior e o menor valor da faixa de medição.

Erro estático: é a diferença entre o valor indicado pelo instrumento e o valor verdadeiro de uma variável que não varia com o tempo.

Precisão (de um instrumento): é o maior valor do erro estático ao longo da faixa de medição. A precisão pode ser expressa de várias maneiras, a saber:

- em unidades da grandeza medida;
- em porcentagem do *span*;
- em porcentagem do fundo de escala;
- em porcentagem do valor medido.

Quando o sistema de medição for composto por diversos instrumentos, a precisão total do sistema é igual à raiz quadrada da soma dos quadrados das precisões de cada instrumento (expressas na mesma unidade).

REFERÊNCIAS

ISA. Instrument Society of America. *ANSI/ISA-5.1-1984 (R1992)*: Instrumentation Symbols and Identification. Research Triangle Park, NC: ISA, 1984.

ISA. Instrument Society of America. *ANSI/ISA-5.1-2009*: Instrumentation Symbols and Identification. Research Triangle Park, NC: ISA, 2009.

KEMPENICH, G. **Curso de projetos de instrumentação.** São Caetano do Sul: Instituto Mauá de Tecnologia, 1985. 22 p., apostila mimeografada.